수학을 쉽게 만들어 주는 자

# 풍산자 반복수학

## 중학수학 2-2

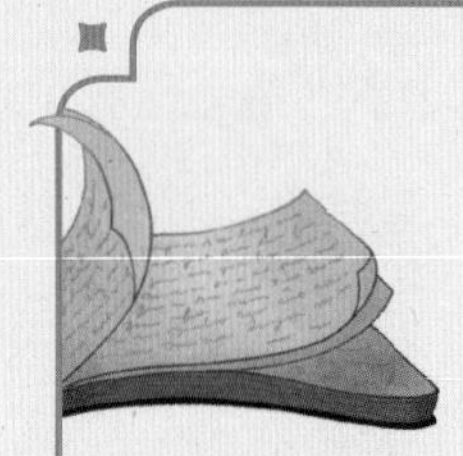

# 구성과 특징

» 반복 연습으로 기초를 탄탄하게 만드는 기본학습서!

수학하는 힘을 길러주는 반복수학으로 기초 실력과 자신감을 UP하세요.

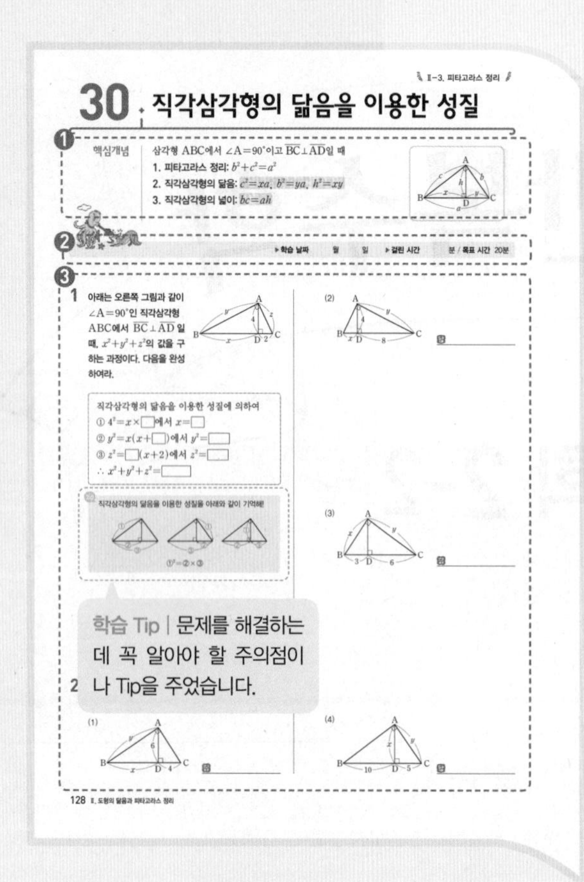


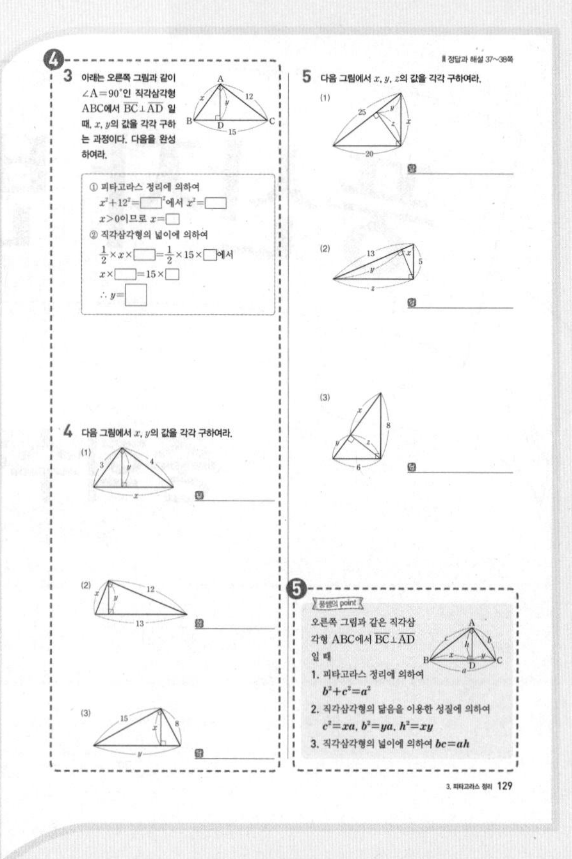

❶ **학습 내용의 핵심만 쏙쏙!**

주제별 핵심 개념과 원리를 핵심만 쏙쏙 뽑아 이해하기 쉽게 정리

❷ **학습 날짜와 시간 체크!**

주제별 학습 날짜, 걸린 시간을 체크하면서 계획성 있게 학습

❸ **단계별 문제로 개념을 확실히!**

'빈칸 채우기 → 과정 완성하기 → 직접 풀어보기'의 과정을 통해서 스스로 개념을 이해할 수 있도록 제시

❹ **유사 문제의 반복 학습!**

같은 유형의 유사 문제를 반복적으로 연습하면서 개념을 확실히 익히고 기본 실력을 기를 수 있도록 구성

❺ **풍쌤의 point!**

용어, 공식 등 꼭 알아야 할 핵심 사항을 다시 한번 체크할 수 있도록 구성

**풍산자 반복수학**에서는
수학의 기본기를 다지는 원리, 개념, 연산 문제의 반복 연습을 통해
자기 주도적 학습을 할 수 있습니다.

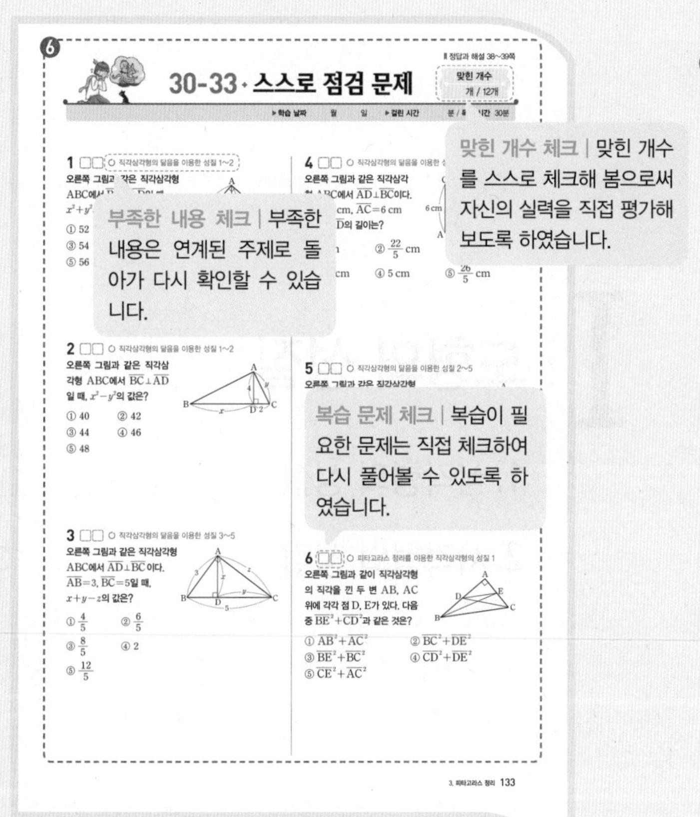


**❻ 중요한 문제만 모아 점검!**

집중+반복 학습한 내용을 바탕으로 자기 실력을 점검할 수 있는 평가 문항으로 구성

## 정답과 해설

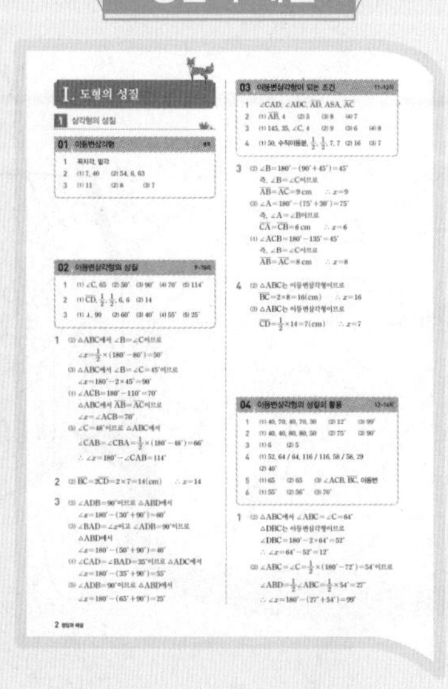

• 최적의 문제 해결 방법을 자세하고 친절하게 제시

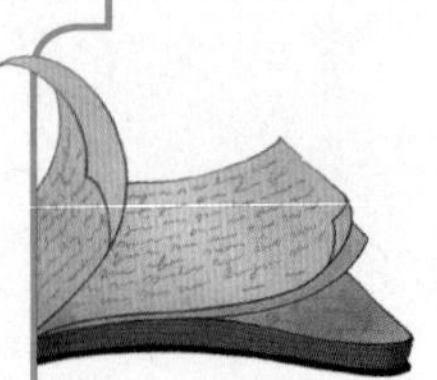

# 이 책의 차례

## I 도형의 성질

## Ⅱ 도형의 닮음과 피타고라스 정리



## Ⅲ 확률

승리는 가장 끈기 있게
노력한 사람에게 간다.

– 나폴레옹 –

# 도형의 성질

# 01 이등변삼각형

**핵심개념**

1. **이등변삼각형:** 두 변의 길이가 같은 삼각형 ➔ $\overline{AB}=\overline{AC}$
2. **꼭지각:** 길이가 같은 두 변이 이루는 각 ➔ $\angle A$
3. **밑변:** 꼭지각의 대변 ➔ $\overline{BC}$
4. **밑각:** 밑변의 양 끝 각 ➔ $\angle B$, $\angle C$

참고 정삼각형은 세 변의 길이가 같으므로 이등변삼각형이다.

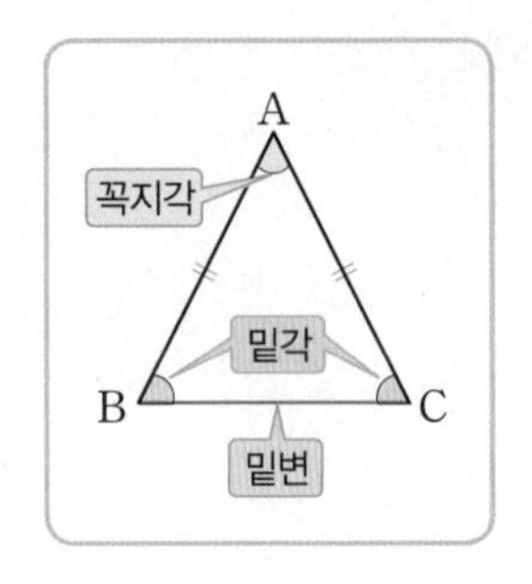

▶학습 날짜 월 일 ▶걸린 시간 분 / 목표 시간 5분

정답과 해설 2쪽

**1** 다음 빈 곳에 알맞은 것을 써넣어라.

> 이등변삼각형에서 길이가 같은 두 변이 이루는 각은 ________이고 나머지는 ________이다.

**2** 아래 그림과 같은 이등변삼각형 ABC에 대하여 다음을 완성하여라.

(1)

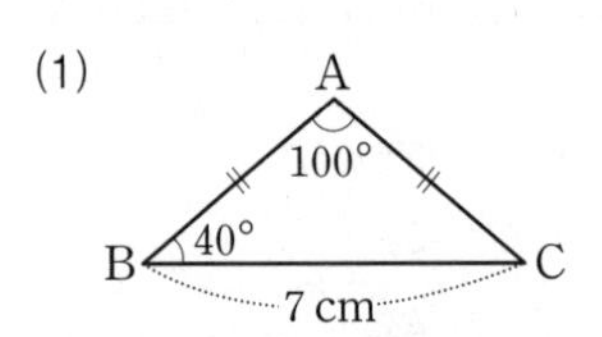


➔ 꼭지각의 크기: 100°
밑변의 길이: ☐ cm
밑각의 크기: ☐°

(2)

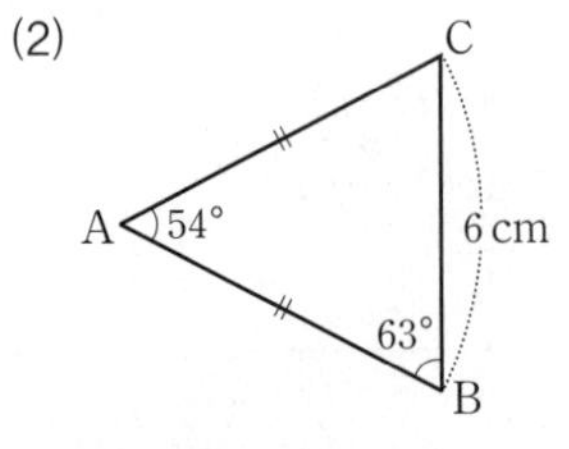


➔ 꼭지각의 크기: ☐°
밑변의 길이: ☐ cm
밑각의 크기: ☐°

**3** 다음 그림과 같이 $\angle A$가 꼭지각인 이등변삼각형 ABC에서 $x$의 값을 구하여라.

(1)

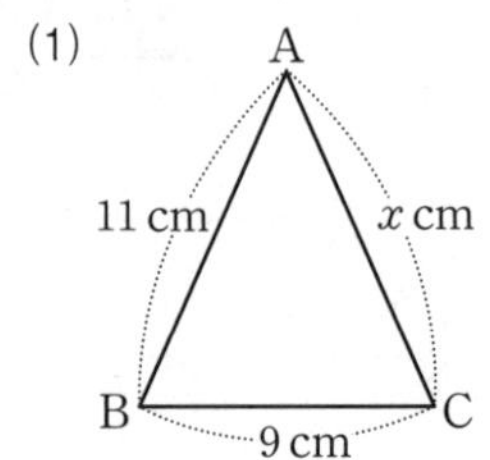


답 ________

(2)

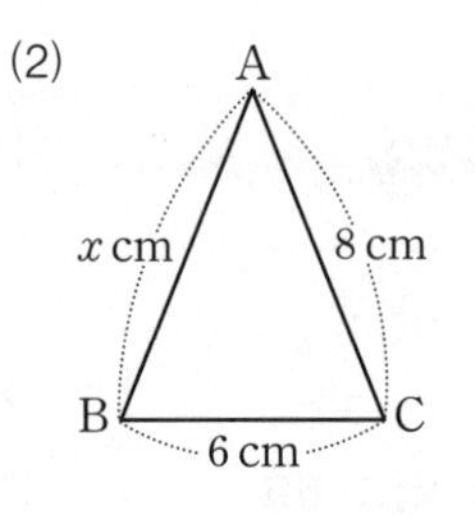


답 ________

(3)

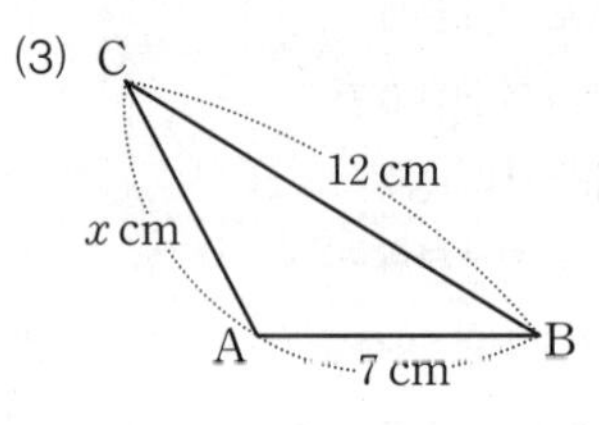

답 ________

**풍쌤의 point**

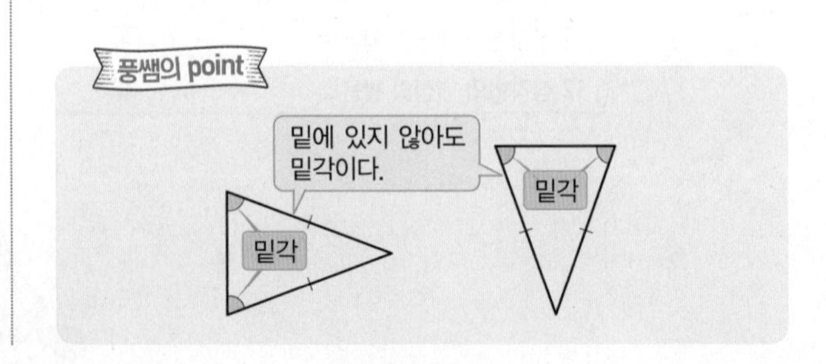

# 02 이등변삼각형의 성질

**핵심개념**

1. 이등변삼각형의 두 밑각의 크기는 서로 같다.
   ➔ △ABC에서 $\overline{AB}=\overline{AC}$이면
   $\angle B=\angle C$

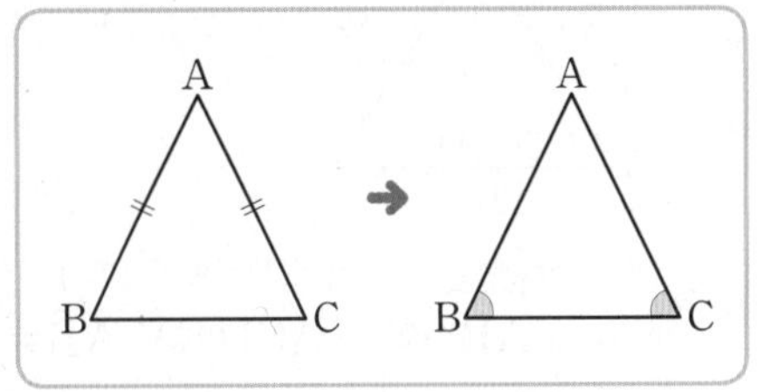

2. 이등변삼각형의 꼭지각의 이등분선은 밑변을 수직이등분한다.
   ➔ △ABC에서
   $\overline{AB}=\overline{AC}$, $\angle BAD=\angle CAD$이면
   $\overline{BD}=\overline{CD}$, $\overline{AD}\perp\overline{BC}$

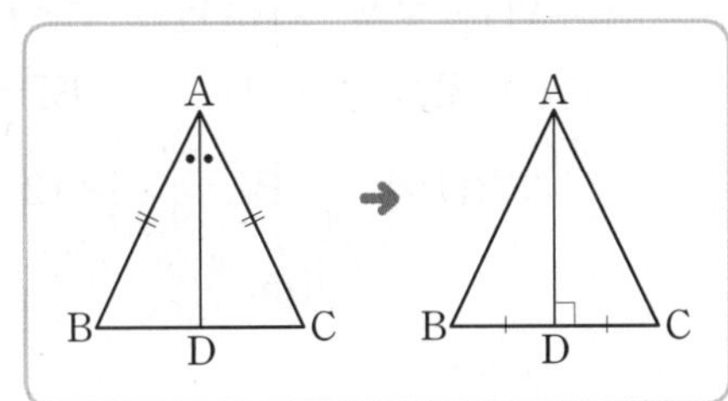

**참고** 이등변삼각형에서 다음은 모두 같다.
① 꼭지각의 이등분선
② 밑변의 수직이등분선
③ 꼭짓점 A에서 밑변에 그은 수선
④ 꼭짓점 A와 밑변의 중점을 지나는 직선

▶학습 날짜 월 일 ▶걸린 시간 분 / **목표 시간** 15분

정답과 해설 2쪽

**1** 다음 그림과 같은 이등변삼각형 ABC에서 $\angle x$의 크기를 구하여라.

(1)

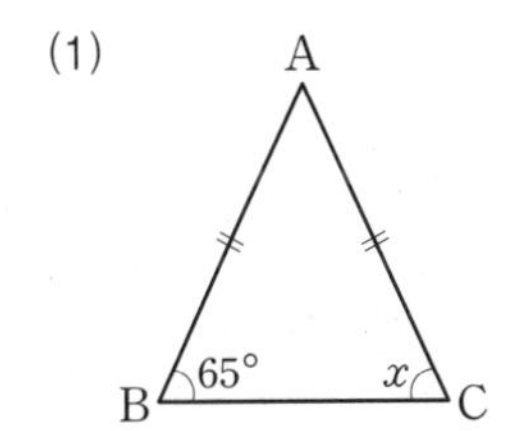

➔ △ABC가 $\overline{AB}=\overline{AC}$인 이등변삼각형이므로 ☐$=\angle B$
$\therefore \angle x=$☐°

(2)

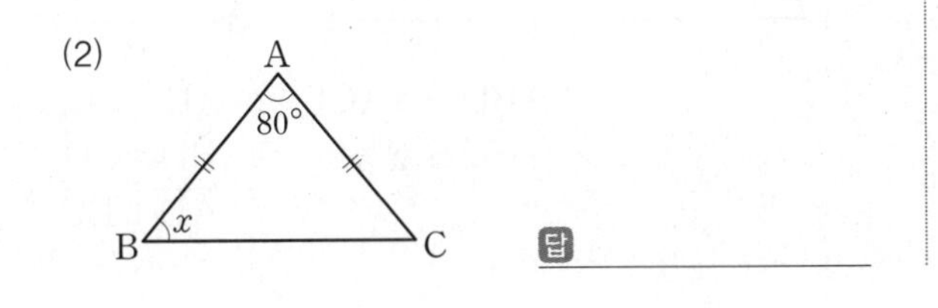

답 ________

(3)

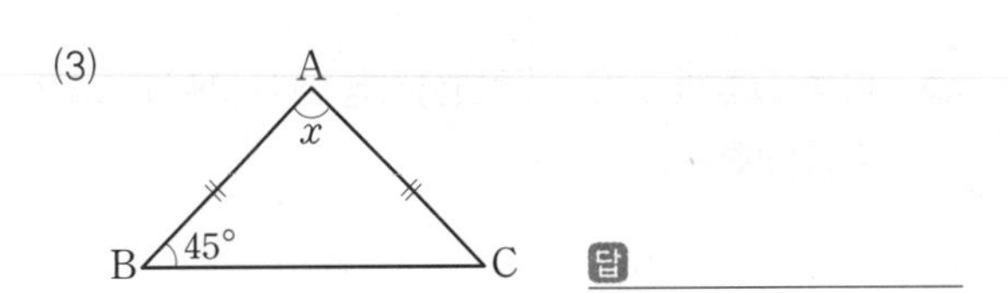

답 ________

(4)

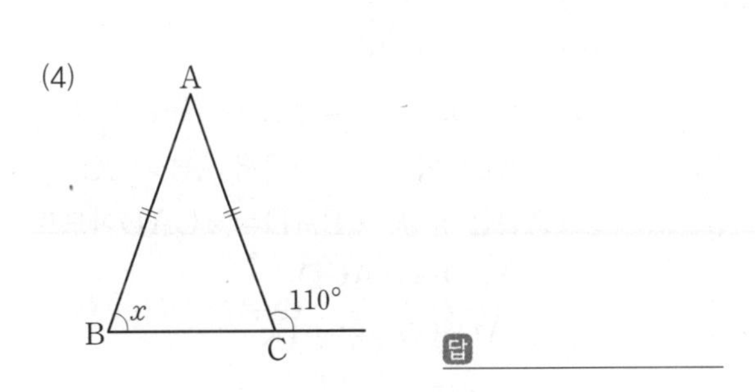

답 ________

(5)

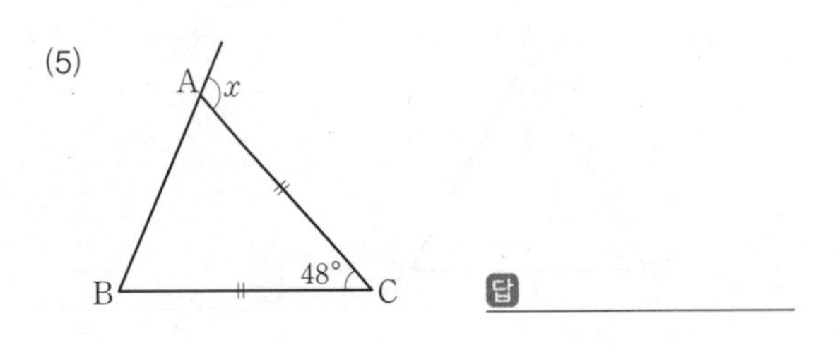

답 ________

**2** 다음 그림과 같은 이등변삼각형 ABC에서 $x$의 값을 구하여라.

(1)

A
B
C
D
$x$ cm
12 cm

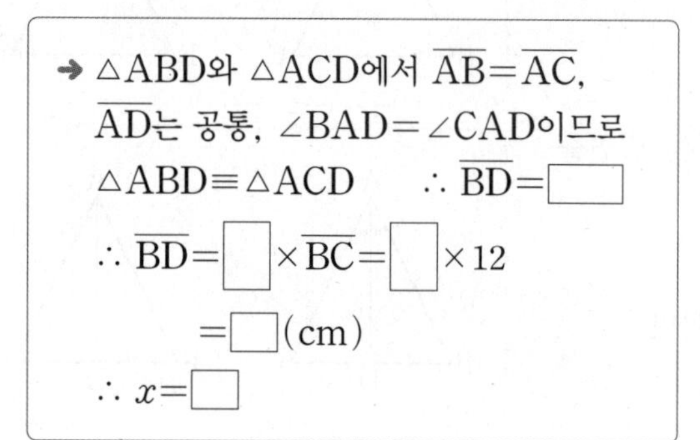

➜ △ABD와 △ACD에서 $\overline{AB}=\overline{AC}$,
$\overline{AD}$는 공통, $\angle BAD=\angle CAD$이므로
$\triangle ABD \equiv \triangle ACD$ $\quad \therefore \overline{BD}=\square$
$\therefore \overline{BD}=\square \times \overline{BC}=\square \times 12$
$=\square$(cm)
$\therefore x=\square$

(2)

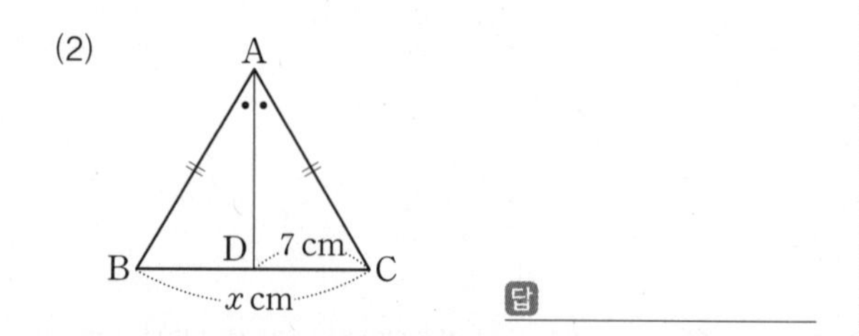


**3** 다음 그림과 같은 이등변삼각형 ABC에서 $\angle x$의 크기를 구하여라.

(1)

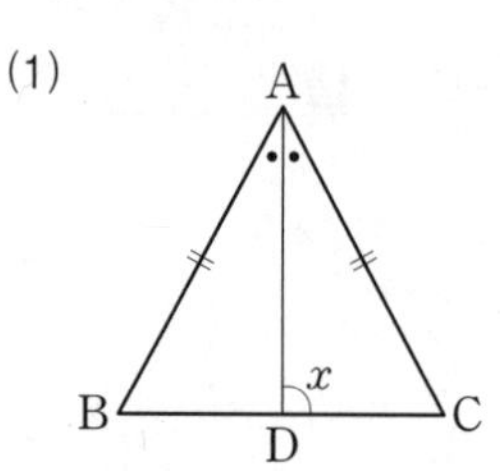


➜ △ABD와 △ACD에서 $\overline{AB}=\overline{AC}$,
$\overline{AD}$는 공통, $\angle BAD=\angle CAD$이므로
$\triangle ABD \equiv \triangle ACD$
$\therefore \overline{AD}$ ( ⊥, = ) $\overline{BC}$
$\therefore \angle x=\square^\circ$

(2)

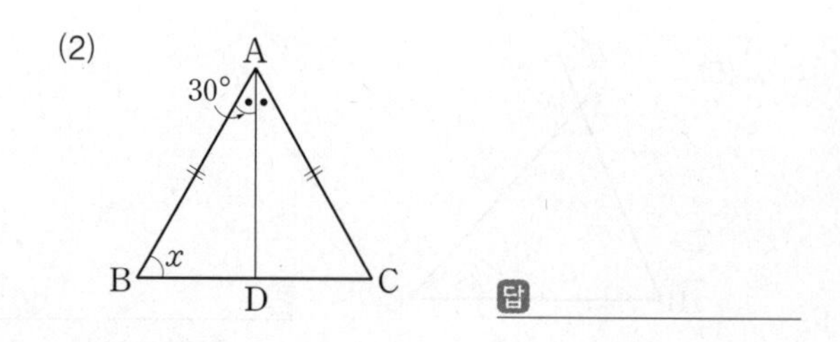


(3)

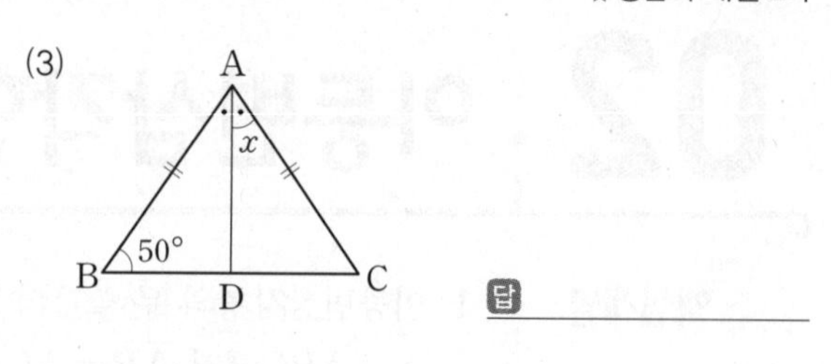


(4)

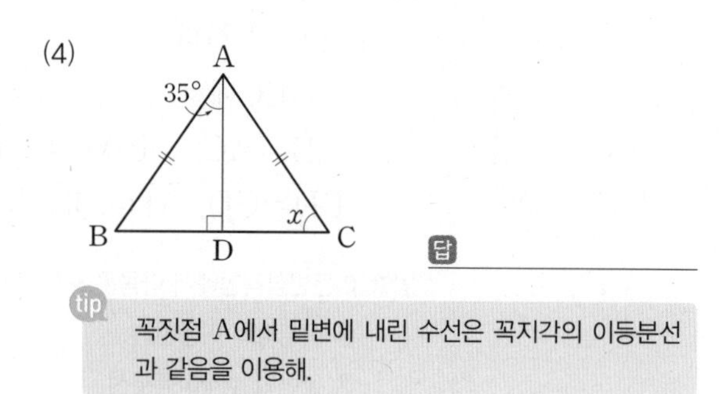


(5)

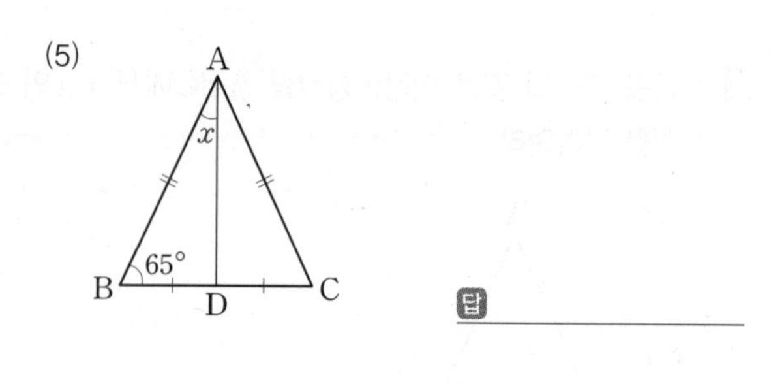


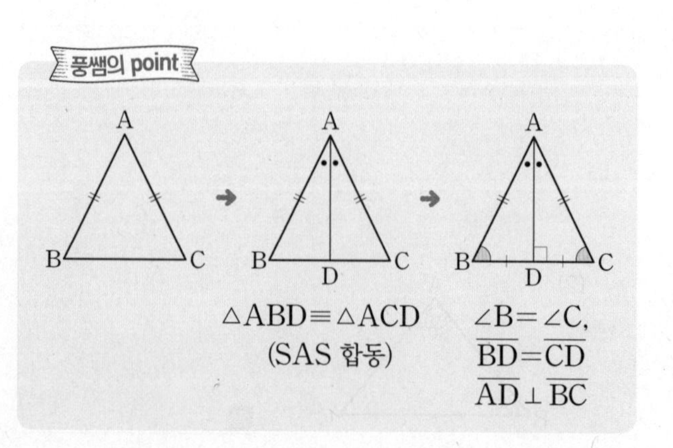

# 03 이등변삼각형이 되는 조건

**핵심개념** 두 내각의 크기가 같은 삼각형은 이등변삼각형이다.

➜ $\triangle ABC$에서 $\angle B = \angle C$이면 $\overline{AB} = \overline{AC}$

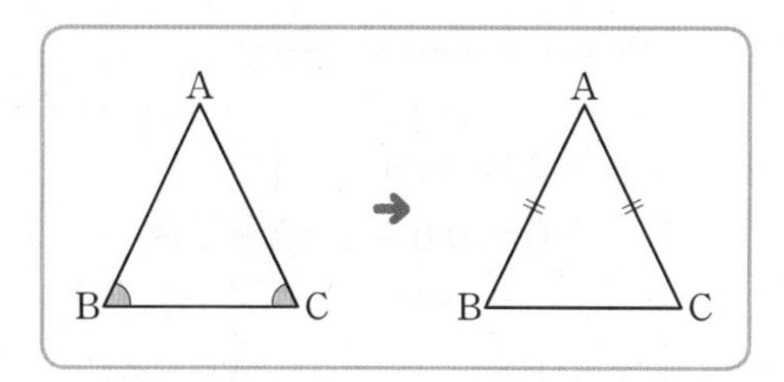

▶학습 날짜 월 일 ▶걸린 시간 분 / 목표 시간 15분

정답과 해설 2쪽

**1** 아래는 '두 내각의 크기가 같은 삼각형은 이등변삼각형이다.'를 설명하는 과정이다. 다음을 완성하여라.

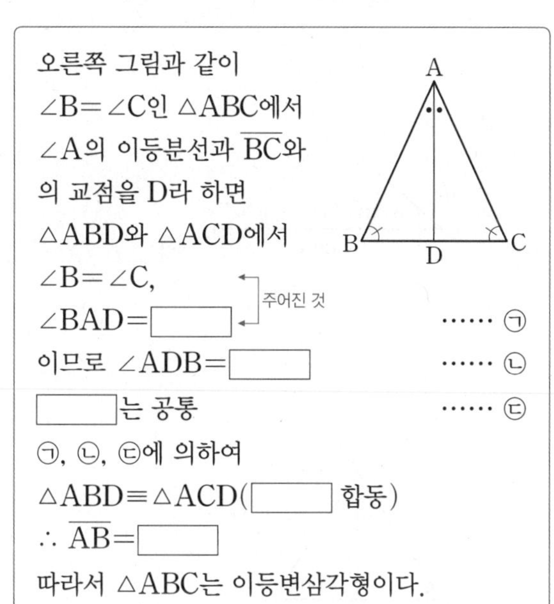

오른쪽 그림과 같이
$\angle B = \angle C$인 $\triangle ABC$에서
$\angle A$의 이등분선과 $\overline{BC}$와
의 교점을 D라 하면
$\triangle ABD$와 $\triangle ACD$에서
$\angle B = \angle C$,
$\angle BAD =$ ☐ …… ㉠ (주어진 것)
이므로 $\angle ADB =$ ☐ …… ㉡
☐ 는 공통 …… ㉢
㉠, ㉡, ㉢에 의하여
$\triangle ABD \equiv \triangle ACD$( ☐ 합동)
$\therefore \overline{AB} =$ ☐
따라서 $\triangle ABC$는 이등변삼각형이다.



**2** 다음 그림과 같은 $\triangle ABC$에서 $x$의 값을 구하여라.

(1)

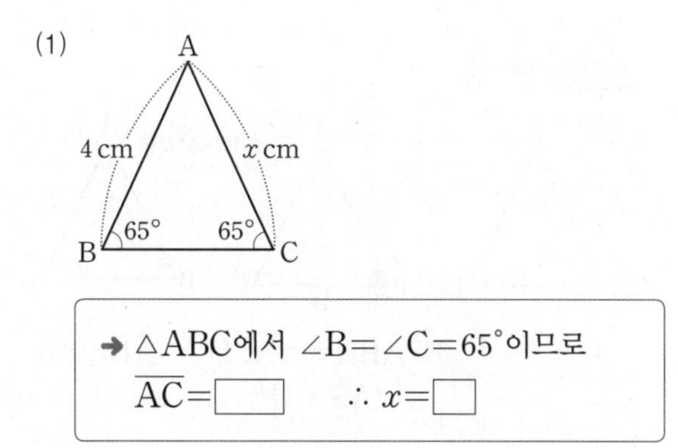


➜ $\triangle ABC$에서 $\angle B = \angle C = 65°$이므로
$\overline{AC} =$ ☐ $\therefore x =$ ☐

(2)

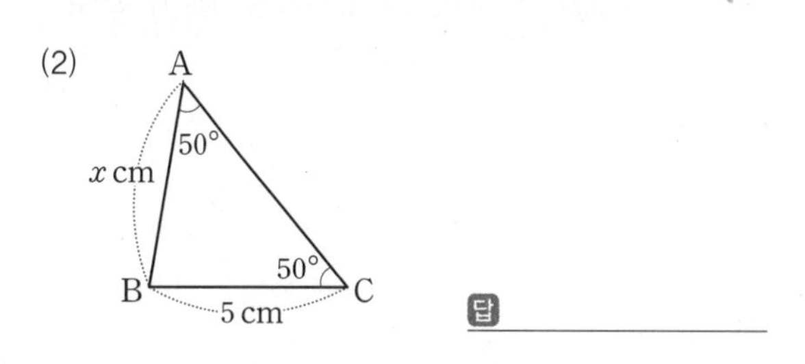


답 ________

(3)

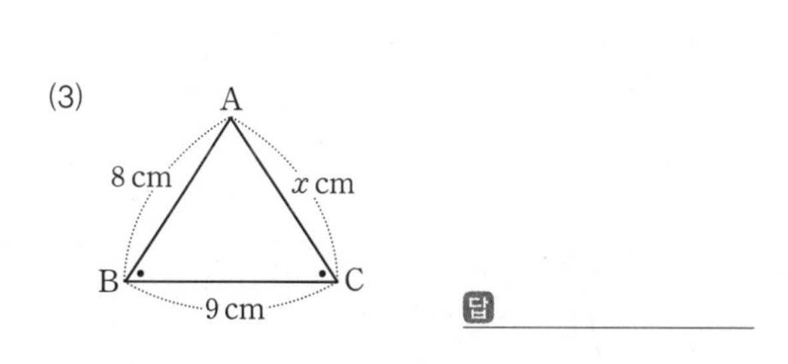


답 ________

(4)

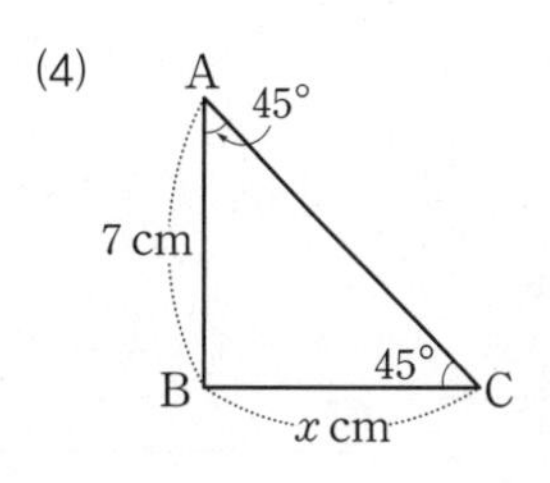


답 ________

**3** 다음 그림과 같은 $\triangle ABC$에서 $x$의 값을 구하여라.

(1)

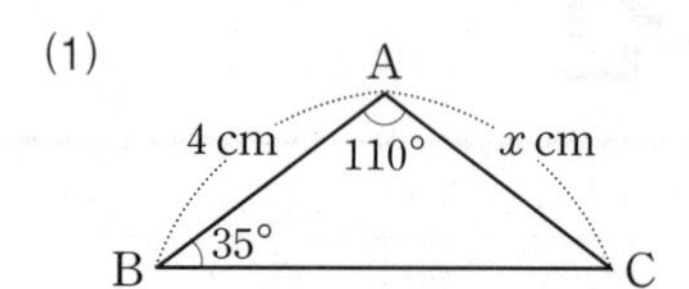


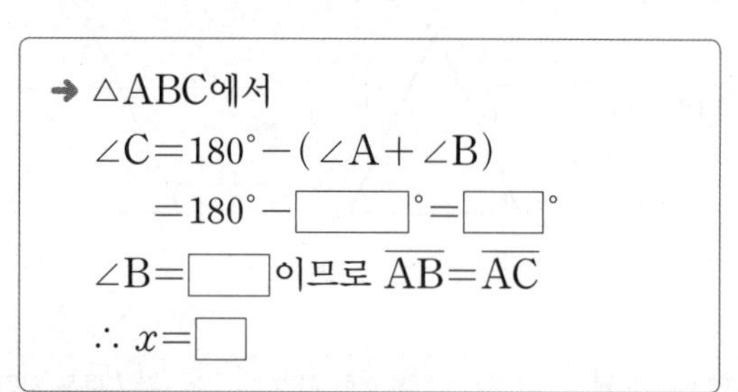

➜ $\triangle ABC$에서

$\angle C = 180^\circ - (\angle A + \angle B)$

$= 180^\circ - \square^\circ = \square^\circ$

$\angle B = \square$이므로 $\overline{AB} = \overline{AC}$

$\therefore x = \square$

tip 삼각형의 세 내각의 크기의 합은 180°임을 이용하여 나머지 한 각의 크기를 구하고 어떤 삼각형인지 파악해 봐.

(2)

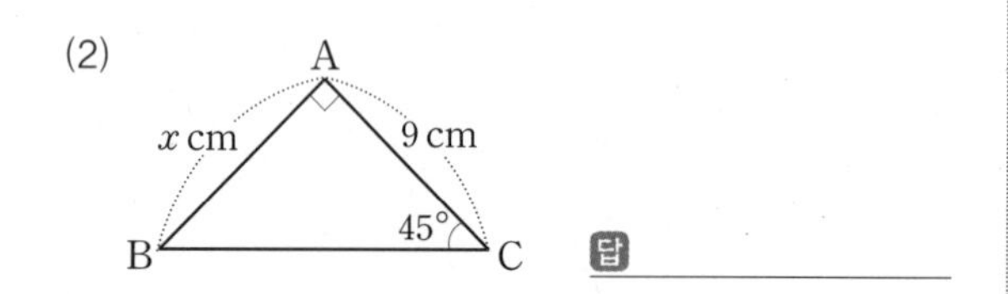


(3)

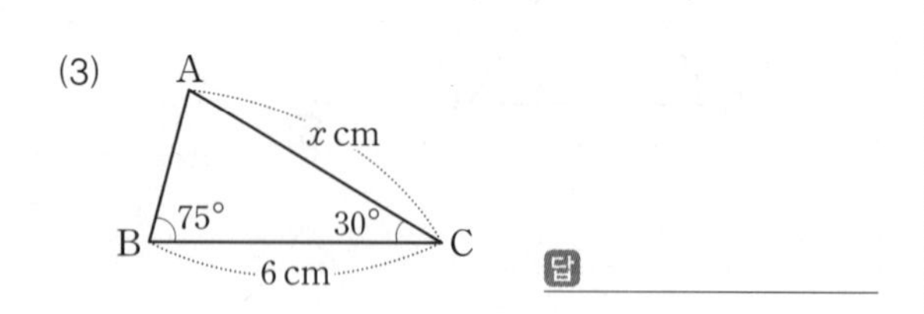


(4)

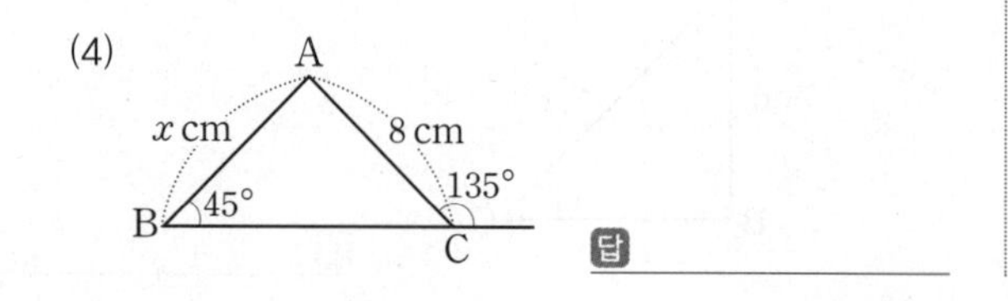


**4** 다음 그림과 같은 $\triangle ABC$에서 $x$의 값을 구하여라.

(1)

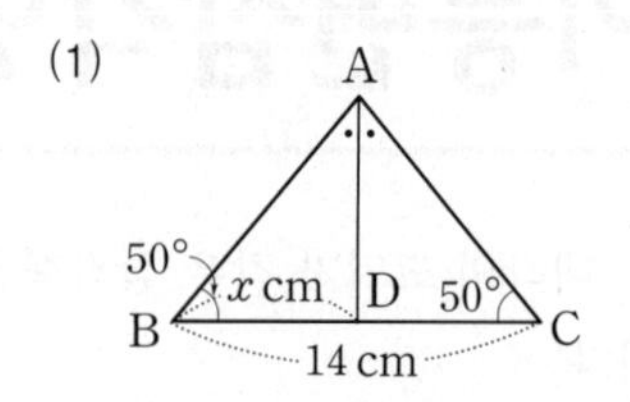


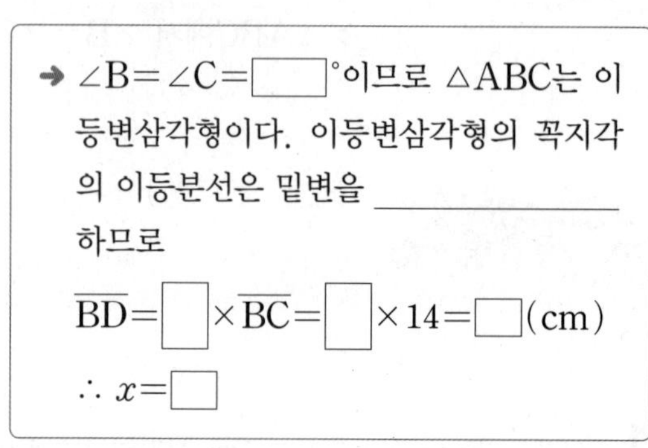

➜ $\angle B = \angle C = \square^\circ$이므로 $\triangle ABC$는 이등변삼각형이다. 이등변삼각형의 꼭지각의 이등분선은 밑변을 ______ 하므로

$\overline{BD} = \square \times \overline{BC} = \square \times 14 = \square$(cm)

$\therefore x = \square$

(2)

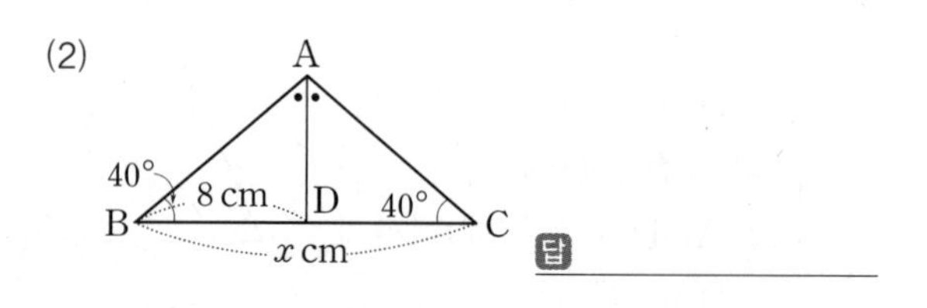


(3)

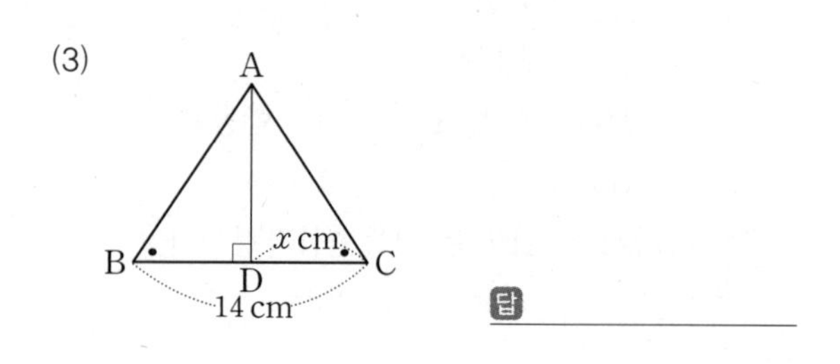


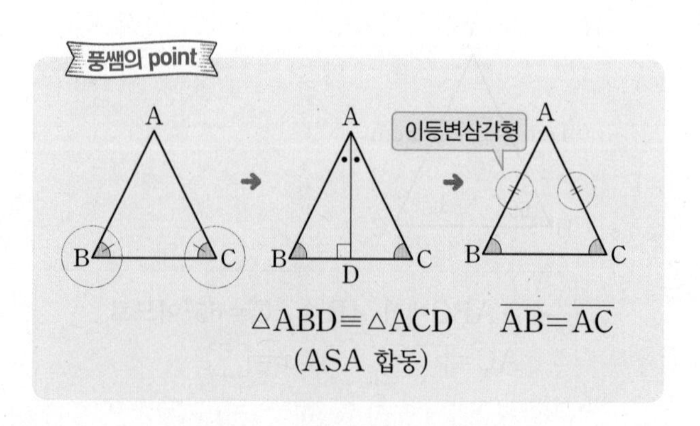

# 04 이등변삼각형의 성질의 활용

**핵심개념** 삼각형에서 각의 크기는 다음과 같은 방식으로 구한다.

1. 이등변삼각형의 두 밑각의 크기가 같음을 이용한다.
2. 삼각형의 세 내각의 크기의 합은 180°임을 이용한다.
3. 삼각형의 한 외각의 크기는 그와 이웃하지 않는 두 내각의 크기의 합과 같음을 이용한다.

예 폭이 일정한 종이를 오른쪽 그림과 같이 접었을 때,
$\angle ABC = \angle CBD$(접은 각), $\angle ACB = \angle CBD$(엇각)이므로
$\triangle ABC$는 $\overline{AB} = \overline{AC}$인 이등변삼각형이다.
➜ $\angle ABC = \angle ACB$

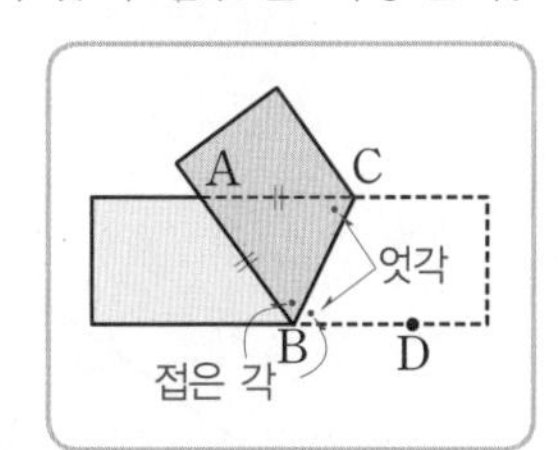

▶학습 날짜 월 일 ▶걸린 시간 분 / 목표 시간 20분

▌정답과 해설 2~3쪽

**1** 다음 그림과 같이 $\overline{AB} = \overline{AC}$인 이등변삼각형 ABC에 대하여 $\angle x$의 크기를 구하여라.

(1)

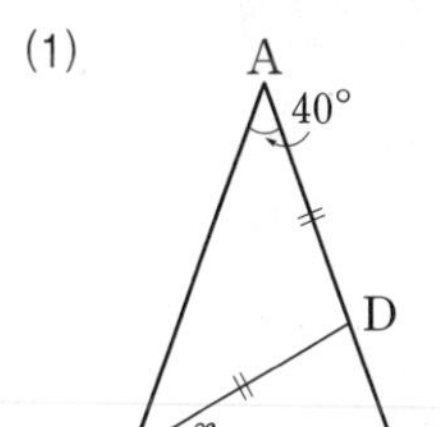


➜ $\angle ABC = \frac{1}{2} \times (180° - \square°) = \square°$
$\triangle ABD$는 이등변삼각형이므로
$\angle ABD = \angle BAD = \square°$
$\therefore \angle x = \square° - 40° = \square°$

(2)

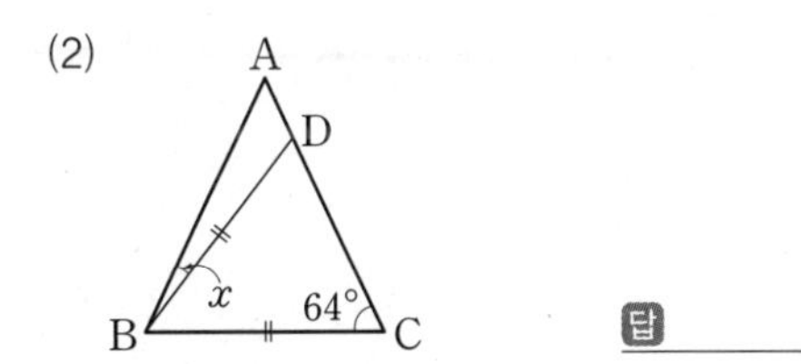


답 

(3)

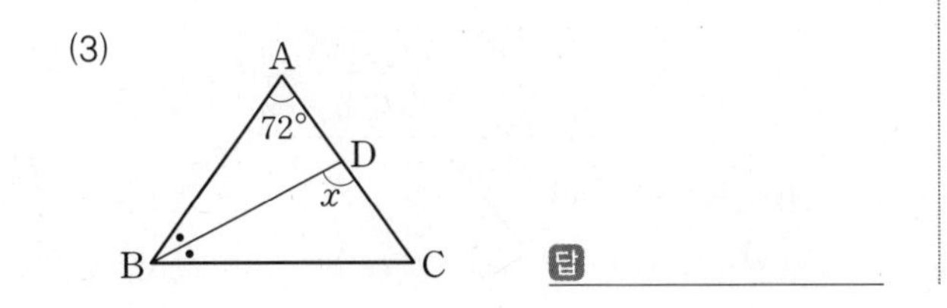


답 

**2** 다음 그림에서 $\angle x$의 크기를 구하여라.

(1)

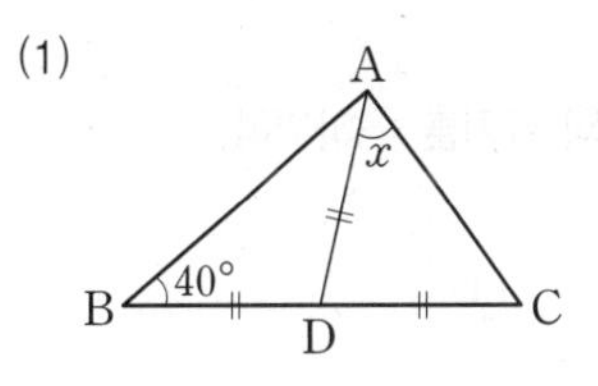


➜ $\triangle ABD$는 $\overline{AD} = \overline{BD}$인 이등변삼각형이므로
$\angle BAD = \angle B = \square°$
$\angle ADC = 40° + \square° = \square°$
이때 $\triangle ADC$는 이등변삼각형이므로
$\angle x = \frac{1}{2} \times (180° - \square°) = \square°$

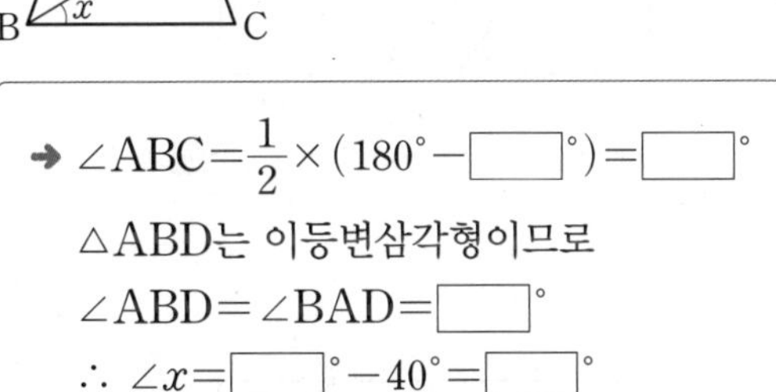

(2)

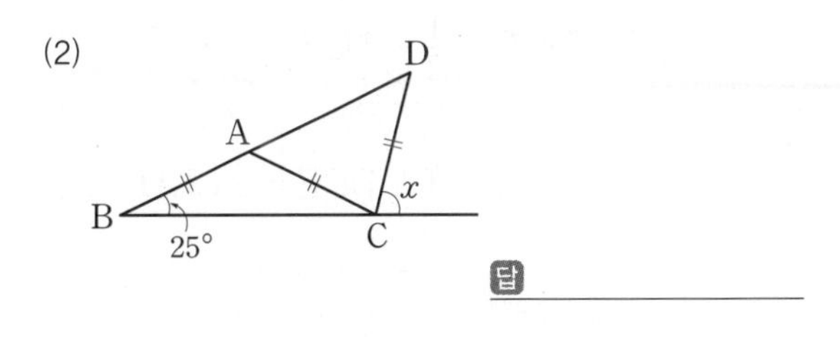


답 

(3)

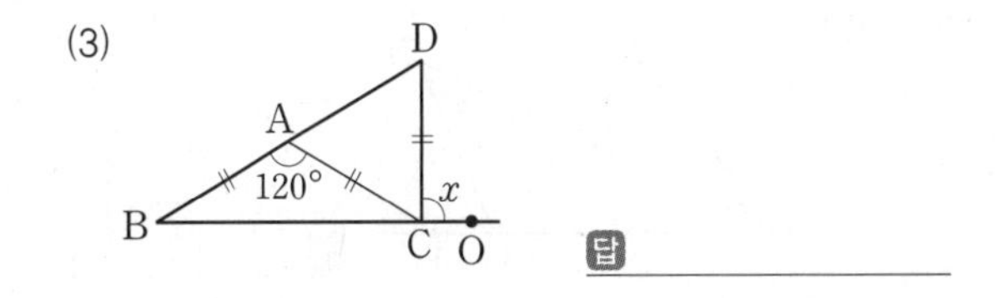


답 

## 3 다음 그림에서 $x$의 값을 구하여라.

(1)

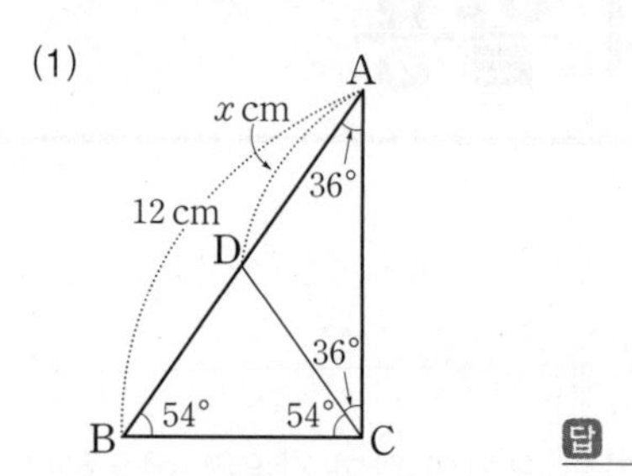


답 ____________

(2)

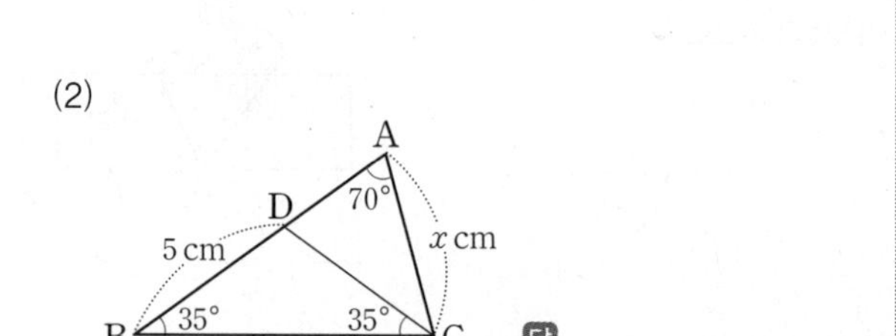


답 ____________

## 4 다음 그림에서 $\angle x$의 크기를 구하여라.

(1)

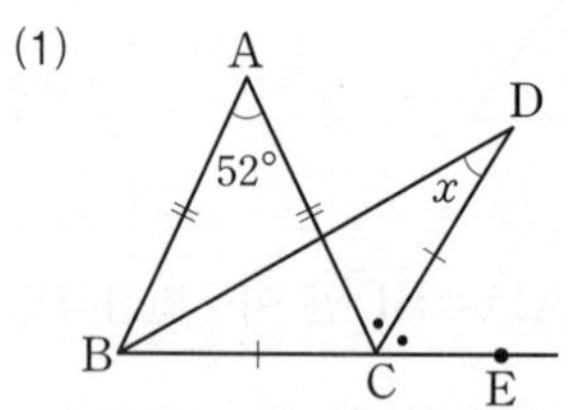


➜ $\triangle$ABC에서 $\overline{AB}=\overline{AC}$이므로

$\angle ACB=\angle ABC$

$=\frac{1}{2}\times(180°-\square°)$

$=\square°$

이때 $\angle ACE=180°-\square°=\square°$

이므로

$\angle DCE=\frac{1}{2}\angle ACE=\frac{1}{2}\times\square°$

$=\square°$

$\triangle$DBC에서 $\angle DCE=\angle CBD+\angle D$이므로

$2\angle x=\square°$ $\therefore \angle x=\square°$

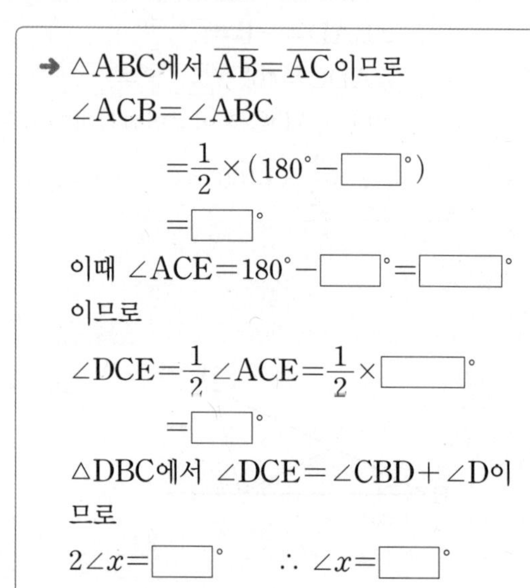

(2)

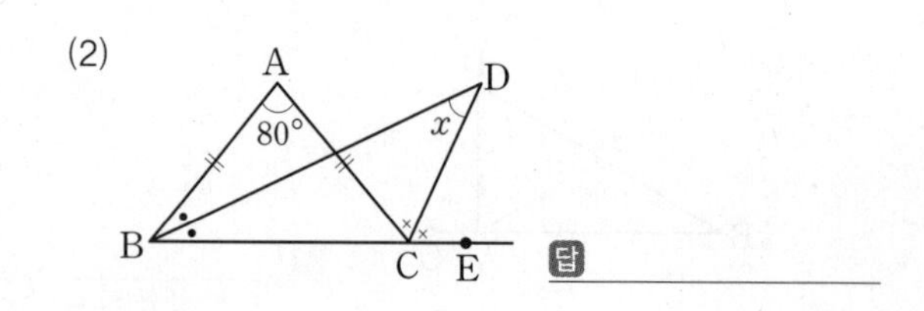


답 ____________

## 5 폭이 일정한 종이를 오른쪽 그림과 같이 접었을 때, 다음을 완성하여라.

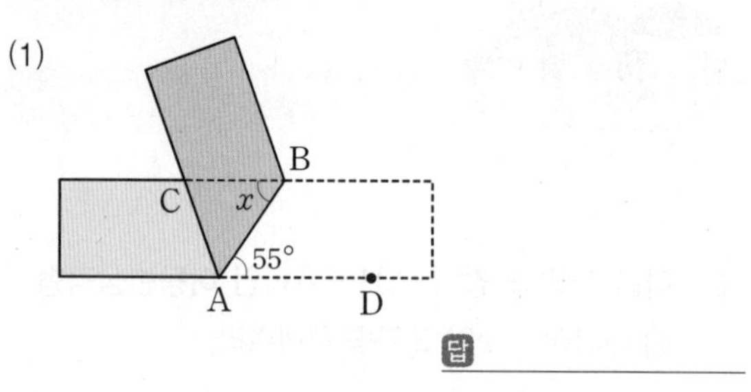


(1) 접은 각의 크기는 같으므로 $\angle BAC=\square°$ …… ㉠

(2) $\overleftrightarrow{AD}/\!/\overleftrightarrow{BC}$이므로 $\angle ACB=\square°$ …… ㉡

(3) ㉠, ㉡에 의하여 $\angle BAC=\square$이므로 $\triangle$BAC는 $\overline{BA}=\square$인 ________ 삼각형이다.

## 6 폭이 일정한 종이를 다음 그림과 같이 접었을 때, $\angle x$의 크기를 구하여라.

(1)

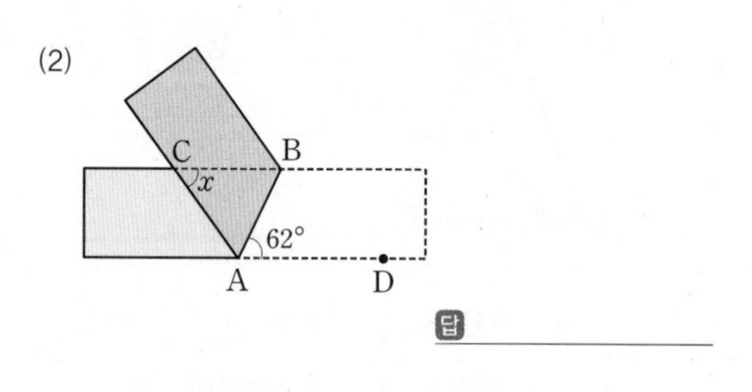


답 ____________

(2)

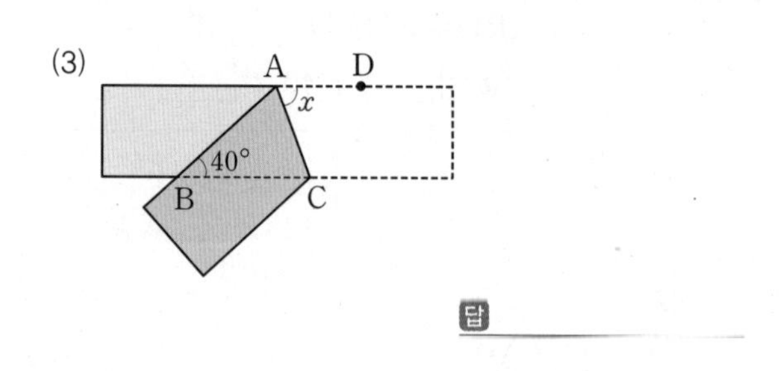


답 ____________

(3)



답 ____________

풍쌤의 point

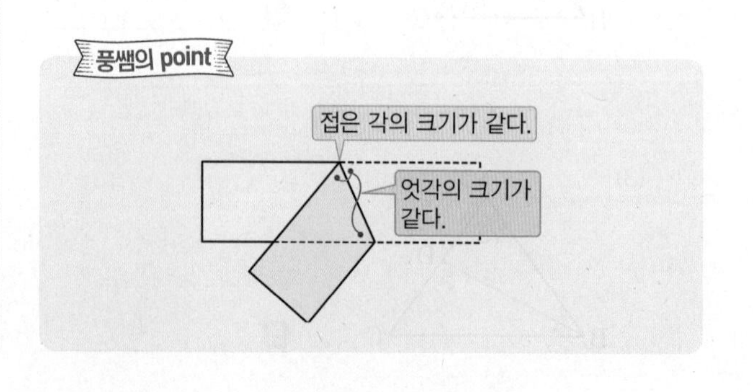

▌정답과 해설 3쪽

# 01-04 · 스스로 점검 문제

맞힌 개수 개 / 7개

▶학습 날짜 월 일 ▶걸린 시간 분 / 목표 시간 15분

**1** ☐☐ 이등변삼각형 3

오른쪽 그림과 같은 이등변삼각형 ABC에서 ∠A가 꼭지각일 때, △ABC의 둘레의 길이를 구하여라.

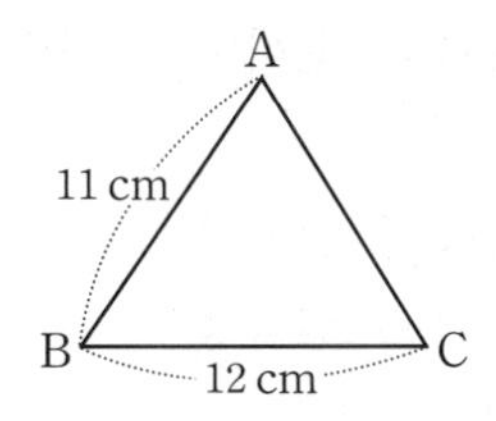


**2** ☐☐ 이등변삼각형의 성질 1

다음은 '이등변삼각형의 두 밑각의 크기는 서로 같다.'가 성립함을 설명하는 과정이다. ☐ 안에 알맞은 것으로 옳지 않은 것은?

> 오른쪽 그림과 같이 $\overline{AB}=\overline{AC}$인 이등변삼각형 ABC에서 ∠A의 이등분선과 밑변 BC의 교점을 D라 하면
> △ABD와 △ACD에서
> $\overline{AB}$= ① , ∠BAD= ② , ③ 는 공통
> 이므로 △ABD≡△ACD( ④ 합동)
> ∴ ∠B= ⑤
>
> 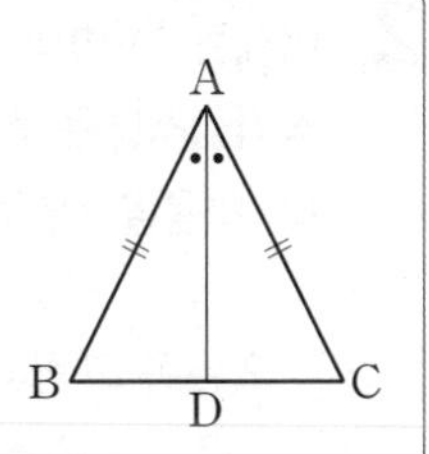
> 

① $\overline{AC}$ ② ∠CAD ③ $\overline{AD}$
④ SSS ⑤ ∠C

**3** ☐☐ 이등변삼각형의 성질 1

오른쪽 그림과 같이 $\overline{AB}=\overline{AC}$인 이등변삼각형 ABC에서 $\angle x$의 크기는?

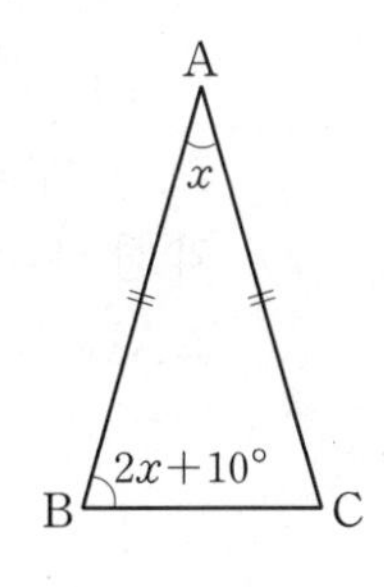


① $28^\circ$ ② $30^\circ$
③ $32^\circ$ ④ $34^\circ$
⑤ $36^\circ$

**4** ☐☐ 이등변삼각형이 되는 조건 4

오른쪽 그림과 같은 △ABC에서 ∠B=∠C이고 $\overline{AD}\perp\overline{BC}$이다. $\overline{DC}$=3 cm일 때, $\overline{BC}$의 길이를 구하여라.

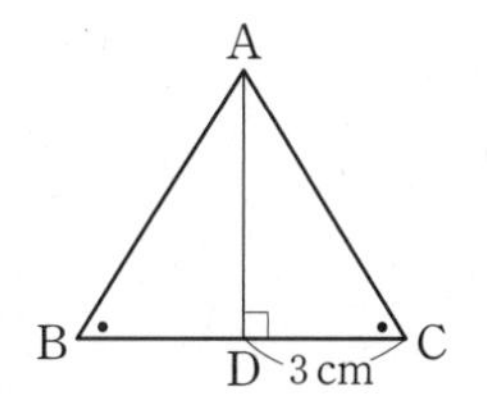


**5** ☐☐ 이등변삼각형의 성질의 활용 2

오른쪽 그림에서 △ABC는 $\overline{AB}=\overline{AC}$인 이등변삼각형이다. $\overline{AD}=\overline{BD}=\overline{BC}$일 때, ∠A의 크기를 구하여라.

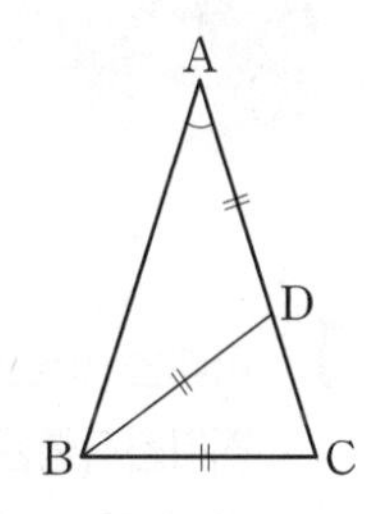


**6** ☐☐ 이등변삼각형의 성질의 활용 3

오른쪽 그림과 같이 ∠C=$90^\circ$인 직각삼각형 ABC에서 $\overline{AD}=\overline{CD}$이고 $\overline{AC}$=10 cm일 때, $\overline{AB}$의 길이를 구하여라.

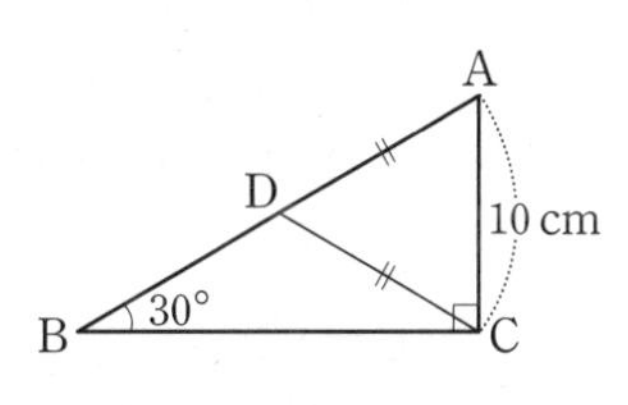


**7** ☐☐ 이등변삼각형의 성질의 활용 5, 6

폭이 일정한 종이를 오른쪽 그림과 같이 접었을 때, $\angle x$의 크기를 구하여라.

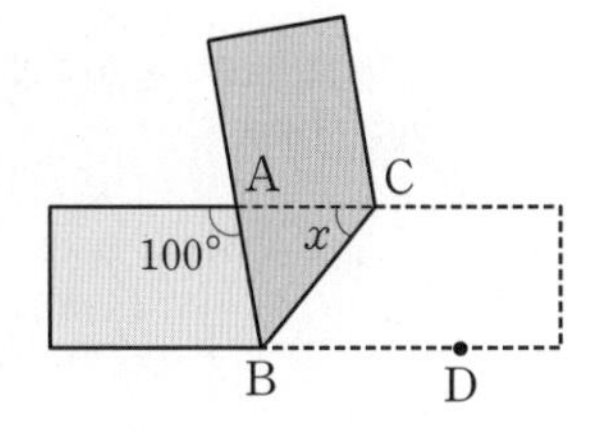

# 05 직각삼각형의 합동 조건

**핵심개념**

1. RHA 합동: 두 직각(R)삼각형의 빗변(H)의 길이와 한 예각(A)의 크기가 각각 같으면 두 삼각형은 서로 합동이다.
   → $\angle C=\angle F=90^\circ$, $\overline{AB}=\overline{DE}$, $\angle B=\angle E$이면 $\triangle ABC\equiv\triangle DEF$

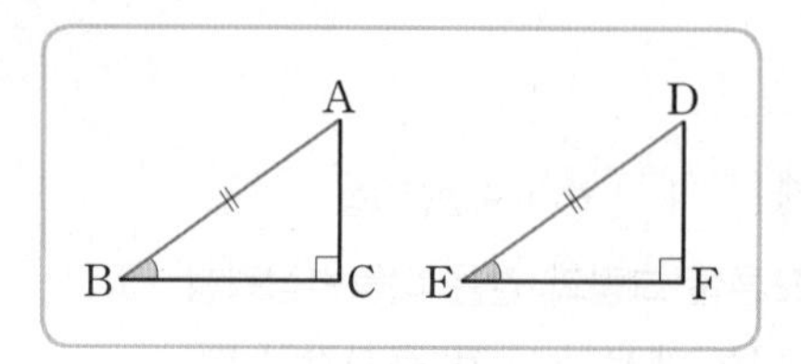

2. RHS 합동: 두 직각(R)삼각형의 빗변(H)의 길이와 한 변(S)의 길이가 각각 같으면 두 삼각형은 서로 합동이다.
   → $\angle C=\angle F=90^\circ$, $\overline{AB}=\overline{DE}$, $\overline{AC}=\overline{DF}$이면 $\triangle ABC\equiv\triangle DEF$

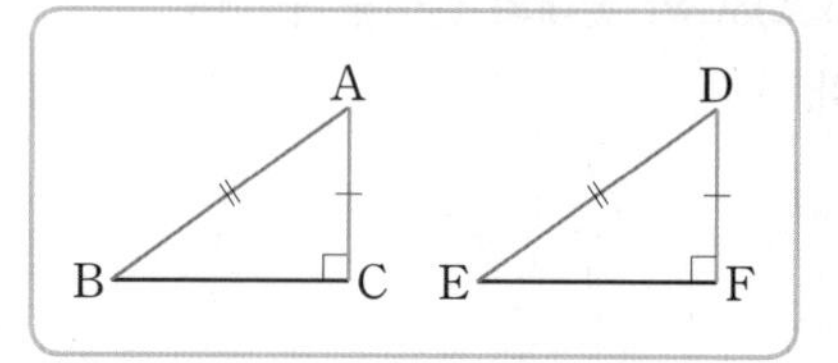

참고 R: 직각(Right angle), H: 빗변(Hypotenuse), A: 각(Angle), S: 변(Side)

▶학습 날짜 월 일 ▶걸린 시간 분 / 목표 시간 25분

**1** 아래는 '빗변의 길이와 한 예각의 크기가 각각 같은 두 직각삼각형은 합동이다.'가 성립함을 설명하는 과정이다. 다음을 완성하여라.

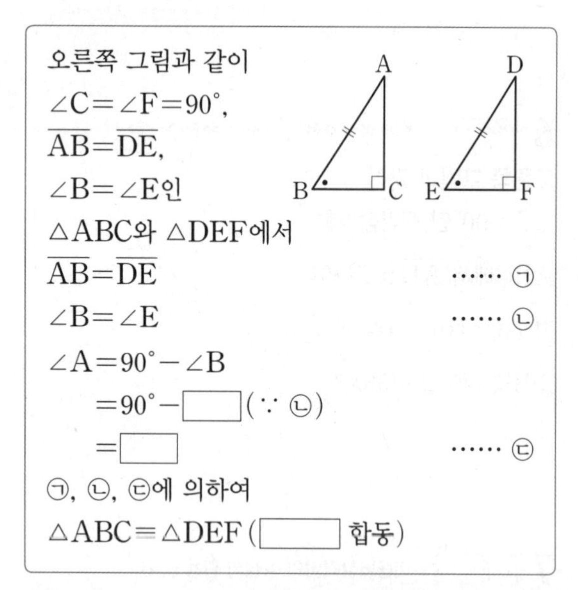

오른쪽 그림과 같이
$\angle C=\angle F=90^\circ$,
$\overline{AB}=\overline{DE}$,
$\angle B=\angle E$인
$\triangle ABC$와 $\triangle DEF$에서
$\overline{AB}=\overline{DE}$ …… ㉠
$\angle B=\angle E$ …… ㉡
$\angle A=90^\circ-\angle B$
$=90^\circ-$☐(∵ ㉡)
$=$☐ …… ㉢
㉠, ㉡, ㉢에 의하여
$\triangle ABC\equiv\triangle DEF$ (☐ 합동)

tip 직각삼각형에서 한 예각의 크기가 정해지면 다른 한 예각의 크기도 정해져.

**2** 아래는 '빗변의 길이와 한 변의 길이가 각각 같은 두 직각삼각형은 합동이다.'가 성립함을 설명하는 과정이다. 다음을 완성하여라.

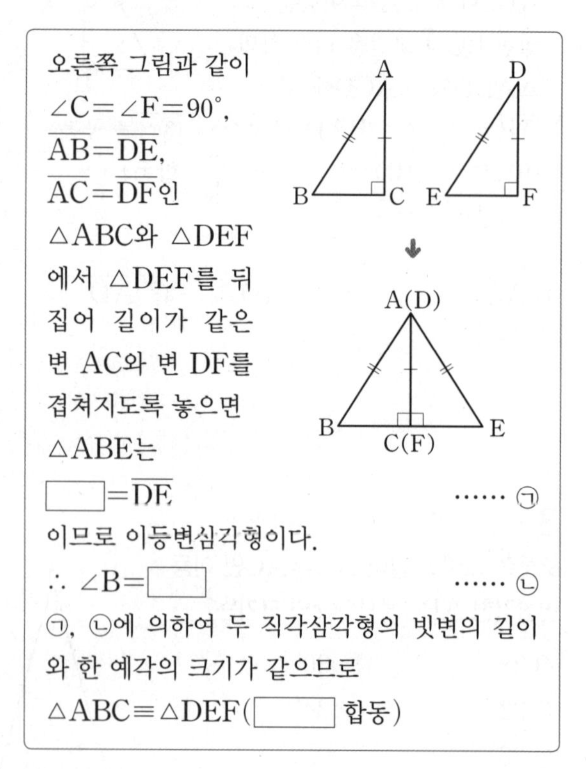

오른쪽 그림과 같이
$\angle C=\angle F=90^\circ$,
$\overline{AB}=\overline{DE}$,
$\overline{AC}=\overline{DF}$인
$\triangle ABC$와 $\triangle DEF$에서 $\triangle DEF$를 뒤집어 길이가 같은 변 AC와 변 DF를 겹쳐지도록 놓으면
$\triangle ABE$는
☐$=\overline{DE}$ …… ㉠
이므로 이등변삼각형이다.
$\therefore \angle B=$☐ …… ㉡
㉠, ㉡에 의하여 두 직각삼각형의 빗변의 길이와 한 예각의 크기가 같으므로
$\triangle ABC\equiv\triangle DEF$(☐ 합동)

**3** 다음 그림과 같은 두 직각삼각형에 대하여 합동인 두 삼각형을 기호로 나타내고, 합동 조건을 말하여라.

(1)

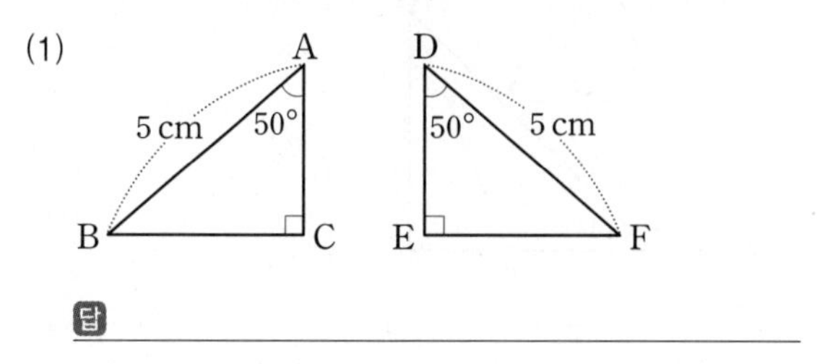


답

(2)

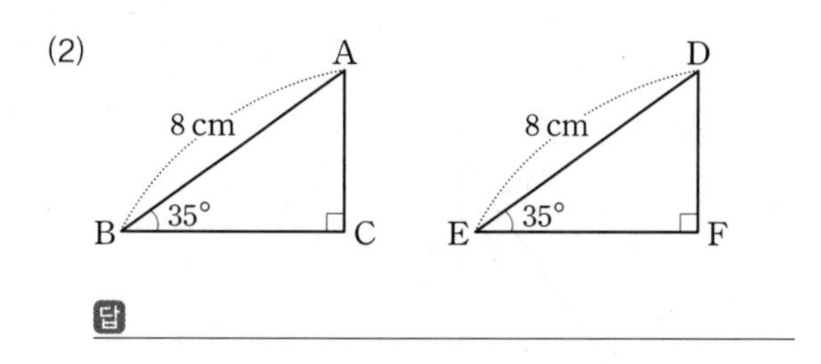


답

(3)

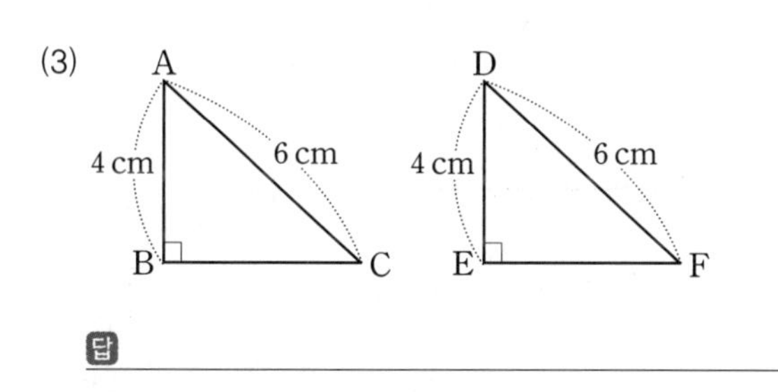


답

(4)

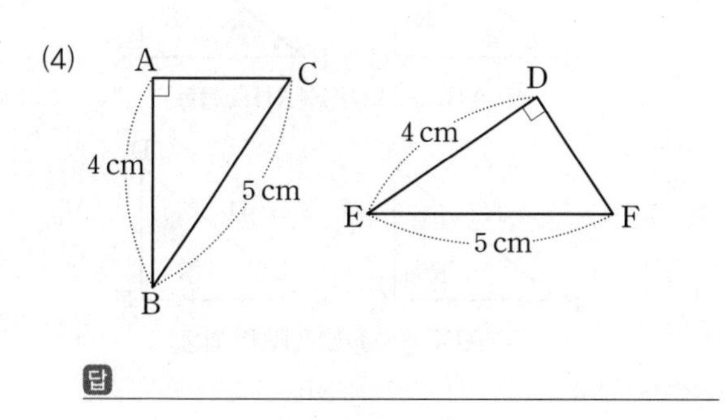


답

**4** 아래 그림과 같은 두 직각삼각형에 대하여 다음 물음에 답하여라.

(1)

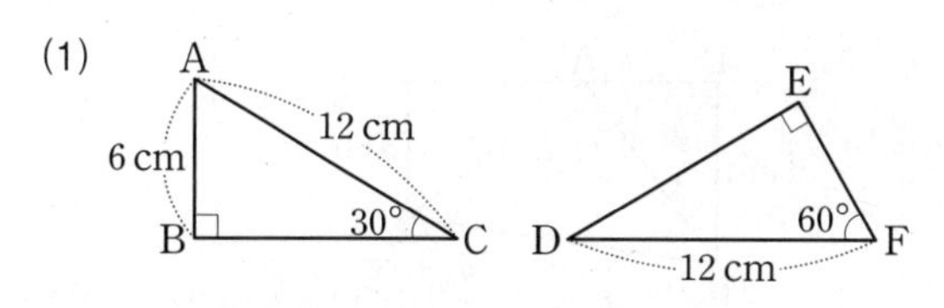


① 합동인 두 삼각형을 기호로 나타내고, 합동 조건을 말하여라.

답

② $\overline{\text{FE}}$의 길이를 구하여라.

답

(2)

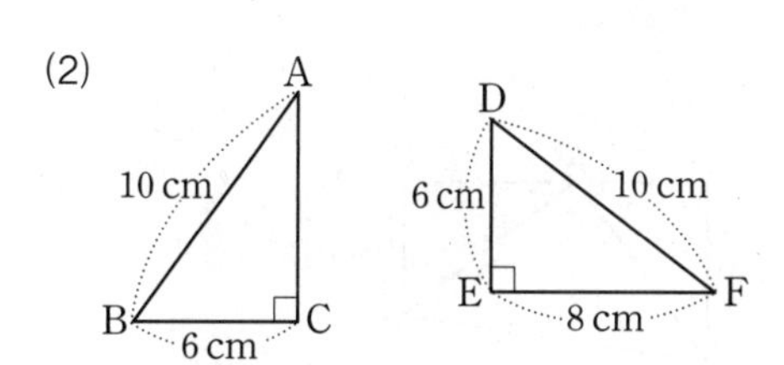


① 합동인 두 삼각형을 기호로 나타내고, 합동 조건을 말하여라.

답

② $\overline{\text{AC}}$의 길이를 구하여라.

답

**5** 오른쪽 그림과 같이 $\overline{\text{AB}}=\overline{\text{AC}}$인 직각이등변삼각형 ABC의 두 꼭짓점 B, C에서 꼭짓점 A를 지나는 직선 $l$에 내린 수선의 발을 각각 D, E라 하자. △ABD≡△CAE임을 설명하는 다음 과정을 완성하여라.

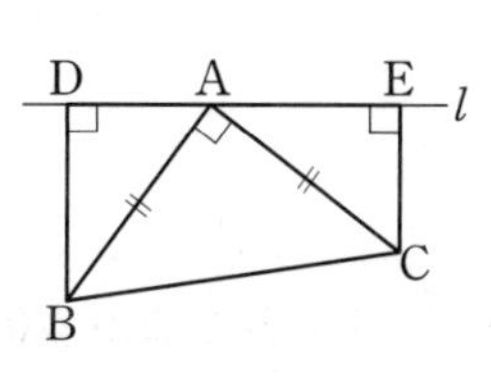


△ABD와 △CAE에서
∠ADB=∠CEA=☐°, $\overline{\text{AB}}$=☐,
∠BAC=90°이므로
∠DAB+∠DBA=90°,
∠DAB+∠EAC=90°
∴ ∠DBA=☐
∴ △ABD≡△CAE (☐ 합동)

**6** 다음 그림에서 △ABC가 직각이등변삼각형일 때, 색칠한 부분의 넓이를 구하여라.

(1)

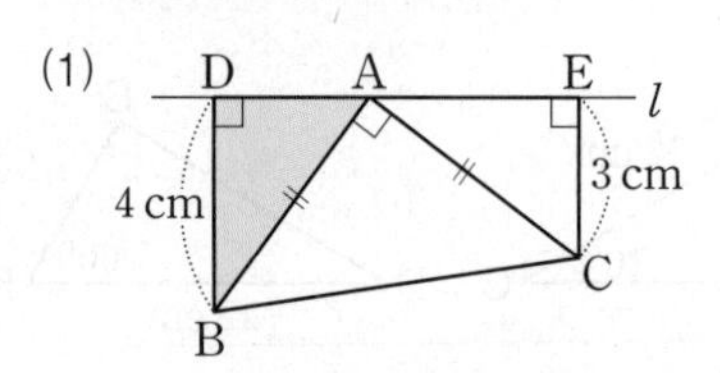


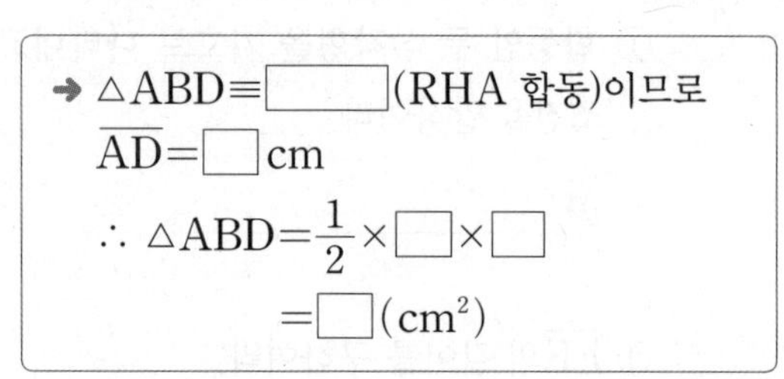

➜ △ABD≡□(RHA 합동)이므로

$\overline{AD}$=□cm

$\therefore$ △ABD$=\frac{1}{2}\times$□$\times$□

=□(cm²)

(2)

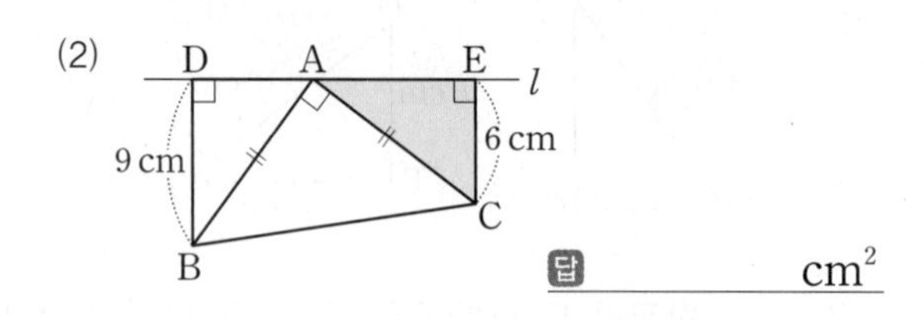


답 ＿＿＿＿＿ cm²

(3)

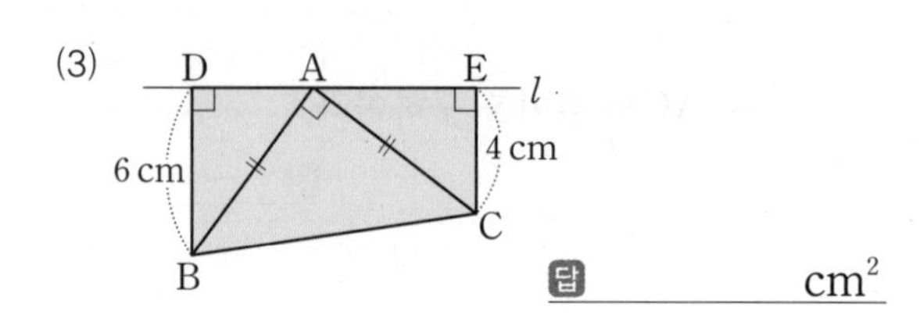


답 ＿＿＿＿＿ cm²

**7** 오른쪽 그림과 같이 ∠C=90°인 직각삼각형 ABC에서 $\overline{AB}\perp\overline{ED}$이고 $\overline{AC}=\overline{AD}$일 때, △ADE≡△ACE임을 설명하는 다음 과정을 완성하여라.

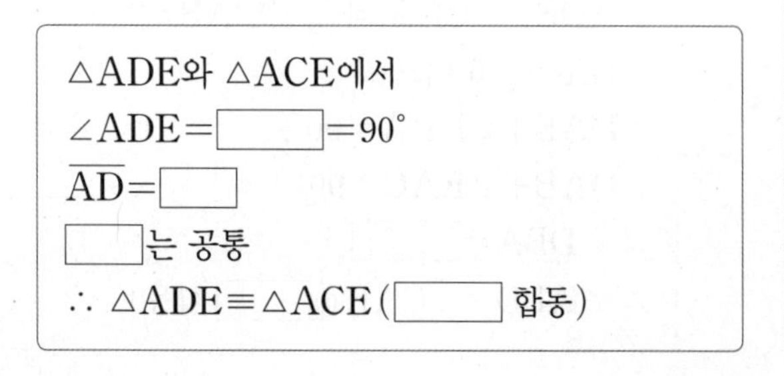

△ADE와 △ACE에서

∠ADE=□=90°

$\overline{AD}$=□

□는 공통

$\therefore$ △ADE≡△ACE (□ 합동)

**8** 다음 그림에서 ∠$x$의 크기를 구하여라.

(1)

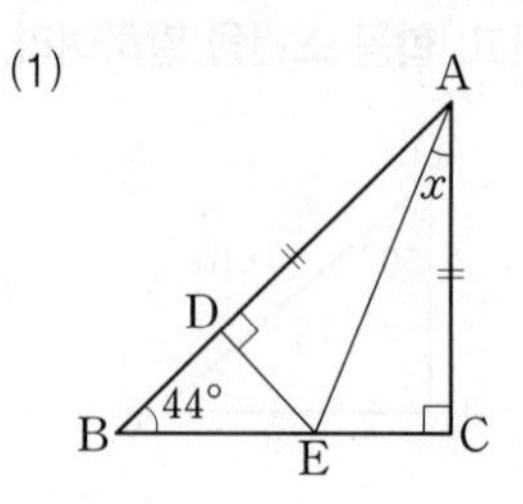


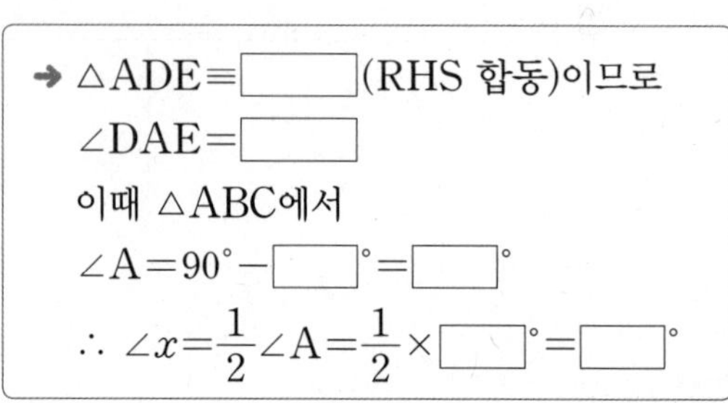

➜ △ADE≡□(RHS 합동)이므로

∠DAE=□

이때 △ABC에서

∠A=90°−□°=□°

$\therefore$ ∠$x=\frac{1}{2}$∠A$=\frac{1}{2}\times$□°=□°

(2)

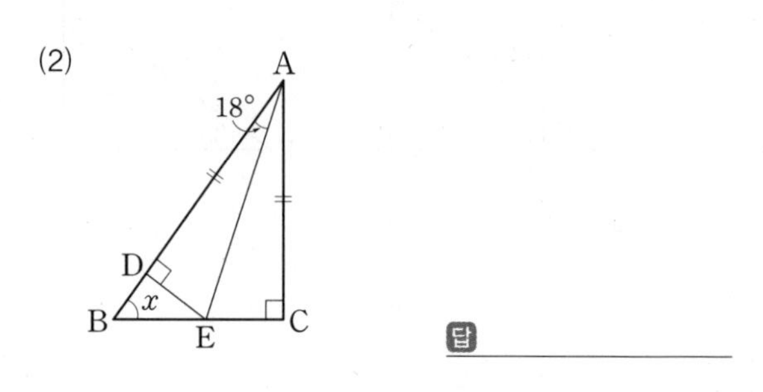


답 ＿＿＿＿＿

(3)

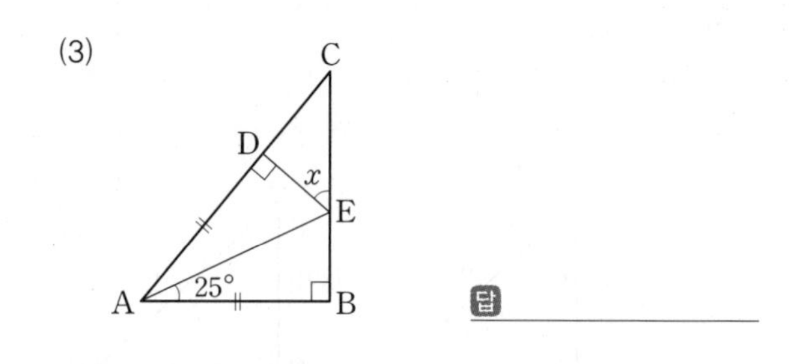


답 ＿＿＿＿＿

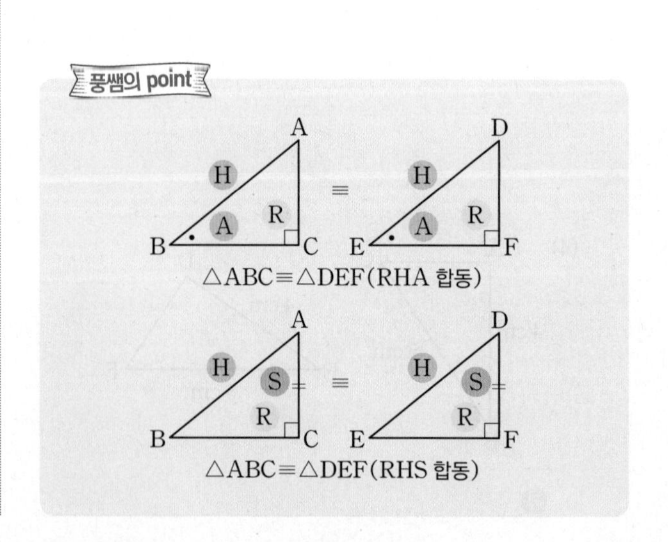

# 06 각의 이등분선의 성질

**핵심개념**

1. 각의 이등분선 위의 한 점에서 그 각을 이루는 두 변까지의 거리는 같다.
   ➔ $\angle AOP=\angle BOP$이면 $\overline{AP}=\overline{BP}$
   $\triangle AOP$와 $\triangle BOP$에서
   $\angle OAP=\angle OBP=90^\circ$, $\angle AOP=\angle BOP$, $\overline{OP}$는 공통
   이므로 $\triangle AOP\equiv\triangle BOP$(RHA 합동)
   $\therefore \overline{AP}=\overline{BP}$

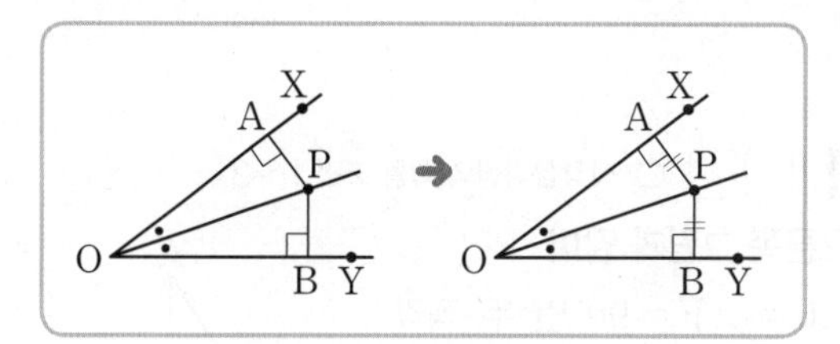


2. 각을 이루는 두 변에서 같은 거리에 있는 점은 그 각의 이등분선 위에 있다.
   ➔ $\overline{AP}=\overline{BP}$이면 $\angle AOP=\angle BOP$
   $\triangle AOP$와 $\triangle BOP$에서
   $\angle OAP=\angle OBP=90^\circ$, $\overline{AP}=\overline{BP}$, $\overline{OP}$는 공통
   이므로 $\triangle AOP\equiv\triangle BOP$(RHS 합동)
   $\therefore \angle AOP=\angle BOP$

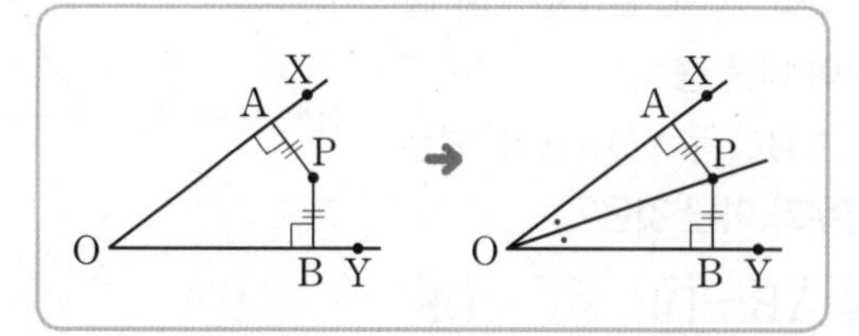

▶학습 날짜 월 일 ▶걸린 시간 분 / 목표 시간 5분

정답과 해설 4쪽

**1** 다음 빈 곳에 알맞은 것을 써넣어라.

(1) 각의 이등분선 위의 한 점에서 그 각을 이루는 두 ______까지의 거리는 같다.

(2) 각을 이루는 두 변에서 같은 거리에 있는 점은 그 각의 ________ 위에 있다.

**2** 다음 그림에서 $x$의 값을 구하여라.

(1)

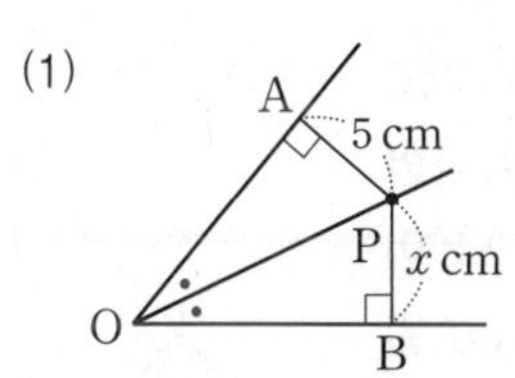


➔ $\angle AOP=\angle BOP$이면 $\overline{AP}=$☐이므로
$x=$☐

(2)

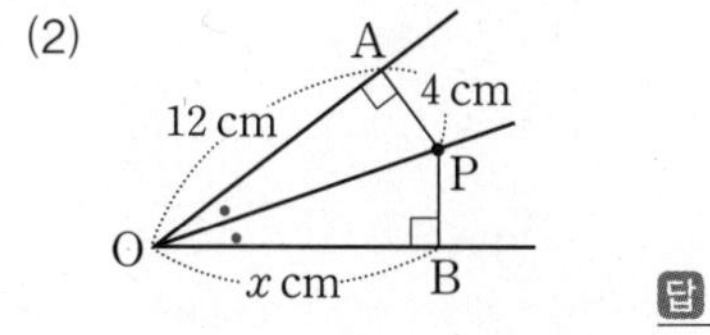


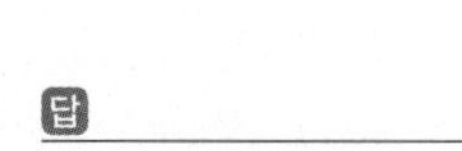
답

**3** 다음 그림에서 $\angle x$의 크기를 구하여라.

(1)

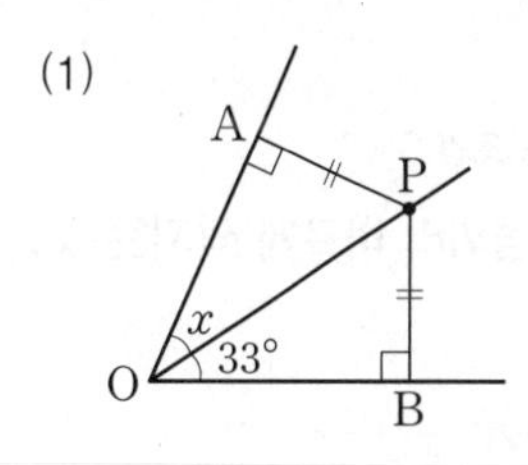


➔ $\overline{AP}=\overline{BP}$이면 $\angle AOP=$☐이므로
$\angle x=$☐°

(2)

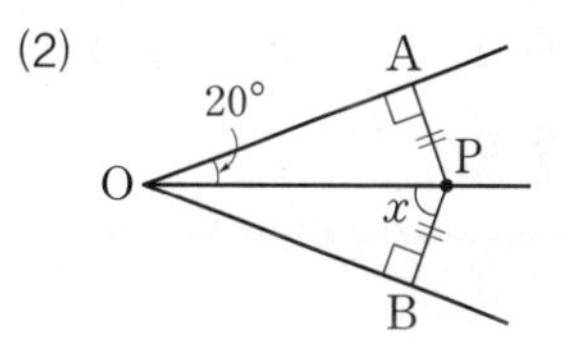

답

(3)

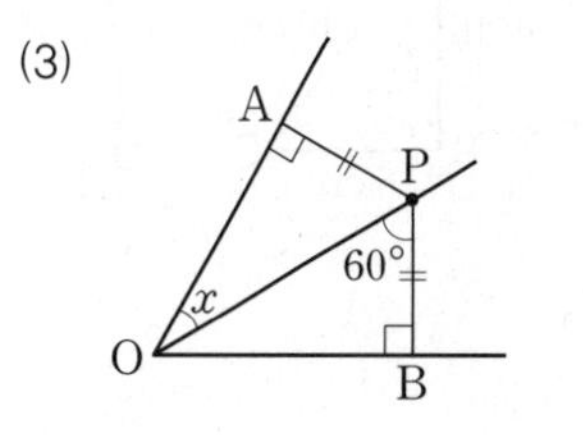


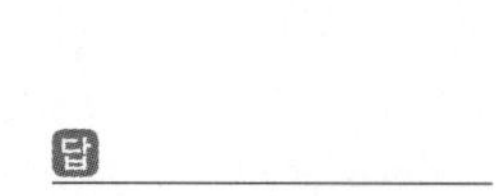
답

정답과 해설 4~5쪽

# 05-06 • 스스로 점검 문제

맞힌 개수 개 / 6개

▶학습 날짜 월 일 ▶걸린 시간 분 / 목표 시간 15분

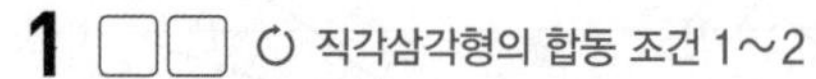

**1** □□ 직각삼각형의 합동 조건 1~2

오른쪽 그림과 같이 $\angle C=\angle F=90°$인 두 직각삼각형 ABC와 DEF에 대하여 다음 중 $\triangle ABC\equiv\triangle DEF$가 되는 경우가 아닌 것은?

① $\overline{AB}=\overline{DE}$, $\overline{AC}=\overline{DF}$
② $\angle A=\angle D$, $\angle B=\angle E$
③ $\overline{AC}=\overline{DF}$, $\overline{BC}=\overline{EF}$
④ $\overline{AB}=\overline{DE}$, $\angle B=\angle E$
⑤ $\overline{AC}=\overline{DF}$, $\angle A=\angle D$

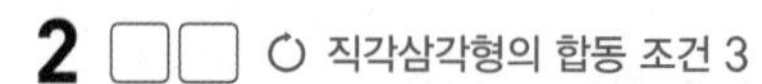

**2** □□ 직각삼각형의 합동 조건 3

다음 〈보기〉에서 합동인 삼각형끼리 바르게 짝지은 것을 모두 고르면? (정답 2개)

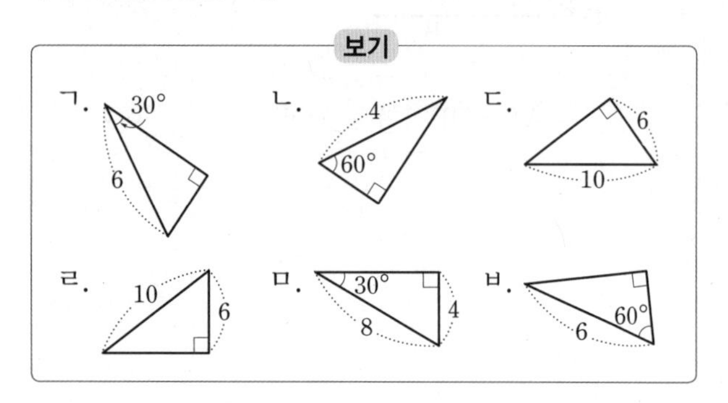


① ㄱ과 ㄷ ② ㄱ과 ㅂ ③ ㄴ과 ㅁ
④ ㄴ과 ㅂ ⑤ ㄷ과 ㄹ

**3** □□ 직각삼각형의 합동 조건 4

오른쪽 그림과 같은 두 직각삼각형 ABC와 DEF에서 $\overline{EF}$의 길이를 구하여라.

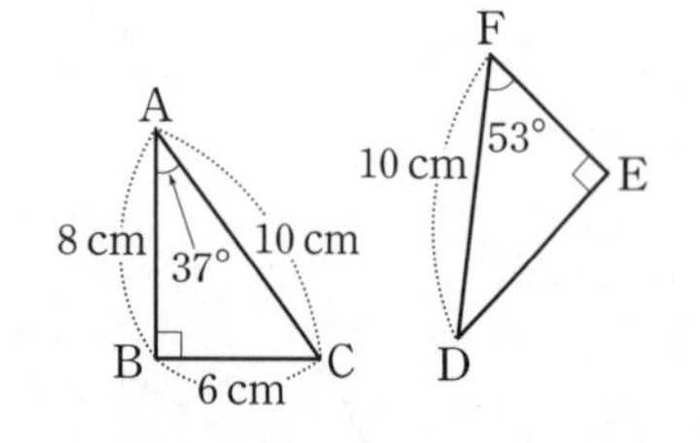


**4** □□ 직각삼각형의 합동 조건 6

오른쪽 그림과 같이 $\overline{AB}=\overline{AC}$인 직각이등변삼각형 ABC의 꼭짓점 B, C에서 꼭짓점 A를 지나는 직선 $l$에 내린 수선의 발을 각각 D, E라 하자. $\overline{BD}=8$ cm, $\overline{CE}=4$ cm일 때, 사각형 DBCE의 넓이를 구하여라.

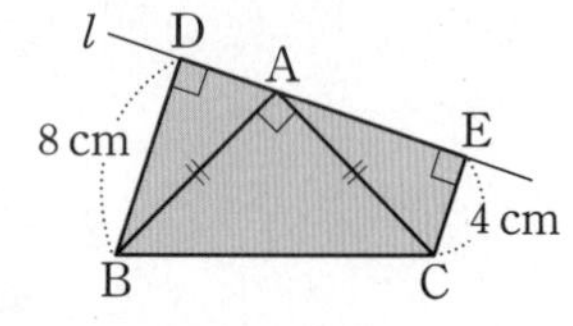


**5** □□ 각의 이등분선의 성질 2

오른쪽 그림과 같이 $\angle XOY$의 이등분선 위의 한 점 P에서 $\overline{OX}$, $\overline{OY}$에 내린 수선의 발을 각각 A, B라 할 때, 사각형 AOBP의 둘레의 길이를 구하여라.

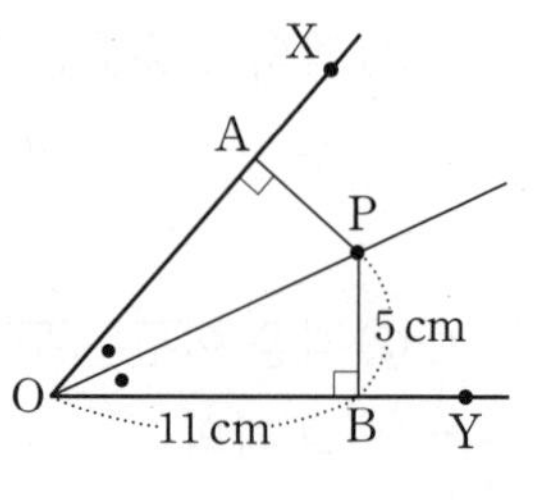


**6** □□ 각의 이등분선의 성질 2

오른쪽 그림과 같이 $\angle C=90°$이고 $\overline{AC}=\overline{BC}$인 직각이등변삼각형 ABC에서 $\angle BAE=\angle CAE$이고, $\overline{AB}\perp\overline{DE}$이다. $\overline{EC}=8$ cm일 때, $\triangle DBE$의 넓이는?

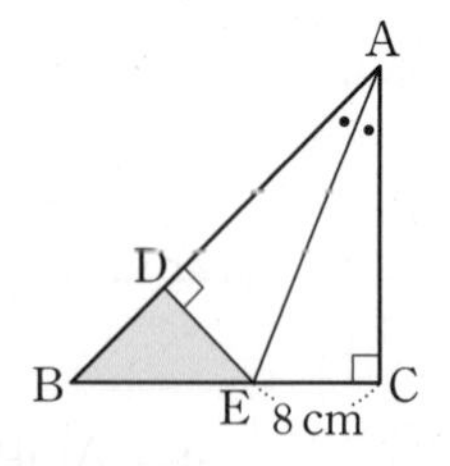


① 28 $cm^2$ ② 30 $cm^2$
③ 32 $cm^2$ ④ 34 $cm^2$
⑤ 36 $cm^2$

# 07 삼각형의 외심과 그 성질

**핵심개념**

1. **외접원:** 삼각형의 모든 꼭짓점이 한 원 위에 있을 때, 이 원은 삼각형에 외접한다고 한다. 이때 이 원을 삼각형의 외접원이라 한다.
2. **외심:** 외접원의 중심
3. **삼각형의 외심의 성질**
   (1) 삼각형의 세 변의 수직이등분선은 한 점(외심)에서 만난다.
   (2) 삼각형의 외심에서 삼각형의 세 꼭짓점에 이르는 거리는 모두 같다.
   → $\overline{OA}=\overline{OB}=\overline{OC}=$(외접원의 반지름의 길이)

   참고 $\triangle OAD\equiv\triangle OBD$, $\triangle OBE\equiv\triangle OCE$, $\triangle OCF\equiv\triangle OAF$

▶학습 날짜 월 일 ▶걸린 시간 분 / 목표 시간 15분

▮정답과 해설 5쪽

**1** 다음 빈 곳에 알맞은 것을 써넣어라.

삼각형의 모든 꼭짓점이 한 원 위에 있을 때, 이 원은 삼각형에 외접한다고 한다. 이때 이 원을 삼각형의 ________이라 하고, 이 원의 중심을 삼각형의 ________이라고 한다.

**2** 오른쪽 그림에서 점 O가 $\triangle ABC$의 외심일 때, 다음을 완성하여라.

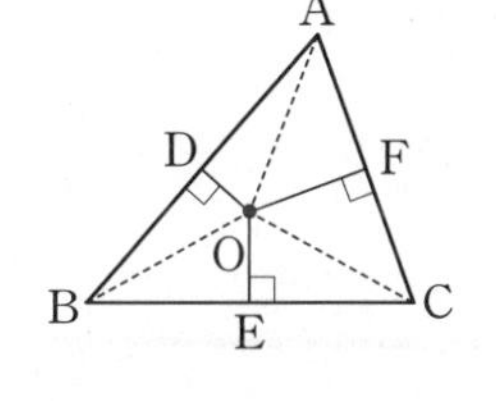


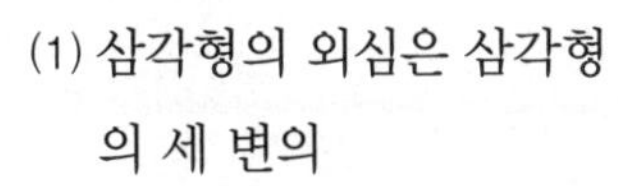

(1) 삼각형의 외심은 삼각형의 세 변의 ____________의 교점이므로
$\overline{AD}=\overline{BD}$, $\overline{BE}=$☐, $\overline{AF}=$☐

(2)

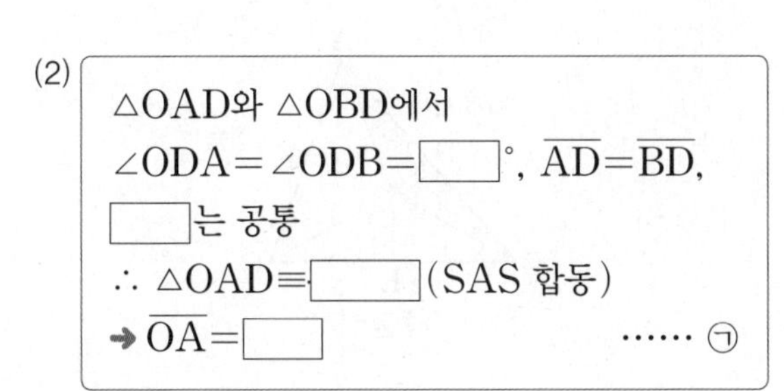

$\triangle OAD$와 $\triangle OBD$에서
$\angle ODA=\angle ODB=$☐$^\circ$, $\overline{AD}=\overline{BD}$,
☐는 공통
$\therefore \triangle OAD\equiv$☐(SAS 합동)
→ $\overline{OA}=$☐ …… ㉠

(3)
$\triangle OBE$와 $\triangle OCE$에서
$\angle OEB=\angle OEC=90^\circ$, $\overline{BE}=$☐,
☐는 공통
$\therefore \triangle OBE\equiv$☐(SAS 합동)
→ $\overline{OB}=$☐ …… ㉡

(4)
$\triangle OCF$와 $\triangle OAF$에서
$\angle OFC=$☐$=90^\circ$, $\overline{CF}=$☐,
☐는 공통
$\therefore \triangle OCF\equiv\triangle OAF$(☐ 합동)
→ $\overline{OC}=$☐ …… ㉢

(5) ㉠, ㉡, ㉢에 의하여 $\overline{OA}=$☐$=$☐이므로 삼각형의 외심에서 삼각형의 세 ________에 이르는 거리는 모두 같다.

**3** 다음 그림에서 점 O가 $\triangle ABC$의 외심일 때, $x$의 값을 구하여라.

(1)

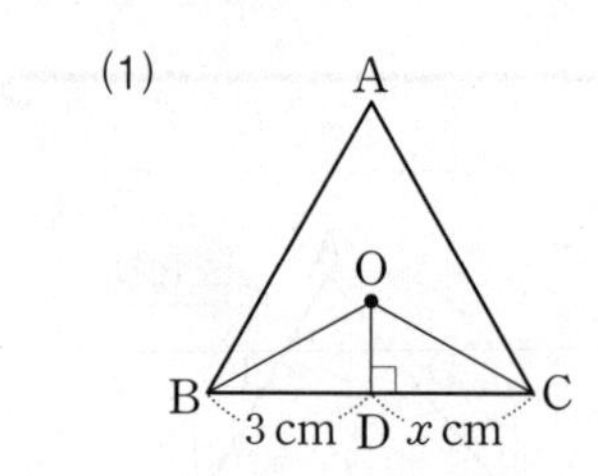


➜ 삼각형의 외심은 삼각형의 세 변의 수직이등분선의 교점이므로
$\overline{CD}=$☐ $\therefore x=$☐

(2)

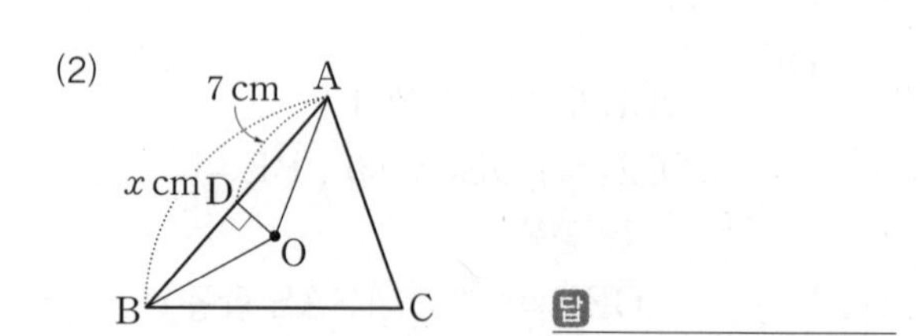


(3)

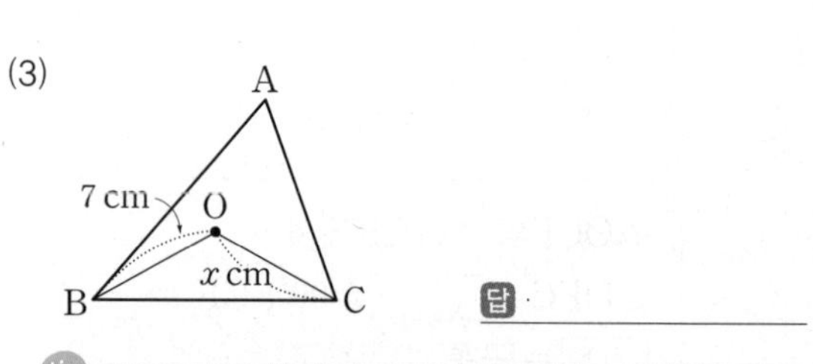


tip 삼각형의 외심에서 삼각형의 세 꼭짓점에 이르는 거리는 모두 같아.

(4)

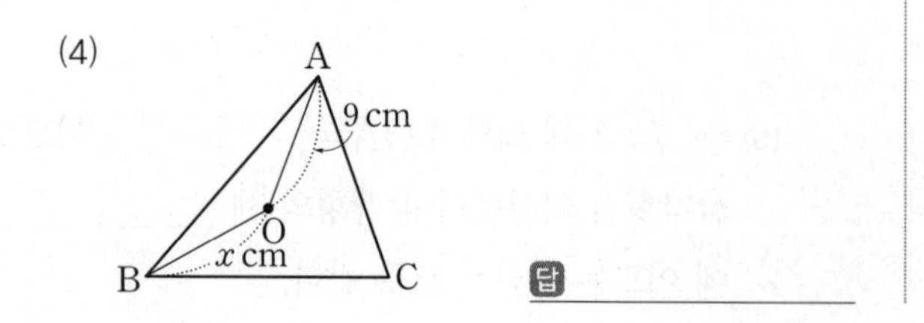


**4** 다음 그림에서 점 O가 $\triangle ABC$의 외심일 때, $\angle x$의 크기를 구하여라.

(1)

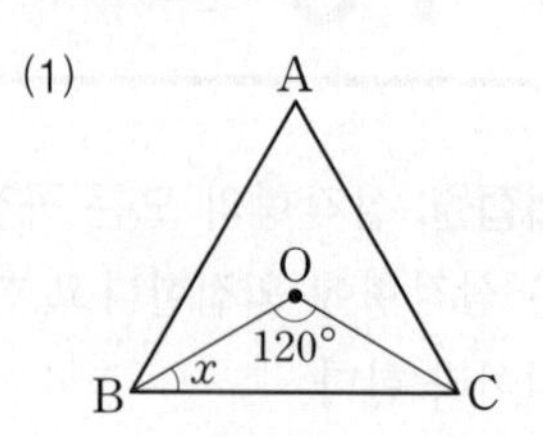


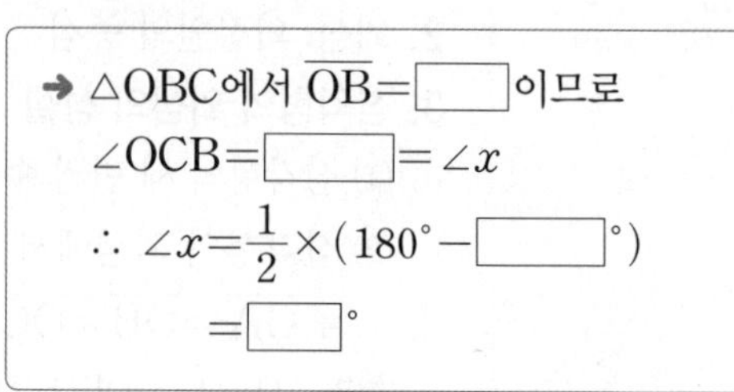


(2)

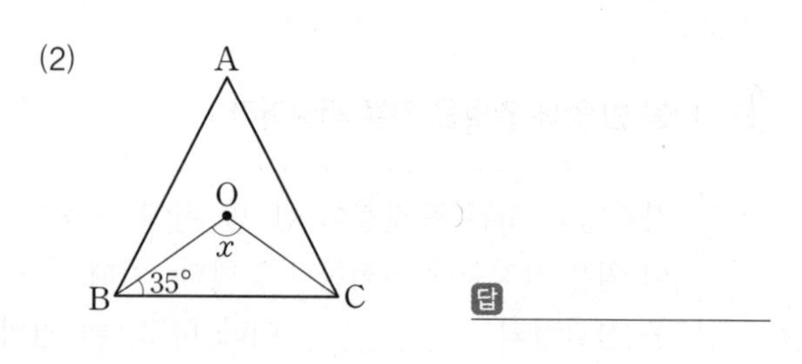


(3)

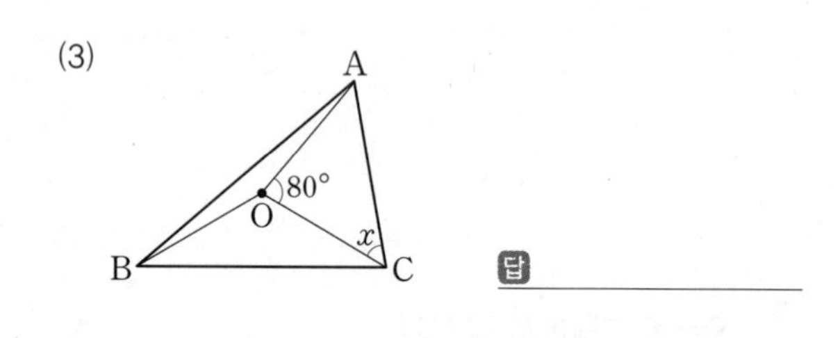


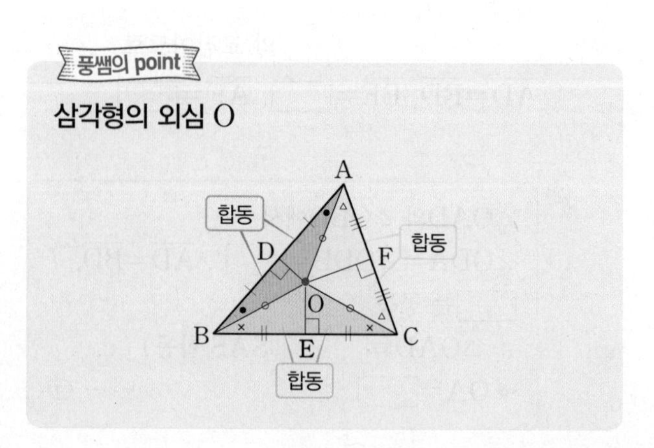

# 08 삼각형의 외심의 위치

**핵심개념** 삼각형의 외심의 위치는 삼각형의 종류에 따라 다음과 같다.

**1. 예각삼각형**

삼각형의 내부

**2. 직각삼각형**

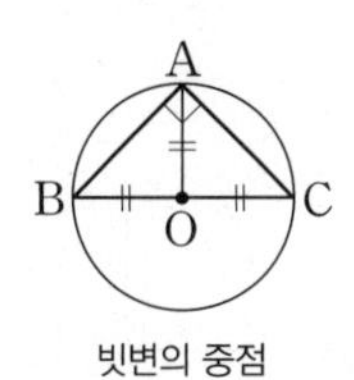


빗변의 중점

**3. 둔각삼각형**

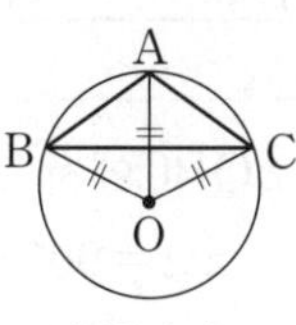


삼각형의 외부

참고 직각삼각형의 외접원의 반지름의 길이는 $\overline{OA}=\overline{OB}=\overline{OC}=\frac{1}{2}\times$(빗변의 길이)

▶학습 날짜 월 일 ▶걸린 시간 분 / 목표 시간 15분

정답과 해설 5쪽

**1** 오른쪽 그림에서 점 O가 직각삼각형 ABC의 외심이고 $\overline{OC}=8$ cm일 때, 다음을 완성하여라.

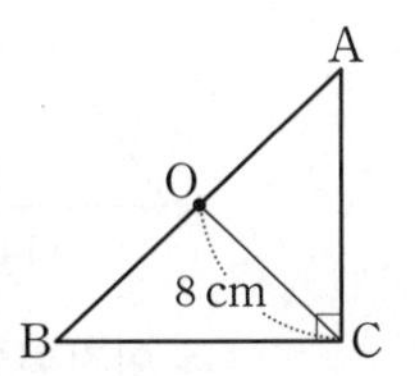


(1) 직각삼각형의 외심은 빗변의 ________과 일치하므로

$\overline{OA}=\square=\square$

(2) (직각삼각형의 외접원의 반지름의 길이)

$=\square\times$(빗변의 길이)이므로

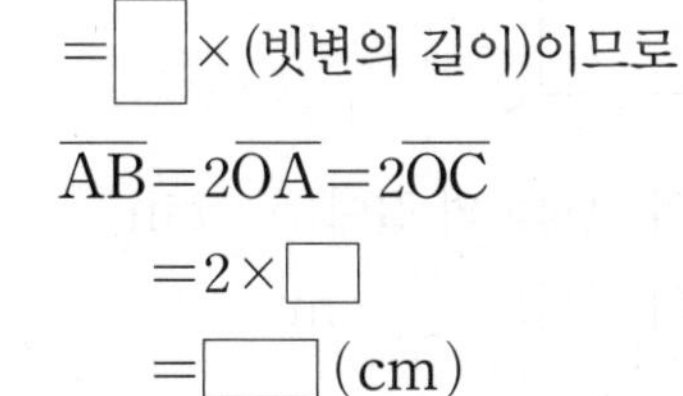

$\overline{AB}=2\overline{OA}=2\overline{OC}$

$=2\times\square$

$=\square$(cm)

**2** 다음 그림에서 점 O가 직각삼각형 ABC의 외심일 때, $x$의 값을 구하여라.

(1)

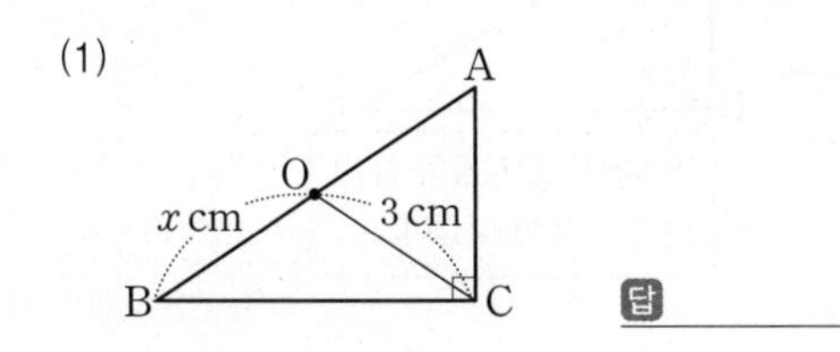


답 ________

(2)

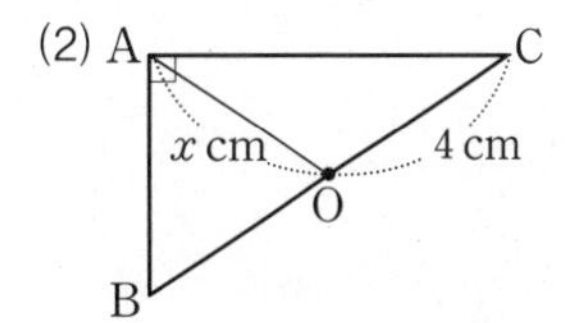

답 ________

(3)

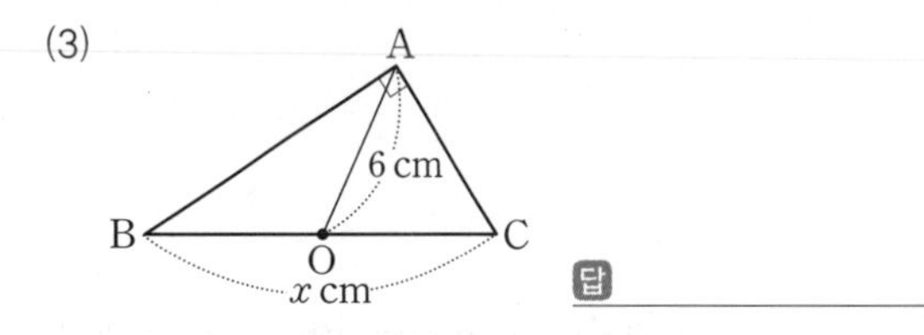


답 ________

(4)

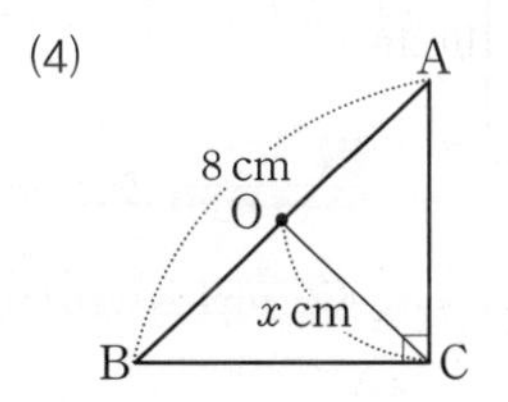

답 ________

(5)

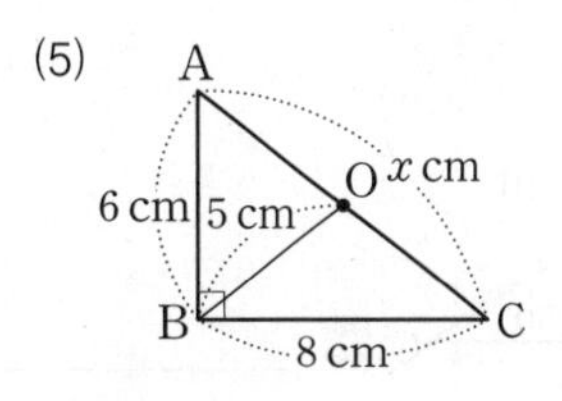

답 ________

**3** 다음 그림에서 점 O가 직각삼각형 ABC의 외심일 때, $\angle x$의 크기를 구하여라.

(1)

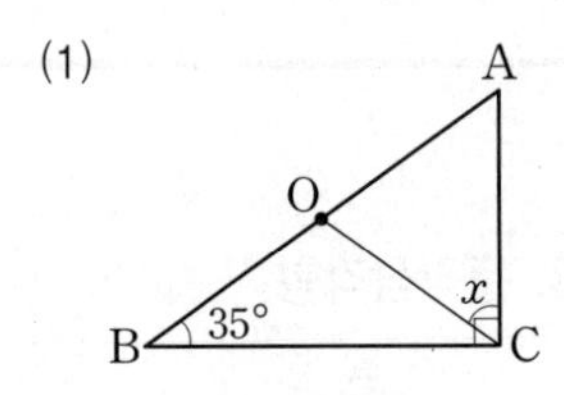


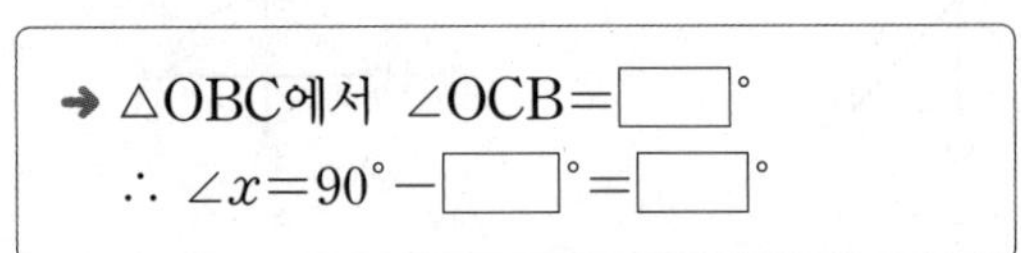

→ △OBC에서 $\angle$OCB=□°

∴ $\angle x=90°-$□°=□°

(2)

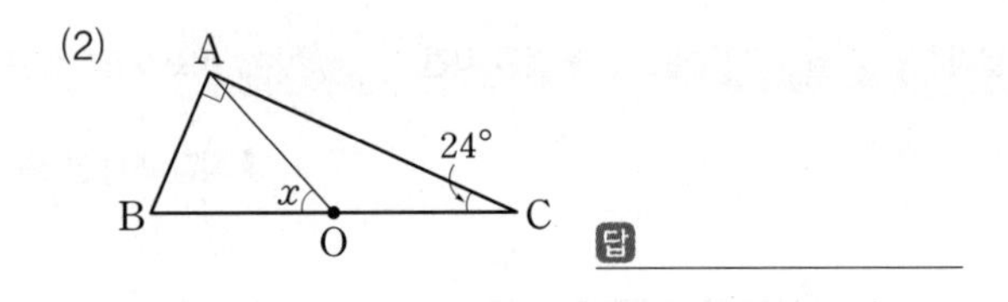


답 ____________

(3)

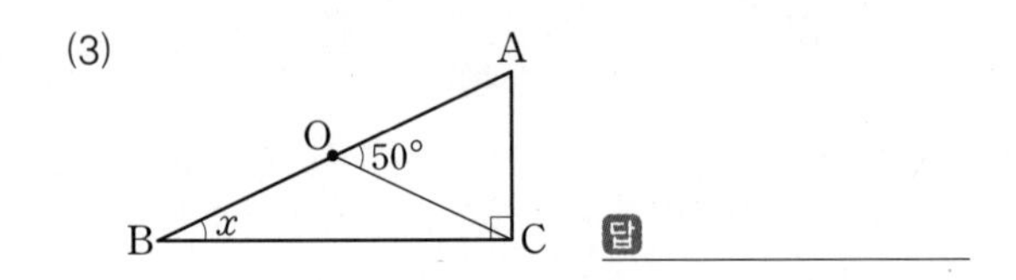


답 ____________

**4** 다음 그림에서 점 O가 직각삼각형 ABC의 외심일 때, $x$의 값을 구하여라.

(1)

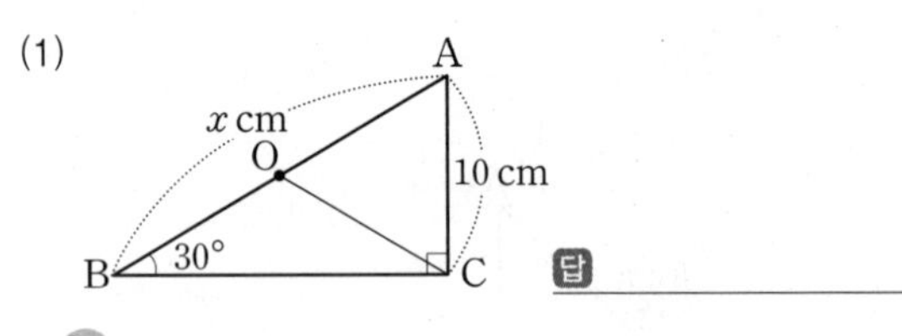


답 ____________

tip $\angle$A의 크기를 구해 보고, △AOC는 어떤 삼각형인지 파악해.

(2)

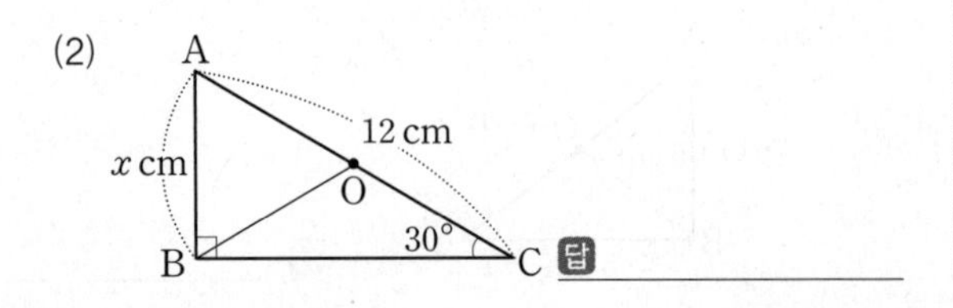


답 ____________

**5** 다음 그림과 같은 직각삼각형 ABC의 외접원의 반지름의 길이와 외접원의 넓이를 각각 구하여라.

(1)

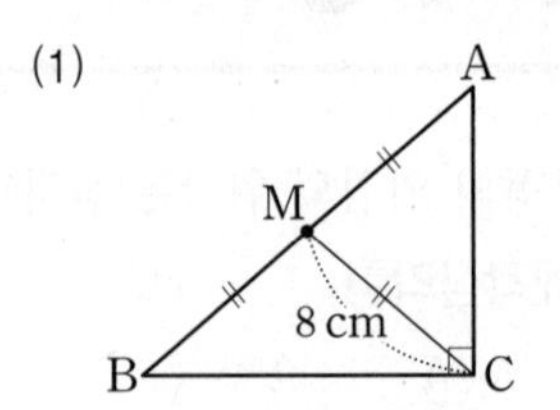


→ 점 M은 △ABC의 외심이므로
외접원의 반지름의 길이는 □cm이다.
따라서 외접원의 넓이는
$\pi\times$□$^2$=□$(cm^2)$

(2)

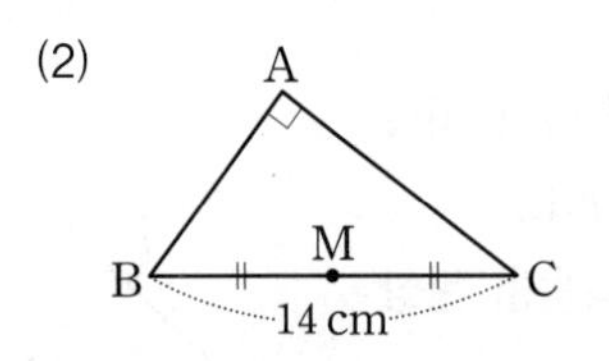


→ 외접원의 반지름의 길이: □cm
외접원의 넓이: □$cm^2$

(3)

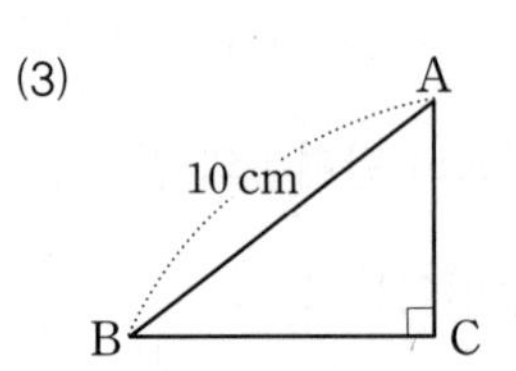


→ 외접원의 반지름의 길이: □cm
외접원의 넓이: □$cm^2$

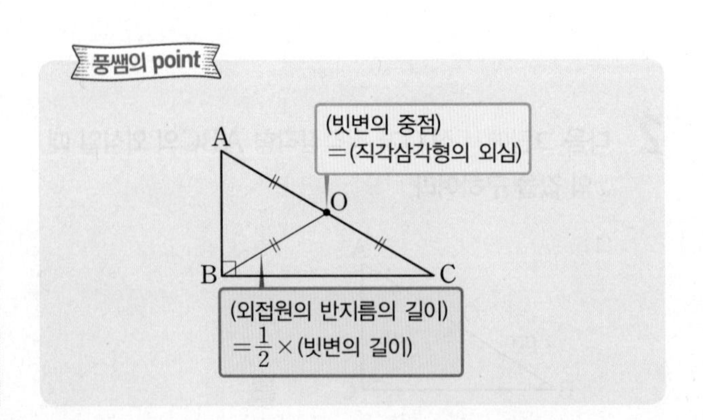

# 09 삼각형의 외심의 활용

**핵심개념** 점 O가 △ABC의 외심일 때

**1.** $\angle A+\angle B+\angle C=2\angle x+2\angle y+2\angle z$
$=180^\circ$
$\therefore\ \angle x+\angle y+\angle z=90^\circ$

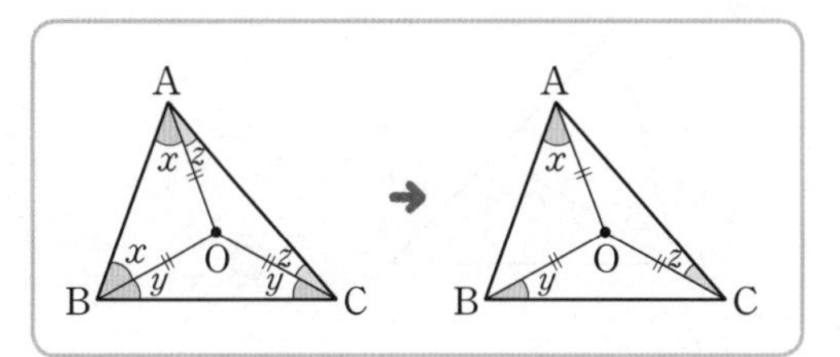

**2.** $\angle BOC=2\angle x+2\angle z$
$=2(\angle x+\angle z)$
$=2\angle A$
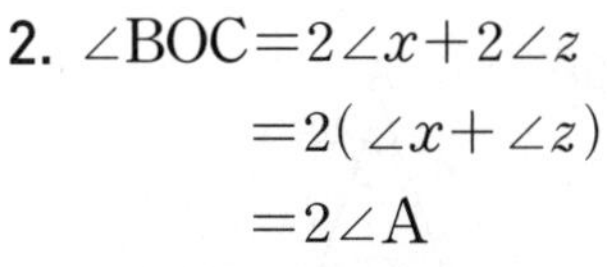
$\therefore\ \angle BOC=2\angle A$

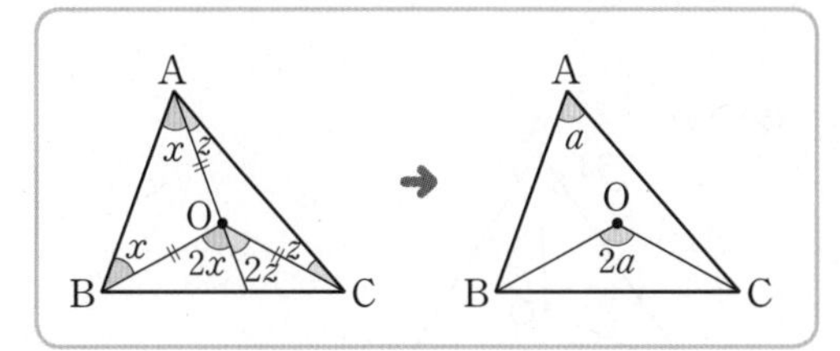

▶학습 날짜 월 일 ▶걸린 시간 분 / 목표 시간 15분

정답과 해설 6쪽

**1** 다음 그림에서 점 O가 △ABC의 외심일 때, $\angle x$의 크기를 구하여라.

(1)
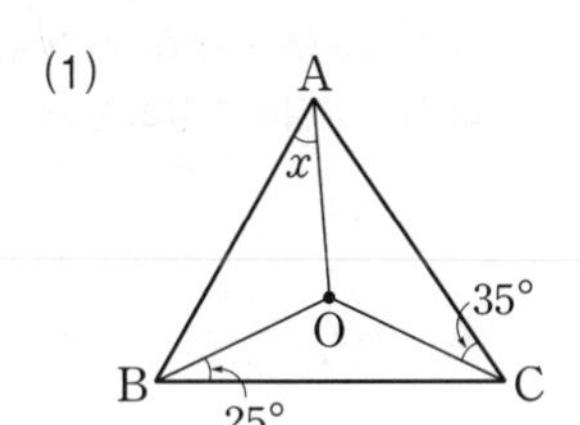

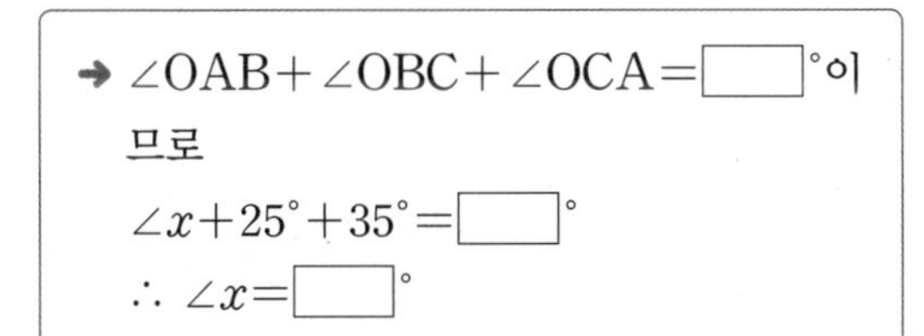
➜ $\angle OAB+\angle OBC+\angle OCA=\square^\circ$이므로
$\angle x+25^\circ+35^\circ=\square^\circ$
$\therefore\ \angle x=\square^\circ$

(2)
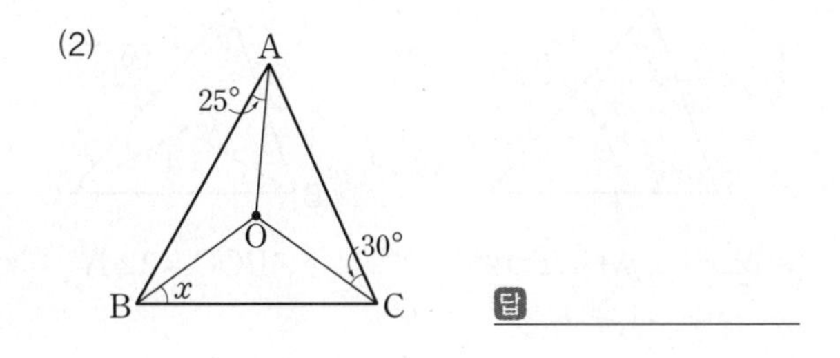
답

(3)
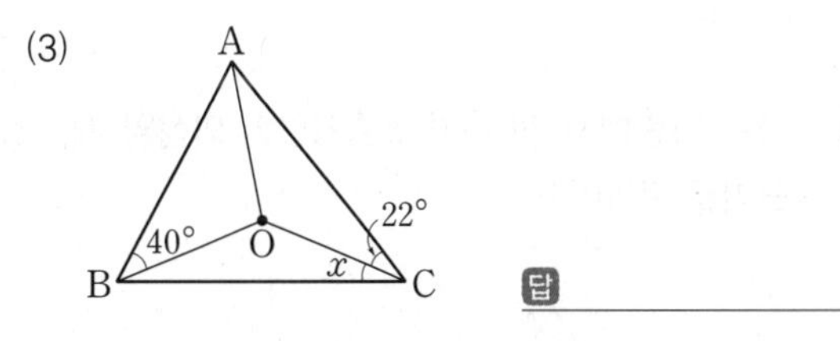
답

(4)
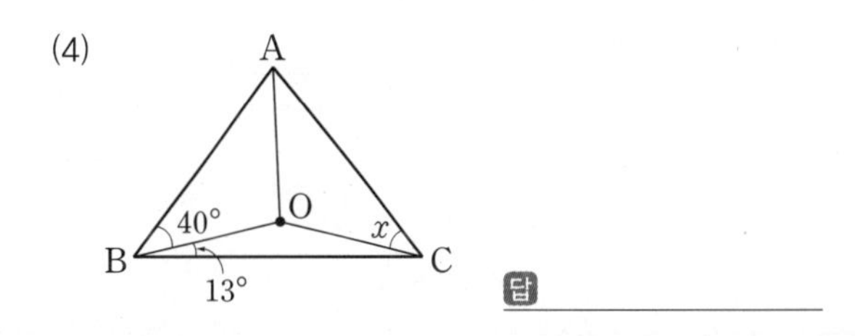
답

(5)
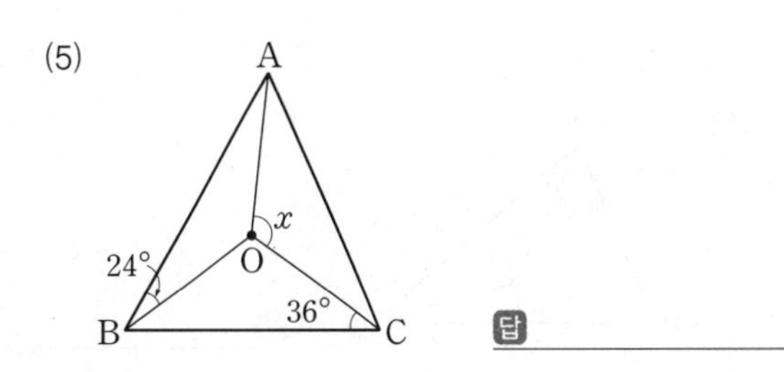
답

## 2 다음 그림에서 점 O가 △ABC의 외심일 때, ∠$x$의 크기를 구하여라.

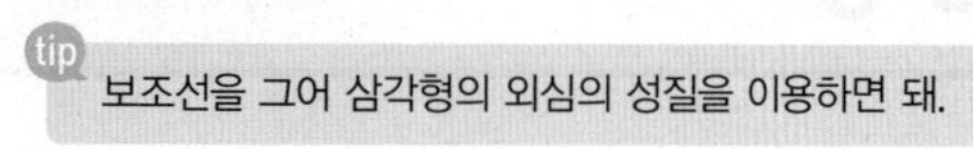
tip 보조선을 그어 삼각형의 외심의 성질을 이용하면 돼.

(1)

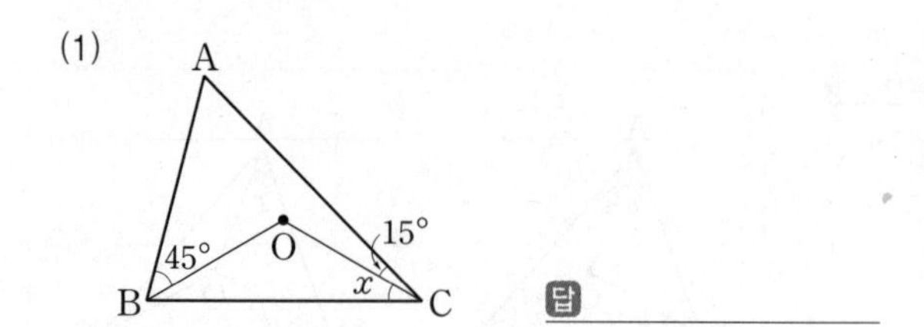


답

(2)

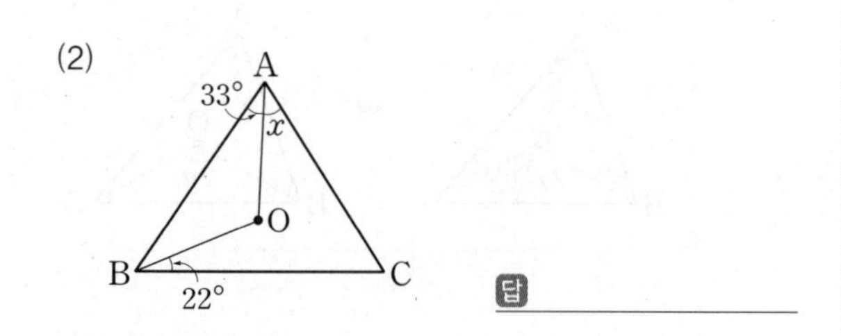


답

(4)

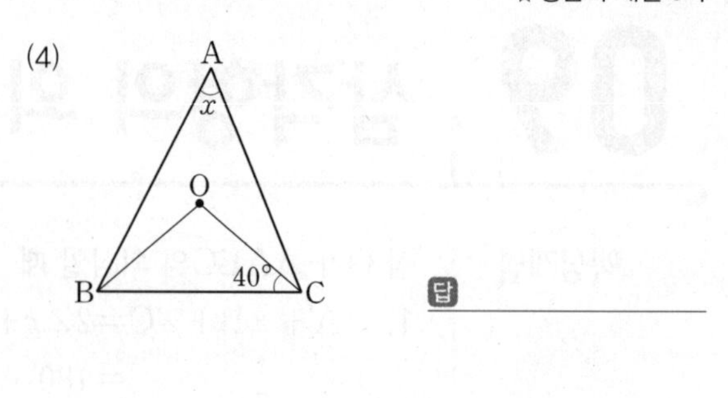


답

(5)

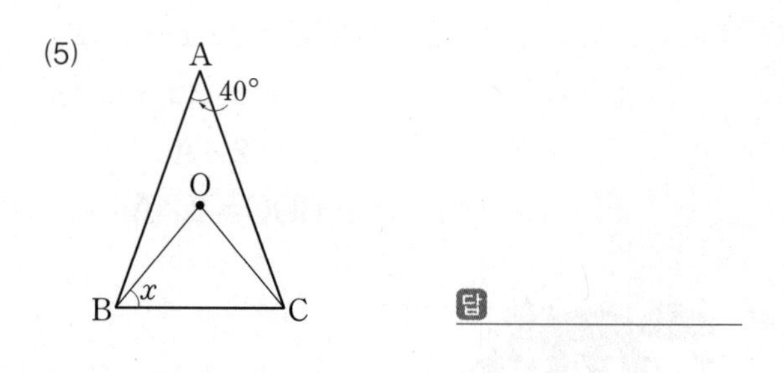


답

(6)

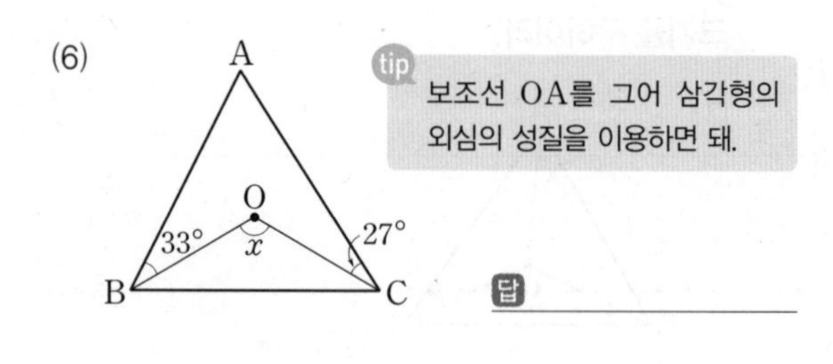


tip 보조선 OA를 그어 삼각형의 외심의 성질을 이용하면 돼.

답

## 3 다음 그림에서 점 O가 △ABC의 외심일 때, ∠$x$의 크기를 구하여라.

(1)

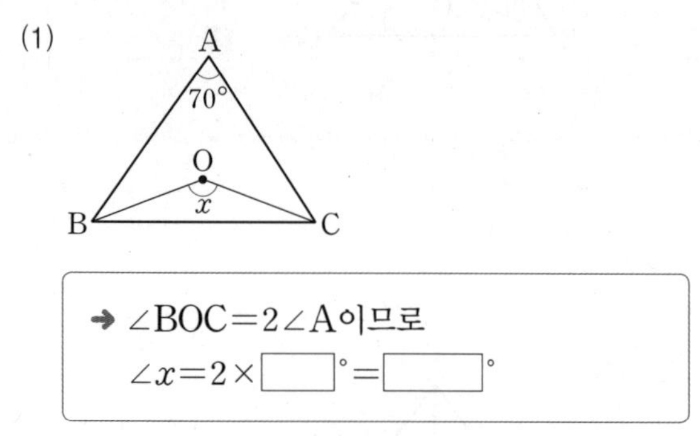


➜ ∠BOC=2∠A이므로
∠$x$=2×☐°=☐°

(2)

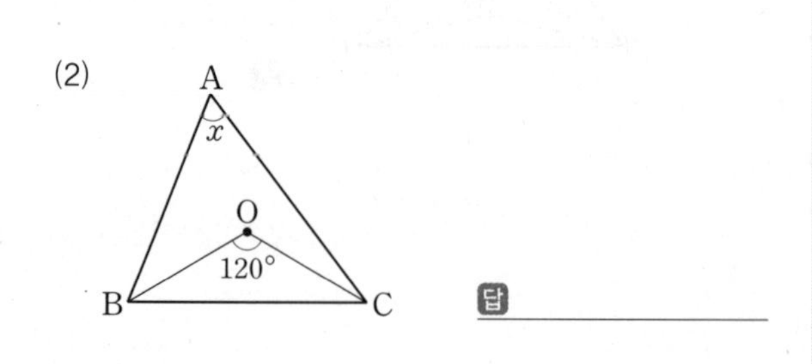


답

(3)

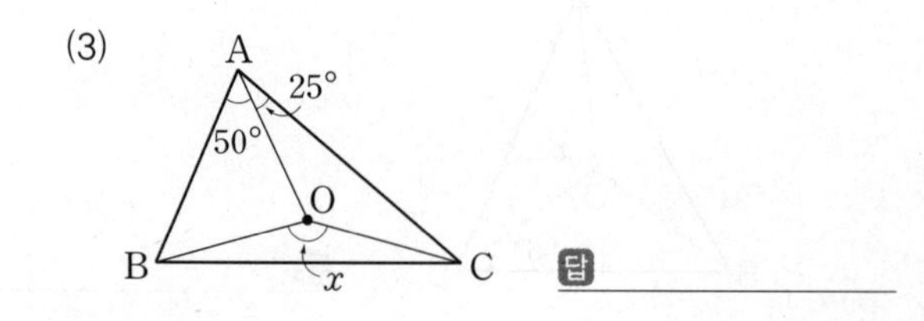


답

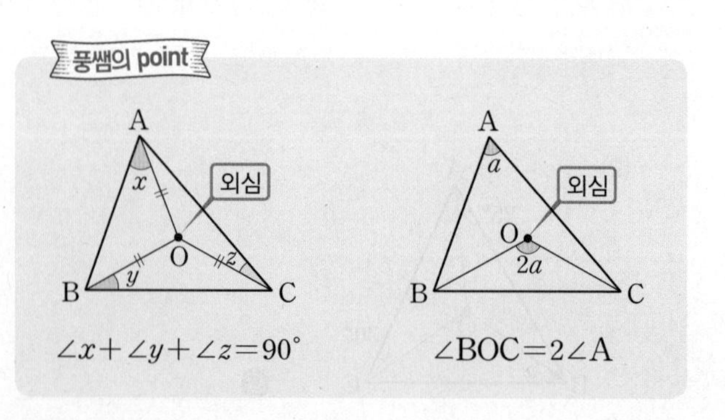

▮ 정답과 해설 6~7쪽

# 07-09 ◆ 스스로 점검 문제

맞힌 개수 개 / 7개

▶학습 날짜 월 일 ▶걸린 시간 분 / 목표 시간 15분

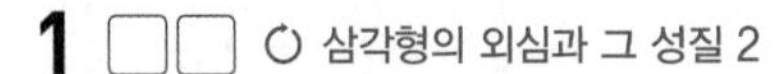

**1** ☐☐ ○ 삼각형의 외심과 그 성질 2

오른쪽 그림에서 점 O는 $\triangle ABC$의 외심이다. 다음 중 옳지 <u>않은</u> 것을 모두 고르면? (정답 2개)

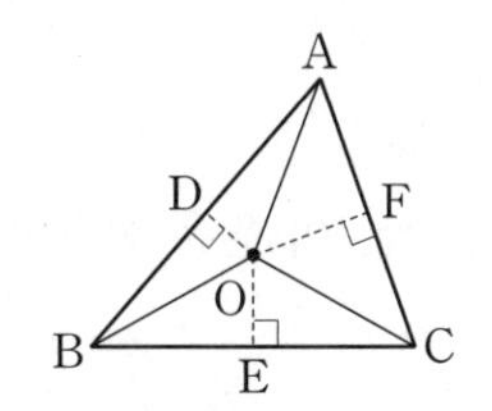


① $\overline{BE}=\overline{CE}$
② $\overline{AO}=\overline{BO}=\overline{CO}$
③ $\overline{OD}=\overline{OE}=\overline{OF}$
④ $\angle OCE=\angle OCF$
⑤ $\triangle OAF\equiv\triangle OCF$

**2** ☐☐ ○ 삼각형의 외심과 그 성질 4

오른쪽 그림에서 점 O는 $\triangle ABC$의 외심이다.
$\angle OBA=28°$, $\angle OCA=32°$일 때, $\angle A$의 크기는?

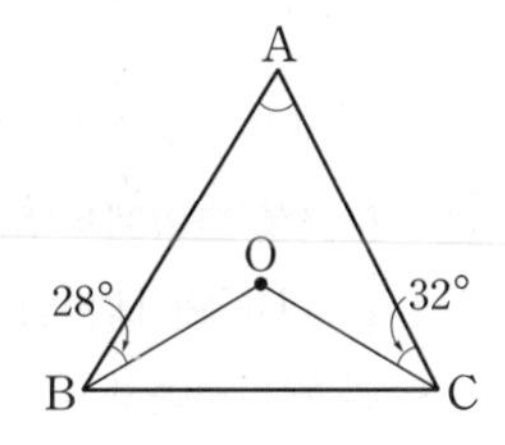


① 58° ② 59°
③ 60° ④ 61°
⑤ 62°

**3** ☐☐ ○ 삼각형의 외심의 위치 2

오른쪽 그림과 같이 $\angle C=90°$인 직각삼각형 ABC에서 $\overline{AB}$의 중점을 M이라 할 때, $\triangle ABC$의 외접원의 둘레의 길이를 구하여라.

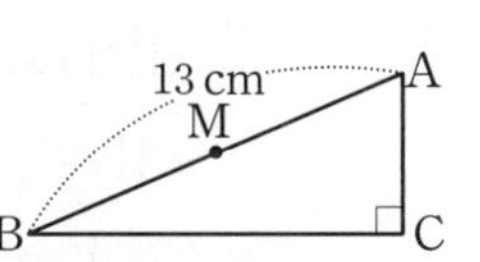


**4** ☐☐ ○ 삼각형의 외심의 위치 3

오른쪽 그림과 같이 $\angle B=90°$인 직각삼각형 ABC에서 점 M은 빗변 AC의 중점이다.
$\angle AMB : \angle BMC=3 : 2$일 때, $\angle A$의 크기를 구하여라.

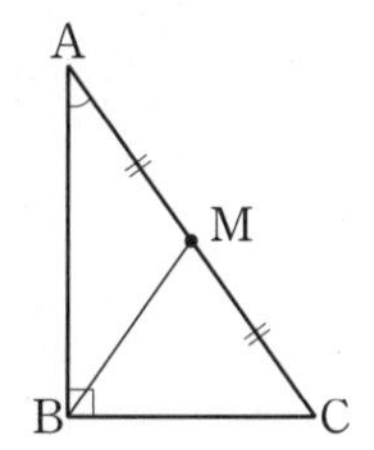


**5** ☐☐ ○ 삼각형의 외심의 활용 2

오른쪽 그림에서 점 O가 $\triangle ABC$의 외심일 때, $\angle x$의 크기를 구하여라.

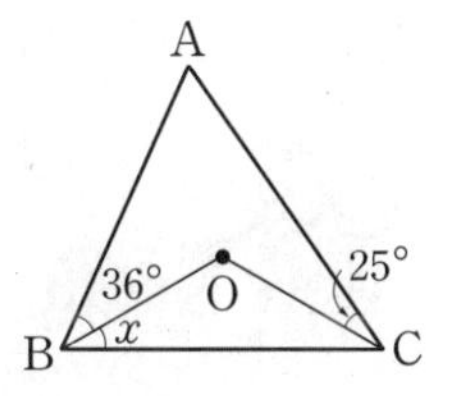


**6** ☐☐ ○ 삼각형 외심의 활용 3

오른쪽 그림에서 점 O는 $\triangle ABC$의 외심이다.
$\angle OCA=35°$, $\angle OCB=15°$일 때, $\angle B$의 크기를 구하여라.

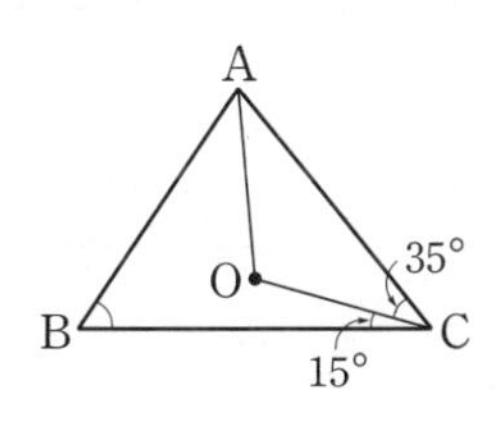


**7** ☐☐ ○ 삼각형 외심의 활용 3

오른쪽 그림에서 점 O는 $\triangle ABC$의 외심이다.
$\angle OBA=42°$, $\angle OCA=23°$일 때, $\angle x+\angle y$의 크기를 구하여라.

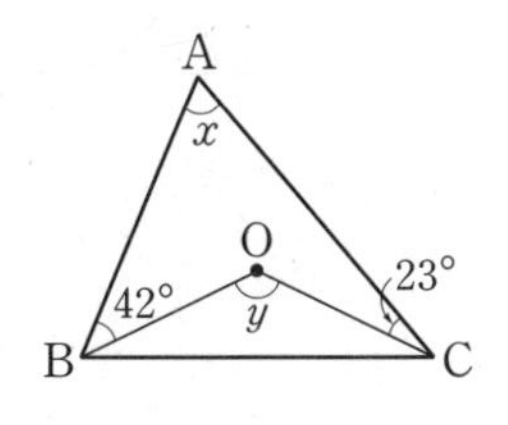

# 10 삼각형의 내심과 그 성질

**핵심개념**

**1. 원의 접선:** 원과 직선 $l$이 한 점 T에서 만날 때, 직선 $l$은 원 O에 접한다고 한다.
이때 이 직선 $l$을 원 O의 접선, 원과 만나는 점 T를 접점이라고 한다.

참고 원의 접선은 접점을 지나는 반지름에 수직이다.

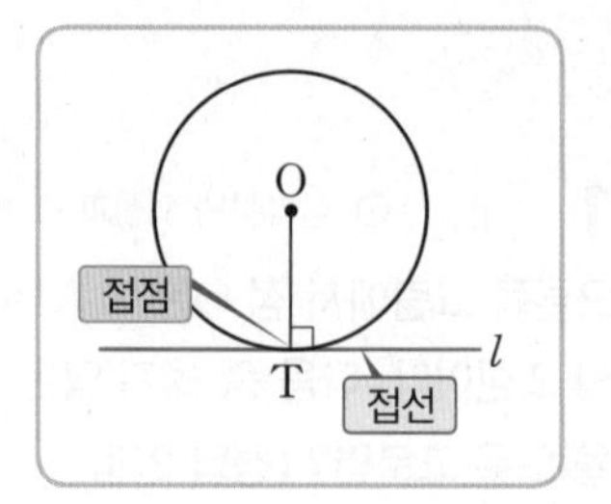


**2. 내접:** $\triangle$ABC의 세 변이 원 I에 접할 때, 이 원은 삼각형에 내접한다고 한다.

**3. 내접원:** 삼각형의 모든 변에 접하는 원

**4. 내심:** 내접원의 중심

**5. 삼각형의 내심의 성질**

(1) 삼각형의 세 내각의 이등분선은 한 점(내심)에서 만난다.

(2) 삼각형의 내심에서 삼각형의 세 변에 이르는 거리는 모두 같다.

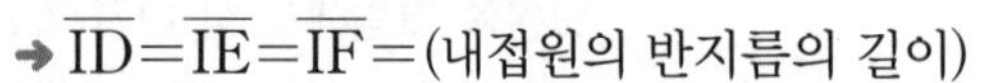

→ $\overline{\text{ID}}=\overline{\text{IE}}=\overline{\text{IF}}=$(내접원의 반지름의 길이)

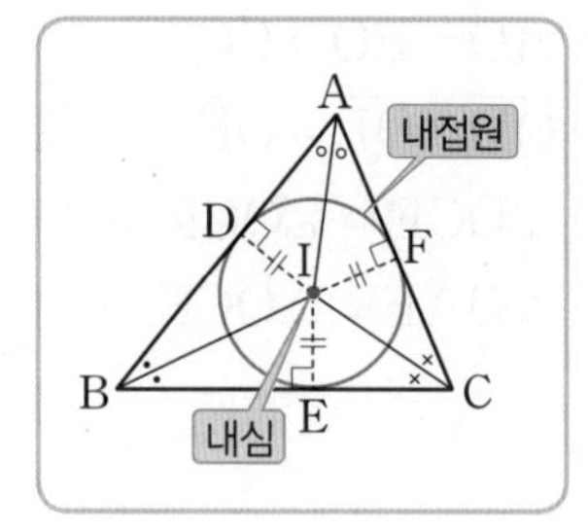


참고 $\triangle$IAD$\equiv\triangle$IAF, $\triangle$IBD$\equiv\triangle$IBE, $\triangle$ICE$\equiv\triangle$ICF

▶학습 날짜 월 일 ▶걸린 시간 분 / 목표 시간 20분

**1** 다음 그림에서 $\overline{\text{PT}}$가 원 O의 접선일 때, $\angle x$의 크기를 구하여라.

(1)

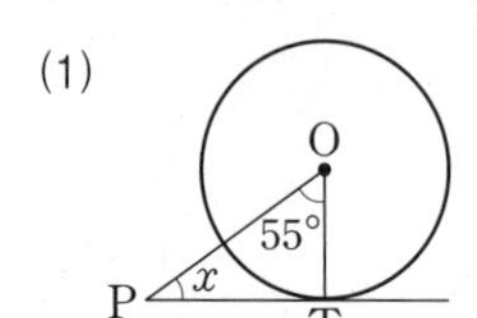


답 

(2)

답 

(3)

답 

**2** 오른쪽 그림에서 점 I가 $\triangle$ABC의 내심일 때, 다음을 완성하여라.

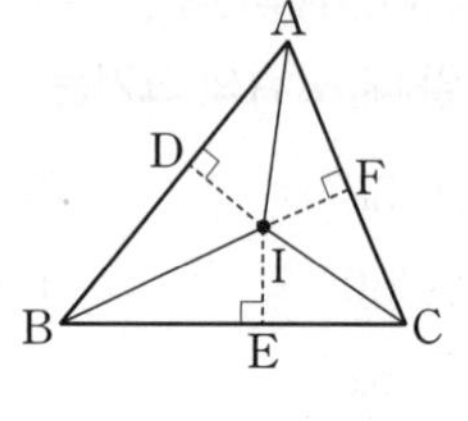


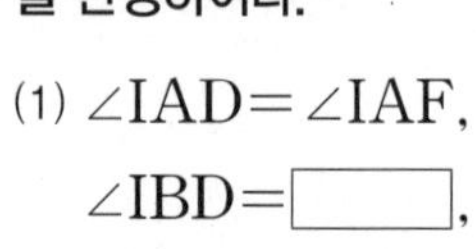

(1) $\angle$IAD$=\angle$IAF,
$\angle$IBD$=$☐,
$\angle$ICE$=$☐

(2) ① $\triangle$IAD$\equiv\triangle$IAF(☐ 합동)
→ $\overline{\text{ID}}=$☐ …… ㉠
② $\triangle$IBD$\equiv\triangle$IBE(☐ 합동)
→ $\overline{\text{ID}}=$☐ …… ㉡
③ $\triangle$ICE$\equiv\triangle$ICF(☐ 합동)
→ $\overline{\text{IE}}=$☐ …… ㉢

(3) ㉠, ㉡, ㉢에 의하여
$\overline{\text{ID}}=$☐$=$☐

**3** 다음 그림에서 점 I가 $\triangle ABC$의 내심일 때, $\angle x$의 크기를 구하여라.

(1)

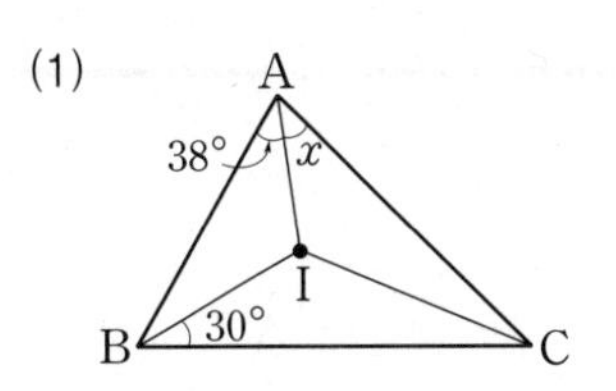


→ 삼각형의 내심은 세 내각의 이등분선의 교점이므로

$\angle IAC=$ ☐

$\therefore \angle x=$ ☐°

(2)

답 ______

(3)

→ $\angle IBC=$ ☐°이므로 $\triangle IBC$에서

$\angle x=180°-(130°+$ ☐$°)=$ ☐°

(4)

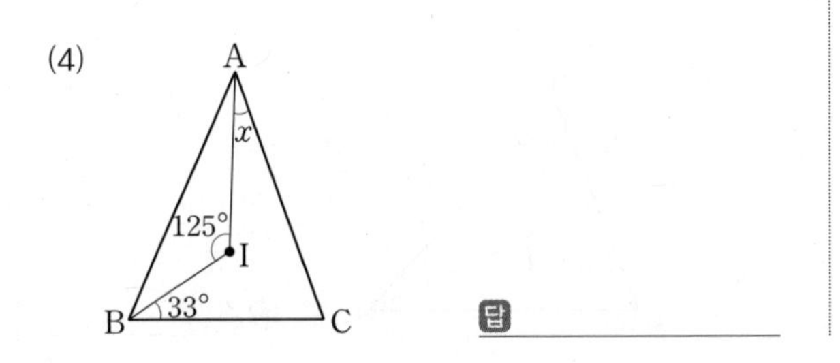


답 ______

**4** 다음 그림에서 점 I가 $\triangle ABC$의 내심일 때, $x$의 값을 구하여라.

(1)

→ 삼각형의 내심에서 세 변에 이르는 거리는 모두 같으므로

$\overline{IE}=$ ☐

$\therefore x=$ ☐

(2)

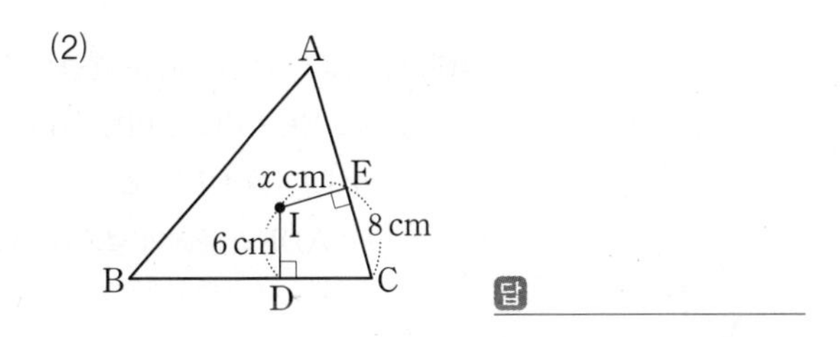


답 ______

(3)

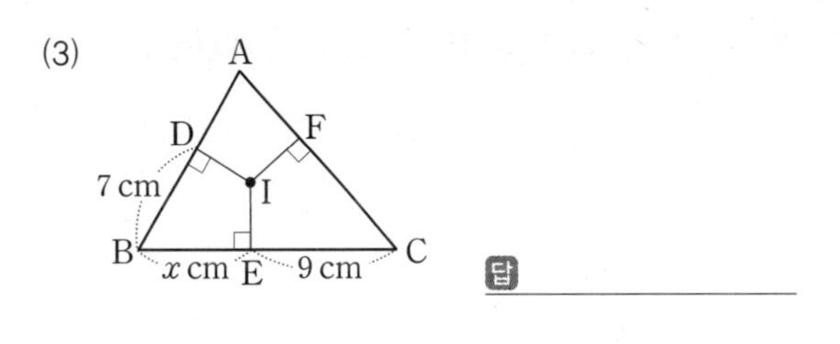


답 ______

풍쌤의 point

**삼각형의 내심 I**

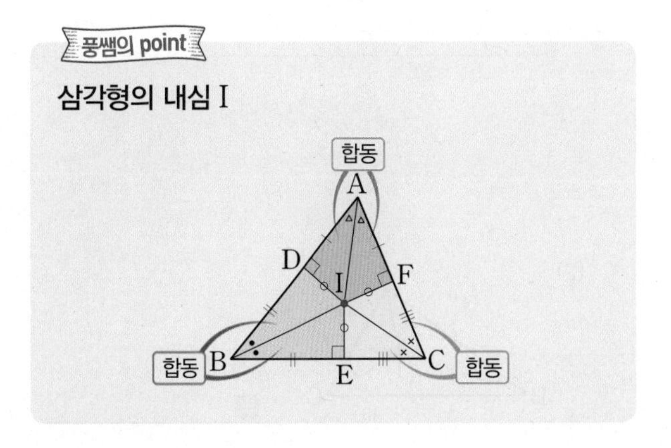

# 11 삼각형의 내심의 활용(1)

**핵심개념** 점 I가 △ABC의 내심일 때

**1.** $\angle A+\angle B+\angle C=2\angle x+2\angle y+\angle z$
$=180°$
$\therefore \angle x+\angle y+\angle z=90°$

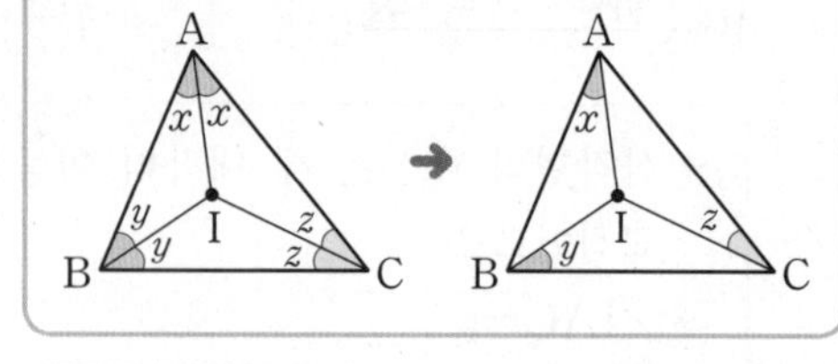

**2.** $\angle BIC=(\angle x+\angle y)+(\angle x+\angle z)$
$=(\angle x+\angle y+\angle z)+\angle x$
$=90°+\frac{1}{2}\angle A$
$\therefore \angle BIC=90°+\frac{1}{2}\angle A$

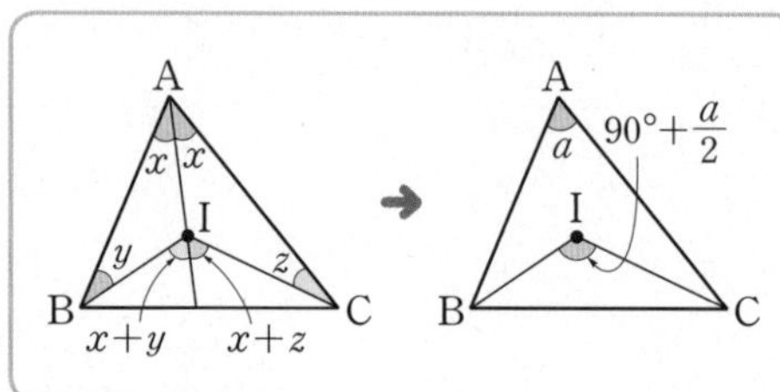

**참고** 삼각형의 내심을 지나는 평행선: 점 I가 △ABC의 내심이고, $\overline{DE}/\!/\overline{BC}$일 때
① △DBI, △EIC는 이등변삼각형이다.
➜ $\overline{DI}=\overline{DB}$, $\overline{EI}=\overline{EC}$
② (△ADE의 둘레의 길이)$=\overline{AB}+\overline{AC}$

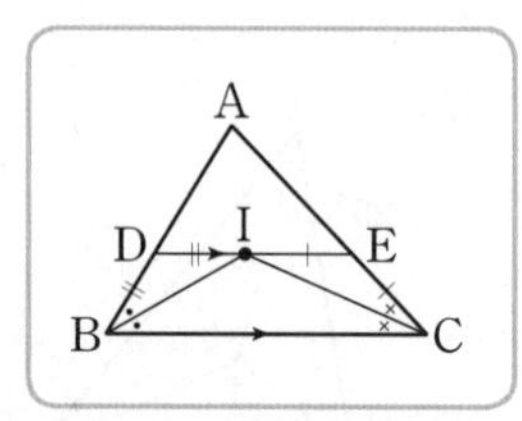

▶학습 날짜 월 일 ▶걸린 시간 분 / 목표 시간 20분

**1** 다음 그림에서 점 I가 △ABC의 내심일 때, $\angle x$의 크기를 구하여라.

(1)

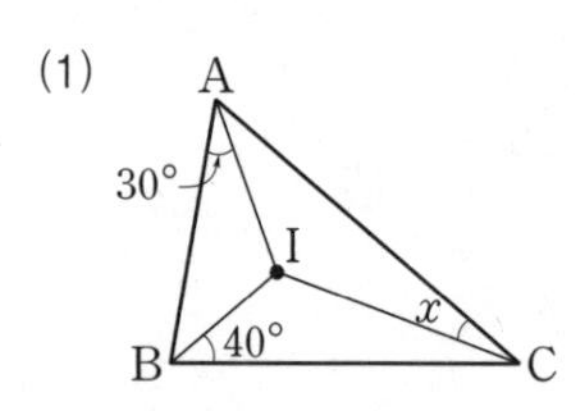

➜ $\angle IAB+\angle IBC+\angle ICA=$☐°
이므로 $30°+40°+\angle x=$☐°
$\therefore \angle x=$☐°

(2)

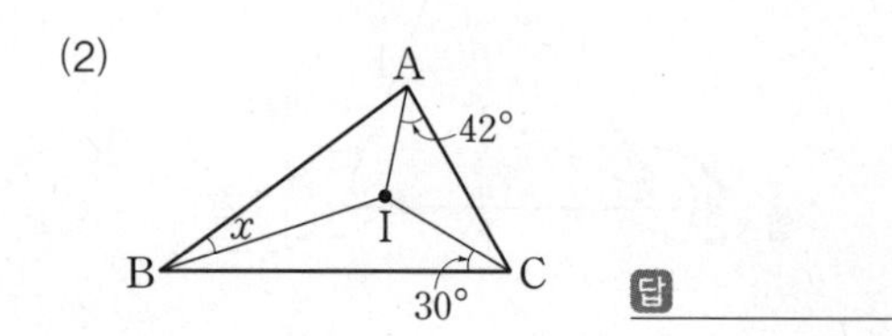

답 

(3)

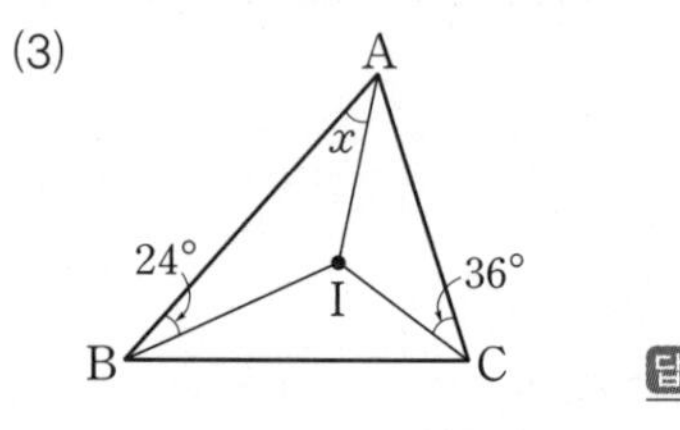

답 

(4)

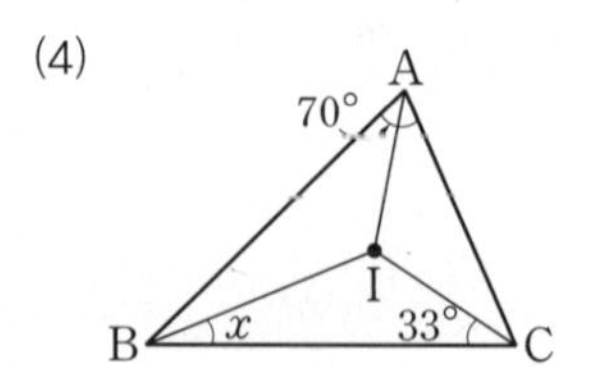

답 

(5)

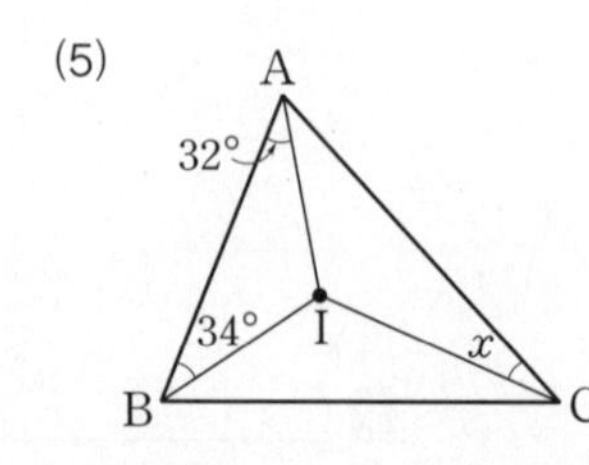

답 

**2** 다음 그림에서 점 I가 $\triangle ABC$의 내심일 때, $\angle x$의 크기를 구하여라.

(1)

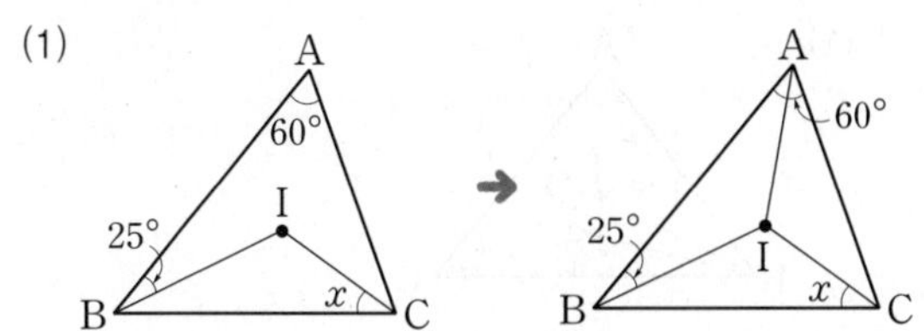


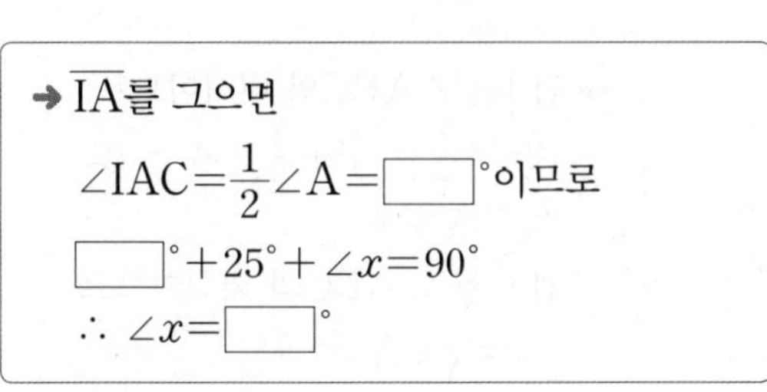

➜ $\overline{IA}$를 그으면

$\angle IAC=\frac{1}{2}\angle A=\square°$이므로

$\square° + 25° + \angle x = 90°$

$\therefore \angle x=\square°$

(2)

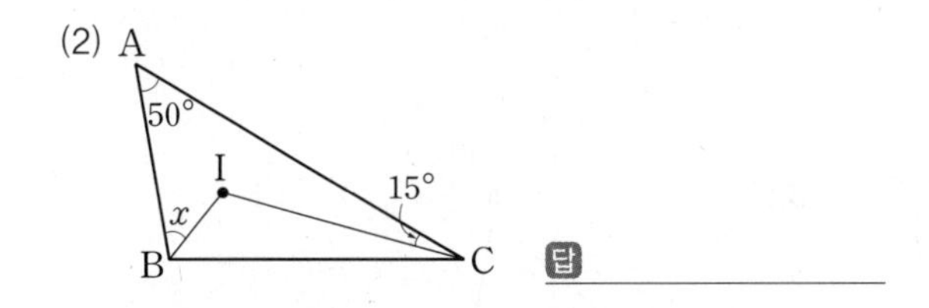


답

(3)

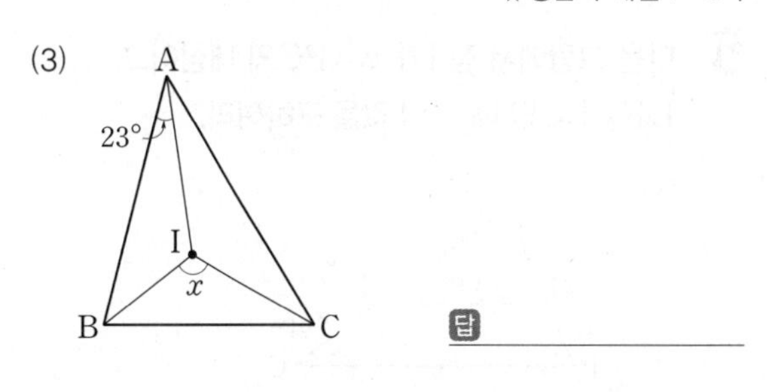


답

(4)

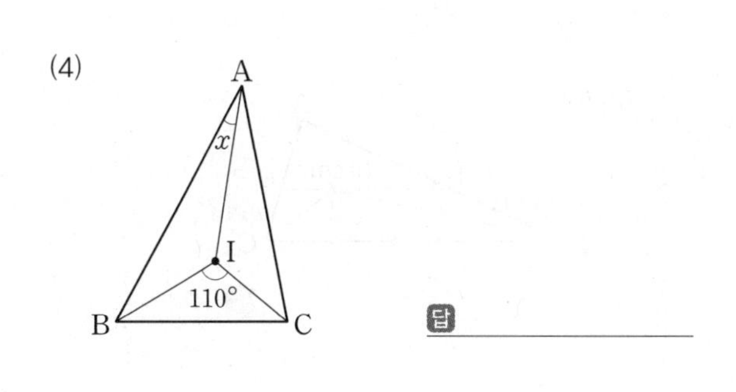


답

**3** 다음 그림에서 점 I가 $\triangle ABC$의 내심일 때, $\angle x$의 크기를 구하여라.

(1)

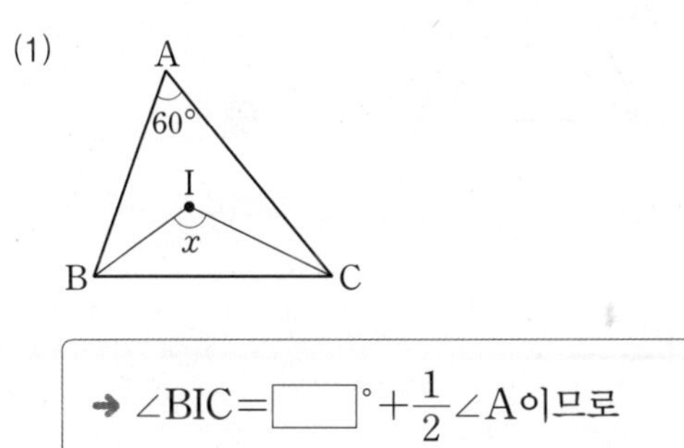


➜ $\angle BIC=\square° + \frac{1}{2}\angle A$이므로

$\angle x=\square° + \frac{1}{2}\times 60° = \square°$

(2)

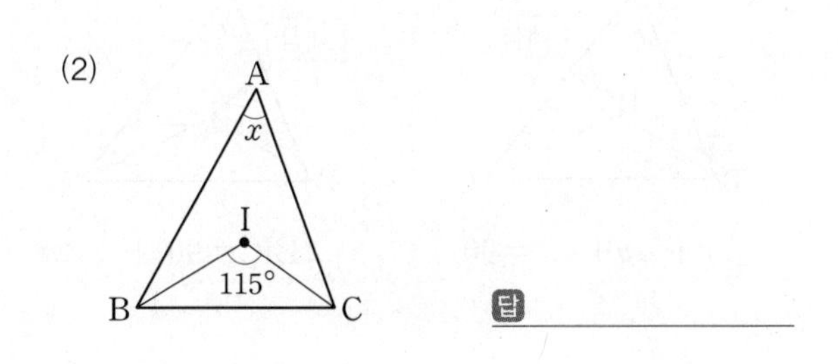


답

**4** 오른쪽 그림에서 점 I가 $\triangle ABC$의 내심이고, $\overline{DE} /\!/ \overline{BC}$일 때, 다음을 완성하여라.

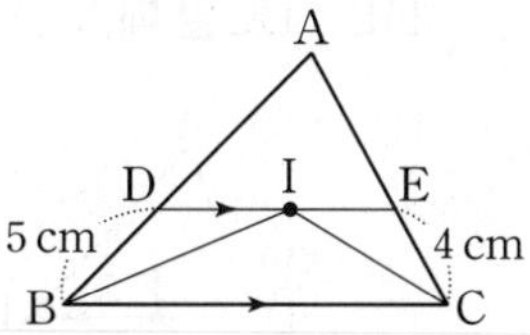

A, D, I, E, 5 cm, 4 cm, B, C

(1)

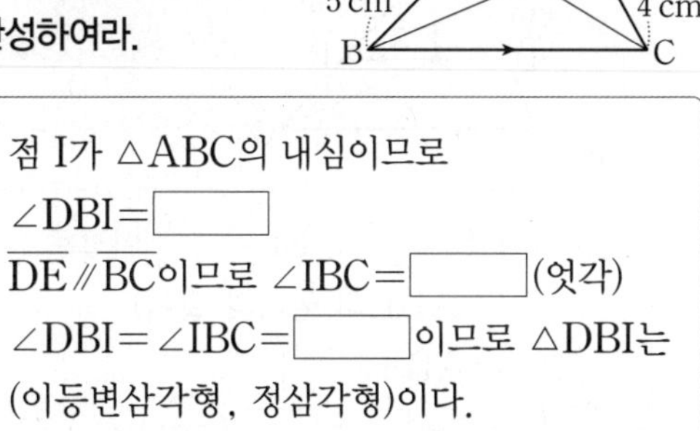

점 I가 $\triangle ABC$의 내심이므로

$\angle DBI=\square$

$\overline{DE} /\!/ \overline{BC}$이므로 $\angle IBC=\square$(엇각)

$\angle DBI=\angle IBC=\square$이므로 $\triangle DBI$는 (이등변삼각형, 정삼각형)이다.

➜ $\overline{DI}=\square$

(2)

점 I가 $\triangle ABC$의 내심이므로

$\angle ECI=\square$

$\overline{DE} /\!/ \overline{BC}$이므로 $\angle ICB=\square$(엇각)

$\angle ECI=\angle ICB=\square$이므로 $\triangle EIC$는 (이등변삼각형, 정삼각형)이다.

➜ $\overline{EI}=\square$

(3) $\overline{DE}=\overline{DI}+\overline{EI}=\overline{DB}+\square=\square$(cm)

**5** 다음 그림에서 점 I가 △ABC의 내심이고, $\overline{DE} /\!/ \overline{BC}$일 때, $x$의 값을 구하여라.

(1)

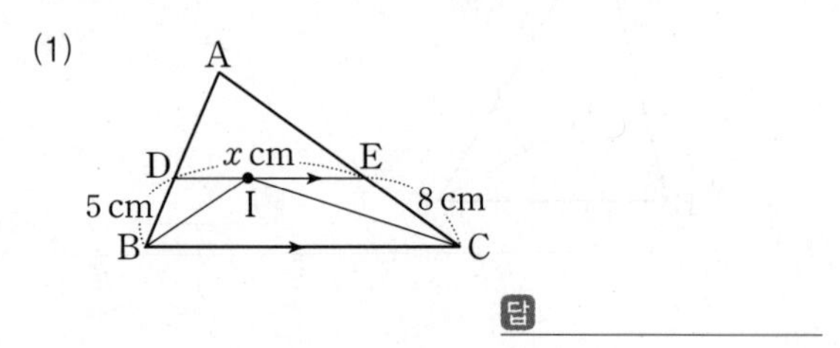


답

(2)

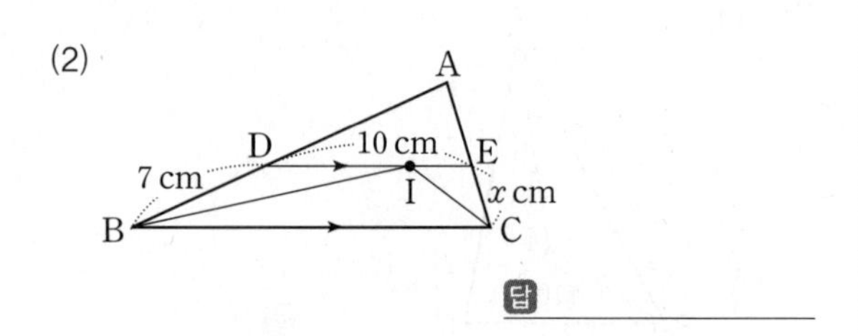


답

**6** 다음 그림에서 점 I가 △ABC의 내심이고, $\overline{DE} /\!/ \overline{BC}$일 때, △ADE의 둘레의 길이를 구하여라.

(1)

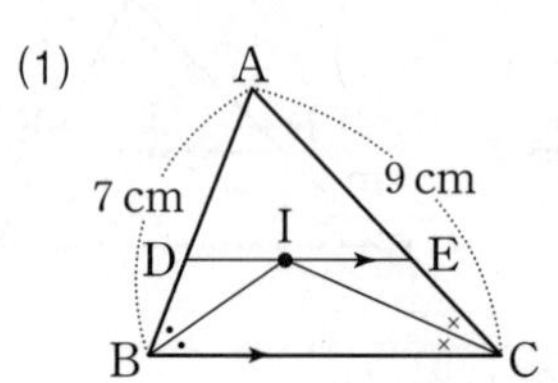


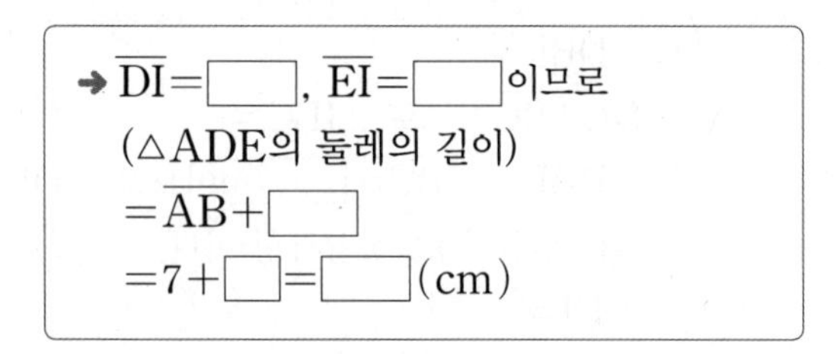
➜ $\overline{DI}=$ ☐, $\overline{EI}=$ ☐이므로

(△ADE의 둘레의 길이)

$=\overline{AB}+$ ☐

$=7+$ ☐ $=$ ☐ (cm)

(2)

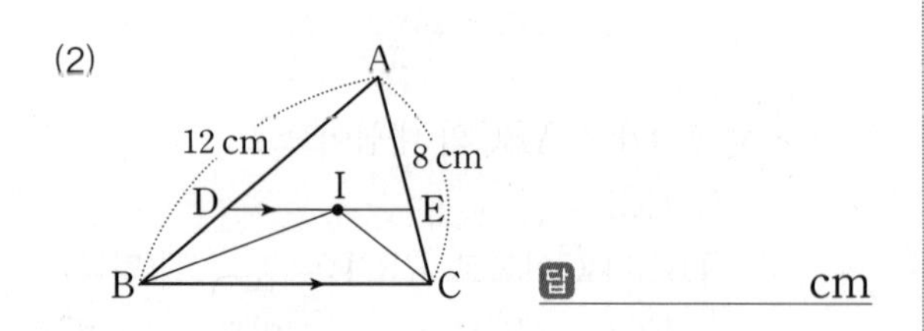


답 cm

(3)

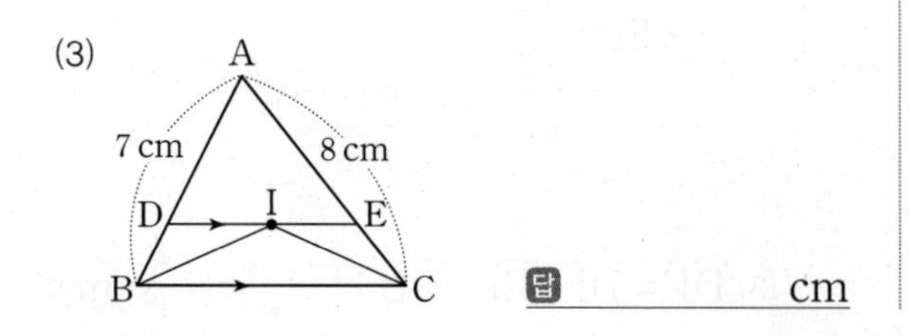


답 cm

**7** 다음 그림과 같은 △ABC에서 점 O는 외심, 점 I는 내심일 때, $\angle x$의 크기를 구하여라.

(1)

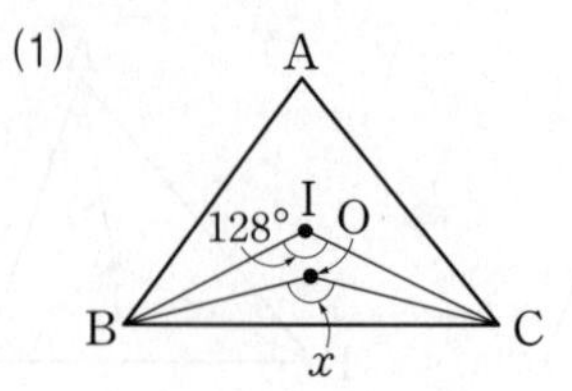


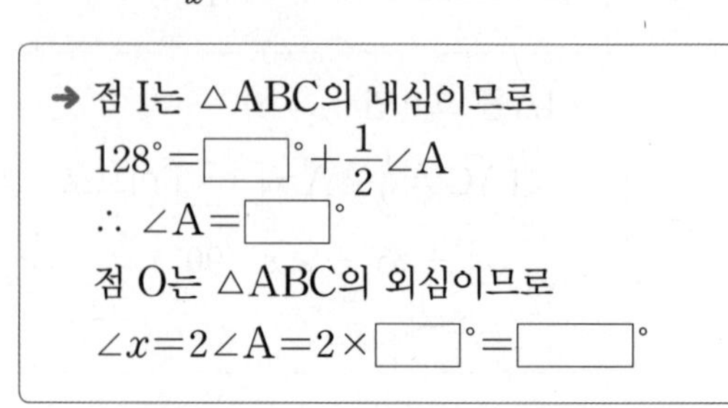
➜ 점 I는 △ABC의 내심이므로

$128^\circ=$ ☐$^\circ+\frac{1}{2}\angle A$

$\therefore\ \angle A=$ ☐$^\circ$

점 O는 △ABC의 외심이므로

$\angle x=2\angle A=2\times$ ☐$^\circ=$ ☐$^\circ$

(2)

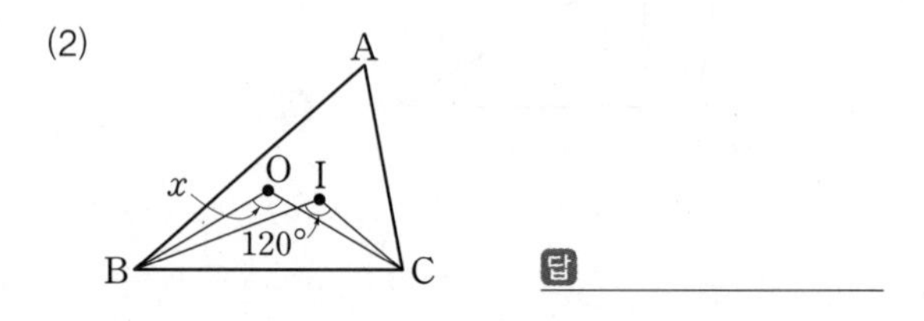


답

(3)

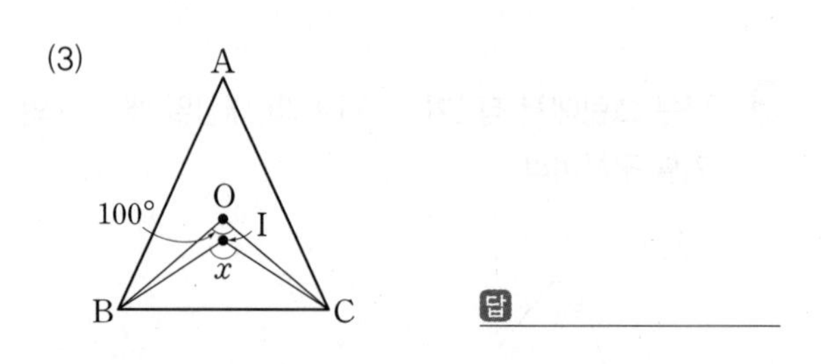


답

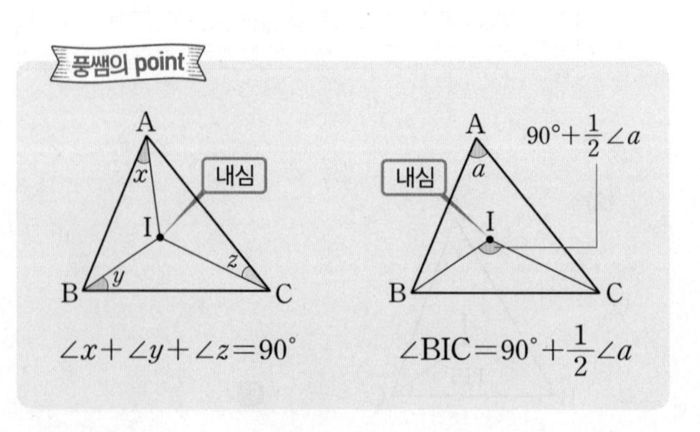

# 12 삼각형의 내심의 활용(2)

**핵심개념** 점 I가 △ABC의 내심일 때

**1. 삼각형의 넓이와 내접원의 반지름**

△ABC의 세 변의 길이가 각각 $a$, $b$, $c$이고 내접원의 반지름의 길이를 $r$일 때,

$$\triangle ABC = \triangle IBC + \triangle ICA + \triangle IAB$$

$$= \frac{1}{2}r(a+b+c)$$

(→ $\frac{1}{2}ar+\frac{1}{2}br+\frac{1}{2}cr$)

**2. 접선의 길이:** $\overline{AD}=\overline{AF}$, $\overline{BD}=\overline{BE}$, $\overline{CE}=\overline{CF}$

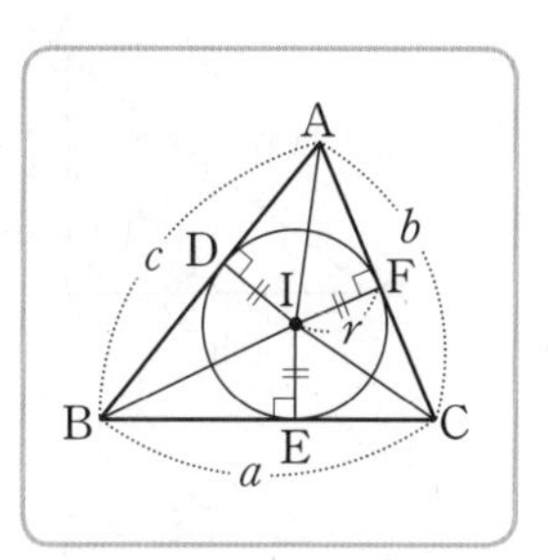


▶학습 날짜 월 일 ▶걸린 시간 분 / 목표 시간 15분

정답과 해설 8쪽

**1** 다음 그림에서 점 I는 △ABC의 내심일 때, △ABC의 넓이를 구하여라.

(1)

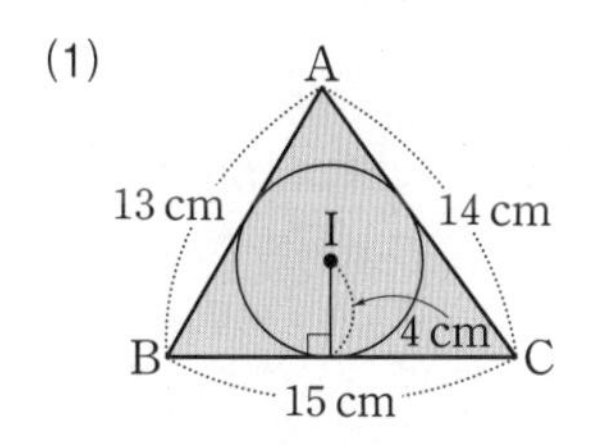


→ △ABC

$=\frac{1}{2}\times\square\times(\square+14+\square)$

$=\square(\text{cm}^2)$

(2)

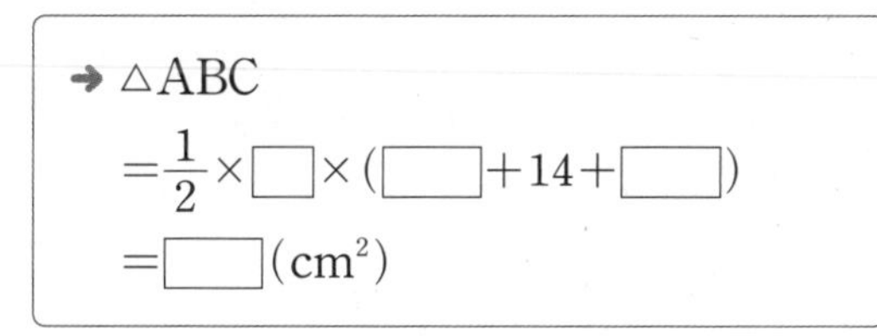


답 ________

(3)

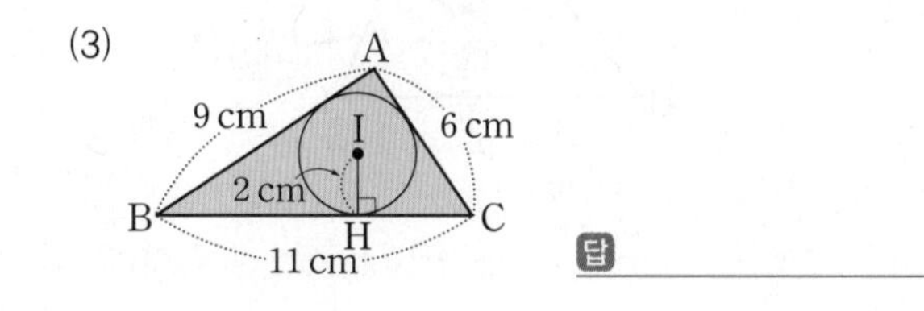


답 ________

**2** 다음 그림에서 점 I는 △ABC의 내심일 때, 내접원의 반지름의 길이를 구하여라.

(1) △ABC$=48\text{ cm}^2$

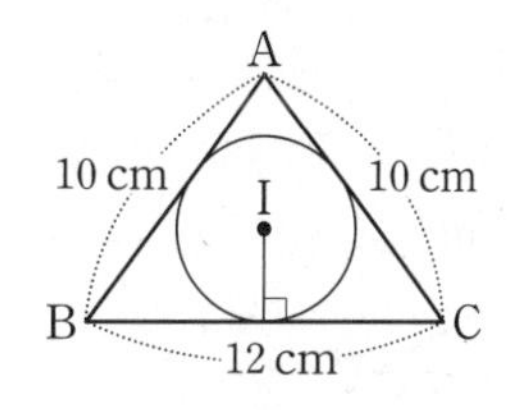


→ 내접원의 반지름의 길이를 $r$cm라 하면

△ABC$=\frac{1}{2}\times r\times(12+10+\square)$

$=48$

$\therefore r=\square$

따라서 내접원의 반지름의 길이는 $\square$cm이다.

(2) △ABC$=96\text{ cm}^2$

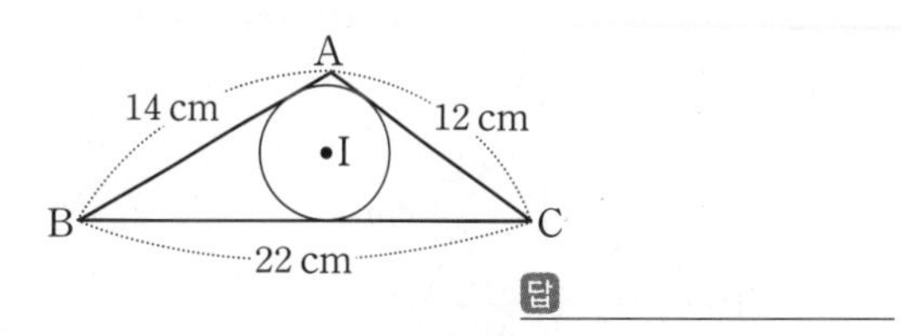


답 ________

(3) △ABC$=30\text{ cm}^2$

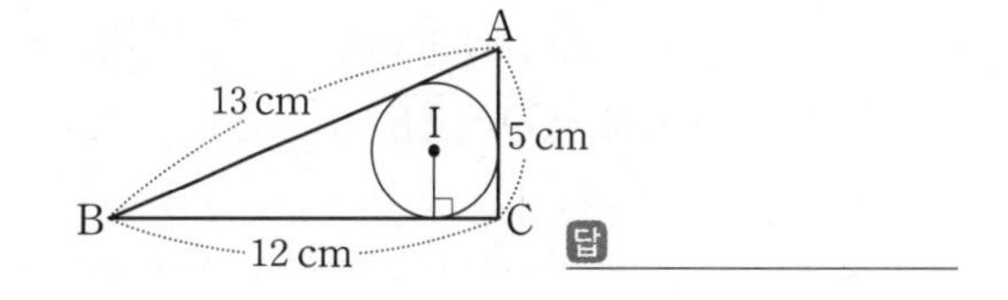


답 ________

**3** 다음 그림에서 점 I는 직각삼각형 ABC의 내심일 때, 내접원의 반지름의 길이와 내접원의 넓이를 각각 구하여라.

(1)

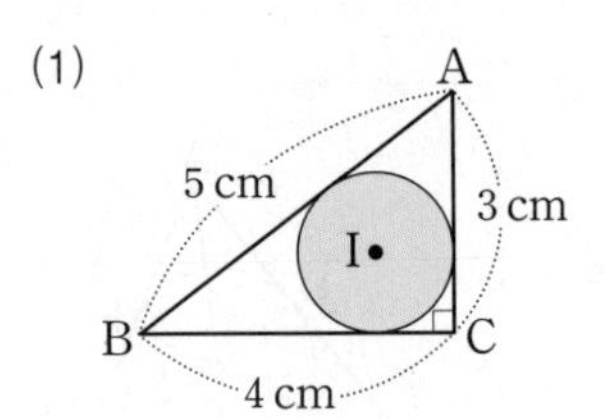


➜ $\triangle ABC=\frac{1}{2}\times4\times3=\square(cm^2)$

이므로 내접원의 반지름의 길이를 $r$ cm라 하면

$\square=\frac{1}{2}\times r\times(4+3+5)$

$\therefore r=\square$

따라서 내접원의 반지름의 길이는 $\square$ cm이므로 내접원의 넓이는

$\pi\times\square^2=\square(cm^2)$

(2)

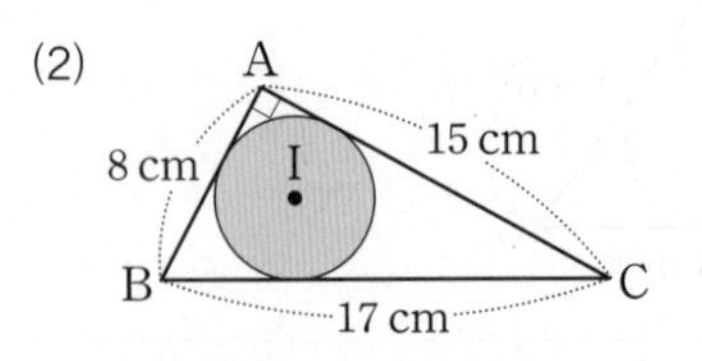


➜ 내접원의 반지름의 길이: $\square$ cm

내접원의 넓이: $\square$ $cm^2$

**4** 다음 그림에서 점 I는 △ABC의 내심이고, 세 점 D, E, F는 각각 내접원과 세 변의 접점일 때, $x$의 값을 구하여라.

(1)

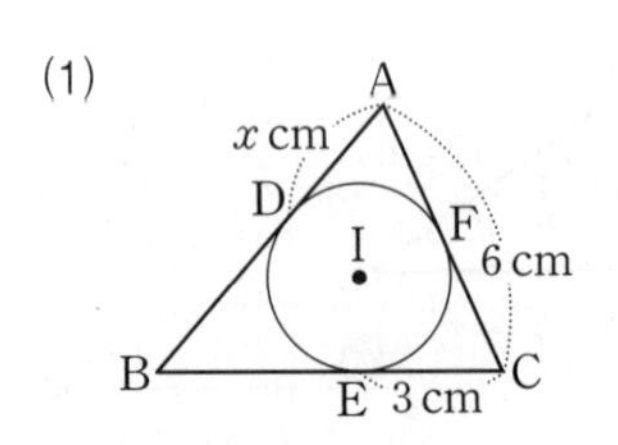


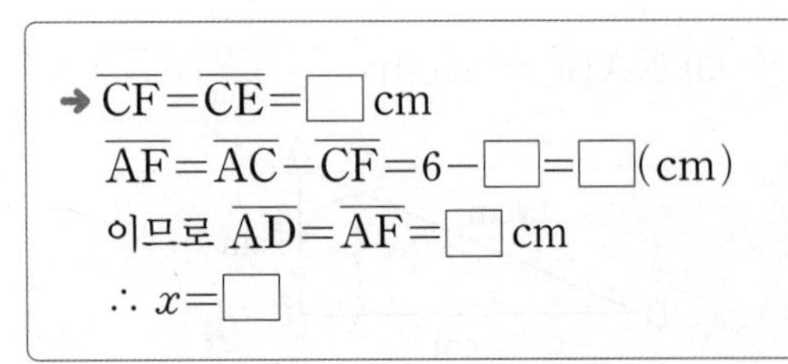

➜ $\overline{CF}=\overline{CE}=\square$ cm

$\overline{AF}=\overline{AC}-\overline{CF}=6-\square=\square(cm)$

이므로 $\overline{AD}=\overline{AF}=\square$ cm

$\therefore x=\square$

(2)

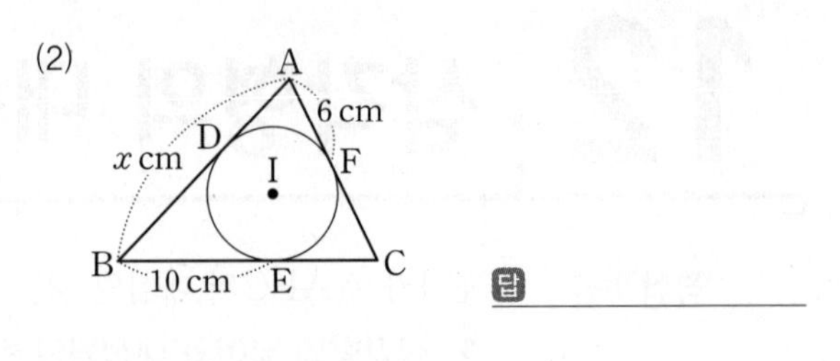


답

(3)

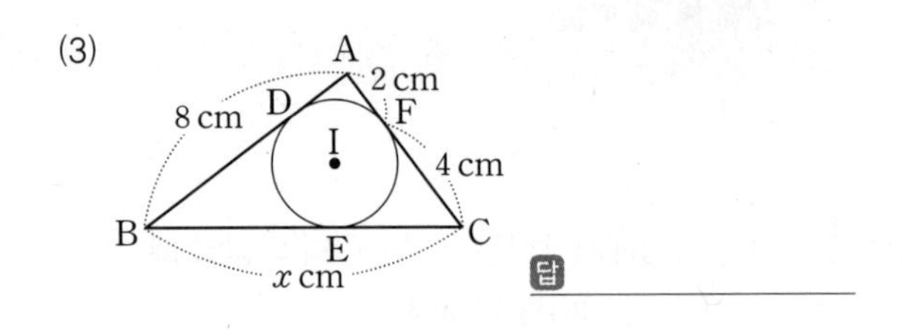


답

(4)

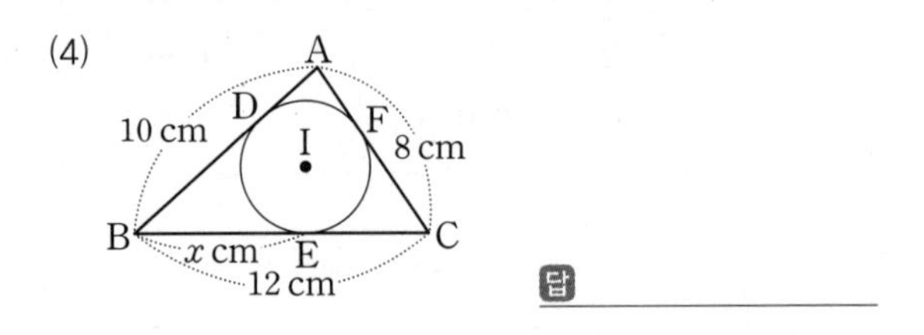


답

풍쌤의 point

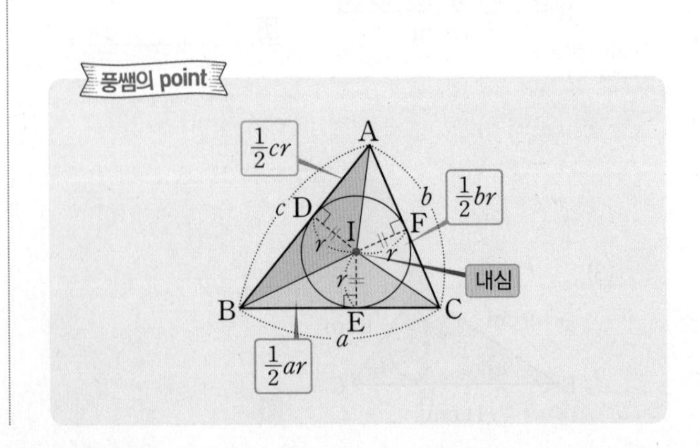

정답과 해설 9쪽

# 10-12 · 스스로 점검 문제

맞힌 개수 개 / 7개

▶학습 날짜 월 일 ▶걸린 시간 분 / 목표 시간 15분

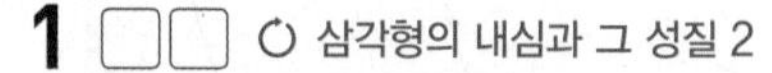

**1** □□ ○ 삼각형의 내심과 그 성질 2

오른쪽 그림에서 점 I는 $\triangle ABC$의 내심일 때, 다음 중 옳지 않은 것은?

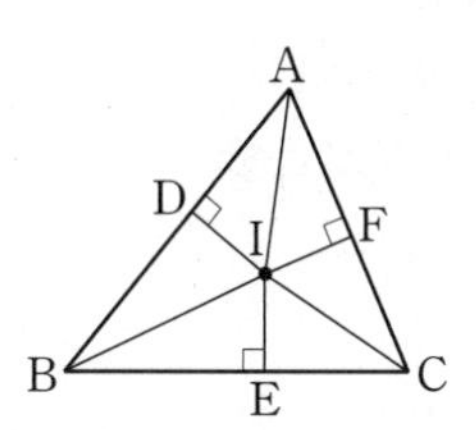


① $\overline{ID}=\overline{IE}=\overline{IF}$
② $\angle DBI=\angle EBI$
③ $\triangle IAD\equiv\triangle IBD$
④ $\overline{AD}=\overline{AF}$
⑤ 점 I는 $\triangle ABC$의 내접원의 중심이다.

**2** □□ ○ 삼각형의 내심과 그 성질 3

오른쪽 그림에서 점 I는 $\triangle ABC$의 내심이다. $\angle ABI=40°$, $\angle ACI=35°$일 때, $\angle x$의 크기는?

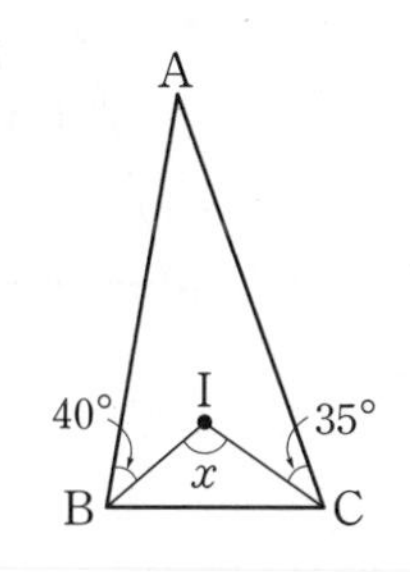


① 90°　② 95°
③ 100°　④ 105°
⑤ 110°

**3** □□ ○ 삼각형의 내심의 활용(1) 2

오른쪽 그림에서 점 I는 $\triangle ABC$의 내심이다. $\angle IAC=35°$, $\angle C=80°$일 때, $\angle x$의 크기는?

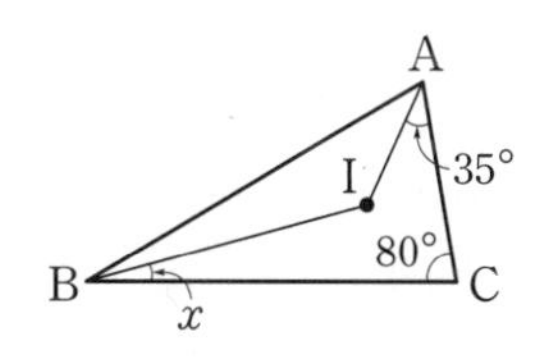


① 10°　② 13°　③ 15°
④ 18°　⑤ 20°

**4** □□ ○ 삼각형의 내심의 활용(1) 6

오른쪽 그림에서 점 I는 $\triangle ABC$의 내심이고 $\overline{DE}/\!/\overline{BC}$이다. $\overline{AB}=10$ cm, $\overline{BC}=9$ cm, $\overline{CA}=11$ cm일 때, $\triangle ADE$의 둘레의 길이를 구하여라.

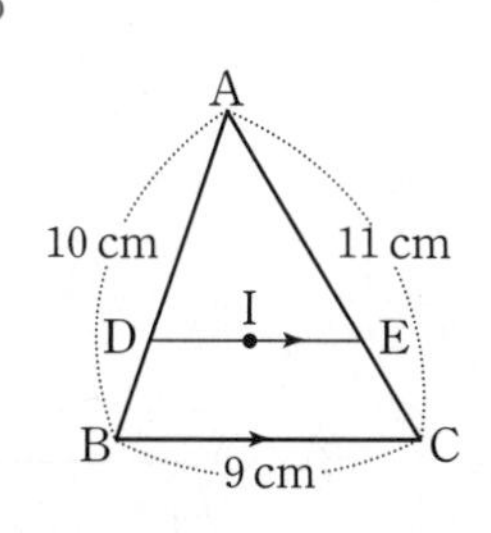


**5** □□ ○ 삼각형의 내심의 활용(1) 7

오른쪽 그림에서 점 O, 점 I는 각각 $\overline{AB}=\overline{AC}$인 이등변삼각형 ABC의 외심, 내심이다. $\angle A=48°$일 때, $\angle OBI$의 크기를 구하여라.

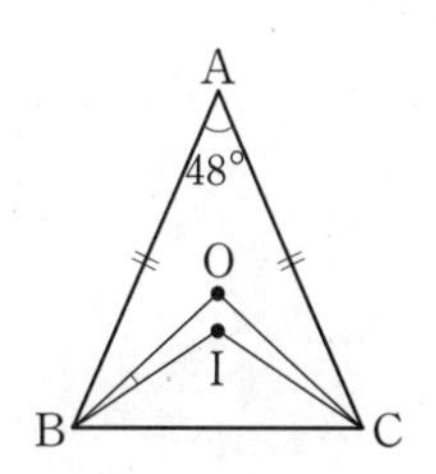


**6** □□ ○ 삼각형의 내심의 활용(2) 1

오른쪽 그림과 같이 $\angle B=90°$인 직각삼각형 ABC에서 점 I는 $\triangle ABC$의 내심이다. $\overline{AB}=6$ cm, $\overline{BC}=8$ cm, $\overline{CA}=10$ cm일 때, $\triangle ABC$의 내접원의 넓이를 구하여라.

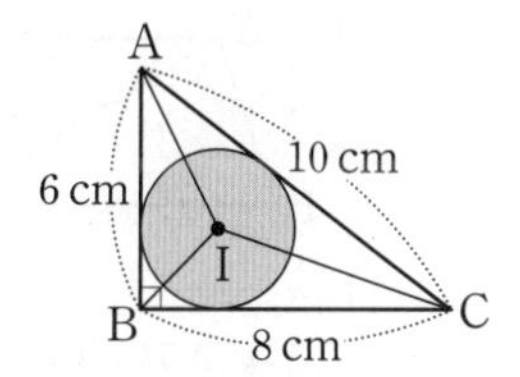


**7** □□ ○ 삼각형의 내심의 활용(2) 4

오른쪽 그림에서 점 I는 $\triangle ABC$의 내심이고, 세 점 D, E, F는 접점이다. $\overline{AB}=7$ cm, $\overline{BC}=9$ cm, $\overline{CA}=10$ cm일 때, $\overline{AF}$의 길이는?

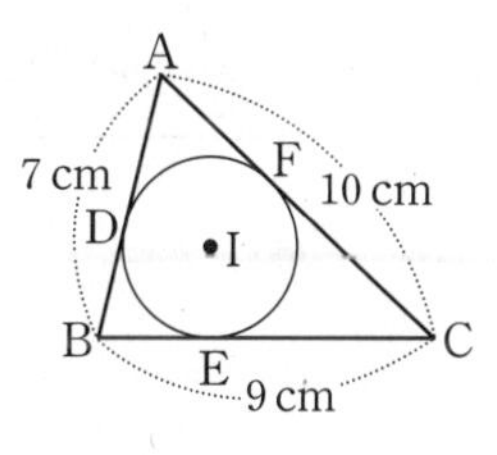


① 3 cm　② 4 cm　③ 5 cm
④ 6 cm　⑤ 7 cm

# 13 평행사변형

**핵심개념**

**1. 대변과 대각:** 사각형 ABCD에서

(1) 대변: 마주 보는 변 ➜ $\overline{AB}$와 $\overline{DC}$, $\overline{AD}$와 $\overline{BC}$

(2) 대각: 마주 보는 각 ➜ $\angle A$와 $\angle C$, $\angle B$와 $\angle D$

참고 사각형 ABCD를 기호로 □ABCD와 같이 나타낸다.

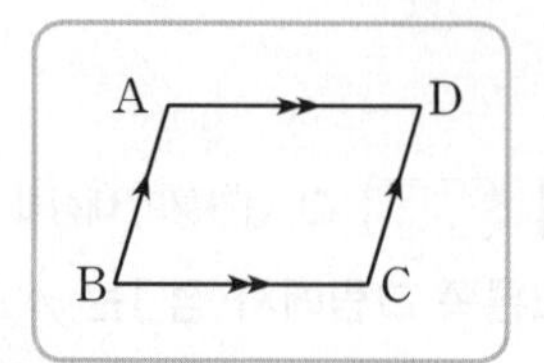


**2. 평행사변형:** 두 쌍의 대변이 각각 평행한 사각형

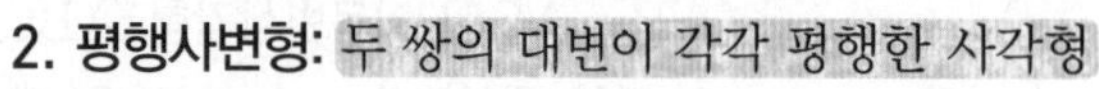

➜ □ABCD에서 $\overline{AB} /\!/ \overline{DC}$, $\overline{AD} /\!/ \overline{BC}$

▶학습 날짜 월 일 ▶걸린 시간 분 / 목표 시간 5분

정답과 해설 10쪽

**1** 다음 그림과 같은 평행사변형 ABCD에 대하여 $\angle x$, $\angle y$의 크기를 각각 구하여라.

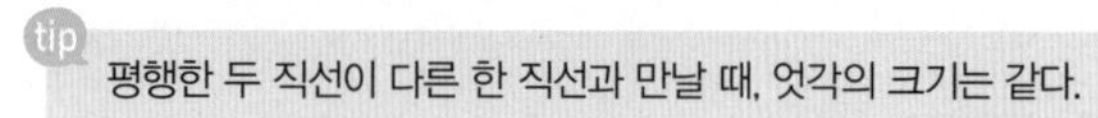
tip 평행한 두 직선이 다른 한 직선과 만날 때, 엇각의 크기는 같다.

(1)

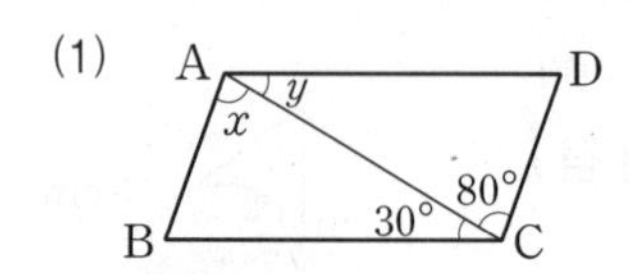


➜ $\overline{AB} /\!/ \overline{DC}$이므로 $\angle x=$ □° (엇각)
$\overline{AD} /\!/ \overline{BC}$이므로 $\angle y=$ □° (엇각)

(2)

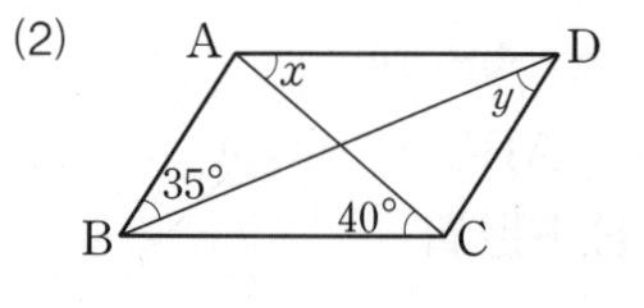


➜ $\angle x=$ □°, $\angle y=$ □°

(3)

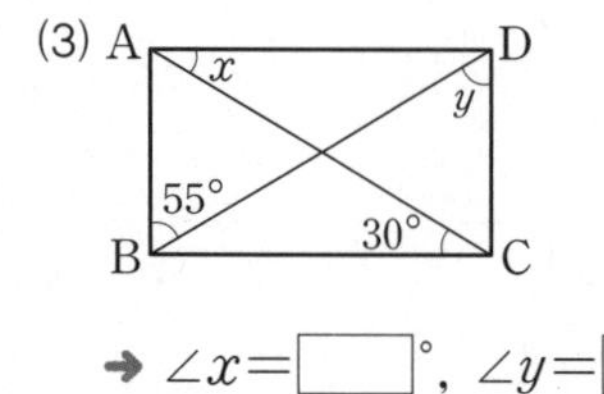


➜ $\angle x=$ □°, $\angle y=$ □°

**2** 다음 그림과 같은 평행사변형 ABCD에 대하여 $\angle x$의 크기를 구하여라.

(단, 점 O는 두 대각선의 교점이다.)

(1)

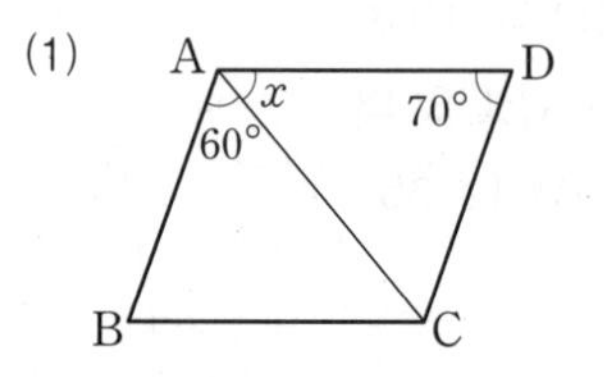


답

(2)

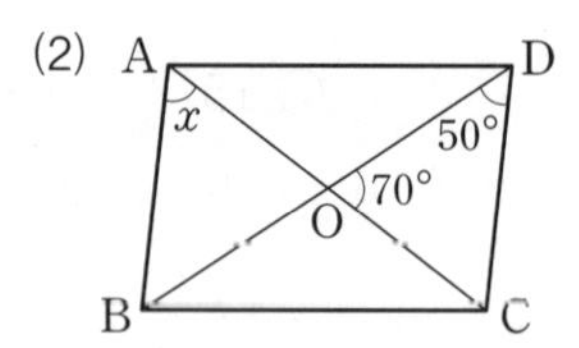


답

(3)

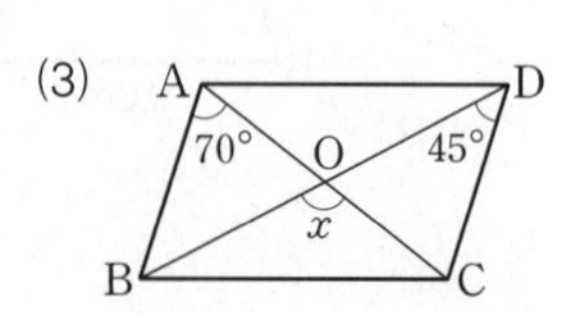


답 

# 14 평행사변형의 성질

**핵심개념** 평행사변형 ABCD에서

(1) 두 쌍의 대변의 길이는 각각 같다. → $\overline{AB}=\overline{DC}$, $\overline{AD}=\overline{BC}$

(2) 두 쌍의 대각의 크기는 각각 같다. → $\angle A=\angle C$, $\angle B=\angle D$

(3) 두 대각선은 서로 다른 것을 이등분한다. → $\overline{AO}=\overline{CO}$, $\overline{BO}=\overline{DO}$

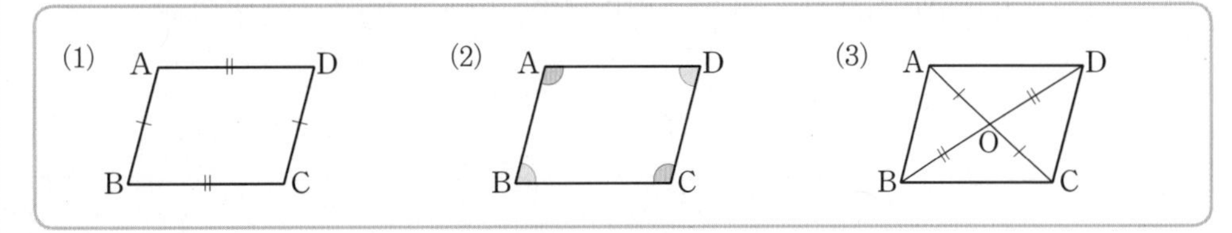


**참고** 평행사변형은 두 쌍의 대변이 각각 평행하므로 이웃하는 두 내각의 크기의 합은 180°이다.

→ $\angle A+\angle B=\angle B+\angle C=\angle C+\angle D=\angle D+\angle A=180°$

▶학습 날짜 월 일 ▶걸린 시간 분 / 목표 시간 20분

정답과 해설 10쪽

**1** 오른쪽 그림의 평행사변형 ABCD에 대하여 다음을 완성하여라. (단, 점 O는 두 대각선의 교점이다.)

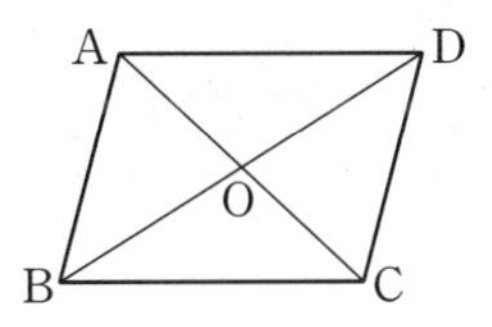


(1) 평행사변형의 두 쌍의 대변의 길이는 각각 같으므로

$\overline{AB}=$☐, $\overline{AD}=$☐

(2) 평행사변형의 두 쌍의 대각의 크기는 각각 같으므로

$\angle A=$☐, $\angle B=$☐

(3) 평행사변형의 두 대각선은 서로 다른 것을 ________ 하므로

$\overline{AO}=$☐, $\overline{BO}=$☐

(4) 평행사변형의 이웃하는 두 내각의 크기의 합은 ☐°이므로

$\angle A+\angle B=\angle B+\angle C=\angle C+\angle D$
$=\angle D+\angle A=$☐°

**2** 다음 그림과 같은 평행사변형 ABCD에 대하여 $x$, $y$의 값을 각각 구하여라.

(1)

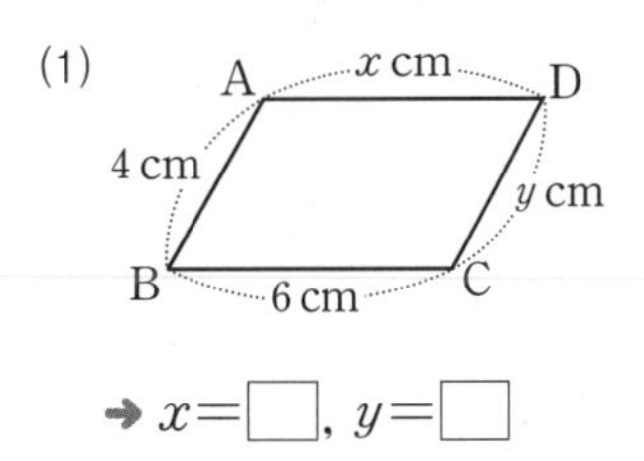


→ $x=$☐, $y=$☐

(2)

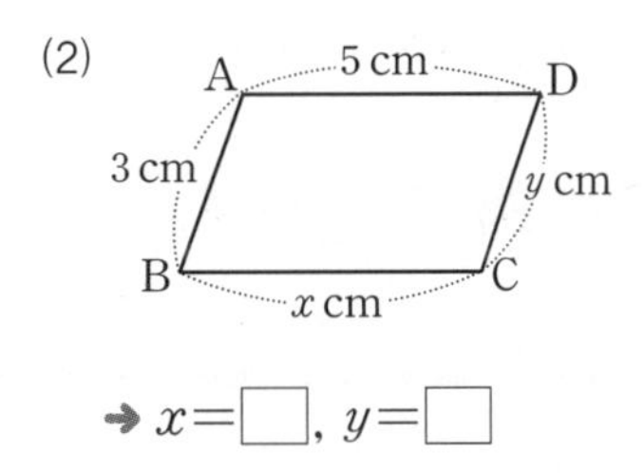


→ $x=$☐, $y=$☐

(3)

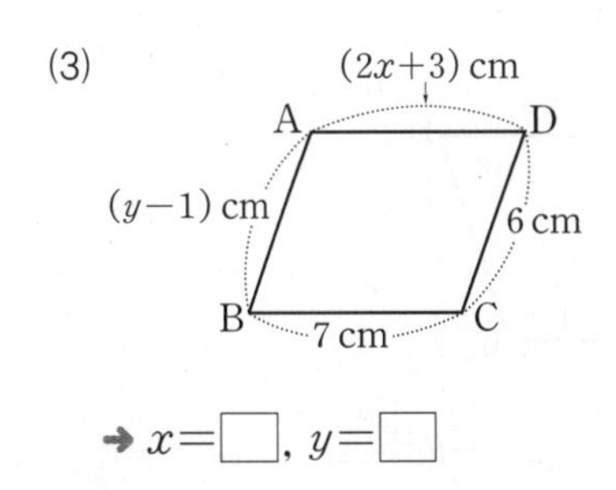


→ $x=$☐, $y=$☐

**3** 다음 그림과 같은 평행사변형 ABCD에 대하여 $\angle x$, $\angle y$의 크기를 각각 구하여라.

(1)

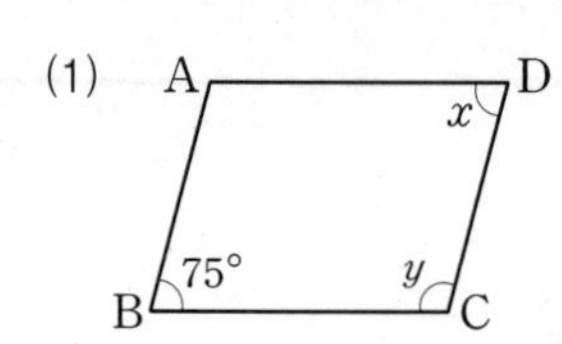


➜ $\angle B=\angle D$이므로 $\angle x=$☐°
$\angle B+\angle C=180°$이므로 $\angle y=$☐°

(2)

➜ $\angle x=$☐°, $\angle y=$☐°

(3)

➜ $\angle x=$☐°, $\angle y=$☐°

(4)

➜ $\angle x=$☐°, $\angle y=$☐°

**4** 다음 그림과 같은 평행사변형 ABCD에 대하여 $x$, $y$의 값을 각각 구하여라.

(단, 점 O는 두 대각선의 교점이다.)

(1)

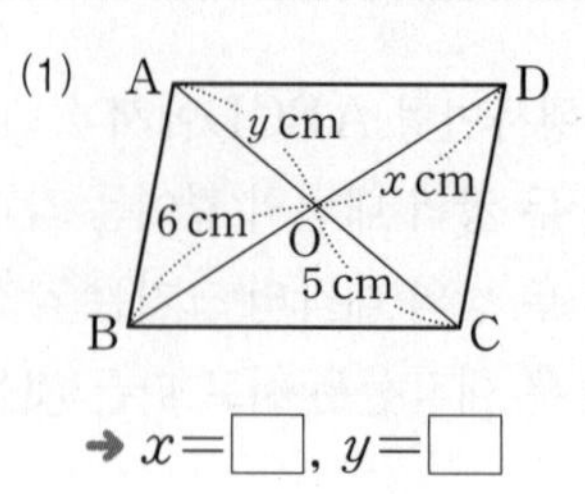


➜ $x=$☐, $y=$☐

(2)

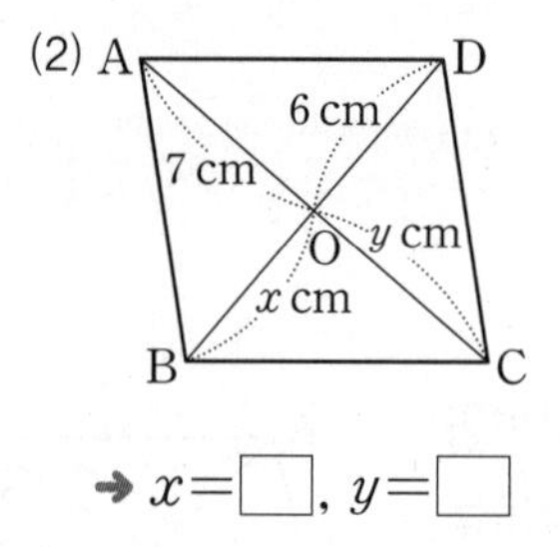


➜ $x=$☐, $y=$☐

(3)

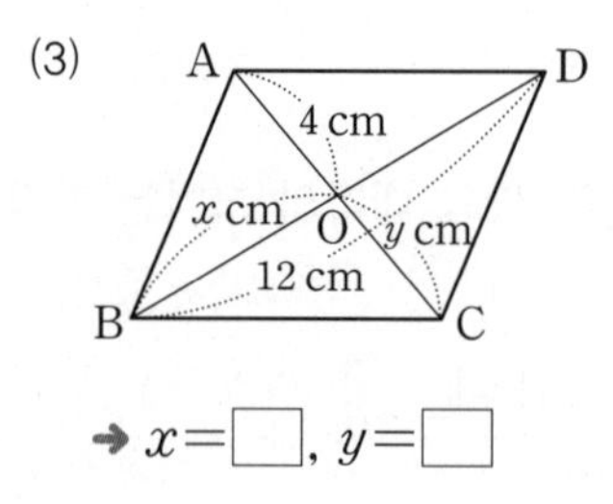


➜ $x=$☐, $y=$☐

(4)

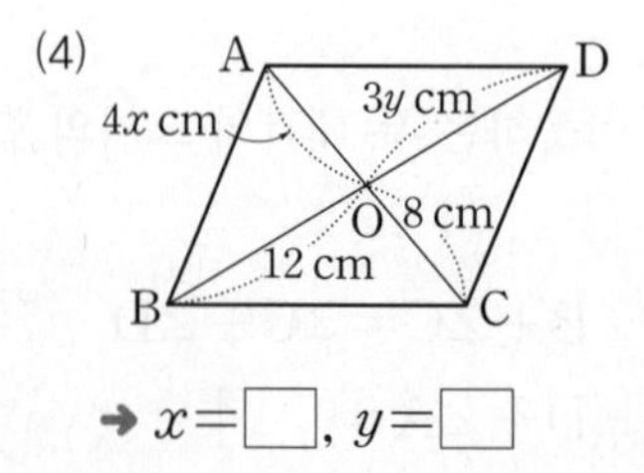


➜ $x=$☐, $y=$☐

**5** 아래 그림의 □ABCD는 평행사변형이다. 다음을 구하여라. (단, 점 O는 두 대각선의 교점이다.)

(1) □ABCD의 둘레의 길이

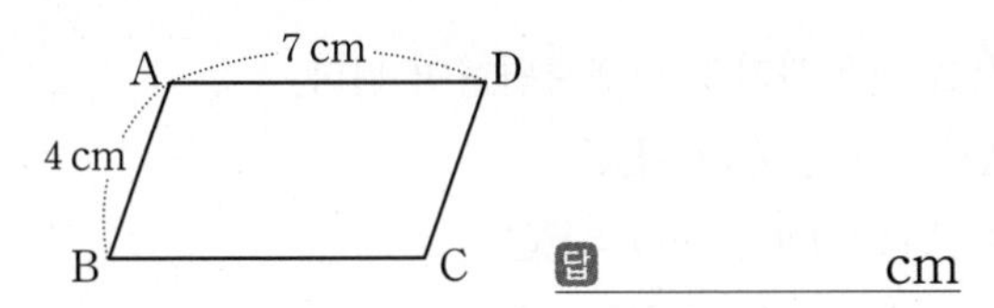


답 ________ cm

(2) △OCD의 둘레의 길이

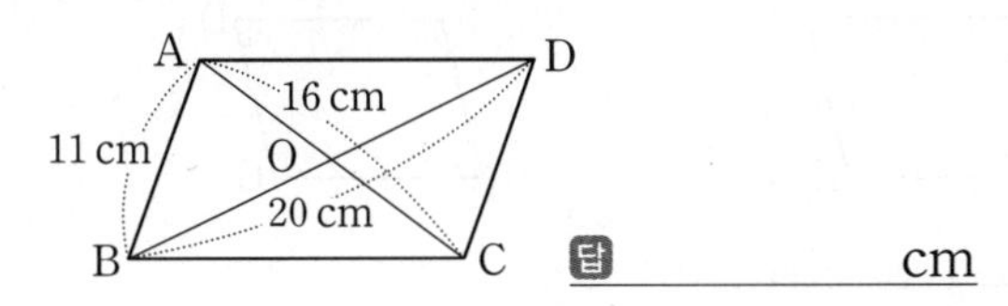


답 ________ cm

**6** 다음 그림과 같은 평행사변형 ABCD에 대하여 $x$의 값을 구하여라.

(1)

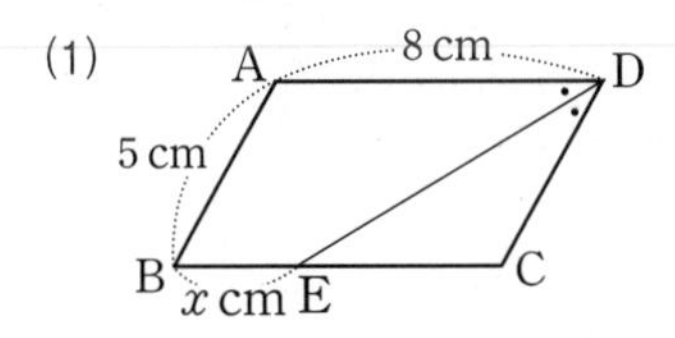


➜ $\angle CED=$□(엇각)
$=\angle CDE$
따라서 △CDE는 ________ 이므로
$\overline{CE}=\overline{CD}=\overline{AB}=$□cm
이때 $\overline{BC}=\overline{AD}=$□cm이므로
$\overline{BE}=\overline{BC}-\overline{CE}=$□(cm)
$\therefore x=$□

(2)

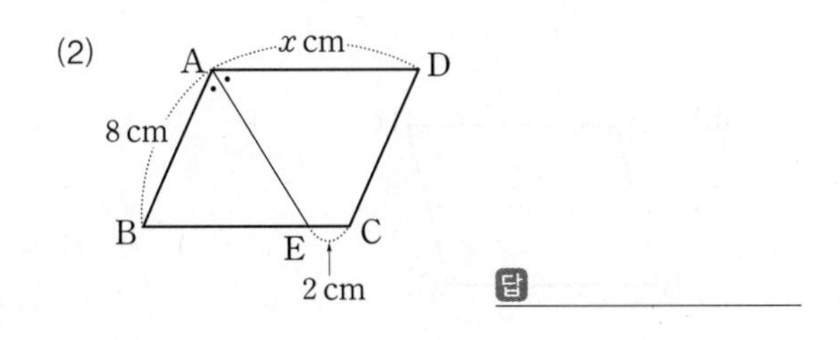


답 ________

**7** 아래 그림과 같은 평행사변형 ABCD에 대하여 $\angle x$의 크기를 구하여라.

(1)

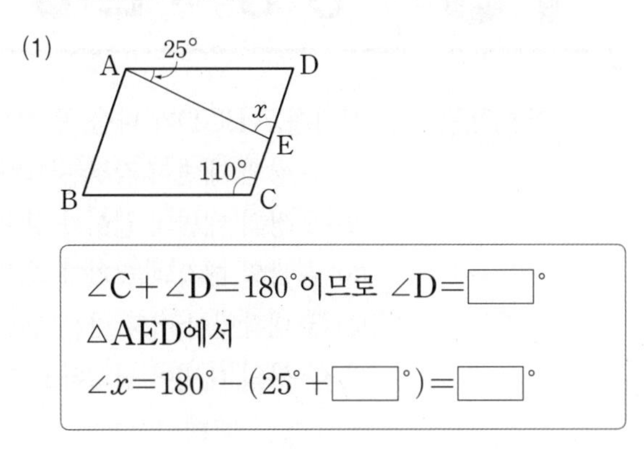


$\angle C+\angle D=180^\circ$이므로 $\angle D=$□°
△AED에서
$\angle x=180^\circ-(25^\circ+$□$^\circ)=$□°

(2)

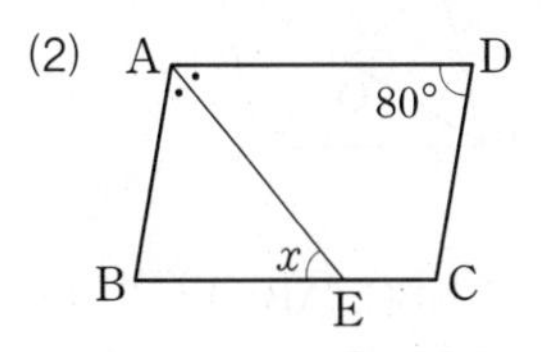


$\angle B=\angle D$이므로 $\angle B=$□°
$\angle AEB=\angle EAD=$□이므로
△ABE는 $\overline{BA}=$□인 ________ 이다. △ABE에서
$\angle x=\dfrac{1}{2}\times(180^\circ-$□$^\circ)=$□°

풍쌤의 point

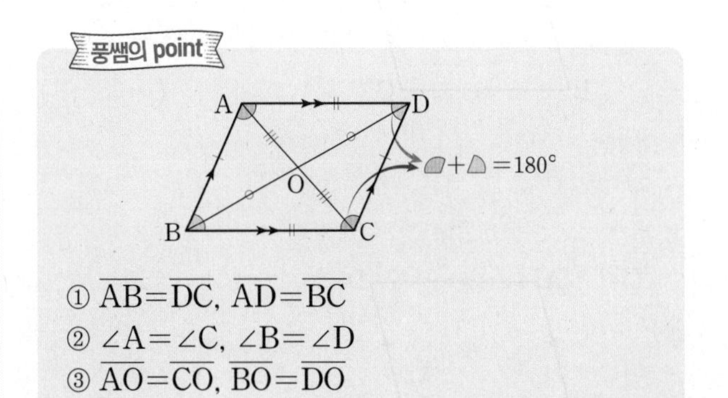


① $\overline{AB}=\overline{DC}$, $\overline{AD}=\overline{BC}$
② $\angle A=\angle C$, $\angle B=\angle D$
③ $\overline{AO}=\overline{CO}$, $\overline{BO}=\overline{DO}$

# 15 평행사변형이 되는 조건

**핵심개념** 사각형 ABCD가 다음 중 어느 한 조건을 만족시키면 평행사변형이 된다.

(1) 두 쌍의 대변이 각각 평행하다. → $\overline{AB} /\!/ \overline{DC}$, $\overline{AD} /\!/ \overline{BC}$

(2) 두 쌍의 대변의 길이가 각각 같다. → $\overline{AB}=\overline{DC}$, $\overline{AD}=\overline{BC}$

(3) 두 쌍의 대각의 크기가 각각 같다. → $\angle A=\angle C$, $\angle B=\angle D$

(4) 두 대각선이 서로 다른 것을 이등분한다. → $\overline{AO}=\overline{CO}$, $\overline{BO}=\overline{DO}$

(5) 한 쌍의 대변이 평행하고 그 길이가 같다. → $\overline{AD} /\!/ \overline{BC}$, $\overline{AD}=\overline{BC}$

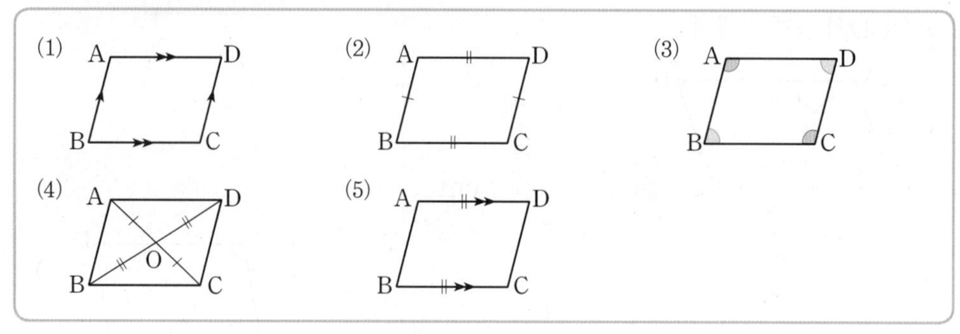

참고 $\overline{AD} /\!/ \overline{BC}$, $\overline{AB}=\overline{DC}$인 □ABCD는 평행사변형이 아니다.
→ $\overline{AD} /\!/ \overline{BC}$, $\overline{AB}=\overline{DC}$인 사각형은 오른쪽 그림과 같은 사다리꼴이 될 수도 있다.

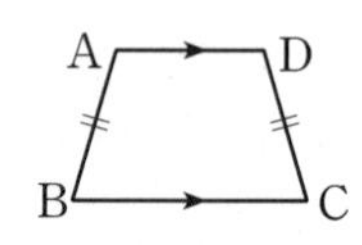

▶학습 날짜 월 일 ▶걸린 시간 분 / 목표 시간 20분

**1** 다음 그림의 □ABCD가 평행사변형이 되는 조건을 〈보기〉에서 골라라.

**보기**
ㄱ. 두 쌍의 대변이 각각 평행하다.
ㄴ. 두 쌍의 대변의 길이가 각각 같다.
ㄷ. 두 쌍의 대각의 크기가 각각 같다.
ㄹ. 두 대각선이 서로 다른 것을 이등분한다.
ㅁ. 한 쌍의 대변이 평행하고 그 길이가 같다.

(1)
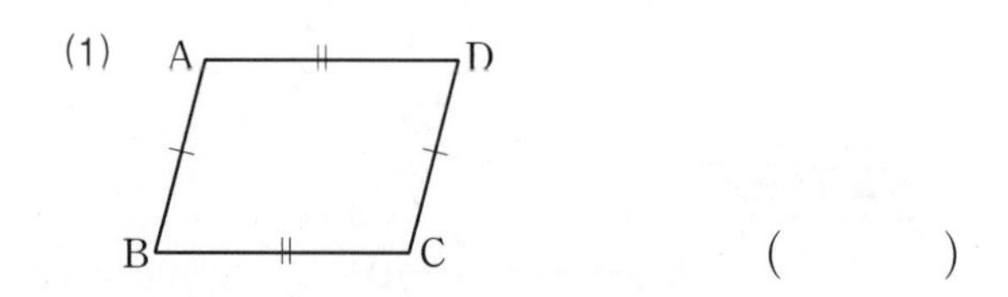
( )

(2)
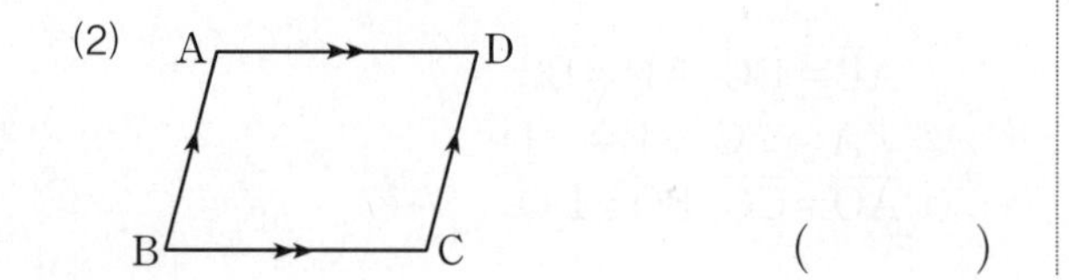
( )

(3)
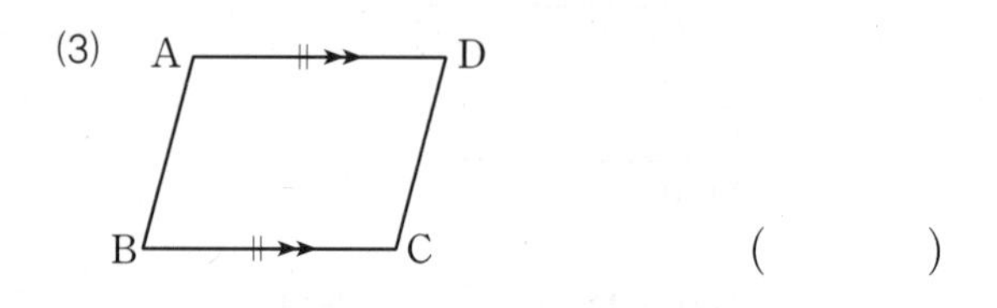
( )

(4)
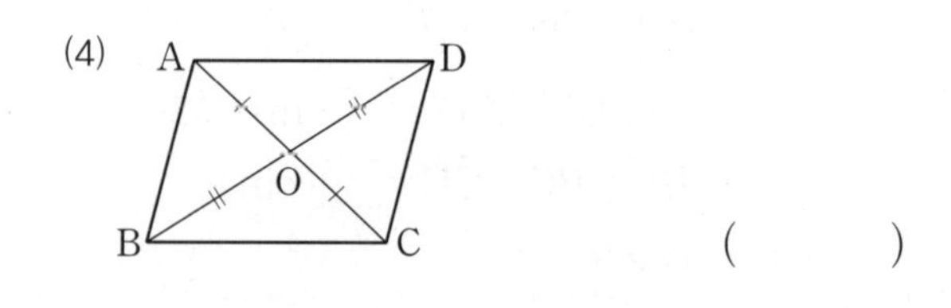
( )

(5)
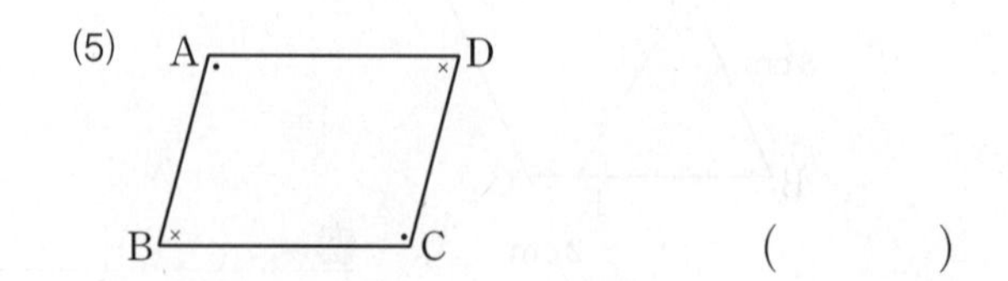
( )

**2** 다음 중 □ABCD가 평행사변형이 되는 것은 그 조건을 〈보기〉에서 고르고, 평행사변형이 되지 않는 것에는 ×표를 하여라. (단, 점 O는 두 대각선의 교점이다.)

**보기**

ㄱ. 두 쌍의 대변이 각각 평행하다.
ㄴ. 두 쌍의 대변의 길이가 각각 같다.
ㄷ. 두 쌍의 대각의 크기가 각각 같다.
ㄹ. 두 대각선이 서로 다른 것을 이등분한다.
ㅁ. 한 쌍의 대변이 평행하고 그 길이가 같다.

(1)
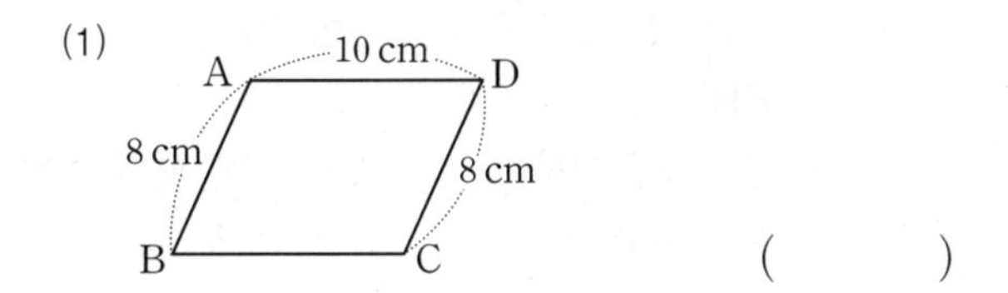

( )

(2)
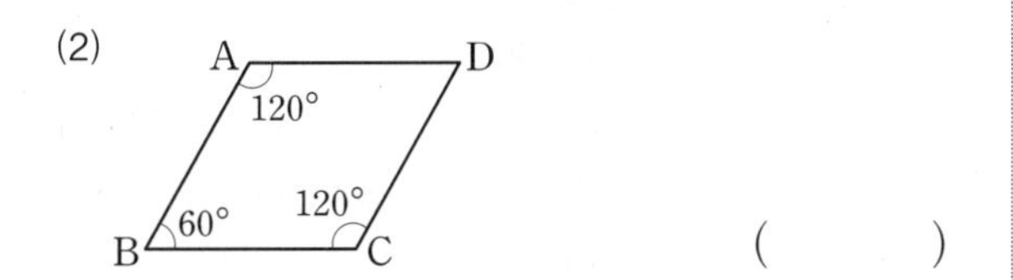

( )

(3)
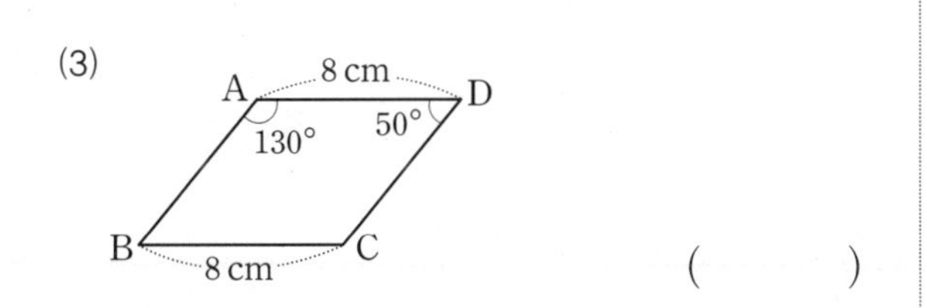

( )

(4)
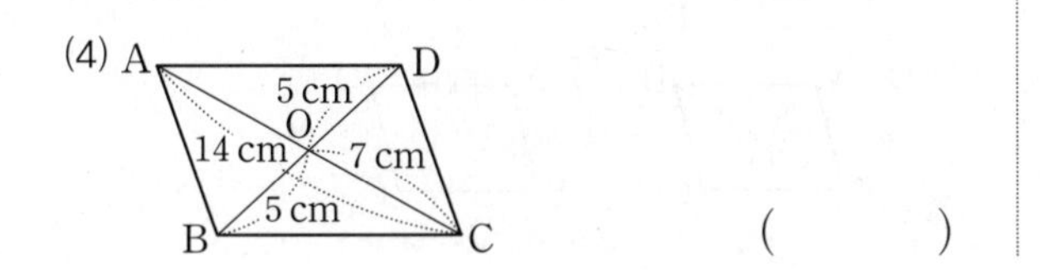

( )

**3** 다음 중 □ABCD가 평행사변형이 되는 것은 그 조건을 〈보기〉에서 고르고, 평행사변형이 되지 않는 것에는 ×표를 하여라. (단, 점 O는 두 대각선의 교점이다.)

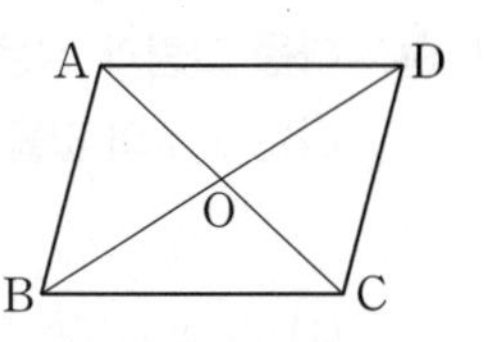


**보기**

ㄱ. 두 쌍의 대변이 각각 평행하다.
ㄴ. 두 쌍의 대변의 길이가 각각 같다.
ㄷ. 두 쌍의 대각의 크기가 각각 같다.
ㄹ. 두 대각선이 서로 다른 것을 이등분한다.
ㅁ. 한 쌍의 대변이 평행하고 그 길이가 같다.

(1) $\overline{AB}=6$ cm, $\overline{BC}=4$ cm, $\overline{CD}=6$ cm, $\overline{DA}=4$ cm ( )

(2) $\overline{AO}=3$ cm, $\overline{BO}=3$ cm, $\overline{CO}=5$ cm, $\overline{DO}=5$ cm ( )

(3) $\overline{AB}=\overline{BC}=6$ cm, $\overline{CD}=\overline{DA}=8$ cm ( )

(4) $\angle A=135°$, $\angle B=45°$, $\angle C=135°$ ( )

(5) $\angle A=100°$, $\angle B=80°$, $\overline{AB}/\!/\overline{DC}$ ( )

## 4 다음 그림과 같은 □ABCD가 평행사변형이 되도록 하는 $x$, $y$의 값을 각각 구하여라.
(단, 점 O는 두 대각선의 교점이다.)

(1)
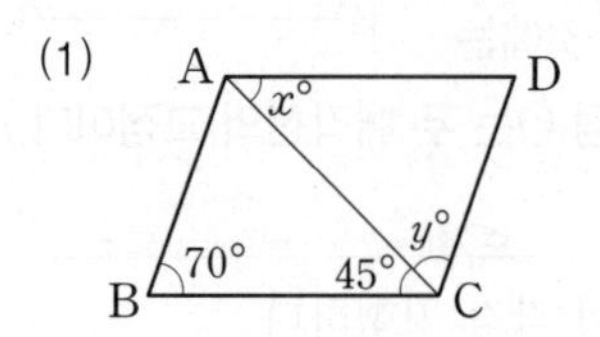


➔ 두 쌍의 대변이 각각 평행해야 하므로
$\overline{AD} /\!/ \overline{BC}$에서
$\angle DAC = \angle ACB =$ □°
$\therefore x =$ □
$\overline{AB} /\!/ \overline{DC}$에서 $\angle DCA =$ □이므로
$\triangle ABC$에서
$\angle BAC = 180° - (70° + 45°) =$ □°
$\therefore y =$ □

(2)
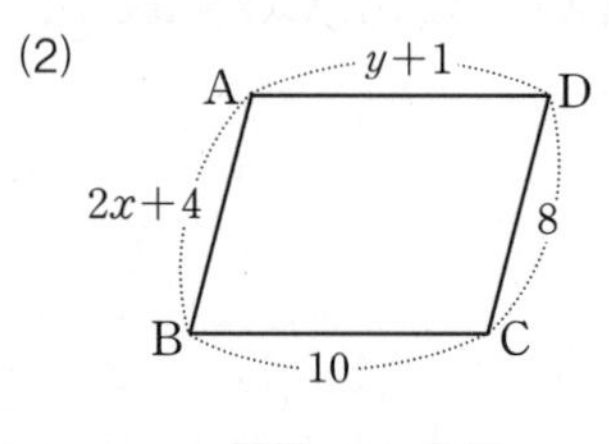


➔ $x =$ □, $y =$ □

(3)
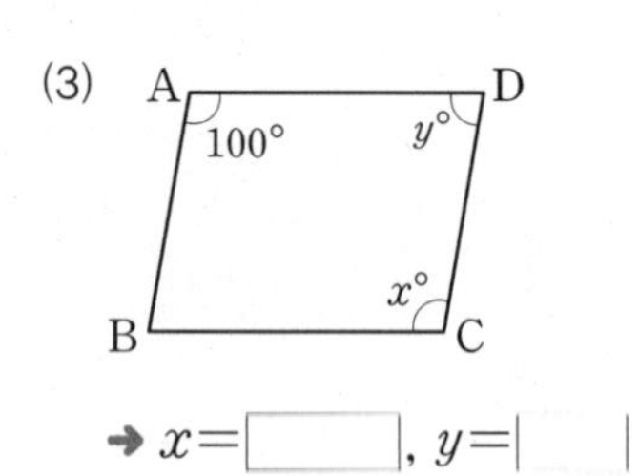


➔ $x =$ □, $y =$ □

(4)
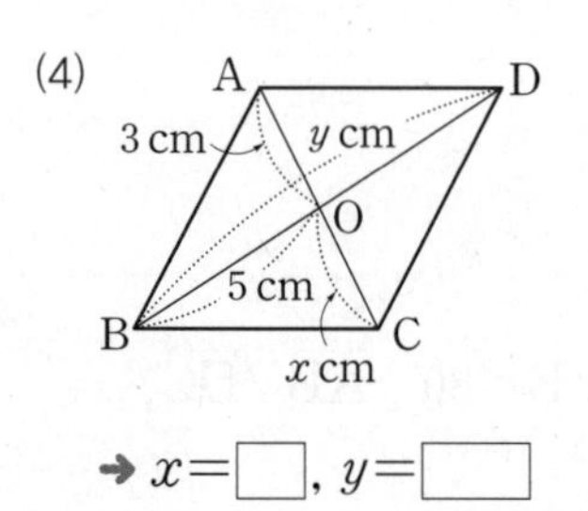


➔ $x =$ □, $y =$ □

## 5 아래 그림과 같은 평행사변형 ABCD에 대하여 색칠한 사각형이 평행사변형임을 보이는 다음 과정을 완성하여라. (단, 점 O는 두 대각선의 교점이다.)

(1)
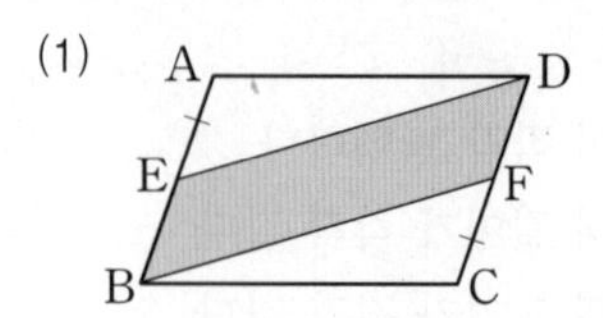


$\overline{AB} /\!/ \overline{DC}$이므로
$\overline{EB} /\!/$ □ …… ㉠
$\overline{AB} = \overline{DC}$, $\overline{AE} =$ □이므로
$\overline{EB} =$ □ …… ㉡
㉠, ㉡에 의하여 □EBFD는 한 쌍의 대변이 평행하고 그 길이가 같으므로 평행사변형이다.

(2)
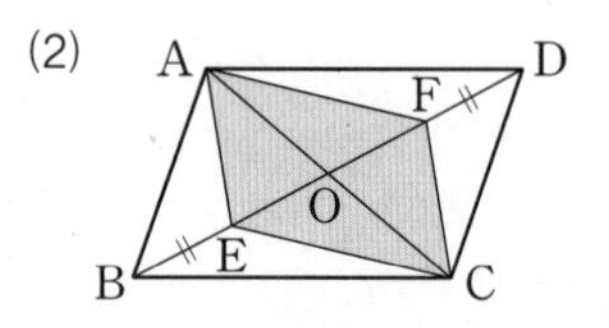


□ABCD는 평행사변형이므로
□ $= \overline{CO}$ …… ㉠
$\overline{BO} =$ □, $\overline{BE} = \overline{DF}$이므로
$\overline{EO} = \overline{BO} - \overline{BE}$
$=$ □ $- \overline{DF} =$ □ …… ㉡
㉠, ㉡에 의하여 □AECF는 두 대각선이 서로 다른 것을 ________ 하므로 평행사변형이다.

**풍쌤의 point**

### 평행사변형이 되는 조건

❶ ❷ ❸ ❹ ❺

# 16 평행사변형과 넓이

**핵심개념**

평행사변형 ABCD에서 두 대각선의 교점을 O라 하면

**1.** 평행사변형의 넓이는 한 대각선에 의하여 이등분된다.

→ $\triangle ABC=\triangle CDA=\triangle BCD=\triangle DAB$

$=\frac{1}{2}\square ABCD$

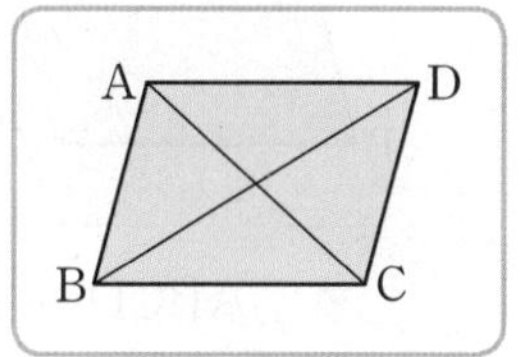


**2.** 평행사변형의 넓이는 두 대각선에 의하여 사등분된다.

→ $\triangle AOB=\triangle BOC=\triangle COD=\triangle DOA=\frac{1}{4}\square ABCD$

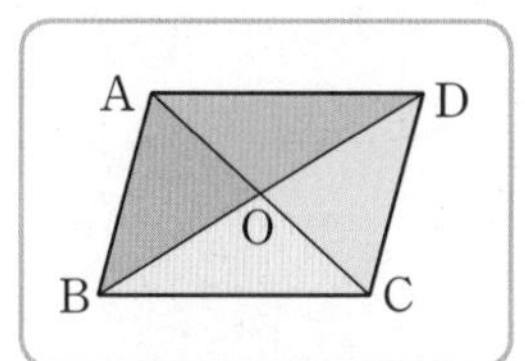


**3.** 평행사변형의 내부의 임의의 점 P에 대하여

$\triangle PAB+\triangle PCD=\triangle PAD+\triangle PBC=\frac{1}{2}\square ABCD$

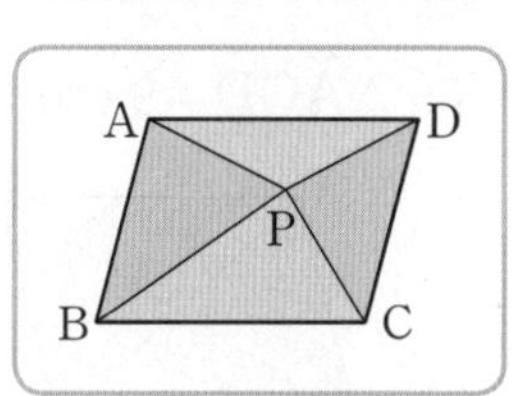

▶학습 날짜 월 일 ▶걸린 시간 분 / 목표 시간 15분

정답과 해설 11쪽

**1** 다음 그림과 같은 평행사변형 ABCD의 넓이가 $40\ cm^2$일 때, 색칠한 부분의 넓이를 구하여라.

(단, 점 O는 두 대각선의 교점이다.)

(1)

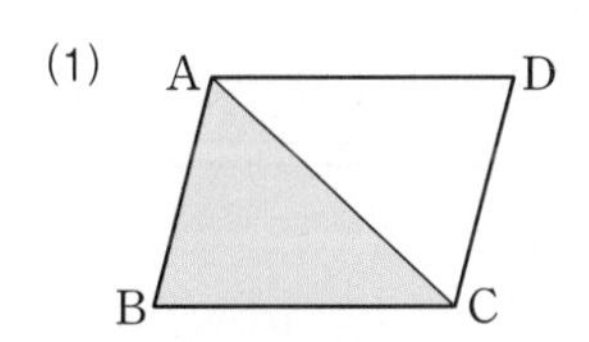


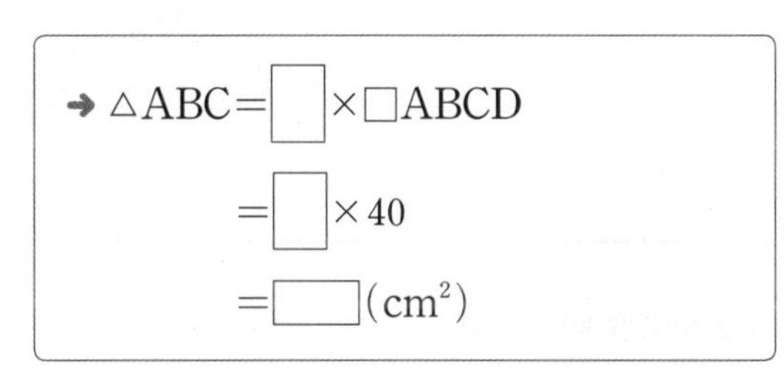


(2)

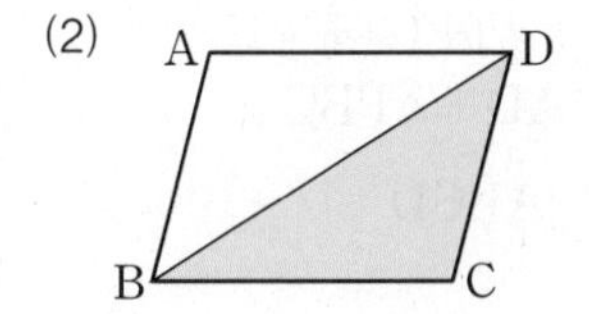


답 $cm^2$

(3)

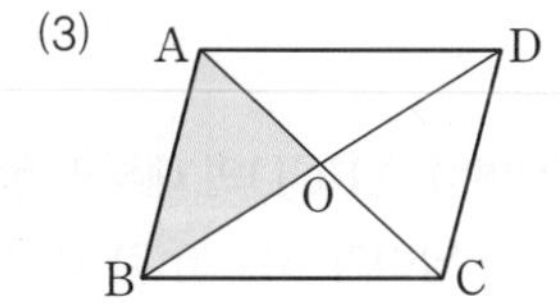


답 $cm^2$

(4)

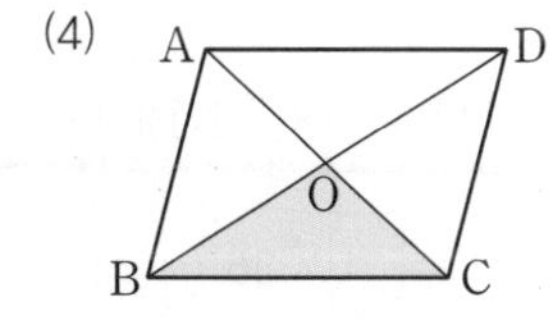

답 $cm^2$

(5)

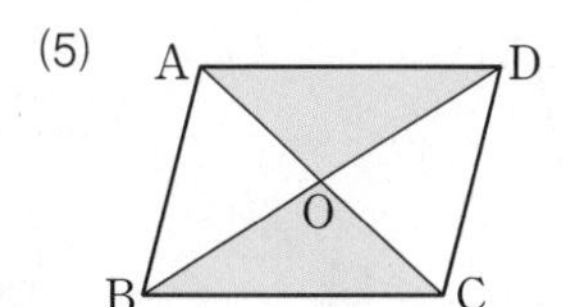

답 $cm^2$

**2** 다음 그림과 같은 평행사변형 ABCD의 넓이를 구하여라. (단, 점 O는 두 대각선의 교점이다.)

(1) $\triangle ABC = 12\ cm^2$

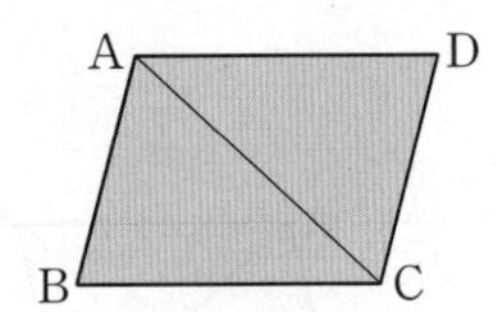


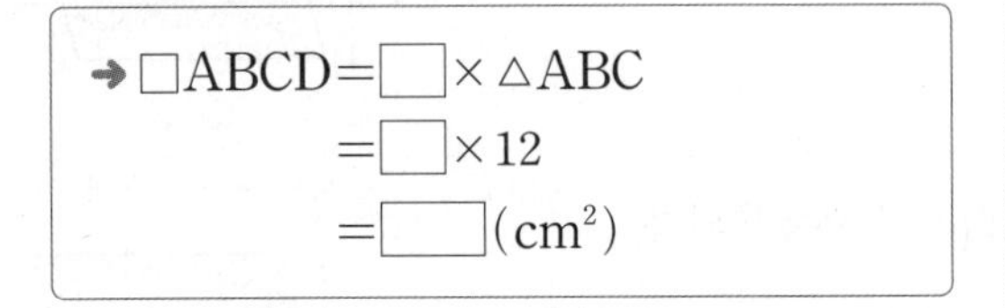


(2) $\triangle AOD = 9\ cm^2$

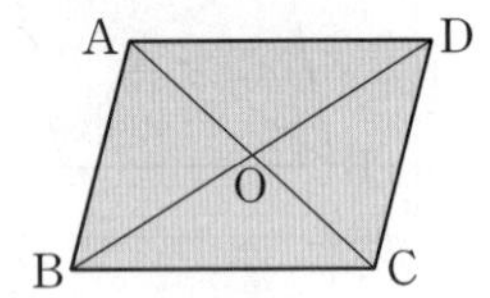


답 ________ $cm^2$

**3** 다음 그림과 같이 평행사변형 ABCD의 내부의 한 점을 P라 하자. □ABCD의 넓이가 $36\ cm^2$일 때, 색칠한 부분의 넓이를 구하여라.

(1)

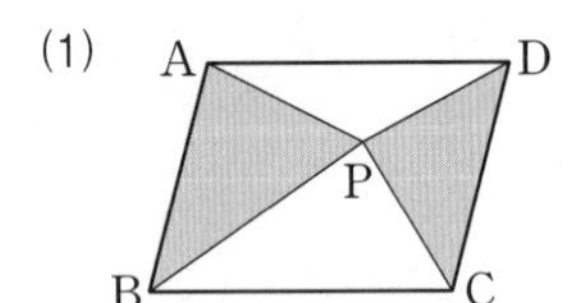


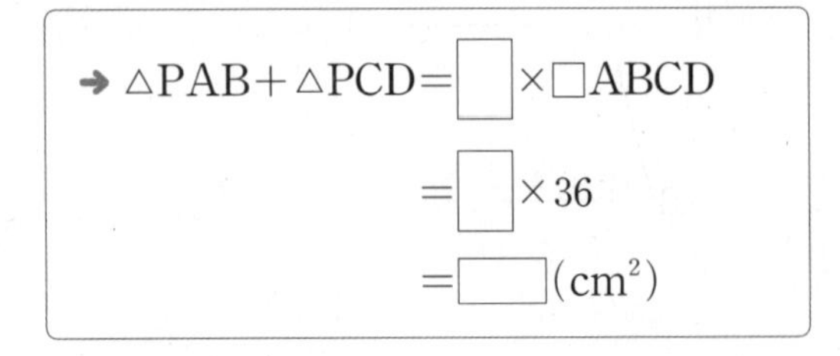


(2)

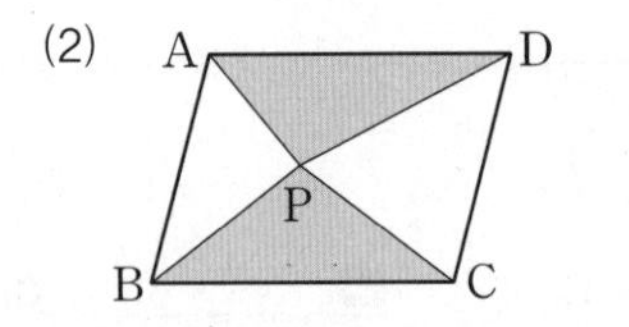


답 ________ $cm^2$

**4** 다음 그림과 같은 평행사변형 ABCD의 내부의 한 점 P에 대하여 색칠한 부분의 넓이를 구하여라.

(1) $\triangle PAB = 14\ cm^2$, $\triangle PCD = 10\ cm^2$

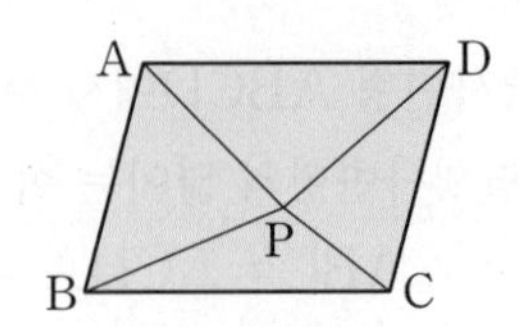


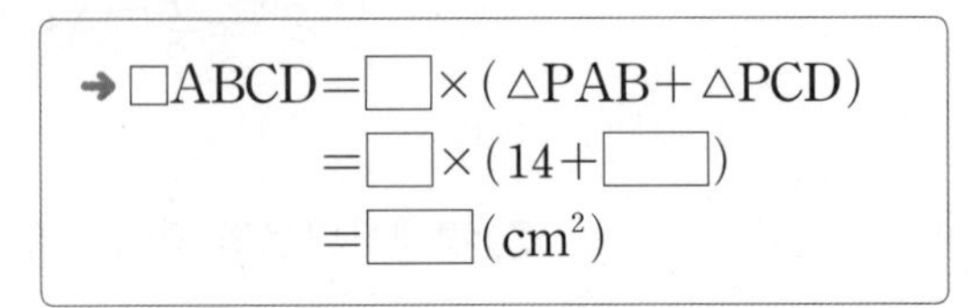


(2) $\square ABCD = 46\ cm^2$, $\triangle PAD = 9\ cm^2$

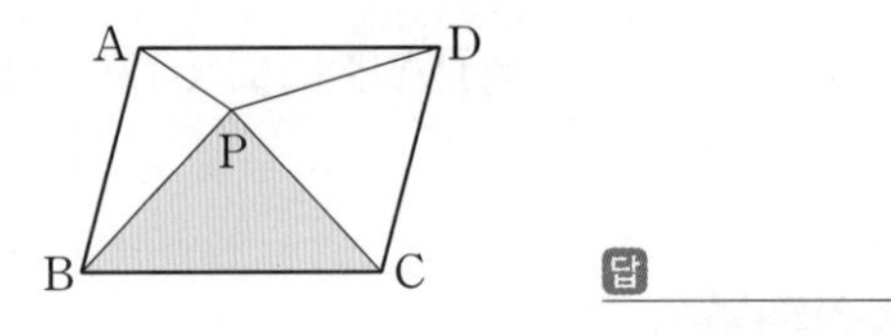


답 ________ $cm^2$

(3) $\triangle PAB = 20\ cm^2$, $\triangle PAD = 16\ cm^2$, $\triangle PCD = 8\ cm^2$

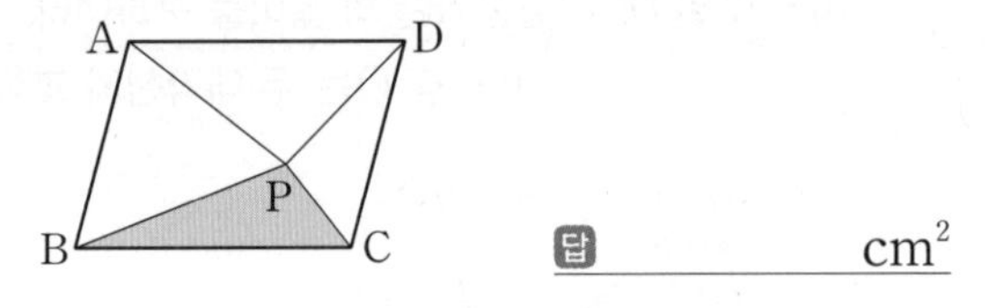


답 ________ $cm^2$

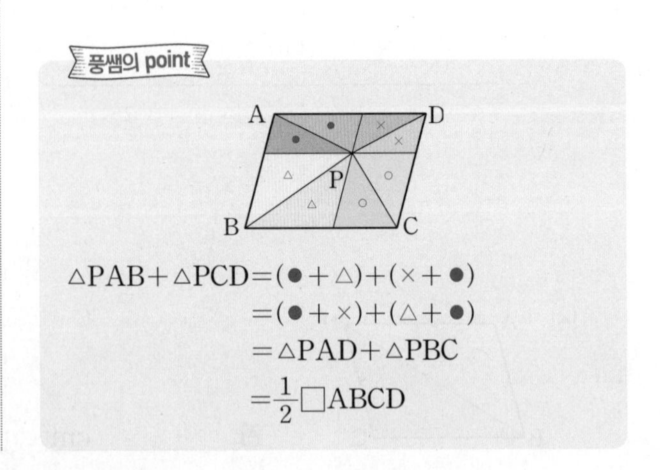

정답과 해설 11~12쪽

# 13-16 · 스스로 점검 문제

맞힌 개수 개 / 7개

▶학습 날짜 월 일 ▶걸린 시간 분 / 목표 시간 15분

**1** □□ 평행사변형 2

오른쪽 그림과 같은 평행사변형 ABCD에서 두 대각선의 교점을 O라 하자.
$\angle BAC=75°$, $\angle BDC=35°$일 때, $\angle x$의 크기는?

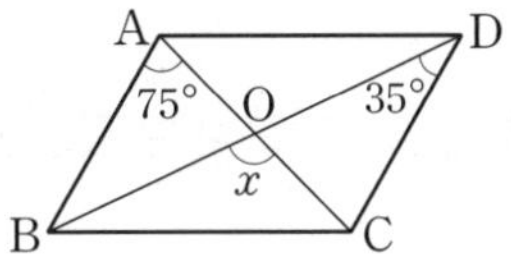

① 105° ② 110° ③ 115°
④ 120° ⑤ 125°

**2** □□ 평행사변형의 성질 2, 3

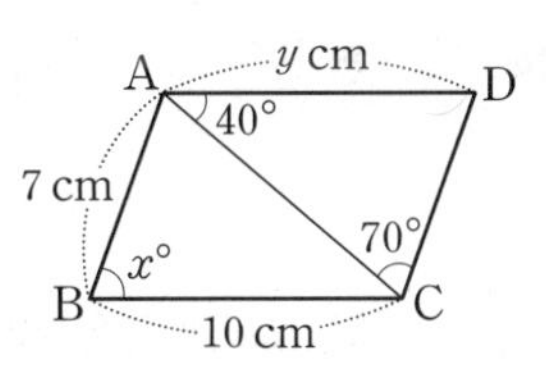


오른쪽 그림과 같은 평행사변형 ABCD에서 $x+y$의 값은?

① 70 ② 75
③ 80 ④ 85
⑤ 90

**3** □□ 평행사변형의 성질 6

오른쪽 그림과 같은 평행사변형 ABCD에서 $\angle A$, $\angle D$의 이등분선과 $\overline{BC}$의 교점을 각각 E, F라 하자.
$\overline{AB}=7$ cm, $\overline{AD}=9$ cm일 때, $\overline{EF}$의 길이는?

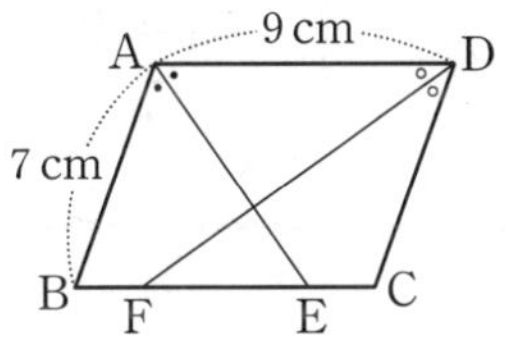

① 3 cm ② 3.5 cm ③ 4 cm
④ 4.5 cm ⑤ 5 cm

**4** □□ 평행사변형의 성질 7

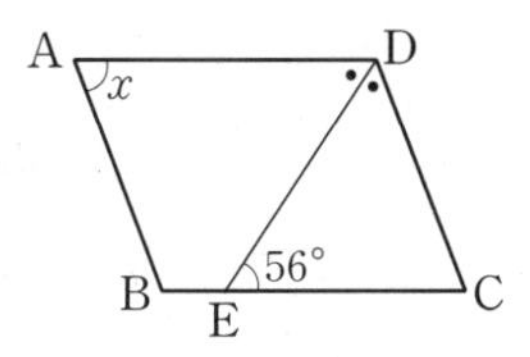


오른쪽 그림과 같은 평행사변형 ABCD에서 $\angle D$의 이등분선이 $\overline{BC}$와 만나는 점을 E라 할 때, $\angle x$의 크기를 구하여라.

**5** □□ 평행사변형의 성질 7

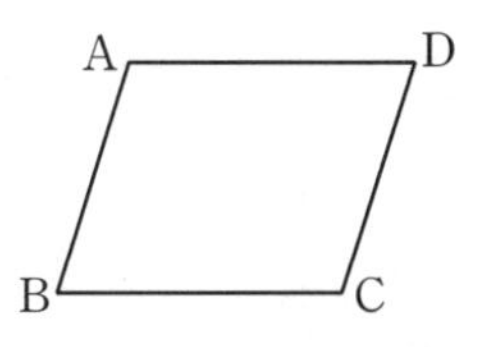


오른쪽 그림과 같은 평행사변형 ABCD에서
$\angle A : \angle B=3 : 2$일 때, $\angle C$의 크기를 구하여라.

**6** □□ 평행사변형이 되는 조건 3

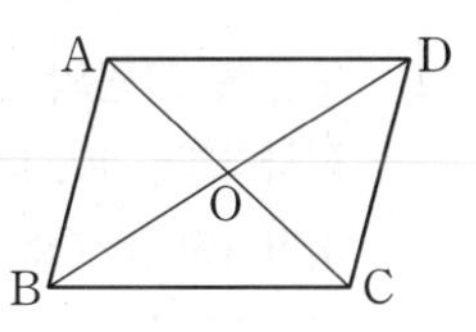


오른쪽 그림과 같은 □ABCD에서 두 대각선의 교점을 O라 할 때, 다음 중 평행사변형이 되는 것을 모두 고르면? (정답 2개)

① $\overline{AB}=\overline{DC}=9$ cm, $\overline{AD} /\!/ \overline{BC}$
② $\overline{AD}=\overline{BC}$, $\angle OBC=\angle ODA=40°$
③ $\overline{OA}=\overline{OB}=7$ cm, $\overline{OC}=\overline{OD}=9$ cm
④ $\angle A=110°$, $\angle B=70°$, $\angle C=110°$
⑤ $\overline{AB}=\overline{BC}=6$ cm, $\overline{CD}=\overline{DA}=8$ cm

**7** □□ 평행사변형과 넓이 4

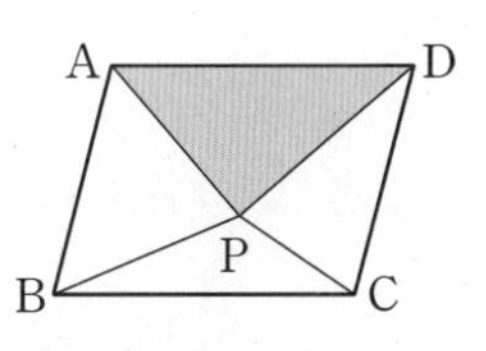


오른쪽 그림과 같은 평행사변형 ABCD의 내부의 한 점 P에 대하여 $\triangle PAB=23\text{ cm}^2$,

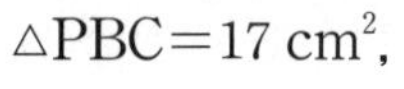

$\triangle PBC=17\text{ cm}^2$,
$\triangle PCD=21\text{ cm}^2$일 때, $\triangle PAD$의 넓이를 구하여라.

# 17 직사각형

**핵심개념**

**1. 직사각형:** 네 내각의 크기가 모두 같은 사각형

➔ $\angle A=\angle B=\angle C=\angle D$

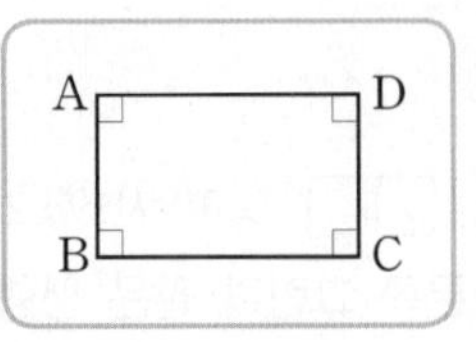


**2. 직사각형의 성질:** 두 대각선은 길이가 같고, 서로 다른 것을 이등분한다.

➔ $\overline{AC}=\overline{BD}$, $\overline{AO}=\overline{BO}=\overline{CO}=\overline{DO}$

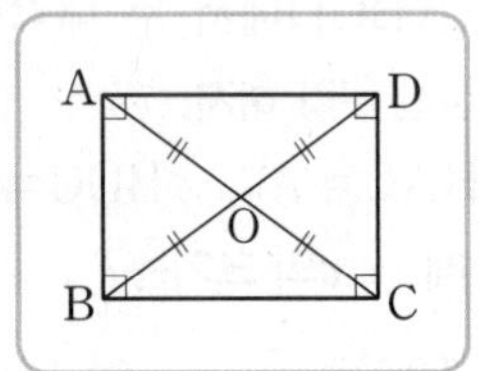


**3. 평행사변형이 직사각형이 되는 조건**

(1) 한 내각이 직각이다.

(2) 두 대각선의 길이가 같다.

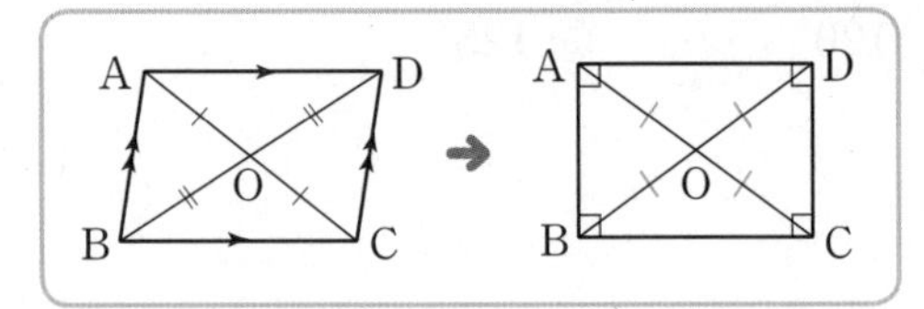


참고 직사각형은 두 쌍의 대각의 크기가 각각 같으므로 평행사변형이다. 따라서 직사각형은 평행사변형의 성질을 모두 갖는다.

▶학습 날짜 월 일 ▶걸린 시간 분 / 목표 시간 15분

**1** 오른쪽 그림의 □ABCD가 직사각형일 때, 다음을 완성하여라. (단, 점 O는 두 대각선의 교점이다.)

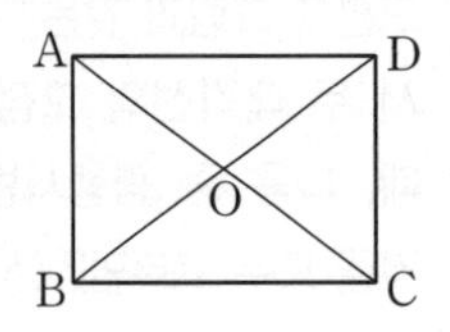


(1) 직사각형의 네 내각의 크기가 모두 같으므로

$\angle A=\angle B=\angle C=\angle D=\square°$

(2) 직사각형의 두 대각선은 길이가 같으므로

$\overline{AC}=\square$

(3) 직사각형의 두 대각선은 서로 다른 것을 이등분하므로

$\overline{AO}=\square=\overline{CO}=\square$

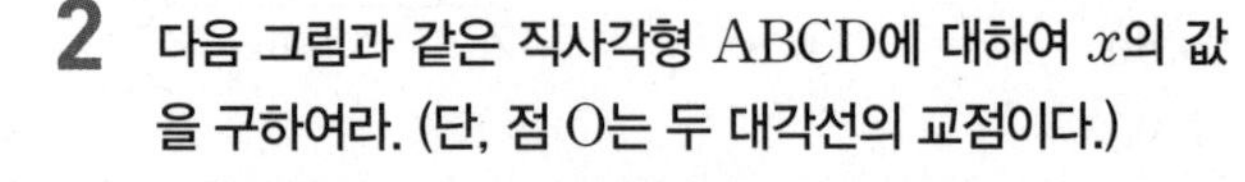

**2** 다음 그림과 같은 직사각형 ABCD에 대하여 $x$의 값을 구하여라. (단, 점 O는 두 대각선의 교점이다.)

(1)

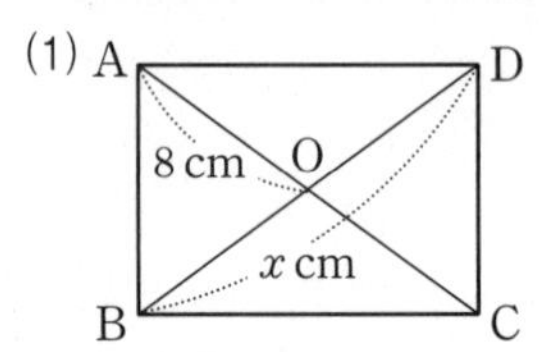


➔ 직사각형의 두 대각선은 길이가 같고, 서로 다른 것을 이등분하므로

$\overline{BD}=\square\times\overline{AO}=\square\times 8$

$=\square$(cm)

$\therefore x=\square$

(2)

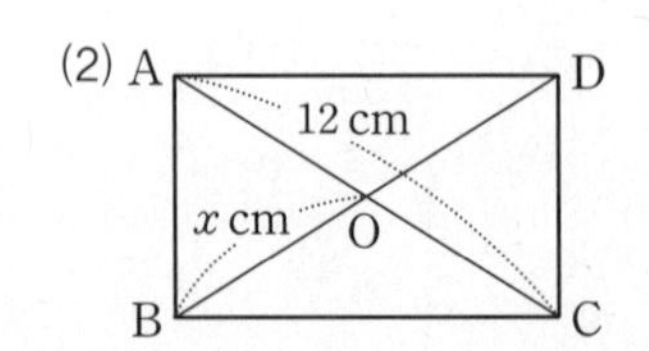


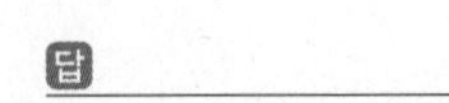
답

**3** 다음 그림과 같은 직사각형 ABCD에 대하여 $\angle x$의 크기를 구하여라. (단, 점 O는 두 대각선의 교점이다.)

(1)

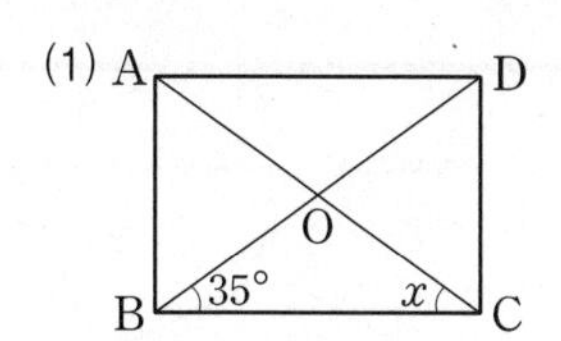


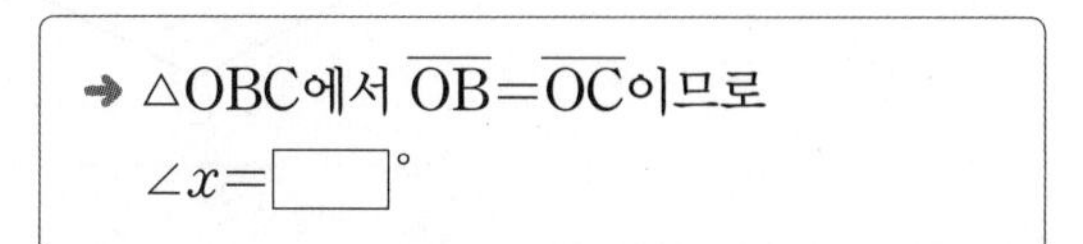

→ △OBC에서 $\overline{OB}=\overline{OC}$이므로

$\angle x=$☐°

(2)

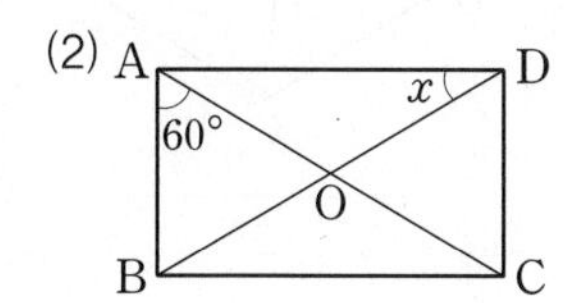


답 ______

(3)

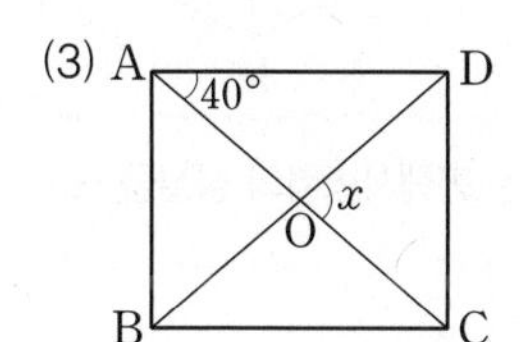


답 ______

**4** 오른쪽 그림의 평행사변형 ABCD가 직사각형이 되기 위한 조건을 〈보기〉에서 골라라. (단, 점 O는 두 대각선의 교점이다.)

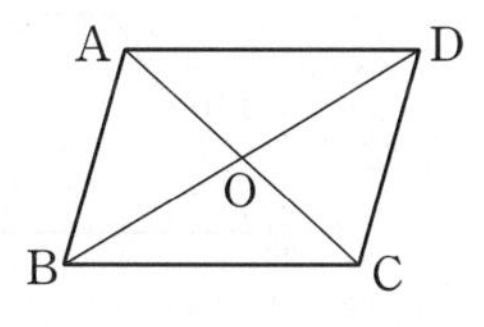


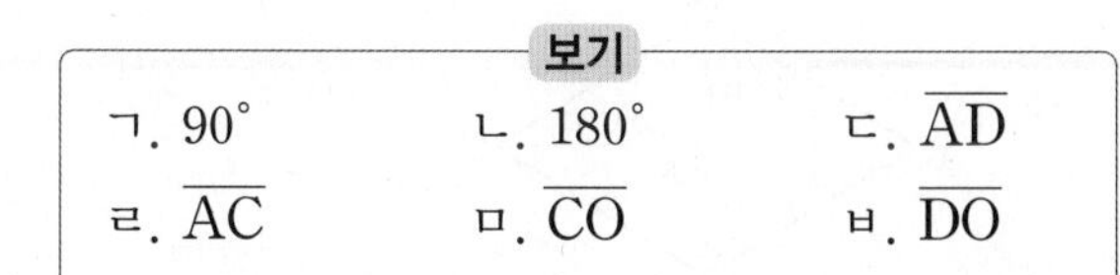

보기

| | | |
|---|---|---|
| ㄱ. 90° | ㄴ. 180° | ㄷ. $\overline{AD}$ |
| ㄹ. $\overline{AC}$ | ㅁ. $\overline{CO}$ | ㅂ. $\overline{DO}$ |

tip 한 내각이 직각이거나 두 대각선의 길이가 같은 평행사변형은 직사각형이야!

(1) $\angle A=$☐ (2) $\angle B=$☐

(3) ☐$=\overline{BD}$ (4) $\overline{AO}=$☐

**5** 다음 중 오른쪽 그림의 평행사변형 ABCD가 직사각형이 되기 위한 조건에는 ○표, 아닌 것에는 ×표를 하여라. (단, 점 O는 두 대각선의 교점이다.)

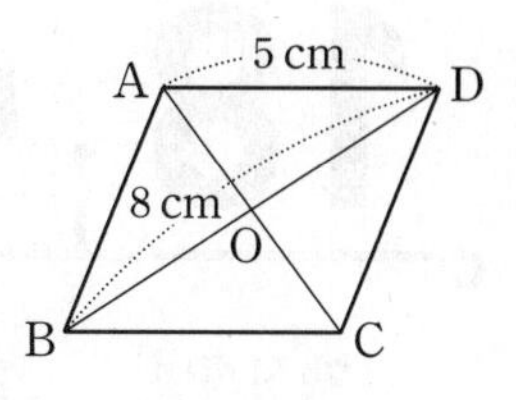


(1) $\overline{AB}=5$ cm ( )

(2) $\overline{AC}=8$ cm ( )

(3) $\overline{CO}=4$ cm ( )

(4) $\overline{DO}=4$ cm ( )

(5) $\angle B=90°$ ( )

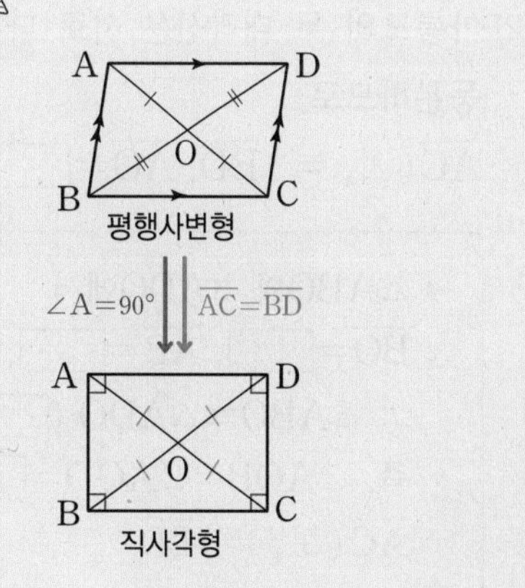

# 18 마름모

**핵심개념**

**1. 마름모:** 네 변의 길이가 모두 같은 사각형
→ $\overline{AB}=\overline{BC}=\overline{CD}=\overline{DA}$

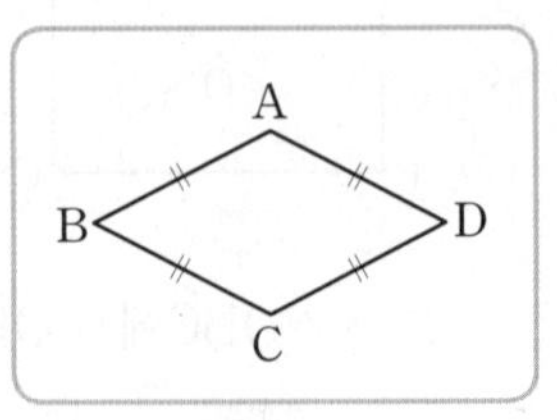


**2. 마름모의 성질:** 두 대각선은 서로 다른 것을 수직이등분한다.
→ $\overline{AC}\perp\overline{BD}$, $\overline{AO}=\overline{CO}$, $\overline{BO}=\overline{DO}$

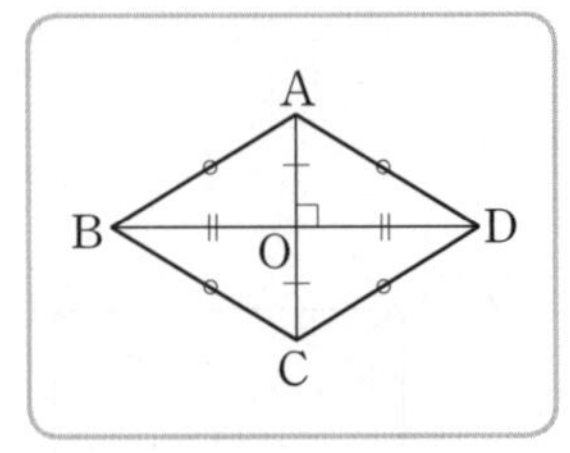


**3. 평행사변형이 마름모가 되는 조건**
(1) 이웃하는 두 변의 길이가 같다.
(2) 두 대각선이 수직이다.

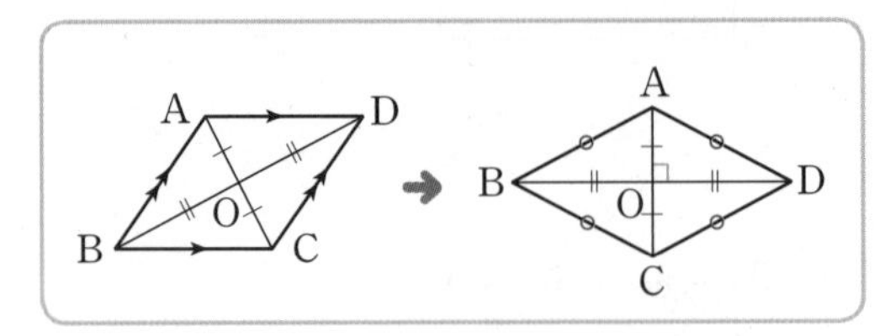


참고 마름모는 두 쌍의 대변의 길이가 각각 같으므로 평행사변형이다. 따라서 마름모는 평행사변형의 성질을 모두 갖는다.

▶학습 날짜 월 일 ▶걸린 시간 분 / 목표 시간 15분

**1** 오른쪽 그림의 □ABCD가 마름모일 때, 다음을 완성하여라. (단, 점 O는 두 대각선의 교점이다.)

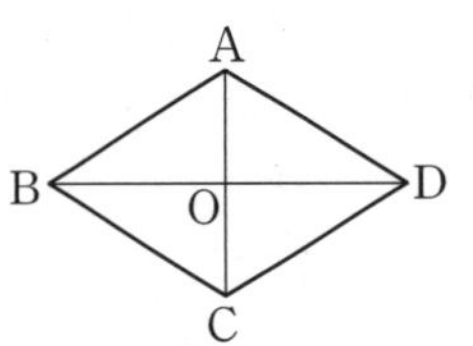


(1) 마름모의 네 변의 길이는 모두 같으므로
$\overline{AB}=$ ☐ $=\overline{CD}=$ ☐

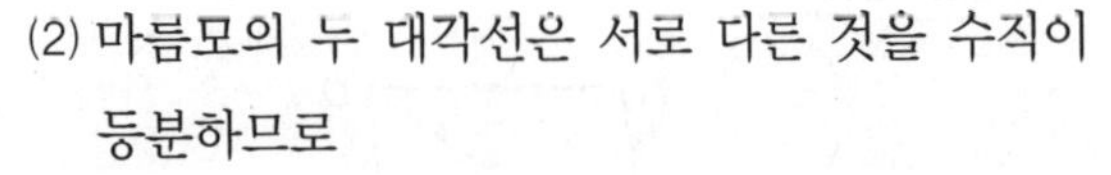

(2) 마름모의 두 대각선은 서로 다른 것을 수직이등분하므로
$\overline{AC}$ ( ⊥, = ) $\overline{BD}$, $\overline{AO}=$ ☐, $\overline{BO}=$ ☐

→ △ABO와 △ADO에서
$\overline{BO}=$ ☐, $\overline{AB}=$ ☐, $\overline{AO}$는 공통
∴ △ABO≡△ADO ( ☐ 합동)
즉, ∠AOB=∠AOD= ☐°이므로
$\overline{AC}$ ( ⊥, = ) $\overline{BD}$

**2** 다음 그림과 같은 마름모 ABCD에 대하여 $x$의 값을 구하여라. (단, 점 O는 두 대각선의 교점이다.)

(1)

A 9 cm D, $x$ cm, B C

답 ________

(2)

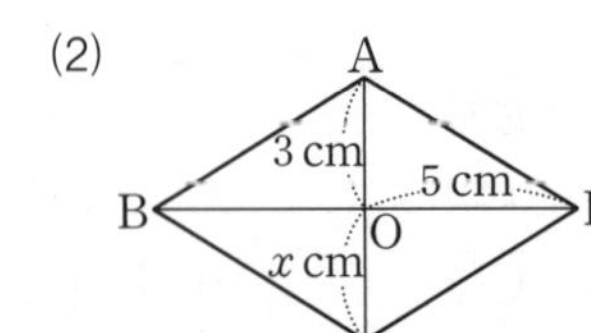


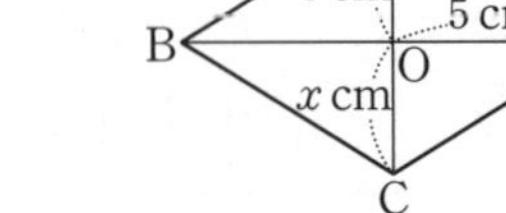

답 ________

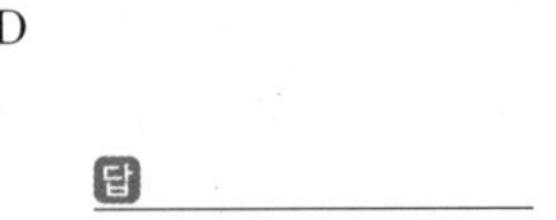

(3)

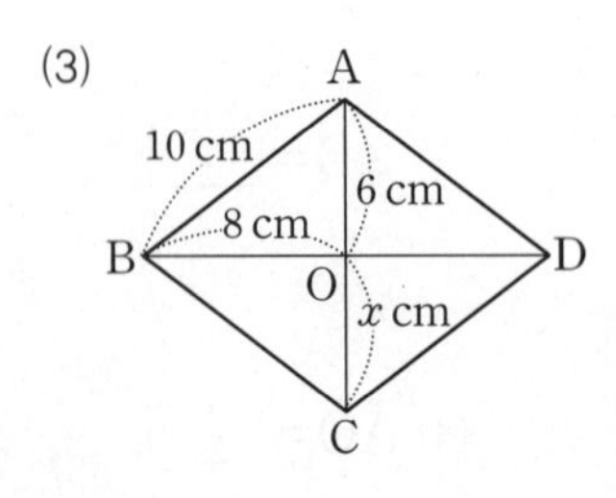


답 ________

**3** 다음 그림과 같은 마름모 ABCD에 대하여 $\angle x$의 크기를 구하여라. (단, 점 O는 두 대각선의 교점이다.)

(1)

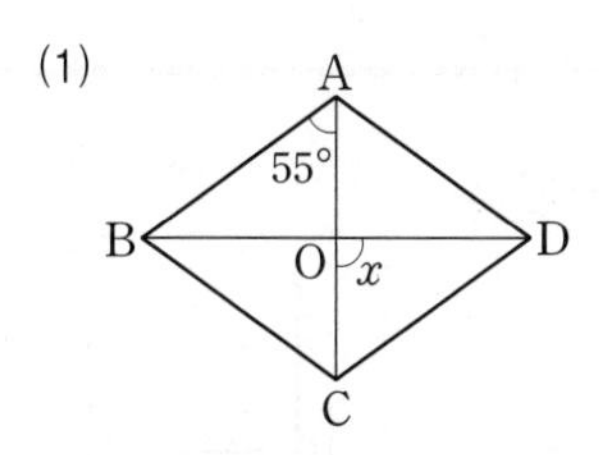


➜ 마름모의 두 대각선은 서로 다른 것을 수직이등분하므로 $\angle x=$☐°

(2)

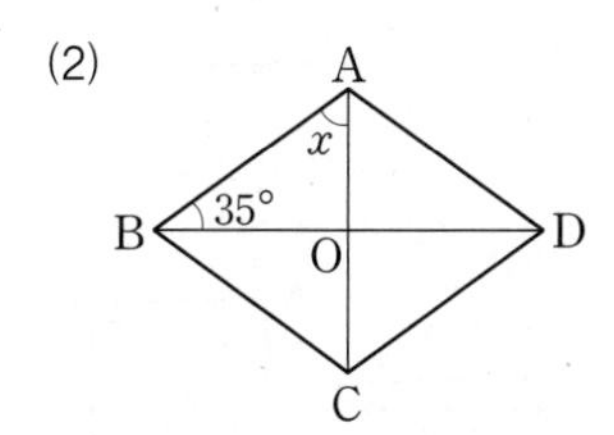


답 ____________

(3)

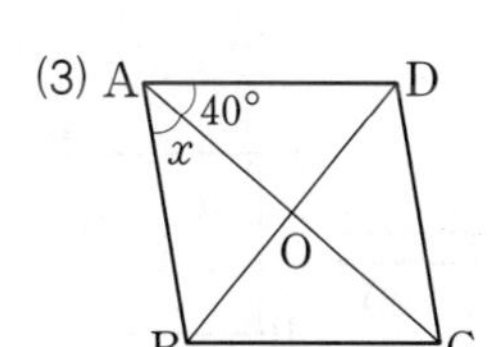


답 ____________

**4** 오른쪽 그림의 평행사변형 ABCD가 마름모가 되기 위한 조건을 〈보기〉에서 골라라. (단, 점 O는 두 대각선의 교점이다.)

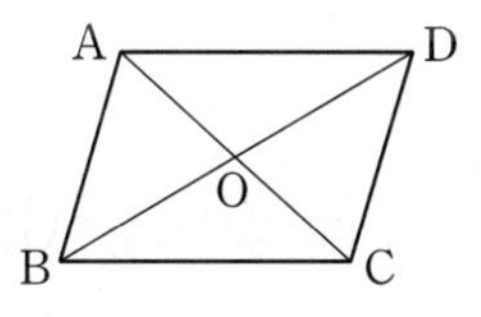


**보기**

| | | |
|---|---|---|
| ㄱ. $\overline{AB}$ | ㄴ. $\overline{AC}$ | ㄷ. $\overline{AD}$ |
| ㄹ. $\angle ADC$ | ㅁ. $\angle AOB$ | ㅂ. $\angle OAD$ |

(1) ☐ $\perp \overline{BD}$

(2) ☐ $=\overline{BC}$

(3) $\angle AOD=$☐

**5** 다음 중 오른쪽 그림의 평행사변형 ABCD가 마름모가 되기 위한 조건에는 ○표, 아닌 것에는 ×표를 하여라. (단, 점 O는 두 대각선의 교점이다.)

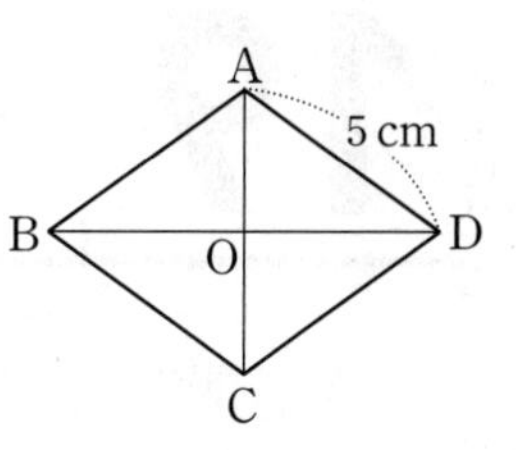


(1) $\overline{AB}=5\text{ cm}$ (　　)

(2) $\overline{BC}=5\text{ cm}$ (　　)

(3) $\angle BAD=90^\circ$ (　　)

(4) $\angle AOD=90^\circ$ (　　)

(5) $\overline{AC}\perp\overline{BD}$ (　　)

**풍쌤의 point**

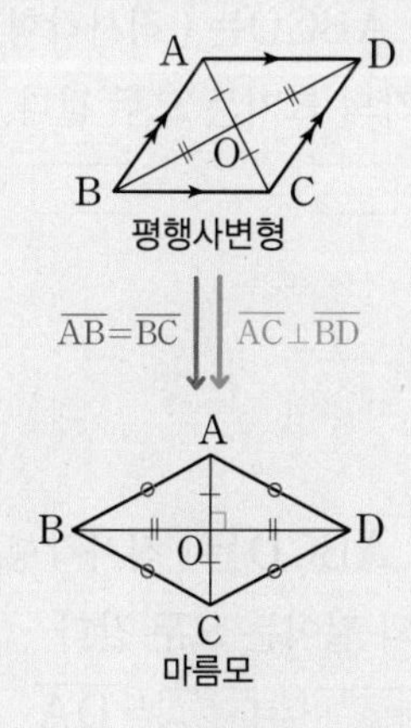

# 19 정사각형

**핵심개념**

**1. 정사각형:** 네 내각의 크기가 모두 같고, 네 변의 길이가 모두 같은 사각형

→ $\angle A = \angle B = \angle C = \angle D = 90^\circ$, $\overline{AB} = \overline{BC} = \overline{CD} = \overline{DA}$

참고 네 변의 길이가 모두 같으므로 마름모이고, 네 내각의 크기가 모두 같으므로 직사각형이다.

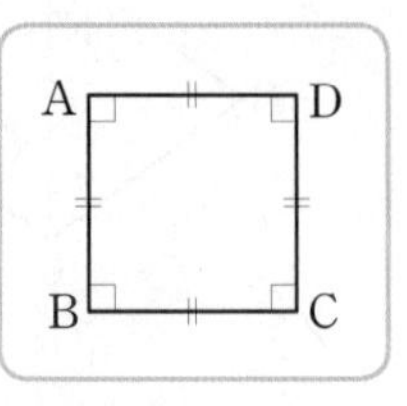


**2. 정사각형의 성질:** 두 대각선은 길이가 같고, 서로 다른 것을 수직이등분한다.

→ $\overline{AC} = \overline{BD}$, $\overline{AC} \perp \overline{BD}$, $\overline{AO} = \overline{BO} = \overline{CO} = \overline{DO}$

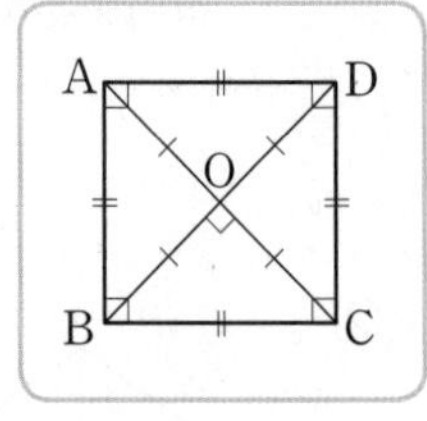


**3. 정사각형이 되는 조건**

(1) 직사각형이 정사각형이 되는 조건

① 이웃하는 두 변의 길이가 같다.

② 두 대각선이 수직이다.

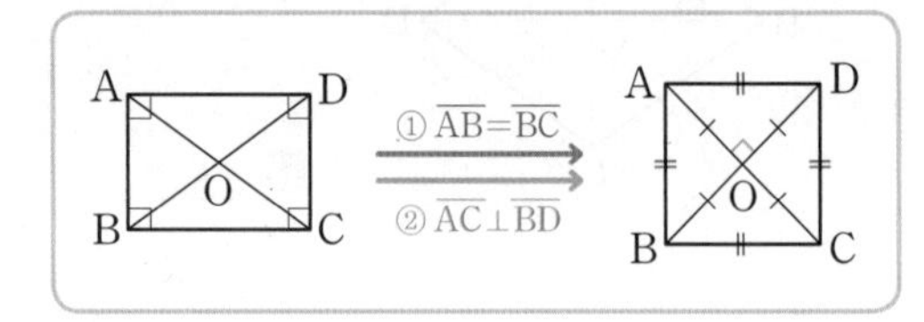


(2) 마름모가 정사각형이 되는 조건

① 한 내각이 직각이다.

② 두 대각선의 길이가 같다.

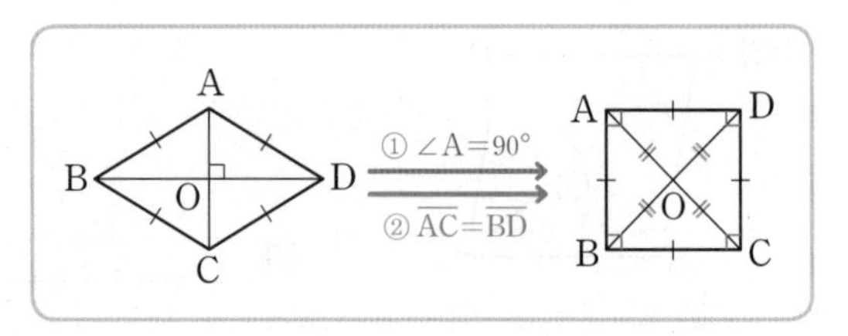


참고 정사각형은 직사각형이면서 동시에 마름모이므로 정사각형은 직사각형과 마름모의 성질을 모두 갖는다.

▶학습 날짜 월 일 ▶걸린 시간 분 / 목표 시간 20분

**1** 오른쪽 그림의 □ABCD가 정사각형일 때, 다음을 완성하여라. (단, 점 O는 두 대각선의 교점이다.)

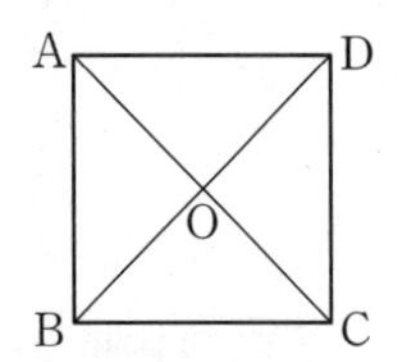


(1) 정사각형 ABCD는 ( 직사각형, 마름모 )이므로 네 내각의 크기는 모두 같다.

→ $\angle A =$ ☐ $= \angle C =$ ☐

(2) 정사각형 ABCD는 ( 직사각형, 마름모 )이므로 네 변의 길이는 모두 같다.

→ $\overline{AB} =$ ☐ $=$ ☐ $= \overline{DA}$

(3) 정사각형 ABCD는 ( 직사각형, 마름모 )이므로 두 대각선은 길이가 같다.

→ $\overline{AC} =$ ☐

(4) 정사각형 ABCD는 ( 직사각형, 마름모 ) 두 대각선은 서로 다른 것을 수직이등분한다.

→ $\overline{AC} \perp$ ☐, $\overline{AO} =$ ☐ $=$ ☐ $= \overline{DO}$

**2** 다음 그림과 같은 정사각형 ABCD에 대하여 $x$의 값을 구하여라. (단, 점 O는 두 대각선의 교점이다.)

(1)

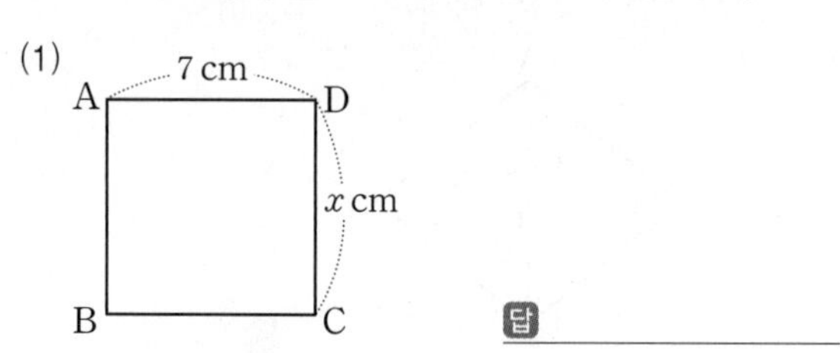


답 

(2)

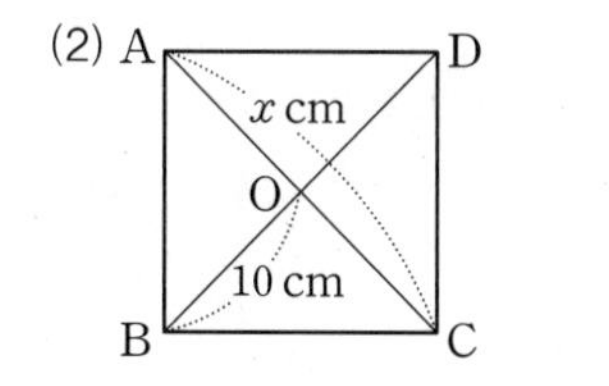


답 

**3** 다음 그림과 같은 정사각형 ABCD에 대하여 $\angle x$의 크기를 구하여라. (단, 점 O는 두 대각선의 교점이다.)

(1)

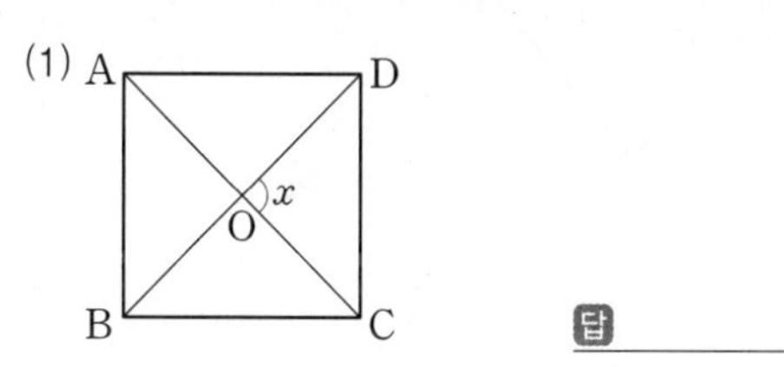


답 

(2)

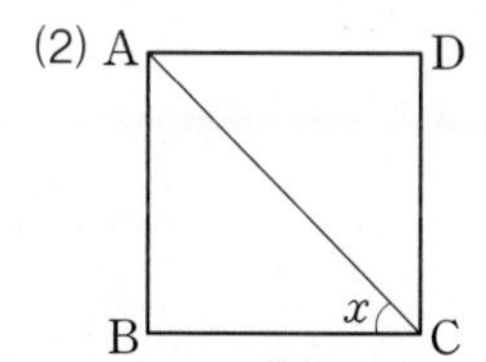


답 

(3)

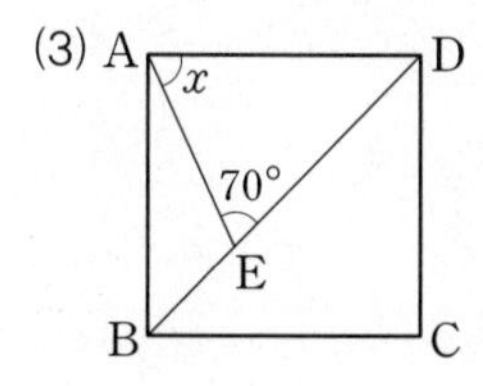


답 

**4** 오른쪽 그림의 □ABCD가 정사각형일 때, 다음을 구하여라. (단, 점 O는 두 대각선의 교점이다.)

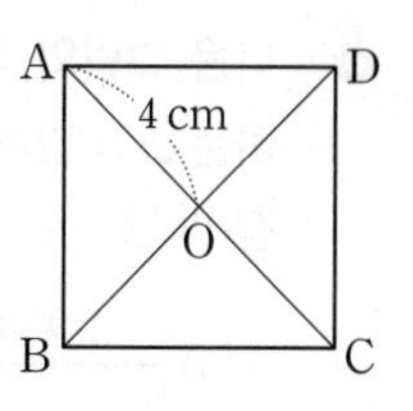


(1) $\angle$OAB의 크기 답 

(2) $\angle$AOB의 크기 답 

(3) $\overline{BO}$의 길이 답 cm

(4) △ABO의 넓이 답 $cm^2$

(5) □ABCD의 넓이 답 $cm^2$

**5** 오른쪽 그림의 직사각형 ABCD가 정사각형이 되기 위한 조건을 〈보기〉에서 골라라. (단, 점 O는 두 대각선의 교점이다.)

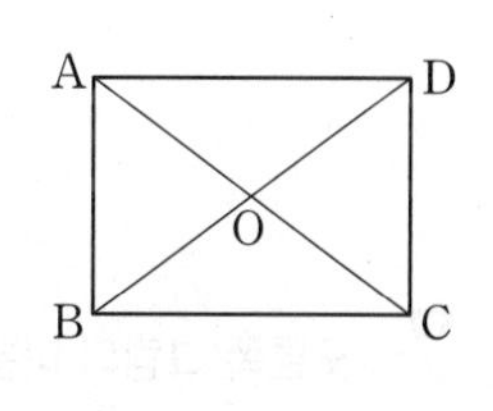


**보기**

| | | |
|---|---|---|
| ㄱ. 90° | ㄴ. 45° | ㄷ. 180° |
| ㄹ. $\overline{AD}$ | ㅁ. $\overline{AC}$ | ㅂ. $\overline{DC}$ |

(1) $\overline{AB}$=□

(2) □$\perp\overline{BD}$

(3) $\angle$OAD=□

**6** 다음 그림의 직사각형 ABCD가 정사각형이 되도록 하는 $x$의 값을 구하여라. (단, 점 O는 두 대각선의 교점이다.)

(1)
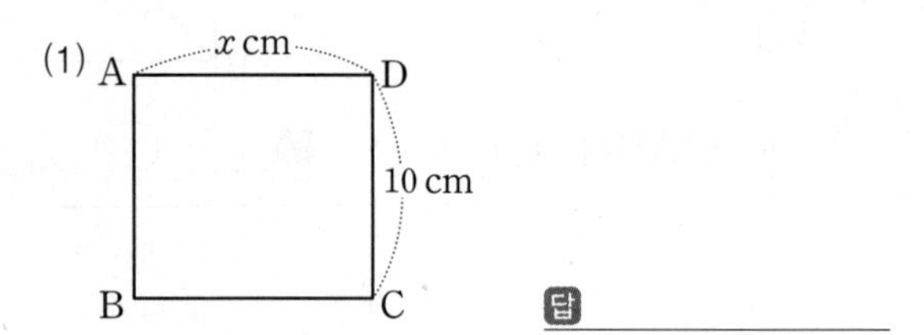


(2)
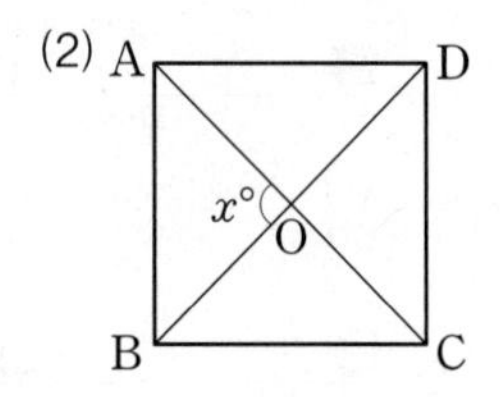


답

(3)
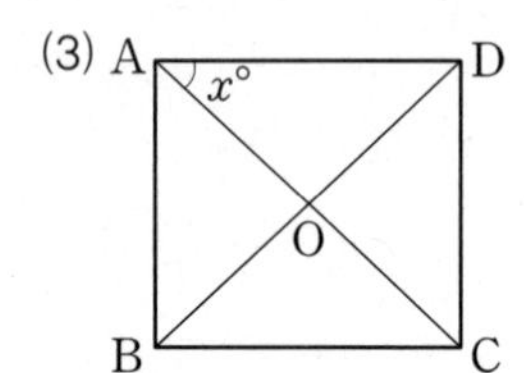


답

**7** 오른쪽 그림의 마름모 ABCD가 정사각형이 되기 위한 조건을 〈보기〉에서 골라라. (단, 점 O는 두 대각선의 교점이다.)

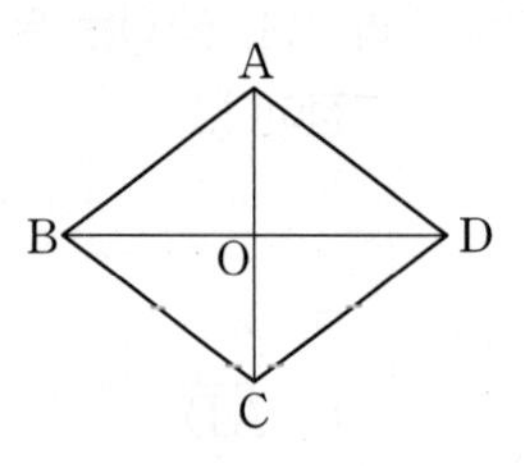


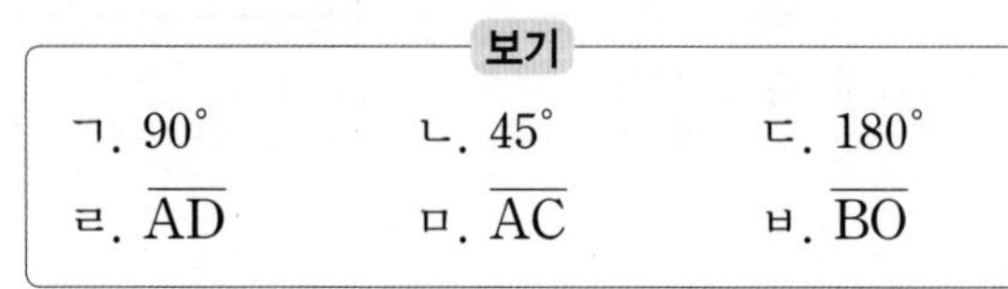

보기

ㄱ. 90°　　ㄴ. 45°　　ㄷ. 180°

ㄹ. $\overline{AD}$　　ㅁ. $\overline{AC}$　　ㅂ. $\overline{BO}$

(1) $\angle A=$ ☐　　(2) $\angle B=$ ☐

(3) ☐ $=\overline{BD}$　　(4) $\overline{AO}=$ ☐

**8** 다음 그림의 마름모가 정사각형이 되도록 하는 $x$의 값을 구하여라. (단, 점 O는 두 대각선의 교점이다.)

(1)
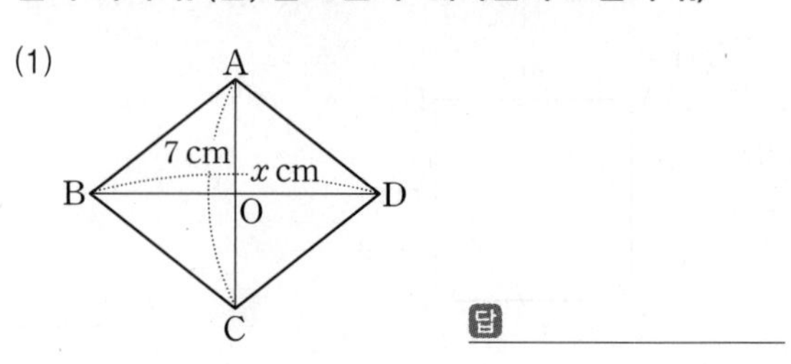


(2)
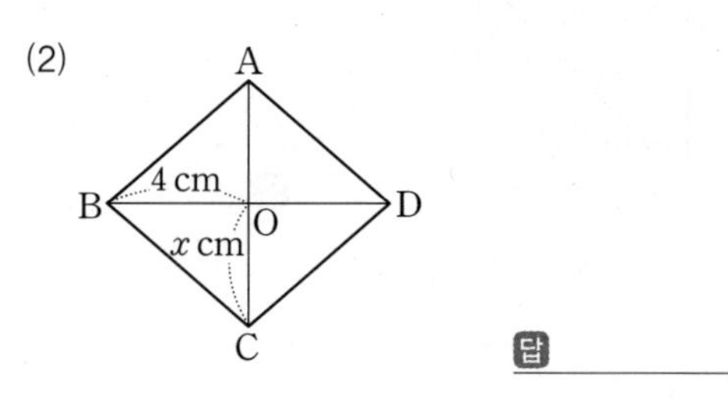


답

(3)
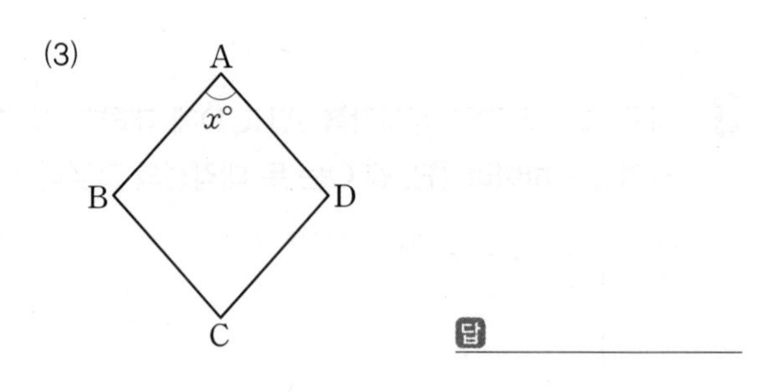


풍쌤의 point

| 두 대각선 | 평행사변형 | 직사각형 | 마름모 | 정사각형 |
|---|---|---|---|---|
| 서로 다른 것을 이등분한다. | ○ | ○ | ○ | ○ |
| 길이가 같다. | × | ○ | × | ○ |
| 수직이다. | × | × | ○ | ○ |

# 20 사다리꼴

**핵심개념**

1. **사다리꼴:** 한 쌍의 대변이 평행한 사각형
2. **등변사다리꼴:** 아랫변의 양 끝 각의 크기가 같은 사다리꼴
   ➔ $\overline{AD} /\!/ \overline{BC}$, $\angle B = \angle C$
3. **등변사다리꼴의 성질**
   (1) 평행하지 않은 한 쌍의 대변의 길이가 같다. ➔ $\overline{AB} = \overline{DC}$
   (2) 두 대각선의 길이가 같다. ➔ $\overline{AC} = \overline{DB}$

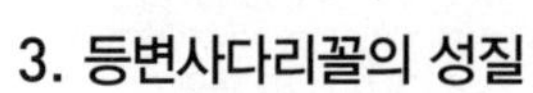

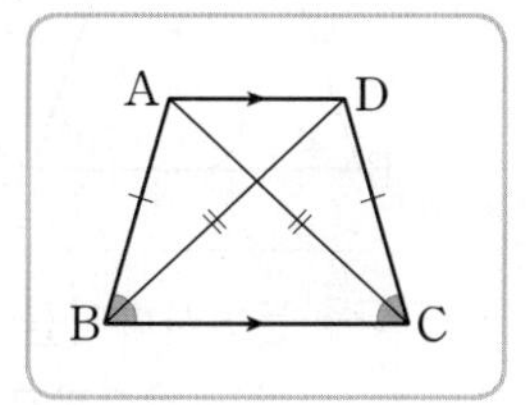

▶**학습 날짜** 월 일 ▶**걸린 시간** 분 / **목표 시간** 15분

정답과 해설 13쪽

**1** **오른쪽 그림의 □ABCD가 $\overline{AD} /\!/ \overline{BC}$인 등변사다리꼴일 때, 다음을 완성하여라.**

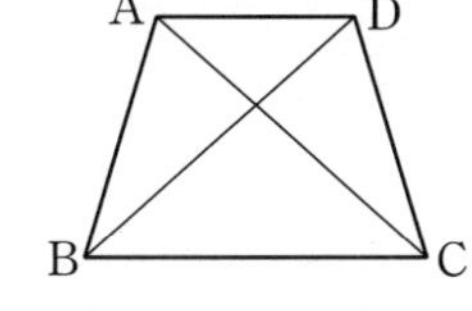


(1) 등변사다리꼴의 아랫변의 양 끝 각의 크기는 같으므로
$\angle B =$ ☐

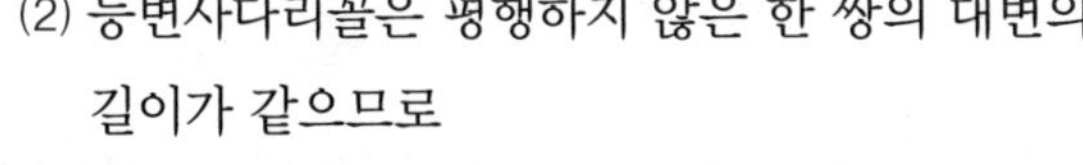

(2) 등변사다리꼴은 평행하지 않은 한 쌍의 대변의 길이가 같으므로
☐ = ☐

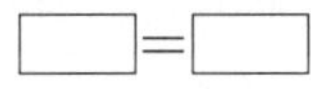

(3) 등변사다리꼴의 두 대각선은 길이가 같으므로
$\overline{AC} =$ ☐

(4) 등변사다리꼴 ABCD에서 $\overline{AD} /\!/ \overline{BC}$이므로
$\angle A + \angle B = 180°$, $\angle D + \angle C =$ ☐°
이때 $\angle B =$ ☐이므로
$\angle A = 180° - \angle B$
$= 180° -$ ☐ $= \angle D$

**2** **다음 그림에서 □ABCD가 $\overline{AD} /\!/ \overline{BC}$인 등변사다리꼴일 때, $x$의 값을 구하여라.**

(1)

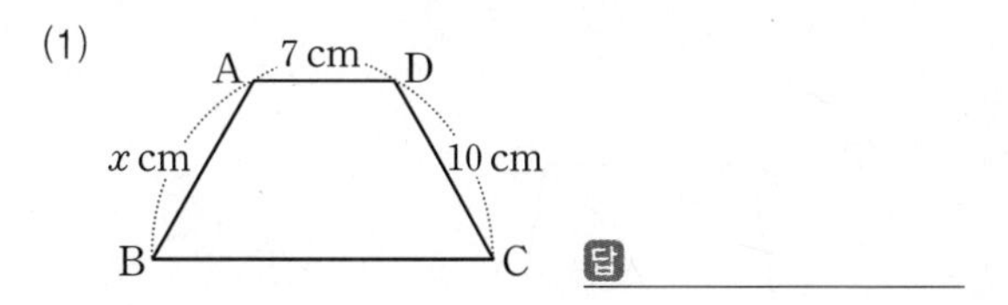


(2)

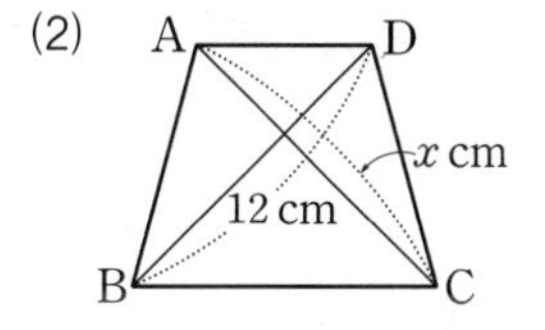

(3)

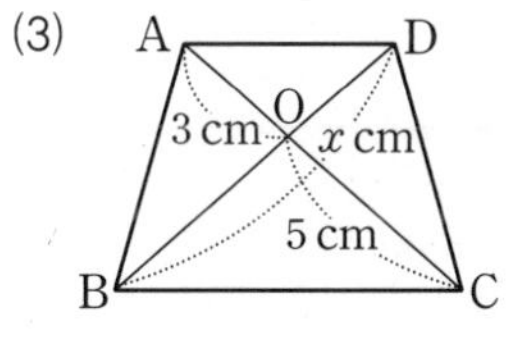

(4)

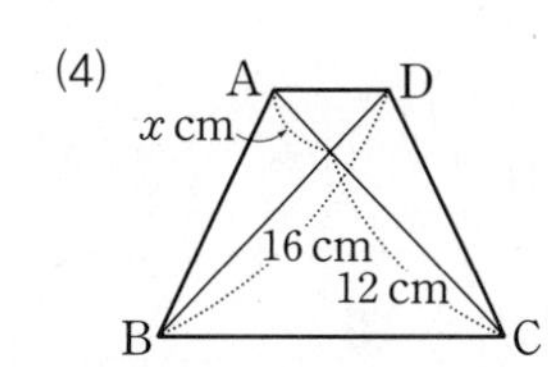


답

**3** 다음 그림에서 □ABCD가 $\overline{AD}/\!/\overline{BC}$인 등변사다리꼴일 때, $\angle x$의 크기를 구하여라.

(1)

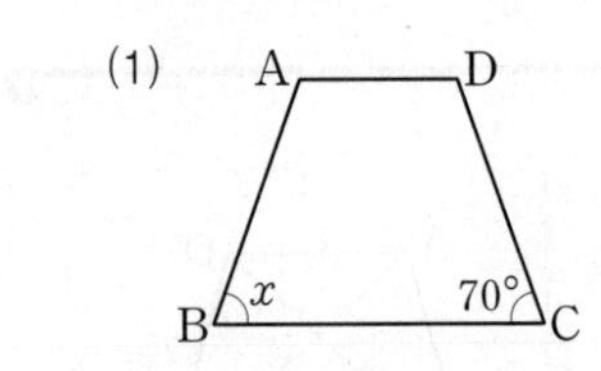


➜ 등변사다리꼴에서 밑변의 양 끝 각의 크기는 같으므로
$\angle x=$ □°

(2)

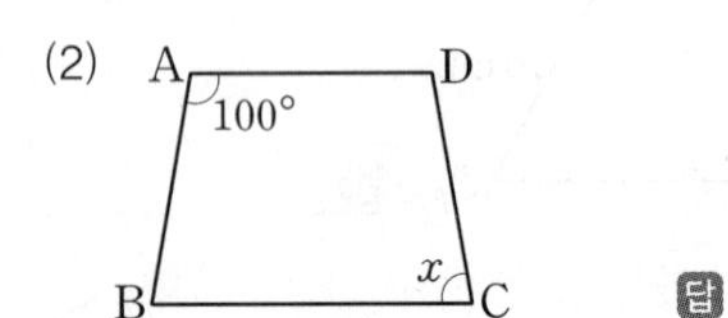


답

(3)

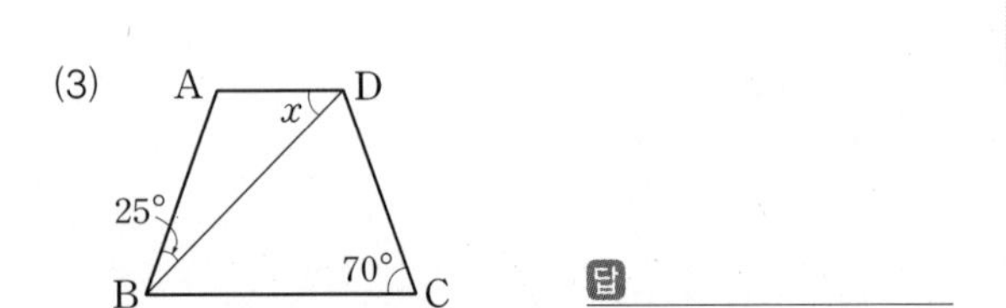


답

(4)

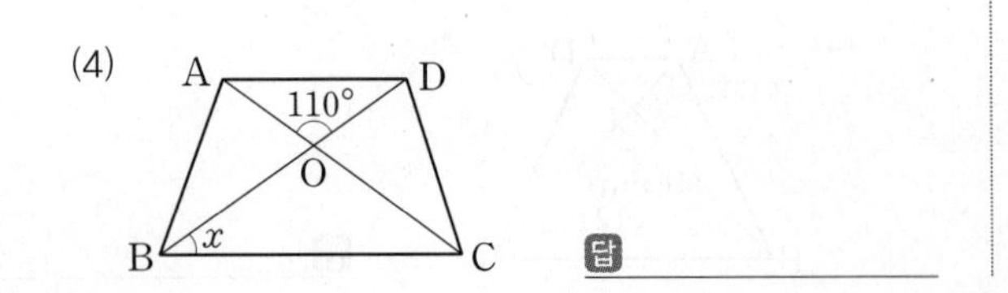


답

**4** 다음 그림의 □ABCD가 $\overline{AD}/\!/\overline{BC}$인 등변사다리꼴일 때, $x$의 값을 구하여라.

(1)

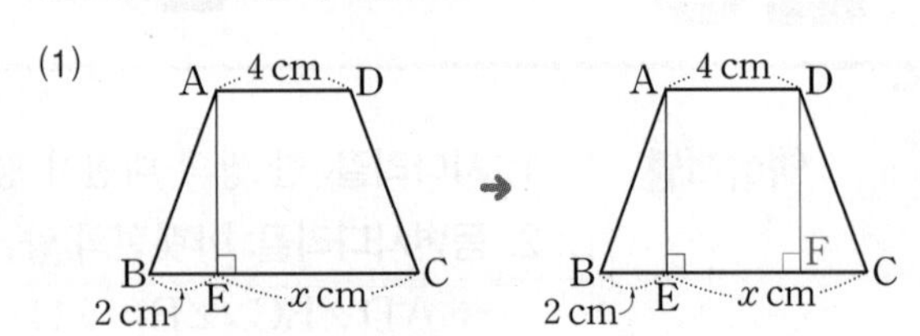


➜ 점 D에서 $\overline{BC}$에 내린 수선의 발을 F라 하면
$\overline{EF}=\overline{AD}=$ □ cm
$\triangle ABE\equiv\triangle DCF$ (RHA 합동)이므로
$\overline{CF}=\overline{BE}=$ □ cm
$\therefore\ \overline{EC}=\overline{EF}+\overline{FC}=$ □(cm)
$\therefore\ x=$ □

(2)

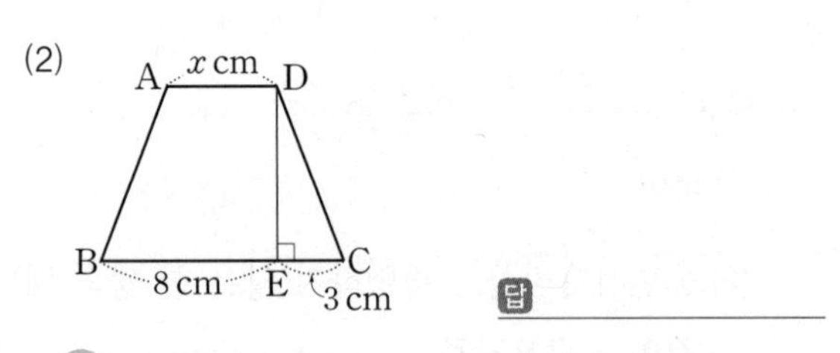


답

tip 점 A에서 $\overline{BC}$에 수선의 발을 내려서 직사각형의 성질을 이용해.

풍쌤의 point

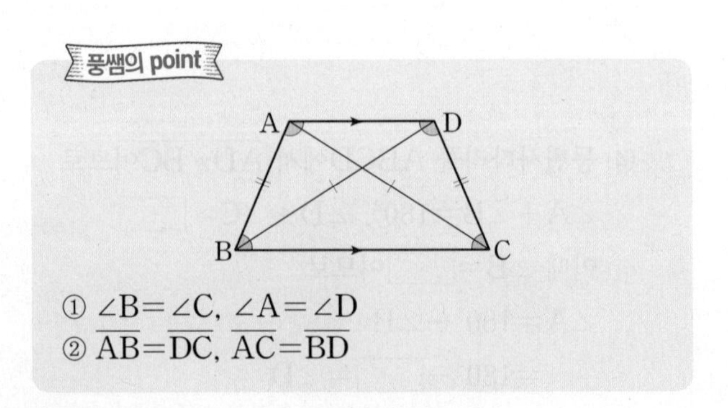


① $\angle B=\angle C$, $\angle A=\angle D$
② $\overline{AB}=\overline{DC}$, $\overline{AC}=\overline{BD}$

# 21 여러 가지 사각형 사이의 관계

**핵심개념**

## 1. 여러 가지 사각형 사이의 관계

사각형, 사다리꼴, 평행사변형, 직사각형, 마름모, 정사각형 사이의 관계는 다음과 같다.

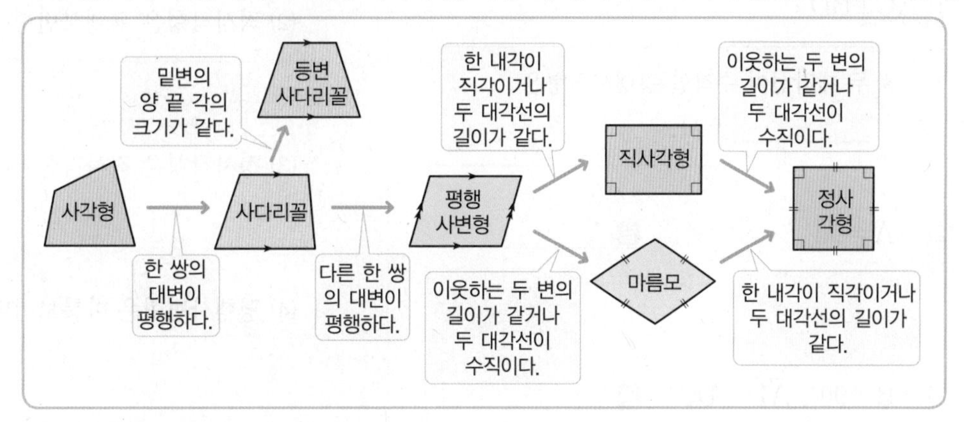


## 2. 여러 가지 사각형의 대각선의 성질

(1) 평행사변형: 두 대각선은 서로 다른 것을 이등분한다.

(2) 직사각형: 두 대각선은 길이가 같고, 서로 다른 것을 이등분한다.

(3) 마름모: 두 대각선은 서로 다른 것을 수직이등분한다.

(4) 정사각형: 두 대각선은 길이가 같고, 서로 다른 것을 수직이등분한다.

(5) 등변사다리꼴: 두 대각선은 길이가 같다.

## 3. 사각형의 각 변의 중점을 연결하여 만든 사각형

(1) 사각형, 사다리꼴 ➜ 평행사변형

(2) 평행사변형 ➜ 평행사변형

(3) 직사각형 ➜ 마름모

(4) 마름모 ➜ 직사각형

(5) 정사각형 ➜ 정사각형

(6) 등변사다리꼴 ➜ 마름모

| 평행사변형 | 직사각형 | 마름모 | 정사각형 | 등변사다리꼴 |
|---|---|---|---|---|
| 평행사변형 | 마름모 | 직사각형 | 정사각형 | 마름모 |

▶학습 날짜 월 일 ▶걸린 시간 분 / 목표 시간 15분

정답과 해설 13쪽

**1** 다음 성질을 갖는 사각형을 〈보기〉에서 모두 골라라.

**보기**

ㄱ. 평행사변형 ㄴ. 직사각형
ㄷ. 마름모 ㄹ. 정사각형
ㅁ. 등변사다리꼴

(1) 두 대각선의 길이가 같다.

답 ______

(2) 두 대각선이 서로 다른 것을 이등분한다.

답 ______

(3) 두 대각선이 수직이다.

답 ______

**2** 오른쪽 그림과 같은 평행사변형 ABCD가 다음 조건을 만족시키면 어떤 사각형이 되는지 구하여라. (단, 점 O는 두 대각선의 교점이다.)

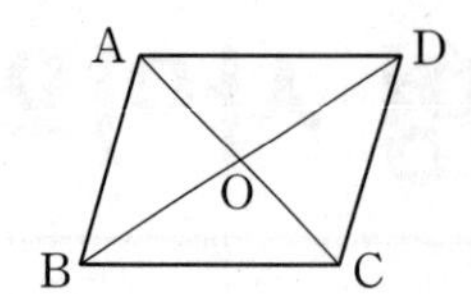


(1) $\overline{AC} \perp \overline{BD}$

➜ 두 대각선이 수직인 평행사변형은 ________ 이다.

(2) $\angle A=90°$ 답 ________

(3) $\angle B=90°$, $\overline{AD}=\overline{DC}$ 답 ________

**3** 다음 그림은 여러 가지 사각형 사이의 관계를 나타낸 것이다. (1)~(4)에 알맞은 조건을 각각 <보기>에서 모두 골라라.

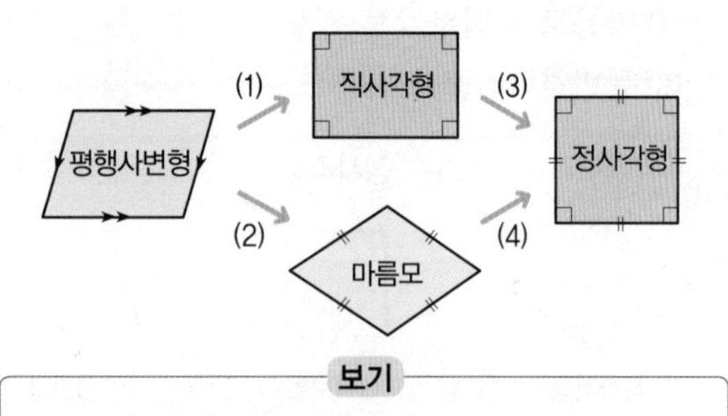


**보기**

ㄱ. 한 쌍의 대변이 평행하다.
ㄴ. 한 내각이 직각이다.
ㄷ. 두 대각선이 수직이다.
ㄹ. 두 대각선의 길이가 같다.
ㅁ. 이웃하는 두 변의 길이가 같다.

(1) ㄴ 또는 ☐

(2) ☐ 또는 ☐

(3) ☐ 또는 ☐

(4) ☐ 또는 ☐

**4** 다음 중 여러 가지 사각형 사이의 관계로 옳은 것에는 ○표, 옳지 않은 것에는 ×표를 하여라.

(1) 마름모는 등변사다리꼴이다. ( )

(2) 직사각형은 평행사변형이다. ( )

(3) 정사각형은 직사각형이다. ( )

(4) 평행사변형은 마름모이다. ( )

**5** 다음 그림과 같은 □ABCD의 각 변의 중점을 연결하여 사각형을 만들고, 어떤 사각형인지 말하여라.

(1) 직사각형 ABCD

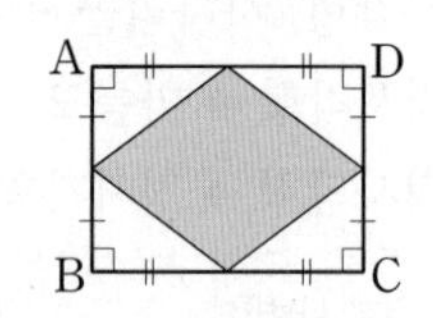


답 ________

(2) 마름모 ABCD

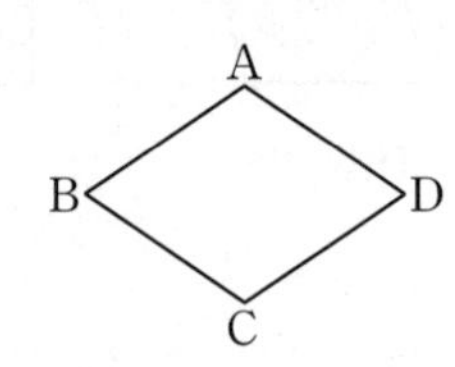


답 ________

(3) 정사각형 ABCD

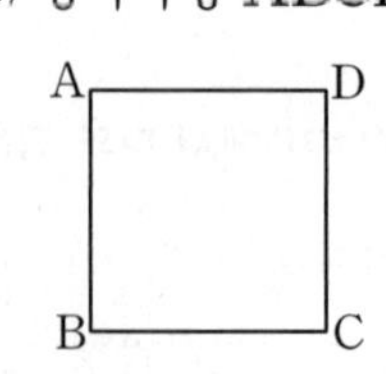


답 ________

(4) 등변사다리꼴 ABCD

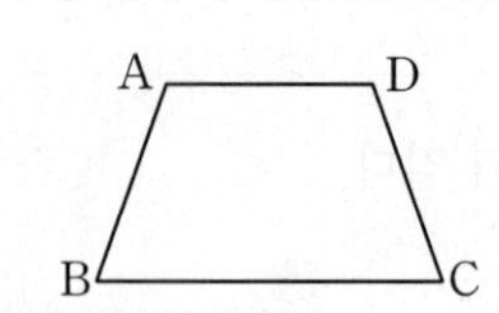


답 ________

# 17-21 · 스스로 점검 문제

맞힌 개수 개 / 7개

▶학습 날짜 월 일 ▶걸린 시간 분 / 목표 시간 20분

**1** ○ 직사각형 2, 3

오른쪽 그림과 같은 직사각형 ABCD에서 $\overline{BD}=16$ cm, $\angle ABD=50°$일 때, $x+y$의 값을 구하여라. (단, 점 O는 두 대각선의 교점이다.)

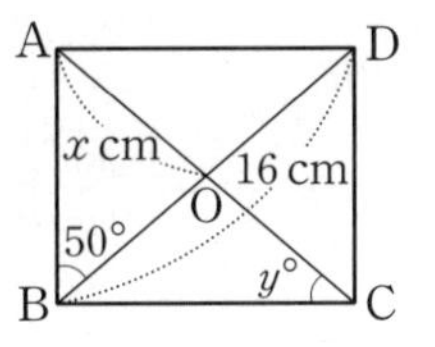


**2** ○ 마름모 3

오른쪽 그림과 같은 마름모 ABCD에서 $\angle ADB=35°$일 때, $\angle x-\angle y$의 크기는? (단, 점 O는 두 대각선의 교점이다.)

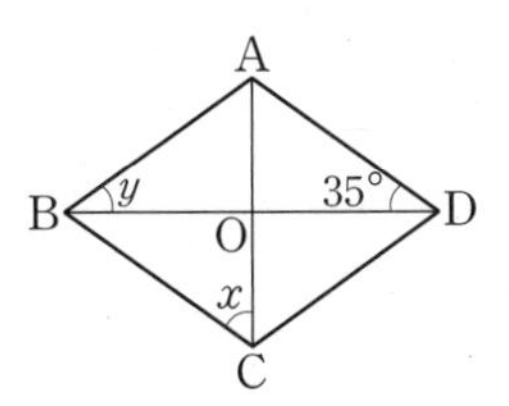


① 10° ② 15° ③ 20° ④ 25° ⑤ 30°

**3** ○ 마름모 5

오른쪽 그림과 같은 평행사변형 ABCD가 마름모가 되도록 하는 $x$의 값을 구하여라.

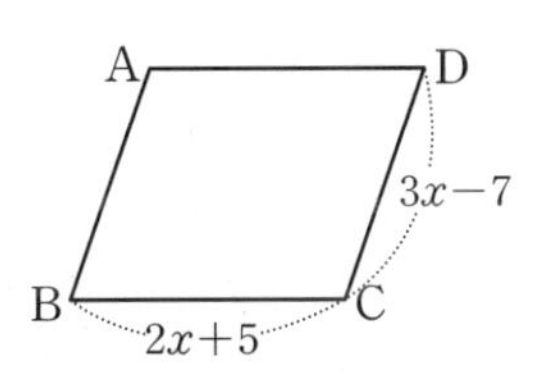


**4** ○ 정사각형 3

오른쪽 그림과 같은 정사각형 ABCD에서 대각선 AC 위에 한 점 E를 잡고 $\overline{BE}$, $\overline{DE}$를 그었다. $\angle ABE=15°$일 때, $\angle DEC$의 크기는?

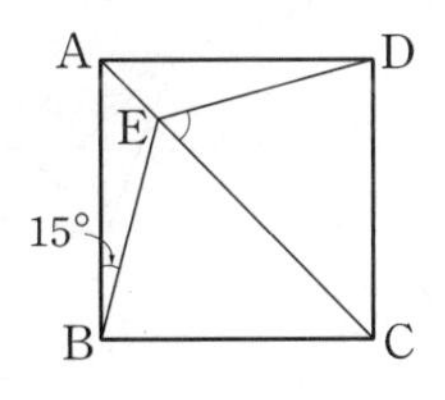


① 45° ② 50° ③ 55° ④ 60° ⑤ 65°

**5** ○ 정사각형 4~8

다음 중 오른쪽 그림의 평행사변형 ABCD가 정사각형이 되기 위한 조건이 아닌 것은?

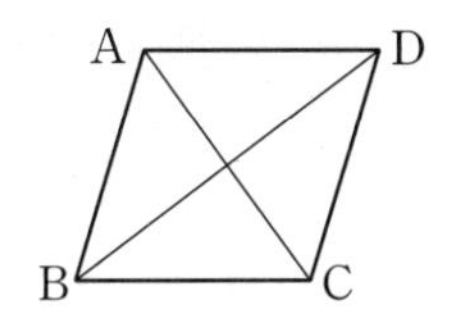


① $\angle A=90°$, $\overline{AB}=\overline{BC}$
② $\angle B=90°$, $\overline{AC}\perp\overline{BD}$
③ $\overline{AC}=\overline{BD}$, $\overline{AB}=\overline{AD}$
④ $\overline{AC}=\overline{BD}$, $\overline{AC}\perp\overline{BD}$
⑤ $\overline{AC}=\overline{BD}$, $\angle C=90°$

**6** ○ 사다리꼴 3

오른쪽 그림과 같이 $\overline{AD}/\!/\overline{BC}$인 등변사다리꼴 ABCD에서 $\overline{AB}=\overline{AD}$, $\angle C=70°$일 때, $\angle DBC$의 크기를 구하여라.

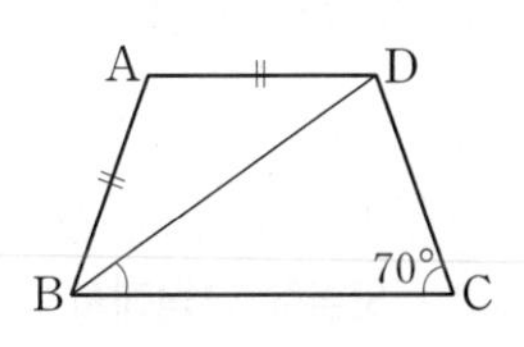


**7** ○ 여러 가지 사각형 사이의 관계 1

다음 사각형 중에서 두 대각선이 서로 다른 것을 이등분하는 것이 아닌 것은?

① 평행사변형 ② 직사각형
③ 마름모 ④ 정사각형
⑤ 등변사다리꼴

# 22 평행선과 넓이

**핵심개념**

**1. 평행선과 삼각형의 넓이**

두 직선 $l$와 $m$이 평행할 때, $\triangle ABC$와 $\triangle DBC$는 밑변 BC가 공통이고 높이는 $h$로 같으므로 두 삼각형의 넓이가 서로 같다.

➜ $l /\!/ m$이면 $\triangle ABC=\triangle DBC=\frac{1}{2}ah$

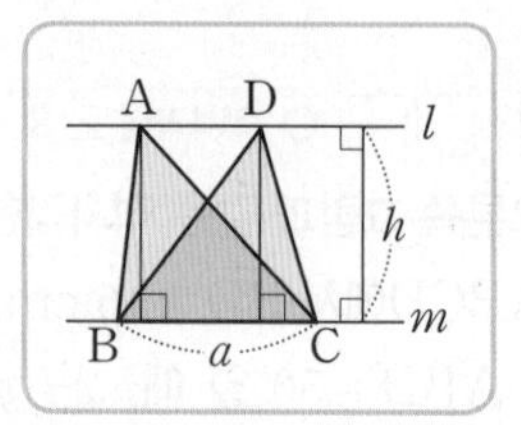


**2. 사각형과 넓이가 같은 삼각형**

$\overline{AC} /\!/ \overline{DE}$이면 $\triangle ACD=\triangle ACE$이므로

$\square ABCD=\triangle ABC+\triangle ACD$
$=\triangle ABC+\triangle ACE$
$=\triangle ABE$

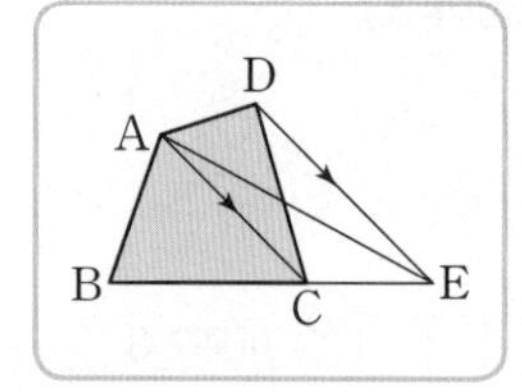


**3. 사다리꼴에서 평행선과 삼각형**

$\overline{AD} /\!/ \overline{BC}$이면 $\triangle ABC=\triangle DBC$이므로

$\triangle ABO=\triangle ABC-\triangle OBC$
$=\triangle DBC-\triangle OBC$
$=\triangle DOC$

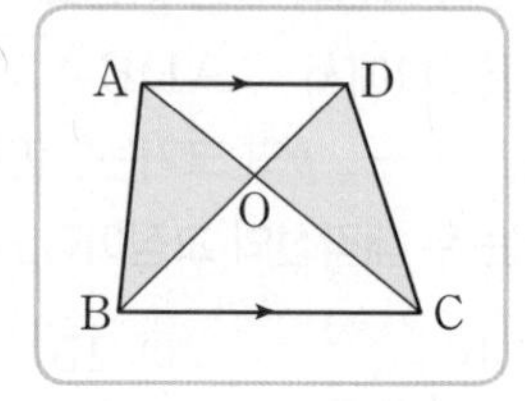

▶학습 날짜 월 일 ▶걸린 시간 분 / 목표 시간 15분

**1** 오른쪽 그림에서 $l /\!/ m$일 때, 다음을 완성하여라.

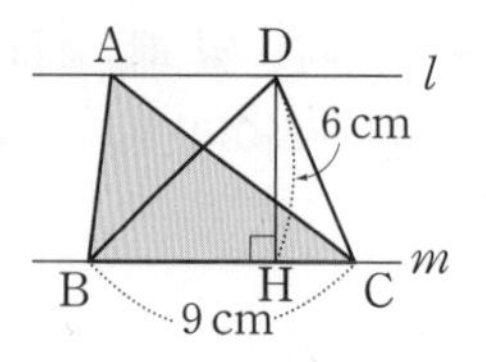


(1) $\triangle ABC$와 넓이가 같은 삼각형은 ☐이다.

(2) $\triangle ABC=$☐$=\frac{1}{2}\times$☐$\times$☐
$=$☐$(cm^2)$

**2** 오른쪽 그림에서 $\overline{AC} /\!/ \overline{DE}$이고 $\triangle ABE=22\ cm^2$일 때, 다음을 완성하여라.

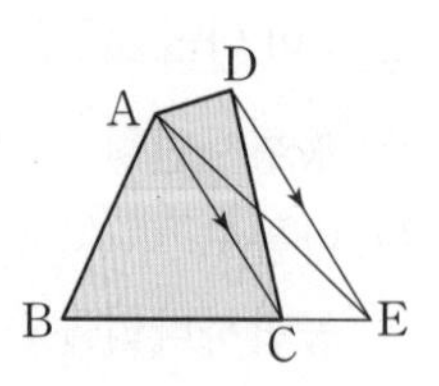


(1) $\triangle ACD$와 넓이가 같은 삼각형은 ☐이다.

(2) $\square ABCD=\triangle ABC+\triangle ACD$
$=\triangle ABC+$☐
$=$☐$=$☐$(cm^2)$

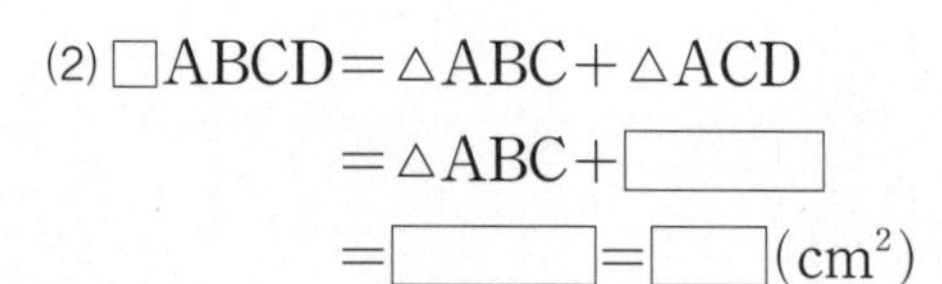

**3** 다음 그림에서 $l /\!/ m$일 때, 색칠한 부분의 넓이를 구하여라.

(1)

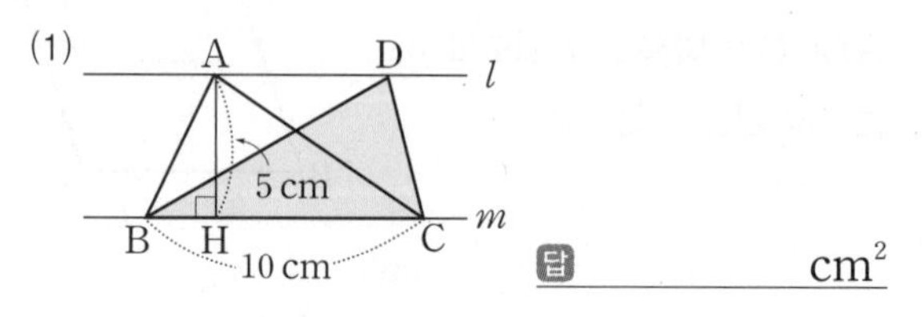


답 $cm^2$

(2)

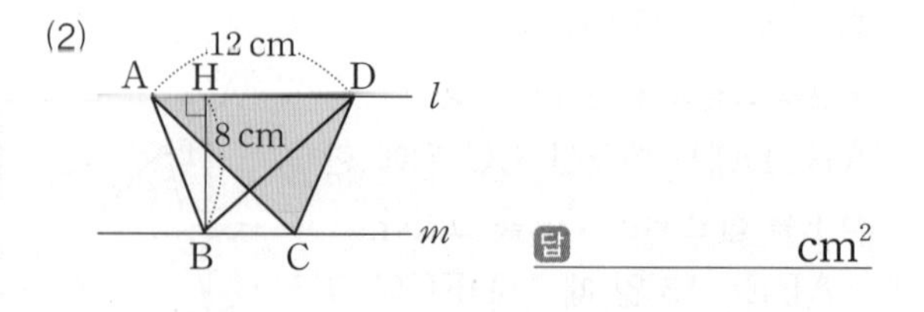


답 $cm^2$

(3)

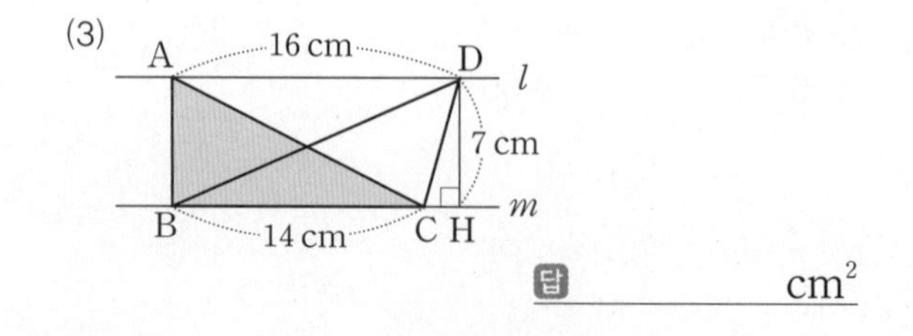


답 $cm^2$

## 4 다음 그림에서 색칠한 부분의 넓이를 구하여라.

(1) $\triangle ABE = 36\ cm^2$

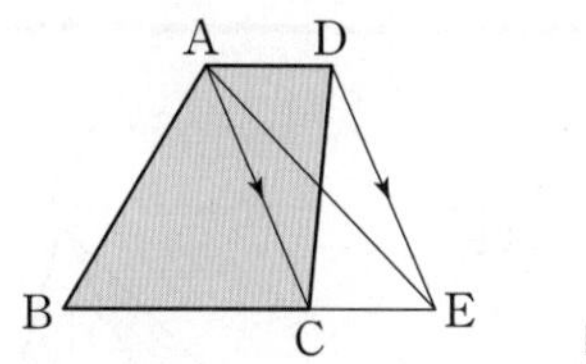


답 ______ $cm^2$

(2) $\square ABCD = 27\ cm^2$

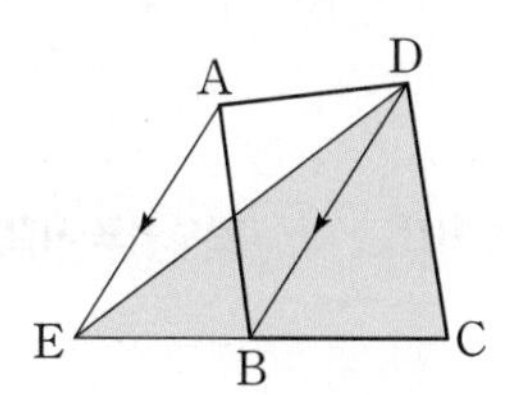


답 ______ $cm^2$

(3) $\triangle ABE = 18\ cm^2$, $\triangle ABC = 12\ cm^2$

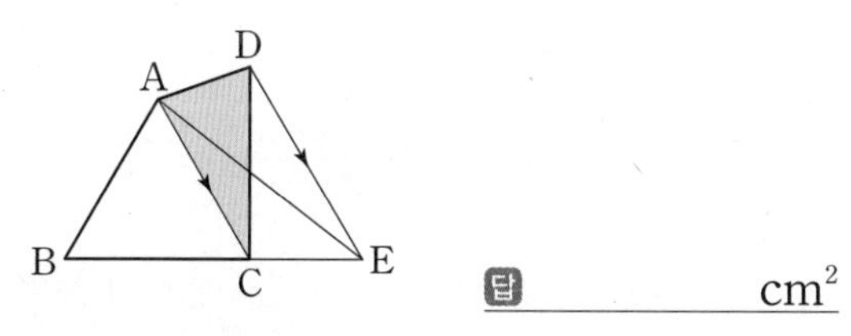


답 ______ $cm^2$

(4) $\square ABCD = 40\ cm^2$, $\triangle ABC = 24\ cm^2$

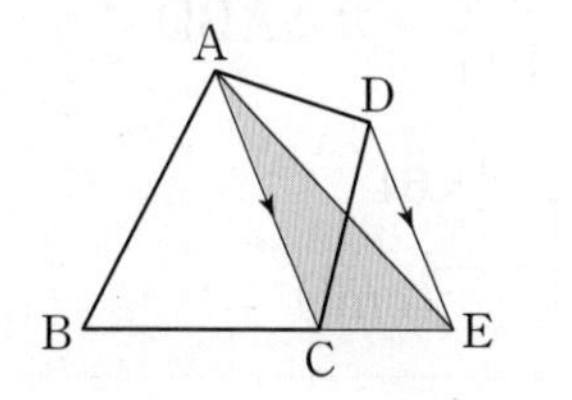


답 ______ $cm^2$

## 5 다음 그림과 같이 $\overline{AD} /\!/ \overline{BC}$인 사다리꼴 ABCD에서 색칠한 부분의 넓이를 구하여라.

(단, 점 O는 두 대각선의 교점이다.)

(1) $\triangle DOC = 24\ cm^2$

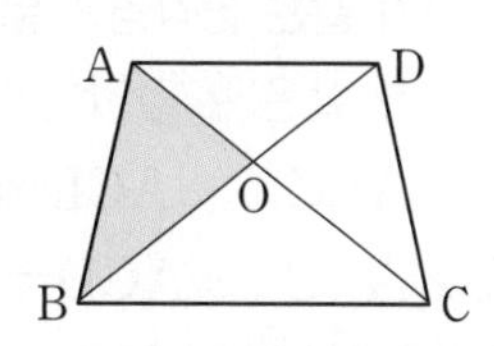


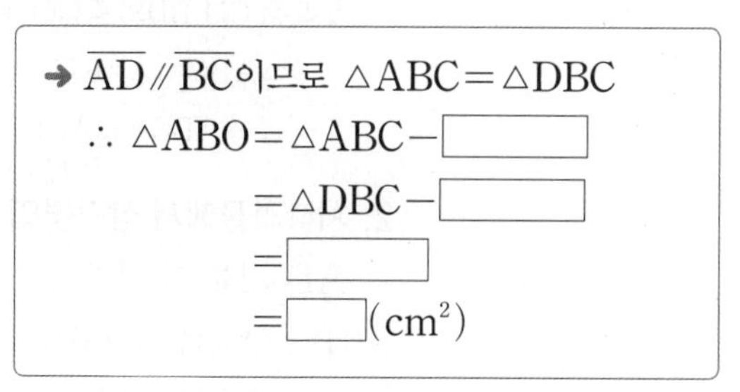
➜ $\overline{AD} /\!/ \overline{BC}$이므로 $\triangle ABC = \triangle DBC$

$\therefore\ \triangle ABO = \triangle ABC - \square$

$= \triangle DBC - \square$

$= \square$

$= \square\ (cm^2)$

(2) $\triangle ABD = 36\ cm^2$, $\triangle AOD = 14\ cm^2$

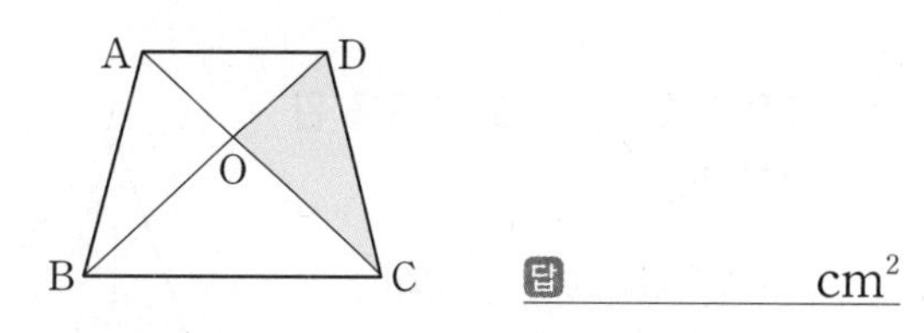


답 ______ $cm^2$

(3) $\triangle OBC = 14\ cm^2$, $\triangle DOC = 9\ cm^2$

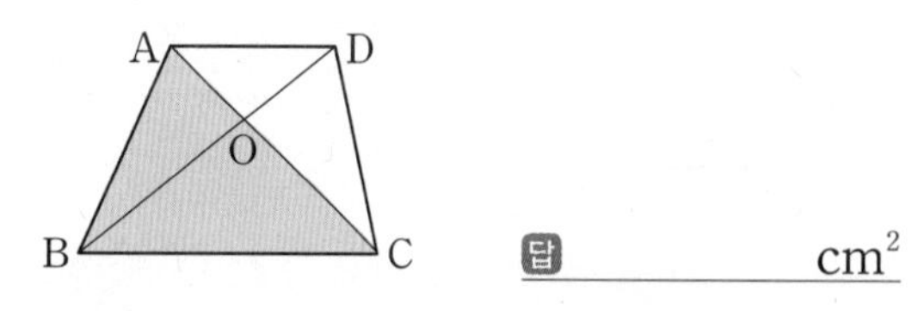


답 ______ $cm^2$

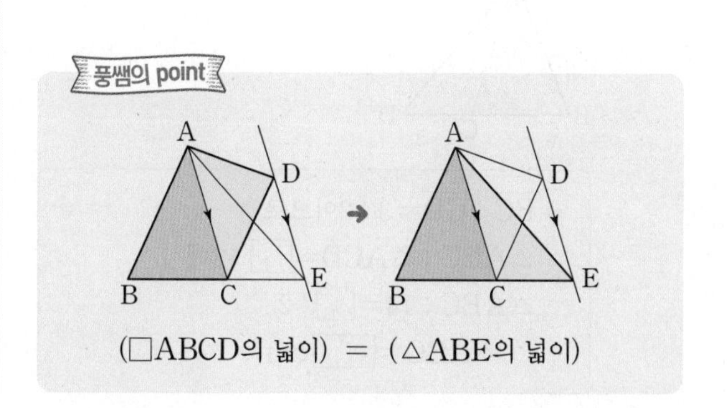

# 23 평행선 사이의 삼각형의 넓이의 비

**핵심개념**

**1. 높이가 같은 삼각형의 넓이의 비**

높이가 같은 두 삼각형의 넓이의 비는 밑변의 길이의 비와 같다.

➜ $\triangle ABC$와 $\triangle ACD$에서 $\overline{BC}:\overline{CD}=m:n$이면

$\triangle ABC:\triangle ACD=\overline{BC}:\overline{CD}=m:n$

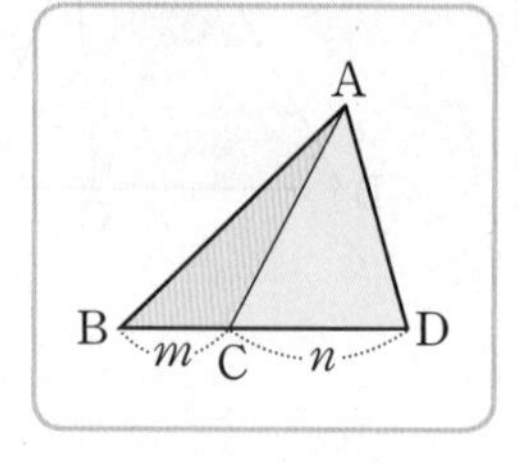


참고 점 C가 $\overline{BD}$의 중점이면 $\overline{BC}=\overline{CD}$이고 $m:n=1:1$이므로

$\triangle ABC:\triangle ACD=1:1$이다.

$\therefore \triangle ABC=\triangle ACD$

**2. 사다리꼴에서 삼각형의 넓이의 비**

$\overline{AD}/\!/\overline{BC}$인 사다리꼴 ABCD의 두 대각선의 교점이 O일 때

(1) $\triangle OAB:\triangle OBC=\triangle OAD:\triangle OCD=\overline{OA}:\overline{OC}$

(2) $\triangle OAD:\triangle OAB=\triangle OCD:\triangle OBC=\overline{OD}:\overline{OB}$

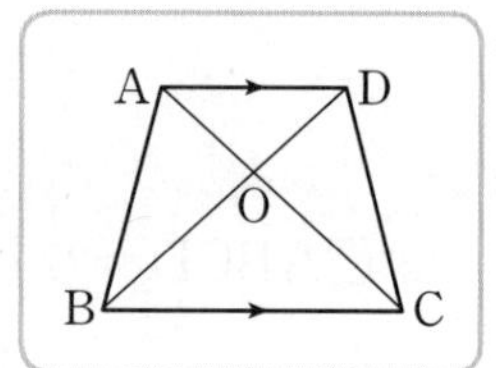


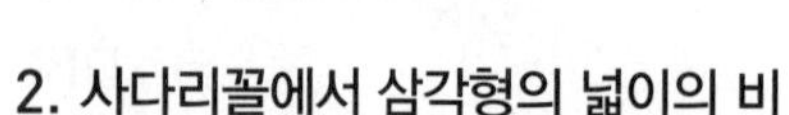

▶학습 날짜 월 일 ▶걸린 시간 분 / 목표 시간 20분

**1** 오른쪽 그림을 보고 다음을 완성하여라.

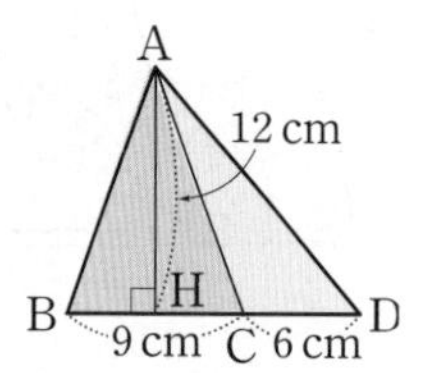


(1) $\triangle ABC=$ ☐ $cm^2$, $\triangle ACD=$ ☐ $cm^2$

(2) $\triangle ABC:\triangle ACD=3:$ ☐ $=\overline{BC}:$ ☐

**2** 다음 그림에서 색칠한 부분의 넓이를 구하여라.

(1) $\triangle ACD=14\ cm^2$, $\overline{BC}:\overline{CD}=3:2$

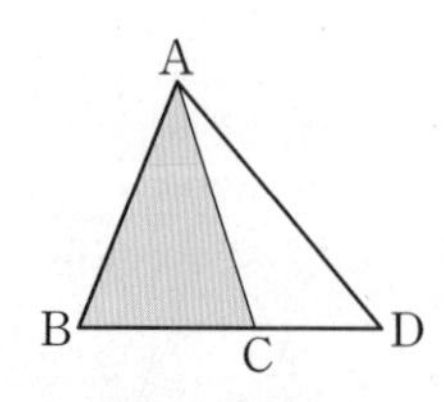


➜ $\overline{BC}:\overline{CD}=3:2$이므로

$\triangle ABC:\triangle ACD=$ ☐ $:2$에서

$\triangle ABC:14=$ ☐ $:2$

$\therefore \triangle ABC=$ ☐ $cm^2$

(2) $\triangle ABC=24\ cm^2$, $\overline{BC}:\overline{CD}=3:5$

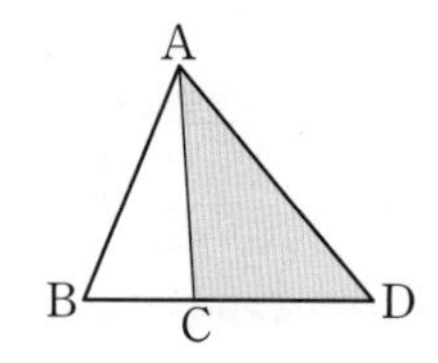


답 $cm^2$

(3) $\triangle ABD=64\ cm^2$, $\overline{BC}:\overline{CD}=1:3$

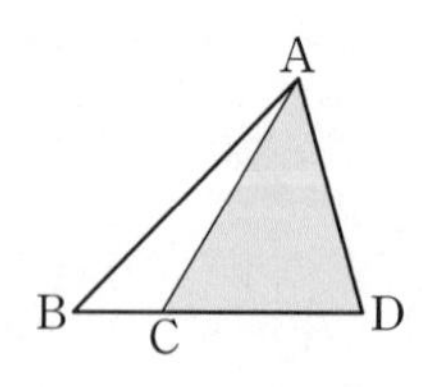


➜ $\triangle ACD=\dfrac{3}{1+\square}\times\triangle ABD$

$=\square\times 64$

$=\square(cm^2)$

**3** 다음 그림과 같은 $\triangle ABC$에서 색칠한 부분의 넓이를 구하여라.

(1) $\triangle ABC=64\ cm^2$, $\overline{BD}:\overline{CD}=1:1$, $\overline{AE}:\overline{ED}=3:5$

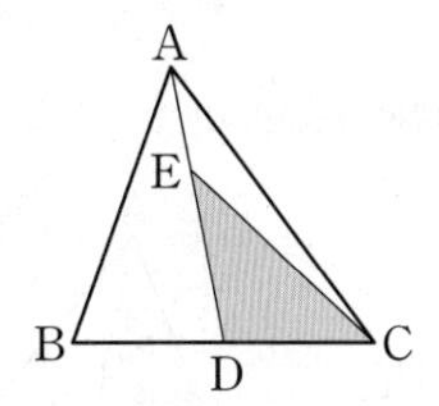


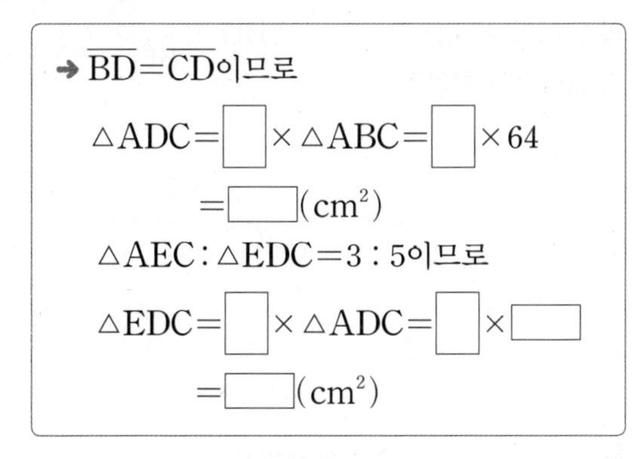

➜ $\overline{BD}=\overline{CD}$이므로

$\triangle ADC=\square\times\triangle ABC=\square\times 64$

$=\square(cm^2)$

$\triangle AEC:\triangle EDC=3:5$이므로

$\triangle EDC=\square\times\triangle ADC=\square\times\square$

$=\square(cm^2)$

(2) $\triangle ABC=60\ cm^2$, $\overline{BD}:\overline{CD}=1:3$, $\overline{AE}:\overline{EB}=2:3$

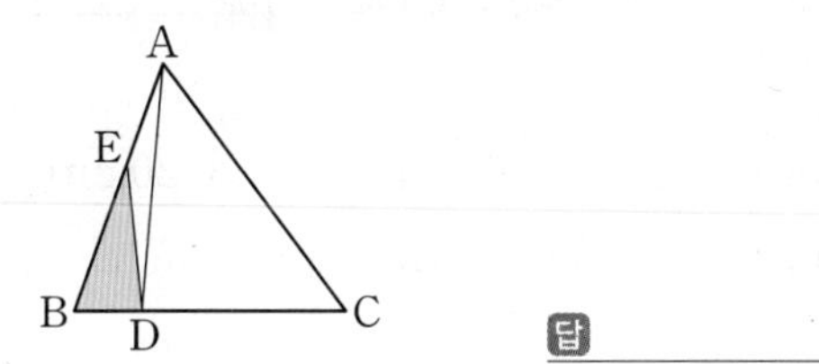


**4** 다음 그림과 같은 평행사변형 ABCD에서 색칠한 부분의 넓이를 구하여라.

(1) $\square ABCD=50\ cm^2$, $\overline{AP}:\overline{PC}=3:2$

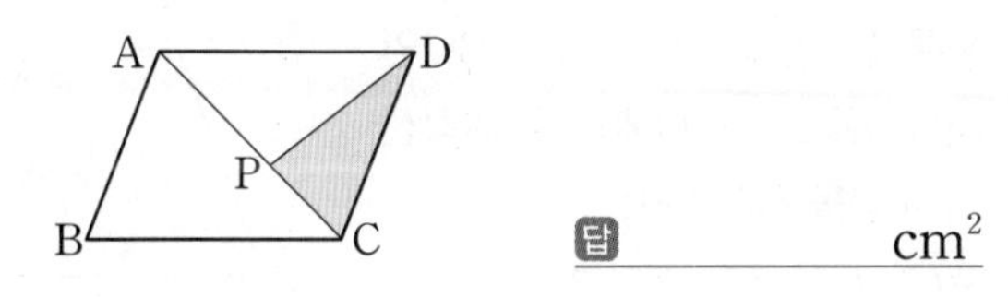


(2) $\square ABCD=42\ cm^2$, $\overline{AQ}:\overline{QD}=2:1$

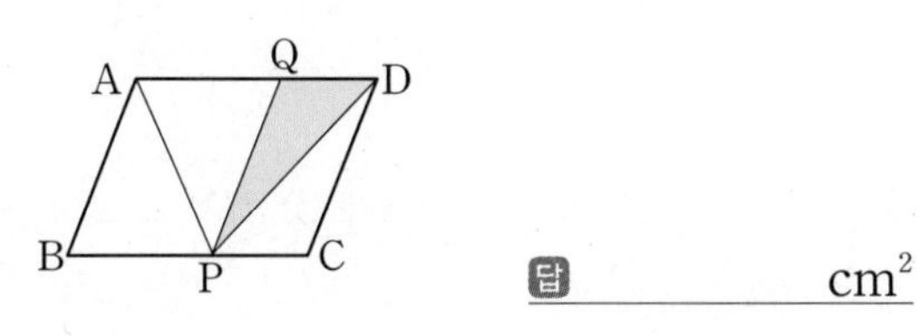


**5** 다음 그림과 같이 $\overline{AD}/\!/\overline{BC}$인 사다리꼴 ABCD에서 색칠한 부분의 넓이를 구하여라.

(단, 점 O는 두 대각선의 교점이다.)

(1) $\triangle ABC=56\ cm^2$, $\overline{DO}:\overline{OB}=3:4$

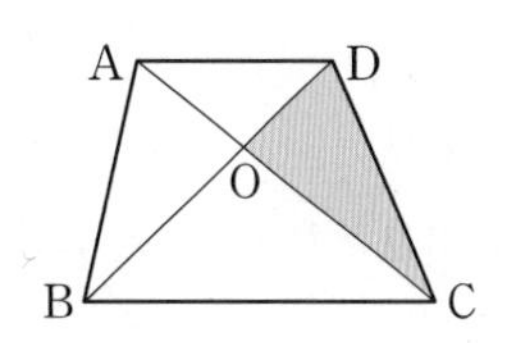


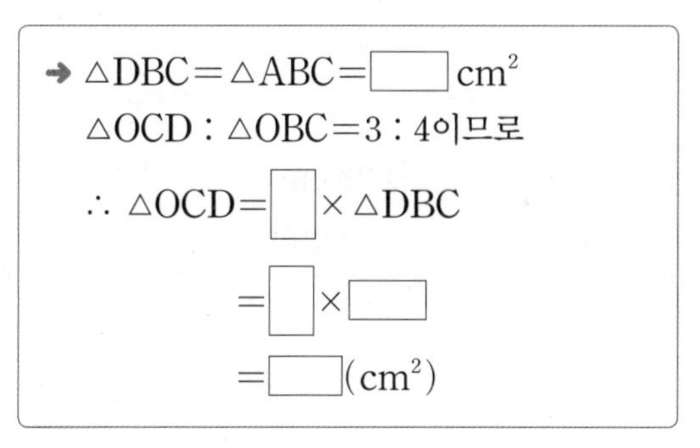

➜ $\triangle DBC=\triangle ABC=\square\ cm^2$

$\triangle OCD:\triangle OBC=3:4$이므로

$\therefore\ \triangle OCD=\square\times\triangle DBC$

$=\square\times\square$

$=\square(cm^2)$

(2) $\triangle AOD=8\ cm^2$, $\overline{DO}:\overline{OB}=2:5$

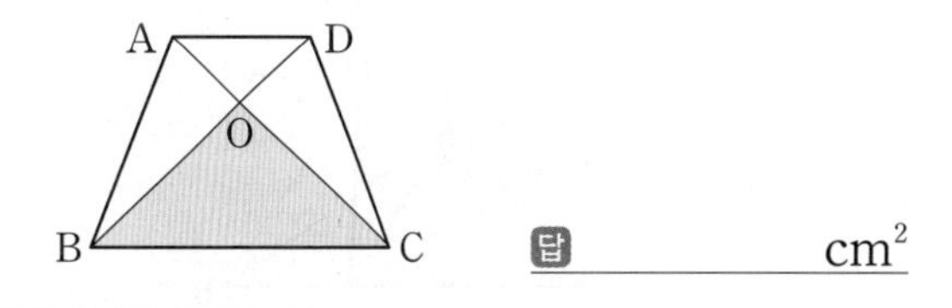


(3) $\triangle ABO=24\ cm^2$, $\overline{AO}:\overline{OC}=1:2$

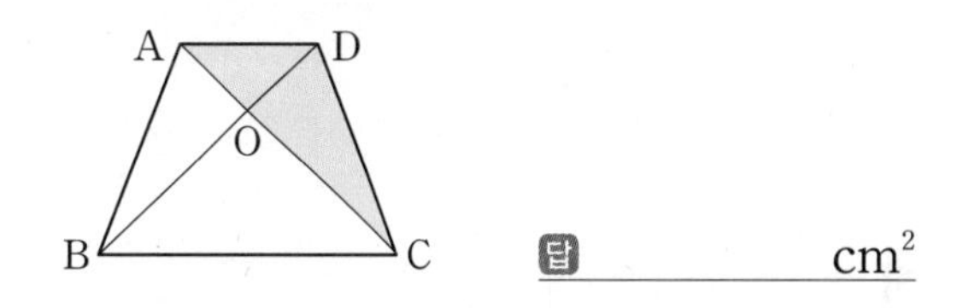


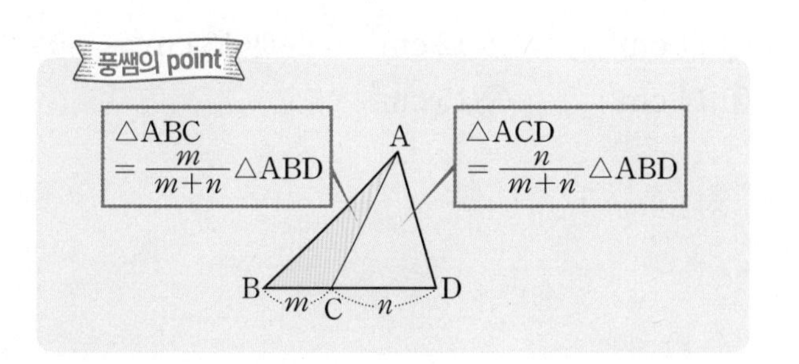

정답과 해설 15~16쪽

# 22-23 · 스스로 점검 문제

맞힌 개수 개 / 6개

▶학습 날짜 월 일 ▶걸린 시간 분 / 목표 시간 15분

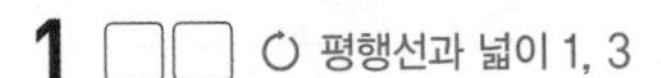

**1** □□ 평행선과 넓이 1, 3

오른쪽 그림에서 $\overline{AC} /\!/ \overline{DE}$이고 $\triangle ABE = 34\text{ cm}^2$, $\triangle ABC = 12\text{ cm}^2$일 때, $\triangle ACD$의 넓이는?

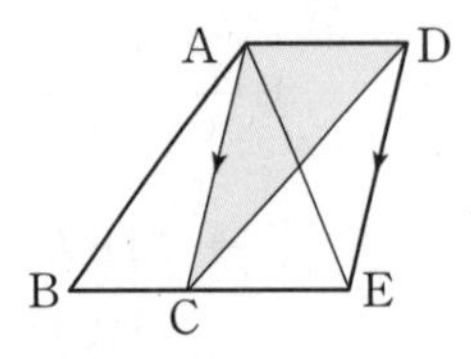


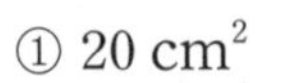

① $20\text{ cm}^2$ ② $22\text{ cm}^2$ ③ $24\text{ cm}^2$

④ $26\text{ cm}^2$ ⑤ $28\text{ cm}^2$

**2** □□ 평행선과 넓이 2, 4

다음 그림에서 $\overline{AC} /\!/ \overline{DE}$, $\overline{AH} \perp \overline{BE}$이고 $\overline{AH} = 5\text{ cm}$, $\overline{BC} = 8\text{ cm}$, $\overline{CE} = 4\text{ cm}$일 때, □ABCD의 넓이는?

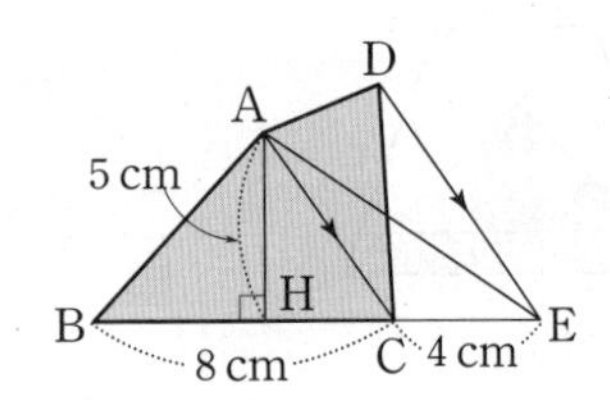


① $20\text{ cm}^2$ ② $25\text{ cm}^2$ ③ $30\text{ cm}^2$
④ $35\text{ cm}^2$ ⑤ $40\text{ cm}^2$

**3** □□ 평행선과 넓이 5

오른쪽 그림과 같이 $\overline{AD} /\!/ \overline{BC}$인 사다리꼴 ABCD에서 두 대각선의 교점을 O라 하자. $\triangle ABD = 32\text{ cm}^2$, $\triangle DOC = 17\text{ cm}^2$일 때, $\triangle AOD$의 넓이는?

① $11\text{ cm}^2$ ② $12\text{ cm}^2$ ③ $13\text{ cm}^2$
④ $14\text{ cm}^2$ ⑤ $15\text{ cm}^2$

**4** □□ 평행선 사이의 삼각형의 넓이의 비 3

오른쪽 그림에서 점 M은 $\overline{BC}$의 중점이고, $\overline{AD} : \overline{DM} = 2 : 1$이다. $\triangle ABC$의 넓이가 $48\text{ cm}^2$일 때, $\triangle ABD$의 넓이를 구하여라.

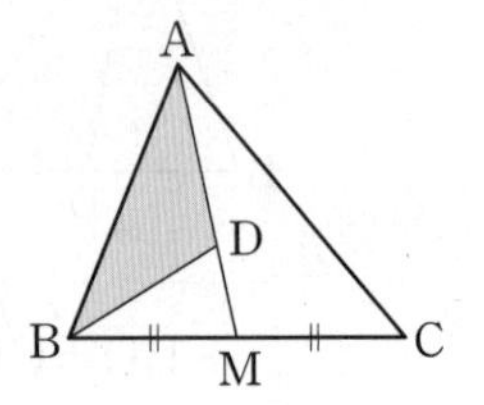


**5** □□ 평행선 사이의 삼각형의 넓이의 비 4

오른쪽 그림과 같은 평행사변형 ABCD의 넓이가 $40\text{ cm}^2$이고 $\overline{BE} : \overline{EC} = 2 : 3$일 때, $\triangle DEC$의 넓이는?

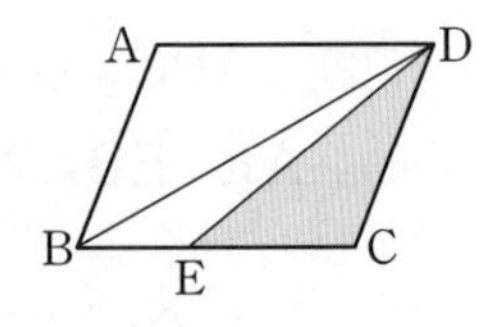


① $12\text{ cm}^2$ ② $16\text{ cm}^2$ ③ $20\text{ cm}^2$
④ $24\text{ cm}^2$ ⑤ $28\text{ cm}^2$

**6** □□ 평행선 사이의 삼각형의 넓이의 비 5

오른쪽 그림과 같이 $\overline{AD} /\!/ \overline{BC}$인 사다리꼴 ABCD에서 두 대각선의 교점을 O라 하자. $\overline{AO} : \overline{OC} = 1 : 2$이고 $\triangle ABO = 15\text{ cm}^2$일 때, $\triangle DBC$의 넓이를 구하여라.

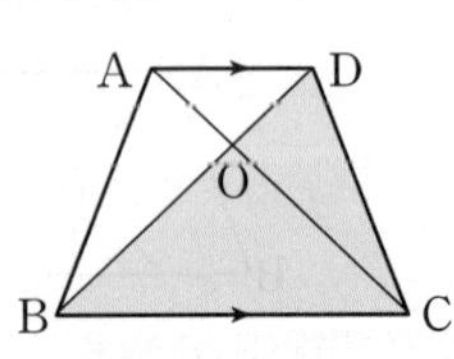

# 도형의 닮음과 피타고라스 정리

# 01 닮은 도형

**핵심개념**

1. **닮음:** 한 도형을 일정한 비율로 확대 또는 축소한 것이 다른 도형과 합동일 때, 이 두 도형은 서로 닮음인 관계가 있다고 한다.
2. **닮은 도형:** 닮음인 관계에 있는 두 도형
3. **닮음의 기호:** 두 삼각형 ABC와 DEF가 서로 닮은 도형일 때, 이것을 기호 ∽를 사용하여 $\triangle ABC \backsim \triangle DEF$로 나타낸다.

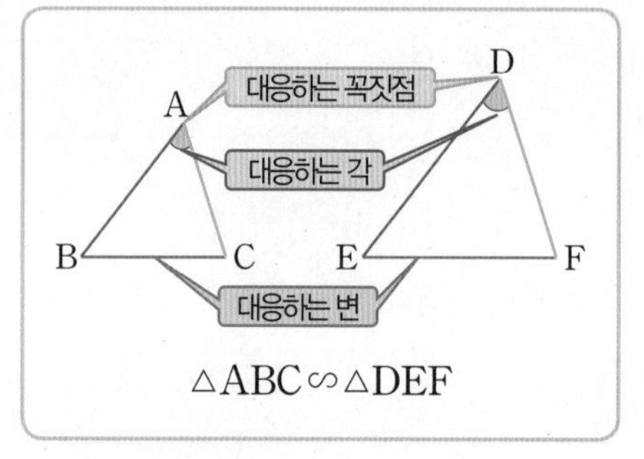


(1) 대응하는 꼭짓점: 점 A와 점 D, 점 B와 점 E, 점 C와 점 F
(2) 대응하는 변: $\overline{AB}$와 $\overline{DE}$, $\overline{BC}$와 $\overline{EF}$, $\overline{CA}$와 $\overline{FD}$
(3) 대응하는 각: $\angle A$와 $\angle D$, $\angle B$와 $\angle E$, $\angle C$와 $\angle F$

**참고** ① 두 도형의 닮음을 기호로 나타낼 때에는 대응하는 꼭짓점의 순서를 맞추어 쓴다.
② 두 정다각형, 두 원, 두 직각이등변삼각형, 두 정다면체, 두 구 등은 항상 닮음이다.

▶학습 날짜 월 일 ▶걸린 시간 분 / 목표 시간 5분

정답과 해설 16쪽

**1** 아래 그림에서 $\triangle ABC \backsim \triangle DEF$일 때, 다음을 구하여라.

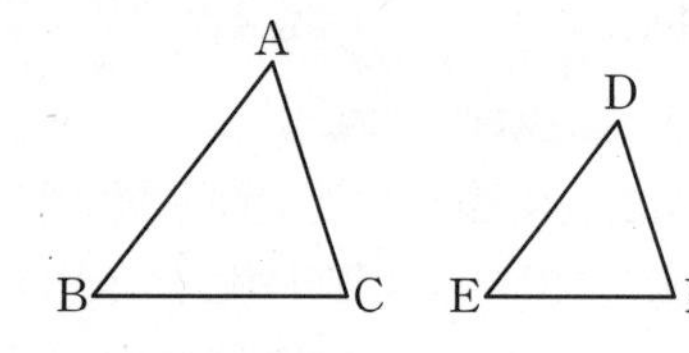


(1) 점 A에 대응하는 점 답 ________

(2) 점 B에 대응하는 점 답 ________

(3) 점 C에 대응하는 점 답 ________

(4) 변 AB에 대응하는 변 답 ________

(5) 변 BC에 대응하는 변 답 ________

(6) $\angle A$에 대응하는 각 답 ________

**2** 다음 도형 중 항상 닮음인 것에는 ○표, 아닌 것에는 ×표를 하여라.

tip 서로 닮은 두 도형은 크기와 상관없이 모양이 같은 도형이다.

(1) 두 원 (  )

(2) 두 정사각형 (  )

(3) 두 마름모 (  )

(4) 두 정오각형 (  )

(5) 두 직각삼각형 (  )

(6) 두 부채꼴 (  )

(7) 두 정육면체 (  )

(8) 두 삼각기둥 (  )

# 02 · 닮음의 성질

**핵심개념**

**1. 평면도형에서의 닮음의 성질:** 닮은 두 평면도형에서

(1) 대응하는 변의 길이의 비는 일정하다.

➜ $\overline{AB}:\overline{DE}=\overline{BC}:\overline{EF}=\overline{CA}:\overline{FD}$

(2) 대응하는 각의 크기는 각각 같다.

➜ $\angle A=\angle D$, $\angle B=\angle E$, $\angle C=\angle F$

(3) 닮음비: 대응하는 변의 길이의 비

**참고** 닮음비가 1:1인 두 도형은 합동이다.

**주의** 닮음비는 가장 간단한 자연수의 비로 나타낸다.

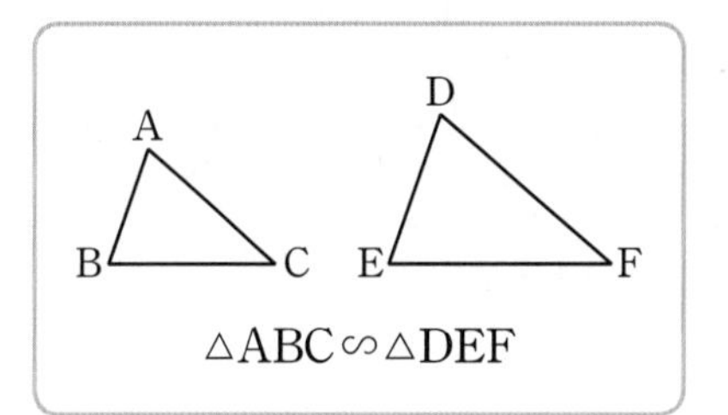

$\triangle ABC \backsim \triangle DEF$

**2 입체도형에서의 닮음의 성질:** 닮은 두 입체도형에서

(1) 대응하는 모서리의 길이의 비는 일정하다.

➜ $\overline{AB}:\overline{IJ}=\overline{BC}:\overline{JK}=\overline{CD}:\overline{KL}$
$=\overline{AD}:\overline{IL}, \cdots$

(2) 대응하는 면은 닮은 도형이다.

➜ □ABCD∽□IJKL,
□BFGC∽□JNOK, ⋯

(3) 닮음비: 대응하는 모서리의 길이의 비

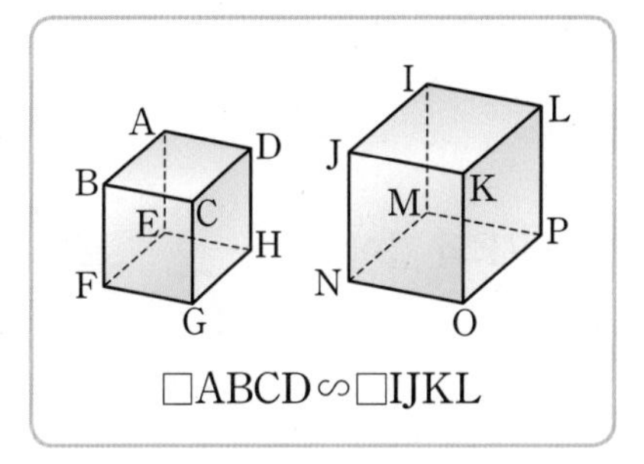

□ABCD∽□IJKL

▶ 학습 날짜 월 일 ▶ 걸린 시간 분 / 목표 시간 20분

정답과 해설 16~17쪽

**1** 아래 그림에서 $\triangle ABC \backsim \triangle DEF$일 때, 다음을 완성하여라.

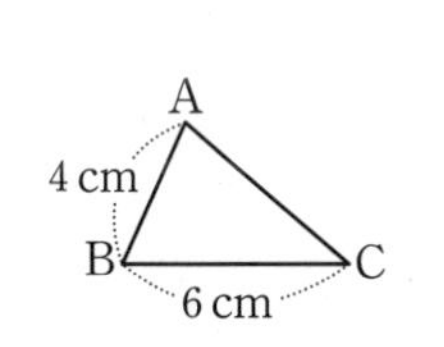

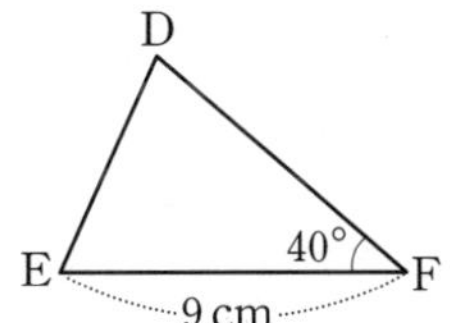


(1) 닮음비는 대응하는 변의 길이의 비이므로

$\overline{BC}:\overline{EF}=6:$ □ $=$ □ $:$ □

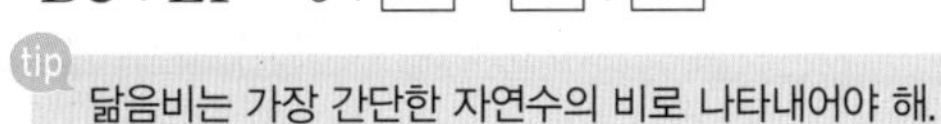


(2) $\overline{DE}$의 길이

$\overline{AB}:\overline{DE}=2:$ □이므로
$4:\overline{DE}=2:$ □ $\therefore \overline{DE}=$ □cm

(3) $\angle C$의 크기

$\angle C$에 대응하는 각은 $\angle F$이므로
$\angle C=$ □°

**2** 아래 그림에서 두 삼각뿔 A−BCD와 E−FGH는 닮은 도형이고 $\triangle ABC \backsim \triangle EFG$일 때, 다음을 완성하여라.

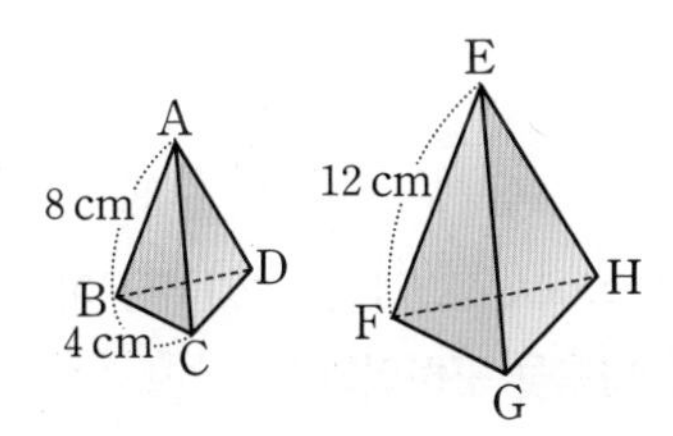


(1) 닮음비는 대응하는 모서리의 길이의 비이므로

$\overline{AB}:\overline{EF}=8:$ □ $=$ □ $:$ □

(2) 면 BCD에 대응하는 면은 면 □이다.

(3) $\overline{FG}$의 길이

$\overline{BC}:\overline{FG}=2:$ □이므로
$4:\overline{FG}=2:$ □ $\therefore \overline{FG}=$ □cm

**3** 아래 그림에서 □ABCD∽□EFGH일 때, 다음을 구하여라.

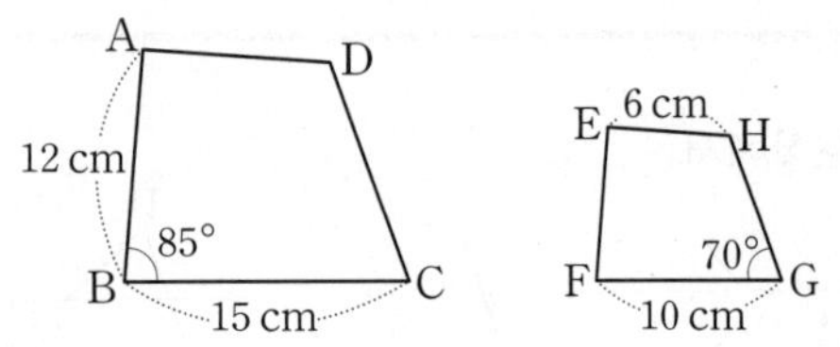


(1) 닮음비 답 ______

(2) $\overline{AD}$의 길이 답 ______ cm

(3) $\overline{EF}$의 길이 답 ______ cm

(4) ∠C의 크기 답 ______

(5) ∠F의 크기 답 ______

**4** 아래 그림에서 △ABC∽△DEF이고 닮음비가 2 : 3 일 때, 다음을 구하여라.

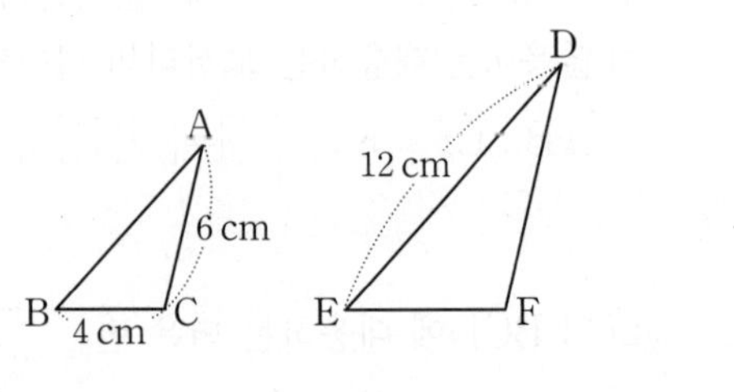


(1) $\overline{AB}$의 길이 답 ______ cm

(2) $\overline{EF}$의 길이 답 ______ cm

(3) $\overline{FD}$의 길이 답 ______ cm

(4) △ABC의 둘레의 길이 답 ______ cm

(5) △DEF의 둘레의 길이 답 ______ cm

(6) △ABC와 △DEF의 둘레의 길이의 비

답 ______

**5** 아래 그림에서 두 직육면체는 서로 닮은 도형이고 □ABCD∽□IJKL일 때, 다음을 구하여라.

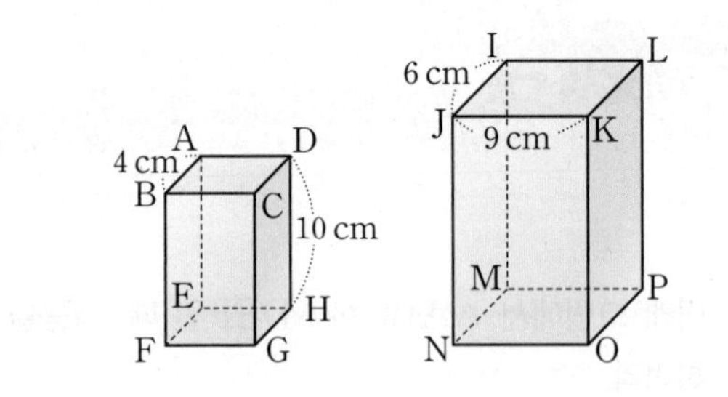


(1) 닮음비 답 ______

(2) $\overline{BC}$에 대응하는 모서리 답 ______

(3) $\overline{BC}$의 길이 답 ______ cm

(4) $\overline{LP}$에 대응하는 모서리 답 ______

(5) $\overline{LP}$의 길이 답 ______ cm

**6** 다음 두 도형 A, B가 서로 닮은 도형일 때, 닮음비를 구하여라.

tip 닮은 두 원기둥 또는 두 원뿔의 닮음비는 다음과 같아.
(닮음비)=(높이의 비)=(모선의 길이의 비)
=(밑면의 반지름의 길이의 비)
=(밑면의 둘레의 길이의 비)

(1)

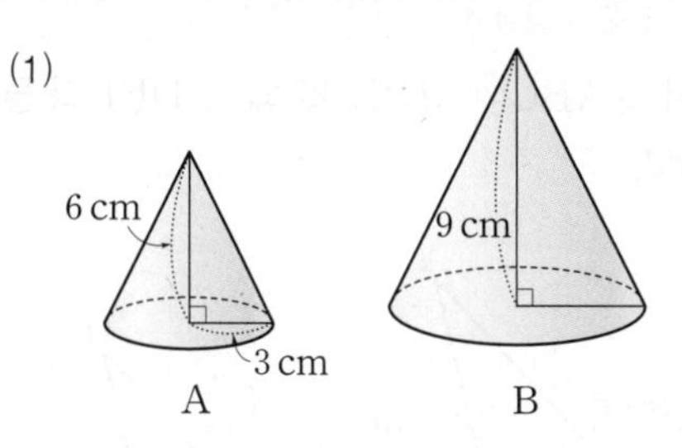


➜ 닮음비는 원뿔의 높이의 비와 같으므로
6 : ☐=☐ : ☐

(2)

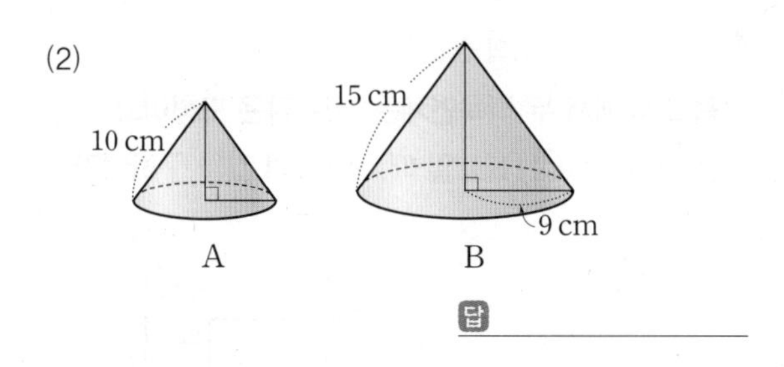


답 ____________

(3)

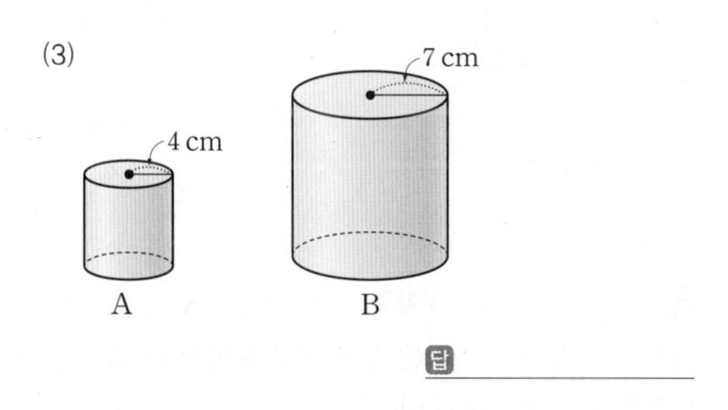


답 ____________

(4)

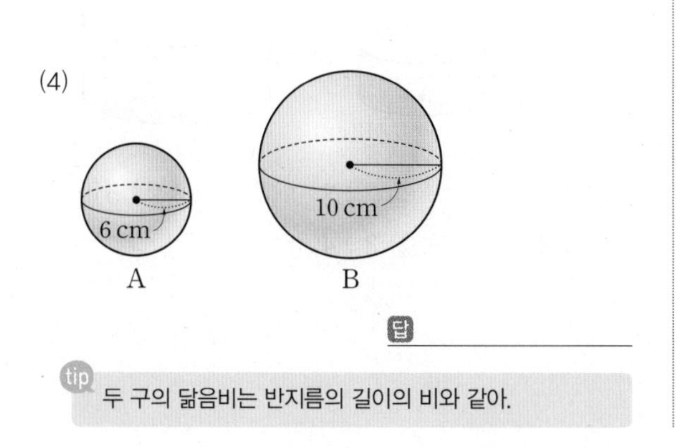


답 ____________

tip 두 구의 닮음비는 반지름의 길이의 비와 같아.

**7** 아래 그림에서 두 원기둥 A, B가 서로 닮은 도형일 때, 다음을 구하여라.

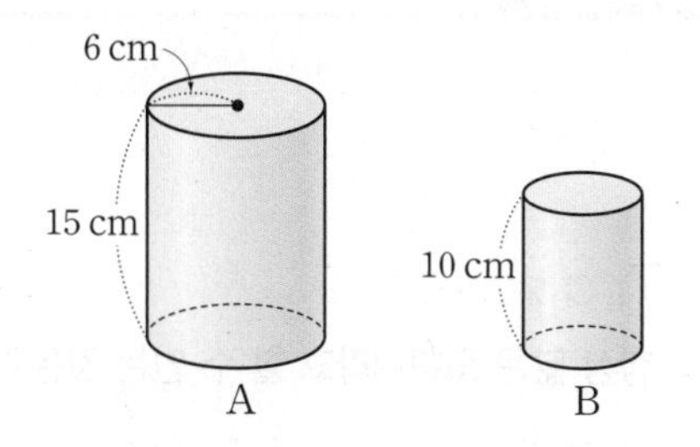


(1) 원기둥 B의 밑면의 반지름의 길이

답 ____________ cm

(2) 원기둥 A의 밑면의 둘레의 길이

답 ____________ cm

(3) 원기둥 B의 밑면의 둘레의 길이

답 ____________ cm

(4) 원기둥 A, B의 밑면의 둘레의 길이의 비

답 ____________

풍쌤의 point

**구, 원뿔, 원기둥에서의 닮음비**

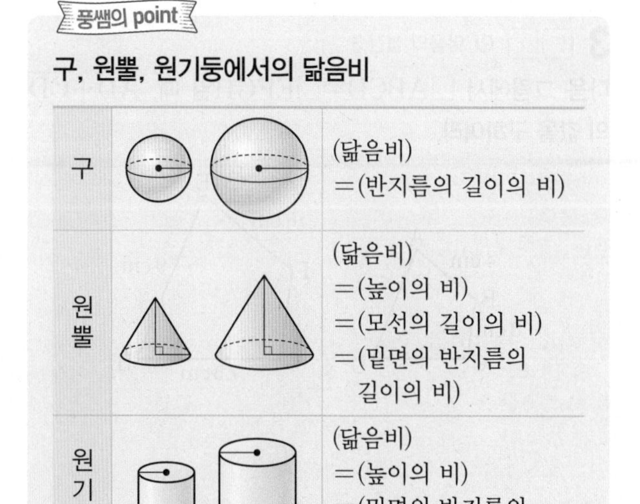

| | | |
|---|---|---|
| 구 | | (닮음비)<br>=(반지름의 길이의 비) |
| 원뿔 | | (닮음비)<br>=(높이의 비)<br>=(모선의 길이의 비)<br>=(밑면의 반지름의 길이의 비) |
| 원기둥 | | (닮음비)<br>=(높이의 비)<br>=(밑면의 반지름의 길이의 비) |

정답과 해설 17쪽

# 01-02 · 스스로 점검 문제

맞힌 개수 개 / 6개

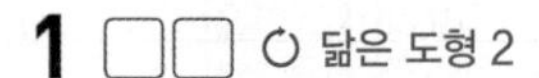

▶학습 날짜 월 일 ▶걸린 시간 분 / 목표 시간 15분

**1** ☐☐ 닮은 도형 2

**다음 중 항상 닮은 도형이라고 할 수 없는 것은?**

① 두 정삼각형 ② 두 원
③ 두 이등변삼각형 ④ 두 정사각형
⑤ 두 정오각형

**2** ☐☐ 닮음의 성질 1, 4

**다음 그림에서 $\triangle ABC \backsim \triangle DEF$일 때, $\triangle ABC$와 $\triangle DEF$의 닮음비는?**

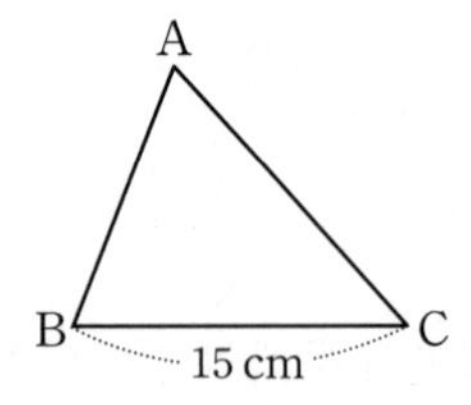


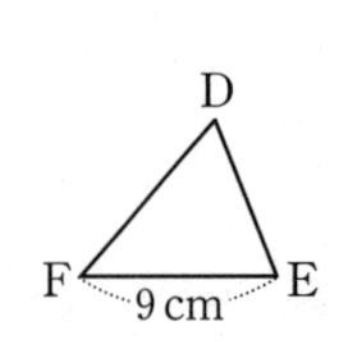


① 2 : 1 ② 3 : 1 ③ 3 : 2
④ 4 : 3 ⑤ 5 : 3

**3** ☐☐ 닮음의 성질 3

**다음 그림에서 $\square ABCD \backsim \square EFGH$일 때, $\overline{AD}+\overline{CD}$의 값을 구하여라.**

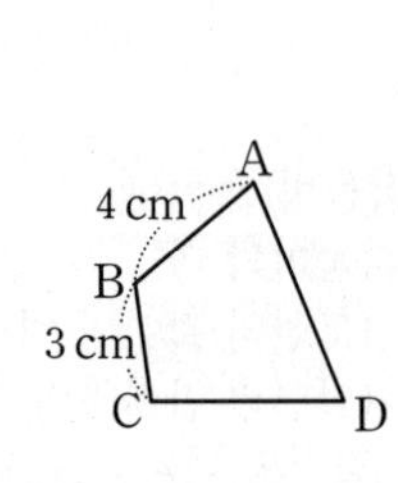


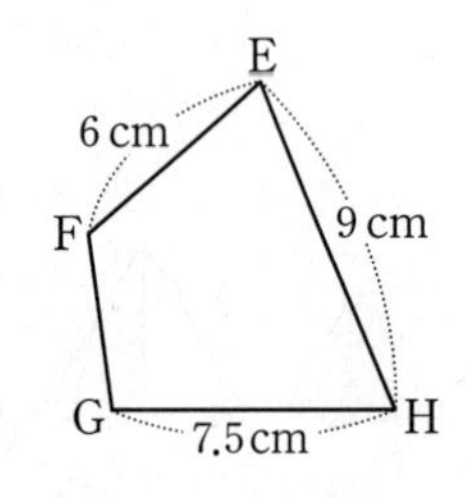


**4** ☐☐ 닮음의 성질 4

**다음 그림에서 $\triangle ABC \backsim \triangle DEF$일 때, $\triangle DEF$의 둘레의 길이를 구하여라.**

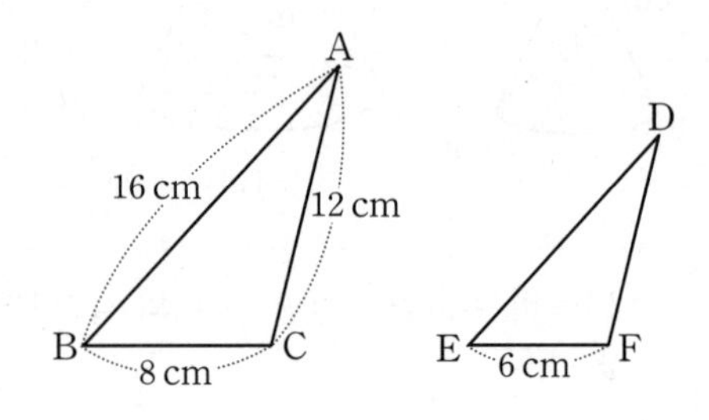


**5** ☐☐ 닮음의 성질 5

**다음 그림에서 두 직육면체는 서로 닮은 도형이고 $\square ABCD \backsim \square IJKL$일 때, $x+y$의 값을 구하여라.**

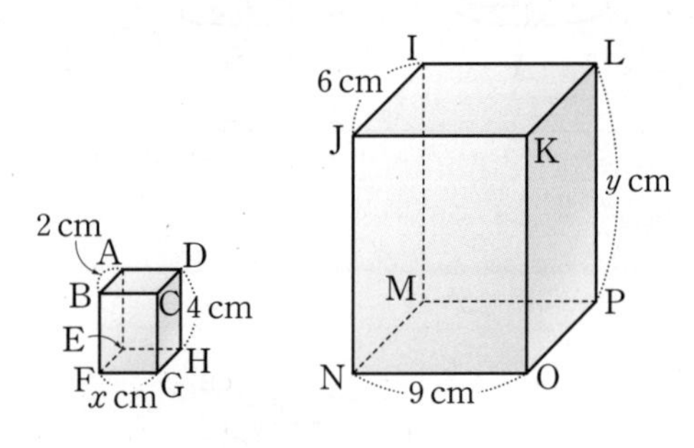


**6** ☐☐ 닮음의 성질 7

**다음 그림의 두 원기둥은 서로 닮은 도형일 때, 두 원기둥의 밑면의 둘레의 길이의 비는?**

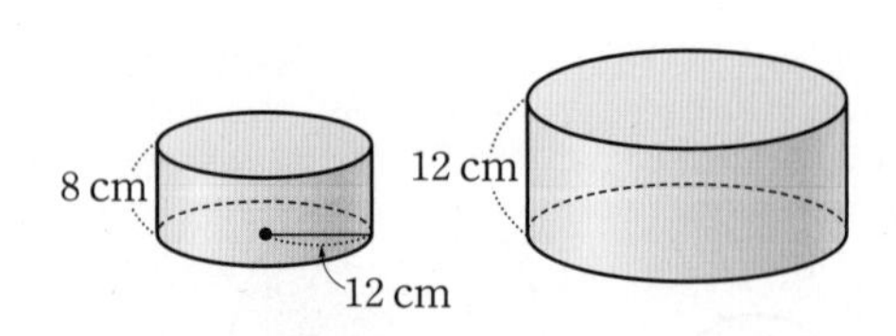


① 1 : 2 ② 2 : 3 ③ 2 : 5
④ 3 : 2 ⑤ 3 : 4

# 03 삼각형의 닮음 조건

**핵심개념** 두 삼각형 ABC와 A′B′C′은 다음 조건 중 어느 하나를 만족시키면 서로 닮은 도형이다.

**1. SSS 닮음:** 세 쌍의 대응하는 변의 길이의 비가 같다.
➜ $a : a' = b : b' = c : c'$

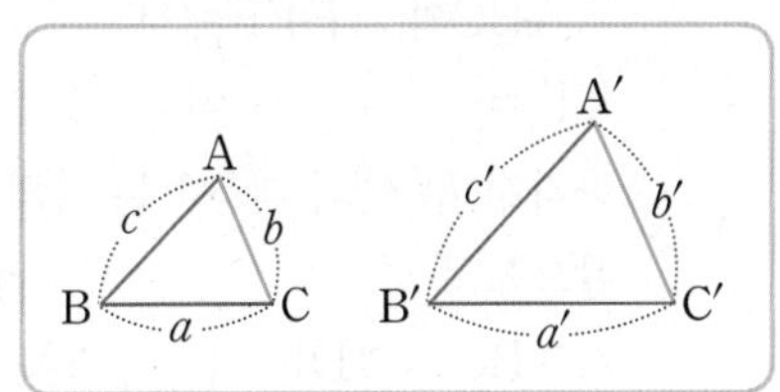


**2. SAS 닮음:** 두 쌍의 대응하는 변의 길이의 비가 같고 그 끼인각의 크기가 같다.
➜ $a : a' = c : c'$, $\angle B = \angle B'$

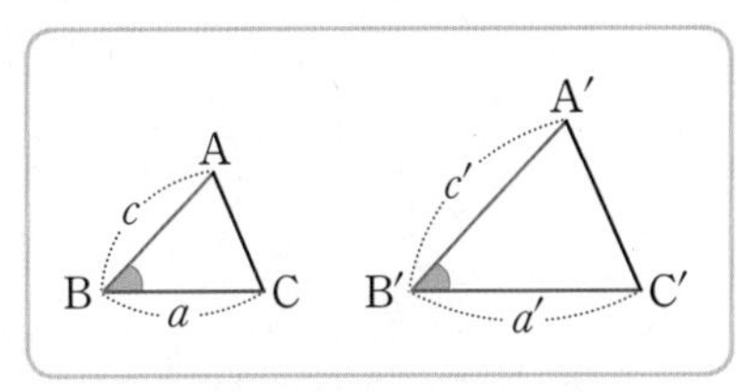


**3. AA 닮음:** 두 쌍의 대응하는 각의 크기가 각각 같다.
➜ $\angle B = \angle B'$, $\angle C = \angle C'$

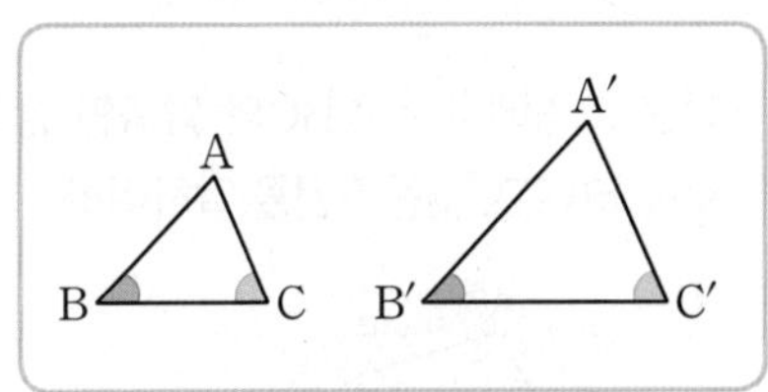


**참고** 삼각형의 합동 조건
① 두 삼각형에서 대응하는 세 변의 길이가 각각 같다.(SSS 합동)
② 두 삼각형에서 대응하는 두 변의 길이가 각각 같고 그 끼인각의 크기가 같다.(SAS 합동)
③ 두 삼각형에서 대응하는 한 변의 길이가 같고 그 양 끝 각의 크기가 각각 같다.(ASA 합동)

▶학습 날짜 월 일 ▶걸린 시간 분 / 목표 시간 15분

정답과 해설 17~18쪽

**1** 아래 그림의 두 삼각형이 닮음일 때, 다음을 완성하여라.

(1)

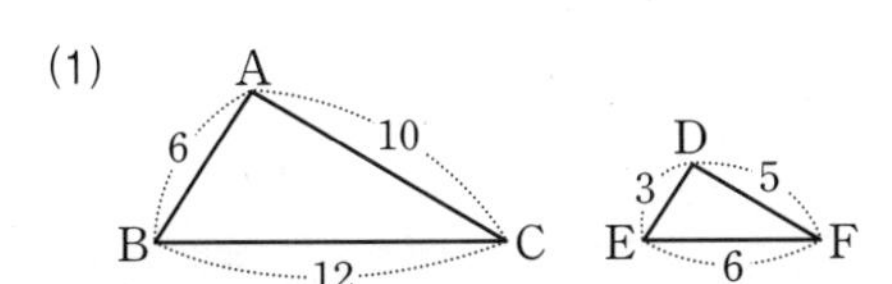


$\triangle ABC$와 $\triangle DEF$에서
$\overline{AB} : \overline{DE} = 6 : 3$
$= \square : \square$
$\overline{BC} : \overline{EF} = 12 : \square$
$= \square : \square$
$\overline{CA} : \overline{FD} = 10 : \square$
$= \square : \square$
따라서 세 쌍의 대응하는 변의 길이의 비가 같으므로
$\triangle ABC \backsim \triangle DEF$( $\square$ 닮음)

(2)

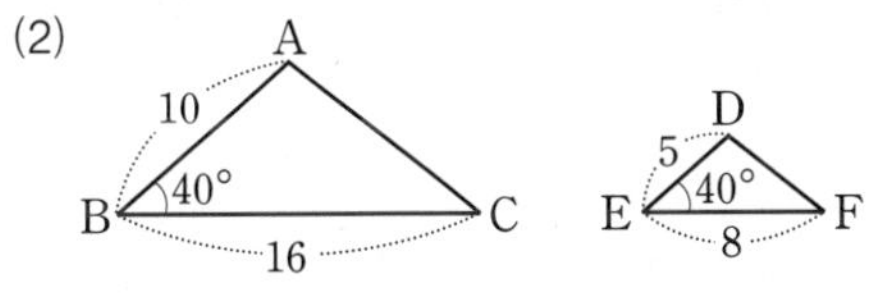


$\triangle ABC$와 $\triangle DEF$에서
$\angle B = \angle E = \square°$
$\overline{AB} : \overline{DE} = 10 : 5$
$= \square : \square$
$\overline{BC} : \overline{EF} = 16 : \square$
$= \square : \square$
따라서 두 쌍의 대응하는 변의 길이의 비가 같고 그 끼인각의 크기가 같으므로
$\triangle ABC \backsim \triangle DEF$( $\square$ 닮음)

(3)

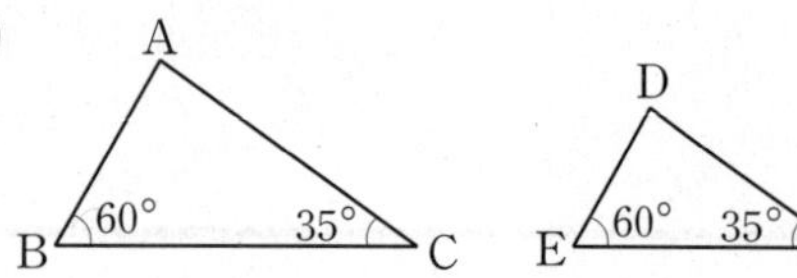


$\triangle$ABC와 $\triangle$DEF에서
$\angle B = \square$, $\angle C = \square$
따라서 두 쌍의 대응하는 각의 크기가 각각 같으므로
$\triangle ABC \backsim \triangle DEF$( $\square$ 닮음)

**2** 다음 그림에서 $\triangle$ABC와 닮음인 삼각형을 찾아 기호로 나타내고, 닮음조건을 말하여라.

(1)

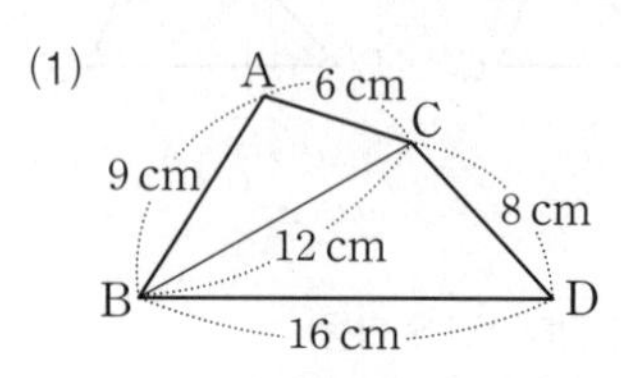


$\triangle$ABC와 $\triangle$CBD에서
$\overline{AB} : \overline{CB} = 9 : 12 = 3 : \square$
$\overline{BC} : \overline{BD} = 12 : \square = 3 : \square$
$\overline{CA} : \square = 6 : \square = \square : \square$
$\therefore$ $\triangle ABC \backsim \square$ ( $\square$ 닮음)

(2)

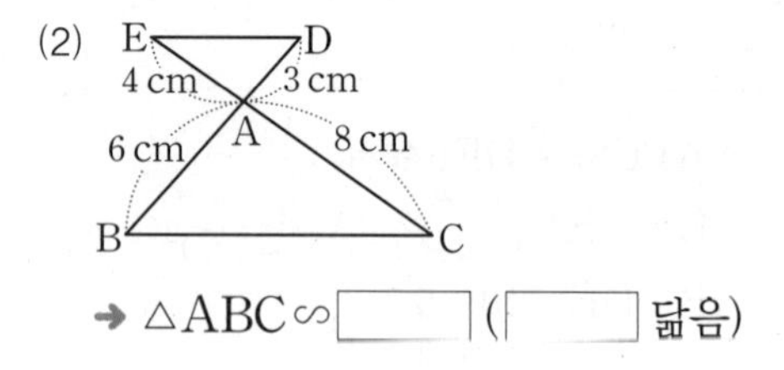


➜ $\triangle ABC \backsim \square$ ( $\square$ 닮음)

(3)

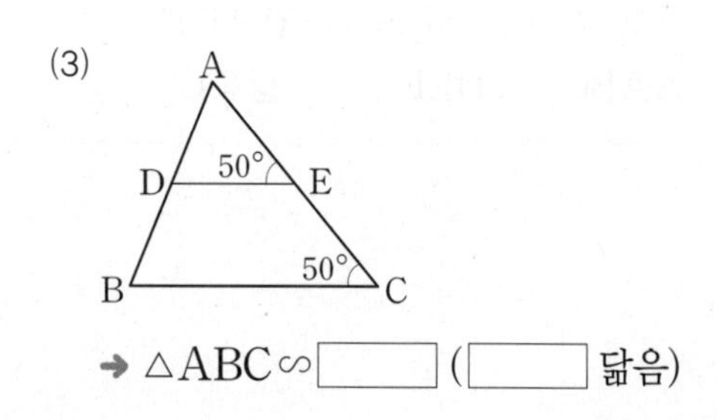


➜ $\triangle ABC \backsim \square$ ( $\square$ 닮음)

**3** 다음 조건이 주어질 때, 아래 그림에서 $\triangle ABC \backsim \triangle DEF$가 되는 것에는 ○표, 되지 않는 것에는 ×표를 하여라.

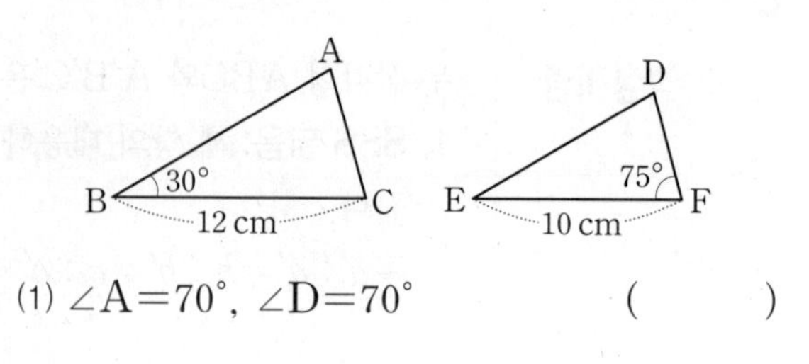


(1) $\angle A = 70°$, $\angle D = 70°$ (　　)

(2) $\angle C = 75°$, $\angle D = 75°$ (　　)

(3) $\angle C = 70°$, $\overline{DE} = 12$ cm (　　)

(4) $\overline{AB} = 18$ cm, $\overline{DE} = 15$ cm (　　)

(5) $\angle E = 30°$, $\overline{AB} = 12$ cm, $\overline{DE} = 10$ cm (　　)

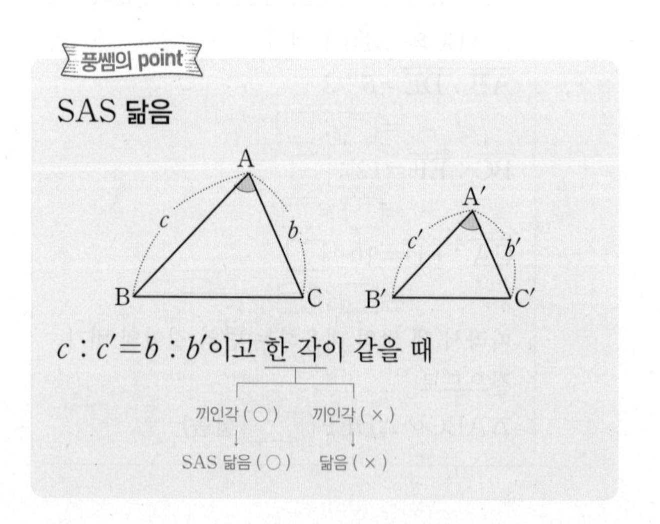

# 04 SAS 닮음의 이용

**핵심개념**

**삼각형의 닮음을 이용하여 변의 길이 구하기(SAS 닮음 이용)**

❶ 공통인 각을 기준으로 삼각형 2개를 찾는다.

❷ 대응하는 꼭짓점의 순서로 대응하는 변끼리 평행하게 되도록 두 삼각형을 그려 변의 길이를 구한다.

예

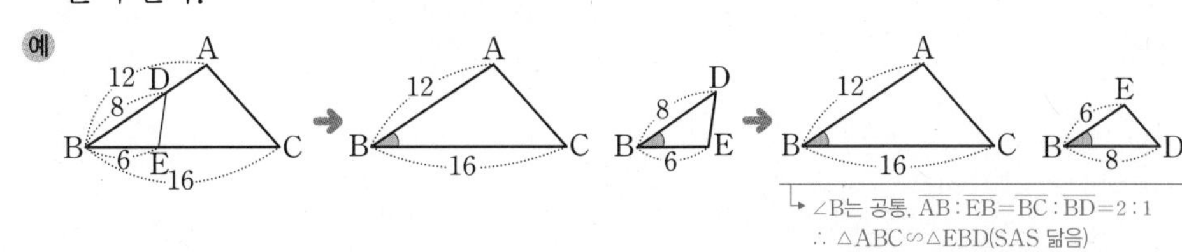

▶학습 날짜 월 일 ▶걸린 시간 분 / 목표 시간 15분

정답과 해설 18~19쪽

**1** 오른쪽 그림에 대하여 다음 물음에 답하여라.

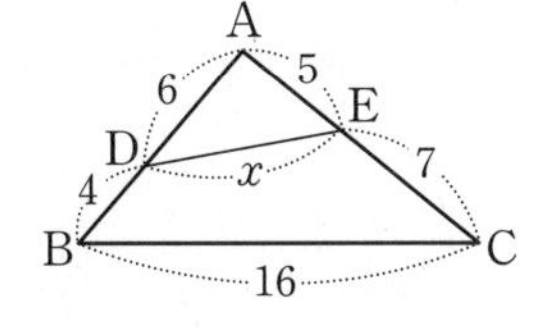


(1) 대응하는 꼭짓점의 순서로 대응하는 변끼리 평행하게 되도록 두 삼각형을 그려라.

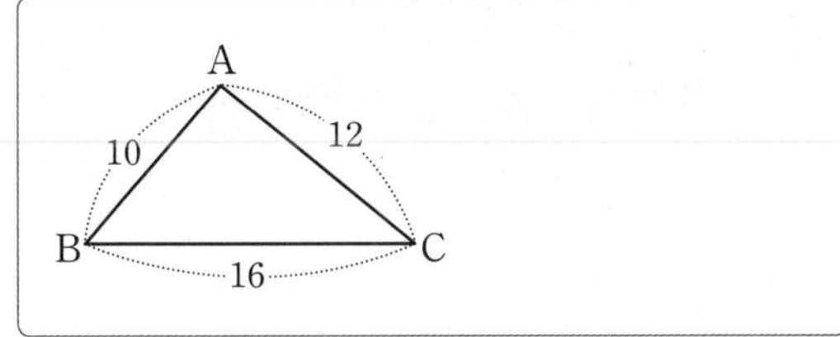


(2) (1)에서 그린 두 삼각형이 닮음임을 보여라.

△ABC와 △AED에서
∠A는 공통,
$\overline{AB}$ : $\overline{AE}$=10 : 5=☐ : 1,
$\overline{AC}$ : ☐=12 : ☐=☐ : ☐
∴ △ABC∽△AED(☐ 닮음)

(3) $x$의 값을 구하여라. 답 ______

**2** 오른쪽 그림에 대하여 다음 물음에 답하여라.

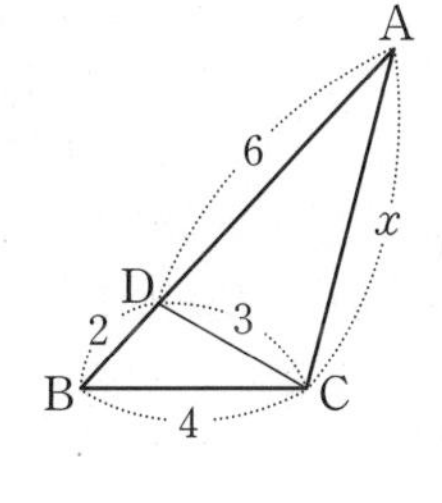


(1) 대응하는 꼭짓점의 순서로 대응하는 변끼리 평행하게 되도록 두 삼각형을 그려라.

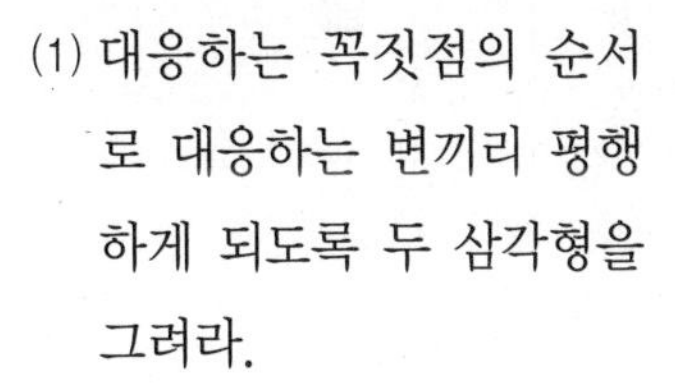

(2) (1)에서 그린 두 삼각형이 닮음임을 보여라.

△ABC와 ☐에서
∠B는 공통,
$\overline{AB}$ : $\overline{CB}$=8 : 4=2 : 1,
$\overline{BC}$ : ☐=4 : ☐=☐ : ☐
∴ △ABC∽☐(☐ 닮음)

(3) $x$의 값을 구하여라. 답 ______

## 3 다음 그림에서 $x$의 값을 구하여라.

(1)

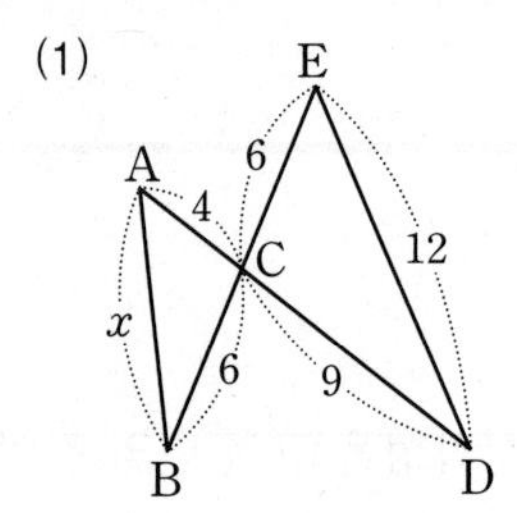

답 

(2)

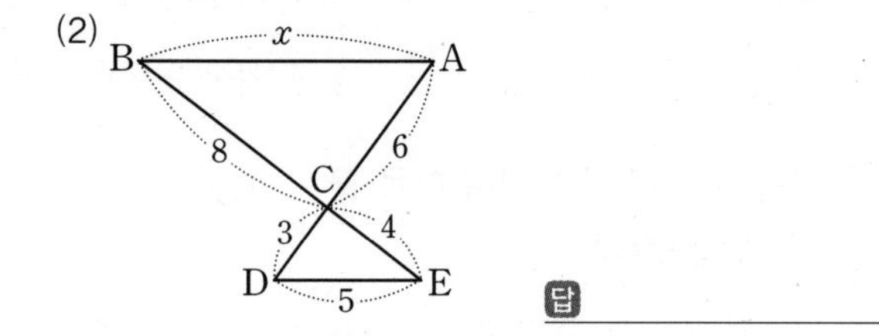


답 

(3)

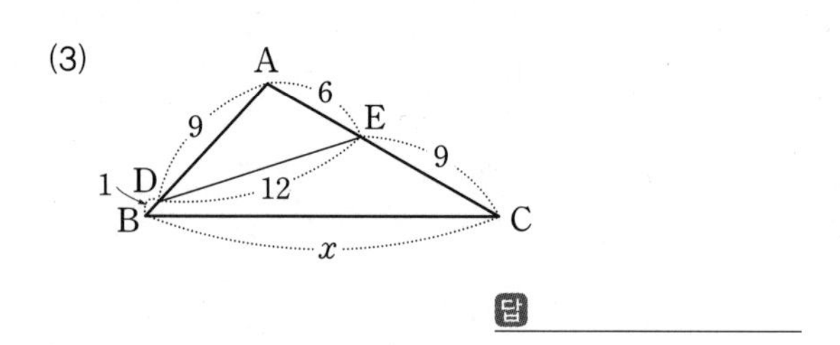


답 

(4)

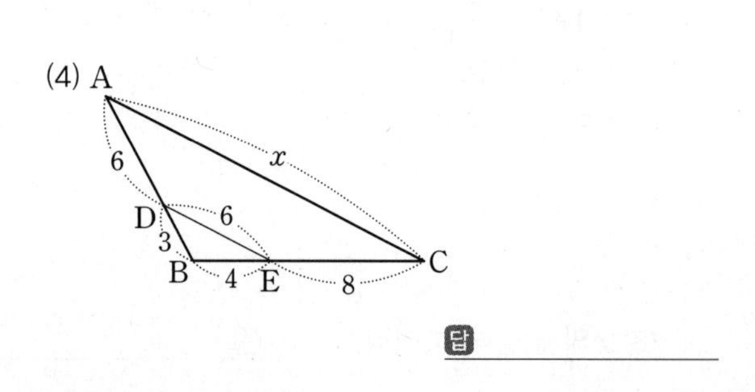


답 

(5)

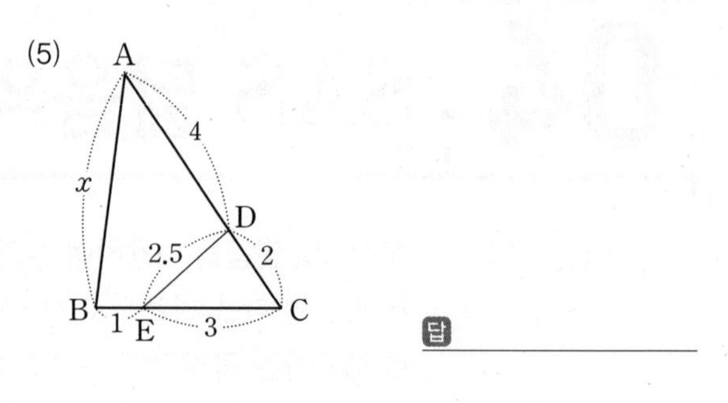


답 

(6)

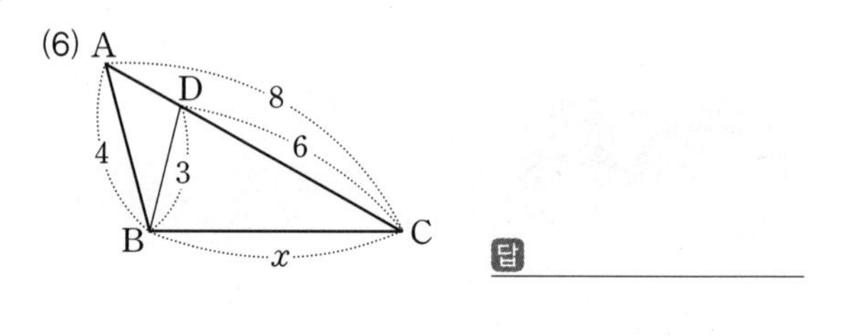


답 

(7)

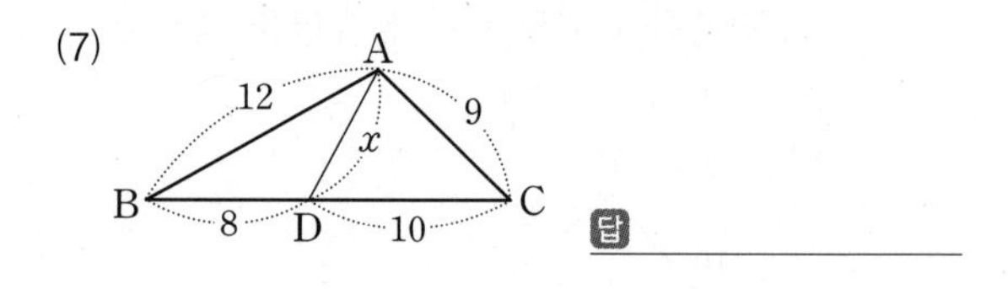


답 

풍쌤의 point

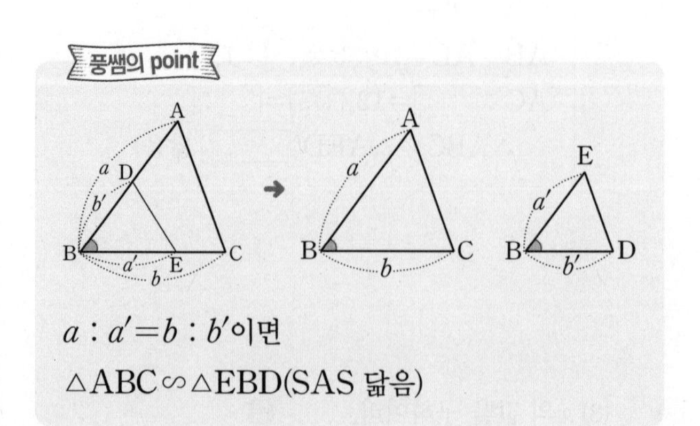


$a : a' = b : b'$이면

$\triangle ABC \backsim \triangle EBD$(SAS 닮음)

# 05 AA 닮음의 이용

**핵심개념**

**삼각형의 닮음을 이용하여 변의 길이 구하기(AA 닮음 이용)**

❶ 공통인 각을 기준으로 삼각형 2개를 찾는다.

❷ 대응하는 꼭짓점의 순서가 대응하는 변끼리 평행하게 되도록 두 삼각형을 그려 변의 길이를 구한다.

예

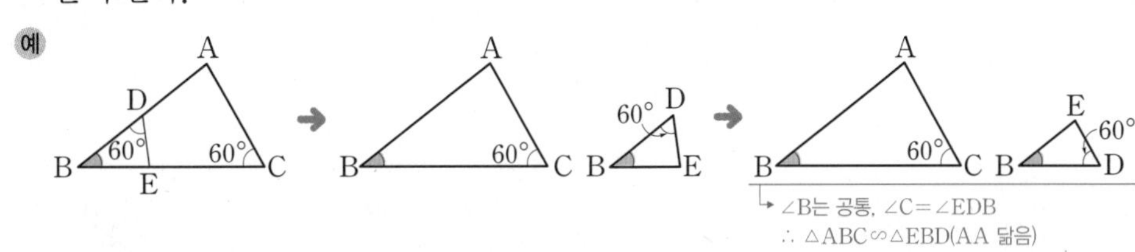

▶학습 날짜 월 일 ▶걸린 시간 분 / 목표 시간 15분

정답과 해설 19~20쪽

**1** 오른쪽 그림에 대하여 다음 물음에 답하여라.

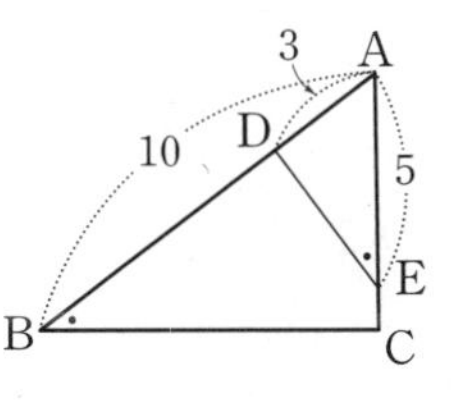


(1) 대응하는 꼭짓점끼리 같은 순서가 되도록 두 삼각형을 그려라.

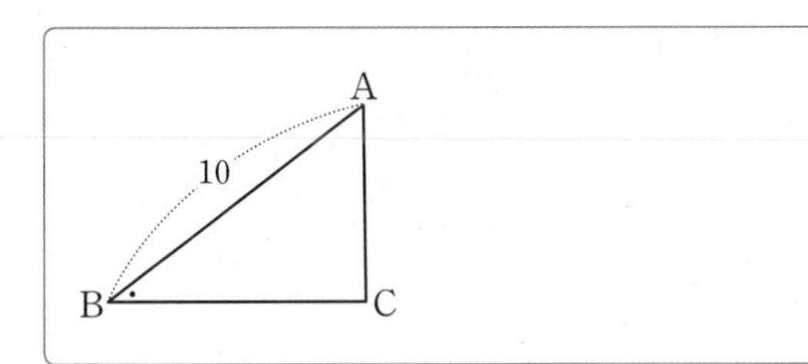


(2) (1)에서 그린 두 삼각형이 닮음임을 보여라.

△ABC와 △AED에서
☐는 공통, ∠ABC=☐
∴ △ABC∽△AED(☐ 닮음)

(3) (2)에서 보인 닮은 도형의 닮음비를 가장 간단한 자연수의 비로 나타내어라.

답 ______

**2** 오른쪽 그림에 대하여 다음 물음에 답하여라.

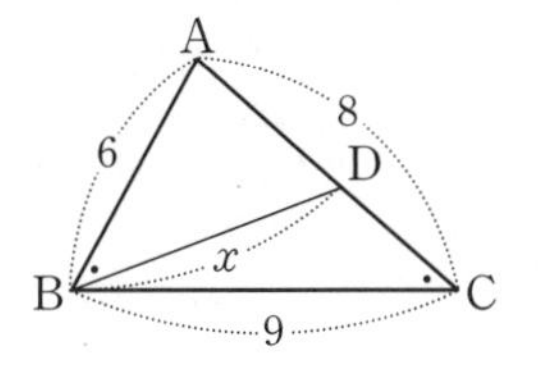


(1) 대응하는 꼭짓점끼리 같은 순서가 되도록 두 삼각형을 그려라.

(2) (1)에서 그린 두 삼각형이 닮음임을 보여라.

△ABC와 ☐에서
∠A는 공통, ∠ACB=☐
∴ △ABC∽☐(☐ 닮음)

(3) $x$의 값을 구하여라.

답 ______

**3** 다음 그림에서 $x$의 값을 구하여라.

(1)

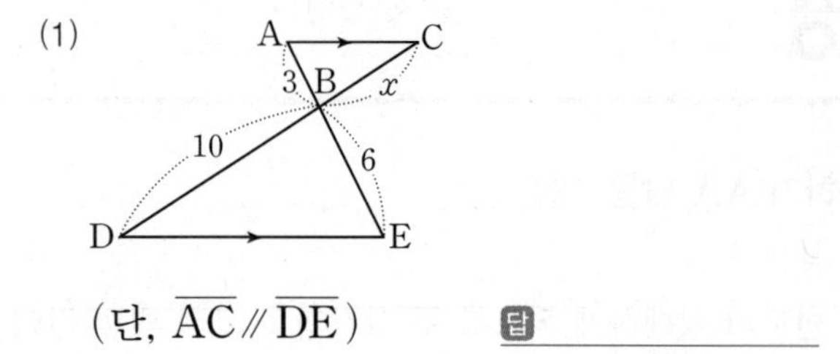


(단, $\overline{AC} /\!/ \overline{DE}$)

답

(2)

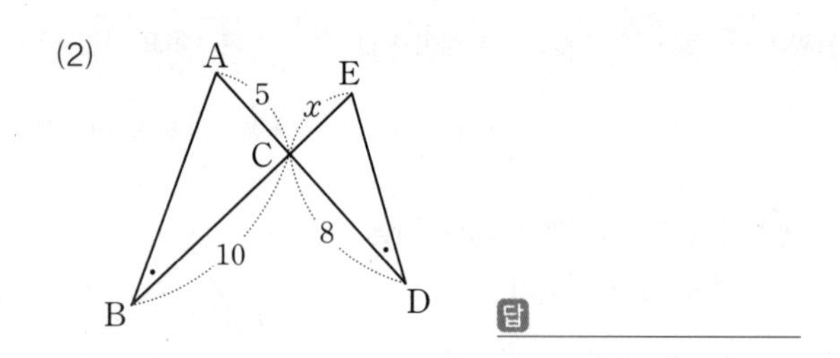


답

(3)

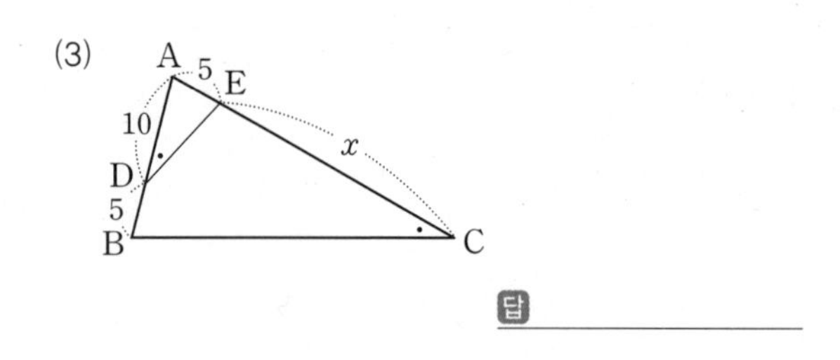


답

(4)

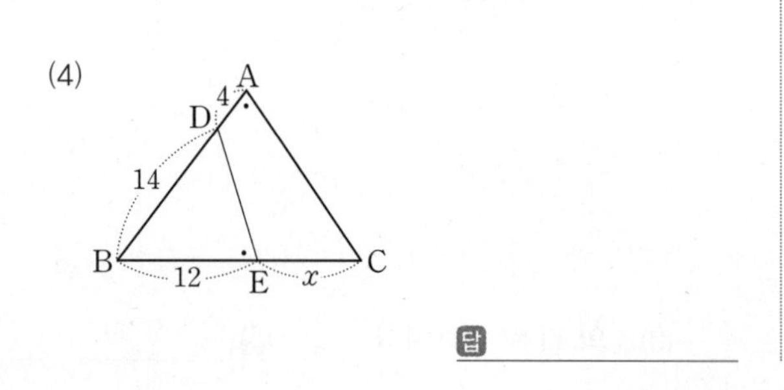


답

(5)

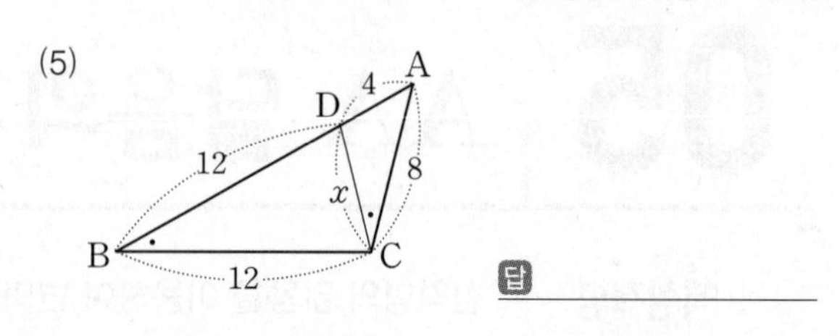


답

(6)

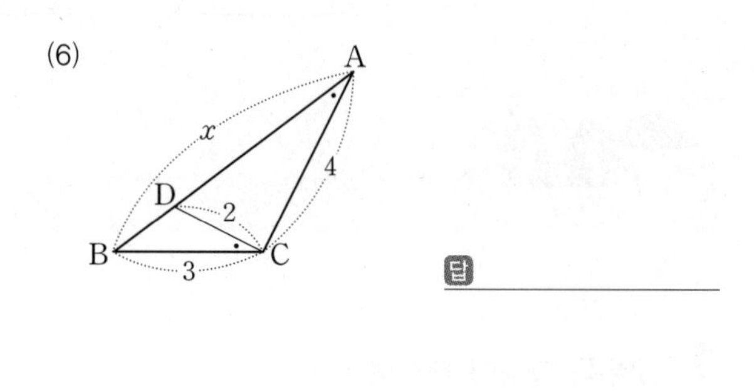


답

(7)

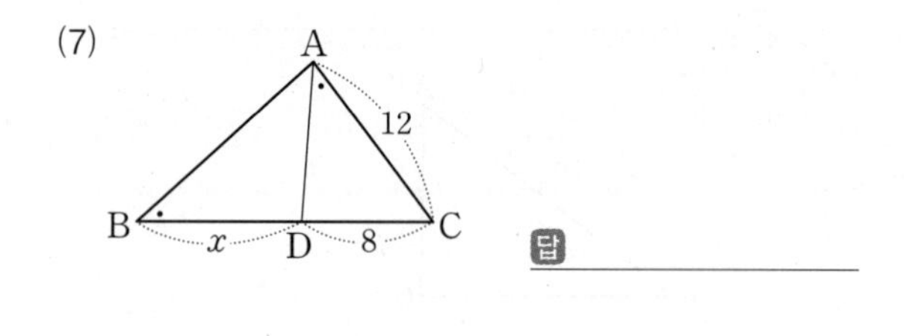


답

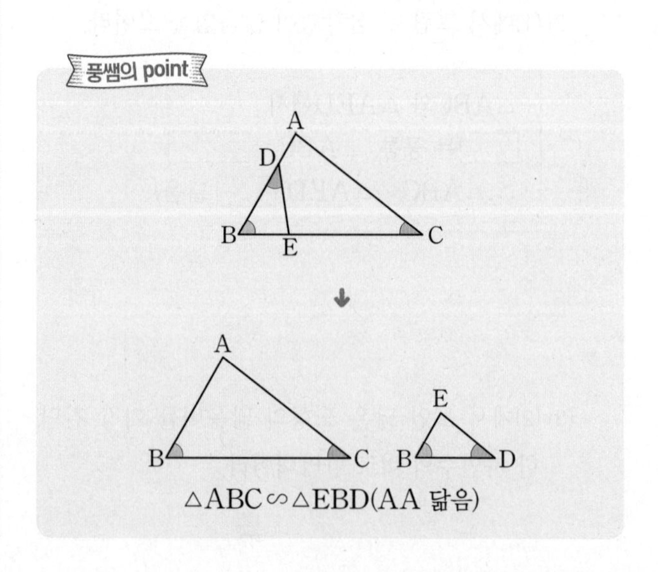

정답과 해설 20~21쪽

# 03-05 · 스스로 점검 문제

맞힌 개수 개 / 7개

▶학습 날짜 월 일 ▶걸린 시간 분 / 목표 시간 15분

**1** □□ 삼각형의 닮음 조건 1

다음 중 〈보기〉의 삼각형과 닮은 도형인 것은?

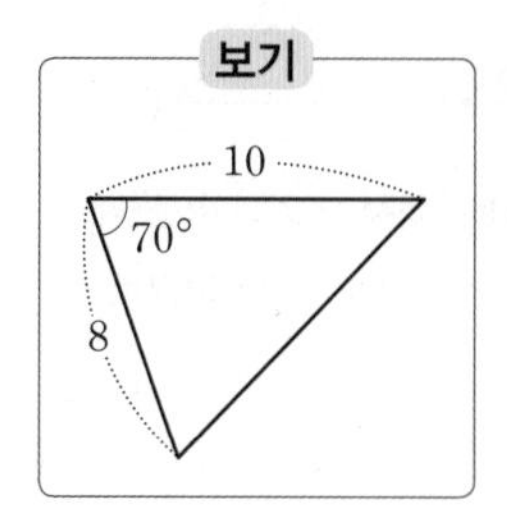


①
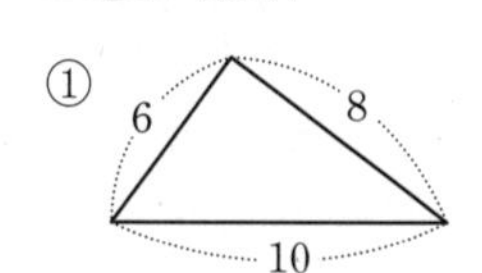


②
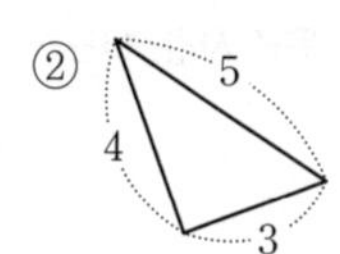


③
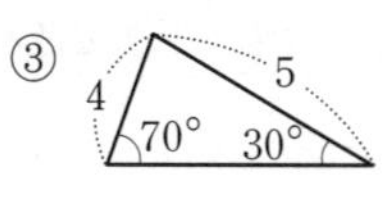


④
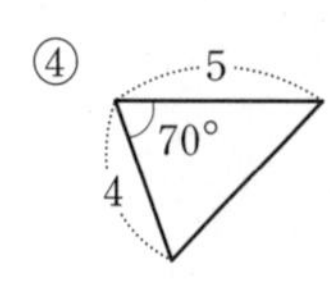


⑤
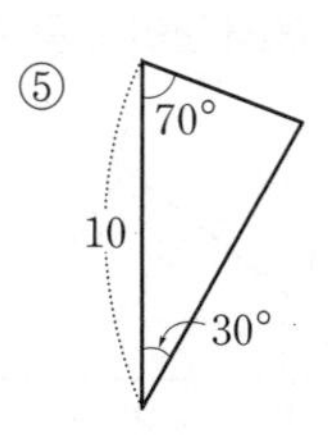


**2** □□ 삼각형의 닮음 조건 2

오른쪽 그림에서 $\overline{AB} /\!/ \overline{CD}$, $\overline{AE} /\!/ \overline{BD}$일 때, 서로 닮은 삼각형을 찾아 기호로 나타내고, 닮음조건을 말하여라.

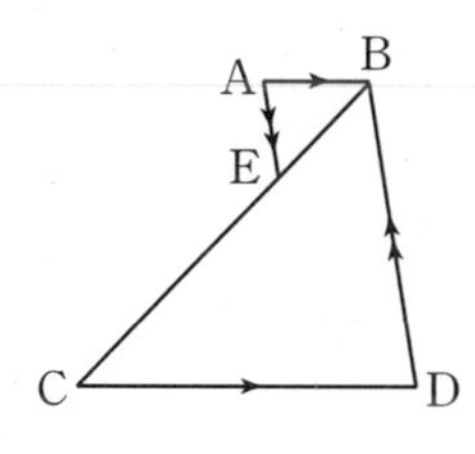


**3** □□ 삼각형의 닮음 조건 3

오른쪽 그림의 $\triangle ABC$와 $\triangle DFE$가 닮은 도형이 되려면 다음 중 어느 조건이 필요한가?

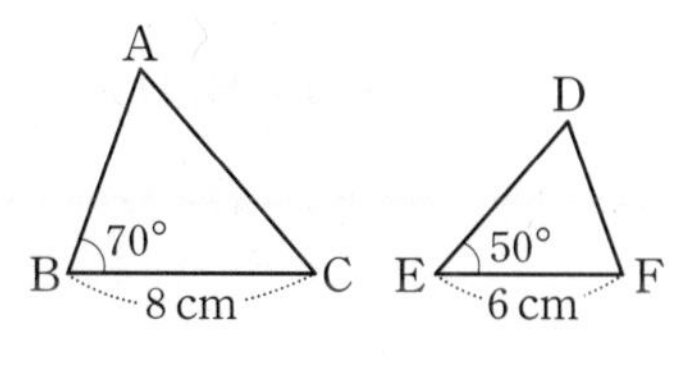


① $\overline{AC}=16\text{ cm}$, $\overline{DF}=12\text{ cm}$
② $\overline{AB}=12\text{ cm}$, $\overline{DF}=8\text{ cm}$
③ $\angle C=60°$, $\overline{DF}=9\text{ cm}$
④ $\angle A=60°$, $\angle D=60°$
⑤ $\angle C=50°$, $\angle D=50°$

**4** □□ SAS 닮음의 이용 2, 3

다음 그림에서 $\overline{AB}$의 길이를 구하여라.

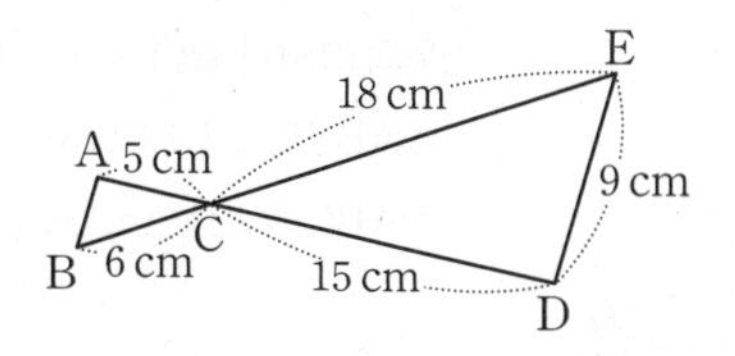


**5** □□ SAS 닮음의 이용 2, 3

오른쪽 그림과 같은 $\triangle ABC$에서 $\overline{AC}$의 길이는?

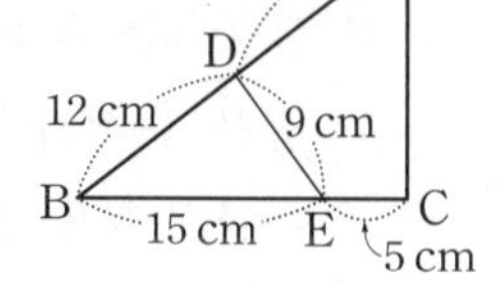


① 6 cm ② 9 cm
③ 12 cm ④ 15 cm
⑤ 18 cm

**6** □□ AA 닮음의 이용 2, 3

오른쪽 그림과 같은 $\triangle ABC$에서 $\overline{AB} /\!/ \overline{DE}$일 때, $x+y$의 값을 구하여라.

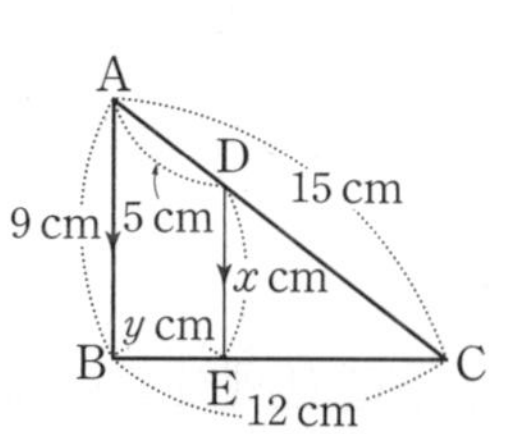


**7** □□ AA 닮음의 이용 2, 3

오른쪽 그림과 같은 $\triangle ABC$에서 $\angle C=\angle BAD$일 때, $\overline{CD}$의 길이는?

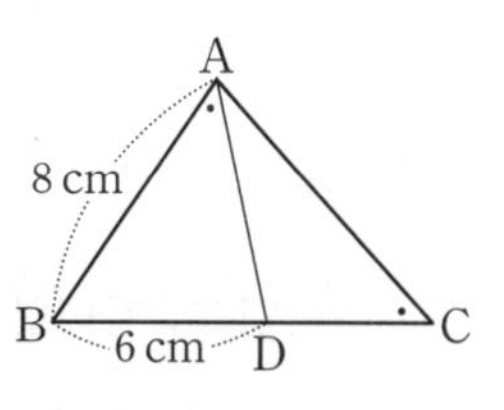


① 5 cm ② $\frac{14}{3}$ cm
③ 4 cm ④ $\frac{10}{3}$ cm ⑤ 3 cm

# 06 직각삼각형의 닮음

**핵심개념** 두 직각삼각형에서 한 예각의 크기가 같으면 이 두 직각삼각형은 닮음이다.

예
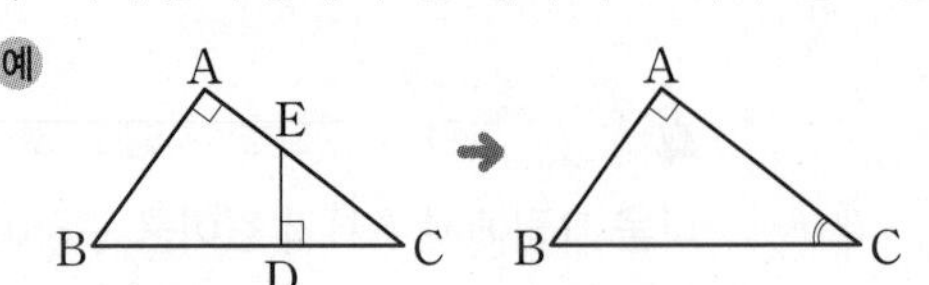


위의 그림과 같이 $\angle A=90°$인 직각삼각형 ABC에서 $\overline{BC}\perp\overline{DE}$일 때,
$\triangle ABC$와 $\triangle DEC$에서 $\angle C$는 공통, $\angle BAC=\angle EDC=90°$이므로
$\triangle ABC \backsim \triangle DEC$(AA 닮음)

▶학습 날짜 월 일 ▶걸린 시간 분 / 목표 시간 15분

**1** 오른쪽 그림에 대하여 다음 물음에 답하여라.

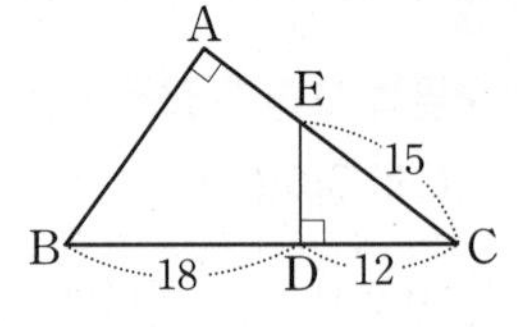


(1) 대응하는 꼭짓점끼리 같은 순서가 되도록 두 삼각형을 그려라.

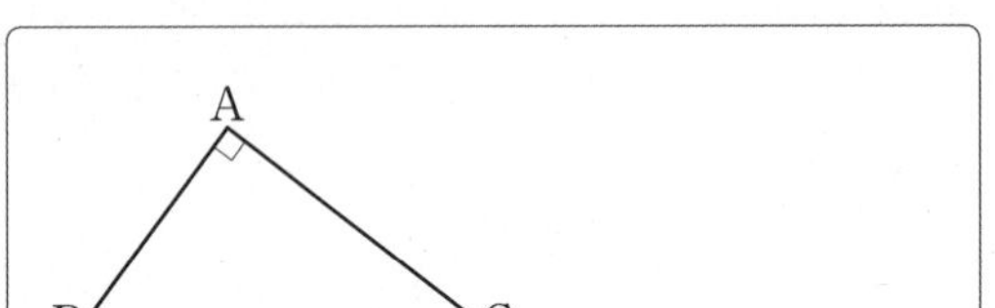
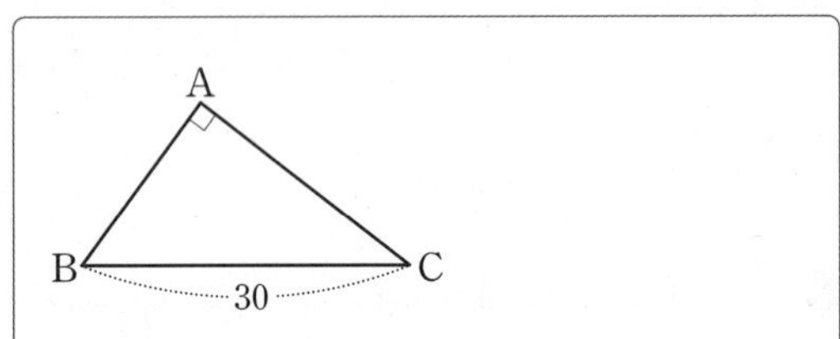


(2) (1)에서 그린 두 삼각형이 닮음임을 보여라.

$\triangle ABC$와 ☐에서
☐는 공통, $\angle BAC=$ ☐ $=90°$
$\therefore \triangle ABC \backsim$ ☐(☐ 닮음)

(3) $\overline{AE}$의 길이를 구하여라.

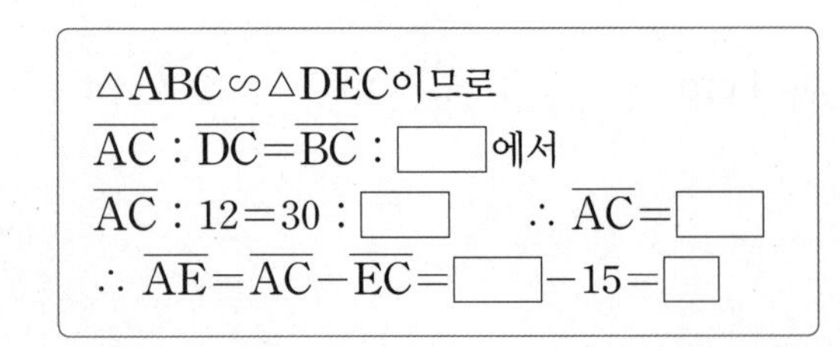
$\triangle ABC \backsim \triangle DEC$이므로
$\overline{AC}:\overline{DC}=\overline{BC}:$ ☐에서
$\overline{AC}:12=30:$ ☐ $\therefore \overline{AC}=$ ☐
$\therefore \overline{AE}=\overline{AC}-\overline{EC}=$ ☐ $-15=$ ☐

**2** 다음 그림에서 $x$의 값을 구하여라.

(1)

답 ____________

(2)

(단, $\overline{AD}=\overline{BD}$)

답 ____________

(3)

답 ____________

## 3 다음 그림에서 $x$의 값을 구하여라.

(1)

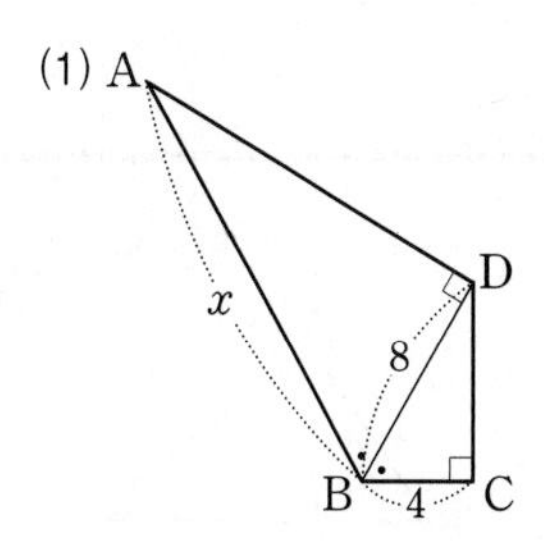


답

(2)

답

(3)

답

(4)

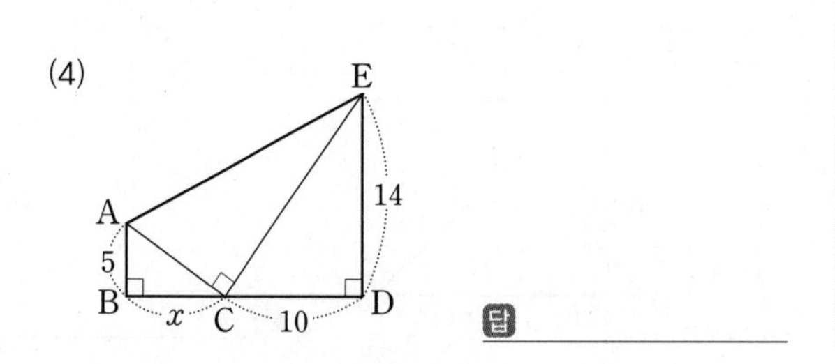


답

## 4 아래 그림에 대하여 다음 물음에 답하여라.

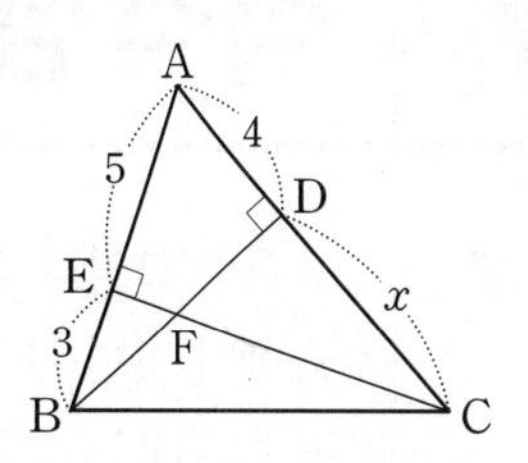


(1) 다음 삼각형 중 △ABD와 닮음인 것에는 ○표, 닮음이 아닌 것에는 ×표를 하여라.

① △ACE ( )

② △CBD ( )

③ △FBE ( )

④ △FCD ( )

(2) $x$의 값을 구하여라. 답

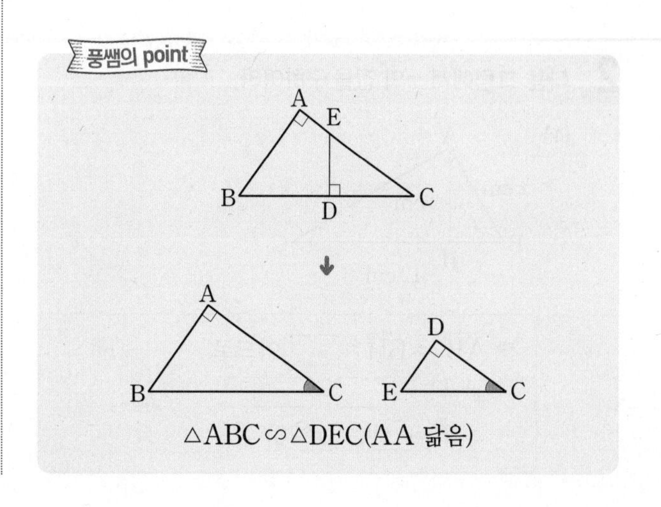

# 07 직각삼각형의 닮음의 활용

**핵심개념**

오른쪽 그림과 같이 ∠A=90°인 직각삼각형 ABC의 꼭짓점 A에서 빗변 BC에 내린 수선의 발을 H라 하면

➜ △ABC∽△HBA∽△HAC (AA 닮음)

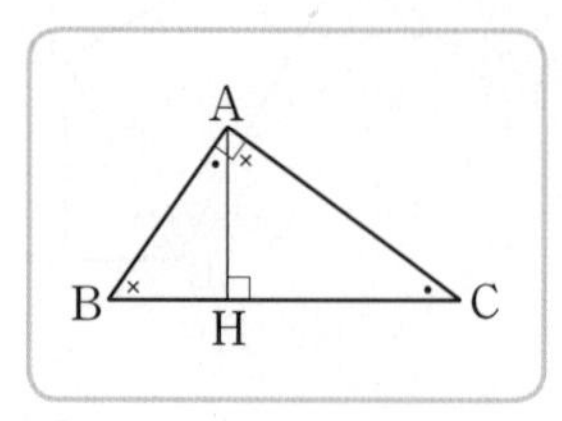


1. △ABC∽△HBA이므로 $\overline{AB}:\overline{HB}=\overline{BC}:\overline{BA}$
   ∴ $\overline{AB}^2=\overline{BH}\times\overline{BC}$

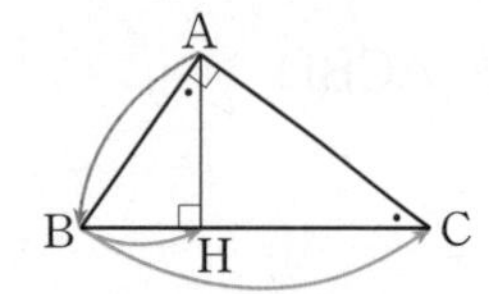


2. △ABC∽△HAC이므로 $\overline{BC}:\overline{AC}=\overline{AC}:\overline{HC}$
   ∴ $\overline{AC}^2=\overline{CH}\times\overline{CB}$

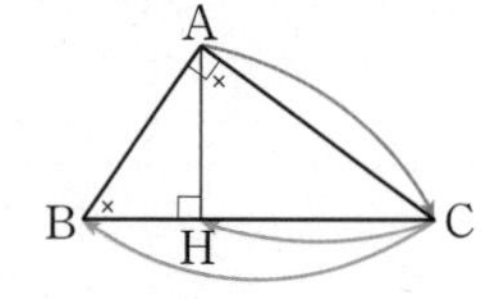


3. △HBA∽△HAC이므로 $\overline{BH}:\overline{AH}=\overline{AH}:\overline{CH}$
   ∴ $\overline{AH}^2=\overline{HB}\times\overline{HC}$

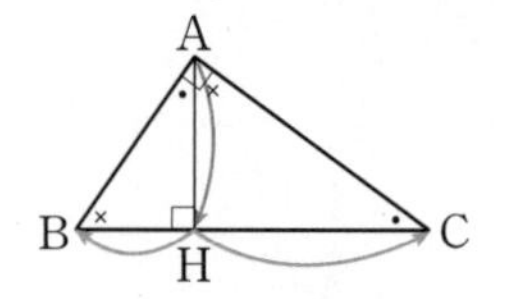


▶학습 날짜 월 일 ▶걸린 시간 분 / 목표 시간 15분

**1** 오른쪽 그림과 같이 ∠A=90°인 직각삼각형 ABC에서 $\overline{AH}\perp\overline{BC}$일 때, 다음을 완성하여라.

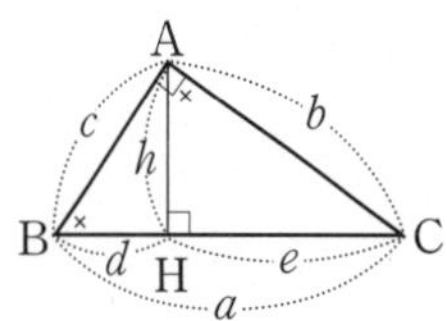


(1) △ABC∽△HBA이므로
$c^2=$☐

(2) △ABC∽△HAC이므로
$b^2=$☐

(3) △HBA∽△HAC이므로
$h^2=$☐

**2** 다음 그림에서 $x$의 값을 구하여라.

(1)

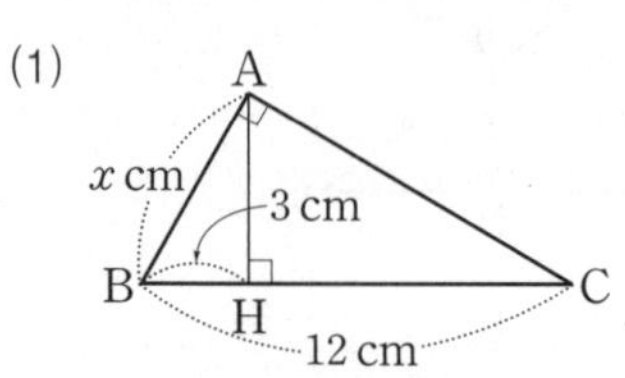


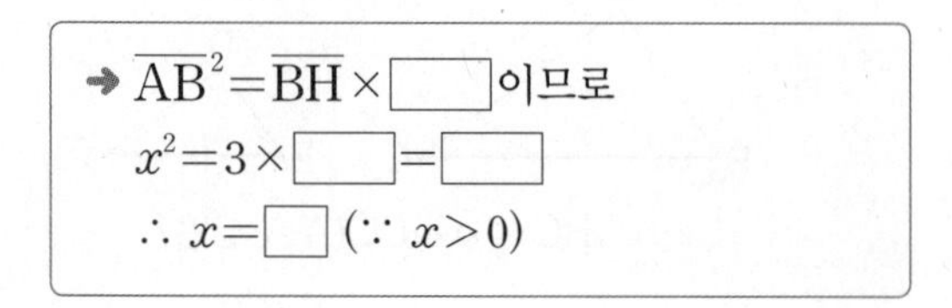

➜ $\overline{AB}^2=\overline{BH}\times$☐이므로
$x^2=3\times$☐$=$☐
∴ $x=$☐ (∵ $x>0$)

(2)

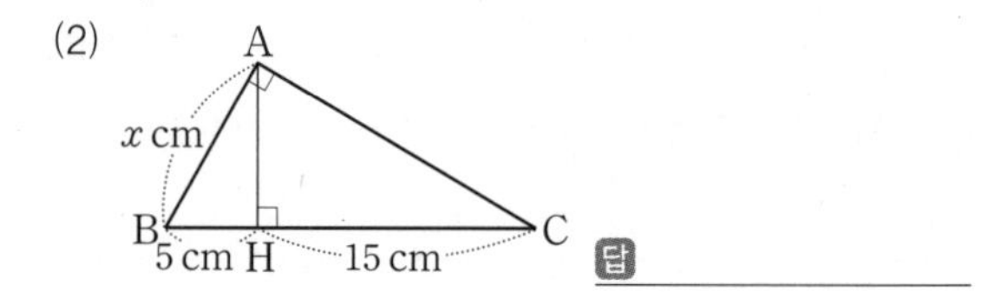


답

(3)

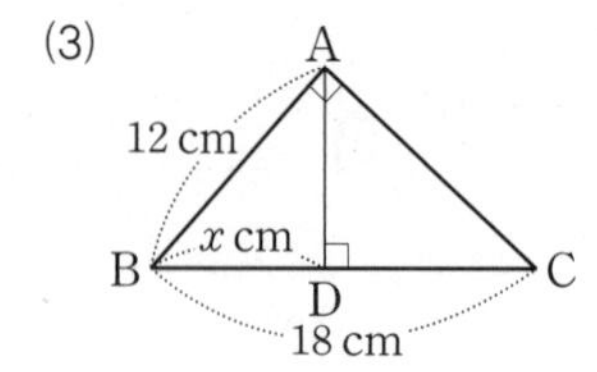

답

(4)

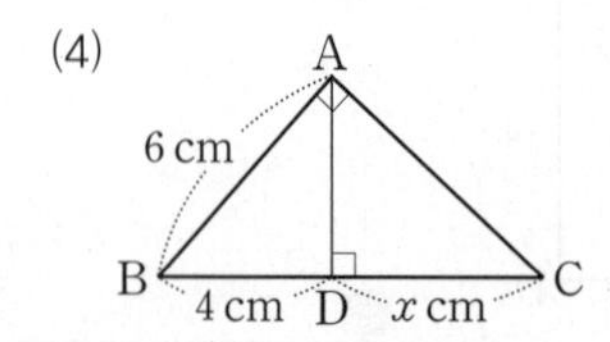


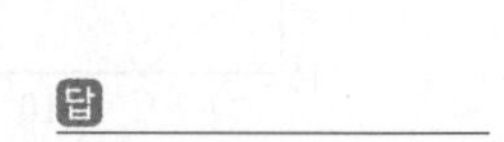

답

▮ 정답과 해설 22~23쪽

## 3 다음 그림에서 $x$의 값을 구하여라.

(1)

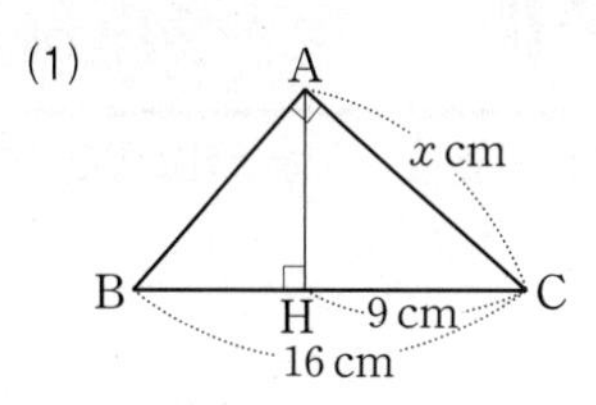


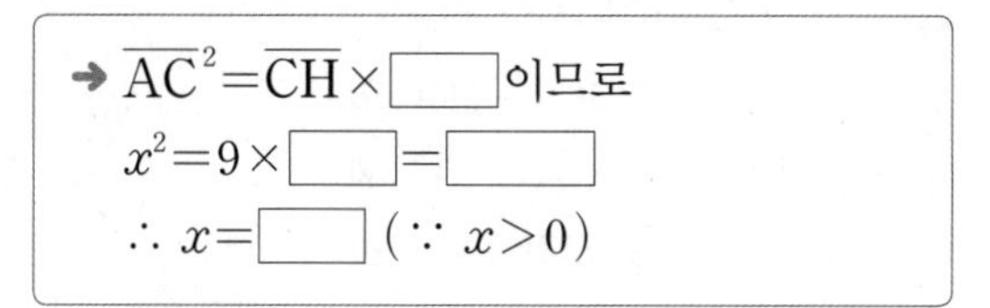

➜ $\overline{AC}^2=\overline{CH}\times\square$이므로

$x^2=9\times\square=\square$

$\therefore x=\square\ (\because x>0)$

(2)

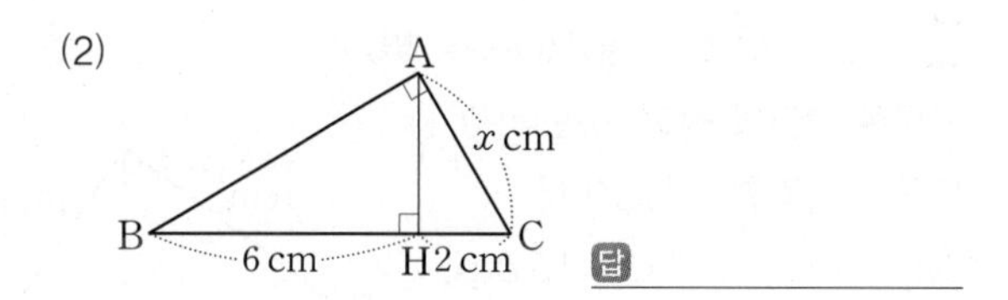


답

(3)

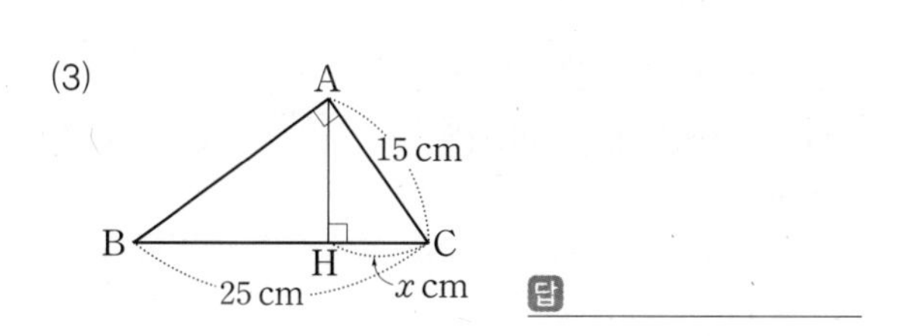


답

(4)

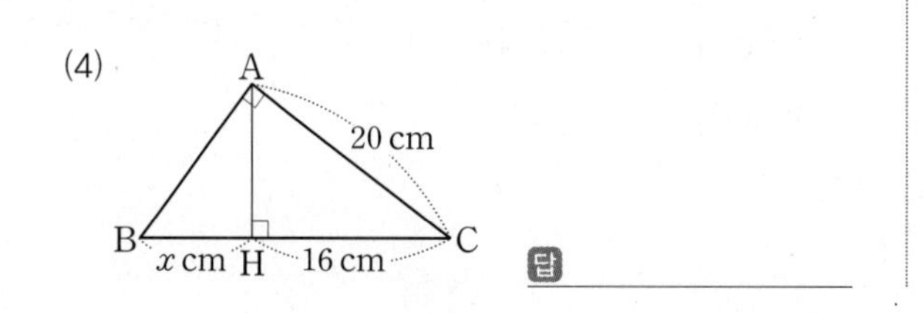


답

## 4 다음 그림에서 $x$의 값을 구하여라.

(1)

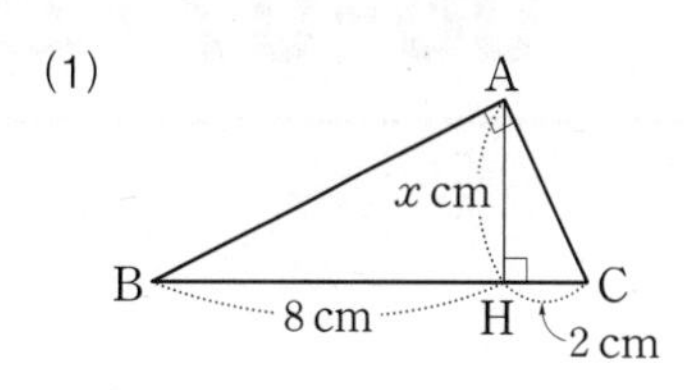


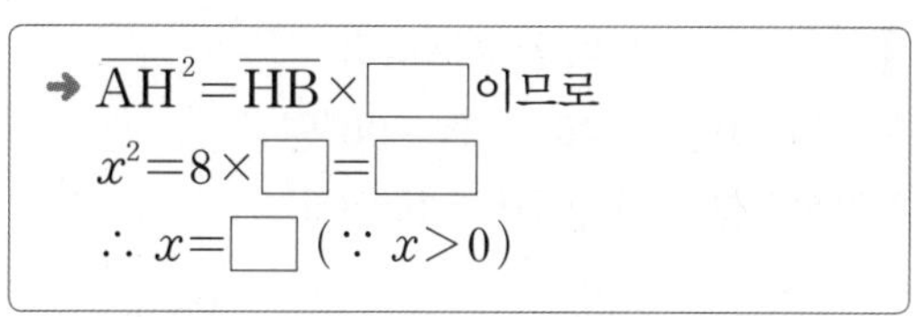

➜ $\overline{AH}^2=\overline{HB}\times\square$이므로

$x^2=8\times\square=\square$

$\therefore x=\square\ (\because x>0)$

(2)

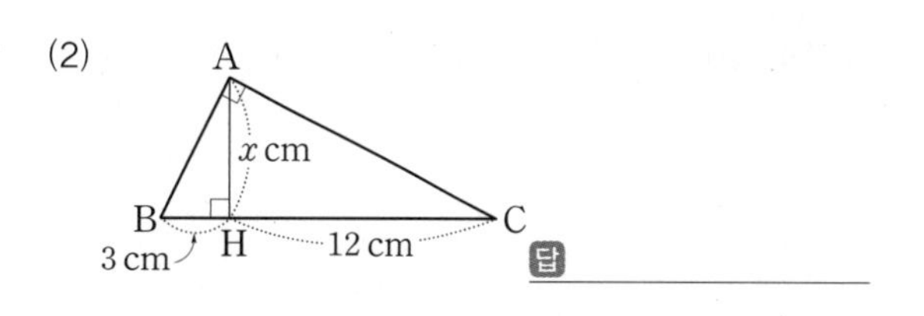


답

(3)

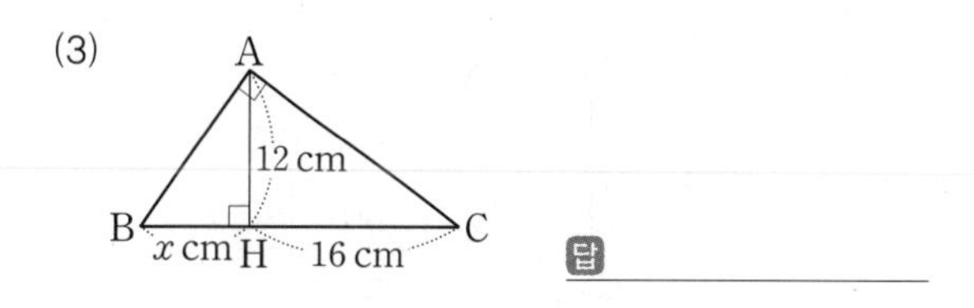


답

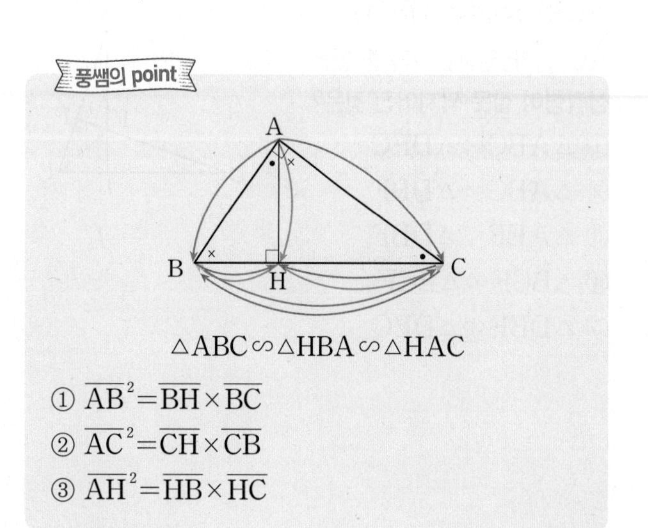


$\triangle ABC \backsim \triangle HBA \backsim \triangle HAC$

① $\overline{AB}^2=\overline{BH}\times\overline{BC}$

② $\overline{AC}^2=\overline{CH}\times\overline{CB}$

③ $\overline{AH}^2=\overline{HB}\times\overline{HC}$

# 06-07 · 스스로 점검 문제

맞힌 개수 개 / 7개

▶학습 날짜 월 일 ▶걸린 시간 분 / 목표 시간 20분

**1** □□ ○ 직각삼각형의 닮음 2

오른쪽 그림과 같이 $\angle B=90^\circ$인 직각삼각형 ABC에서 $\overline{AE}=\overline{CE}$이고 $\overline{AB}=16$ cm, $\overline{AC}=20$ cm일 때, $\overline{AD}$의 길이는?

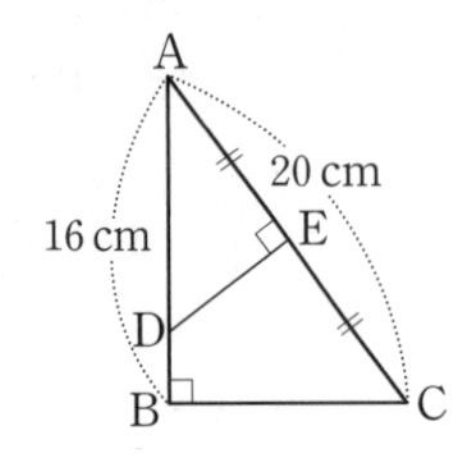


① 12 cm ② $\frac{23}{2}$ cm ③ 13 cm ④ $\frac{25}{2}$ cm ⑤ 14 cm

**2** □□ ○ 직각삼각형의 닮음 3

다음 그림에서 $\angle B=\angle D=\angle ACE=90^\circ$일 때, $\overline{CD}$의 길이를 구하여라.

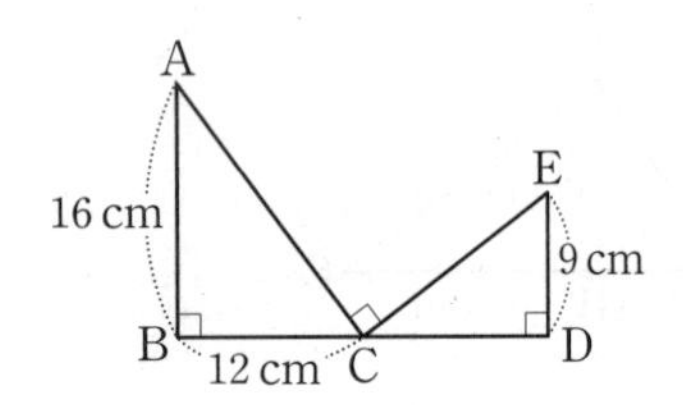


**3** □□ ○ 직각삼각형의 닮음 4

오른쪽 그림에서 $\overline{AB}\perp\overline{DC}$ $\overline{AC}\perp\overline{DE}$일 때, 다음 중 닮은 삼각형이 잘못 짝지어진 것은?

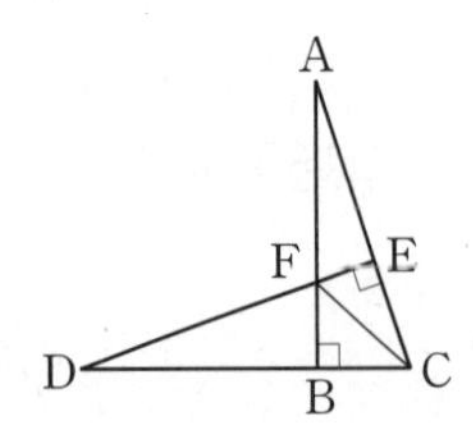


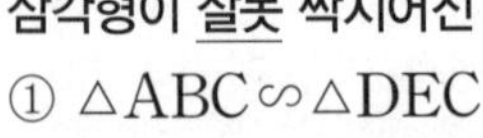
① $\triangle ABC \backsim \triangle DEC$

② $\triangle ABC \backsim \triangle DBF$
③ $\triangle AEF \backsim \triangle DBF$
④ $\triangle BCF \backsim \triangle ECF$
⑤ $\triangle DBF \backsim \triangle DEC$

**4** □□ ○ 직각삼각형의 닮음 4

오른쪽 그림과 같이 $\triangle ABC$의 두 꼭짓점 B, C에서 $\overline{AC}$, $\overline{AB}$에 내린 수선의 발을 각각 D, E라 하자. $\overline{AB}=10$ cm, $\overline{AC}=8$ cm, $\overline{AE}=4$ cm일 때, $\overline{AD}$의 길이는?

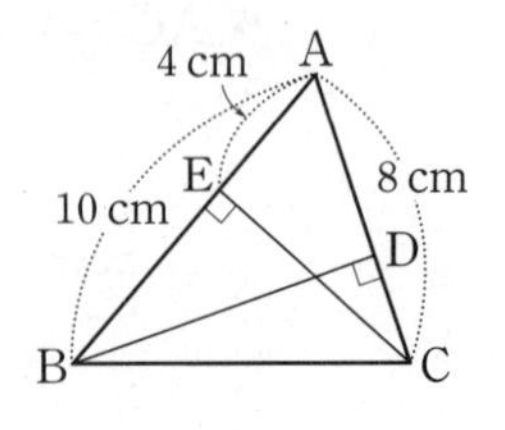


① 3 cm ② 4 cm ③ 5 cm ④ 6 cm ⑤ 7 cm

**5** □□ ○ 직각삼각형의 닮음의 활용 2, 3

오른쪽 그림과 같이 $\angle A=90^\circ$인 직각삼각형 ABC에서 $\overline{AH}\perp\overline{BC}$이고 $\overline{AC}=15$ cm, $\overline{CH}=9$ cm일 때, $x+y$의 값을 구하여라.

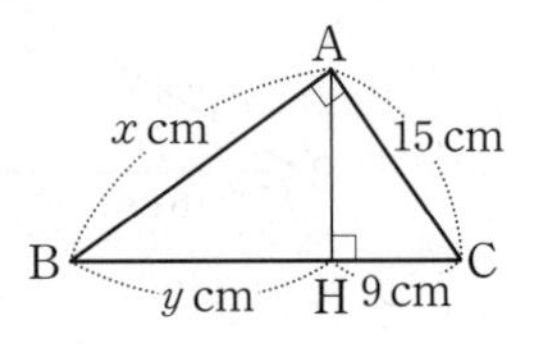


**6** □□ ○ 직각삼각형의 닮음의 활용 4

오른쪽 그림과 같이 $\angle A=90^\circ$인 직각삼각형 ABC에서 $\overline{AH}\perp\overline{BC}$이고 $\overline{AH}=3$ cm, $\overline{BH}=4$ cm일 때, $x$의 값을 구하여라.

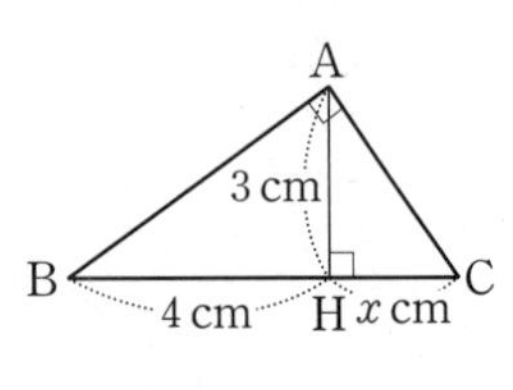


**7** □□ ○ 직각삼각형의 닮음의 활용 4

오른쪽 그림과 같이 $\angle B=90^\circ$인 직각삼각형 ABC에서 $\overline{AC}\perp\overline{BD}$이고 $\overline{AD}=12$ cm, $\overline{CD}=3$ cm일 때, $\triangle ABC$의 넓이는?

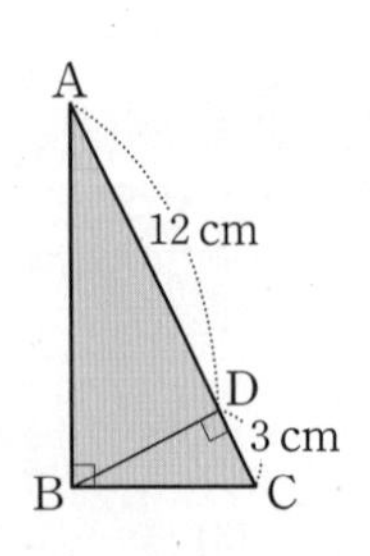


① 36 $cm^2$ ② 40 $cm^2$ ③ 45 $cm^2$ ④ 48 $cm^2$ ⑤ 52 $cm^2$

# 08 삼각형에서 평행선과 선분의 길이의 비(1)

**핵심개념** △ABC에서 $\overline{AB}$, $\overline{AC}$ 또는 그 연장선 위에 각각 점 D, E가 있을 때

1. $\overline{BC} /\!/ \overline{DE}$이면 $\overline{AB} : \overline{AD} = \overline{AC} : \overline{AE} = \overline{BC} : \overline{DE}$

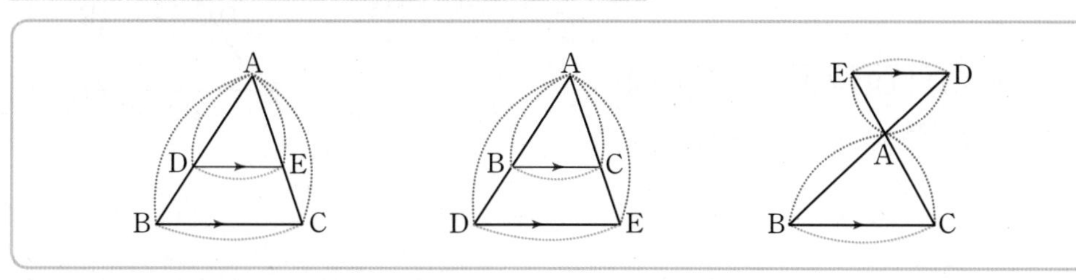


2. $\overline{BC} /\!/ \overline{DE}$이면 $\overline{AD} : \overline{DB} = \overline{AE} : \overline{EC}$ ≠ $\overline{BC} : \overline{DE}$임에 주의한다.

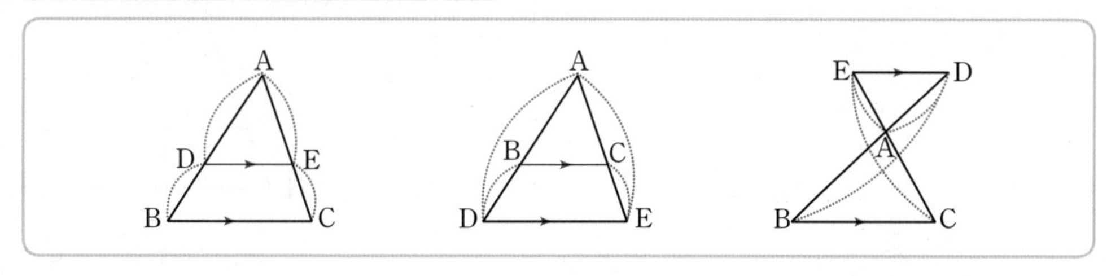

▶학습 날짜 월 일 ▶걸린 시간 분 / 목표 시간 15분

정답과 해설 23~24쪽

**1** 다음 그림에서 $\overline{BC} /\!/ \overline{DE}$일 때, $x$의 값을 구하여라.

(1)

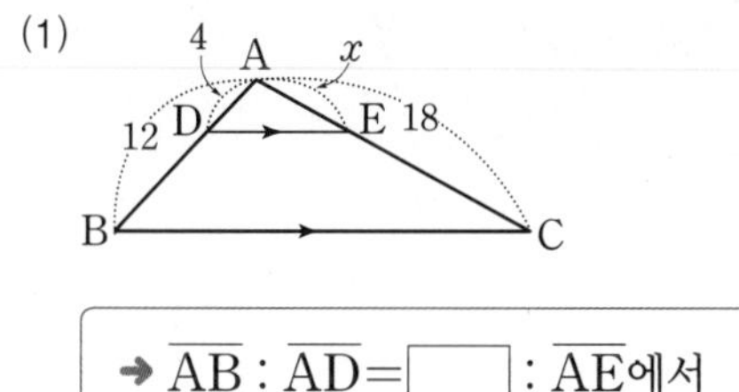


➜ $\overline{AB} : \overline{AD} = \square : \overline{AE}$에서
$12 : 4 = \square : x$, $12x = \square$
$\therefore x = \square$

(2)

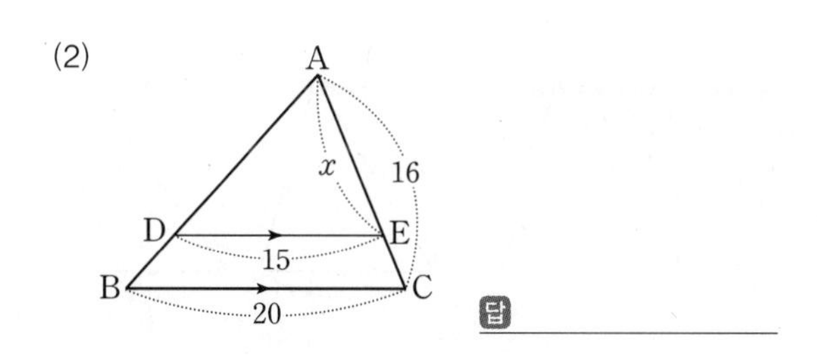


답

(3)

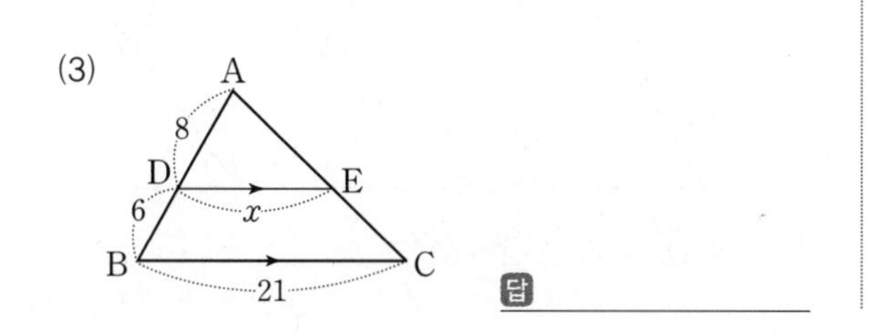


답

(4)

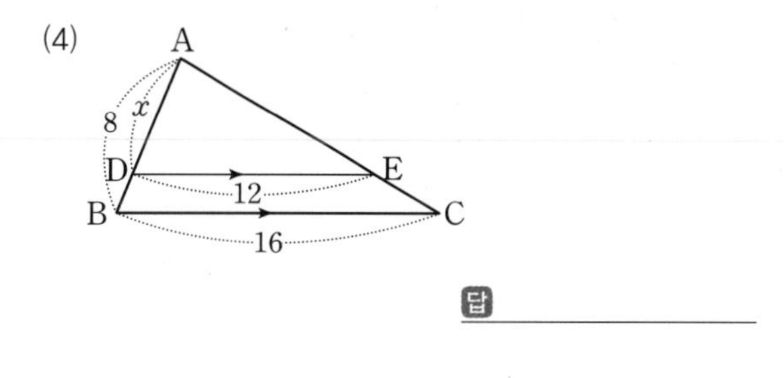


답

(5)

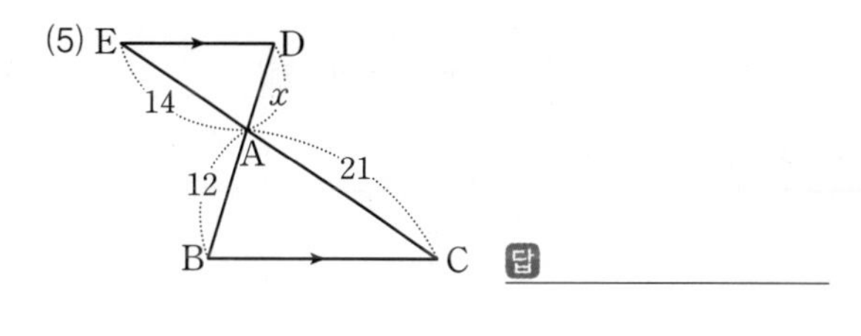


답

(6)

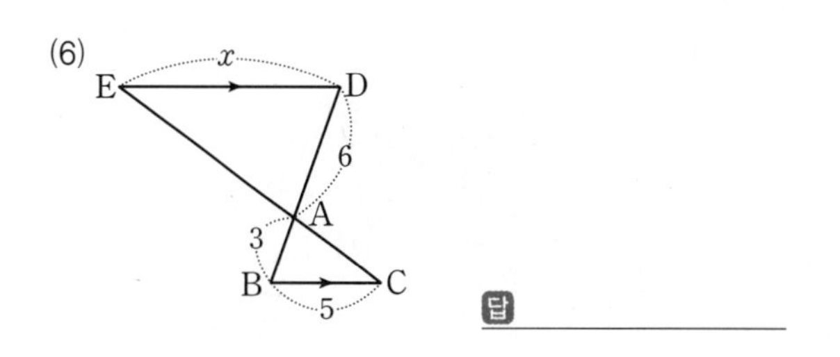


답

**2** 다음 그림에서 $\overline{BC} /\!/ \overline{DE}$일 때, $x$의 값을 구하여라.

(1)

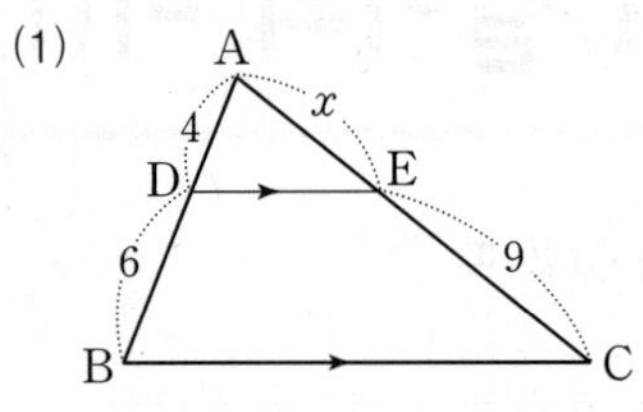


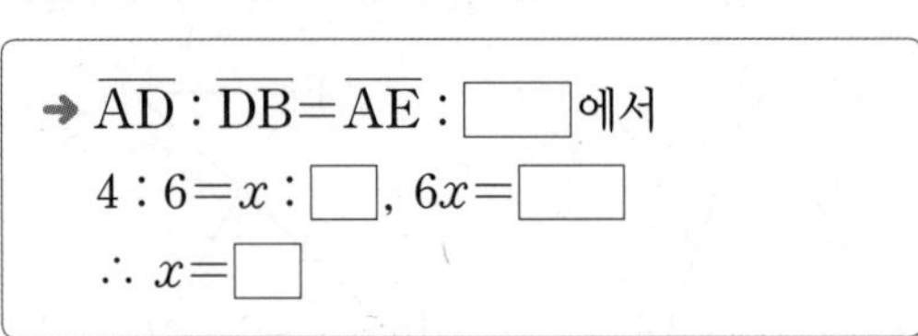

➜ $\overline{AD} : \overline{DB} = \overline{AE} : \square$에서

$4 : 6 = x : \square$, $6x = \square$

$\therefore x = \square$

(2)

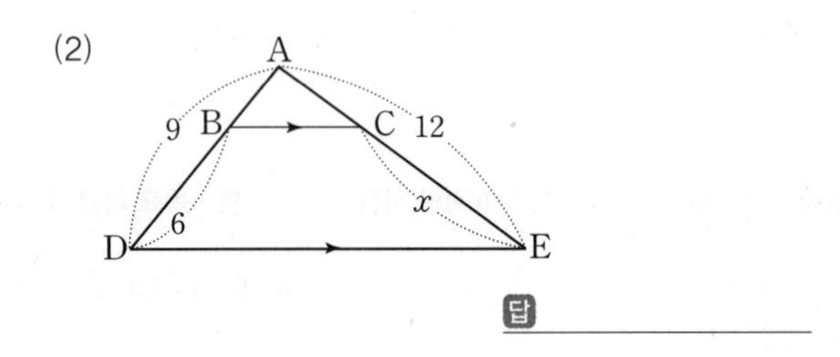


답 ____________

(3)

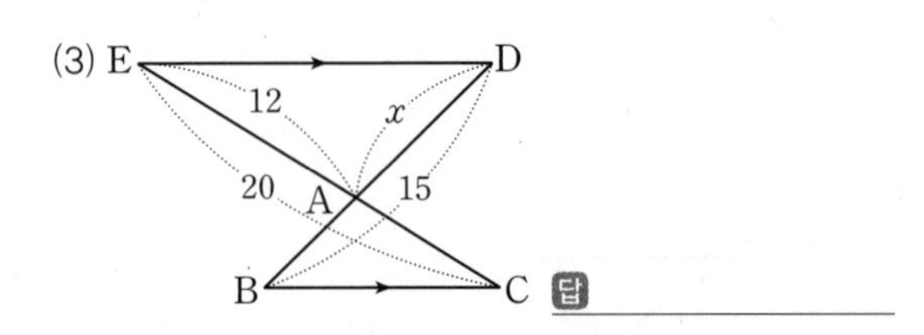


답 ____________

(4)

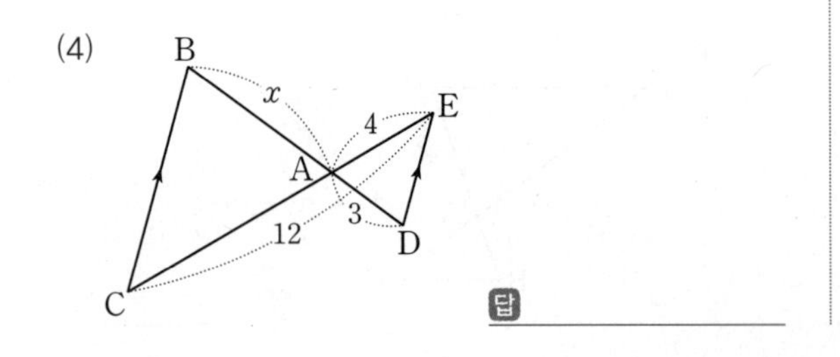


답 ____________

**3** 다음 그림에서 $\overline{BC} /\!/ \overline{DE}$일 때, $x$, $y$의 값을 각각 구하여라.

(1)

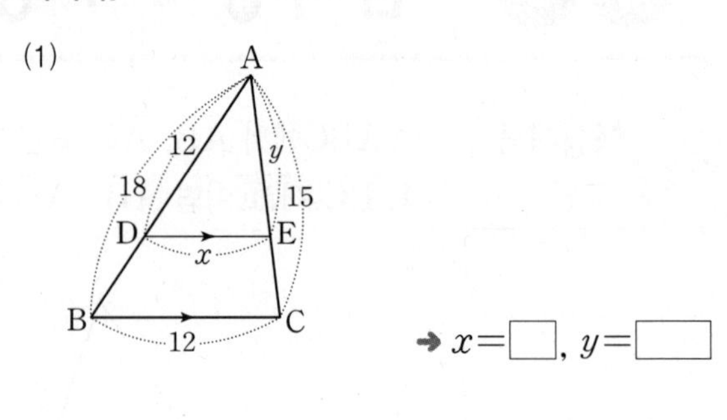


➜ $x = \square$, $y = \square$

(2)

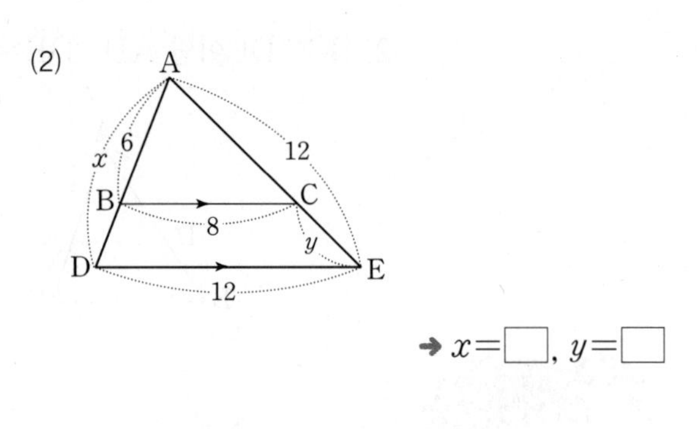


➜ $x = \square$, $y = \square$

(3)

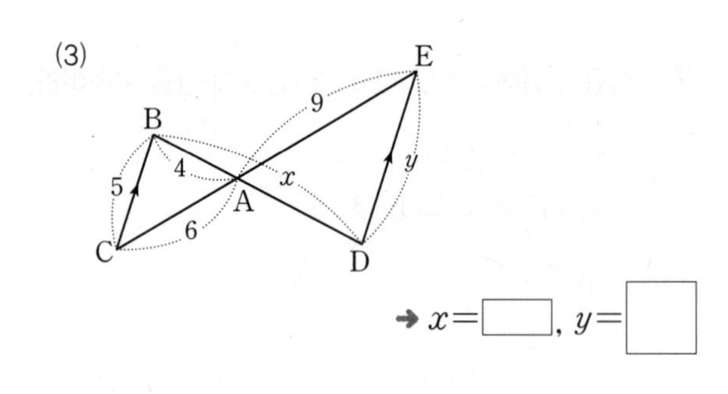


➜ $x = \square$, $y = \square$

풍쌤의 point

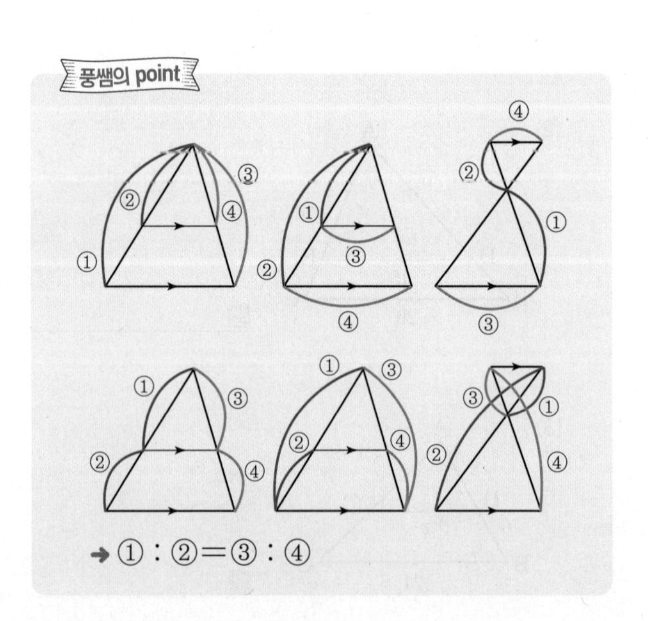


➜ ① : ② = ③ : ④

# 09 삼각형에서 평행선과 선분의 길이의 비(2)

**핵심개념** △ABC에서 $\overline{AB}$, $\overline{AC}$ 또는 그 연장선 위에 각각 점 D, E가 있을 때

1. $\overline{AB}:\overline{AD}=\overline{AC}:\overline{AE}=\overline{BC}:\overline{DE}$이면 $\overline{BC}\,/\!/\,\overline{DE}$

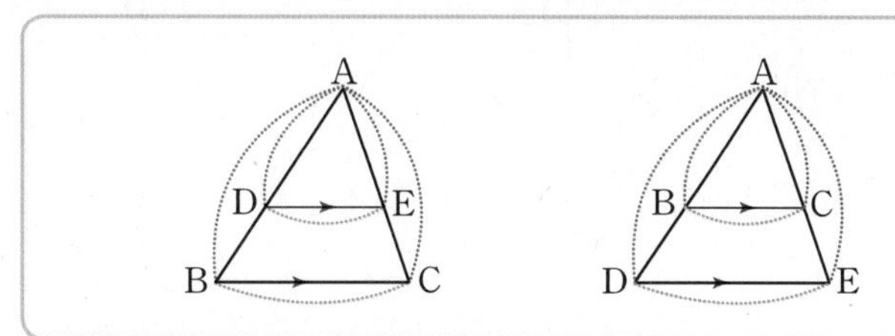


2. $\overline{AD}:\overline{DB}=\overline{AE}:\overline{EC}$이면 $\overline{BC}\,/\!/\,\overline{DE}$

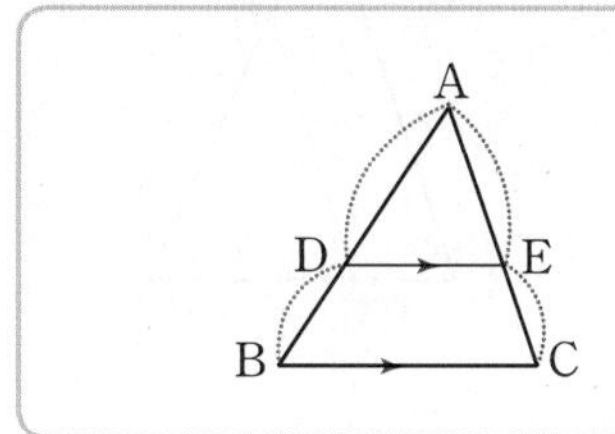


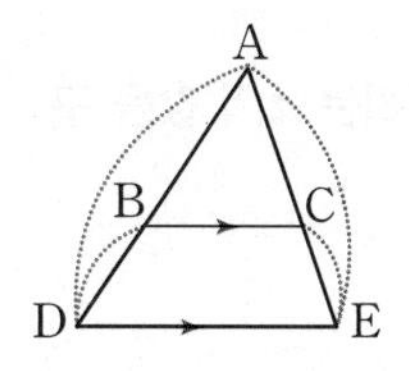


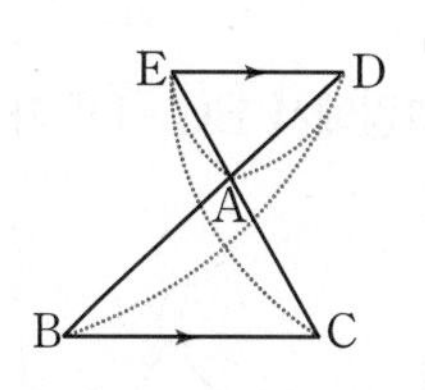

▶학습 날짜 월 일 ▶걸린 시간 분 / 목표 시간 15분

정답과 해설 24쪽

**1** 다음 그림에서 $\overline{BC}\,/\!/\,\overline{DE}$인 것에는 ○표, 아닌 것에는 ×표를 하여라.

(1)

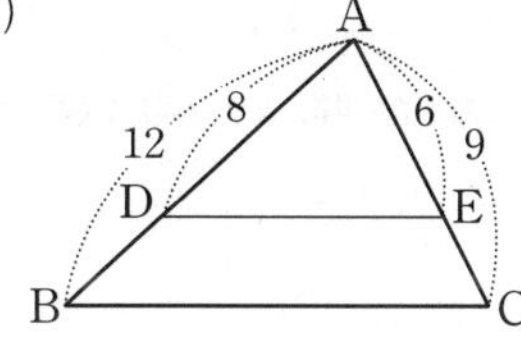


( )

➜ $\overline{AB}:\overline{AD}=12:8=3:\square$,
$\overline{AC}:\overline{AE}=9:\square=\square:\square$이므로
$\overline{BC}\,/\!/\,\overline{DE}$

(2)

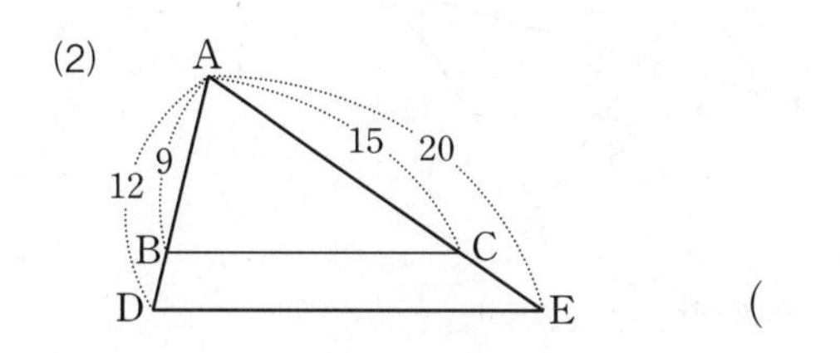


( )

(3)

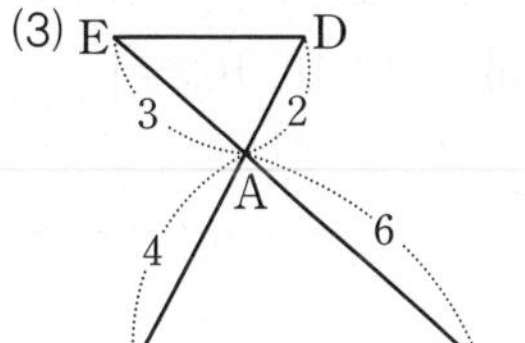


( )

(4)

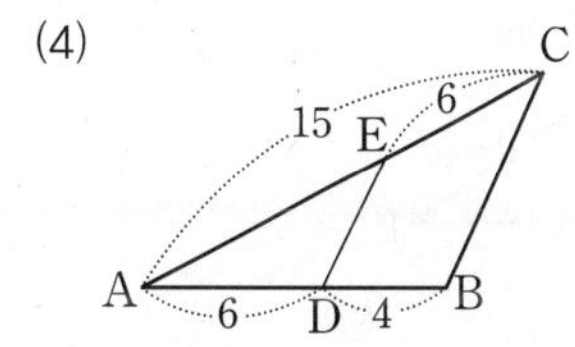


( )

(5)

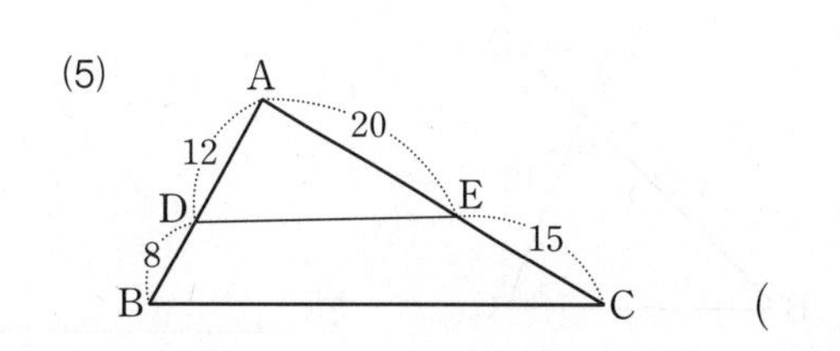


( )

(6)

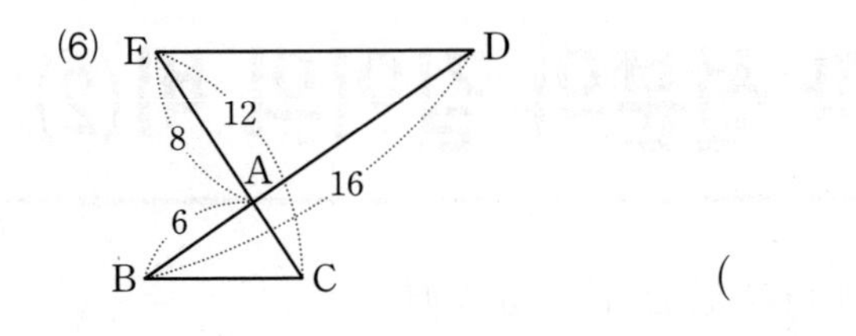


( )

**2** 다음 그림에서 $\overline{BC} /\!/ \overline{DE}$가 되도록 하는 $x$의 값을 구하여라.

(1)

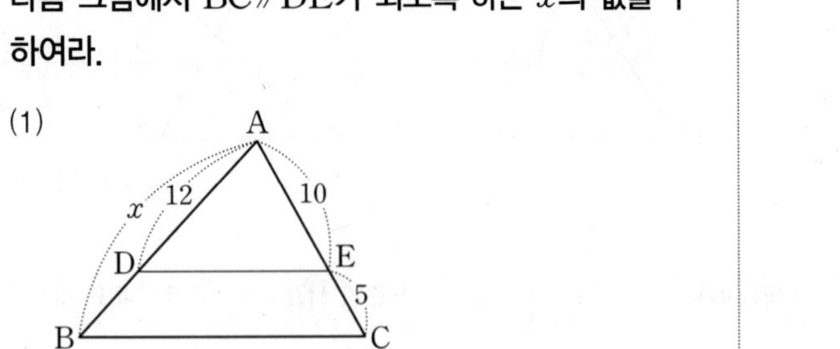


➜ $\overline{AB} : \overline{AD} = \overline{AC} : \overline{AE}$이어야 하므로
$x : \square = (10+5) : 10$, $10x = \square$
$\therefore x = \square$

(2)

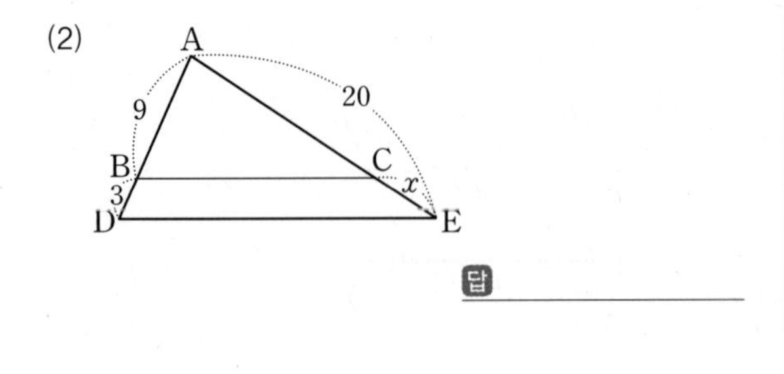


답

(3)

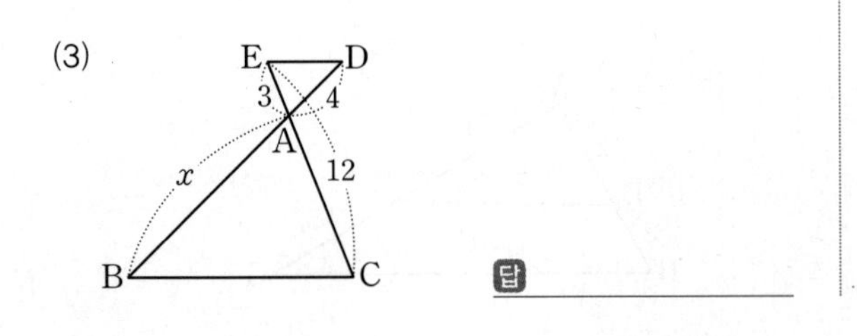


답

(4)

B, E, 7, 6, A, 18, C, $x$, D

답

(5)

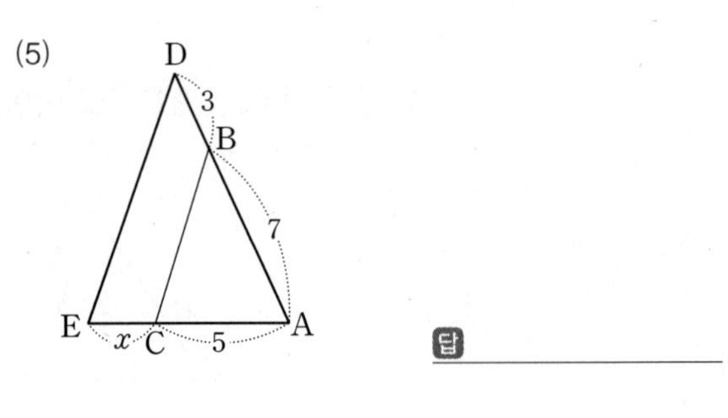


답

**3** 다음 그림에서 $\overline{BC} /\!/ \overline{DE}$일 때, $x$, $y$의 값을 각각 구하여라.

(1)

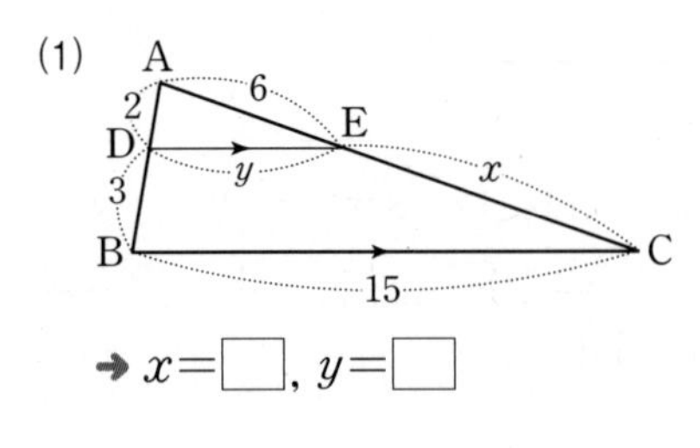


➜ $x = \square$, $y = \square$

(2)

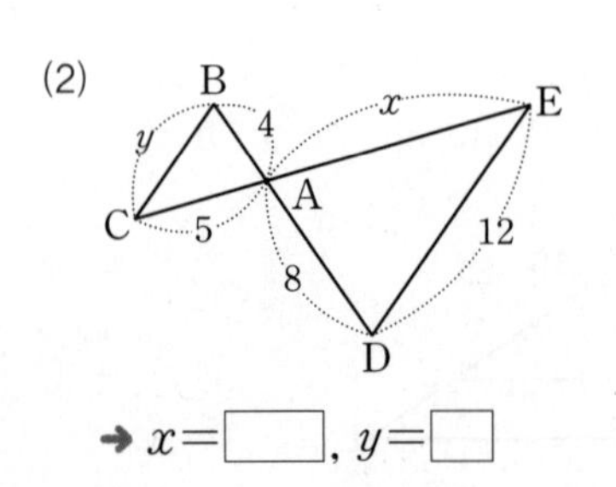


➜ $x = \square$, $y = \square$

# 10 삼각형의 내각의 이등분선

**핵심개념** △ABC에서 ∠A의 이등분선이 $\overline{BC}$와 만나는 점을 D라 하면
$\overline{AB}:\overline{AC}=\overline{BD}:\overline{CD}$

참고 △ABD와 △ACD의 높이가 같으므로 두 삼각형의 넓이의 비는 밑변의 길이의 비와 같다.
➜ △ABD : △ACD$=\overline{BD}:\overline{CD}=\overline{AB}:\overline{AC}$

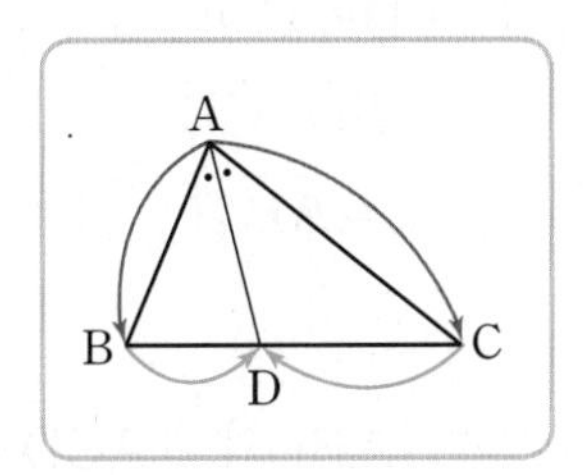

▶학습 날짜 월 일 ▶걸린 시간 분 / 목표 시간 15분

▌정답과 해설 24~25쪽

**1** 오른쪽 그림의 △ABC에서 $\overline{AD}$가 ∠A의 이등분선이고, 점 C를 지나고 $\overline{AD}$에 평행한 직선이 $\overline{AB}$의 연장선과 만나는 점을 E라 할 때, 다음을 완성하여라.

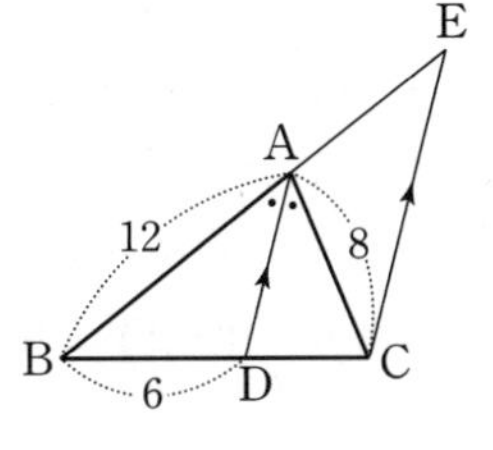


(1) $\overline{AE}$의 길이

> $\overline{AD}\,/\!/\,\overline{EC}$이므로
> ∠AEC=☐ (동위각),
> ∠ACE=☐ (엇각)
> ∴ ∠AEC=☐
> 따라서 △ACE는 $\overline{AE}$=☐인 이등변삼각형이므로
> $\overline{AE}$=☐

(2) $\overline{CD}$의 길이

> $\overline{AB}:\overline{AE}$=☐ : $\overline{CD}$에서 ($\overline{AE}=\overline{AC}$)
> 12 : ☐=☐ : $\overline{CD}$
> 12$\overline{CD}$=☐
> ∴ $\overline{CD}$=☐

**2** 다음 그림의 △ABC에서 $\overline{AD}$가 ∠A의 이등분선일 때, $x$의 값을 구하여라.

tip $\overline{AB}:\overline{AC}=\overline{BD}:\overline{CD}$임을 이용해~

(1)

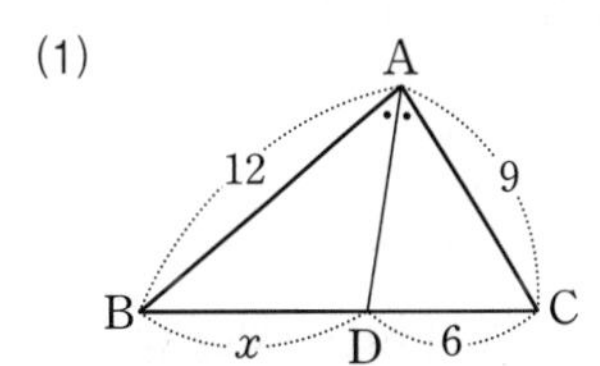


답 ______

(2)

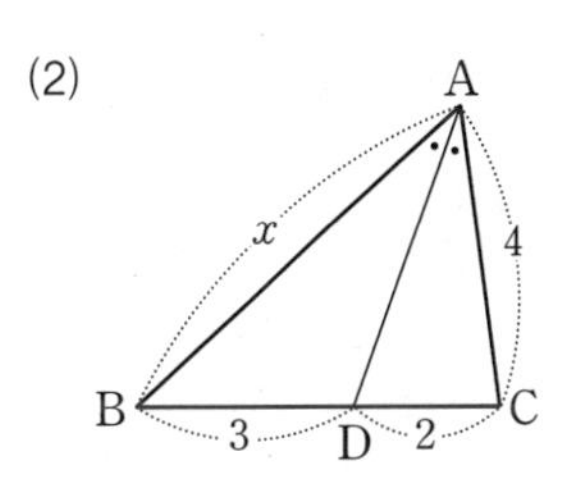


답 ______

(3)

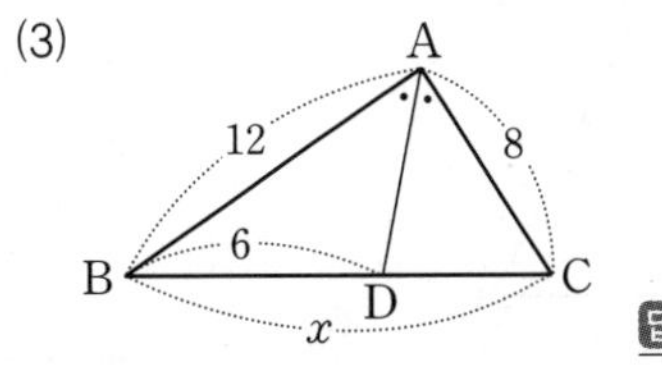


답 ______

**3** 오른쪽 그림의 $\triangle ABC$에서 $\overline{AD}$가 $\angle A$의 이등분선일 때, 다음을 완성하여라.

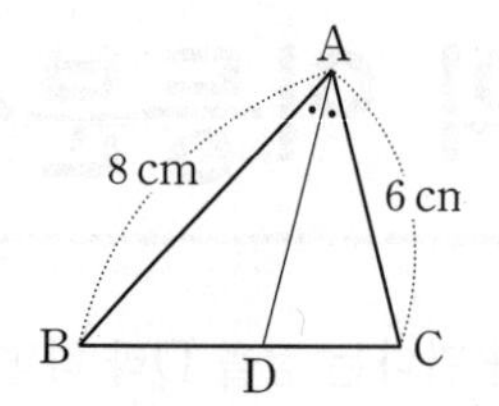


(1) $\overline{BD}$와 $\overline{CD}$의 길이의 비

➔ $\overline{BD} : \overline{CD}$
$= \overline{AB} : \square = 8 : \square = \square : \square$

(2) $\triangle ABD$와 $\triangle ACD$의 넓이의 비

➔ $\triangle ABD : \triangle ACD = \overline{BD} : \square$
$= \square : \square$

(3) $\triangle ABD = 20\text{ cm}^2$일 때, $\triangle ACD$의 넓이

➔ $\triangle ABD : \triangle ACD = \square : \square$에서
$20 : \triangle ACD = \square : \square$
$\therefore \triangle ACD = \square\text{ cm}^2$

**4** 다음 그림에서 $\overline{AD}$가 $\angle A$의 이등분선일 때, $\triangle ABD$와 $\triangle ACD$의 넓이의 비를 구하여라.

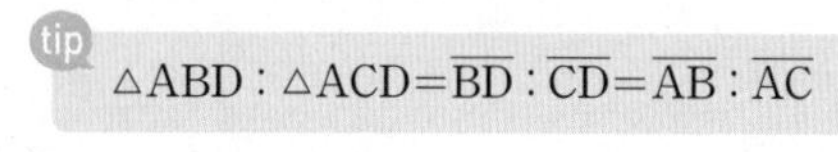


(1)

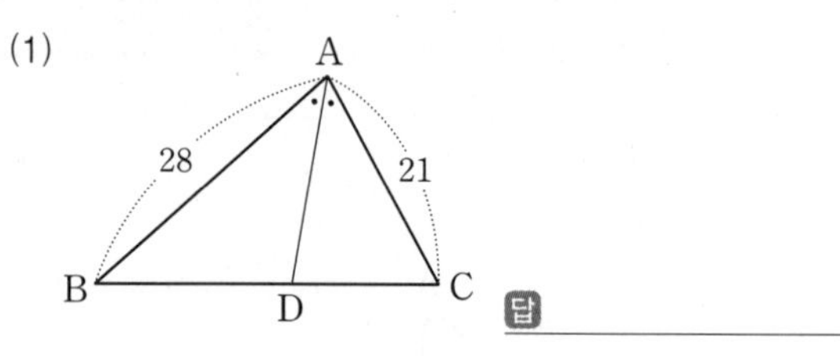


답 

(2)

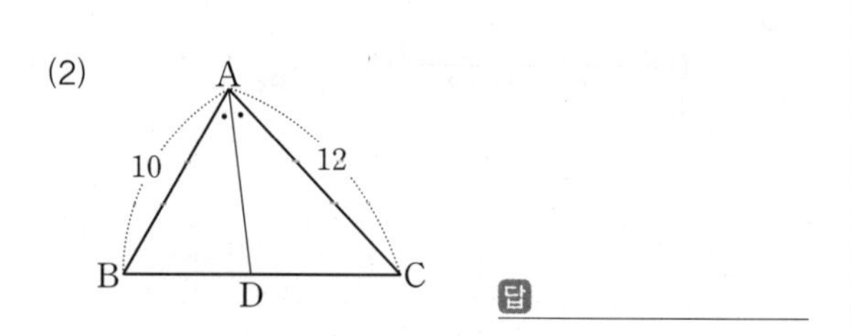


답 

(3)

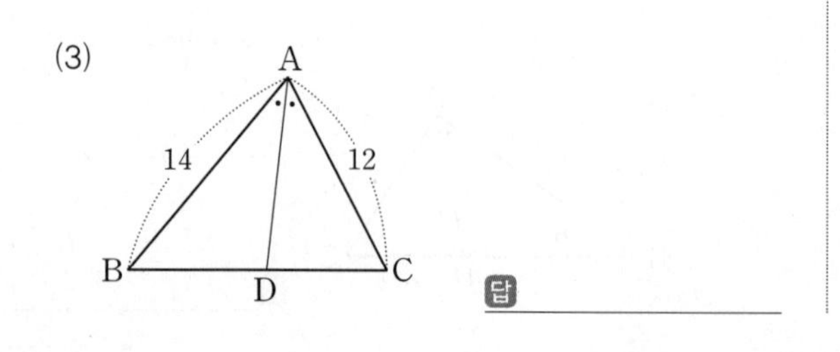


답 

**5** 다음 그림의 $\triangle ABC$에서 $\overline{AD}$가 $\angle A$의 이등분선일 때, 주어진 조건에서 색칠한 부분의 넓이를 구하여라.

(1) $\triangle ABC = 120\text{ cm}^2$

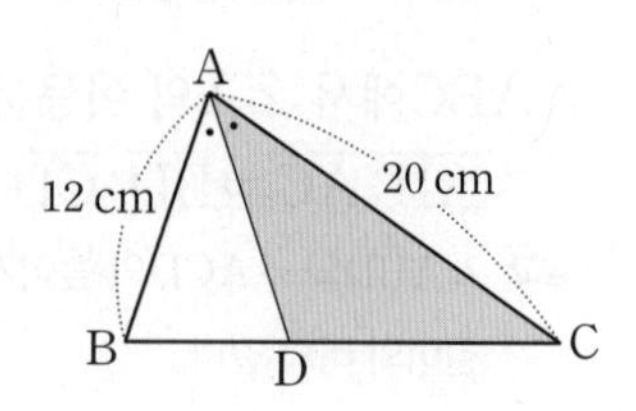


➔ $\triangle ABD : \triangle ACD = 12 : 20$
$= 3 : \square$이므로
$\triangle ACD = \square \times \triangle ABC = \square \times 120$
$= \square(\text{cm}^2)$

(2) $\triangle ACD = 20\text{ cm}^2$

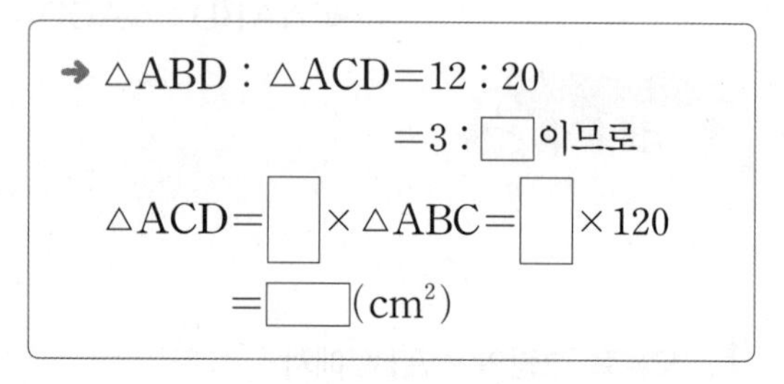


답 $\text{cm}^2$

(3) $\triangle ABD = 10\text{ cm}^2$

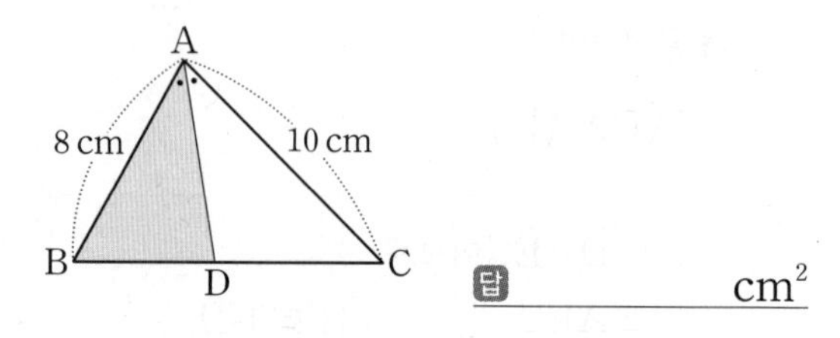


답 $\text{cm}^2$

풍쌤의 point

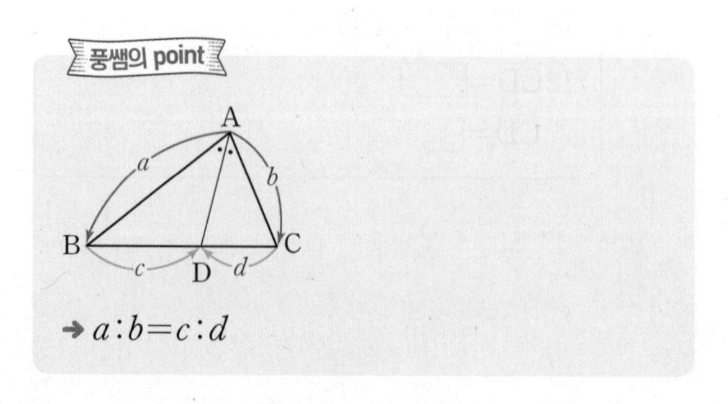


➔ $a : b = c : d$

# 11 삼각형의 외각의 이등분선

**핵심개념** △ABC에서 ∠A의 외각의 이등분선이 $\overline{BC}$의 연장선과 만나는 점을 D라 하면

$\overline{AB}:\overline{AC}=\overline{BD}:\overline{CD}$

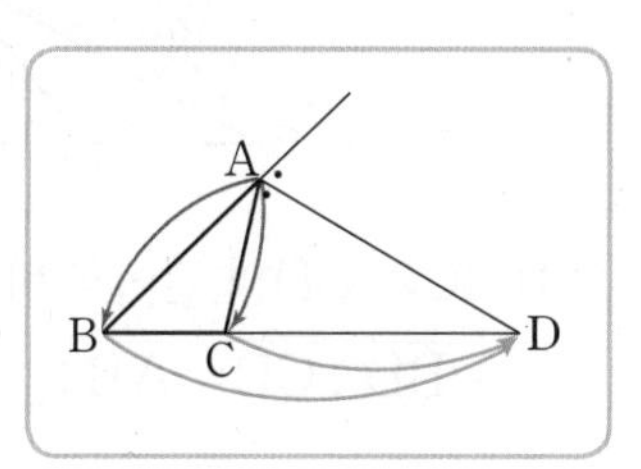

▶학습 날짜 월 일 ▶걸린 시간 분 / 목표 시간 15분

정답과 해설 25쪽

**1** 아래 그림의 △ABC에서 $\overline{AD}$가 ∠A의 외각의 이등분선이고, 점 C를 지나고 $\overline{AD}$에 평행한 직선이 $\overline{AB}$와 만나는 점을 E라 할 때, 다음을 완성하여라.

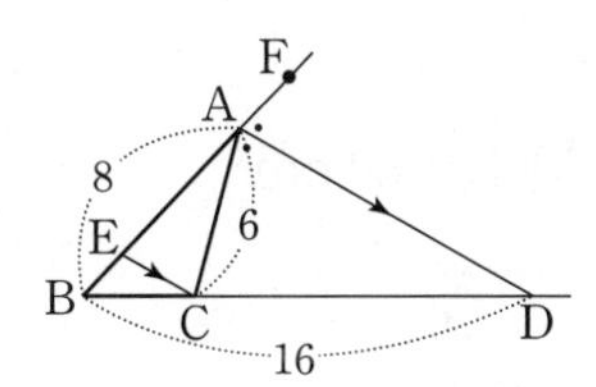


(1) $\overline{AE}$의 길이

$\overline{AD}/\!/\overline{EC}$이므로
∠FAD=☐ (동위각),
∠DAC=☐ (엇각),
∠AEC=☐
따라서 △ACE는 $\overline{AE}$=☐인 이등변삼각형이므로
$\overline{AE}$=☐

(2) $\overline{CD}$의 길이

$\overline{AB}:\overline{AE}$=☐$:\overline{CD}$에서 ($\overline{AE}=\overline{AC}$)
8 : ☐=☐ : $\overline{CD}$
8$\overline{CD}$=☐
∴ $\overline{CD}$=☐

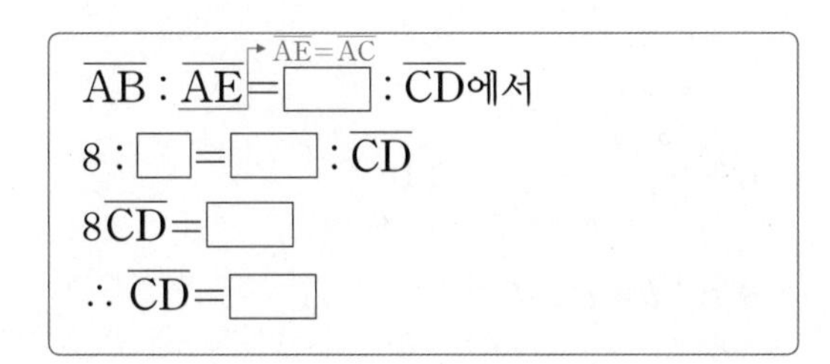

**2** 다음 그림의 △ABC에서 $\overline{AD}$가 ∠A의 외각의 이등분선일 때, $x$의 값을 구하여라.

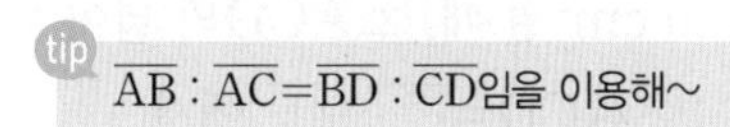
tip $\overline{AB}:\overline{AC}=\overline{BD}:\overline{CD}$임을 이용해~

(1)

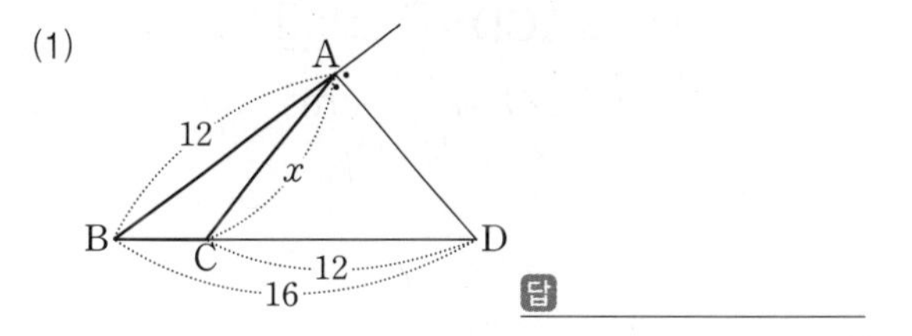


답 

(2)

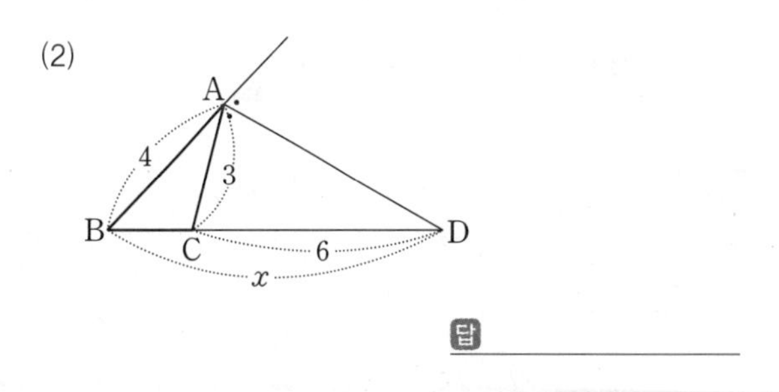


답 

(3)

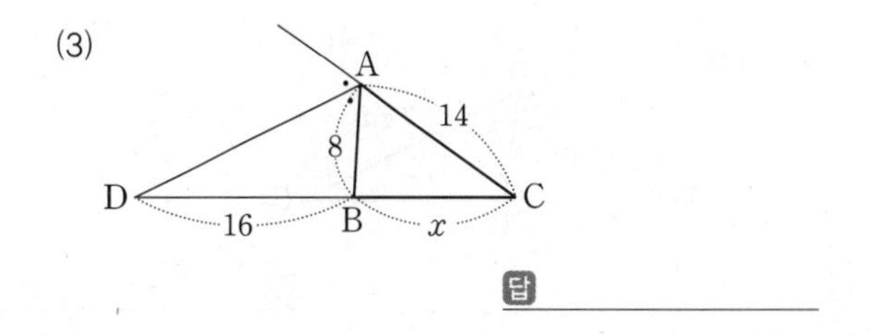


답 

**3** 아래 그림의 $\triangle ABC$에서 $\overline{AD}$가 $\angle A$의 외각의 이등분선일 때, 다음을 완성하여라.

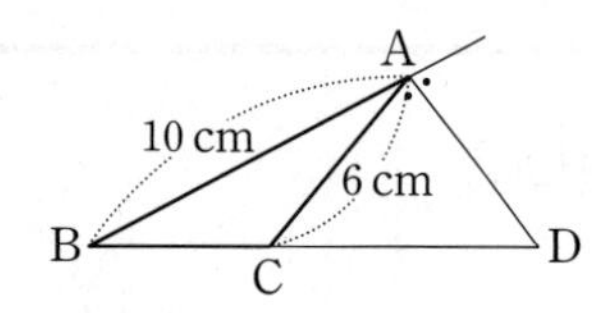


(1) $\overline{BC}$와 $\overline{CD}$의 길이의 비

➜ $\overline{BD} : \overline{CD} = \overline{AB} : \square = 10 : \square$

$= \square : \square$

$\therefore \overline{BC} : \overline{CD} = (5 - \square) : \square = \square : \square$

(2) $\triangle ABC$와 $\triangle ACD$의 넓이의 비

➜ $\triangle ABC : \triangle ACD = \overline{BC} : \overline{CD} = \square : \square$

(3) $\triangle ABC = 20\text{ cm}^2$일 때, $\triangle ACD$의 넓이

➜ $\triangle ABC : \triangle ACD = \square : \square$에서

$20 : \triangle ACD = \square : \square$

$\therefore \triangle ACD = \square\text{ cm}^2$

**4** 다음 그림에서 $\triangle ABC$와 $\triangle ACD$의 넓이의 비를 구하여라.

(1)

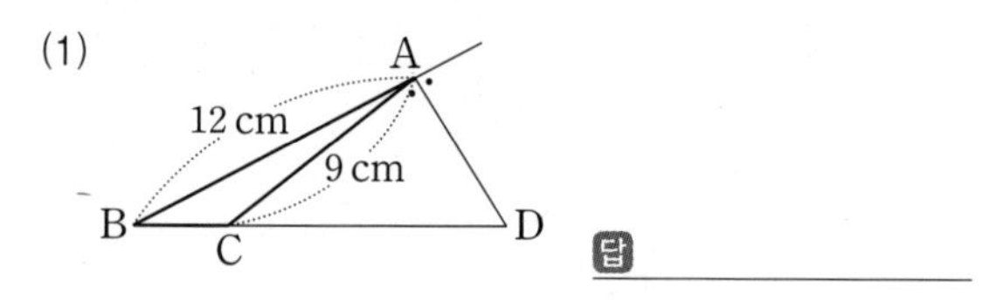


답 ________

(2)

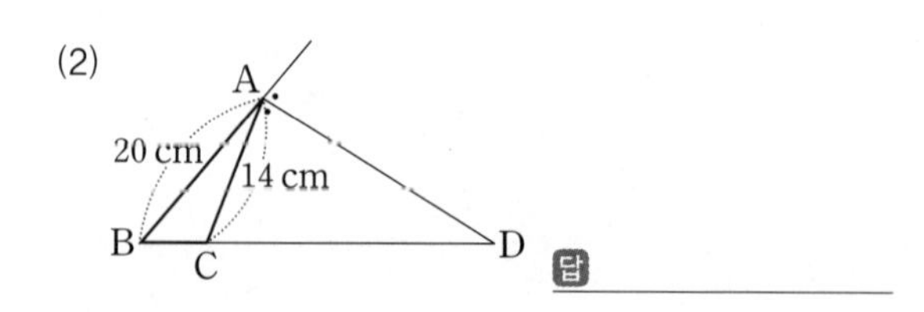


답 ________

(3)

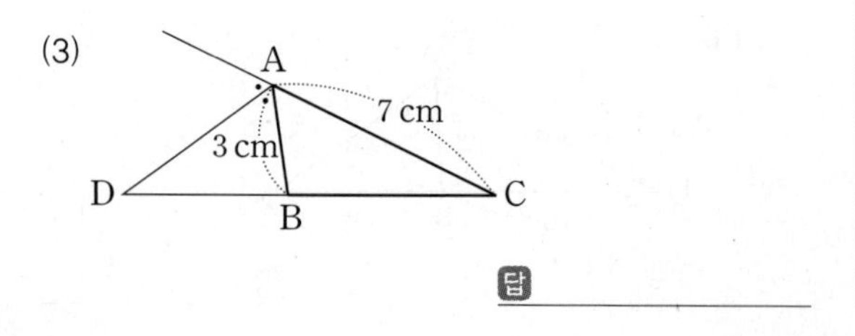


답 ________

**5** 다음 그림의 $\triangle ABC$에서 $\overline{AD}$가 $\angle A$의 외각의 이등분선일 때, 주어진 조건에서 색칠한 부분의 넓이를 구하여라.

(1) $\triangle ABC = 30\text{ cm}^2$

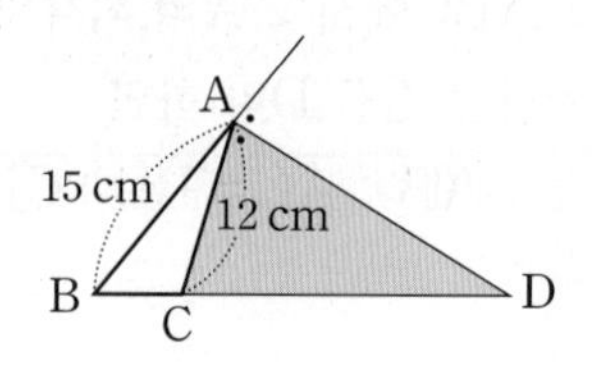


➜ $\overline{BD} : \overline{CD} = \overline{AB} : \overline{AC} = \square : 4$

이므로 $\overline{BC} : \overline{CD} = \square : 4$

$\triangle ABC : \triangle ACD = \overline{BC} : \overline{CD} = \square : 4$

이므로 $30 : \triangle ACD = \square : 4$

$\therefore \triangle ACD = \square\text{ cm}^2$

(2) $\triangle ABD = 60\text{ cm}^2$

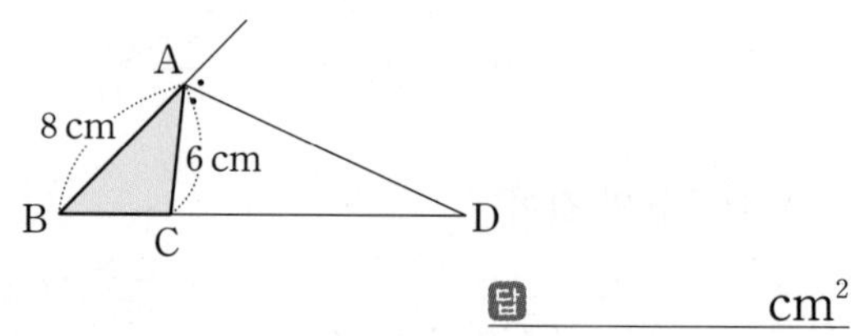


답 ________ $\text{cm}^2$

(3) $\triangle ACD = 57\text{ cm}^2$

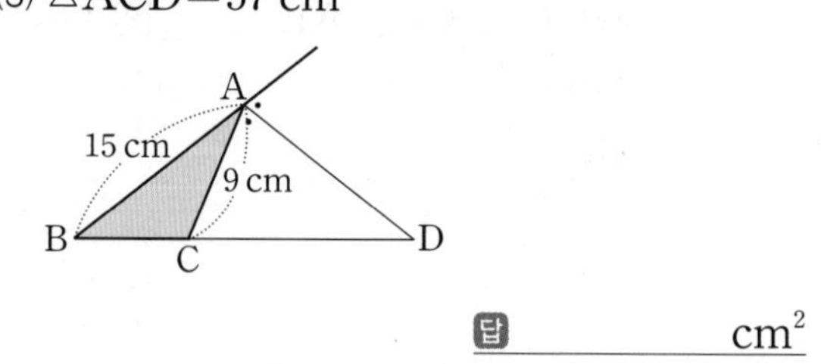


답 ________ $\text{cm}^2$

**풍쌤의 point**

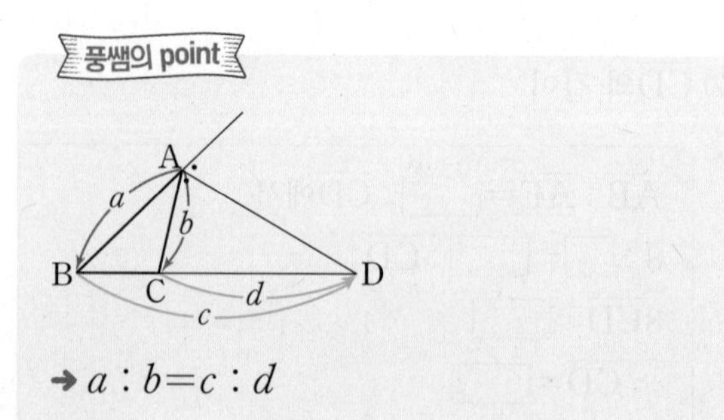


➜ $a : b = c : d$

정답과 해설 25~26쪽

# 08-11 · 스스로 점검 문제

맞힌 개수 개 / 7개

▶학습 날짜 월 일 ▶걸린 시간 분 / 목표 시간 20분

**1** □□ 삼각형에서 평행선과 선분의 길이의 비(1) 1

**오른쪽 그림에서 $\overline{BC} /\!/ \overline{DE}$일 때, $\overline{AE}$의 길이를 구하여라.**

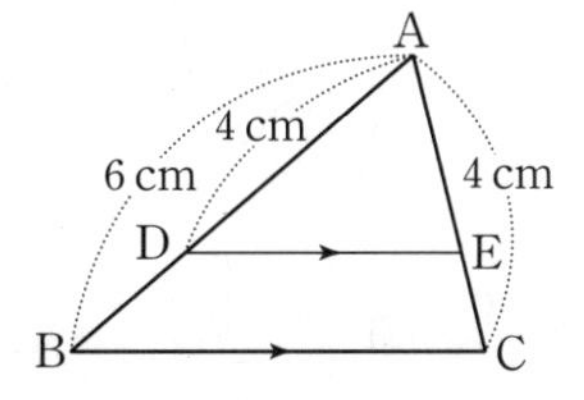


**2** □□ 삼각형에서 평행선과 선분의 길이의 비(1) 3

**다음 그림에서 $\overline{BC} /\!/ \overline{DE}$일 때, $x+y$의 값은?**

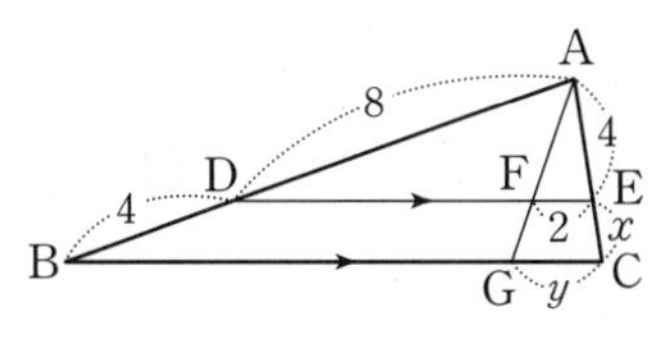


① 3 ② 5 ③ 7
④ 9 ⑤ 11

**3** □□ 삼각형에서 평행선과 선분의 길이의 비(2) 1

**다음 중 $\overline{BC} /\!/ \overline{DE}$인 것은?**

①
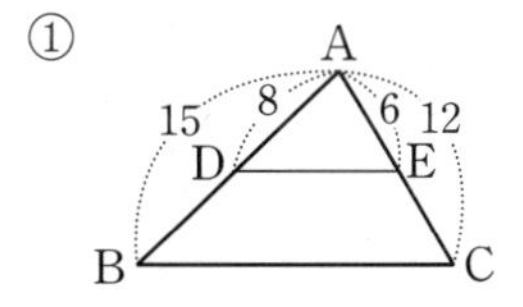


②
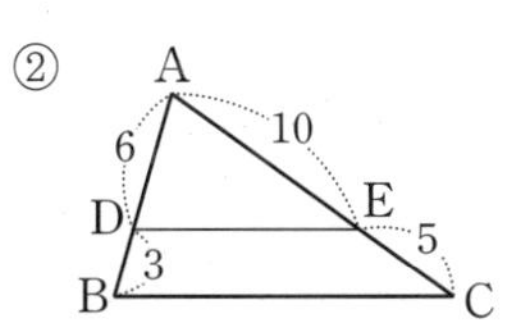


③
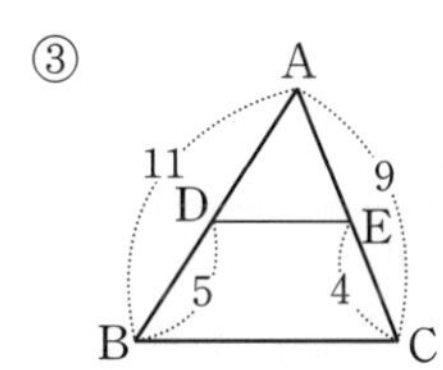


④
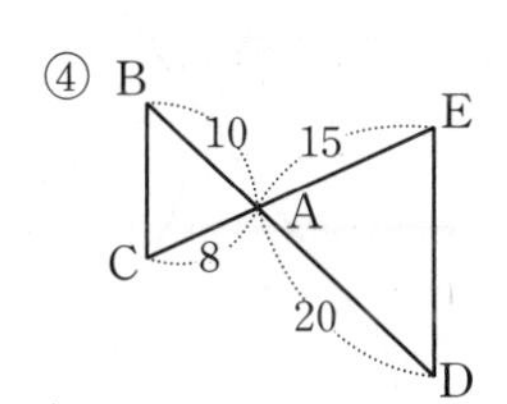


⑤
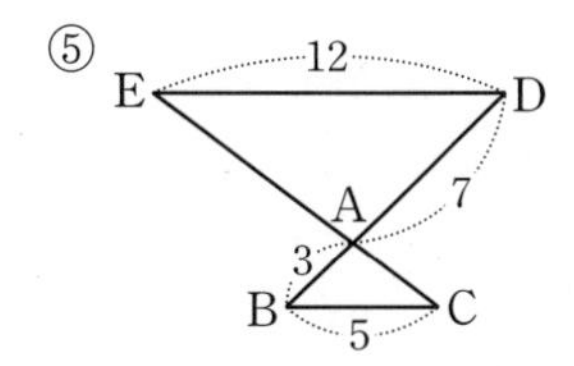


**4** □□ 삼각형의 내각의 이등분선 1, 2

**오른쪽 그림의 $\triangle ABC$에서 $\angle A$의 이등분선과 $\overline{BC}$의 교점을 D라 할 때, $\overline{CD}$의 길이는?**

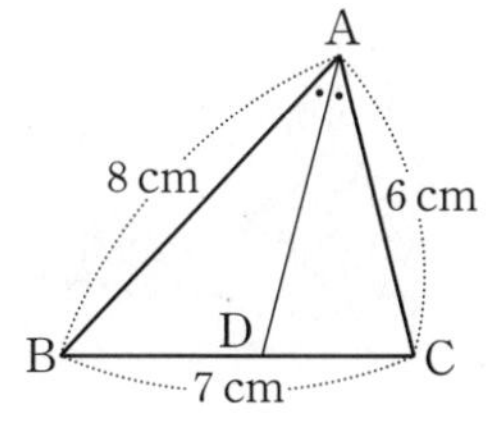


① 1 cm ② 2 cm
③ 3 cm ④ 4 cm
⑤ 5 cm

**5** □□ 삼각형의 내각의 이등분선 5

**오른쪽 그림에서 $\angle BAD=\angle CAD$이고, $\overline{AB}=6$ cm, $\overline{AC}=10$ cm 이다. $\triangle ABC$의 넓이가 $32\text{ cm}^2$일 때, $\triangle ABD$의 넓이를 구하여라.**

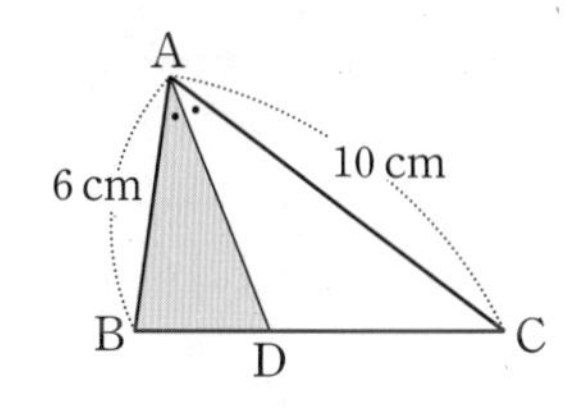


**6** □□ 삼각형의 외각의 이등분선 1, 2

**다음 그림의 $\triangle ABC$에서 $\overline{AD}$가 $\angle A$의 외각의 이등분선일 때, $\overline{CD}$의 길이를 구하여라.**

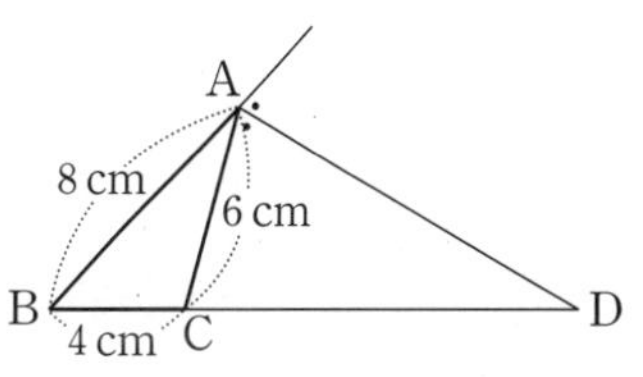


**7** □□ 삼각형의 외각의 이등분선 5

**오른쪽 그림의 $\triangle ABC$에서 $\overline{AD}$가 $\angle A$의 이등분선이고, $\triangle ABC=24\text{ cm}^2$일 때, $\triangle ABD$의 넓이를 구하여라.**

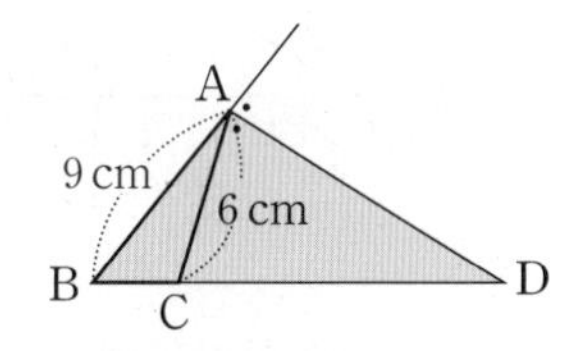

# 12 평행선 사이의 선분의 길이의 비

**핵심개념** 세 개 이상의 평행선이 다른 두 직선과 만나서 생기는 선분의 길이의 비는 같다.

➔ $l /\!/ m /\!/ n$이면 $a : b = a' : b'$

또는 $a : a' = b : b'$

또는 $a : (a+b) = a' : (a'+b')$

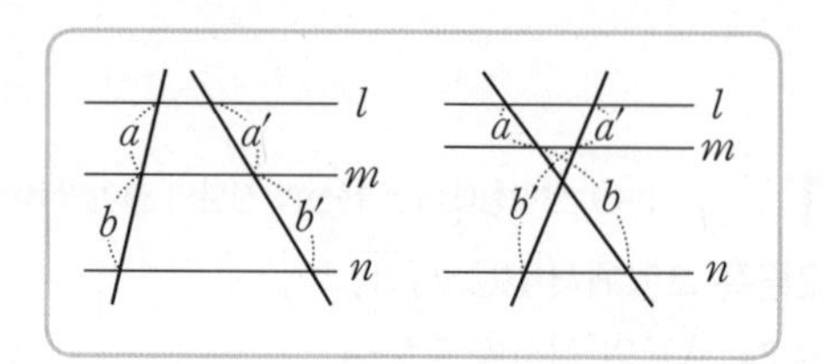

▶학습 날짜 월 일 ▶걸린 시간 분 / 목표 시간 15분

**1** 아래 그림에서 $l /\!/ m /\!/ n$일 때, 다음을 완성하여라.

(1)

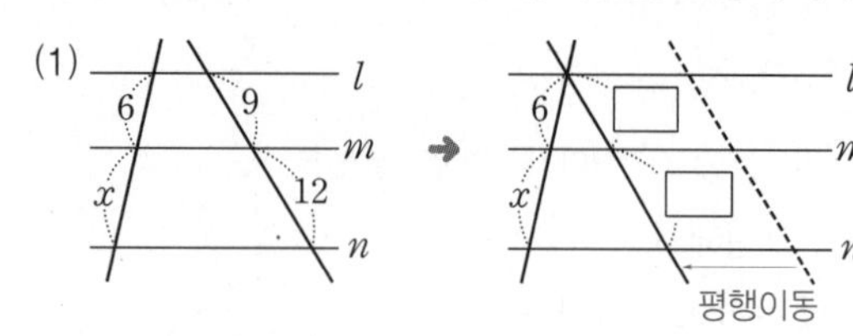


➔ 삼각형에서 평행선과 선분의 길이의 비 (1)에 의하여

$6 : x =$ ☐ : ☐ $\therefore x =$ ☐

(2)

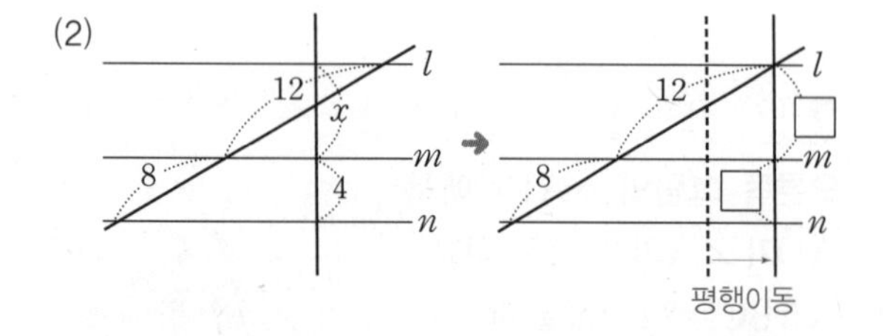


➔ 삼각형에서 평행선과 선분의 길이의 비 (1)에 의하여

$12 :$ ☐ $=$ ☐ $: 4$ $\therefore x =$ ☐

**2** 다음 그림에서 $l /\!/ m /\!/ n$일 때, $x$의 값을 구하여라.

(1)

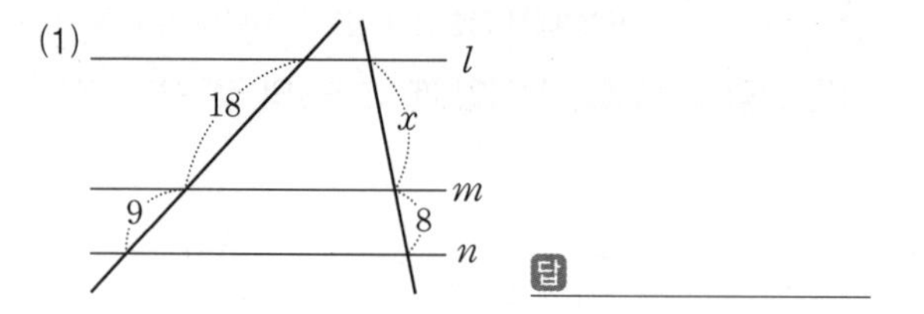


답 ____________

(2)

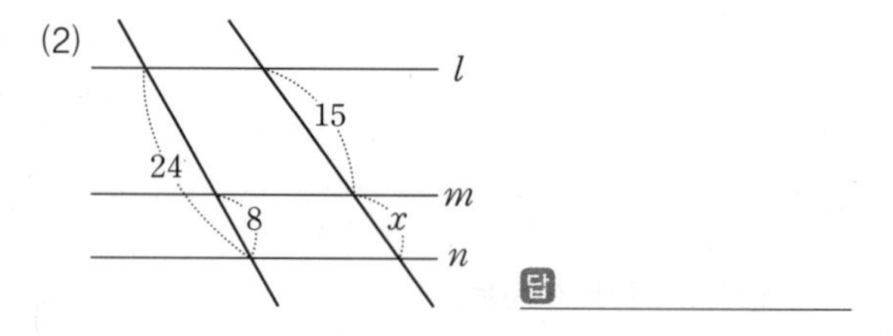


답 ____________

(3)

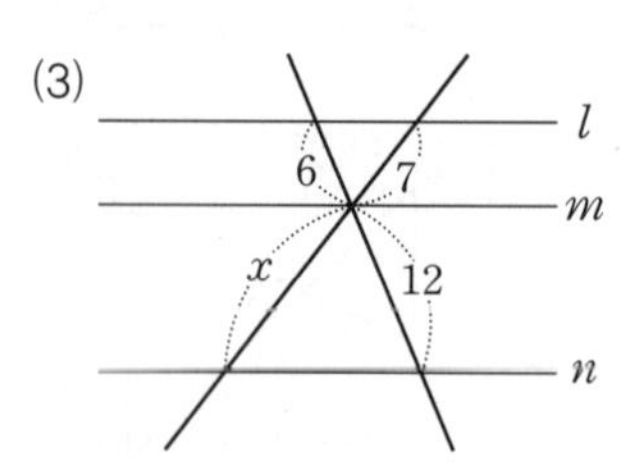


답 ____________

(4)

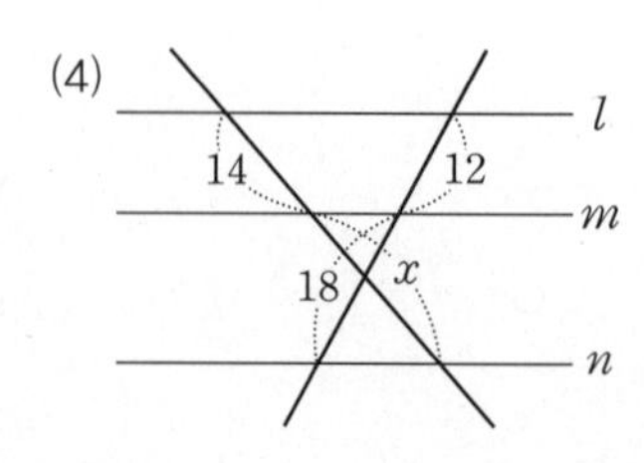


답 ____________

## 3 다음 그림에서 $l \,/\!/\, m \,/\!/\, n$일 때, $x$, $y$의 값을 각각 구하여라.

(1)

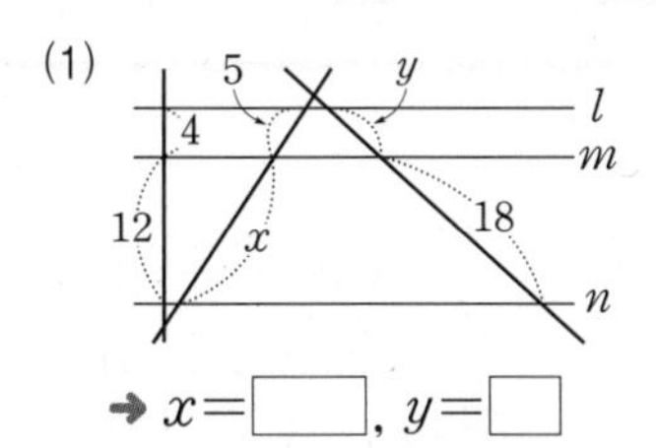


➜ $x=$ ☐, $y=$ ☐

(2)

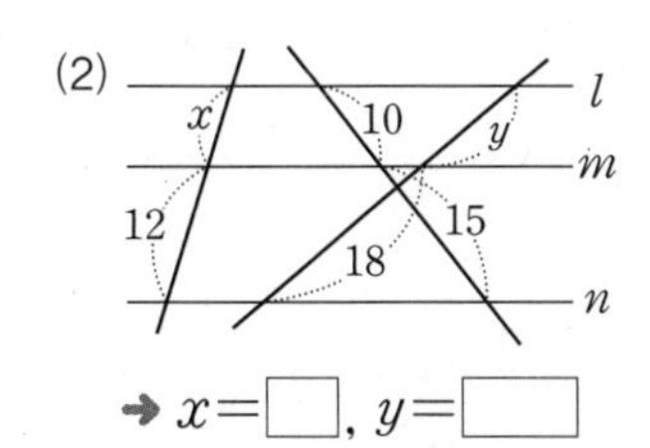


➜ $x=$ ☐, $y=$ ☐

(3)

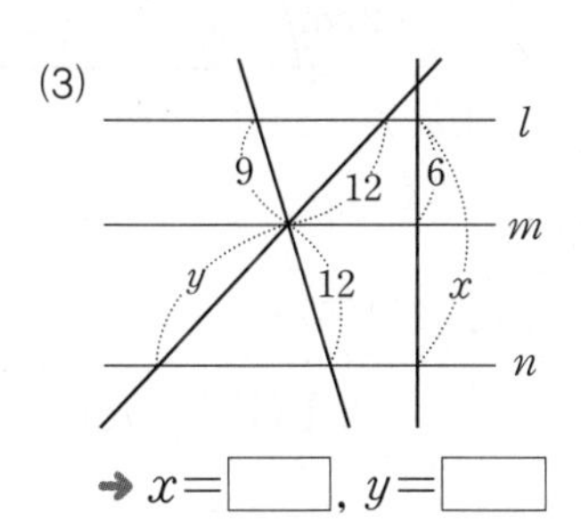


➜ $x=$ ☐, $y=$ ☐

(4)

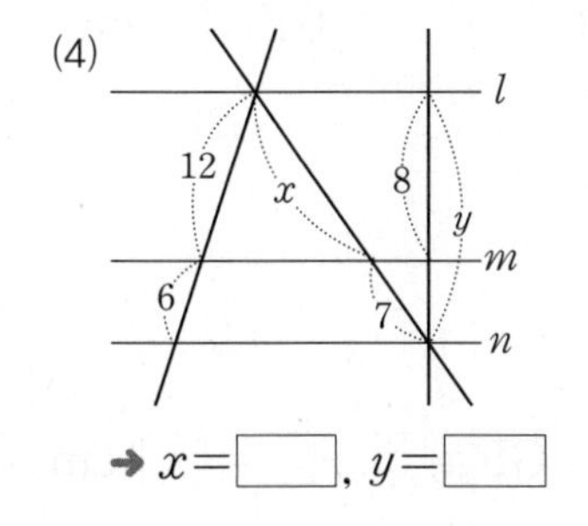


➜ $x=$ ☐, $y=$ ☐

## 4 다음 그림에서 $k \,/\!/\, l \,/\!/\, m \,/\!/\, n$일 때, $x$, $y$의 값을 각각 구하여라.

(1)

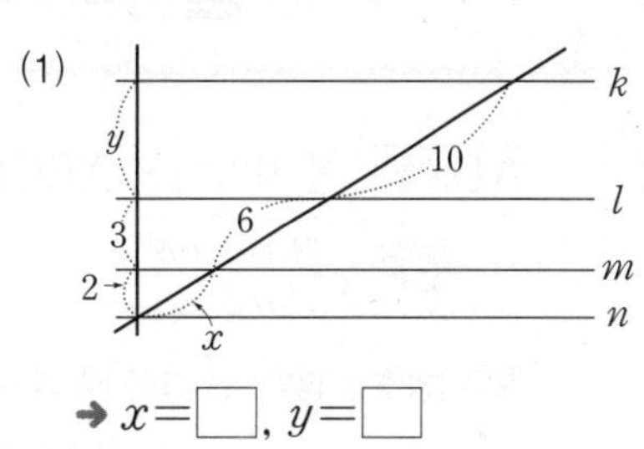


➜ $x=$ ☐, $y=$ ☐

(2)

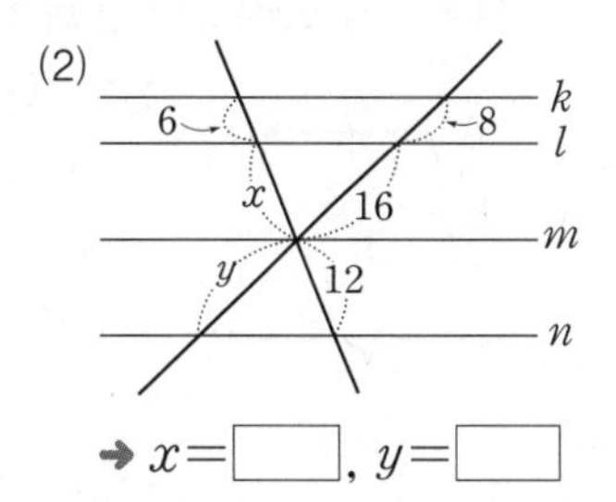


➜ $x=$ ☐, $y=$ ☐

(3)

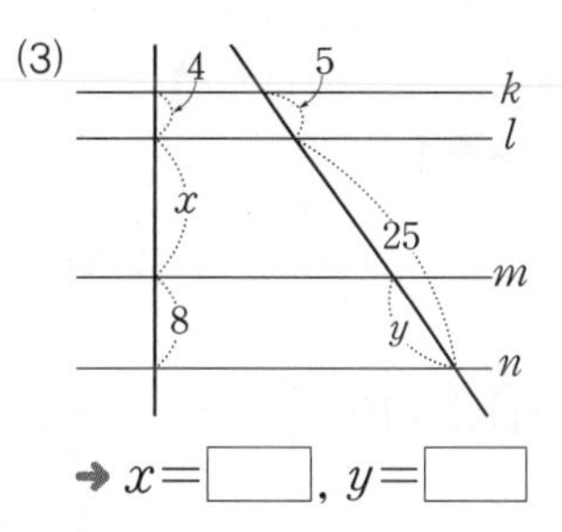


➜ $x=$ ☐, $y=$ ☐

**풍쌤의 point**

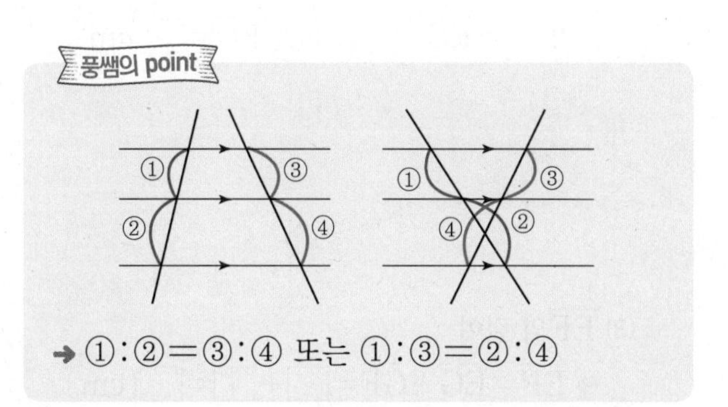


➜ ①:②=③:④ 또는 ①:③=②:④

# 13 사다리꼴에서 평행선과 선분의 길이의 비

**핵심개념** $\overline{AD} /\!/ \overline{BC}$인 사다리꼴 ABCD에서 $\overline{EF} /\!/ \overline{BC}$일 때,

$$\overline{EF}=\frac{mb+na}{m+n}$$

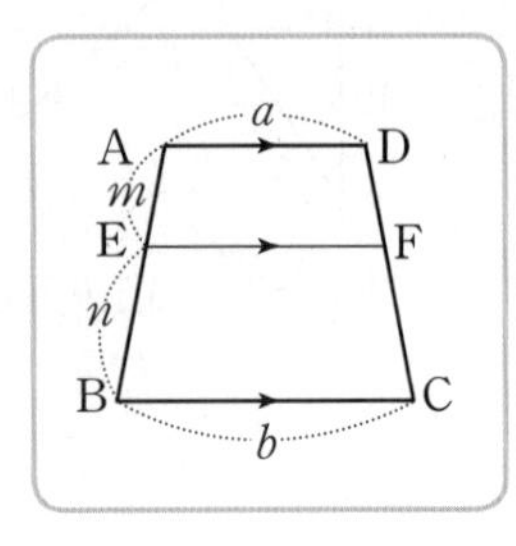


**참고** [방법 1] 평행선을 그어 $\overline{EF}$의 길이 구하기

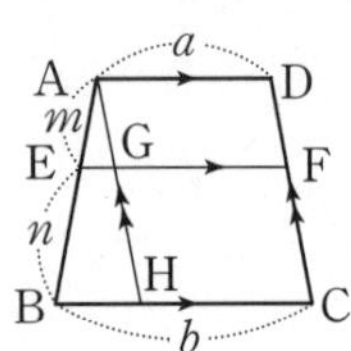


왼쪽 그림과 같이 $\overline{DC}$와 평행한 선분 AH를 그으면

△ABH에서 $\overline{EG} : \overline{BH}=m : (m+n)$

□AHCD에서 $\overline{GF}=\overline{AD}=a$

➜ $\overline{EF}=\overline{EG}+\overline{GF}$

[방법 2] 대각선을 그어 $\overline{EF}$의 길이 구하기

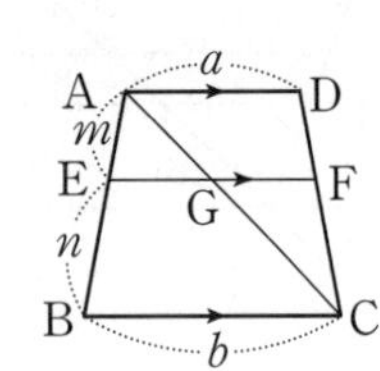


왼쪽 그림과 같이 $\overline{AC}$를 그으면

△ABC에서 $\overline{EG} : \overline{BC}=m : (m+n)$

△ACD에서 $\overline{GF} : \overline{AD}=n : (m+n)$

➜ $\overline{EF}=\overline{EG}+\overline{GF}$

▶학습 날짜 월 일 ▶걸린 시간 분 / 목표 시간 15분

**1** 오른쪽 그림과 같은 사다리꼴 ABCD에서 $\overline{AD} /\!/ \overline{EF} /\!/ \overline{BC}$이고, $\overline{AH} /\!/ \overline{DC}$일 때, 다음을 완성하여라.

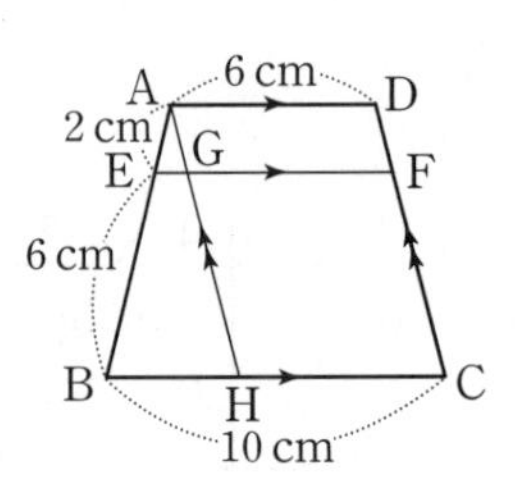


(1) $\overline{BH}$의 길이

➜ $\overline{BH}=\overline{BC}-\overline{HC}=10-\square=\square$(cm)

(2) $\overline{EG}$의 길이

➜ △ABH에서 $\overline{AE} : \overline{AB}=\overline{EG} : \square$이므로

$2 : 8=\overline{EG} : \square$ $\quad\therefore \overline{EG}=\square$ cm

(3) $\overline{EF}$의 길이

➜ $\overline{EF}=\overline{EG}+\overline{GF}=\square+\square=\square$(cm)

**2** 오른쪽 그림과 같은 사다리꼴 ABCD에서 $\overline{AD} /\!/ \overline{EF} /\!/ \overline{BC}$일 때, 다음을 완성하여라.

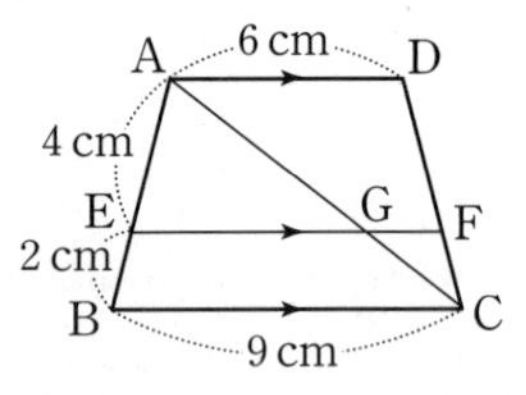


(1) $\overline{EG}$의 길이

➜ △ABC에서

$\overline{AE} : \overline{AB}=\overline{EG} : \square$이므로

$4 : 6=\overline{EG} : \square$ $\quad\therefore \overline{EG}=\square$ cm

(2) $\overline{GF}$의 길이

➜ △ACD에서

$\overline{GF} : \overline{AD}=\overline{CG} : \overline{CA}=\overline{BE} : \square$

$\overline{GF} : 6=2 : \square$ $\quad\therefore \overline{GF}=\square$ cm

(3) $\overline{EF}$의 길이

➜ $\overline{EF}=\overline{EG}+\overline{GF}=\square+\square=\square$(cm)

## 3 다음 그림과 같은 사다리꼴 ABCD에서 $\overline{AD} /\!/ \overline{EF} /\!/ \overline{BC}$일 때, 다음을 완성하여라.

(1)

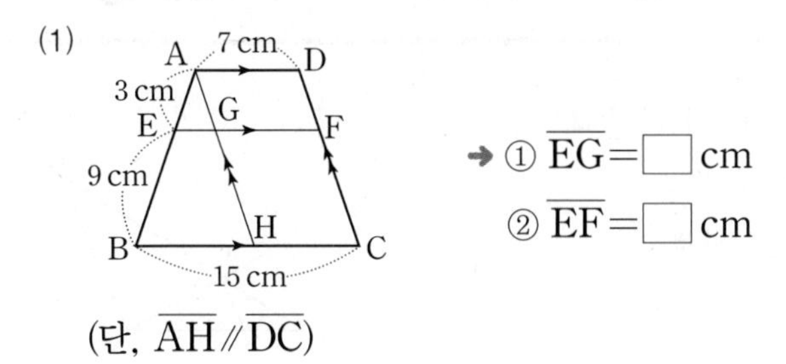


(단, $\overline{AH} /\!/ \overline{DC}$)

➜ ① $\overline{EG}=$☐ cm

② $\overline{EF}=$☐ cm

(2)

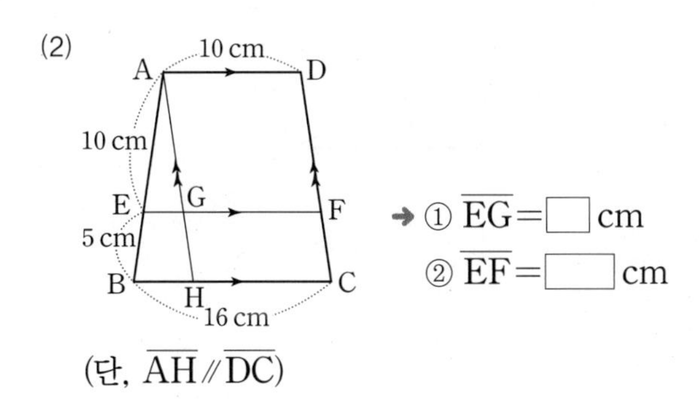


(단, $\overline{AH} /\!/ \overline{DC}$)

➜ ① $\overline{EG}=$☐ cm

② $\overline{EF}=$☐ cm

(3)

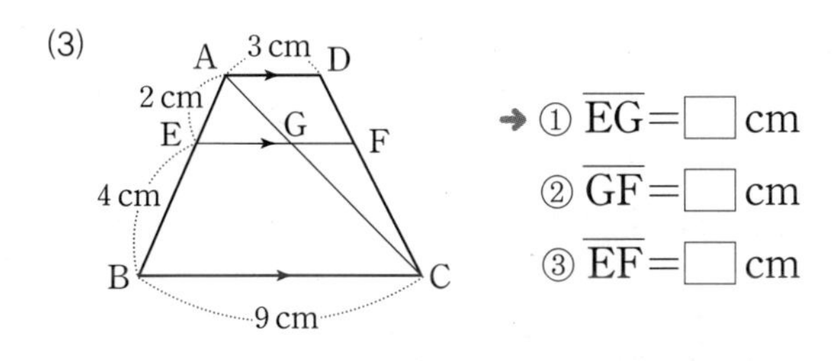


➜ ① $\overline{EG}=$☐ cm

② $\overline{GF}=$☐ cm

③ $\overline{EF}=$☐ cm

(4)

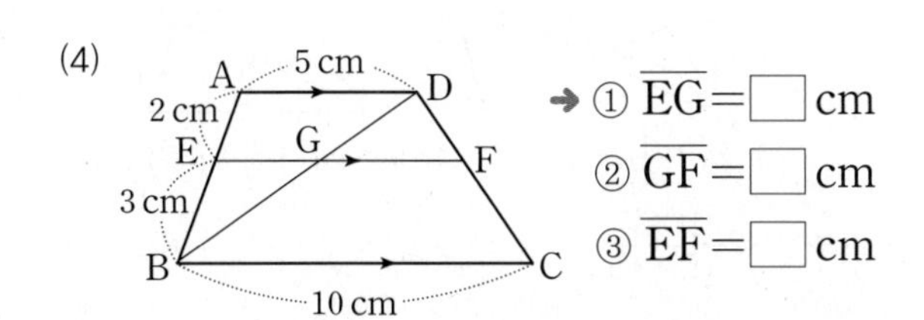


➜ ① $\overline{EG}=$☐ cm

② $\overline{GF}=$☐ cm

③ $\overline{EF}=$☐ cm

## 4 오른쪽 그림과 같은 사다리꼴 ABCD에서 $\overline{AD} /\!/ \overline{EF} /\!/ \overline{BC}$이고, 점 O는 두 대각선의 교점이다. $\overline{EF}$가 점 O를 지날 때, 다음을 완성하여라.

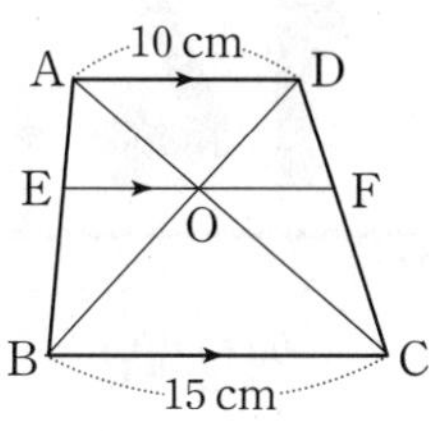


(1) △AOD와 닮음인 삼각형

➜ △AOD∽☐(☐ 닮음)

(2) $\overline{AO}$와 $\overline{CO}$의 길이의 비

➜ $\overline{AO} : \overline{CO}=\overline{AD} :$☐$=$☐$:$☐

(3) $\overline{EO}$의 길이

➜ △ABC에서 $\overline{AO} : \overline{AC}=\overline{EO} :$☐이므로

2 : ☐$=\overline{EO} :$☐

∴ $\overline{EO}=$☐ cm

(4) $\overline{OF}$의 길이

➜ △ACD에서 $\overline{CO} : \overline{CA}=\overline{OF} :$☐이므로

3 : ☐$=\overline{OF} :$☐

∴ $\overline{OF}=$☐ cm

(5) $\overline{EF}$의 길이

➜ $\overline{EF}=\overline{EO}+\overline{OF}=$☐$+$☐$=$☐(cm)

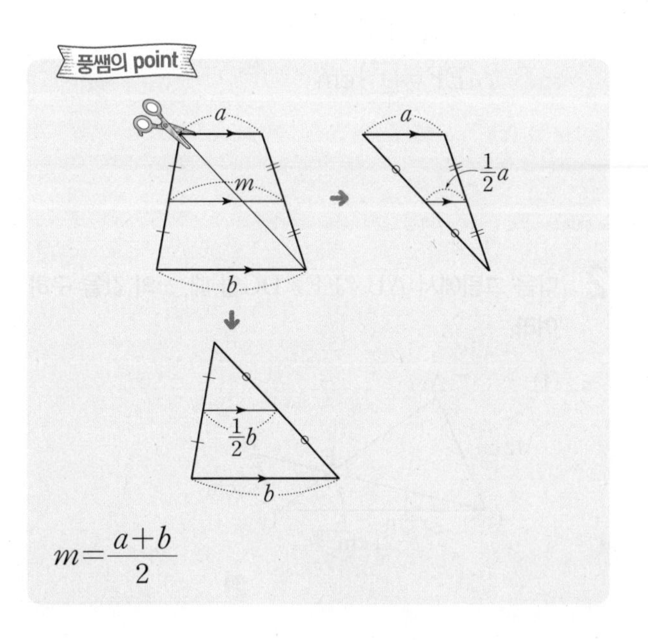

# 14 평행선과 선분의 길이의 비의 활용

**핵심개념** $\overline{AC}$와 $\overline{BD}$의 교점을 E라 하고 $\overline{AB}/\!/\overline{EF}/\!/\overline{DC}$일 때

1. $\overline{AE}:\overline{EC}=\overline{BE}:\overline{ED}=\overline{BF}:\overline{FC}=a:b$
2. △BCD에서 $\overline{BE}:\overline{BD}=\overline{EF}:\overline{DC}$이므로
   $a:(a+b)=\overline{EF}:b$
   ➜ $\overline{EF}=\dfrac{ab}{a+b}$

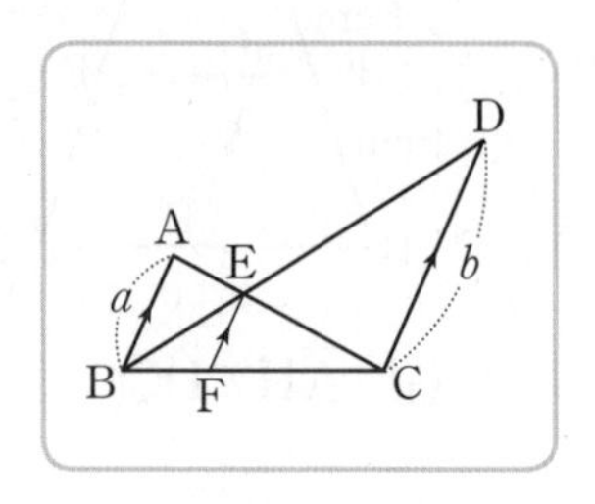


▶학습 날짜 월 일 ▶걸린 시간 분 / 목표 시간 10분

정답과 해설 26~27쪽

**1** 오른쪽 그림에서 $\overline{AB}/\!/\overline{EF}/\!/\overline{DC}$일 때, 다음을 완성하여라.

(1) $\overline{BE}$와 $\overline{DE}$의 비

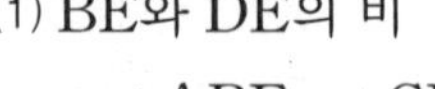

➜ △ABE∽△CDE 이므로
$\overline{BE}:\overline{DE}=\overline{AB}:\overline{CD}=6:\square=1:\square$

(2) $\overline{BF}$와 $\overline{BC}$의 비
➜ △BCD에서
$\overline{BF}:\overline{BC}=\overline{BE}:\overline{BD}=1:(1+\square)$
$=1:\square$

(3) $\overline{EF}$의 길이
➜ △BCD에서 $\overline{BF}:\overline{BC}=\overline{EF}:\square$이므로
$1:\square=\overline{EF}:\square$
$\therefore\ \overline{EF}=\square$ cm

**2** 다음 그림에서 $\overline{AB}/\!/\overline{EF}/\!/\overline{DC}$일 때, $x$의 값을 구하여라.

(1)

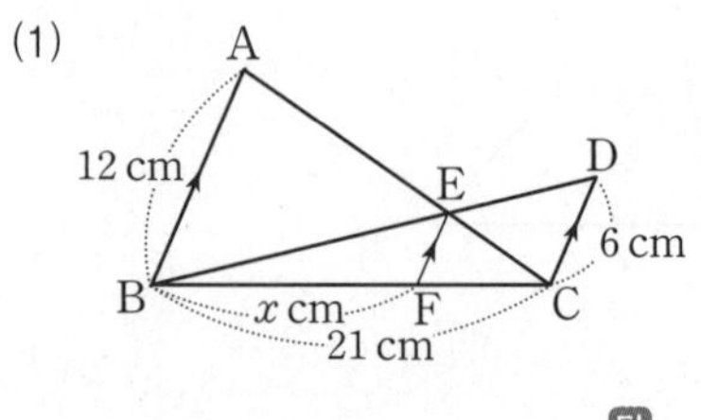


답

(2)

답

(3)

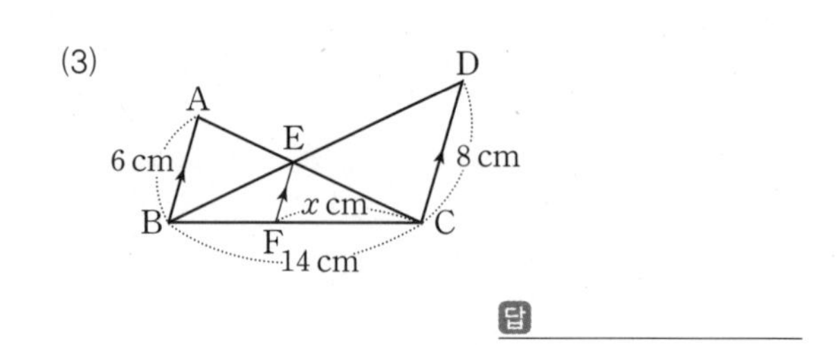


답

풍쌤의 point

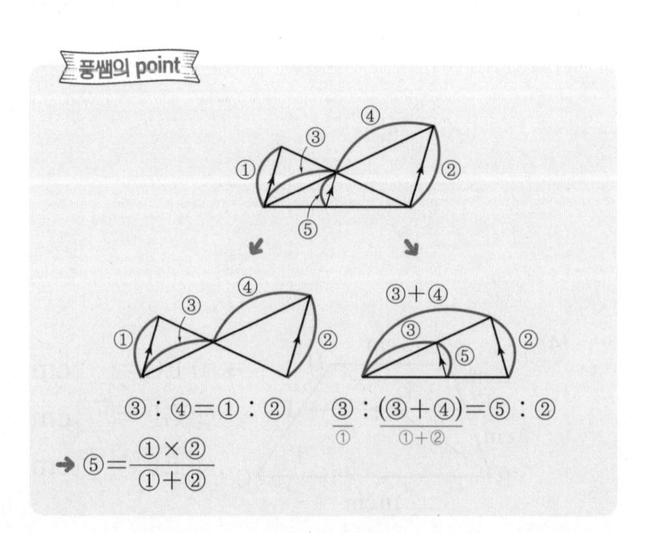

# 12-14 스스로 점검 문제

맞힌 개수 개 / 7개

▶학습 날짜 월 일 ▶걸린 시간 분 / 목표 시간 20분

**1** ○ 평행선 사이의 선분의 길이의 비 1, 2

오른쪽 그림에서 $l \parallel m \parallel n$일 때, $x$의 값을 구하여라.

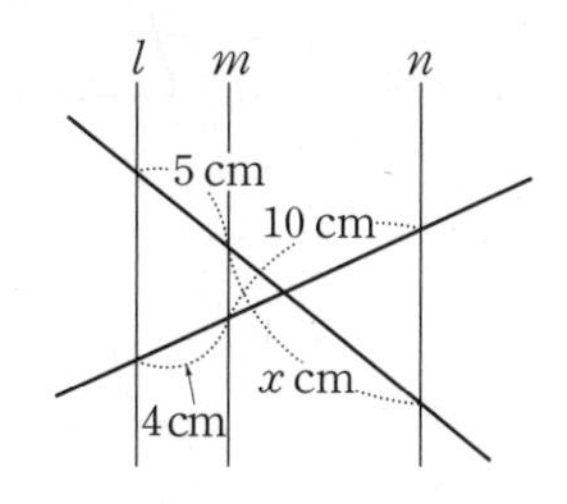


**2** ○ 평행선 사이의 선분의 길이의 비 4

오른쪽 그림에서 $k \parallel l \parallel m \parallel n$일 때, $xy$의 값은?

① 28 ② 32 ③ 38 ④ 42 ⑤ 45

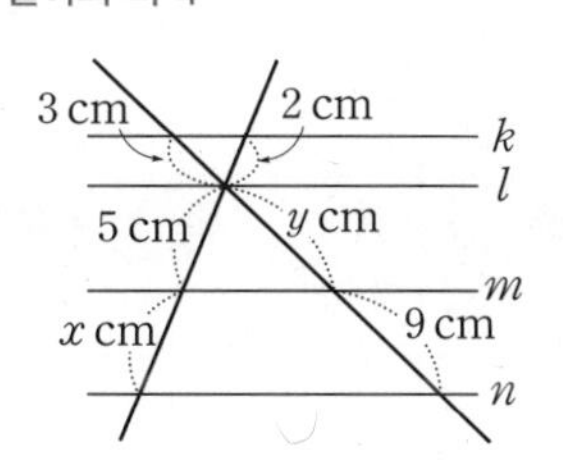


**3** ○ 사다리꼴에서 평행선과 선분의 길이의 비 1, 3

오른쪽 그림과 같은 사다리꼴 ABCD에서 $\overline{AD} \parallel \overline{EF} \parallel \overline{BC}$일 때, $\overline{EF}$의 길이를 구하여라.

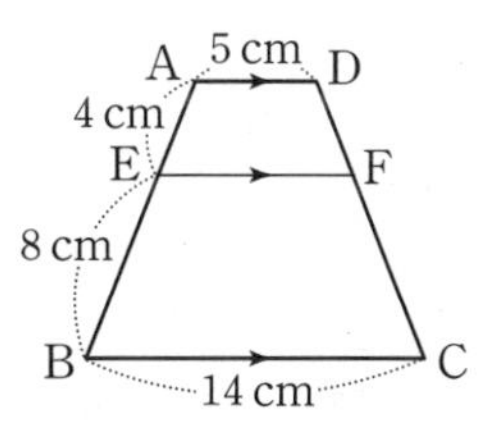


**4** ○ 사다리꼴에서 평행선과 선분의 길이의 비 2, 3

오른쪽 그림과 같은 사다리꼴 ABCD에서 $\overline{AD} \parallel \overline{EF} \parallel \overline{BC}$일 때, $x+y$의 값을 구하여라.

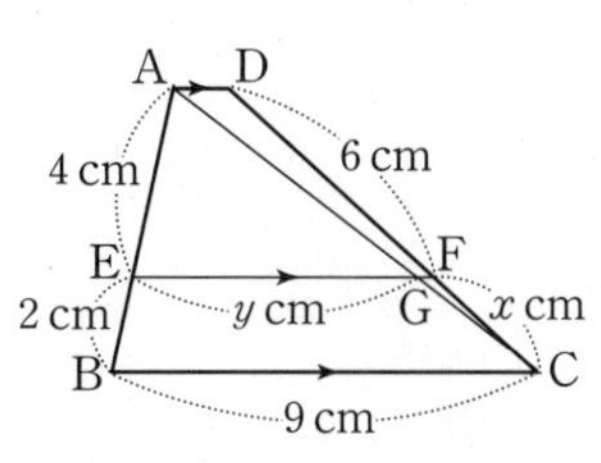


**5** ○ 사다리꼴에서 평행선과 선분의 길이의 비 4

오른쪽 그림과 같은 사다리꼴 ABCD에서 $\overline{AD} \parallel \overline{EF} \parallel \overline{BC}$이고 점 O는 두 대각선의 교점이다. $\overline{EF}$가 점 O를 지날 때, $\overline{EF}$의 길이를 구하여라.

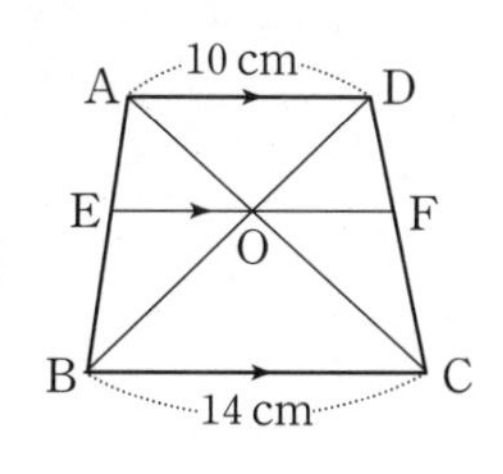


**6** ○ 평행선과 선분의 길이의 비의 활용 1, 2

오른쪽 그림에서 $\overline{AB} \parallel \overline{EF} \parallel \overline{DC}$일 때, $x$의 값을 구하여라.

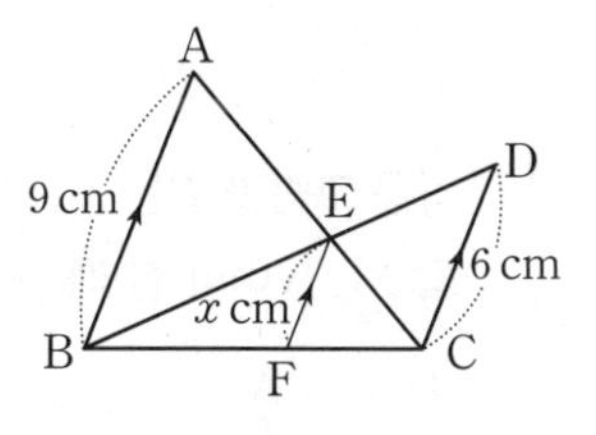


**7** ○ 평행선과 선분의 길이의 비의 활용 1, 2

오른쪽 그림에서 $\overline{AB} \parallel \overline{EF} \parallel \overline{DC}$일 때, $x+y$의 값은?

① 12 ② 15 ③ 18 ④ 20 ⑤ 24

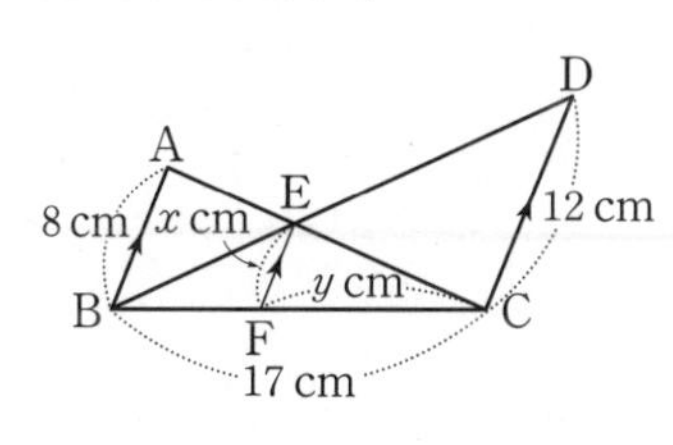

# 15 삼각형의 두 변의 중점을 연결한 선분의 성질

**핵심개념**

1. $\triangle ABC$에서
$\overline{AM}=\overline{MB}$, $\overline{AN}=\overline{NC}$이면
$\overline{MN}/\!/\overline{BC}$, $\overline{MN}=\frac{1}{2}\overline{BC}$

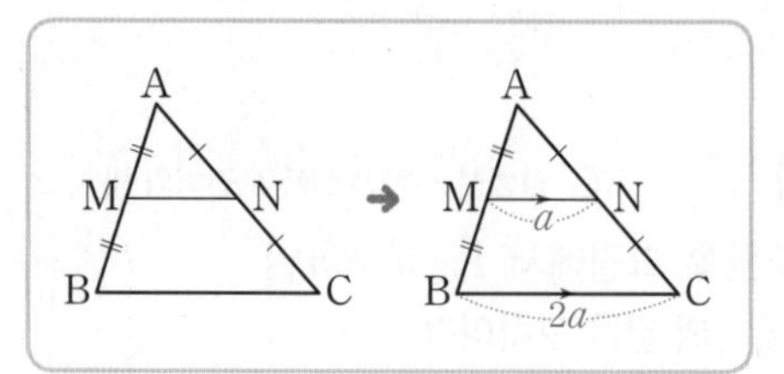


2. $\triangle ABC$에서
$\overline{AM}=\overline{MB}$, $\overline{MN}/\!/\overline{BC}$이면
$\overline{AN}=\overline{NC}$

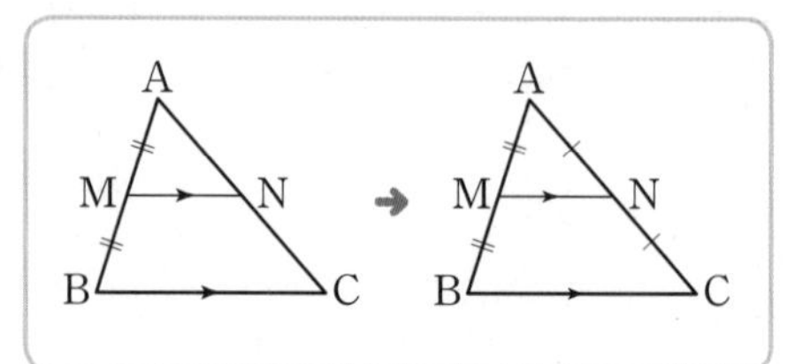


tip
(1) 삼각형의 두 변의 중점을 연결한 선분은 나머지 한 변과 평행하고, 그 길이는 나머지 변의 길이의 $\frac{1}{2}$이다.
(2) 삼각형의 한 변의 중점을 지나고 다른 한 변에 평행한 직선은 나머지 변의 중점을 지난다.

▶학습 날짜 월 일 ▶걸린 시간 분 / 목표 시간 15분

**1** 다음 그림과 같은 $\triangle ABC$에서 $\overline{AB}$, $\overline{AC}$의 중점을 각각 M, N이라 할 때, $x$의 값을 구하여라.

(1)

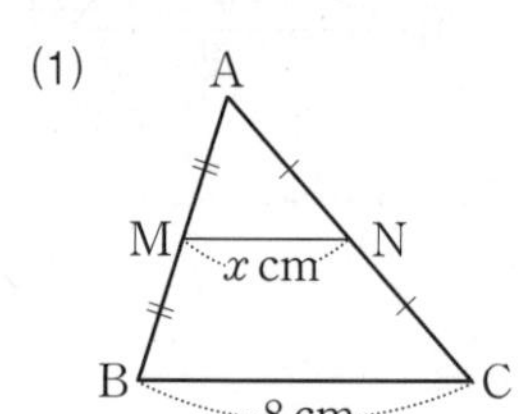


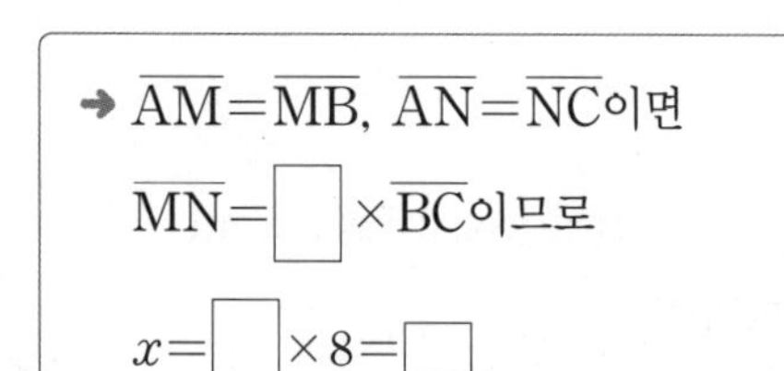

→ $\overline{AM}=\overline{MB}$, $\overline{AN}=\overline{NC}$이면
$\overline{MN}=\square\times\overline{BC}$이므로
$x=\square\times 8=\square$

(2)

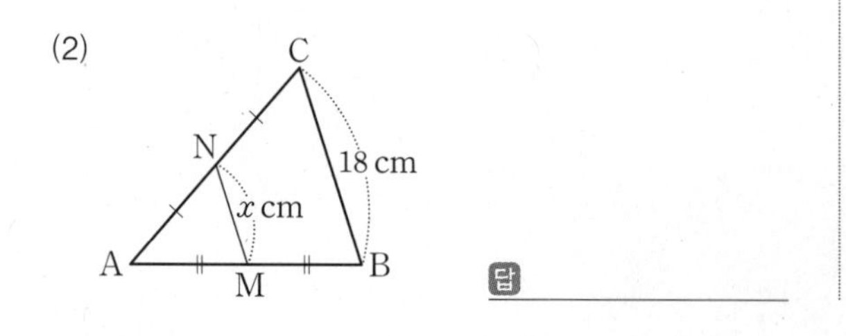


답 ____________

(3)

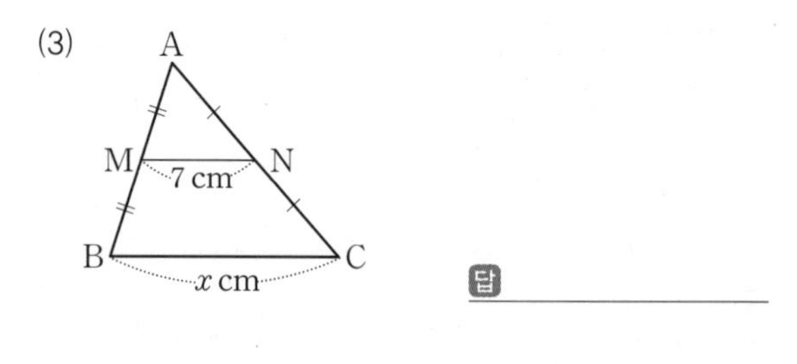


답 ____________

(4)

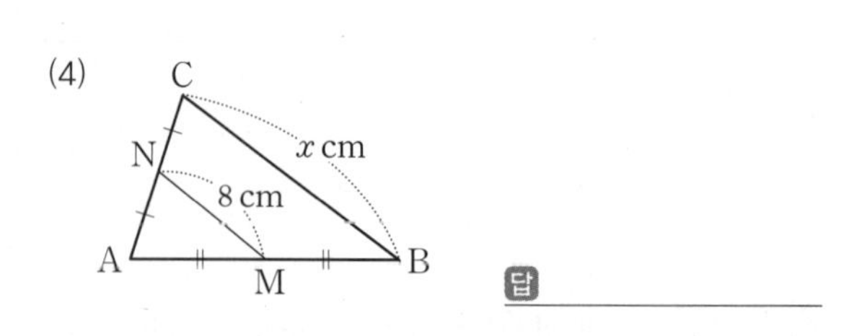


답 ____________

(5)

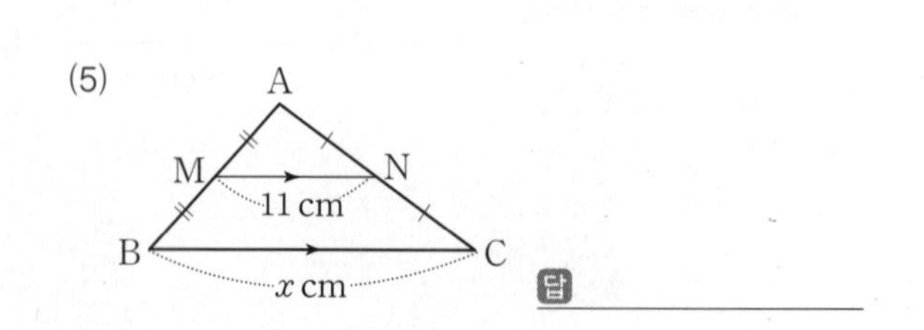


답 ____________

## 2 다음 그림과 같은 △ABC에서 점 M은 $\overline{AB}$의 중점이고, $\overline{MN} /\!/ \overline{BC}$일 때, $x$, $y$의 값을 각각 구하여라.

(1)

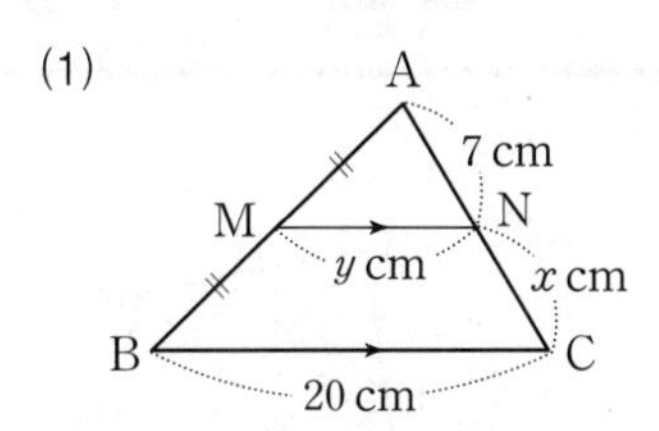


➜ $\overline{AM}=\overline{MB}$, $\overline{MN} /\!/ \overline{BC}$이면
$\overline{AN}=\overline{NC}$이므로 $x=$ □
$\overline{AM}=\overline{MB}$, $\overline{AN}=\overline{NC}$이므로
$y=$ □ $\times 20=$ □

(2)

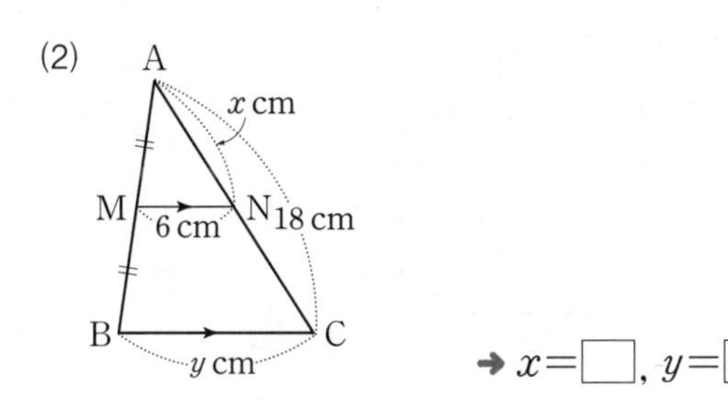


➜ $x=$ □, $y=$ □

(3)

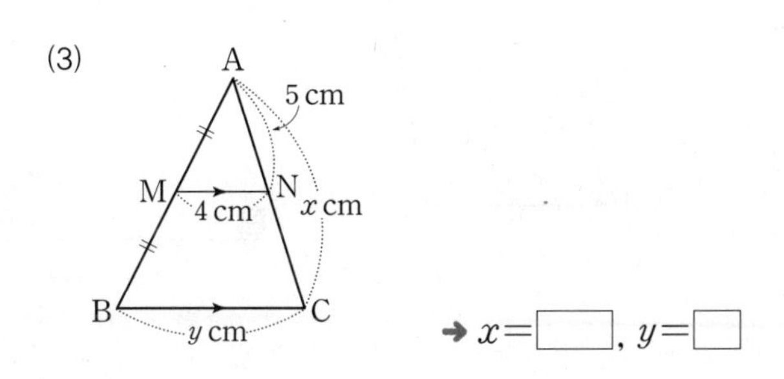


➜ $x=$ □, $y=$ □

(4)

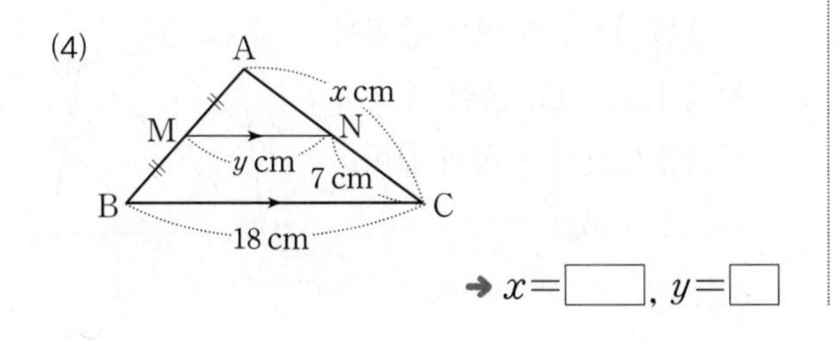


➜ $x=$ □, $y=$ □

## 3 아래 그림과 같은 도형에서 다음을 구하여라.

(1) △DEF의 둘레의 길이

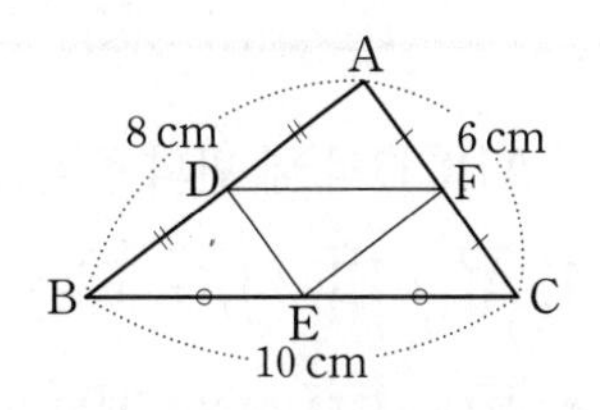


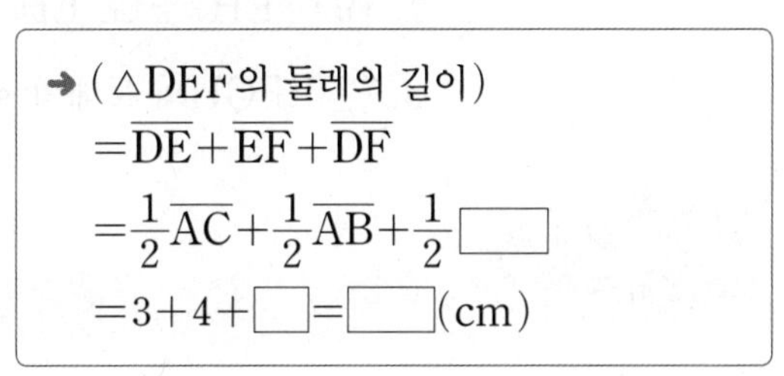

➜ (△DEF의 둘레의 길이)
$=\overline{DE}+\overline{EF}+\overline{DF}$
$=\frac{1}{2}\overline{AC}+\frac{1}{2}\overline{AB}+\frac{1}{2}$ □
$=3+4+$ □ $=$ □ (cm)

(2)

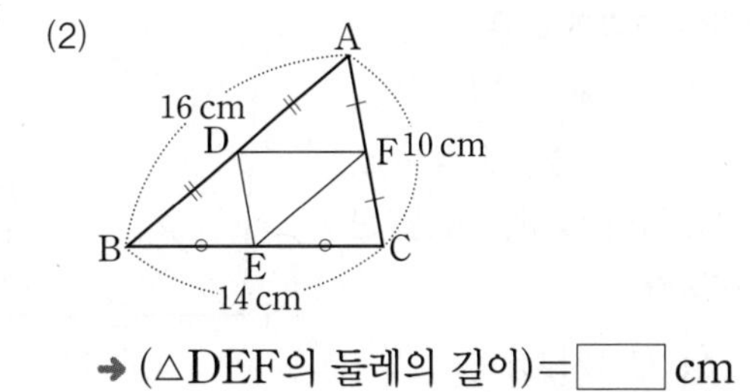


➜ (△DEF의 둘레의 길이)= □ cm

(3)

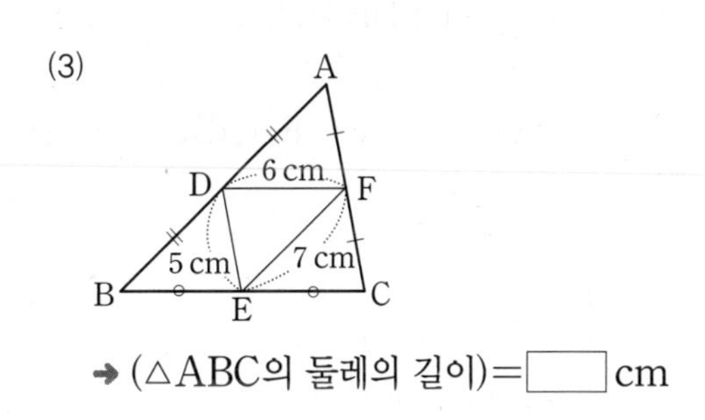


➜ (△ABC의 둘레의 길이)= □ cm

1. $\overline{AM}=\overline{MB}$, $\overline{AN}=\overline{NC}$이면
$\overline{MN} /\!/ \overline{BC}$,
$\overline{MN}=\frac{1}{2}\overline{BC}$

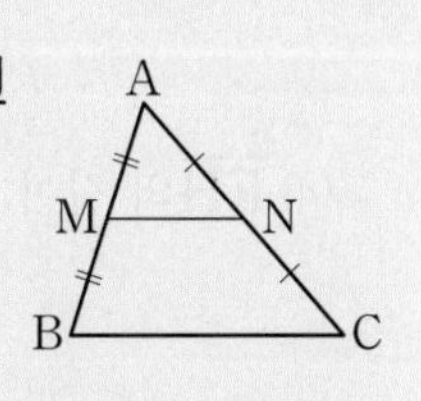


2. $\overline{AM}=\overline{MB}$, $\overline{MN} /\!/ \overline{BC}$이면
$\overline{AN}=\overline{NC}$

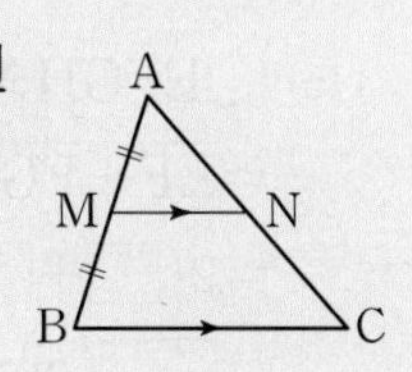

# 16 사각형의 각 변의 중점을 연결하여 만든 사각형

**핵심개념** □ABCD의 네 변의 중점을 각각 E, F, G, H라 하면

1. $\overline{AC} /\!/ \overline{EF} /\!/ \overline{HG}$, $\overline{EF}=\overline{HG}=\frac{1}{2}\overline{AC}$
2. $\overline{BD} /\!/ \overline{EH} /\!/ \overline{FG}$, $\overline{EH}=\overline{FG}=\frac{1}{2}\overline{BD}$
3. (□EFGH의 둘레의 길이)$=\overline{EF}+\overline{FG}+\overline{GH}+\overline{HE}$
$=2(\overline{EF}+\overline{EH})=\overline{AC}+\overline{BD}$

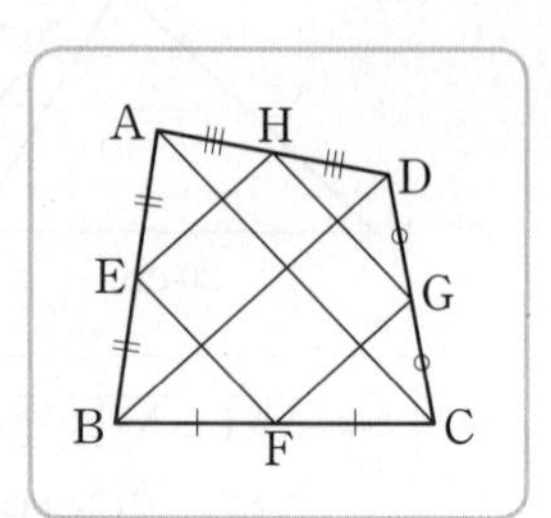

▶학습 날짜 월 일 ▶걸린 시간 분 / 목표 시간 10분

정답과 해설 28쪽

**1** 오른쪽 그림과 같은 □ABCD에서 $\overline{AB}$, $\overline{BC}$, $\overline{CD}$, $\overline{DA}$의 중점을 각각 E, F, G, H라 할 때, 다음을 완성하여라.

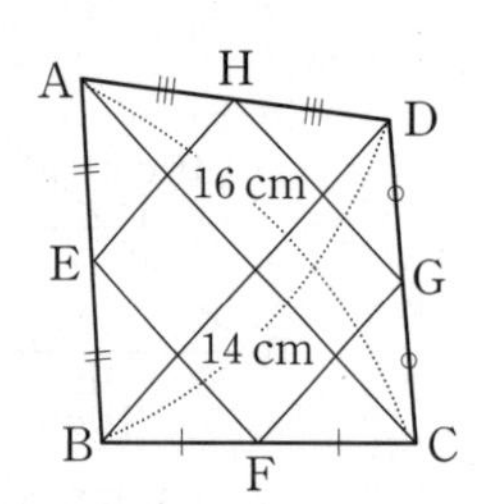


(1) $\overline{AC}$와 평행한 변

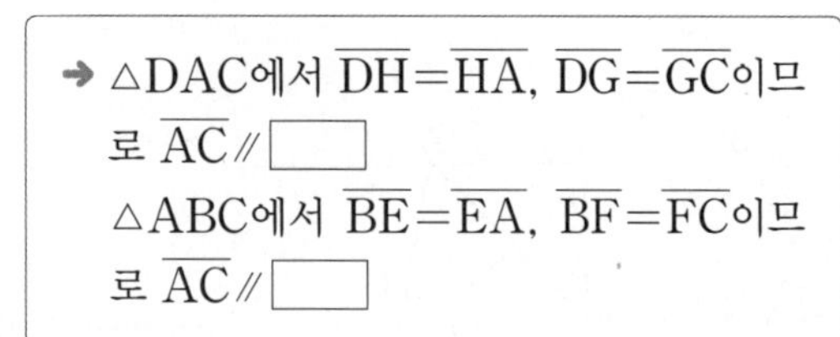

→ △DAC에서 $\overline{DH}=\overline{HA}$, $\overline{DG}=\overline{GC}$이므로 $\overline{AC} /\!/$ □
△ABC에서 $\overline{BE}=\overline{EA}$, $\overline{BF}=\overline{FC}$이므로 $\overline{AC} /\!/$ □

(2) $\overline{BD}$와 평행한 변: $\overline{EH}$, □

(3) $\overline{EF}$의 길이: □cm, $\overline{HG}$의 길이: □cm

(4) $\overline{EH}$의 길이: □cm, $\overline{FG}$의 길이: □cm

(5) (□EFGH의 둘레의 길이)
$=\overline{EF}+\overline{FG}+\overline{GH}+\overline{HE}$
$=2($□$+$□$)$
$=$□(cm)

**2** 다음 그림과 같은 □ABCD에서 $\overline{AB}$, $\overline{BC}$, $\overline{CD}$, $\overline{DA}$의 중점을 각각 E, F, G, H라 할 때, □EFGH의 둘레의 길이를 구하여라.

(1)

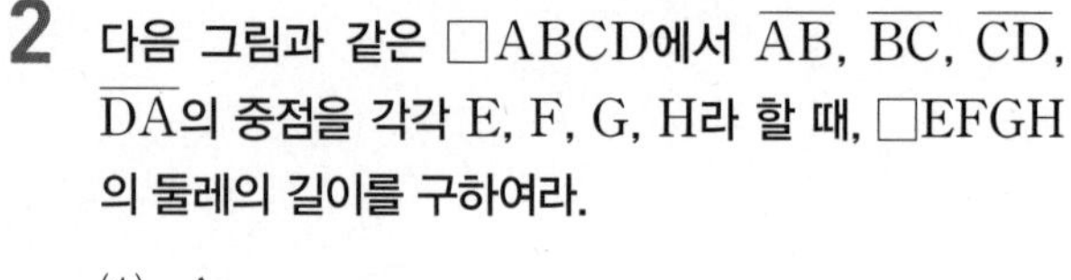

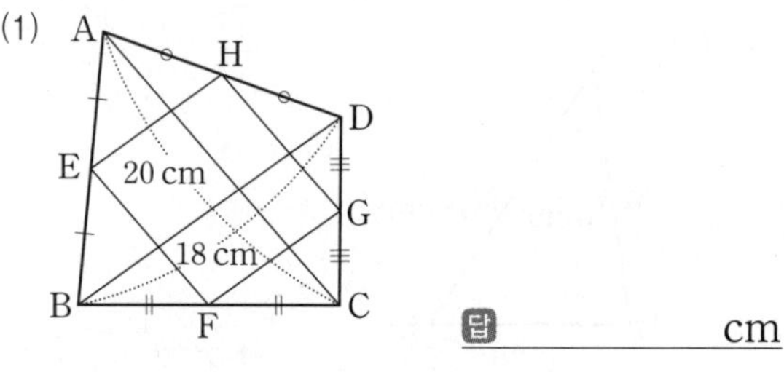


답 cm

(2)

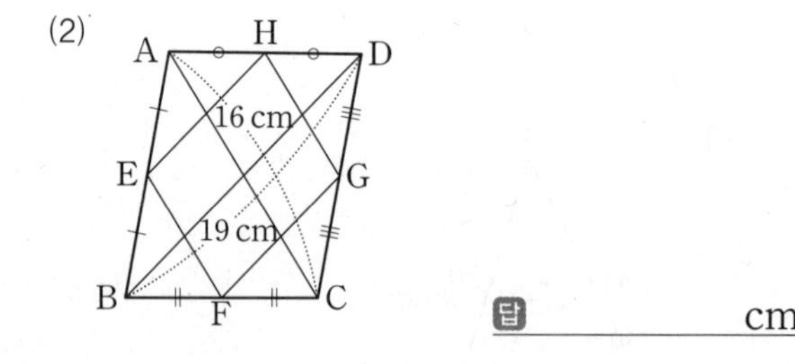


답 cm

**풍쌤의 point**

□ABCD의 네 변의 중점이 각각 E, F, G, H일 때,
(□EFGH의 둘레의 길이)
$=\overline{AC}+\overline{BD}$

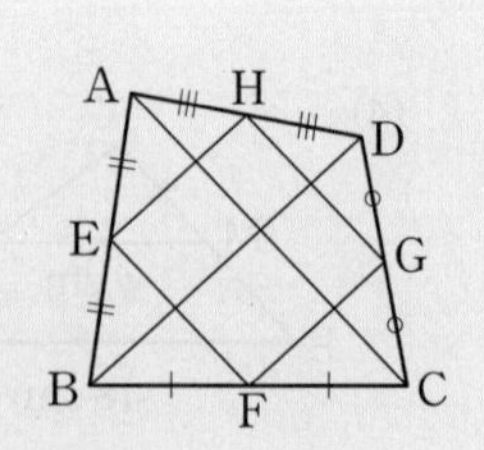

# 17 사다리꼴에서 삼각형의 두 변의 중점을 연결한 선분의 성질의 활용

**핵심개념** $\overline{AD}\,/\!/\,\overline{BC}$인 사다리꼴 ABCD에서 $\overline{AB}$, $\overline{CD}$의 중점을 각각 M, N이라 하면

1. $\overline{AD}\,/\!/\,\overline{MN}\,/\!/\,\overline{BC}$
2. $\overline{MQ}=\frac{1}{2}\overline{BC}$, $\overline{QN}=\frac{1}{2}\overline{AD}$
3. $\overline{MN}=\frac{1}{2}(\overline{AD}+\overline{BC})$
4. $\overline{PQ}=\frac{1}{2}(\overline{BC}-\overline{AD})$ (단, $\overline{BC}>\overline{AD}$)

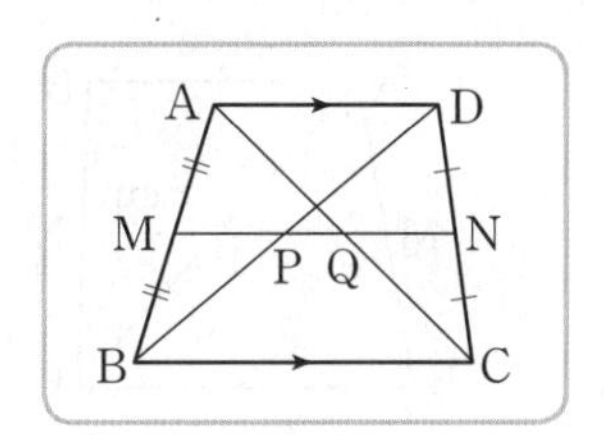

▶학습 날짜 월 일 ▶걸린 시간 분 / 목표 시간 15분

정답과 해설 28~29쪽

**1** 오른쪽 그림과 같이 $\overline{AD}\,/\!/\,\overline{BC}$인 사다리꼴 ABCD에서 $\overline{AB}$, $\overline{CD}$의 중점을 각각 M, N이라 할 때, 다음을 완성하여라.

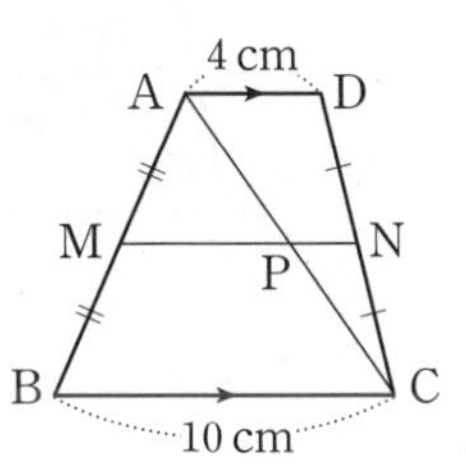


(1) △ABC에서

$\overline{MP}=\square\times\overline{BC}$

$=\square\times 10=\square$(cm)

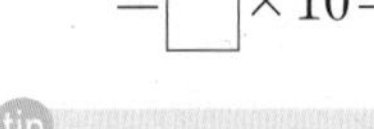

tip △ABC에서 $\overline{MP}\,/\!/\,\overline{BC}$, $\overline{AM}=\overline{MB}$이므로 $\overline{MP}=\frac{1}{2}\overline{BC}$임을 이용해.

(2) △ACD에서

$\overline{PN}=\square\times\overline{AD}$

$=\square\times 4=\square$(cm)

(3) $\overline{MN}=\overline{MP}+\overline{PN}$

$=\square+\square=\square$(cm)

**2** 오른쪽 그림과 같이 $\overline{AD}\,/\!/\,\overline{BC}$인 사다리꼴 ABCD에서 $\overline{AB}$, $\overline{CD}$의 중점을 각각 M, N이라 할 때, 다음을 완성하여라.

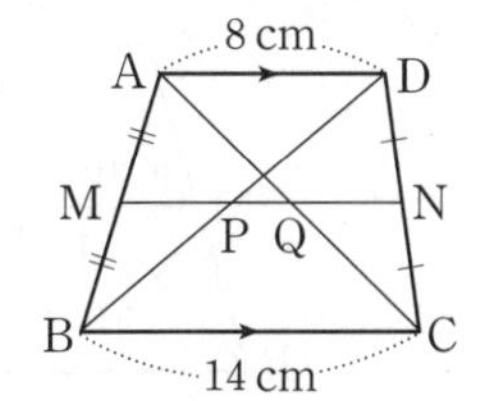


(1) △ABC에서

$\overline{MQ}=\square\times\overline{BC}$

$=\square\times 14=\square$(cm)

tip △ABC에서 $\overline{MQ}\,/\!/\,\overline{BC}$, $\overline{AM}=\overline{MB}$이므로 $\overline{MQ}=\frac{1}{2}\overline{BC}$임을 이용해.

(2) △ABD에서

$\overline{MP}=\square\times\overline{AD}$

$=\square\times 8=\square$(cm)

(3) $\overline{PQ}=\overline{MQ}-\overline{MP}$

$=\square-\square=\square$(cm)

**3** 다음 그림과 같이 $\overline{AD} /\!/ \overline{BC}$인 사다리꼴 ABCD에서 $\overline{AB}$, $\overline{CD}$의 중점을 각각 M, N이라 할 때, $x$의 값을 구하여라.

(1)

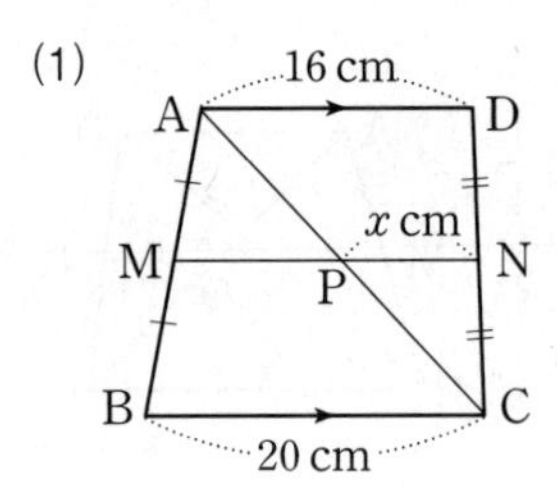


답 __________

(2)

답 __________

(3)

답 __________

(4)

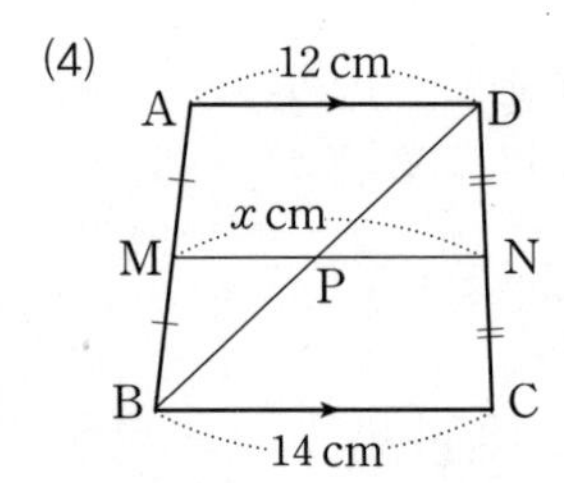


답 __________

**4** 다음 그림과 같이 $\overline{AD} /\!/ \overline{BC}$인 사다리꼴 ABCD에서 $\overline{AB}$, $\overline{CD}$의 중점을 각각 M, N이라 할 때, $x$의 값을 구하여라.

(1)

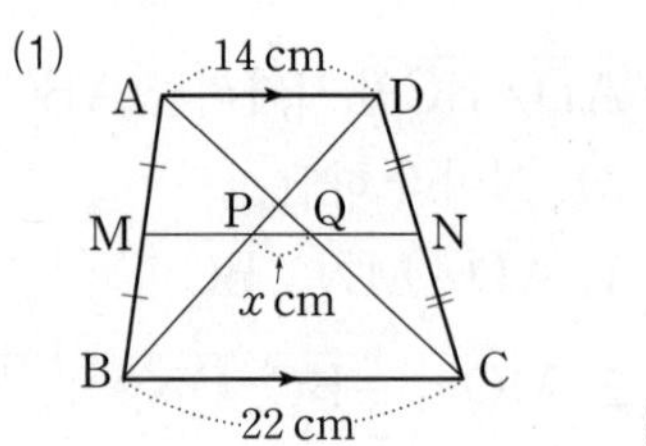


답 __________

(2)

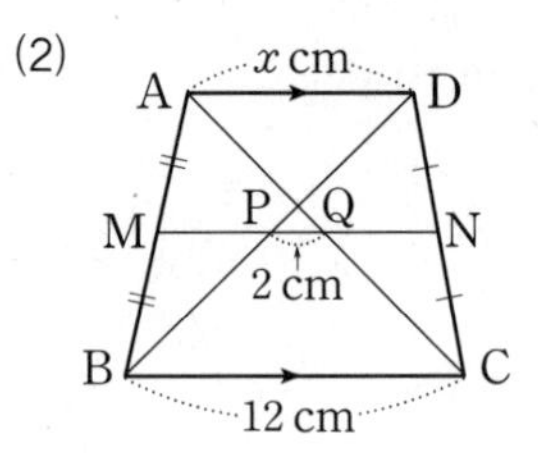


답 __________

(3)

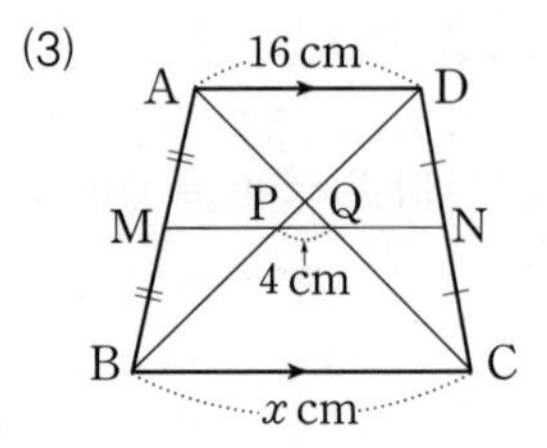


답 __________

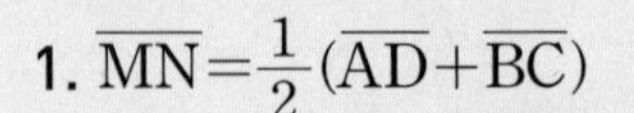


오른쪽 그림과 같이 $\overline{AD} /\!/ \overline{BC}$인 사다리꼴 ABCD에서 $\overline{AB}$, $\overline{CD}$의 중점을 각각 M, N이라 하면

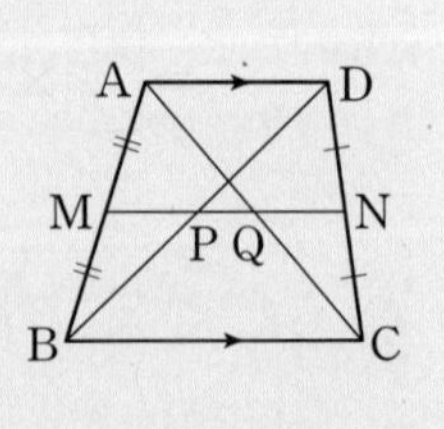


**1.** $\overline{MN}=\frac{1}{2}(\overline{AD}+\overline{BC})$

**2.** $\overline{PQ}=\frac{1}{2}(\overline{BC}-\overline{AD})$ (단, $\overline{BC}>\overline{AD}$)

정답과 해설 29~30쪽

# 15-17 ◆ 스스로 점검 문제

맞힌 개수 개 / 12개

▶학습 날짜 월 일 ▶걸린 시간 분 / 목표 시간 30분

**1** □□ ◯ 삼각형의 두 변의 중점을 연결한 선분의 성질 1

**오른쪽 그림과 같은 △ABC에서 $\overline{AB}$, $\overline{BC}$의 중점을 각각 D, E라 할 때, $x+y$의 값은?**

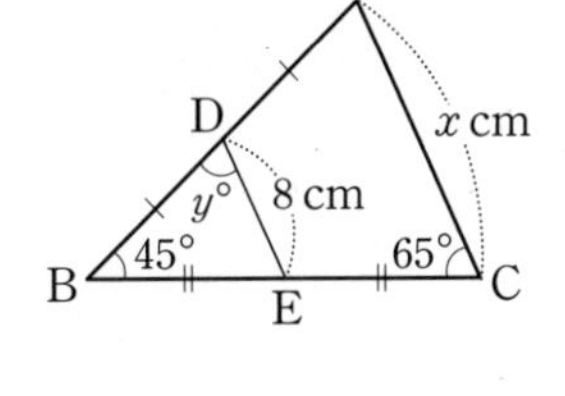


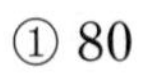
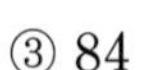

① 80 ② 82
③ 84 ④ 86
⑤ 88

**2** □□ ◯ 삼각형의 두 변의 중점을 연결한 선분의 성질 1

**오른쪽 그림에서 $\overline{AM}=\overline{MC}$, $\overline{DB}=\overline{BN}=\overline{NC}$이고, $\overline{BE}=2$ cm일 때, $\overline{AB}$의 길이는?**

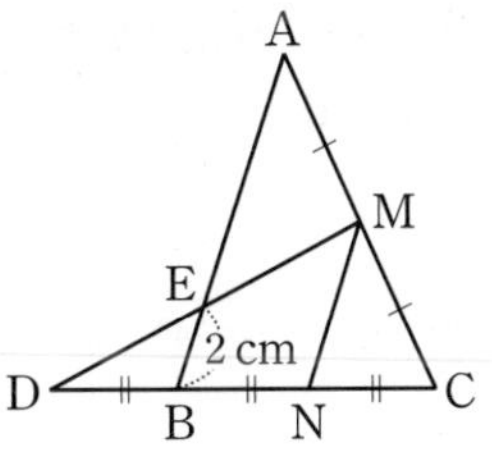


① 6 cm ② 7 cm
③ 8 cm ④ 9 cm
⑤ 10 cm

**3** □□ ◯ 삼각형의 두 변의 중점을 연결한 선분의 성질 1

**오른쪽 그림에서 점 M, N, P, Q는 각각 $\overline{AB}$, $\overline{AC}$, $\overline{DB}$, $\overline{DF}$의 중점일 때, $x-y$의 값은?**

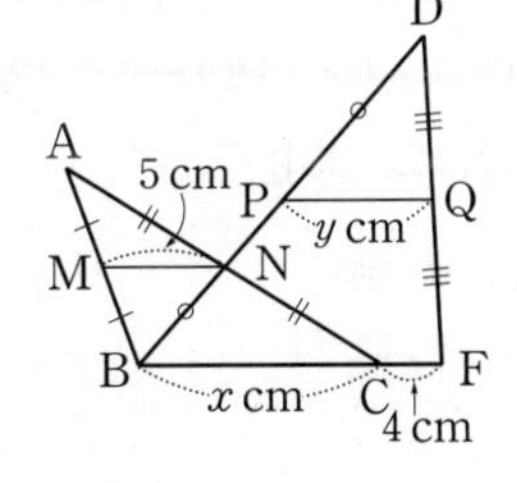


① 1 ② 2
③ 3 ④ 4
⑤ 5

**4** □□ ◯ 삼각형의 두 변의 중점을 연결한 선분의 성질 1

**오른쪽 그림의 △ABC에서 점 D는 $\overline{AB}$의 중점이고, 점 E, F는 $\overline{AC}$를 삼등분하는 점이다. $\overline{DE}=4$ cm일 때, $\overline{BP}$의 길이는?**

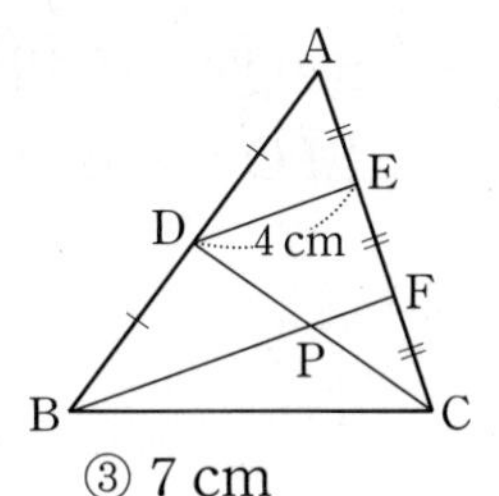


① 5 cm ② 6 cm ③ 7 cm
④ 8 cm ⑤ 9 cm

**5** □□ ◯ 삼각형의 두 변의 중점을 연결한 선분의 성질 2

**오른쪽 그림과 같은 △ABC에서 $\overline{AD}=\overline{DB}$이고 $\overline{AB}$ // $\overline{EF}$, $\overline{DE}$ // $\overline{BC}$이다. $\overline{DE}=16$ cm일 때, $\overline{FC}$의 길이는?**

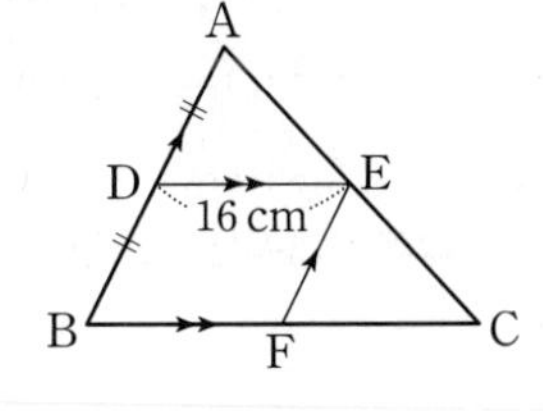


① 14 cm ② 15 cm ③ 16 cm
④ 17 cm ⑤ 18 cm

**6** □□ ◯ 삼각형의 두 변의 중점을 연결한 선분의 성질 3

**오른쪽 그림과 같은 △ABC에서 세 점 D, E, F는 각각 $\overline{AB}$, $\overline{BC}$, $\overline{AC}$의 중점일 때, △ABC의 둘레의 길이는?**

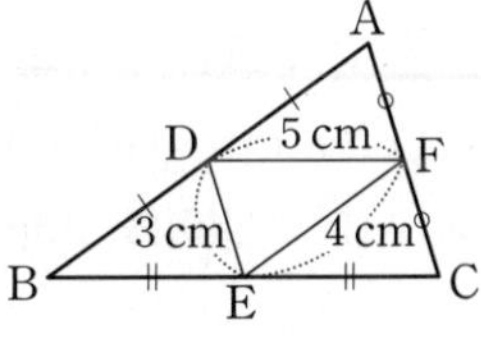


① 21 cm ② 22 cm ③ 23 cm
④ 24 cm ⑤ 25 cm

**7** □□ 사각형의 각 변의 중점을 연결하여 만든 사각형 1

오른쪽 그림과 같은 □ABCD에서 $\overline{AB}$, $\overline{BC}$, $\overline{CD}$, $\overline{DA}$의 중점을 각각 P, Q, R, S라 할 때, 다음 중 옳지 않은 것은?

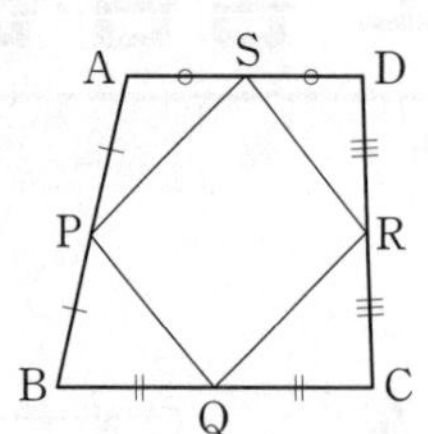


① $\overline{PQ}=\overline{RS}$ ② $\overline{PQ}=\frac{1}{2}\overline{AC}$
③ $\overline{PS}/\!/\overline{QR}$ ④ $\overline{PR}\perp\overline{SQ}$
⑤ $\angle SPQ=\angle SRQ$

**8** □□ 사각형의 각 변의 중점을 연결하여 만든 사각형 2

오른쪽 그림과 같은 □ABCD는 $\overline{AD}/\!/\overline{BC}$인 등변사다리꼴이고 네 점 E, F, G, H는 각각 $\overline{AB}$, $\overline{BC}$, $\overline{CD}$, $\overline{DA}$의 중점이다. $\overline{AC}=18$ cm일 때, □EFGH의 둘레의 길이를 구하여라.

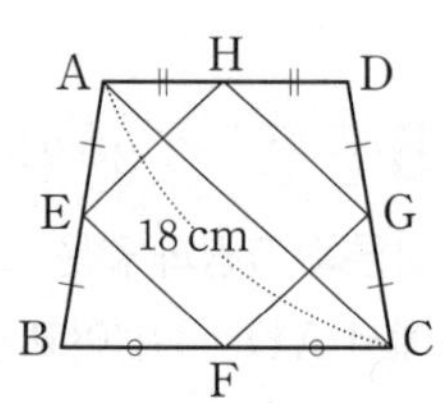


**9** □□ 사다리꼴에서 삼각형의 두 변의 중점을 연결한 선분의 성질의 활용 1, 3

오른쪽 그림과 같이 $\overline{AD}/\!/\overline{BC}$인 사다리꼴 ABCD에서 두 점 M, N은 각각 $\overline{AB}$, $\overline{DC}$의 중점이고 $\overline{AD}=8$ cm, $\overline{BC}=14$ cm일 때, $\overline{MN}$의 길이를 구하여라.

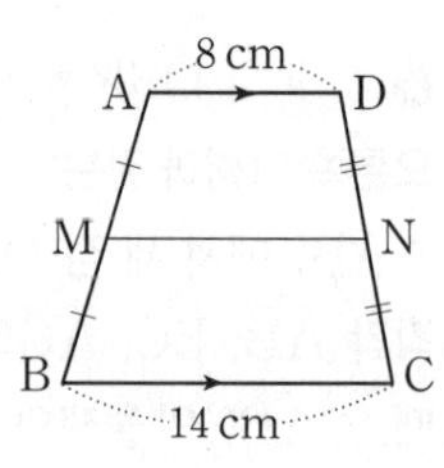


**10** □□ 사다리꼴에서 삼각형의 두 변의 중점을 연결한 선분의 성질의 활용 1~4

오른쪽 그림과 같이 $\overline{AD}/\!/\overline{BC}$인 사다리꼴 ABCD에서 $\overline{AG}=\overline{BG}$, $\overline{DH}=\overline{CH}$일 때, 다음 중 옳지 않은 것은?

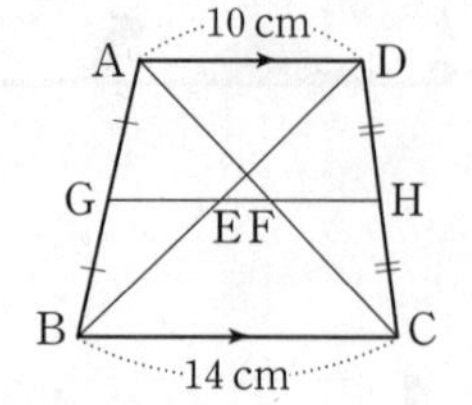


① $\overline{GF}=\overline{EH}$ ② $\overline{GE}=\overline{HF}$
③ $\overline{BE}=\overline{CF}$ ④ $\overline{AF}=\overline{FC}$
⑤ $\overline{EF}=2$ cm

**11** □□ 사다리꼴에서 삼각형의 두 변의 중점을 연결한 선분의 성질의 활용 4

오른쪽 그림과 같이 $\overline{AD}/\!/\overline{BC}$인 사다리꼴 ABCD에서 두 점 M, N은 각각 $\overline{AB}$, $\overline{DC}$의 중점이고, $\overline{MP}=\overline{PQ}=\overline{QN}$이다. $\overline{AD}=6$ cm일 때, $\overline{BC}$의 길이를 구하여라.

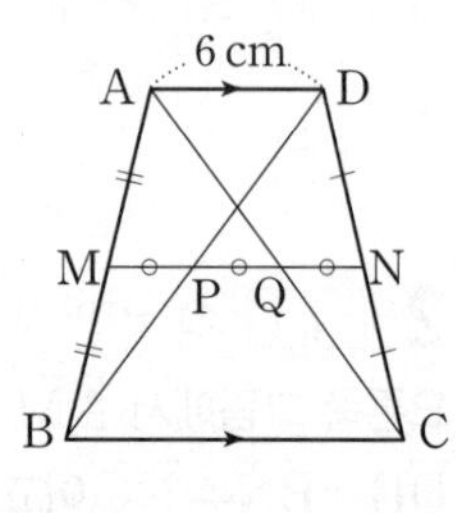


**12** □□ 사다리꼴에서 삼각형의 두 변의 중점을 연결한 선분의 성질의 활용 4

오른쪽 그림과 같이 $\overline{AD}/\!/\overline{BC}$인 사다리꼴 ABCD에서 $\overline{AB}$, $\overline{DC}$의 중점을 각각 M, N이라 하자. $\overline{AD}+\overline{BC}=26$ cm이고 $\overline{MP}:\overline{PQ}=5:3$일 때, $\overline{QN}$의 길이는?

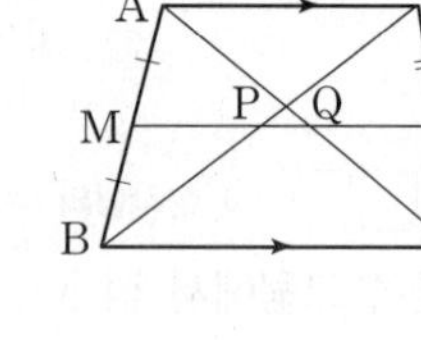


① 4 cm ② 5 cm ③ 6cm
④ 7cm ⑤ 8 cm

# 18 삼각형의 중선과 넓이

**핵심개념**

1. **삼각형의 중선:** 삼각형의 한 꼭짓점과 그 대변의 중점을 연결한 선분
2. **삼각형의 중선의 성질:** 삼각형의 중선은 그 삼각형의 넓이를 이등분한다.
   ➜ $\overline{AD}$가 $\triangle ABC$의 중선이면 $\triangle ABD = \triangle ACD$

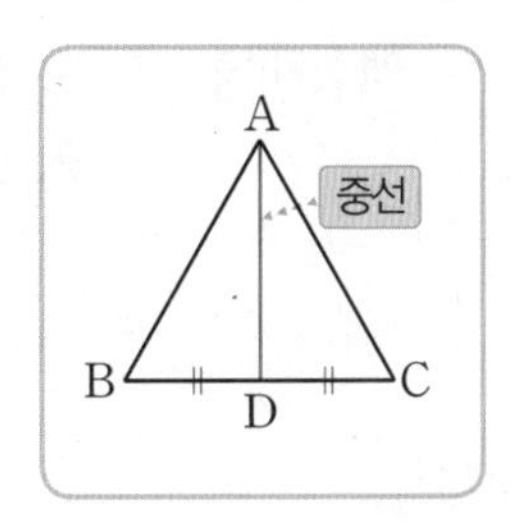

▶학습 날짜 월 일 ▶걸린 시간 분 / 목표 시간 10분

정답과 해설 30쪽

**1** 다음 그림에서 $\overline{AD}$는 $\triangle ABC$의 중선이고 $\triangle ABC$의 넓이가 $40\text{ cm}^2$일 때, 색칠한 부분의 넓이를 구하여라. (단, 점 E는 $\overline{AD}$의 중점이다.)

(1)

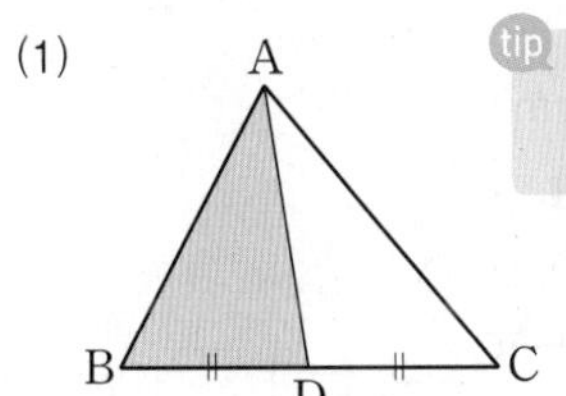


tip 삼각형의 중선은 그 삼각형의 넓이를 이등분해.

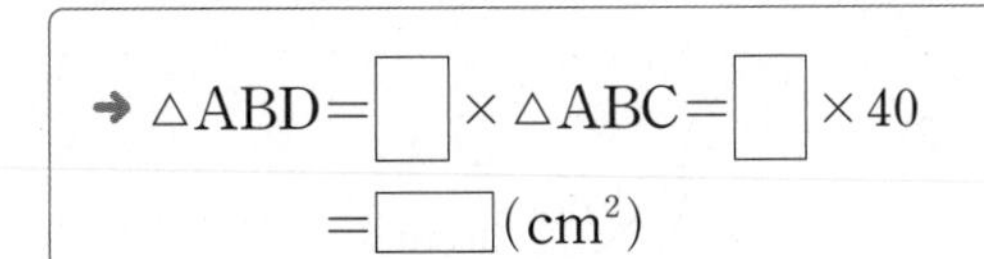

➜ $\triangle ABD = \square \times \triangle ABC = \square \times 40$
$= \square (\text{cm}^2)$

(2)

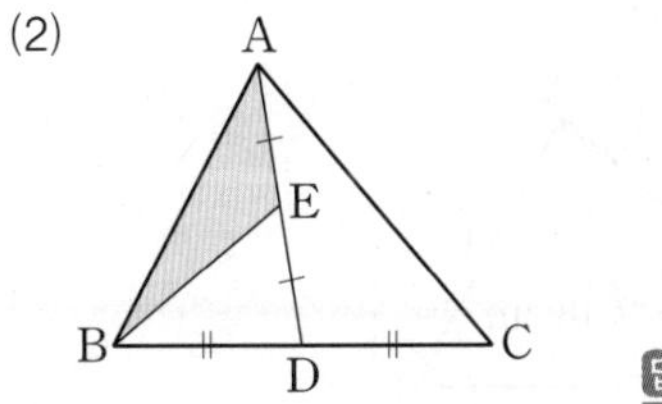


답 ______ $\text{cm}^2$

(3)

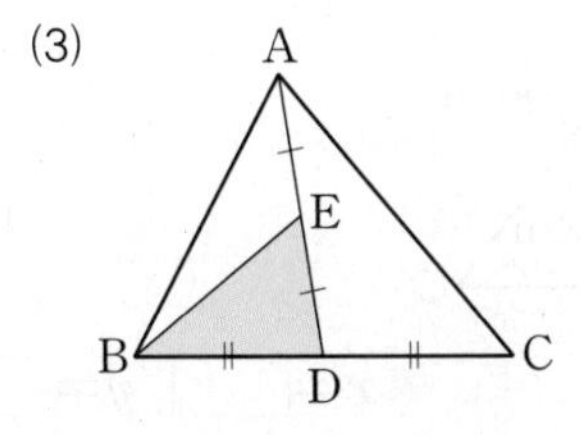


답 ______ $\text{cm}^2$

**2** 다음 그림에서 $\overline{AD}$는 $\triangle ABC$의 중선일 때, 주어진 조건에서 $\triangle ABC$의 넓이를 구하여라. (단, 점 E는 $\overline{AD}$의 중점이다.)

(1) $\triangle ABD = 15\text{ cm}^2$

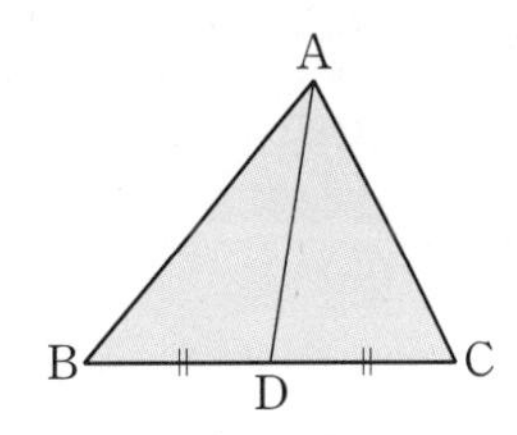


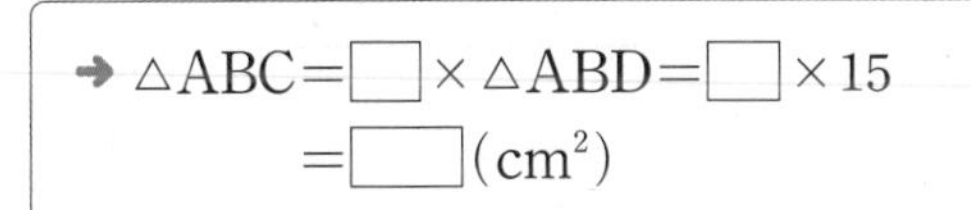

➜ $\triangle ABC = \square \times \triangle ABD = \square \times 15$
$= \square (\text{cm}^2)$

(2) $\triangle ABE = 12\text{ cm}^2$

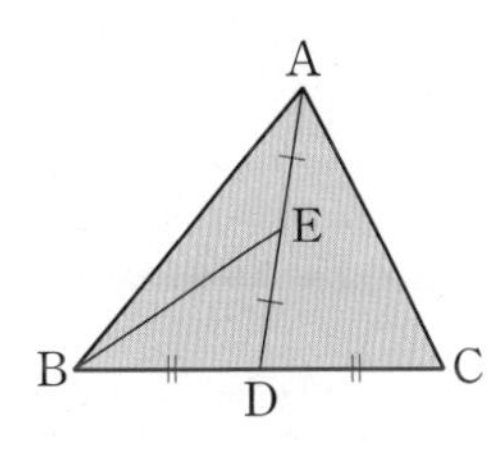


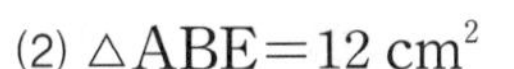

답 ______ $\text{cm}^2$

**풍쌤의 point**
삼각형의 중선은 그 삼각형의 넓이를 이등분한다.

# 19 삼각형의 무게중심

**핵심개념**

1. **삼각형의 무게중심:** 삼각형의 세 중선의 교점
2. **삼각형의 무게중심의 성질:** 삼각형의 무게중심은 세 중선의 길이를 각 꼭짓점으로부터 2 : 1로 나눈다.
   ➜ 점 G가 $\triangle ABC$의 무게중심일 때, $\overline{AG}:\overline{GD}=\overline{BG}:\overline{GE}=\overline{CG}:\overline{GF}=2:1$

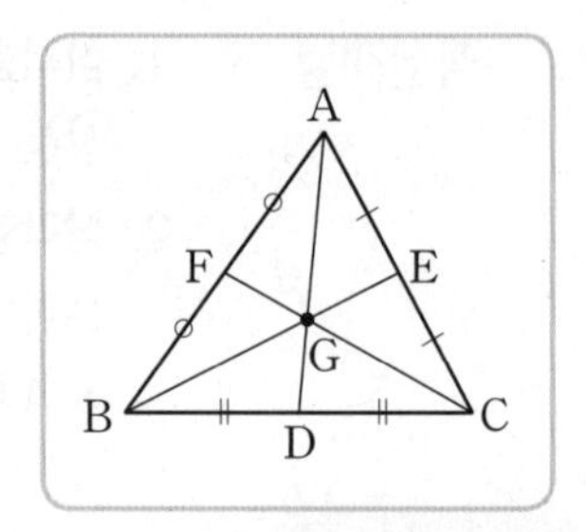

▶학습 날짜 월 일 ▶걸린 시간 분 / 목표 시간 20분

**1** 다음 그림에서 점 G는 $\triangle ABC$의 무게중심일 때, $x$의 값을 구하여라.

(1)

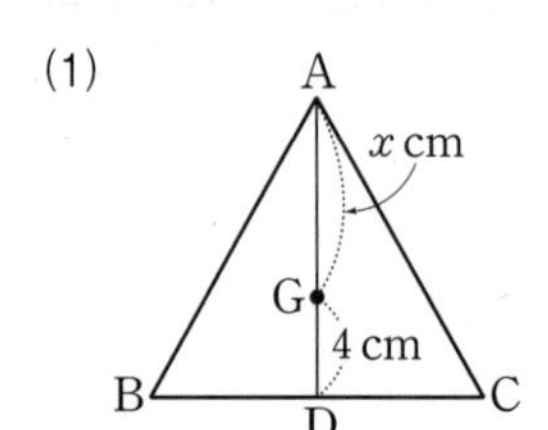


➜ $x:4=\square:1$ ∴ $x=\square$

(2)

A
x cm
D
G
6 cm
B
C

답

(3)

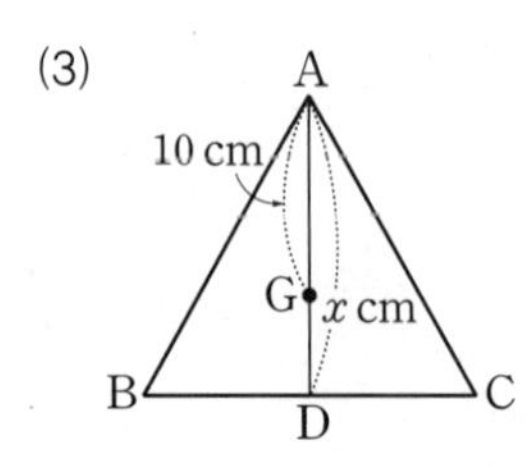


답

(4)

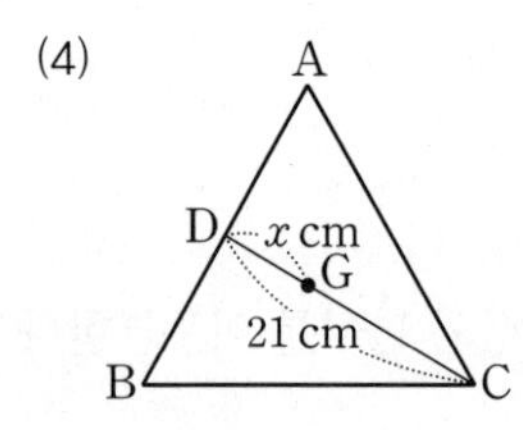


답

**2** 다음 그림에서 점 G는 $\triangle ABC$의 무게중심일 때, $x$, $y$의 값을 각각 구하여라.

(1)

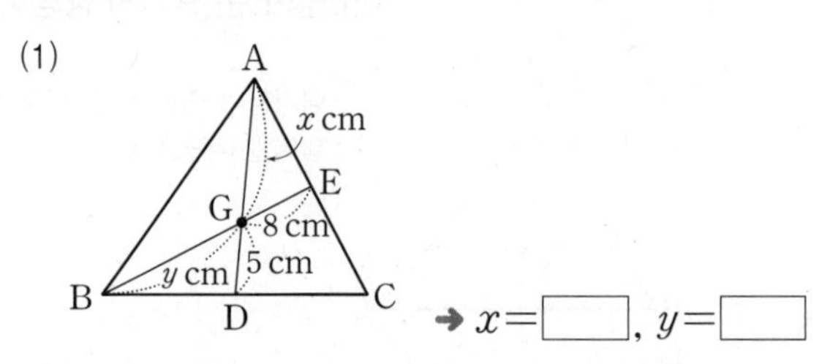


➜ $x=\square$, $y=\square$

(2)

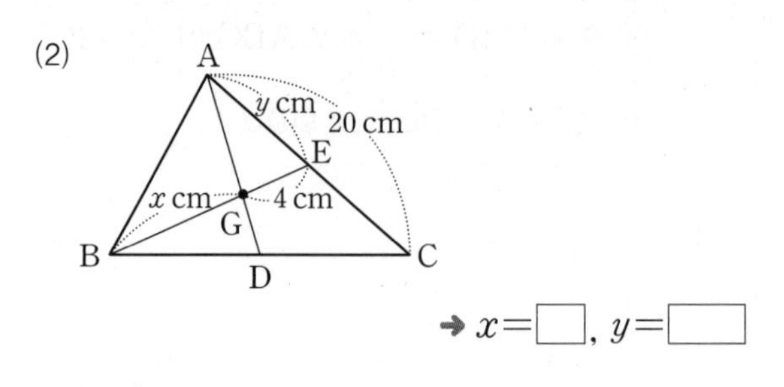


➜ $x=\square$, $y=\square$

(3)

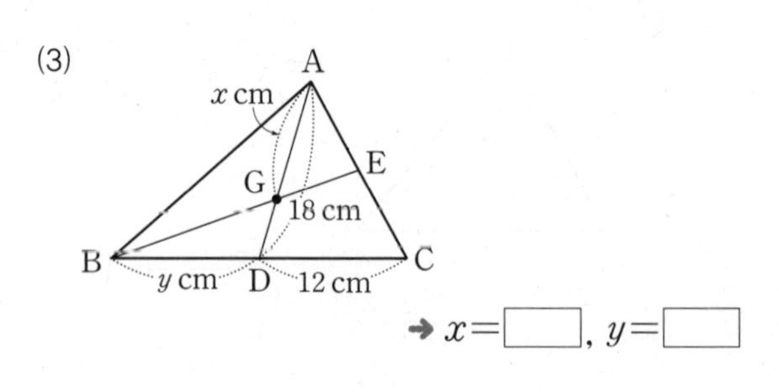


➜ $x=\square$, $y=\square$

(4)

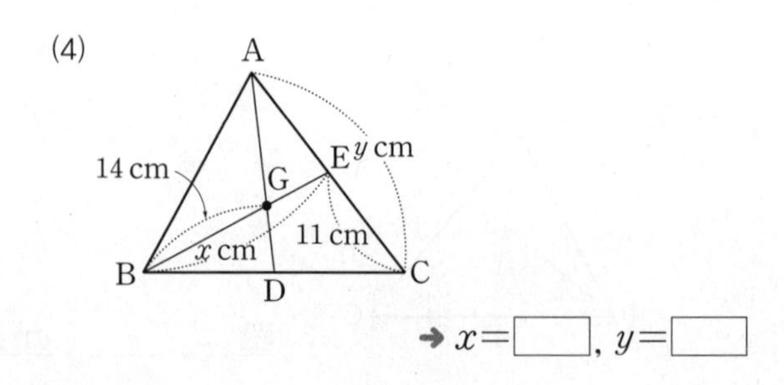


➜ $x=\square$, $y=\square$

**3** 다음 그림에서 $\overline{AD}$는 $\triangle ABC$의 중선이고 점 G, G′은 각각 $\triangle ABC$와 $\triangle GBC$의 무게중심일 때, $x$의 값을 구하여라.

(1)

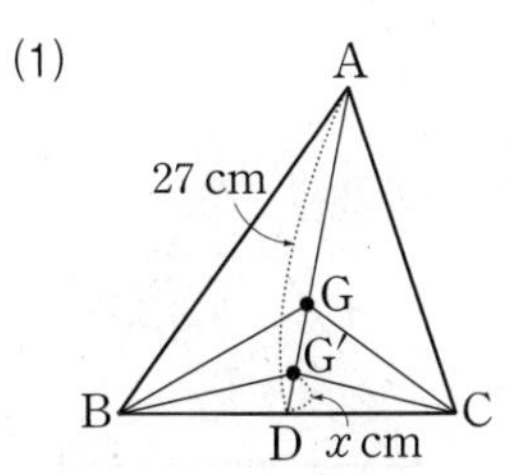


➜ 점 G는 $\triangle ABC$의 무게중심이므로

$\overline{AG} : \overline{GD} = \square : 1$

$\overline{GD} = \square \times \overline{AD}$

$= \square \times 27 = \square$(cm)

점 G′은 $\triangle GBC$의 무게중심이므로

$\overline{GG'} : \overline{G'D} = \square : \square$

$\therefore x = \overline{G'D} = \square \times \overline{GD}$

$= \frac{1}{3} \times \square = \square$(cm)

(2)

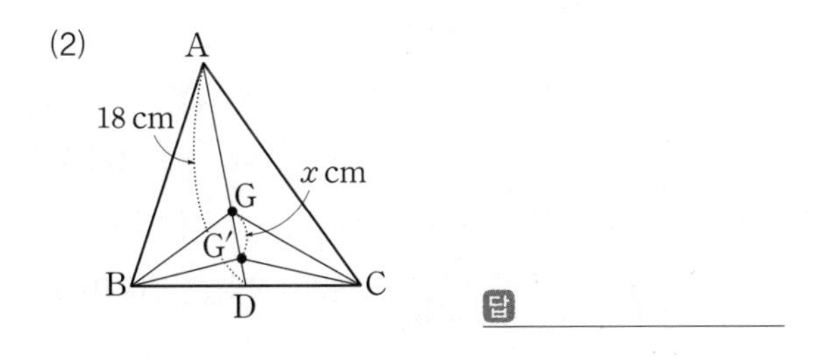


답 ________

(3)

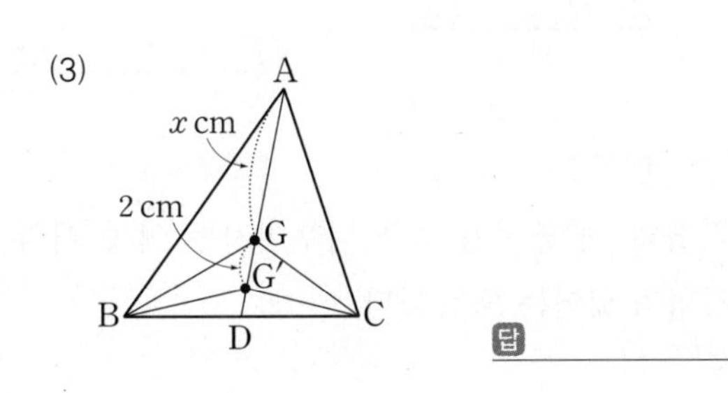


답 ________

**4** 오른쪽 그림에서 점 G는 $\triangle ABC$의 무게중심이고, $\overline{BE} /\!/ \overline{DF}$이다. $\overline{DF} = 6$ cm, $\overline{FC} = 4$ cm 일 때, 다음을 구하여라.

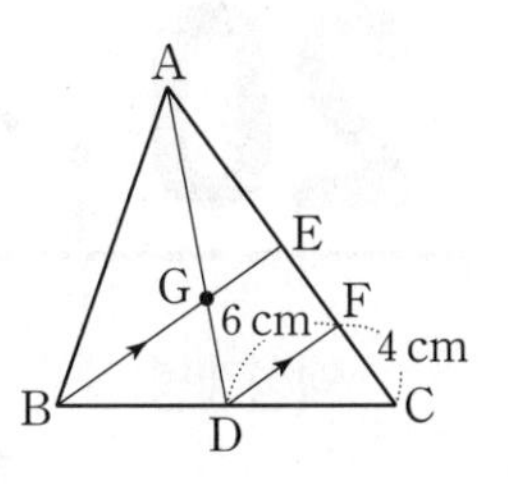


(1) $\overline{BE}$의 길이

➜ $\triangle BCE$에서 $\overline{BE} /\!/ \overline{DF}$, $\overline{BD} = \overline{DC}$이므로

$\overline{BE} = \square \times \overline{DF} = \square \times 6$

$= \square$(cm)

(2) $\overline{BG}$의 길이 답 ________ cm

(3) $\overline{GE}$의 길이 답 ________ cm

(4) $\overline{EF}$의 길이 답 ________ cm

(5) $\overline{AC}$의 길이 답 ________ cm

점 G가 $\triangle ABC$의 무게중심일 때

$\overline{AG} : \overline{GD} = \overline{BG} : \overline{GE}$

$= \overline{CG} : \overline{GF}$

$= 2 : 1$

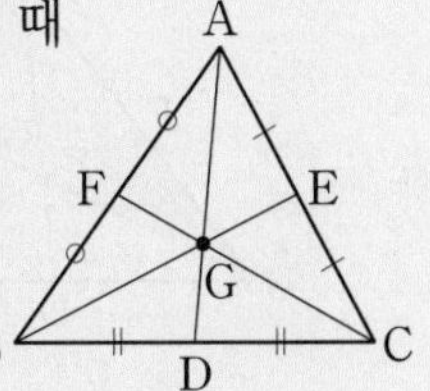

# 20 삼각형의 무게중심과 넓이

**핵심개념** 점 G가 △ABC의 무게중심일 때

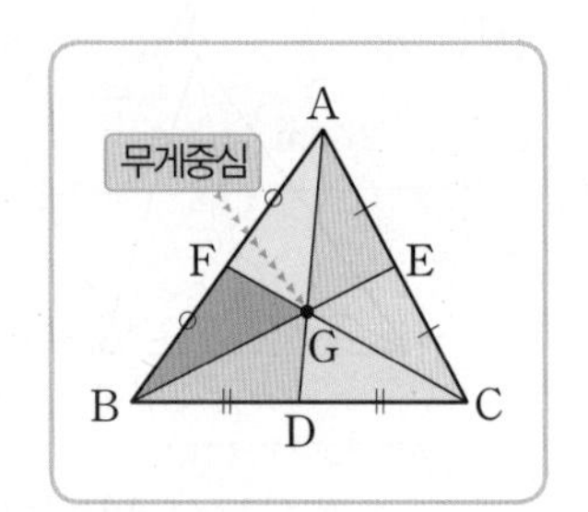


**1.** 삼각형의 세 중선에 의해 나누어지는 여섯 개의 삼각형의 넓이는 모두 같다.

➜ $\triangle GAF=\triangle GBF=\triangle GBD=\triangle GCD=\triangle GCE=\triangle GAE=\frac{1}{6}\triangle ABC$

**2.** 삼각형의 무게중심과 세 꼭짓점을 이어서 생기는 세 삼각형의 넓이는 모두 같다.

➜ $\triangle GAB=\triangle GBC=\triangle GCA=\frac{1}{3}\triangle ABC$

▶학습 날짜 월 일 ▶걸린 시간 분 / 목표 시간 10분

정답과 해설 30~31쪽

**1** 다음 그림에서 점 G는 △ABC의 무게중심이고, $\triangle ABC=24\ \text{cm}^2$일 때, 색칠한 부분의 넓이를 구하여라.

(1)

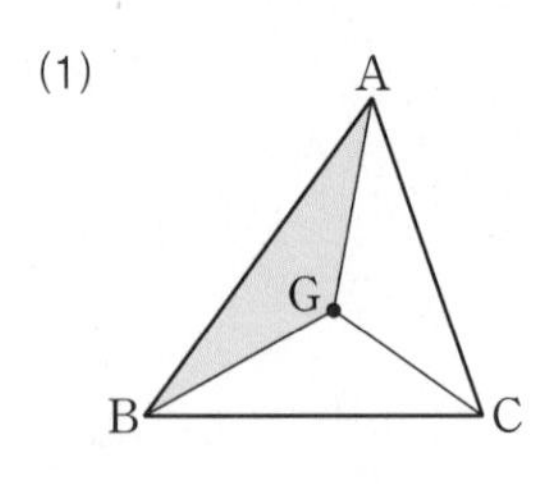


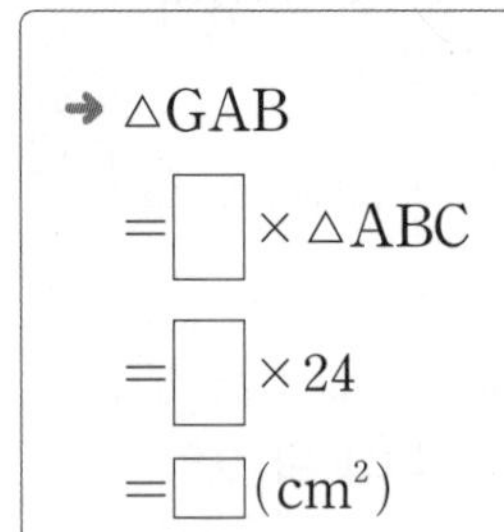

➜ △GAB
$=\square\times\triangle ABC$
$=\square\times 24$
$=\square(\text{cm}^2)$

(2)

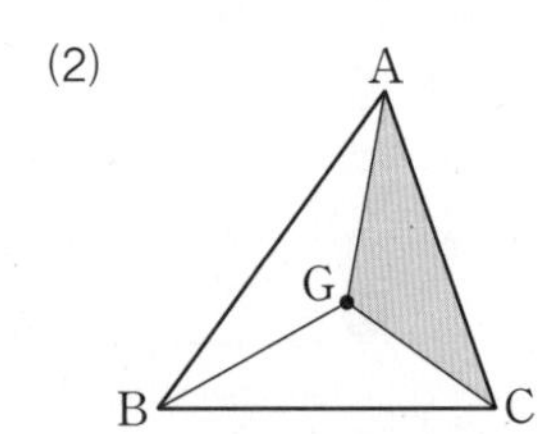


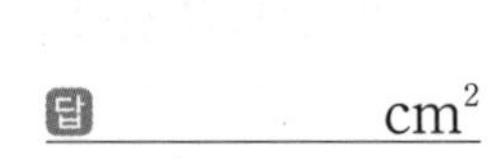

답 ______ $\text{cm}^2$

**2** 다음 그림에서 점 G는 △ABC의 무게중심이고, $\triangle ABC=48\ \text{cm}^2$일 때, 색칠한 부분의 넓이를 구하여라.

(1)

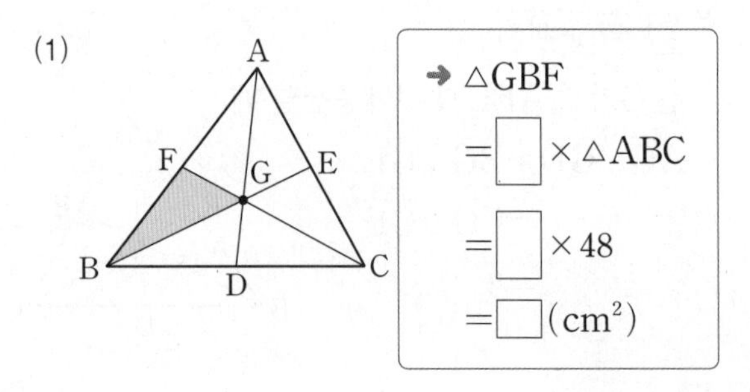


➜ △GBF
$=\square\times\triangle ABC$
$=\square\times 48$
$=\square(\text{cm}^2)$

(2)

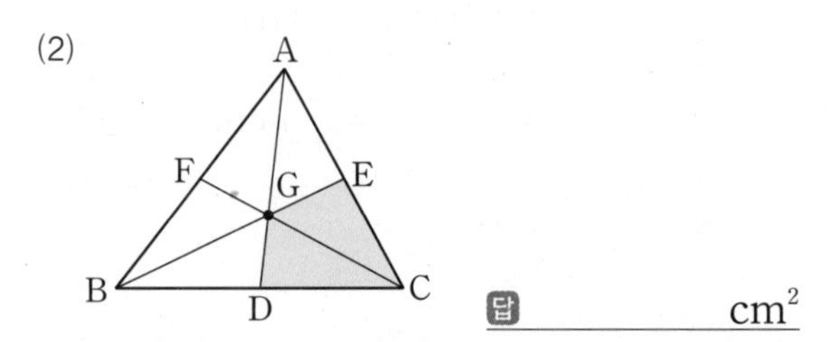


답 ______ $\text{cm}^2$

**3** 다음 그림에서 점 G는 △ABC의 무게중심일 때, 주어진 조건에서 △ABC의 넓이를 구하여라.

(1) $\triangle GAB=13\ \text{cm}^2$

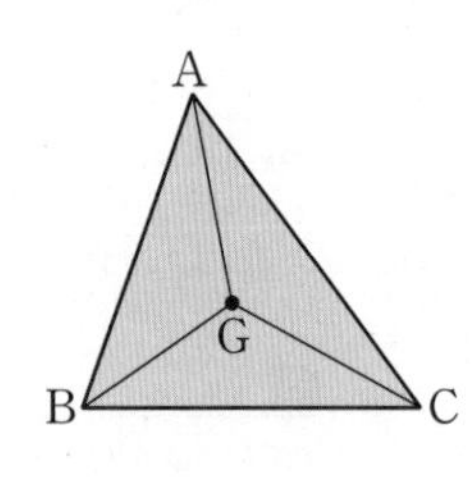


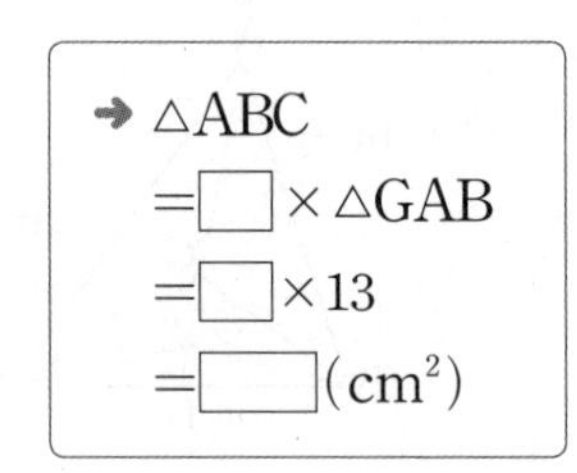

➜ △ABC
$=\square\times\triangle GAB$
$=\square\times 13$
$=\square(\text{cm}^2)$

(2) $\triangle GBD=6\ \text{cm}^2$

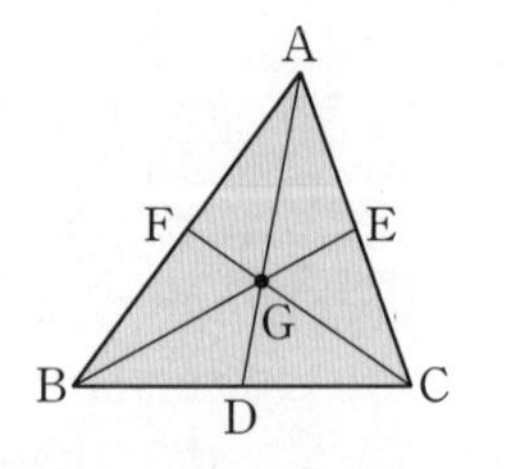

답 ______ $\text{cm}^2$

**풍쌤의 point**

삼각형의 세 중선에 의해 나누어지는 여섯 개의 삼각형의 넓이는 모두 같다.

# 21 평행사변형에서 삼각형의 무게중심의 활용

**핵심개념**

평행사변형 ABCD에서 $\overline{BC}$, $\overline{CD}$의 중점을 각각 M, N, $\overline{BD}$가 $\overline{AM}$, $\overline{AN}$과 만나는 점을 각각 P, Q라 하고 두 대각선의 교점을 O라 하면

1. 점 P는 △ABC의 무게중심이다.
2. 점 Q는 △ACD의 무게중심이다.
3. $\overline{BP}=\overline{PQ}=\overline{QD}=\frac{1}{3}\overline{BD}$
4. $\overline{PO}=\overline{QO}=\frac{1}{6}\overline{BD}$

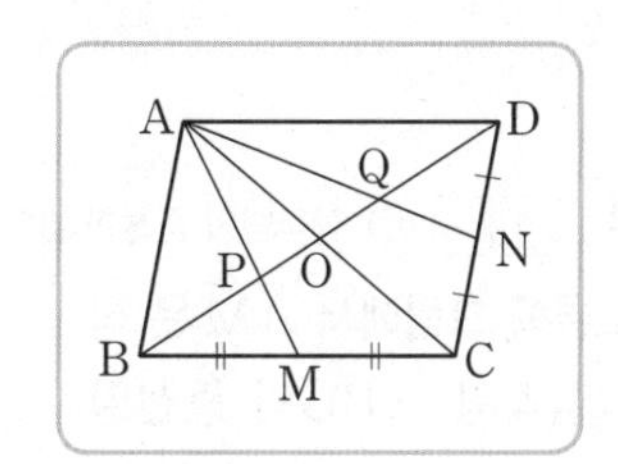

▶학습 날짜 월 일 ▶걸린 시간 분 / 목표 시간 10분

정답과 해설 31쪽

**1** 오른쪽 그림과 같은 평행사변형 ABCD에서 $\overline{BC}$, $\overline{CD}$의 중점을 각각 M, N이라 하고 $\overline{BD}=24$ cm일 때, 다음을 완성하여라. (단, 점 O는 두 대각선의 교점이다.)

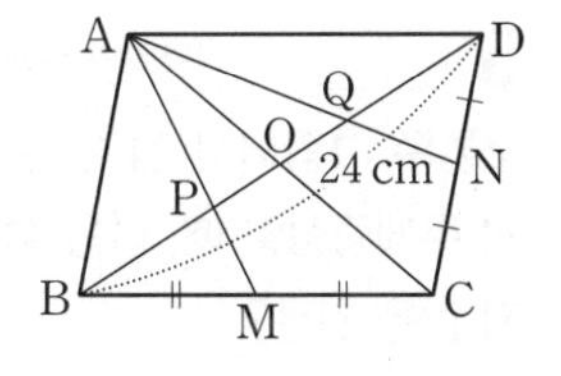


(1) $\overline{DO}=\overline{BO}=\square\times\overline{BD}=\square\times 24$

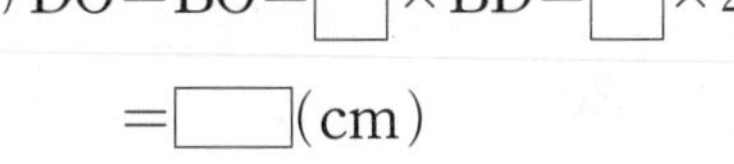

$=\square$(cm)

tip 평행사변형의 두 대각선은 서로 다른 것을 이등분해~

(2) $\overline{DQ}=\square\times\overline{DO}=\square$(cm)

tip 점 Q는 △ACD의 무게중심이야~

(3) $\overline{QO}=\square\times\overline{DO}=\square$(cm)

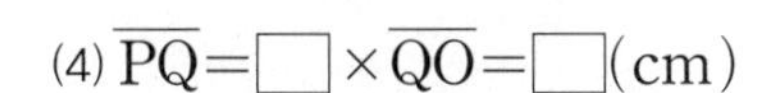

(4) $\overline{PQ}=\square\times\overline{QO}=\square$(cm)

**2** 다음 그림과 같은 평행사변형 ABCD에서 $x$의 값을 구하여라. (단, 점 O는 두 대각선의 교점이다.)

(1)

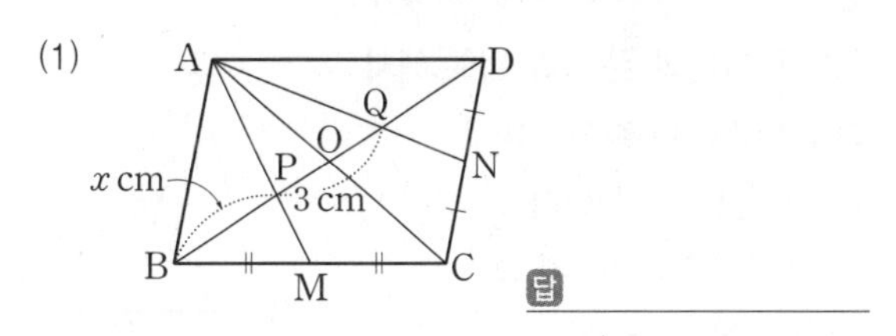


답 

(2)

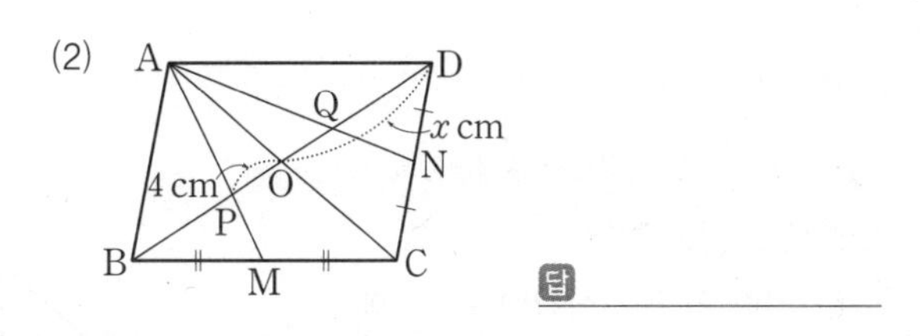


답 

(3)

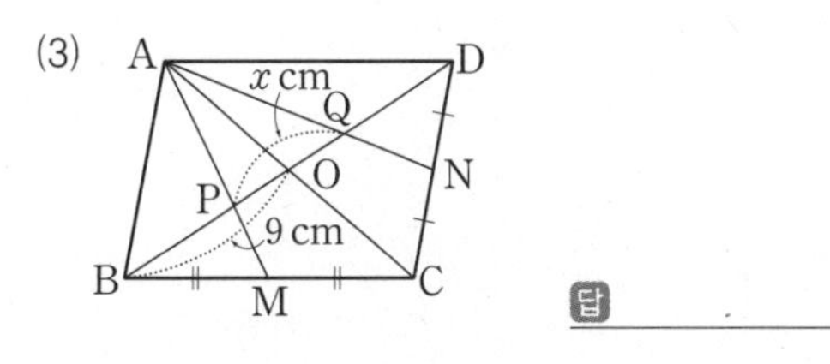


답 

# 18-21 · 스스로 점검 문제

맞힌 개수 개 / 12개

▶학습 날짜 월 일 ▶걸린 시간 분 / 목표 시간 30분

**1** ☐☐ 삼각형의 중선과 넓이 1

오른쪽 그림에서 $\overline{AM}$은 직각삼각형 ABC의 중선일 때, △ABM의 넓이는?

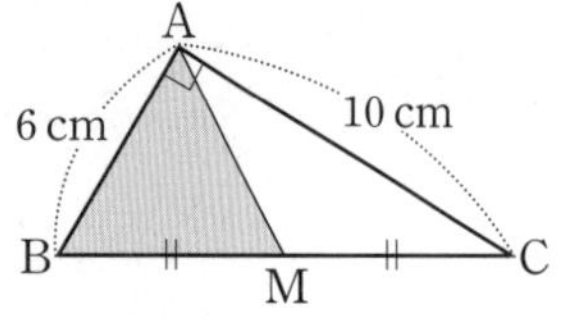


① 9 $cm^2$ ② 11 $cm^2$ ③ 13 $cm^2$ ④ 15 $cm^2$ ⑤ 17 $cm^2$

**2** ☐☐ 삼각형의 중선과 넓이 1

오른쪽 그림과 같은 △ABC에서 점 D는 $\overline{BC}$의 중점이고, $\overline{AE}=\overline{EF}=\overline{FD}$이다. △ABC$=54$ $cm^2$일 때, △CEF의 넓이는?

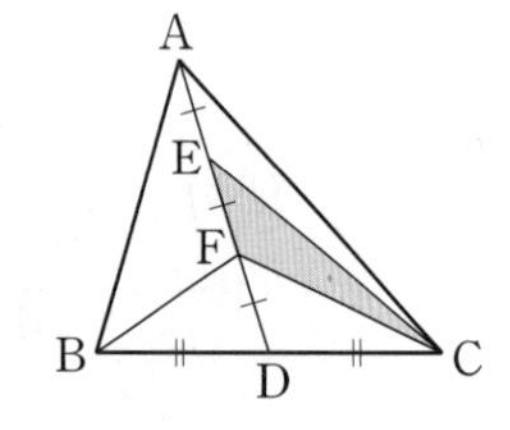


① 6 $cm^2$ ② 7 $cm^2$ ③ 8 $cm^2$ ④ 9 $cm^2$ ⑤ 10 $cm^2$

**3** ☐☐ 삼각형의 무게중심 1

오른쪽 그림과 같이 ∠C$=90°$인 직각삼각형 ABC에서 점 G는 △ABC의 무게중심이고 $\overline{CG}=8$ cm일 때, $\overline{AB}$의 길이는?

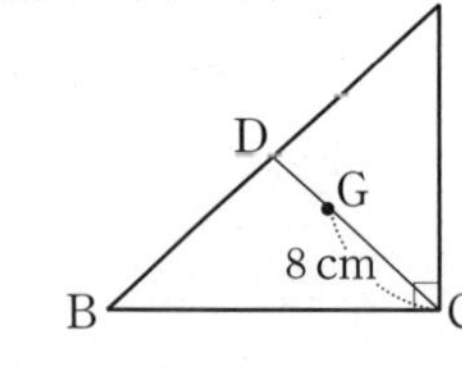


① 20 cm ② 21 cm ③ 22 cm ④ 23 cm ⑤ 24 cm

**4** ☐☐ 삼각형의 무게중심 2

오른쪽 그림에서 점 G가 △ABC의 무게중심일 때, $x+y$의 값은?

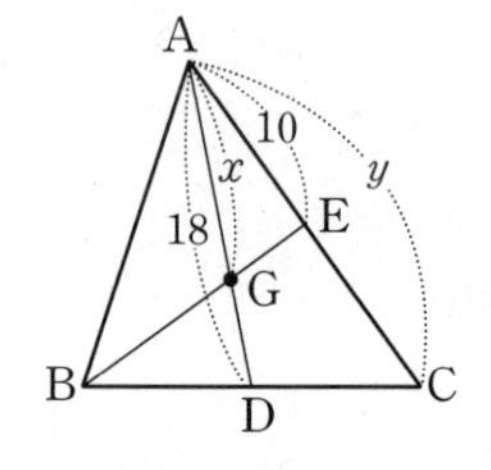


① 30 ② 31 ③ 32 ④ 33 ⑤ 34

**5** ☐☐ 삼각형의 무게중심 1~4

오른쪽 그림에서 점 G는 △ABC의 무게중심일 때, 다음 설명 중 옳지 않은 것은?

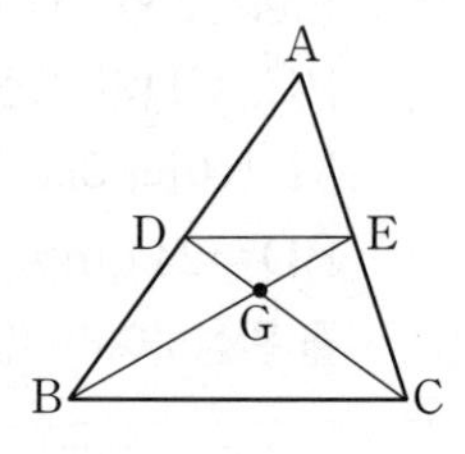


① $\overline{BC}$ ∥ $\overline{DE}$
② $\overline{AB}=2\overline{BD}$
③ $\overline{AD}=\overline{BG}$
④ △ADE ∽ △ABC
⑤ $\overline{BG}:\overline{GE}=\overline{CG}:\overline{GD}$

**6** ☐☐ 삼각형의 무게중심 3

오른쪽 그림에서 점 G, G′은 각각 △ABC와 △GBC의 무게중심이다. $\overline{AD}=36$ cm일 때, $\overline{AG'}$의 길이는?

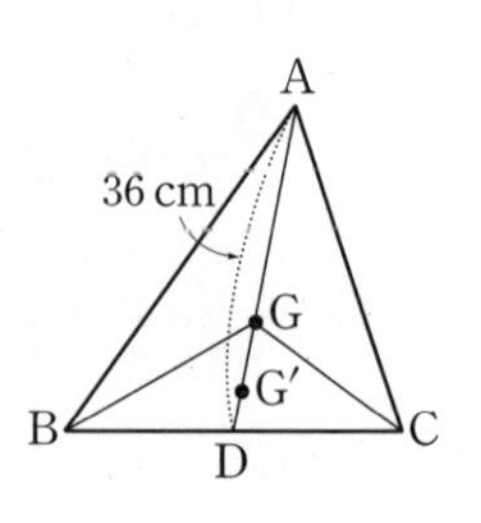


① 24 cm ② 26 cm ③ 28 cm ④ 30 cm ⑤ 32 cm

**7** ○ 삼각형의 무게중심 4

오른쪽 그림에서 점 G는 $\triangle ABC$의 무게중심이고, $\overline{BE} /\!/ \overline{DF}$이다. $\overline{DF}=9$ cm일 때, $\overline{BG}$의 길이는?

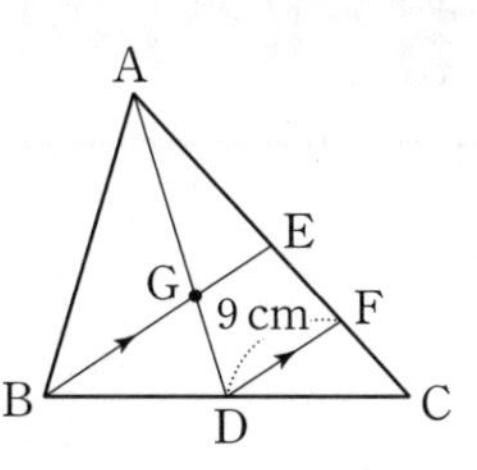


① 6 cm ② 8 cm ③ 10 cm ④ 12 cm ⑤ 14 cm

**8** ○ 삼각형의 무게중심 4

오른쪽 그림에서 점 G는 $\triangle ABC$의 무게중심이고, $\overline{BC} /\!/ \overline{MN}$이다. $\overline{GD}=5$ cm, $\overline{BC}=18$ cm일 때, $x+y$의 값을 구하여라.

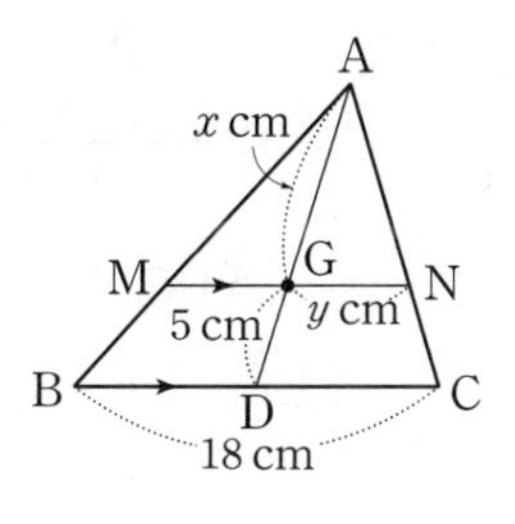


**9** ○ 삼각형의 무게중심과 넓이 1, 2

오른쪽 그림에서 점 G는 $\triangle ABC$의 무게중심이다. $\triangle ABC$의 넓이가 36 $cm^2$일 때, 색칠한 부분의 넓이를 구하여라.

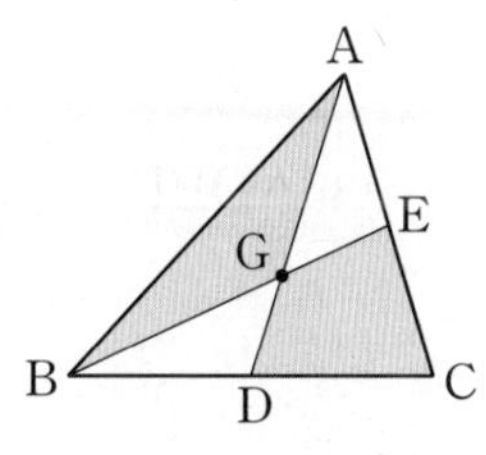


**10** ○ 삼각형의 무게중심과 넓이 2, 3

오른쪽 그림에서 점 G, G′은 각각 $\triangle ABC$와 $\triangle GBC$의 무게중심이다. $\triangle ABC$의 넓이가 27 $cm^2$일 때, $\triangle G'BC$의 넓이는?

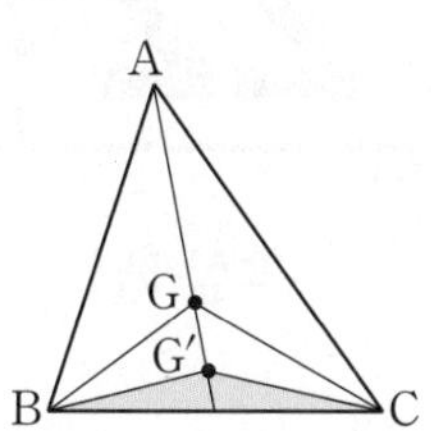


① 2 $cm^2$ ② 3 $cm^2$ ③ 4 $cm^2$ ④ 5 $cm^2$ ⑤ 6 $cm^2$

**11** ○ 평행사변형에서 삼각형의 무게중심의 활용 1

오른쪽 그림과 같은 평행사변형 ABCD에서 $\overline{BC}$, $\overline{CD}$의 중점을 각각 M, N이라 하고 $\overline{BD}=12$ cm일 때, $\overline{PQ}$의 길이를 구하여라.

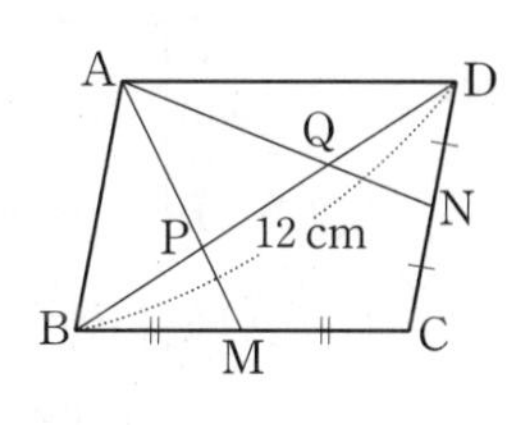


**12** ○ 평행사변형에서 삼각형의 무게중심의 활용 2

오른쪽 그림과 같은 평행사변형 ABCD에서 $\overline{BC}$, $\overline{CD}$의 중점을 각각 M, N이라 하자. $\triangle APQ$의 넓이가 5 $cm^2$일 때, □ABCD의 넓이를 구하여라.

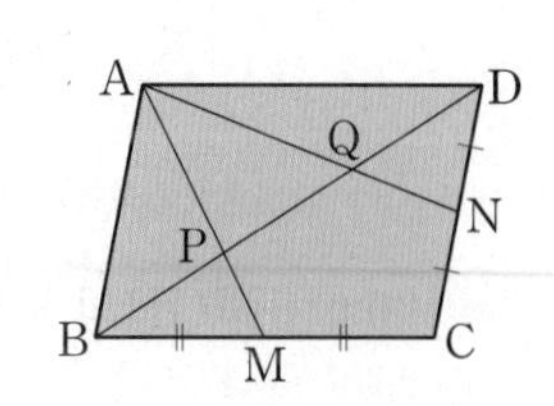

# 22 닮은 두 평면도형에서의 비

**핵심개념** 닮음인 두 평면도형의 닮음비가 $m:n$일 때
1. 둘레의 길이의 비 → $m:n$
2. 넓이의 비 → $m^2:n^2$

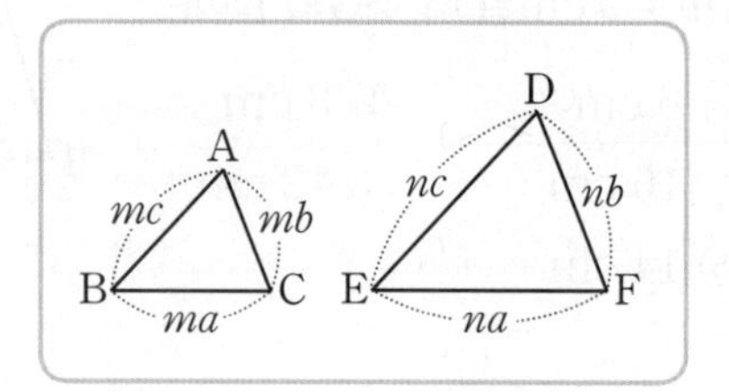


▶학습 날짜 월 일 ▶걸린 시간 분 / 목표 시간 15분

**1** 아래 그림의 두 정사각형 ABCD와 EFGH가 서로 닮음일 때, 다음을 완성하여라.

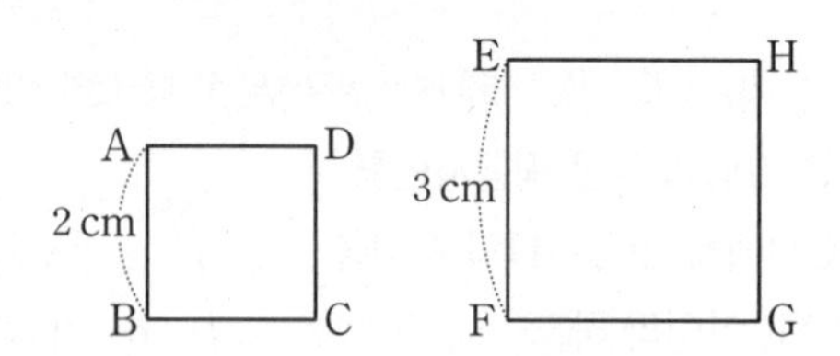


(1) □ABCD와 □EFGH의 닮음비는
□ : □이다.

(2) (□ABCD의 둘레의 길이)=□ cm

(3) (□EFGH의 둘레의 길이)=□ cm

(4) □ABCD와 □EFGH의 둘레의 길이의 비는
8 : □=□ : □이다.

tip 닮은 두 평면도형의 둘레의 길이의 비는 닮음비와 같아.

**2** 아래 그림에서 △ABC∽△DEF일 때, 다음을 완성하여라.

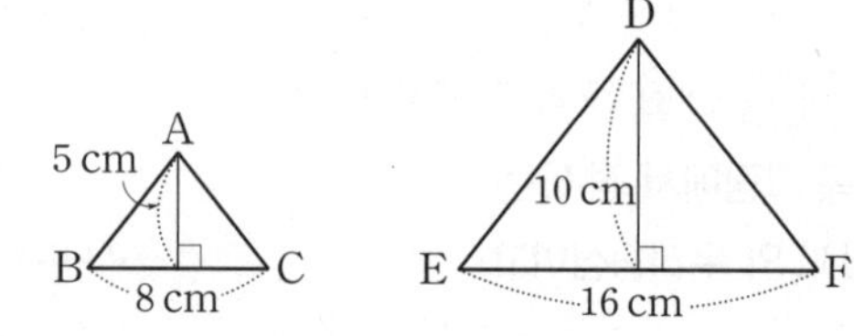


(1) △ABC와 △DEF의 닮음비는
$\overline{BC}:\overline{EF}$=□ : 16=□ : □이다.

(2) △ABC$=\frac{1}{2}\times 8\times$□=□ $(cm^2)$

(3) △DEF$=\frac{1}{2}\times 16\times$□=□ $(cm^2)$

(4) △ABC와 △DEF의 넓이의 비는
20 : □=1 : □이다.

tip 닮은 두 평면도형의 넓이의 비는 닮음비의 제곱과 같아.

**3** 아래 그림과 같은 도형에서 다음을 구하여라.

(1)

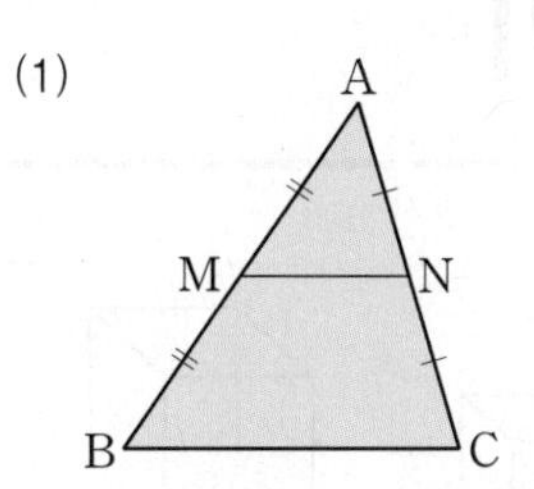


① △AMN과 △ABC의 넓이의 비

➔ △AMN ∽ △ABC(☐ 닮음)이므로
닮음비는 $\overline{AM}$ : $\overline{AB}$=1 : ☐
따라서 넓이의 비는
△AMN : △ABC=1 : ☐

② △AMN=15 $cm^2$일 때, △ABC의 넓이

➔ △AMN : △ABC=1 : ☐이므로
15 : △ABC=1 : ☐
∴ △ABC=☐ $cm^2$

(2)

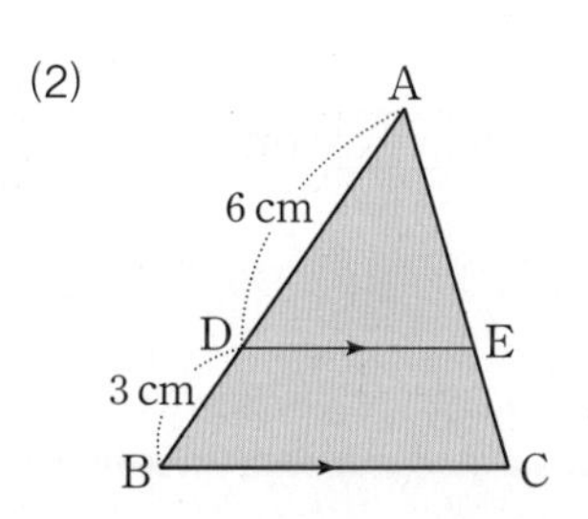


① △ABC와 △ADE의 넓이의 비

답

② △ADE=20 $cm^2$일 때, △ABC의 넓이

답 $cm^2$

**4** 아래 그림과 같이 $\overline{AD}$ // $\overline{BC}$인 사다리꼴 ABCD에서 △AOD=32 $cm^2$일 때, 다음을 구하여라.
(단, 점 O는 두 대각선의 교점이다.)

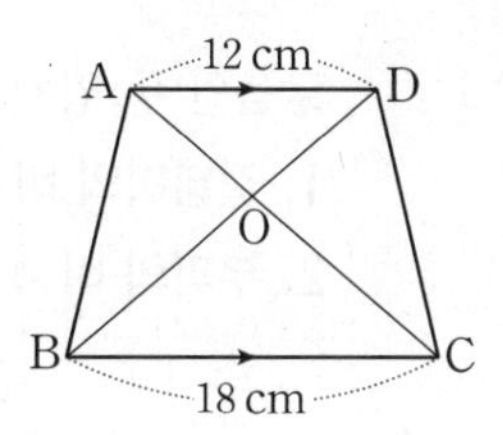


(1) △AOD와 △COB의 닮음비

답

(2) △AOD와 △COB의 넓이의 비

답

(3) △COB의 넓이 답 $cm^2$

(4) △COD의 넓이 답 $cm^2$

(5) □ABCD의 넓이 답 $cm^2$

**풍쌤의 point**

닮음인 두 평면도형의 닮음비가 $m : n$일 때

1. 둘레의 길이의 비는 $m : n$
2. 넓이의 비는 $m^2 : n^2$

# 23 닮은 두 입체도형에서의 비

**핵심개념** 닮음인 두 입체도형의 닮음비가 $m : n$일 때

1. 겉넓이의 비 → $m^2 : n^2$
2. 부피의 비 → $m^3 : n^3$

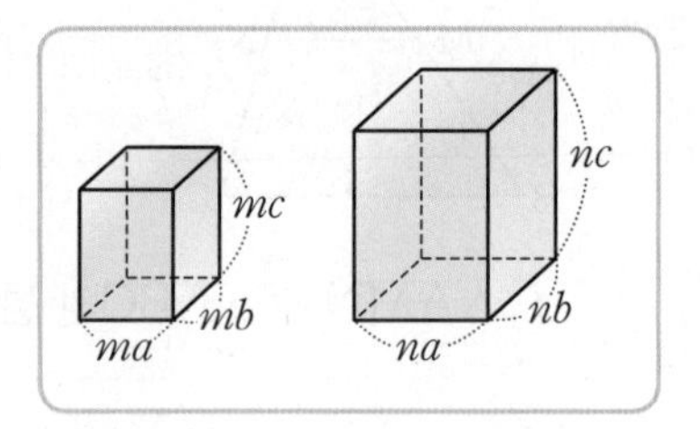

▶학습 날짜 월 일 ▶걸린 시간 분 / 목표 시간 15분

**1** 아래 그림의 두 정육면체 A, B는 서로 닮은 도형일 때, 다음을 완성하여라.

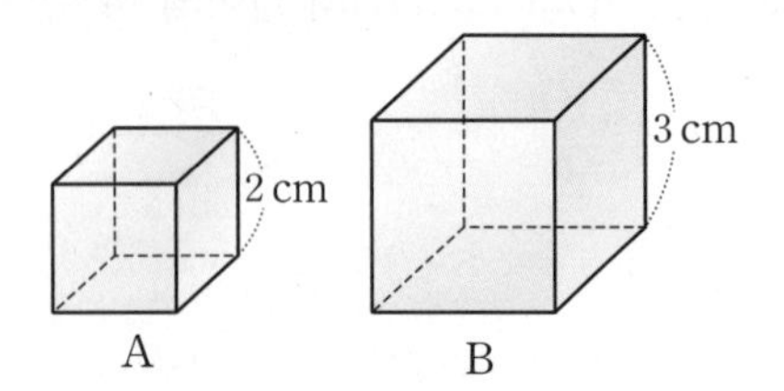


(1) 두 정육면체 A, B의 닮음비는 2 : ☐이다.

(2) 정육면체 A의 겉넓이는
☐ × (2 × 2) = ☐ (cm²)

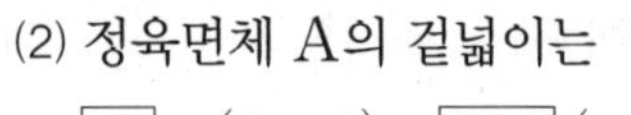

(3) 정육면체 B의 겉넓이는
☐ × (3 × 3) = ☐ (cm²)

(4) 두 정육면체 A, B의 겉넓이의 비는
24 : ☐ = 4 : ☐이다.

tip 닮은 두 입체도형의 겉넓이의 비는 닮음비의 제곱과 같아.

**2** 아래 그림의 두 삼각기둥 A, B는 서로 닮은 도형일 때, 다음을 완성하여라.

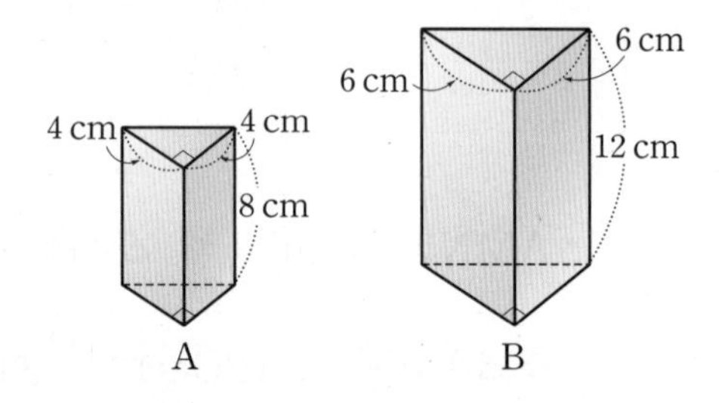


(1) 두 삼각기둥 A, B의 닮음비는
8 : ☐ = 2 : ☐이다.

(2) 삼각기둥 A의 부피는
$\left(\frac{1}{2} \times 4 \times 4\right) \times$ ☐ = ☐ (cm³)

(3) 삼각기둥 B의 부피는
$\left(\frac{1}{2} \times \square \times \square\right) \times 12 =$ ☐ (cm³)

(4) 두 삼각기둥 A, B의 부피의 비는
64 : ☐ = 8 : ☐이다.

tip 닮은 두 입체도형의 부피의 비는 닮음비의 세제곱과 같아.

**3** 다음 그림과 같은 두 입체도형 A, B는 서로 닮은 도형일 때, 겉넓이의 비와 부피의 비를 구하여라.

(1)

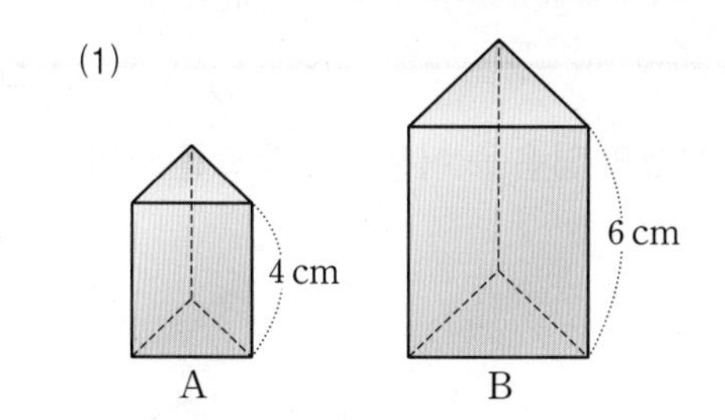


① 겉넓이의 비 답 ________

② 부피의 비 답 ________

(2)

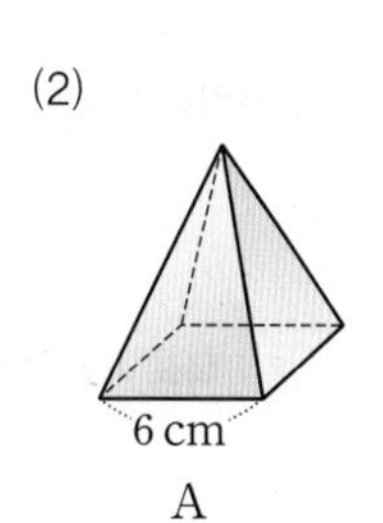


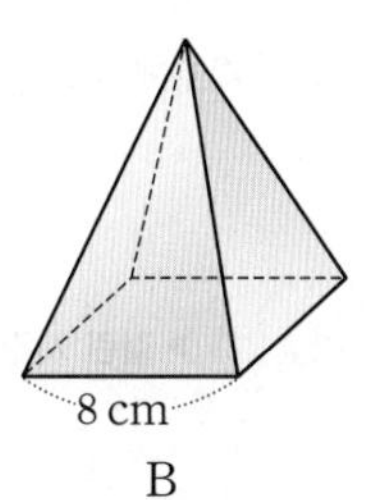


① 겉넓이의 비 답 ________

② 부피의 비 답 ________

(3)

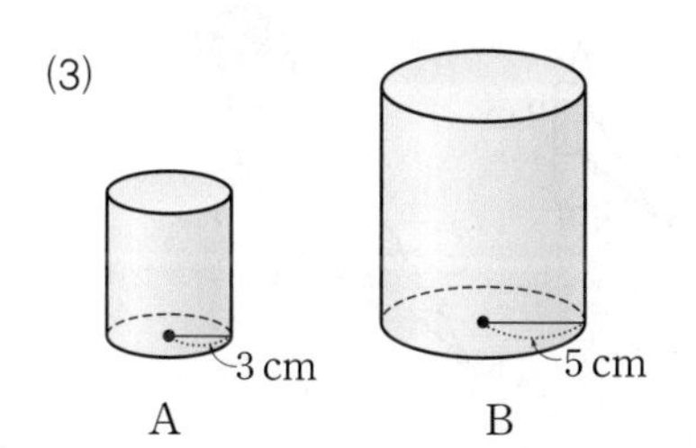


① 겉넓이의 비 답 ________

② 부피의 비 답 ________

(4)

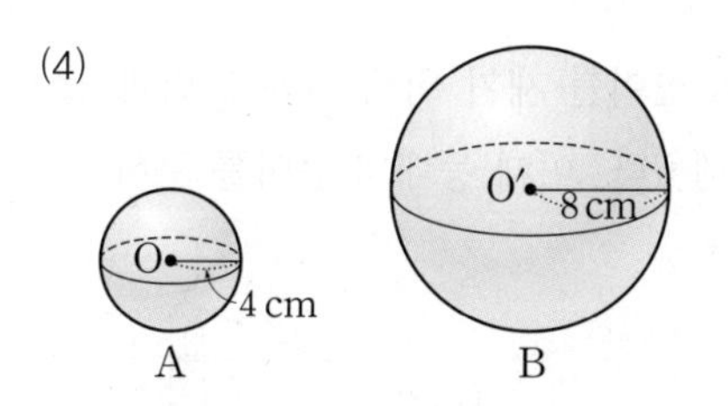


① 겉넓이의 비 답 ________

② 부피의 비 답 ________

**4** 아래 그림과 같은 두 입체도형 A, B는 서로 닮은 도형일 때, 다음을 구하여라.

(1)

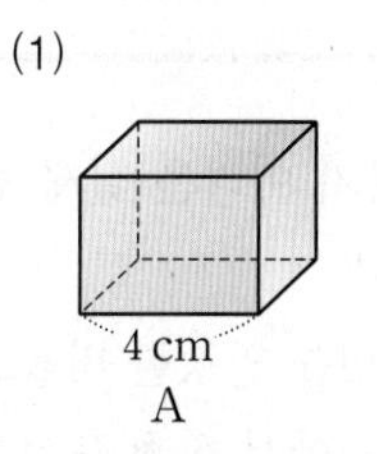


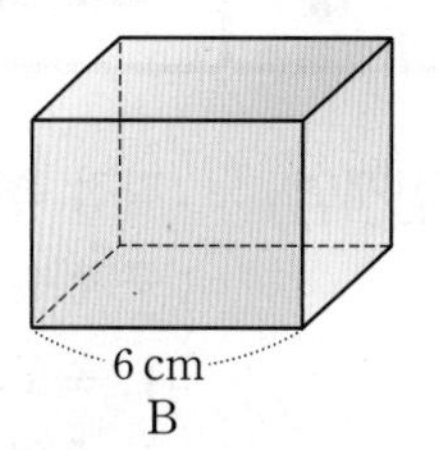


① 직육면체 A의 겉넓이가 52 $cm^2$일 때, 직육면체 B의 겉넓이

> ➜ 두 입체도형 A, B의 닮음비는
> 2 : □이므로 겉넓이의 비는
> 4 : □이다.
> 52 : (B의 겉넓이)=4 : □
> ∴ (B의 겉넓이)=□($cm^2$)

② 직육면체 A의 부피가 24 $cm^3$일 때, 직육면체 B의 부피 답 ________ $cm^3$

(2)

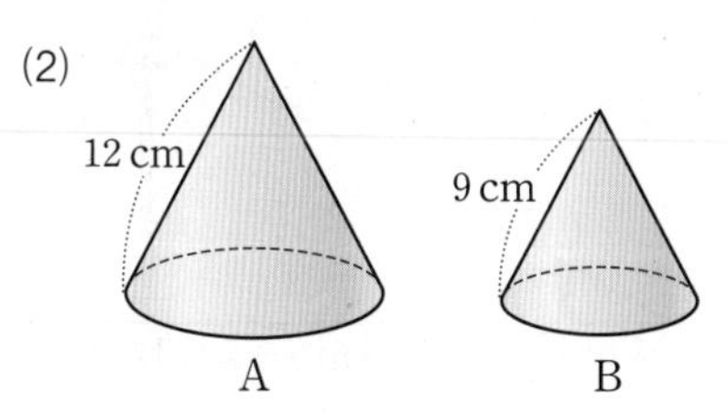


① 원뿔 B의 겉넓이가 $54\pi$ $cm^2$일 때, 원뿔 A의 겉넓이 답 ________ $cm^2$

② 원뿔 B의 부피가 $135\pi$ $cm^3$일 때, 원뿔 A의 부피 답 ________ $cm^3$

**풍쌤의 point**

닮음인 두 입체도형의 닮음비가 $m : n$일 때

**1.** 겉넓이의 비는 $m^2 : n^2$

**2.** 부피의 비는 $m^3 : n^3$

# 24 닮음의 활용

**핵심개념** 직접 측정하기 어려운 실제 높이나 거리, 넓이 등은 도형의 닮음을 이용하여 축도를 그려서 구할 수 있다.

**1. 축도:** 도형을 일정한 비율로 줄인 그림

**2. 축척:** 축도에서 실제 도형을 줄인 비율

➜ $(\text{축척})=\dfrac{(\text{축도에서의 길이})}{(\text{실제 길이})}$

**3. 축척, 축도에서의 길이와 실제 길이 사이의 관계**

(1) (축도에서의 길이)=(실제 길이)×(축척)

(2) $(\text{실제 길이})=\dfrac{(\text{축도에서의 길이})}{(\text{축척})}$

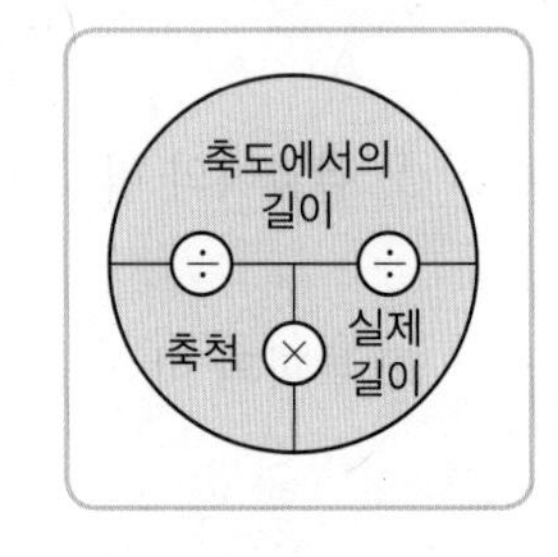


**참고** 지도에서의 축척은 1 : 1000 또는 $\dfrac{1}{1000}$과 같이 나타낸다. 이것은 지도에서의 길이와 실제 거리의 닮음비가 1 : 1000임을 뜻한다.

▶학습 날짜 월 일 ▶걸린 시간 분 / 목표 시간 15분

**1** 가로등 높이를 재기 위해 아래 그림과 같이 막대를 세웠다. 다음을 완성하여라.

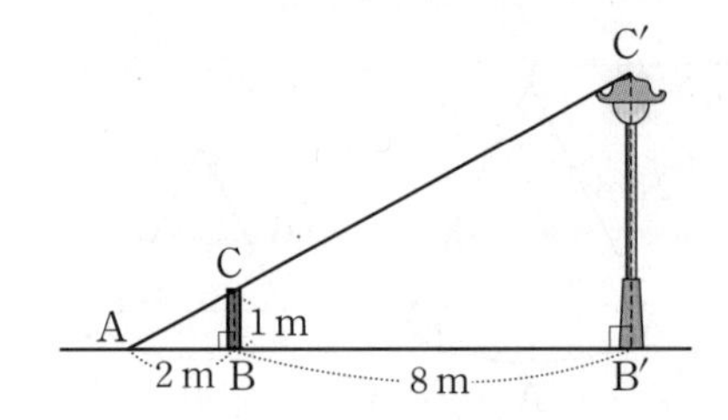


(1) △ABC와 △AB′C′의 닮음비

➜ △ABC∽△AB′C′(AA 닮음)이므로 닮음비는
$\overline{AB}:\overline{AB'}=2:(2+\square)$
$=2:\square=1:\square$

(2) 가로등의 높이

➜ $\overline{BC}:\overline{B'C'}=1:\square$이므로
$1:\overline{B'C'}=1:\square$
$\therefore \overline{B'C'}=\square$ m

**2** 다음 물음에 답하여라.

(1) 나무의 높이를 재기 위해 아래 그림과 같이 막대를 세웠다. 이때 나무의 높이를 구하여라.

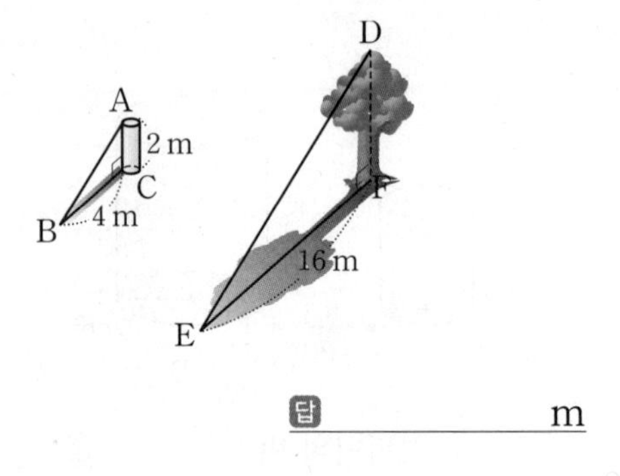


답 m

(2) 등대의 높이를 재기 위해 아래 그림과 같이 막대를 세웠다. 이때 등대의 높이를 구하여라.

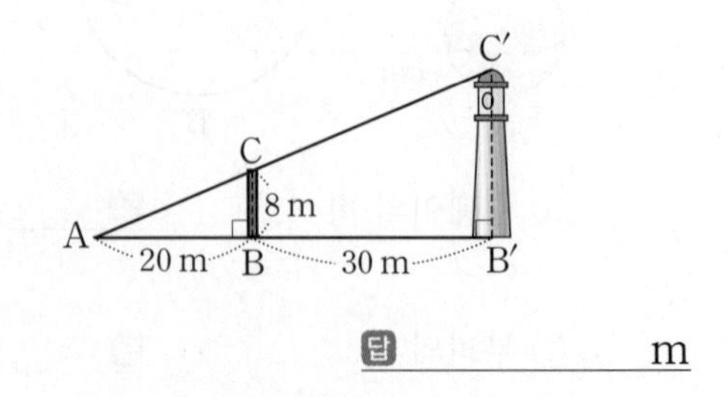


답 m

**3** 다음과 같은 지도의 축척을 구하여라.

(1) 실제 거리가 40 m인 두 지점 사이의 거리를 8 cm로 나타낸 지도

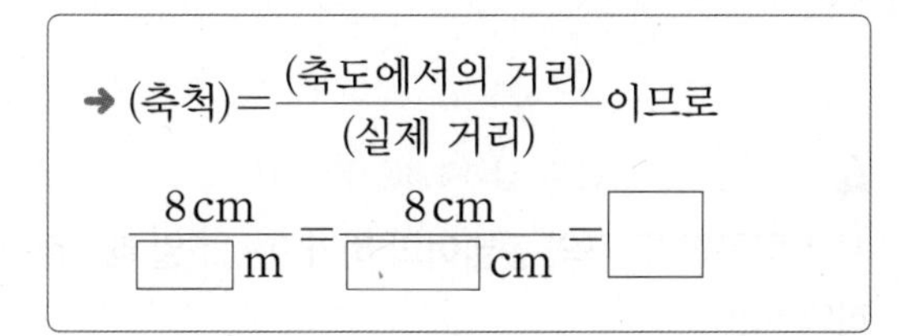


(2) 실제 거리가 100 m인 두 지점 사이의 거리를 2 cm로 나타낸 지도

답 ____________

(3) 실제 거리가 2 km인 두 지점 사이의 거리를 1 cm로 나타낸 지도

답 

(4) 실제 거리가 15 km인 두 지점 사이의 거리를 5 cm로 나타낸 지도

답 ____________

(5) 실제 거리가 2.4 km인 두 지점 사이의 거리를 4 cm로 나타낸 지도

답 ____________

**4** 축척이 $\frac{1}{10000}$인 지도에서 다음을 구하여라.

(1) 지도에서의 거리가 3 cm인 두 지점 사이의 실제 거리

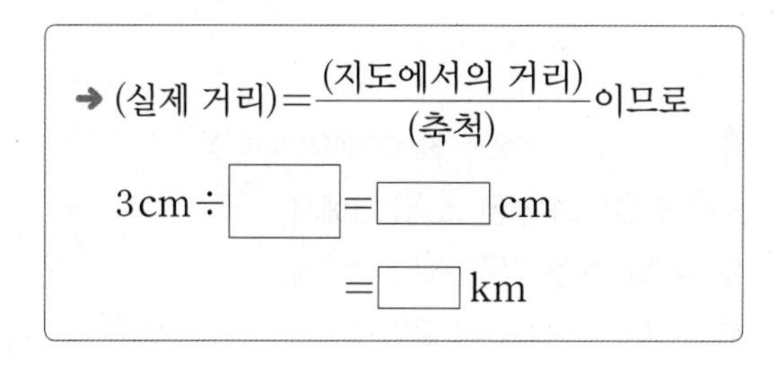


(2) 지도에서의 거리가 20 cm인 두 지점 사이의 실제 거리

답 ____________ km

tip (지도에서의 거리)=(실제 거리)×(축척)임을 이용해~

(3) 실제 거리가 1 km인 두 지점 사이의 지도에서의 거리

답 ____________ cm

(4) 실제 거리가 0.8 km인 두 지점 사이의 지도에서의 거리

답 ____________ cm

**풍쌤의 point**

$$(\text{축척})=\frac{(\text{축도에서의 길이})}{(\text{실제 길이})}$$

정답과 해설 33~34쪽

# 22-24 · 스스로 점검 문제

맞힌 개수 개 / 6개

▶학습 날짜 월 일 ▶걸린 시간 분 / 목표 시간 15분

**1** 닮은 두 평면도형에서의 비 3

오른쪽 그림과 같은 $\triangle ABC$에서 두 점 M, N은 각각 $\overline{AB}$, $\overline{AC}$의 중점이다. $\triangle ABC$의 넓이가 $32\ cm^2$일 때, $\triangle AMN$의 넓이는?

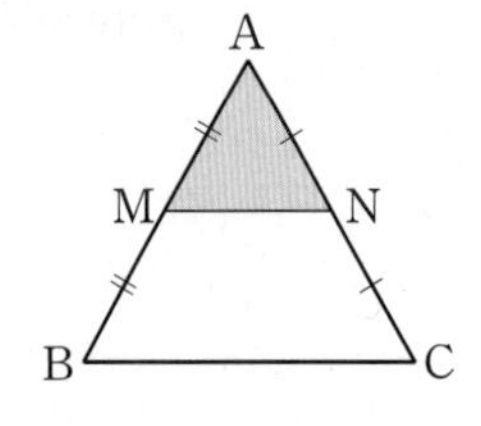


① $4\ cm^2$ ② $8\ cm^2$ ③ $12\ cm^2$
④ $16\ cm^2$ ⑤ $20\ cm^2$

**2** 닮은 두 입체도형에서의 비 1, 3

다음 그림과 같이 서로 닮음인 두 사각뿔 A와 B의 밑면의 가로의 길이가 각각 6 cm, 8 cm이다. 사각뿔 A의 옆넓이가 $90\ cm^2$일 때, 사각뿔 B의 옆넓이를 구하여라.

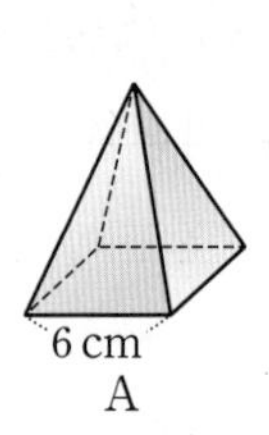


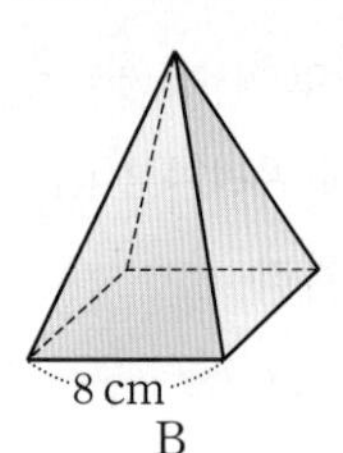


**3** 닮은 두 입체도형에서의 비 2, 3

다음 그림과 같이 서로 닮음인 두 삼각기둥 A와 B의 높이가 각각 8 cm, 12 cm이다. 삼각기둥 B의 부피가 $108\ cm^3$일 때, 삼각기둥 A의 부피는?

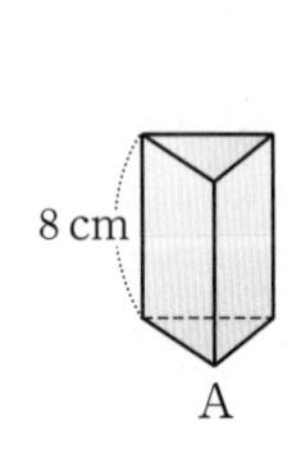


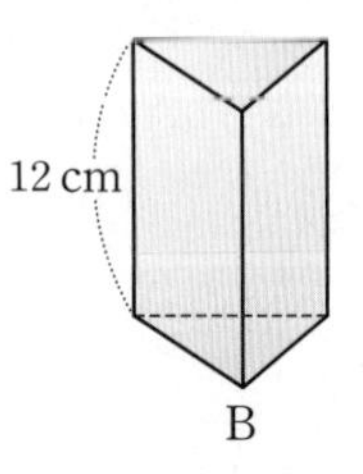


① $28\ cm^3$ ② $32\ cm^3$ ③ $36\ cm^3$
④ $40\ cm^3$ ⑤ $44\ cm^3$

**4** 닮은 두 입체도형에서의 비 3, 4

서로 닮음인 두 구의 겉넓이의 비가 9 : 25일 때, 두 구의 부피의 비는?

① 3 : 5 ② 3 : 25 ③ 9 : 25
④ 27 : 75 ⑤ 27 : 125

**5** 닮음의 활용 1, 2

정은이가 다음 그림과 같이 거울을 바닥에 놓고 보았더니 건물의 끝이 보였다. 지면에서 정은이의 눈까지의 높이가 1.6 m, 발끝에서 거울까지의 거리가 2 m, 거울에서 건물 밑까지의 거리가 10 m일 때, 건물의 높이를 구하여라.

(단, $\angle ACB = \angle DCE$이고, 거울의 두께는 무시한다.)

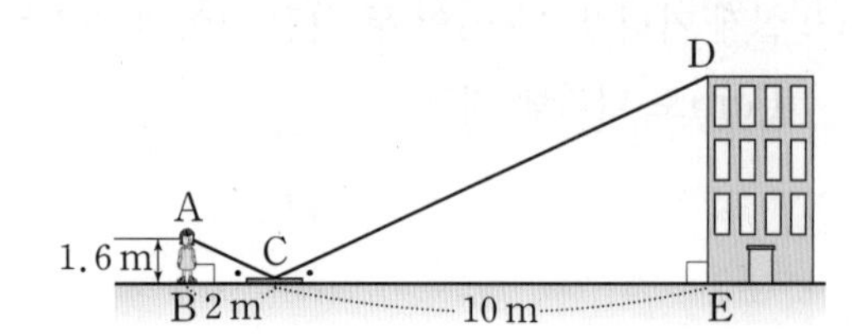


**6** 닮음의 활용 3, 4

어떤 지도에서의 거리가 7 cm인 두 지점 사이의 실제 거리가 350 m일 때, 이 지도에서 거리가 12 cm인 두 지점 사이의 실제 거리를 구하여라.

# 25 피타고라스 정리

**핵심개념** **피타고라스 정리:** 직각삼각형 ABC에서 직각을 낀 두 변의 길이를 각각 $a$, $b$라 하고, 빗변의 길이를 $c$라 하면

$$a^2+b^2=c^2$$

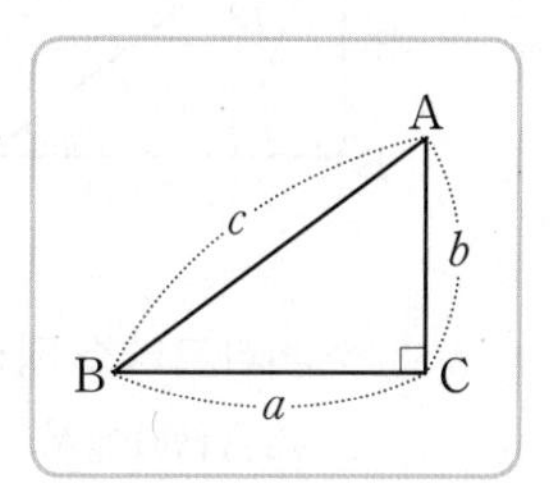

▶학습 날짜 월 일 ▶걸린 시간 분 / 목표 시간 20분

정답과 해설 34~35쪽

**1** 다음 그림과 같은 직각삼각형에서 $x$의 값을 구하여라.

(1)

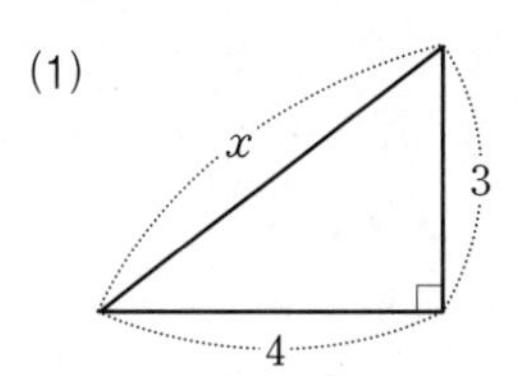


➜ 피타고라스 정리에 의하여

$4^2+\square^2=x^2$, $x^2=\square$

$\therefore x=\square$ ($\because x>0$)

(2)

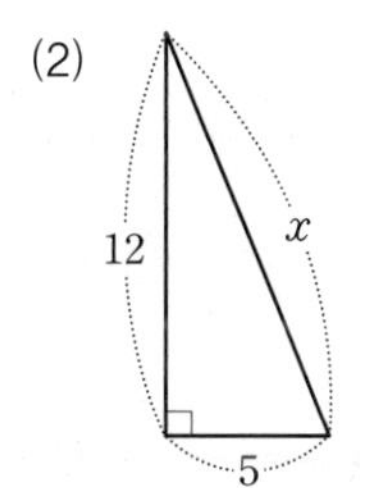


답

(3)

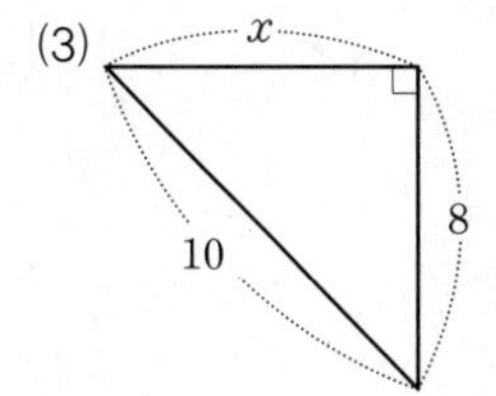


답

**2** 다음 그림은 2개의 직각삼각형을 붙여 놓은 것이다. $x$, $y$의 값을 각각 구하여라.

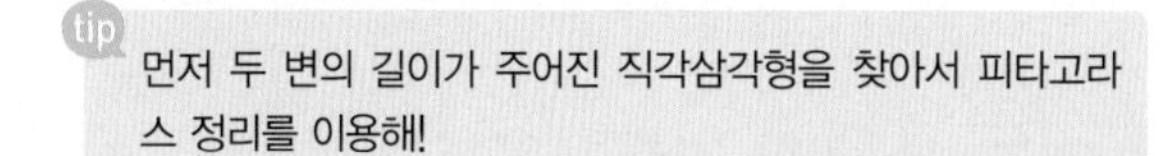

tip 먼저 두 변의 길이가 주어진 직각삼각형을 찾아서 피타고라스 정리를 이용해!

(1)

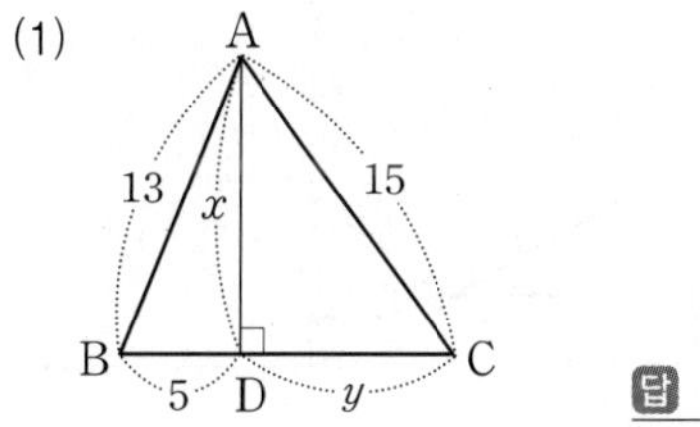

답

(2)

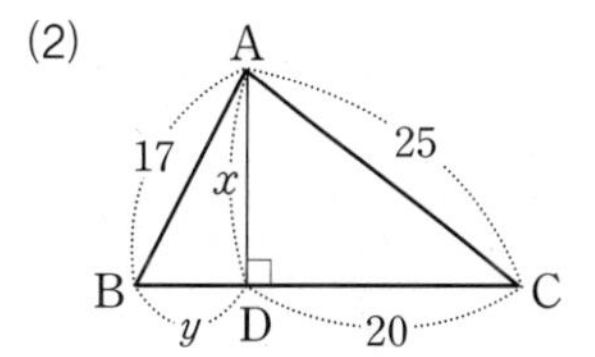


답

(3)

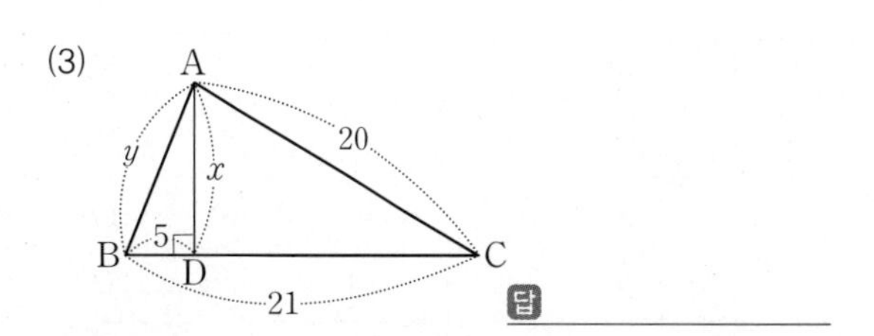


답

**3** 다음 그림에서 $x$, $y$의 값을 각각 구하여라.

(1)

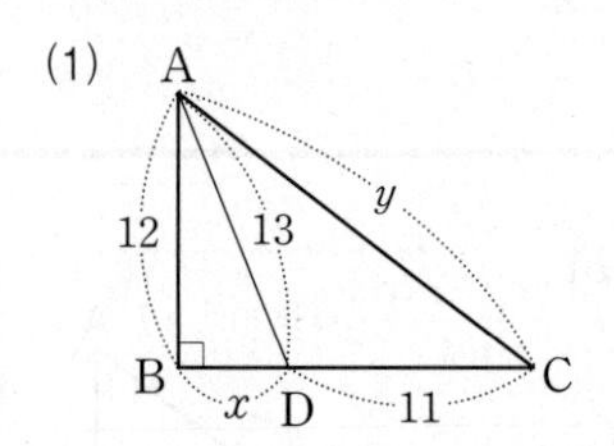


➔ 피타고라스 정리에 의해

△ABD에서

$x^2=\square^2-12^2$, $x^2=\square$

$\therefore x=\square$ ($\because x>0$)

△ABC에서

$y^2=12^2+(\square+11)^2$, $y^2=\square$

$\therefore y=\square$ ($\because y>0$)

(2)

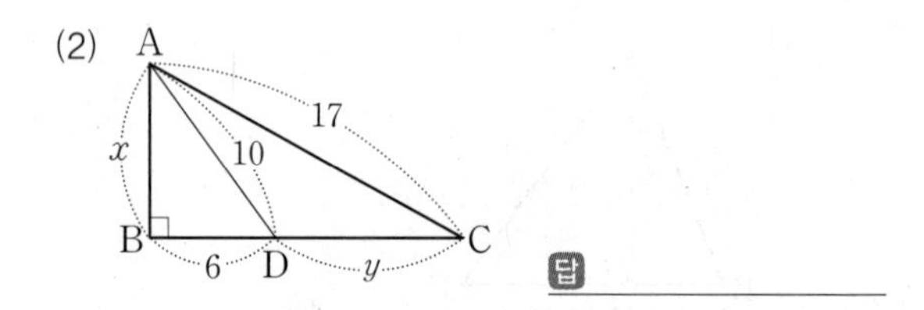


**4** 직각삼각형의 빗변의 길이를 $c$, 다른 두 변의 길이를 각각 $a$, $b$라 할 때, 다음 빈칸을 채워라.

| $a$ | $b$ | $c$ |
|---|---|---|
| 3 | 4 | ㉠ |
| 5 | ㉡ | 13 |
| ㉢ | 8 | 10 |
| 8 | ㉣ | 17 |
| 9 | 12 | ㉤ |

**5** 다음 그림에서 $x^2$의 값을 구하여라.

(1)

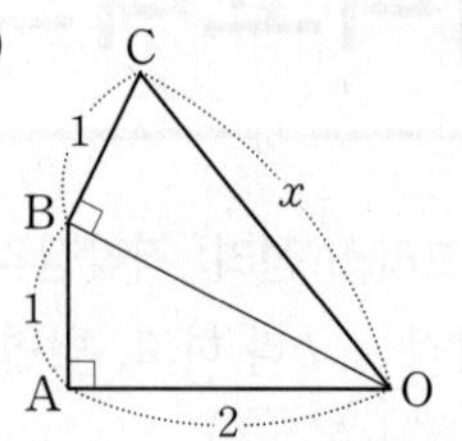


tip $\overline{OB}$의 길이를 먼저 구한 후, $x$의 값을 구하자!

➔ 피타고라스 정리에 의하여

△OAB에서 $\overline{OB}^2=2^2+\square^2=\square$

△OBC에서 $x^2=\square+1=\square$

(2)

답

(3)

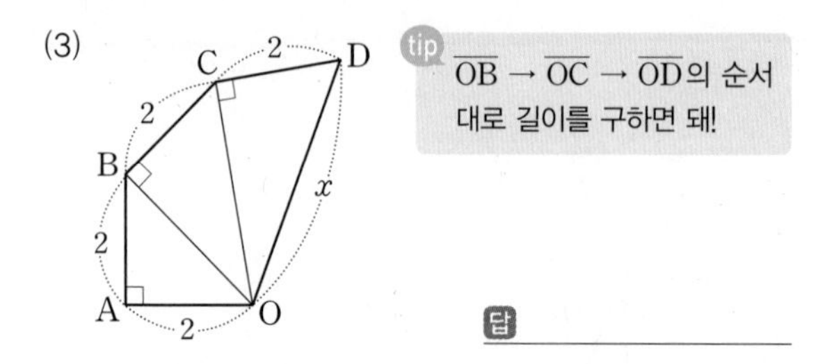


tip $\overline{OB}$ → $\overline{OC}$ → $\overline{OD}$의 순서대로 길이를 구하면 돼!

풍쌤의 point

직각삼각형 ABC에서 직각을 낀 두 변의 길이를 각각 $a$, $b$라 하고, 빗변의 길이를 $c$라 하면

$$a^2+b^2=c^2$$

이 성립한다.

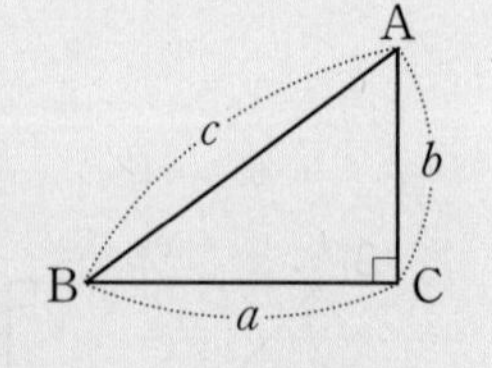

# 26 피타고라스 정리의 설명(1) – 유클리드의 방법

**핵심개념** 오른쪽 그림과 같이 직각삼각형 ABC의 각 변을 한 변으로 하는 정사각형을 그리면

1. □ADEB=□BFKJ, □ACHI=□CJKG
2. □BFGC=□ADEB+□ACHI이므로
$\overline{BC}^2=\overline{AB}^2+\overline{AC}^2$

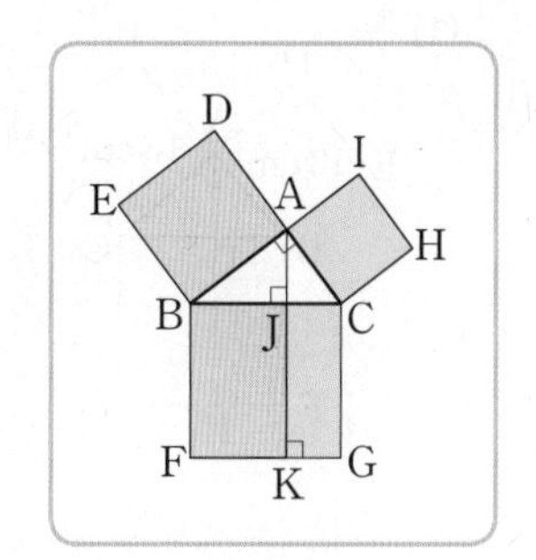

▶학습 날짜 월 일 ▶걸린 시간 분 / 목표 시간 20분

정답과 해설 35쪽

**1** 아래는 유클리드의 방법으로 피타고라스 정리를 설명하는 과정이다. 다음을 완성하여라.

오른쪽 그림과 같이 직각삼각형 ABC의 세 변을 한 변으로 하는 정사각형을 그리면

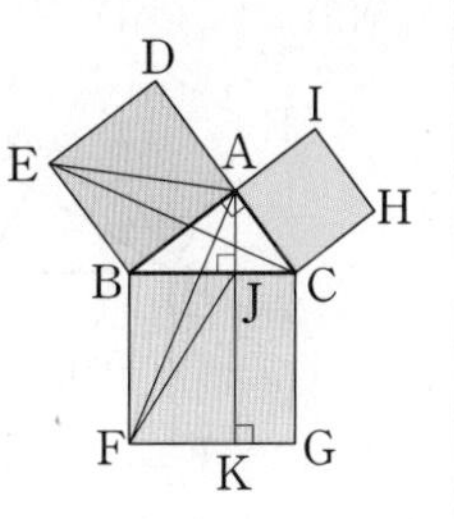


① $\overleftrightarrow{AC} /\!/ \overleftrightarrow{EB}$이므로 △EBC와 △[ ]의 넓이는 같다.

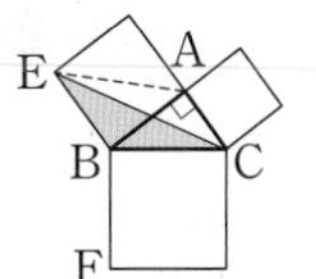


② △EBC와 △ABF에서
(i) $\overline{EB}$=[ ]
(ii) ∠EBC=∠[ ]
(iii) $\overline{BC}$=[ ]이므로
△EBC[ ]△ABF([ ] 합동)
따라서 △EBC와 △[ ]의 넓이는 같다.

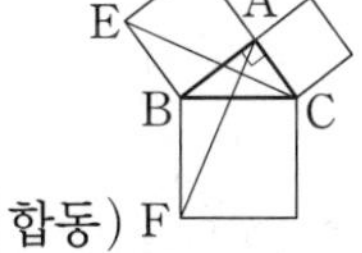


③ $\overleftrightarrow{BF} /\!/ \overleftrightarrow{AJ}$이므로 △ABF와 △[ ]의 넓이는 같다.

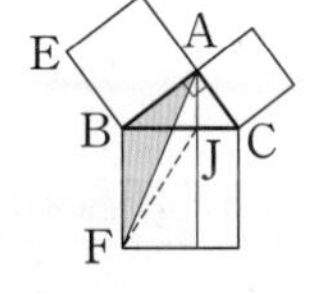


①, ②, ③에서

△EBA=△EBC=△ABF
=△[ ]
∴ □ADEB=□[ ] ······ ㉠
같은 방법으로 하면
□ACHI=□[ ] ······ ㉡
㉠, ㉡에서
□BFGC=□BFKJ+□CJKG
=□ADEB+□[ ]
∴ $\overline{BC}^2=\overline{AB}^2+\overline{[\ \ ]}^2$

**2** 오른쪽 그림은 직각삼각형 ABC의 각 변을 한 변으로 하는 정사각형을 그린 것이다. 다음 물음에 답하여라.

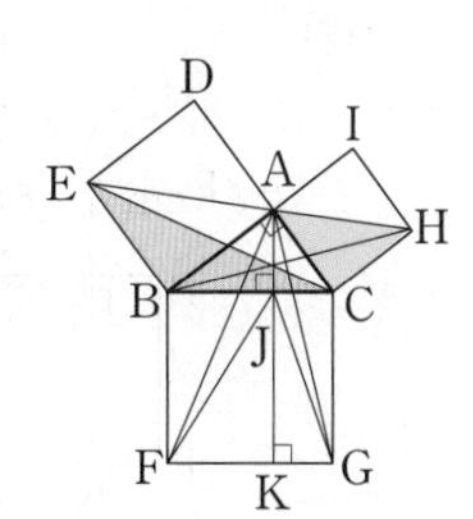


보기
| | |
|---|---|
| ㄱ. △ABF | ㄴ. △BCH |
| ㄷ. △EBA | ㄹ. △JBF |
| ㅁ. △GCA | ㅂ. △GCJ |
| ㅅ. $\frac{1}{2}$□ADEB | ㅇ. $\frac{1}{2}$□BFKJ |
| ㅈ. $\frac{1}{2}$□ACHI | ㅊ. $\frac{1}{2}$□CJKG |

(1) △EBC와 넓이가 같은 것을 〈보기〉에서 모두 골라라.

답

(2) □ADEB와 넓이가 같은 사각형을 구하여라.

답

(3) △ACH와 넓이가 같은 것을 〈보기〉에서 모두 골라라.

답

(4) □ACHI와 넓이가 같은 사각형을 구하여라.

답

**3** 다음 그림은 직각삼각형 ABC의 각 변을 한 변으로 하는 정사각형을 그린 것이다. 색칠한 부분의 넓이를 구하여라.

(1)

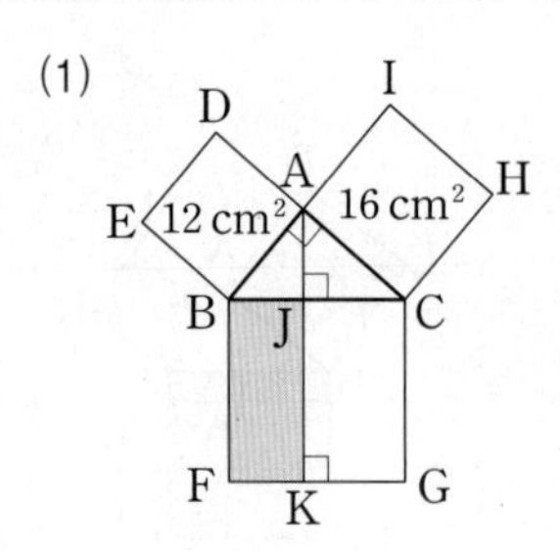


답 ______

(2)

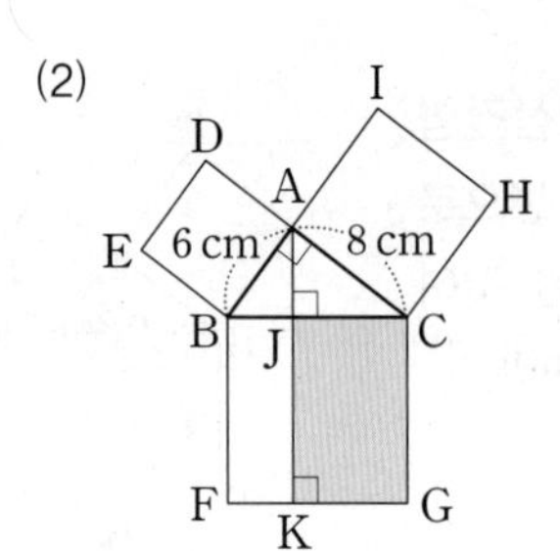


답 ______

(3)

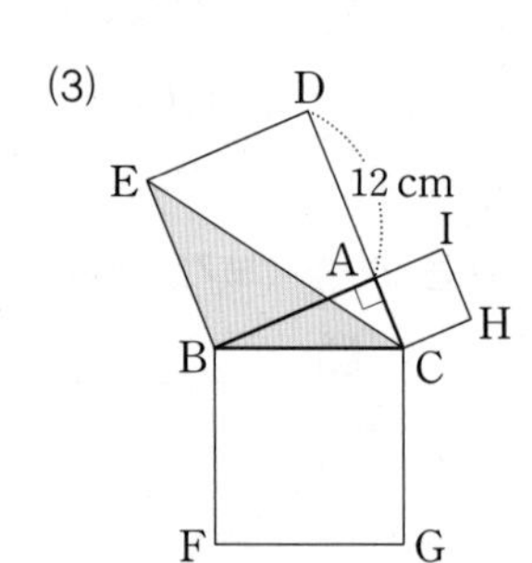


답 ______

(4)

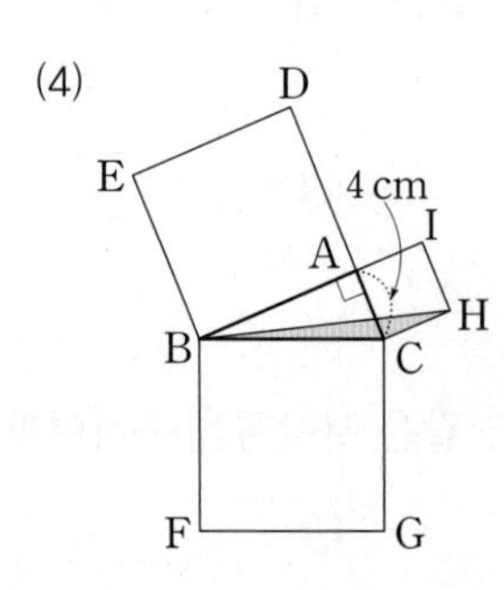


답 ______

**4** 다음 그림은 직각삼각형 ABC의 각 변을 한 변으로 하는 정사각형을 그린 것이다. 두 정사각형의 넓이가 주어질 때, 색칠한 정사각형의 넓이를 구하여라.

(1)

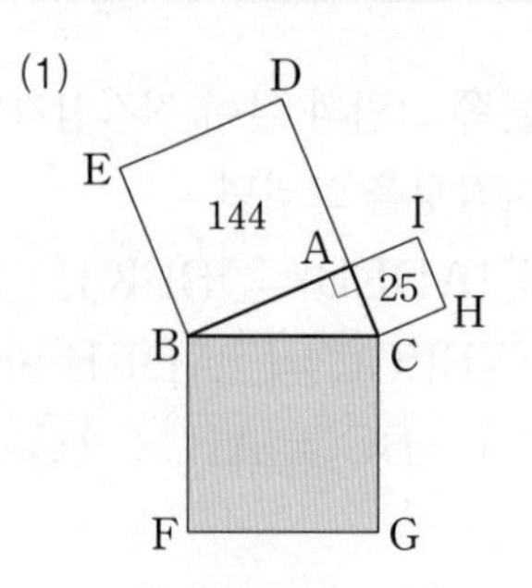


답 □BFGC의 넓이: ______

(2)

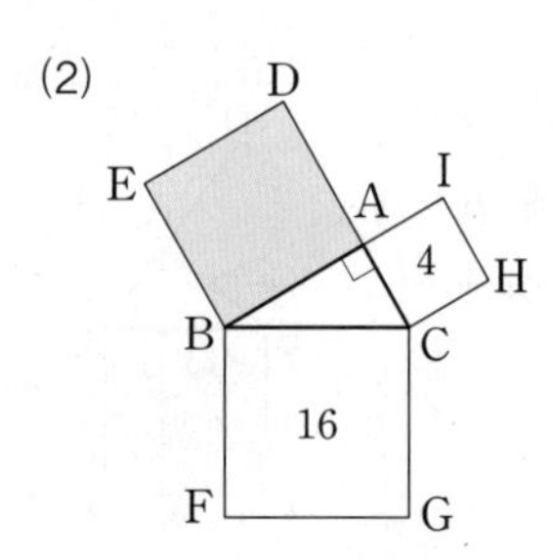


답 □ADEB의 넓이: ______

**풍쌤의 point**

오른쪽 그림과 같이 직각삼각형 ABC의 각 변을 한 변으로 하는 정사각형을 그릴 때

1. □ADEB=□BFKJ
2. □ACHI=□CJKG
3. □BFGC=□ADEB+□ACHI이므로 $\overline{BC}^2=\overline{AB}^2+\overline{AC}^2$

# 27 피타고라스 정리의 설명(2) – 피타고라스의 방법

**핵심개념**

오른쪽 [그림 1]과 같이 직각삼각형 ABC의 두 변 CA, CB를 연장하여 한 변의 길이가 $a+b$인 정사각형 EFCD를 그리면

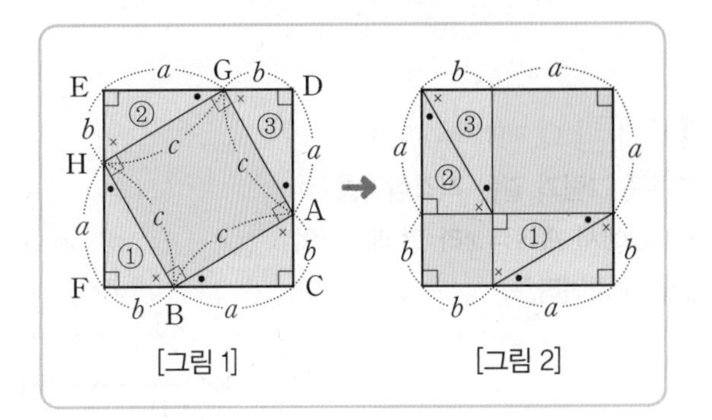

[그림 1] [그림 2]

1. △ABC≡△BHF≡△HGE ≡△GAD(SAS 합동)
2. □GHBA는 한 변의 길이가 $c$인 정사각형이다.
3. [그림 1]의 세 직각삼각형 ①, ②, ③을 옮겨 [그림 2]와 같이 나타낼 수 있다. 따라서

$$a^2+b^2=c^2$$

이다.

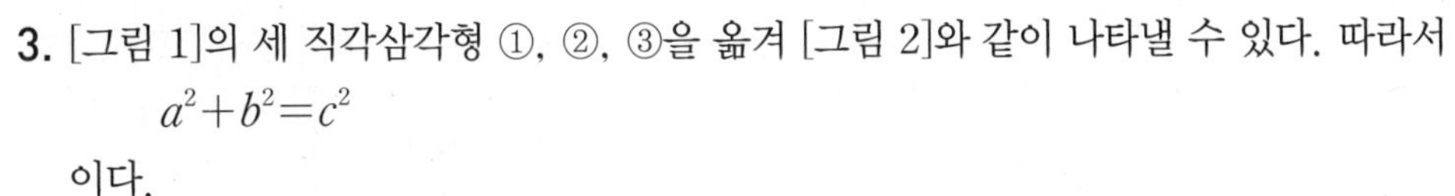

▶학습 날짜 월 일 ▶걸린 시간 분 / 목표 시간 10분

정답과 해설 35쪽

**1** 아래는 피타고라스의 방법으로 피타고라스 정리를 설명하는 과정이다. 다음을 완성하여라.

다음과 같이 직각삼각형 ABC의 두 변 CA, CB를 연장하여 한 변의 길이가 $a+b$인 정사각형 EFCD를 그리면

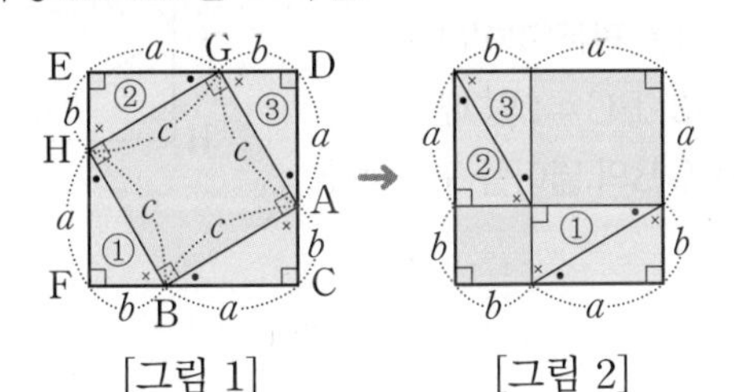

[그림 1] [그림 2]

△ABC≡△GAD
≡△HGE
≡△BHF(□ 합동)

이므로

(i) $\overline{AB}=\overline{GA}=\overline{HG}=\overline{BH}$

(ii) •+×=90°에서

∠GAB=∠HGA=∠BHG
=∠ABH=□°

(i), (ii)에서 □GHBA는 한 변의 길이가 $c$인 □이다.

[그림 1]의 세 직각삼각형 ①, ②, ③을 옮겨 [그림 2]와 같이 나타낼 수 있다.

∴ □$=a^2+b^2$

**2** 다음 그림에서 □ABCD는 정사각형이고 $\overline{AE}=\overline{BF}=\overline{CG}=\overline{DH}$일 때, □EFGH의 넓이를 구하여라.

tip □EFGH는 정사각형이야!

(1)

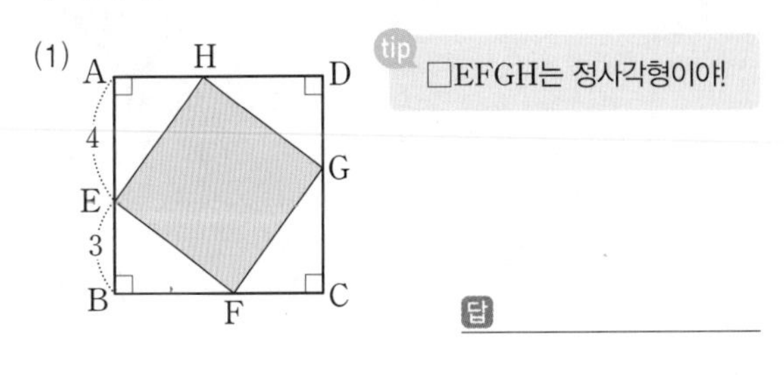


답

(2)

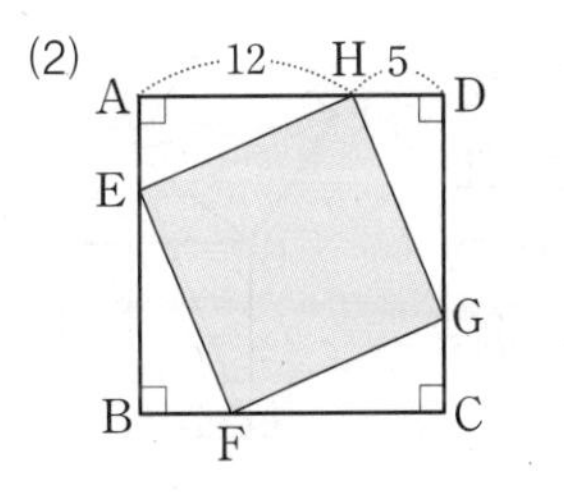


답

(3)

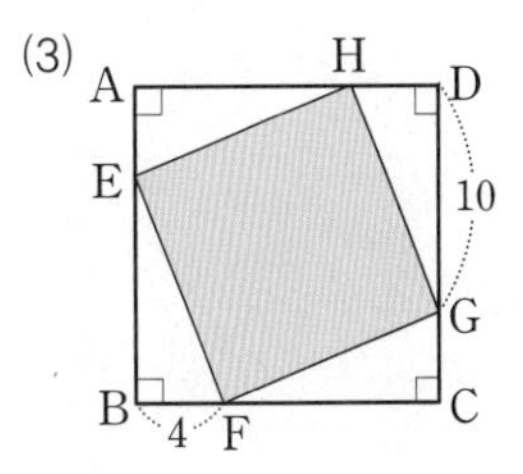


답

정답과 해설 35~36쪽

# 25-27 · 스스로 점검 문제

맞힌 개수 개 / 6개

▶학습 날짜 월 일 ▶걸린 시간 분 / 목표 시간 15분

**1** □□ 피타고라스 정리 3

오른쪽 그림과 같은 직각삼각형 ABC에서 $\overline{AB}=x$라 할 때, $x^2$의 값을 구하여라.

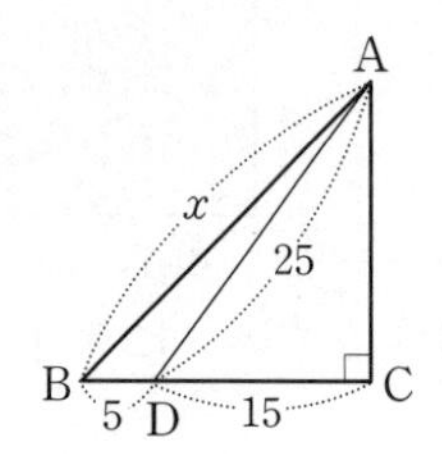


**2** □□ 피타고라스 정리 5

오른쪽 그림에서 정사각형 OEFG의 넓이는?

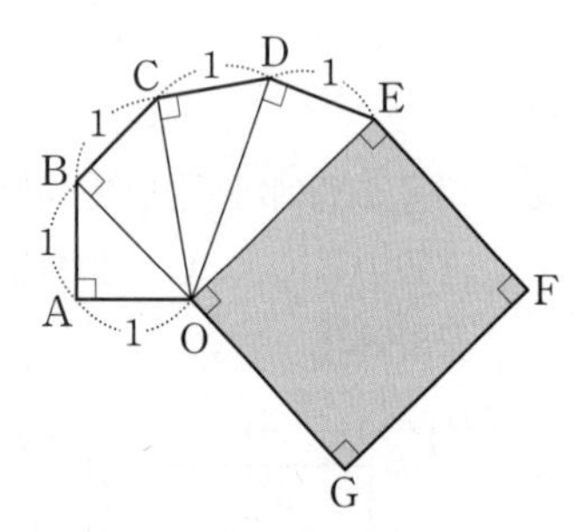


① 3 ② 4
③ 5 ④ 6
⑤ 7

**3** □□ 피타고라스 정리의 설명(1) – 유클리드의 방법 2

오른쪽 그림에서 □ADEB, □ACHI, □BFGC는 직각삼각형 ABC의 각 변을 한 변으로 하는 정사각형일 때, 다음 중 그 넓이가 나머지 넷과 다른 하나는?

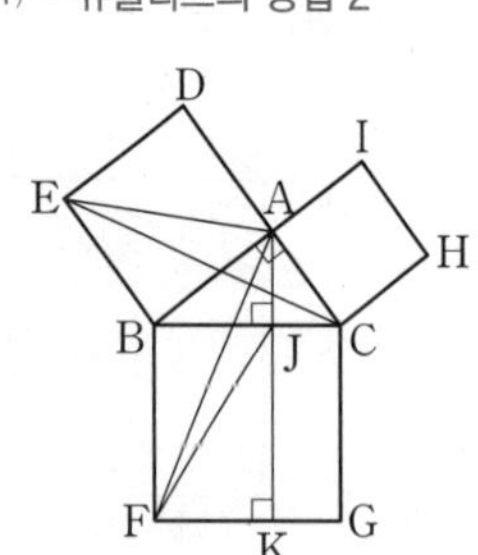

① △EBC ② △ABF
③ △EBA ④ △ABC
⑤ △BFJ

**4** □□ 피타고라스 정리의 설명(1) – 유클리드의 방법 3, 4

오른쪽 그림은 직각삼각형 ABC의 각 변을 한 변으로 하는 정사각형을 그린 것이다. 다음 중 옳지 않은 것은?

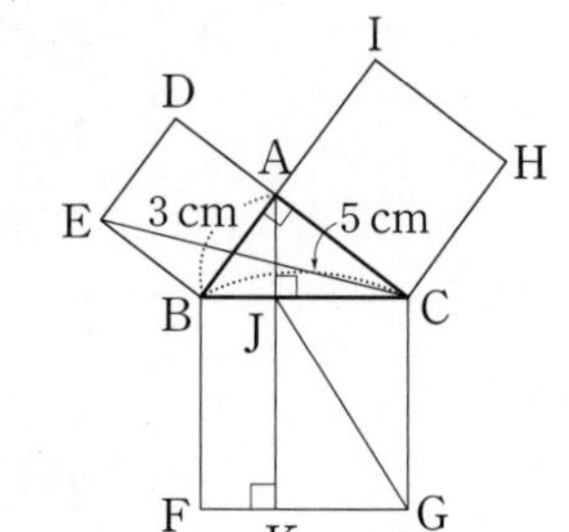


① $\overline{AC}=4$ cm

② $\triangle EBC=\frac{9}{2}$ cm$^2$

③ $\triangle JCG=\frac{25}{2}$ cm$^2$

④ □BFKJ$=9$ cm$^2$

⑤ □ACHI$=16$ cm$^2$

**5** □□ 피타고라스 정리의 설명(2) – 피타고라스의 방법 2

오른쪽 그림은 직각삼각형 ABC와 이와 합동인 세 개의 직각삼각형을 이용하여 정사각형 CDFH를 만든 것이다. $\overline{AC}=3$, $\overline{BC}=2$일 때, □AEGB의 넓이를 구하여라.

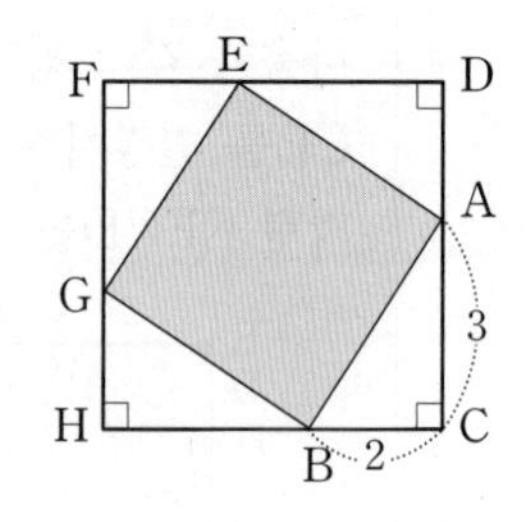


**6** □□ 피타고라스 정리의 설명(2) – 피타고라스의 방법 2

오른쪽 그림에서 $\overline{EH}=\overline{FB}=\overline{CA}=\overline{DG}=3$ cm이고 □GHBA의 넓이가 25 cm$^2$일 때, 정사각형 EFCD의 넓이는?

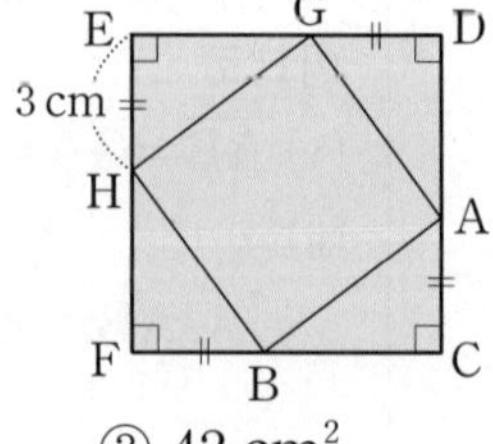


① 30 cm$^2$ ② 36 cm$^2$ ③ 42 cm$^2$
④ 49 cm$^2$ ⑤ 50 cm$^2$

# 28 직각삼각형이 되는 조건

**핵심개념** 세 변의 길이가 $a$, $b$, $c$인 삼각형 ABC에서 $a^2+b^2=c^2$이면 삼각형 ABC는 빗변의 길이가 $c$인 직각삼각형이다.

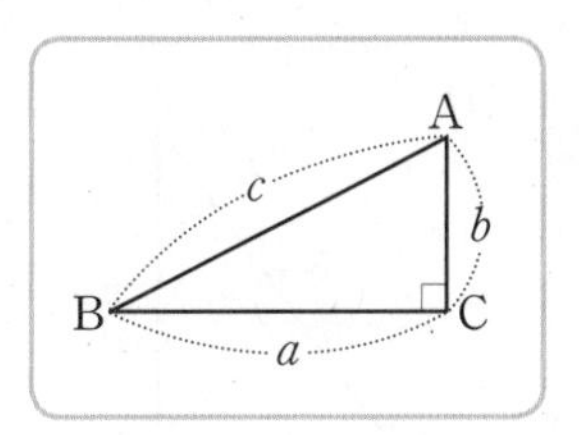

▶학습 날짜 월 일 ▶걸린 시간 분 / 목표 시간 20분

정답과 해설 36쪽

**1** 세 변의 길이가 각각 다음과 같은 삼각형이 직각삼각형인지 아닌지 판별하는 과정을 완성하여라.

tip 세 변 중 가장 긴 변의 길이의 제곱과 나머지 두 변의 길이의 제곱의 합이 같은지 확인해봐!

(1) 2, 3, 4

→ $2^2+3^2\neq4^2$이므로
직각삼각형( 이다, 이 아니다 ).

(2) 3, 4, 6

→ $3^2+4^2$ ☐ $6^2$이므로
직각삼각형( 이다, 이 아니다 ).

(3) 4, 4, 7

→ $4^2+4^2$ ☐ $7^2$이므로
직각삼각형( 이다, 이 아니다 ).

(4) 5, 12, 13

→ $5^2+12^2$ ☐ $13^2$이므로
직각삼각형( 이다, 이 아니다 ).

**2** 세 변의 길이가 각각 다음과 같은 삼각형이 직각삼각형이면 ○표, 아니면 ×표를 하여라.

(1) 3, 4, 5 (　　)

(2) 3, 6, 8 (　　)

(3) 4, 7, 9 (　　)

(4) 6, 8, 10 (　　)

(5) 7, 8, 9 (　　)

(6) 8, 15, 17 (　　)

tip (3, 4, 5), (5, 12, 13), (6, 8, 10), (7, 24, 25), (8, 15, 17) 등은 $a^2+b^2=c^2$을 만족시키는 세 자연수를 피타고라스의 수라고 해! 기억해 두면 유용하게 활용할 수 있어!

**3** 다음 그림과 같은 삼각형 ABC에서 $\angle C=90^\circ$가 되도록 하는 $x$의 값에 대하여 $x^2$의 값을 구하여라.

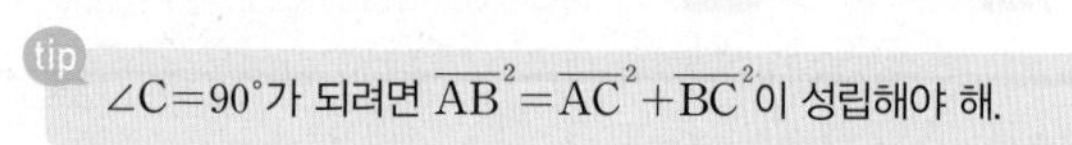


(1)

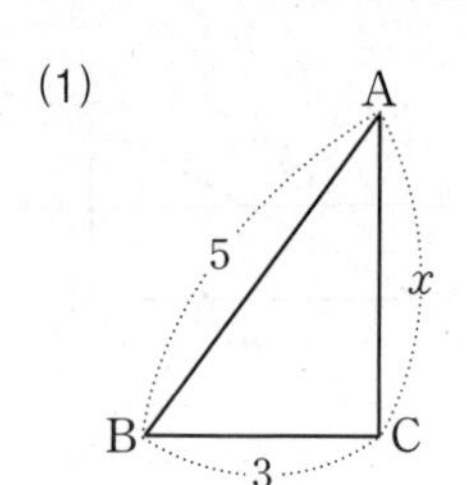


답 ______

(2)

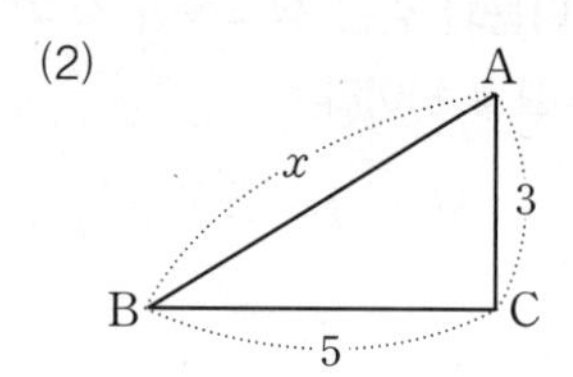


답 ______

(3)

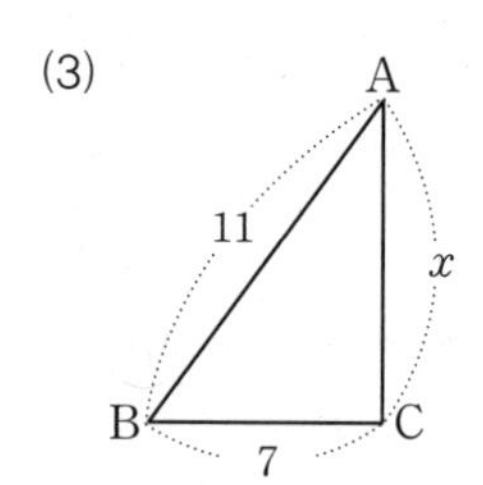


답 ______

(4)

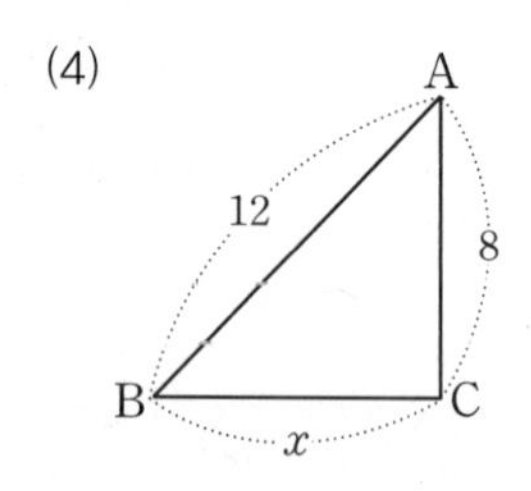


답 ______

(5)

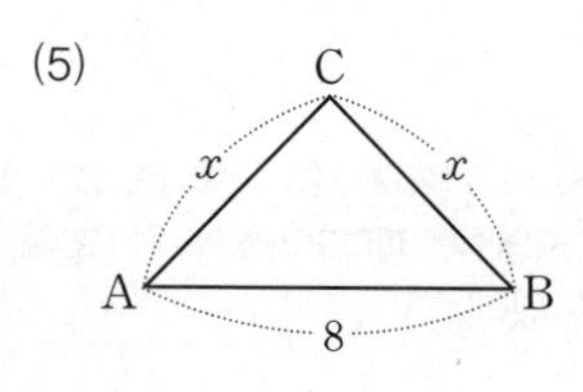


답 ______

**4** 세 변의 길이가 각각 다음과 같은 삼각형이 직각삼각형이 되도록 하는 $x$에 대하여 $x^2$의 값을 구하여라.

(1) $6,\ x,\ 8$ (단, $2<x<8$)

> ➜ 가장 긴 변의 길이: $\square$
> ➜ 직각삼각형이 될 조건:
> $\square^2=6^2+x^2$
> $\therefore x^2=\square$

(2) $5,\ 9,\ x$ (단, $x>9$) 답 ______

(3) $x,\ 6,\ 13$ (단, $7<x<13$)

답 ______

(4) $x,\ x,\ 12$ (단, $0<x<12$)

답 ______

풍쌤의 point

오른쪽 그림과 같이 세 변의 길이가 각각 $a,\ b,\ c$인 삼각형 ABC에서 $\boldsymbol{a^2+b^2=c^2}$이면 삼각형 **ABC**는 길이가 $\boldsymbol{c}$인 변을 빗변으로 하는 직각삼각형이다.

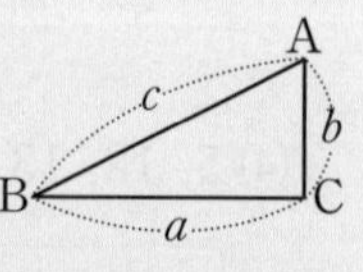

# 29 삼각형의 변의 길이와 각의 크기 사이의 관계

**핵심개념**

삼각형 ABC에서 $\overline{AB}=c$, $\overline{BC}=a$, $\overline{CA}=b$일 때

(단, 가장 긴 변의 길이는 $c$이다.)

1. $\angle C<90^\circ$ (예각삼각형) $\Longleftrightarrow$ $c^2<a^2+b^2$
2. $\angle C=90^\circ$ (직각삼각형) $\Longleftrightarrow$ $c^2=a^2+b^2$ ← 피타고라스 정리
3. $\angle C>90^\circ$ (둔각삼각형) $\Longleftrightarrow$ $c^2>a^2+b^2$

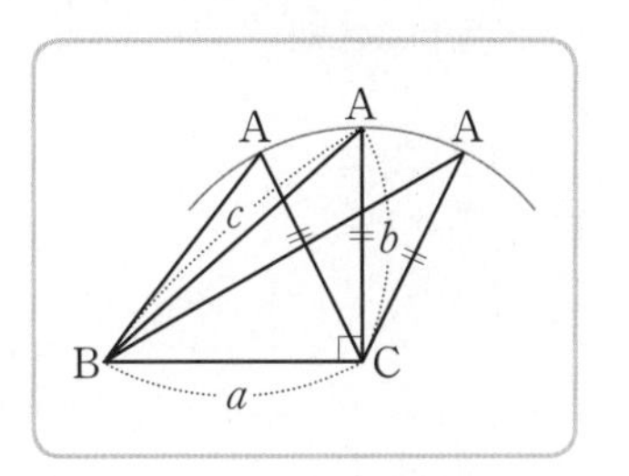

▶학습 날짜 월 일 ▶걸린 시간 분 / 목표 시간 20분

정답과 해설 36쪽

**1** 다음은 가장 긴 변의 길이가 $c$인 삼각형 ABC에 대한 설명이다. ○ 안에 $>$, $=$, $<$ 중 알맞은 것을 써넣어라.

(1) 직각삼각형 ABC

① $\angle A$ ○ $90^\circ$이므로

$a^2$ ○ $b^2+c^2$

② $\angle B$ ○ $90^\circ$이므로

$b^2$ ○ $a^2+c^2$

③ $\angle C$ ○ $90^\circ$이므로

$c^2$ ○ $a^2+b^2$

↳ 직각삼각형이 될 조건

(2) 예각삼각형 ABC

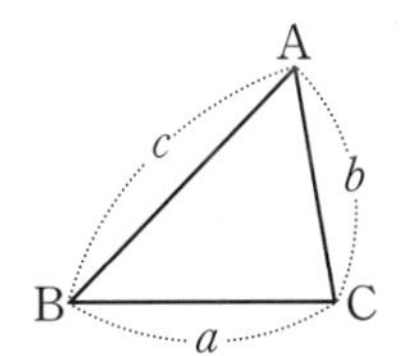


① $\angle A$ ○ $90^\circ$이므로

$a^2$ ○ $b^2+c^2$

② $\angle B$ ○ $90^\circ$이므로

$b^2$ ○ $a^2+c^2$

③ $\angle C$ ○ $90^\circ$이므로

$c^2$ ○ $a^2+b^2$

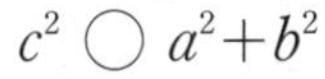

(3) 둔각삼각형 ABC

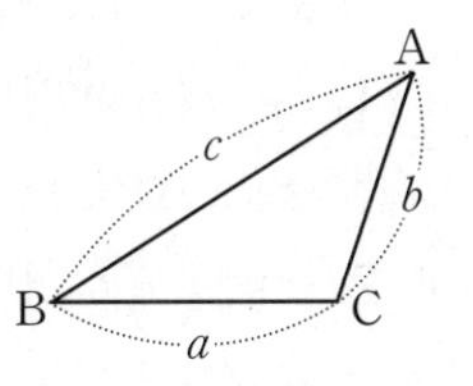


① $\angle A$ ○ $90^\circ$이므로

$a^2$ ○ $b^2+c^2$

② $\angle B$ ○ $90^\circ$이므로

$b^2$ ○ $a^2+c^2$

③ $\angle C$ ○ $90^\circ$이므로

$c^2$ ○ $a^2+b^2$

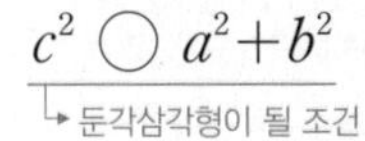

↳ 둔각삼각형이 될 조건

**2** 세 변의 길이가 각각 다음과 같은 삼각형을 예각삼각형, 직각삼각형, 둔각삼각형으로 구분하는 과정을 완성하여라.

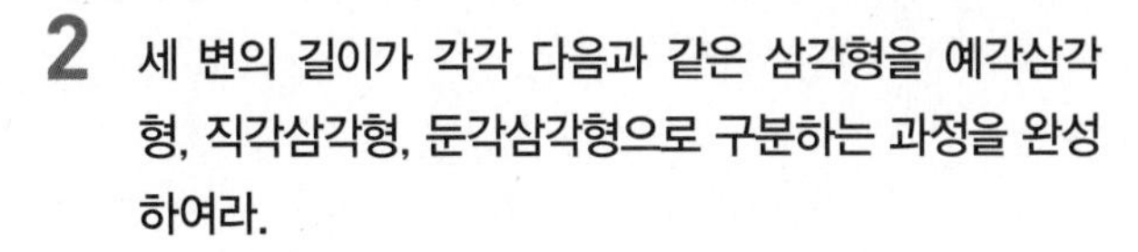

(1) 5, 6, 7

➔ 가장 긴 변의 길이 7의 제곱과 나머지 두 변의 길이 5, 6의 제곱의 합을 비교한다.

➔ $7^2$ ○ $5^2+6^2$

➔ 따라서 ( 예각, 직각, 둔각 )삼각형이다.

(2) 6, 11, 13

➔ 가장 긴 변의 길이: □

➔ $\square^2$ ○ $6^2+11^2$

➔ 따라서 ( 예각, 직각, 둔각 )삼각형이다.

(3) 9, 12, 15

➔ 가장 긴 변의 길이: □

➔ $(\square)^2$ ○ $9^2+12^2$

➔ 따라서 ( 예각, 직각, 둔각 )삼각형이다.

**3** 세 변의 길이가 각각 다음과 같은 삼각형을 예각삼각형, 직각삼각형, 둔각삼각형으로 구분하여라.

tip 가장 긴 변의 길이의 제곱과 다른 두 변의 길이의 제곱의 합을 비교해 봐!

(1) 2, 3, 4　　답 ________

(2) 4, 4, 5　　답 ________

(3) 5, 12, 13　　답 ________

**4** 다음은 세 변의 길이가 각각 9, 12, $x$인 삼각형이 예각삼각형이 되도록 하는 $x$의 값의 범위를 구하는 과정이다. 빈칸을 완성하여라. (단, $x>12$)

> 가장 긴 변의 길이가 $x$이므로
> (ⅰ) 삼각형이 될 조건
> $x<9+12$　　$\therefore x<$□
> 즉, □$<x<$□
> (ⅱ) 예각삼각형이 될 조건
> $x^2<9^2+12^2$, $x^2<$□
> 이때 $x>0$이므로 $0<x<$□
> (ⅰ), (ⅱ)에서 □$<x<$□

**5** 다음은 세 변의 길이가 각각 6, 8, $x$인 삼각형이 둔각삼각형이 되도록 하는 $x$의 값의 범위를 구하는 과정이다. 빈칸을 완성하여라. (단, $x>8$)

> 가장 긴 변의 길이가 $x$이므로
> (ⅰ) 삼각형이 될 조건
> $x<6+8$　　$\therefore x<$□
> 즉, □$<x<$□
> (ⅱ) 둔각삼각형이 될 조건
> $x^2>6^2+8^2$, $x^2>$□
> 즉, $x>$□
> (ⅰ), (ⅱ)에서 □$<x<$□

**6** 다음은 세 변의 길이가 주어진 $\triangle$ABC가 어떤 삼각형인지 구하는 과정이다. □ 안에는 알맞은 각을, ○ 안에는 $>$, $=$, $<$ 중 알맞은 것을 써넣어라.

(1) $\overline{AB}=5$ cm, $\overline{BC}=3$ cm, $\overline{CA}=4$ cm

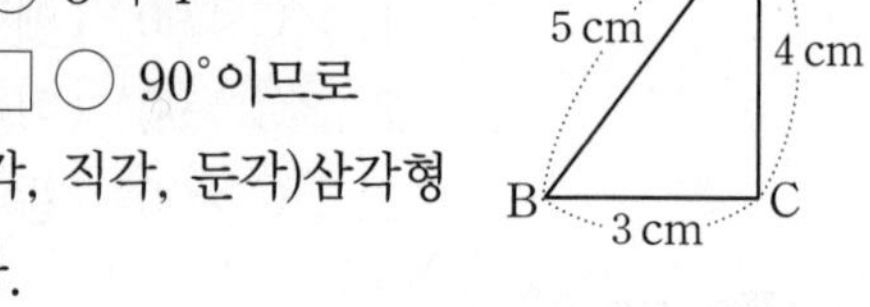


➜ 가장 긴 변의 대각: ∠□
➜ $5^2$ ○ $3^2+4^2$
➜ ∠□ ○ 90°이므로
(예각, 직각, 둔각)삼각형이다.

(2) $\overline{AB}=8$ cm, $\overline{BC}=6$ cm, $\overline{CA}=7$ cm

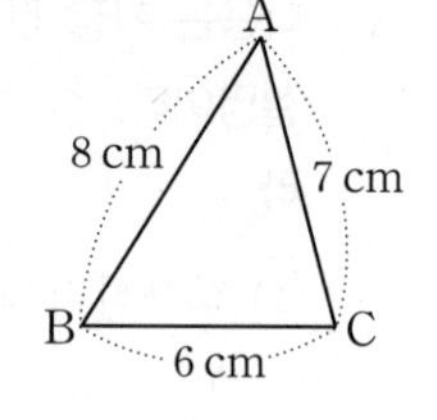


➜ 가장 긴 변의 대각: ∠□
➜ $8^2$ ○ $6^2+7^2$
➜ ∠□ ○ 90°이므로
(예각, 직각, 둔각)삼각형이다.

(3) $\overline{AB}=10$ cm, $\overline{BC}=4$ cm, $\overline{CA}=7$ cm

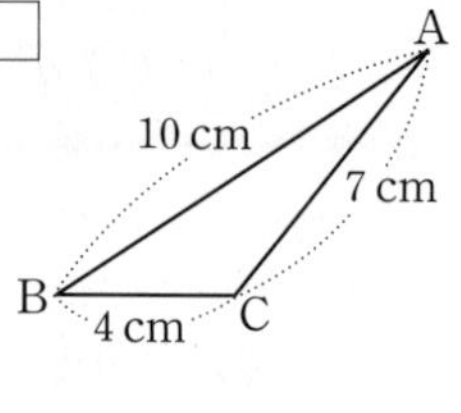


➜ 가장 긴 변의 대각: ∠□
➜ $10^2$ ○ $4^2+7^2$
➜ ∠□ ○ 90°이므로
(예각, 직각, 둔각)
삼각형이다.

**풍쌤의 point**

오른쪽 그림의 $\triangle$ABC에서
가장 긴 변의 길이가 $c$일 때

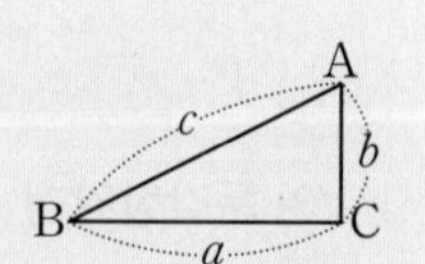


1. $c^2<a^2+b^2$이면 $\angle C<90°$
➜ $\triangle$ABC는 예각삼각형이다.
2. $c^2=a^2+b^2$이면 $\angle C=90°$
➜ $\triangle$ABC는 직각삼각형이다.
3. $c^2>a^2+b^2$이면 $\angle C>90°$
➜ $\triangle$ABC는 둔각삼각형이다.

정답과 해설 37쪽

# 28-29 · 스스로 점검 문제

맞힌 개수 개 / 7개

▶학습 날짜 월 일 ▶걸린 시간 분 / 목표 시간 15분

**1** □□ 직각삼각형이 되는 조건 1, 2

세 변의 길이가 다음과 같은 삼각형 중 직각삼각형이 아닌 것은?

① 3 cm, 4 cm, 5 cm
② 4 cm, 5 cm, 6 cm
③ 5 cm, 12 cm, 13 cm
④ 6 cm, 8 cm, 10 cm
⑤ 8 cm, 15 cm, 17 cm

**2** □□ 직각삼각형이 되는 조건 1, 2

세 변의 길이가 다음과 같은 삼각형 중 직각삼각형은 모두 몇 개인가?

| | |
|---|---|
| ㉠ 2, 3, 4 | ㉡ 3, 5, 7 |
| ㉢ 7, 24, 25 | ㉣ 9, 12, 15 |
| ㉤ 15, 20, 25 | ㉥ 16, 30, 36 |

① 1개 ② 2개 ③ 3개
④ 4개 ⑤ 5개

**3** □□ 직각삼각형이 되는 조건 3

오른쪽 그림과 같은 $\triangle ABC$에서 $\angle C=90^\circ$가 되도록 하는 $x$의 값은?

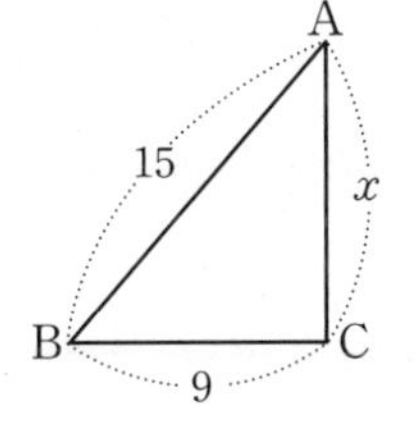


① 9 ② 10 ③ 11
④ 12 ⑤ 13

**4** □□ 삼각형의 변의 길이와 각의 크기 사이의 관계 1

다음 그림의 $\triangle ABC$에서 $\angle C$의 크기를 구하시오.

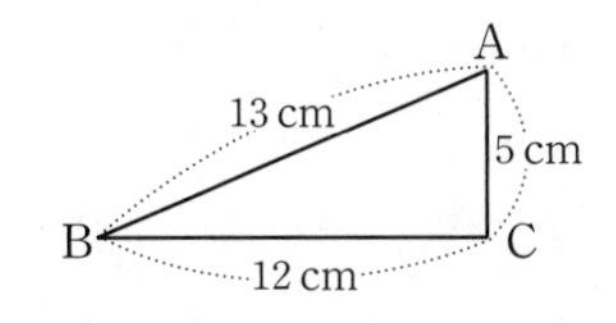


**5** □□ 삼각형의 변의 길이와 각의 크기 사이의 관계 2

오른쪽 그림과 같은 삼각형에 대한 설명 중 옳지 않은 것은?

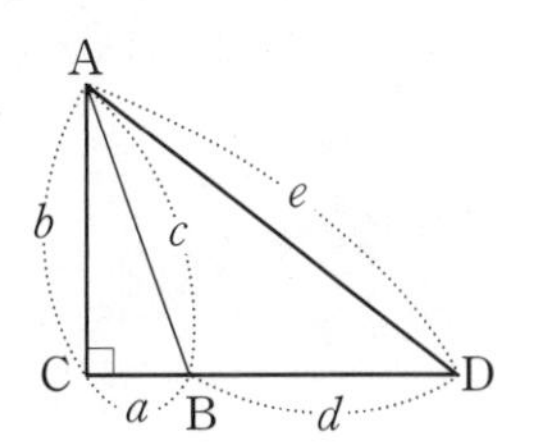


① $a^2<b^2+c^2$
② $b^2<a^2+c^2$
③ $c^2=a^2+b^2$
④ $e^2<c^2+d^2$
⑤ $e^2=b^2+(a+d)^2$

**6** □□ 삼각형의 변의 길이와 각의 크기 사이의 관계 3

삼각형의 세 변의 길이가 각각 다음과 같을 때, 삼각형의 종류가 바르게 연결되지 않은 것은?

① 3 cm, 3 cm, 5 cm – 둔각삼각형
② 5 cm, 10 cm, 13 cm – 둔각삼각형
③ 6 cm, 7 cm, 9 cm – 둔각삼각형
④ 9 cm, 12 cm, 15 cm – 직각삼각형
⑤ 12 cm, 15 cm, 17 cm – 예각삼각형

**7** □□ 삼각형의 변의 길이와 각의 크기 사이의 관계 5

오른쪽 그림과 같은 $\triangle ABC$에서 $\angle C>90^\circ$일 때, $c$의 값의 범위를 구하여라. (단, $c>12$)

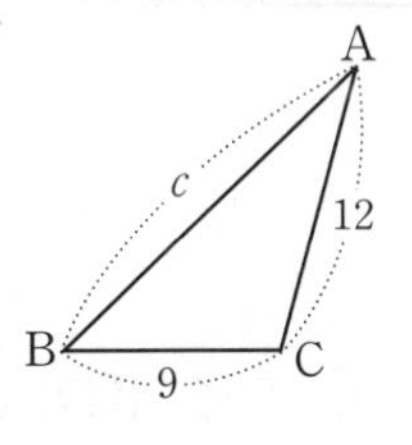

# 30 직각삼각형의 닮음을 이용한 성질

**핵심개념** 삼각형 ABC에서 $\angle A=90°$이고 $\overline{BC}\perp\overline{AD}$일 때

1. 피타고라스 정리: $b^2+c^2=a^2$
2. 직각삼각형의 닮음: $c^2=xa$, $b^2=ya$, $h^2=xy$
3. 직각삼각형의 넓이: $bc=ah$

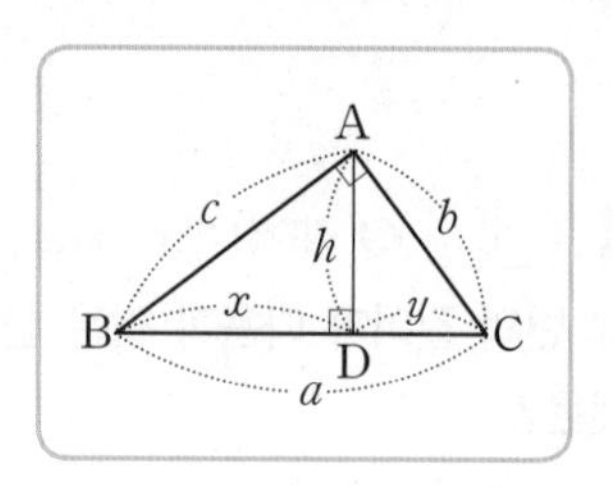


▶학습 날짜 월 일 ▶걸린 시간 분 / 목표 시간 20분

**1** 아래는 오른쪽 그림과 같이 $\angle A=90°$인 직각삼각형 ABC에서 $\overline{BC}\perp\overline{AD}$일 때, $x^2+y^2+z^2$의 값을 구하는 과정이다. 다음을 완성하여라.

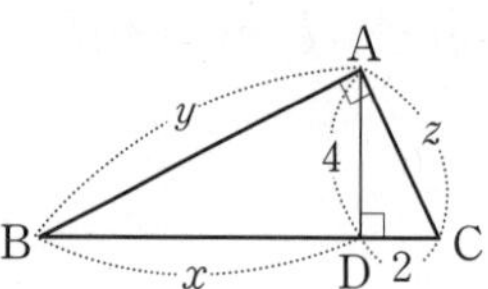


직각삼각형의 닮음을 이용한 성질에 의하여
① $4^2=x\times\square$에서 $x=\square$
② $y^2=x(x+\square)$에서 $y^2=\square$
③ $z^2=\square(x+2)$에서 $z^2=\square$
$\therefore x^2+y^2+z^2=\square$

tip 직각삼각형의 닮음을 이용한 성질을 아래와 같이 기억해!

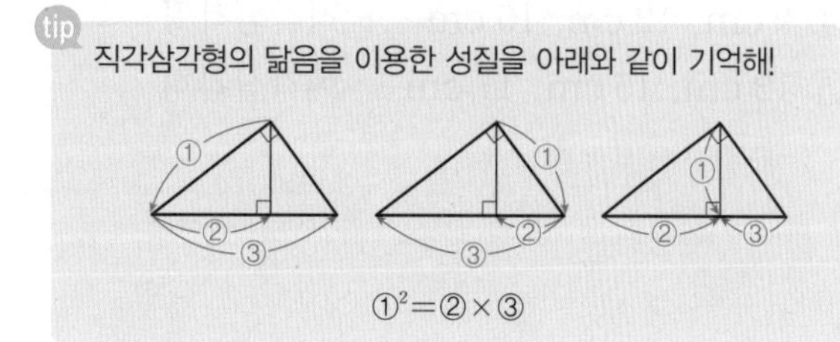


①$^2$=②×③

**2** 다음 그림과 같이 $\angle A=90°$인 직각삼각형 ABC에서 $\overline{BC}\perp\overline{AD}$일 때, $x^2+y^2$의 값을 구하여라.

(1)

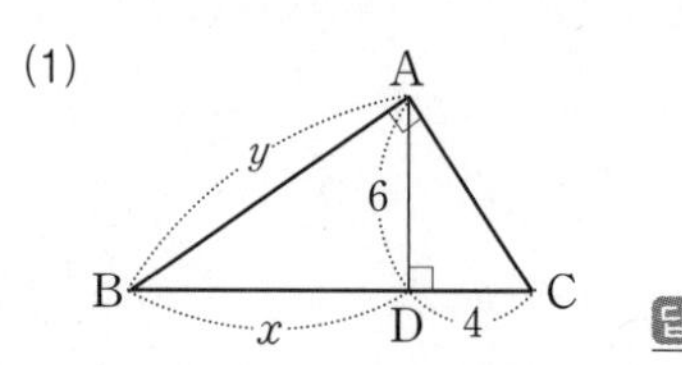

(2)

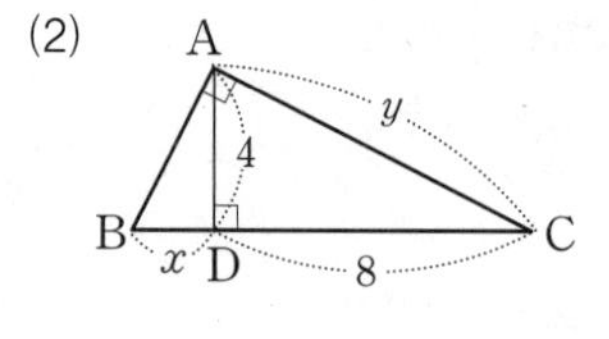

(3)

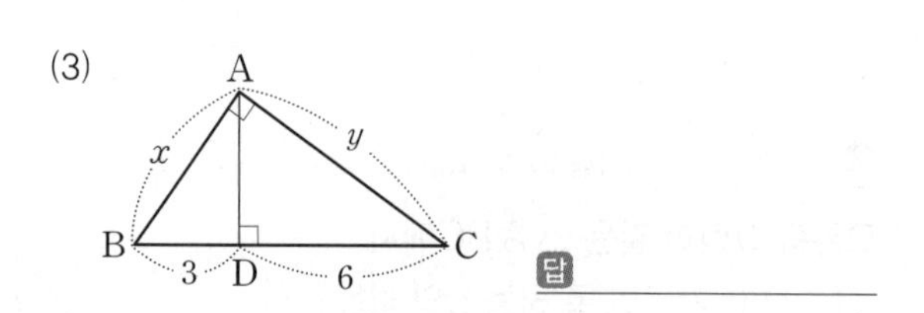


(4)

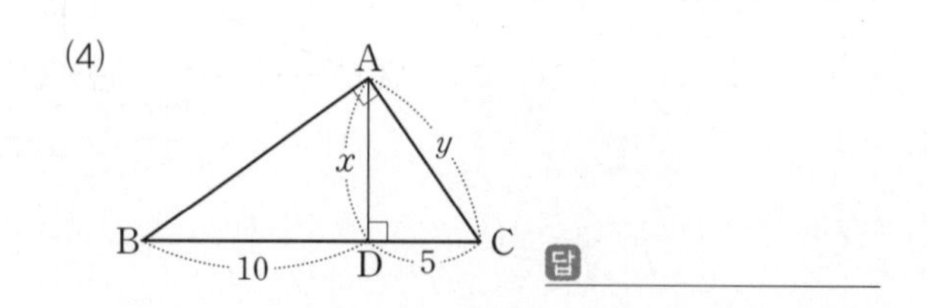

**3** 아래는 오른쪽 그림과 같이 $\angle A=90^{\circ}$인 직각삼각형 ABC에서 $\overline{BC}\perp\overline{AD}$ 일 때, $x$, $y$의 값을 각각 구하는 과정이다. 다음을 완성하여라.

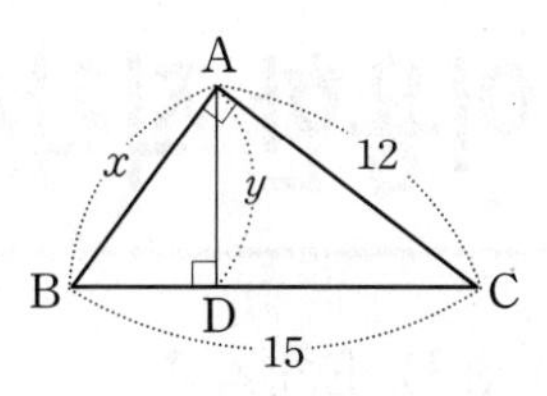


① 피타고라스 정리에 의하여
$x^2+12^2=\square^2$에서 $x^2=\square$
$x>0$이므로 $x=\square$
② 직각삼각형의 넓이에 의하여
$\frac{1}{2}\times x\times\square=\frac{1}{2}\times 15\times\square$에서
$x\times\square=15\times\square$
$\therefore\ y=$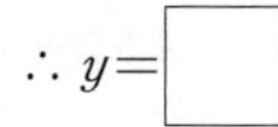

**4** 다음 그림에서 $x$, $y$의 값을 각각 구하여라.

(1)
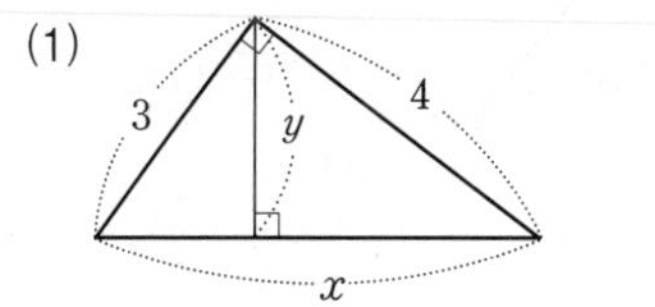


답 

(2)
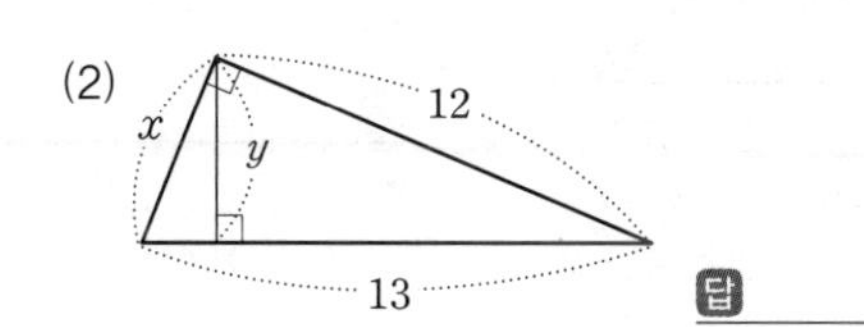


답

(3)
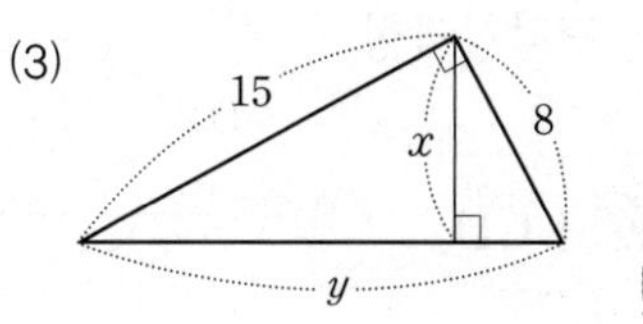


답 

**5** 다음 그림에서 $x$, $y$, $z$의 값을 각각 구하여라.

(1)
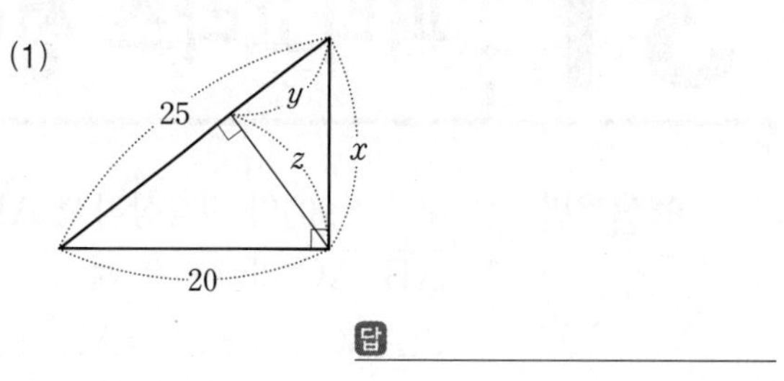


답

(2)
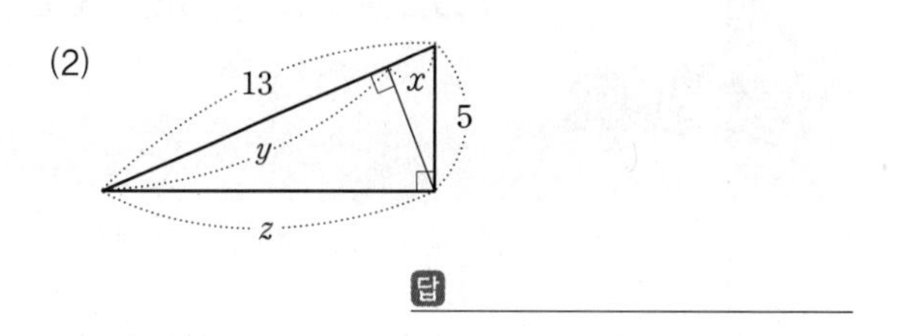


답

(3)
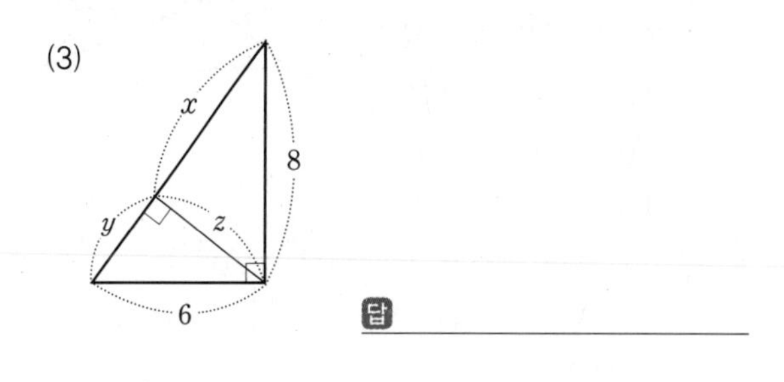


답

**풍쌤의 point**

오른쪽 그림과 같은 직각삼각형 ABC에서 $\overline{BC}\perp\overline{AD}$ 일 때

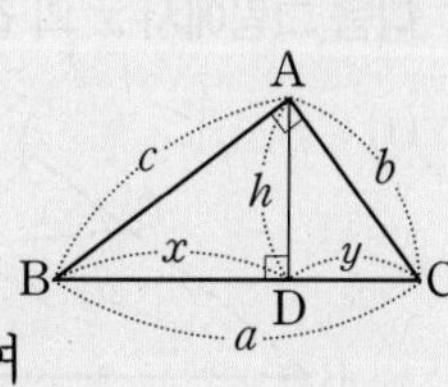


**1.** 피타고라스 정리에 의하여
$b^2+c^2=a^2$

**2.** 직각삼각형의 닮음을 이용한 성질에 의하여
$c^2=xa$, $b^2=ya$, $h^2=xy$

**3.** 직각삼각형의 넓이에 의하여 $bc=ah$

# 31 피타고라스 정리를 이용한 직각삼각형의 성질

**핵심개념**

$\angle A=90^\circ$인 직각삼각형 ABC에서 두 점 D, E가 각각 $\overline{AB}$, $\overline{AC}$ 위에 있을 때

$\triangle ABC$에서 $\overline{BC}^2=\overline{AB}^2+\overline{AC}^2$

$\triangle ADE$에서 $\overline{DE}^2=\overline{AD}^2+\overline{AE}^2$

$\triangle ABE$에서 $\overline{BE}^2=\overline{AB}^2+\overline{AE}^2$

$\triangle ACD$에서 $\overline{CD}^2=\overline{AD}^2+\overline{AC}^2$

➜ $\overline{DE}^2+\overline{BC}^2=\overline{BE}^2+\overline{CD}^2$

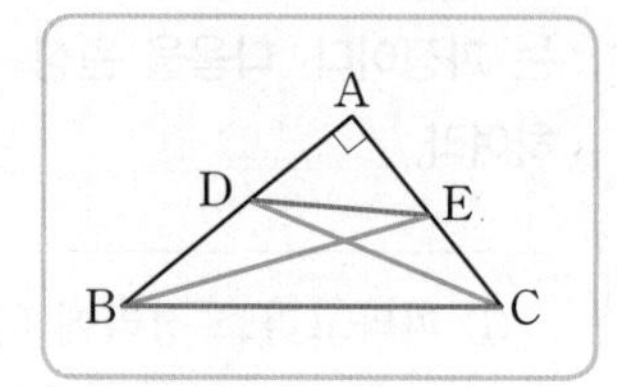

▶학습 날짜 월 일 ▶걸린 시간 분 / 목표 시간 10분

정답과 해설 38쪽

**1** 아래는 피타고라스 정리를 이용하여 직각삼각형의 성질을 설명하는 과정이다. 다음을 완성하여라.

오른쪽 그림과 같이 $\angle A=90^\circ$인 직각삼각형 ABC에서 두 점 D, E가 각각 $\overline{AB}$, $\overline{AC}$ 위에 있을 때

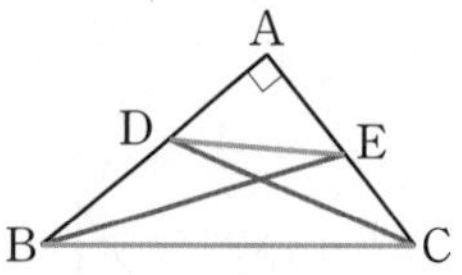

$\overline{DE}^2+\overline{BC}^2$

$=(\overline{AD}^2+\overline{AE}^2)+(\overline{AB}^2+\overline{AC}^2)$

$=(\overline{AE}^2+\overline{AB}^2)+(\square)$

$=\overline{BE}^2+\square^2$

**2** 다음 그림에서 $x^2$의 값을 구하여라.

(1)

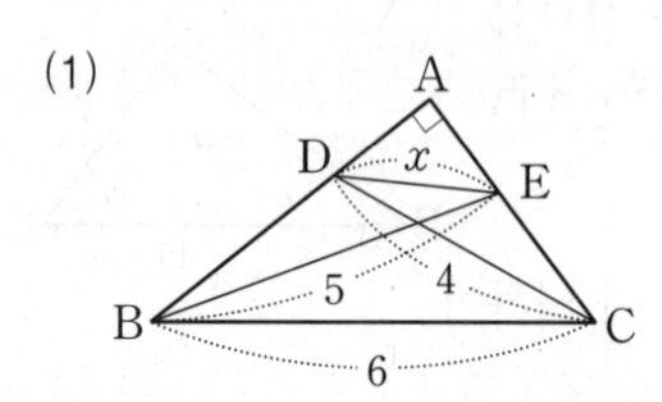


➜ $\overline{DE}^2+\overline{BC}^2=\overline{BE}^2+\overline{CD}^2$이므로

$x^2+6^2=\square^2+4^2$

$\therefore x^2=\square$

(2)

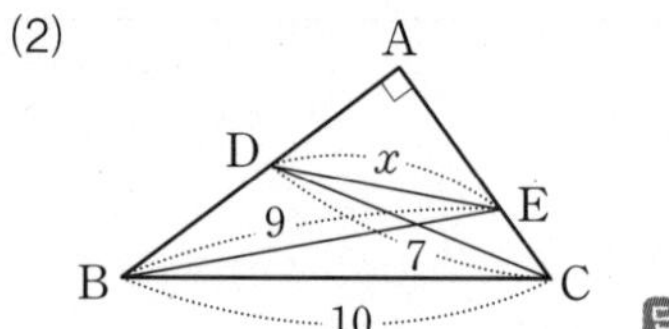

(3)

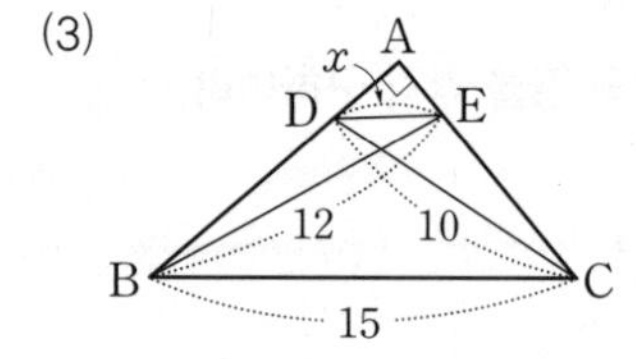


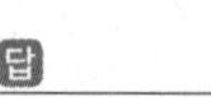


(4)

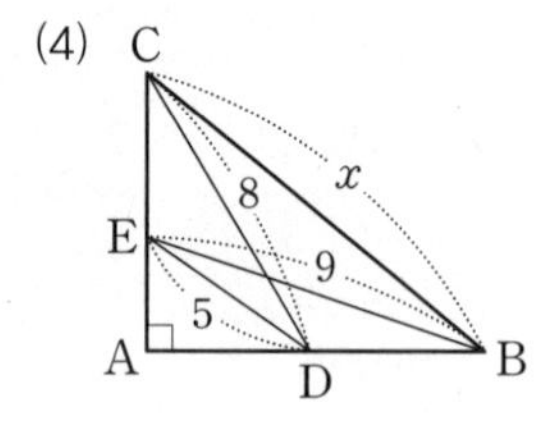

**풍쌤의 point**

오른쪽 그림과 같은 직각삼각형 ABC에서

$\overline{DE}^2+\overline{BC}^2=\overline{BE}^2+\overline{CD}^2$

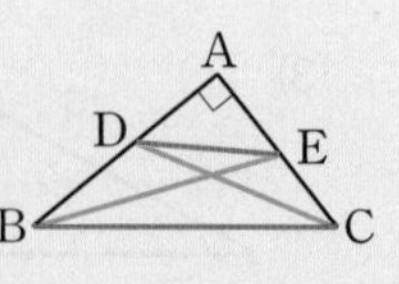

# 32 두 대각선이 직교하는 사각형의 성질

**핵심개념** 사각형 ABCD에서 두 대각선 AC, BD가 직교할 때

$\triangle$OAB에서 $\overline{AB}^2=\overline{OA}^2+\overline{OB}^2$

$\triangle$OCD에서 $\overline{CD}^2=\overline{OC}^2+\overline{OD}^2$

$\triangle$OBC에서 $\overline{BC}^2=\overline{OB}^2+\overline{OC}^2$

$\triangle$ODA에서 $\overline{AD}^2=\overline{OA}^2+\overline{OD}^2$

➔ $\overline{AB}^2+\overline{CD}^2=\overline{BC}^2+\overline{AD}^2$

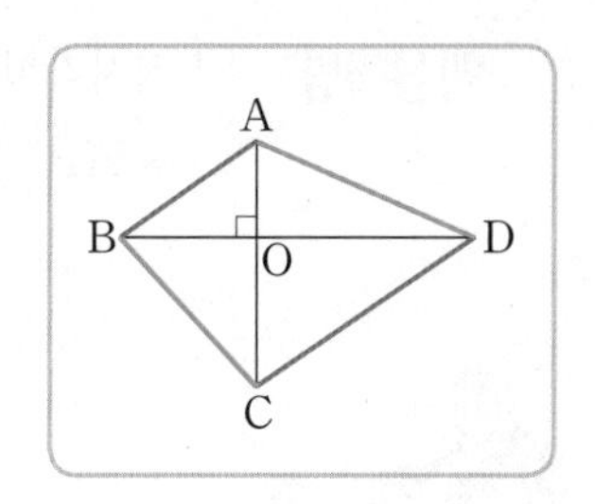

▶학습 날짜 월 일 ▶걸린 시간 분 / 목표 시간 10분

정답과 해설 38쪽

**1** 아래는 피타고라스 정리를 이용하여 두 대각선이 직교하는 사각형의 성질을 설명하는 과정이다. 다음을 완성하여라.

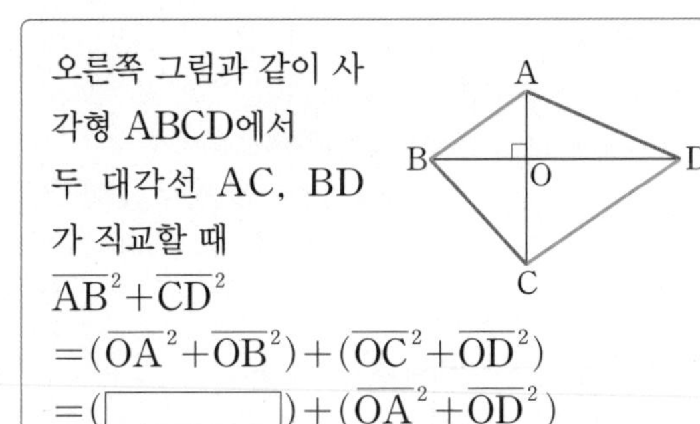


오른쪽 그림과 같이 사각형 ABCD에서 두 대각선 AC, BD가 직교할 때

$\overline{AB}^2+\overline{CD}^2$

$=(\overline{OA}^2+\overline{OB}^2)+(\overline{OC}^2+\overline{OD}^2)$

$=(\square)+(\overline{OA}^2+\overline{OD}^2)$

$=\overline{BC}^2+\square^2$

**2** 다음 그림에서 $\overline{AC}\perp\overline{BD}$일 때, $x^2$의 값을 구하여라.

(1)

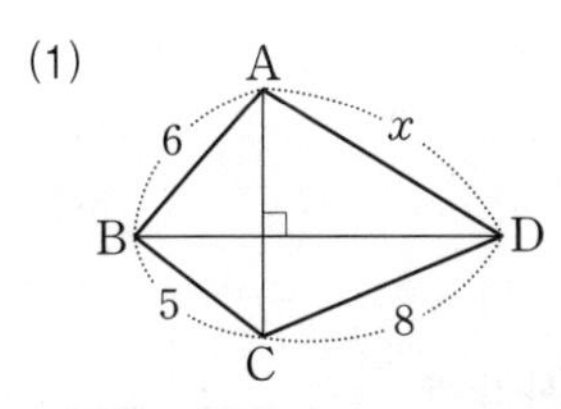


➔ $\overline{AB}^2+\overline{CD}^2=\overline{AD}^2+\overline{BC}^2$이므로

$6^2+8^2=x^2+\square^2$

$\therefore x^2=\square$

(2)

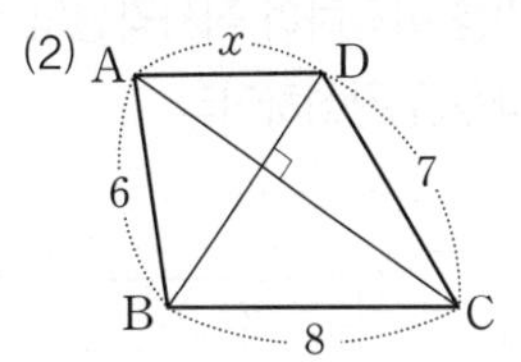


답 ____________

(3)

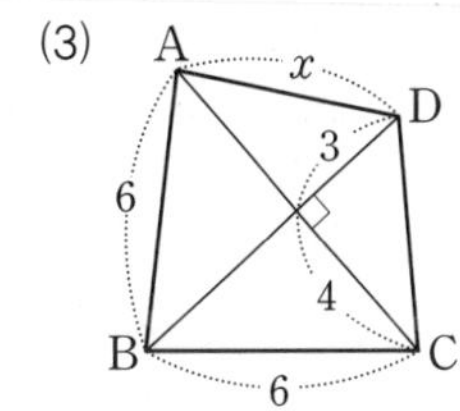


tip $\overline{CD}$의 길이를 먼저 구해!

답 ____________

**풍쌤의 point**

오른쪽 그림과 같은 사각형 ABCD에서 $\overline{AC}\perp\overline{BD}$일 때

$\overline{AB}^2+\overline{CD}^2=\overline{BC}^2+\overline{AD}^2$

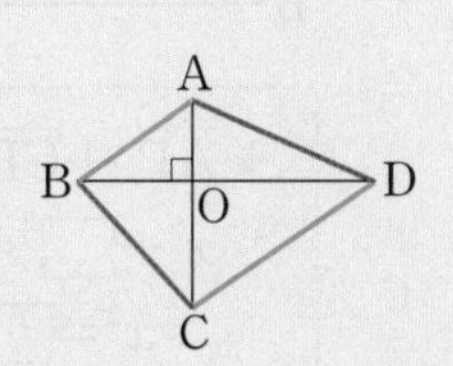

# 33 피타고라스 정리를 이용한 직사각형의 성질

**핵심개념** 직사각형 ABCD의 내부에 있는 임의의 점 P에 대하여

→ $\overline{AP}^2+\overline{CP}^2=\overline{BP}^2+\overline{DP}^2$

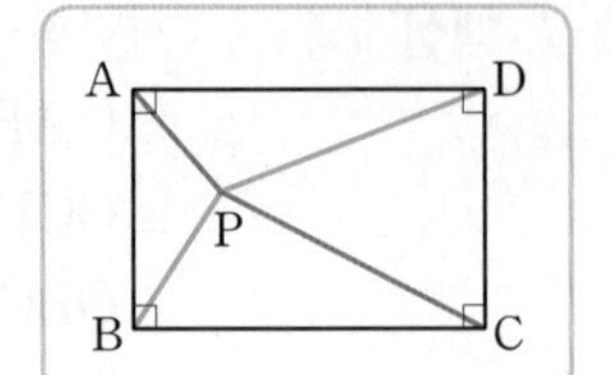


▶학습 날짜 월 일 ▶걸린 시간 분 / 목표 시간 10분

정답과 해설 38쪽

**1** 아래는 직사각형 ABCD의 내부에 임의의 한 점 P가 있을 때, 피타고라스 정리를 이용하여 직사각형의 성질을 설명하는 과정이다. 다음을 완성하여라.

오른쪽 그림과 같이 점 P를 지나면서 $\overline{AB}$, $\overline{BC}$에 각각 평행한 선분을 그으면

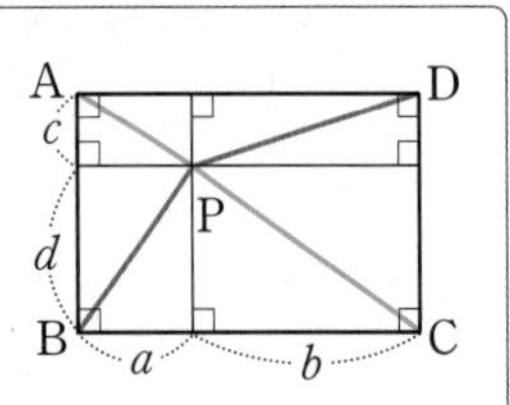


$\overline{AP}^2+\overline{CP}^2$

$=(a^2+c^2)+(b^2+d^2)$

$=(\square)+(b^2+c^2)$

$=\overline{BP}^2+\square^2$

**2** 다음 그림에서 직사각형 ABCD의 내부에 점 P가 있을 때, $x^2$의 값을 구하여라.

(1)

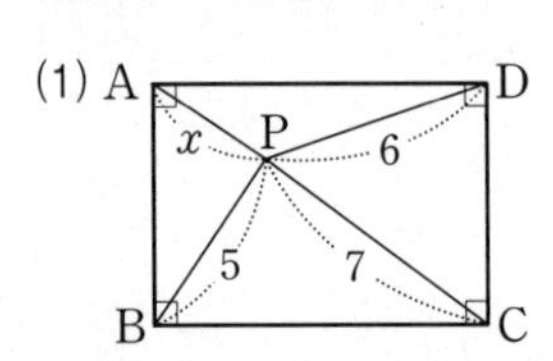


→ $\overline{AP}^2+\overline{CP}^2=\overline{BP}^2+\overline{DP}^2$이므로

$x^2+\square^2=\square^2+6^2$

$\therefore x^2=\square$

(2)

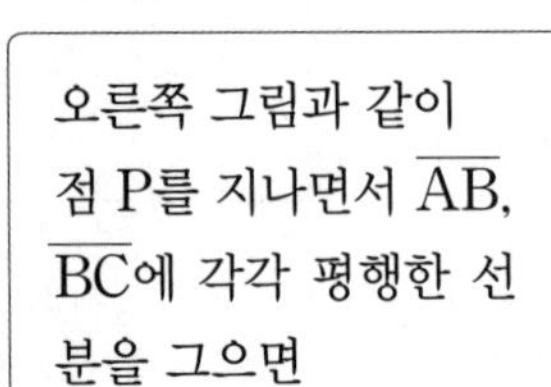


답

(3)

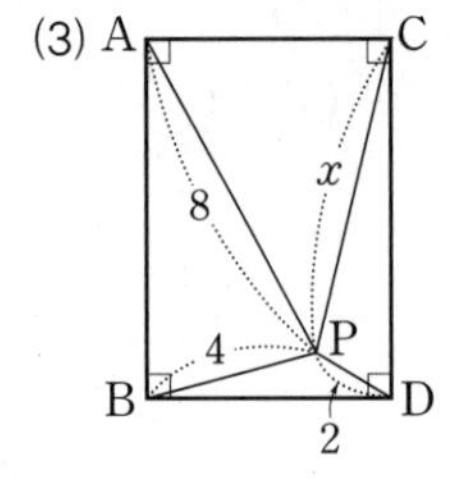


답

**풍쌤의 point**

오른쪽 그림과 같이 직사각형 ABCD의 내부에 임의의 한 점 P가 있을 때

$\overline{AP}^2+\overline{CP}^2=\overline{BP}^2+\overline{DP}^2$

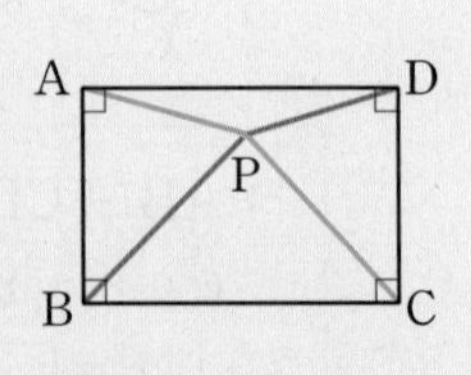

정답과 해설 38~39쪽

# 30-33 · 스스로 점검 문제

맞힌 개수
개 / 12개

▶학습 날짜 월 일 ▶걸린 시간 분 / 목표 시간 30분

**1** ☐☐ 직각삼각형의 닮음을 이용한 성질 1~2

오른쪽 그림과 같은 직각삼각형 ABC에서 $\overline{BC}\perp\overline{AD}$일 때, $x^2+y^2$의 값은?

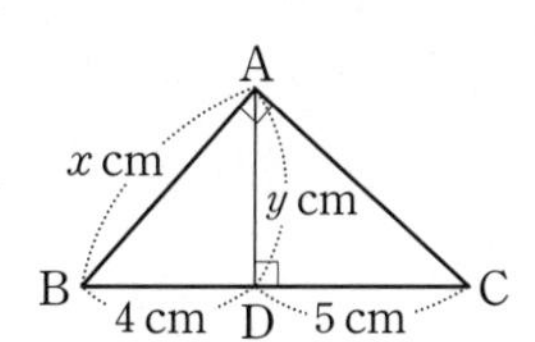


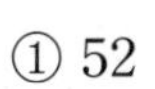
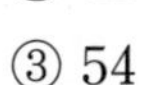

① 52 ② 53
③ 54 ④ 55
⑤ 56

**2** ☐☐ 직각삼각형의 닮음을 이용한 성질 1~2

오른쪽 그림과 같은 직각삼각형 ABC에서 $\overline{BC}\perp\overline{AD}$일 때, $x^2-y^2$의 값은?

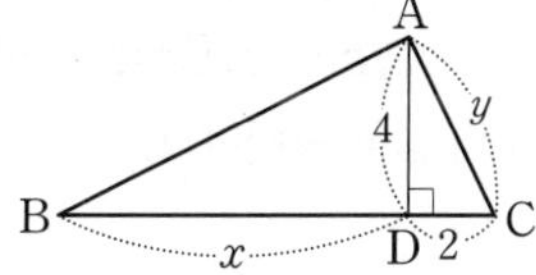
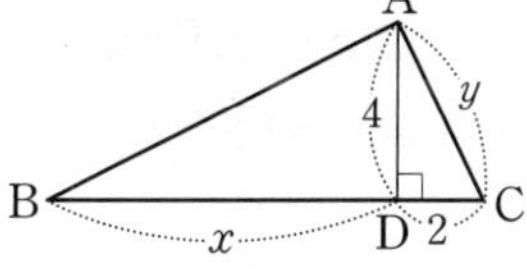


① 40 ② 42
③ 44 ④ 46
⑤ 48

**3** ☐☐ 직각삼각형의 닮음을 이용한 성질 3~5

오른쪽 그림과 같은 직각삼각형 ABC에서 $\overline{AD}\perp\overline{BC}$이다. $\overline{AB}=3$, $\overline{BC}=5$일 때, $x+y-z$의 값은?

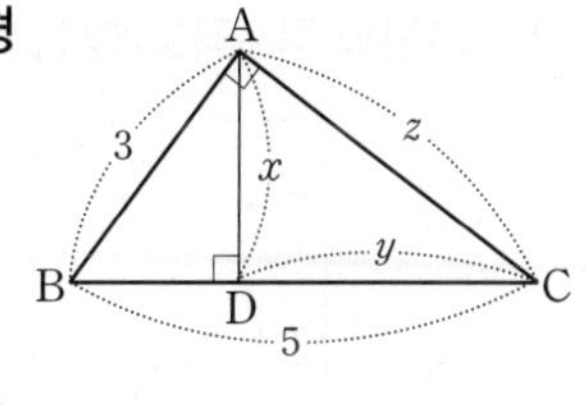


① $\frac{4}{5}$ ② $\frac{6}{5}$
③ $\frac{8}{5}$ ④ 2
⑤ $\frac{12}{5}$

**4** ☐☐ 직각삼각형의 닮음을 이용한 성질 3~5

오른쪽 그림과 같은 직각삼각형 ABC에서 $\overline{AD}\perp\overline{BC}$이다. $\overline{AB}=8$ cm, $\overline{AC}=6$ cm일 때, $\overline{AD}$의 길이는?

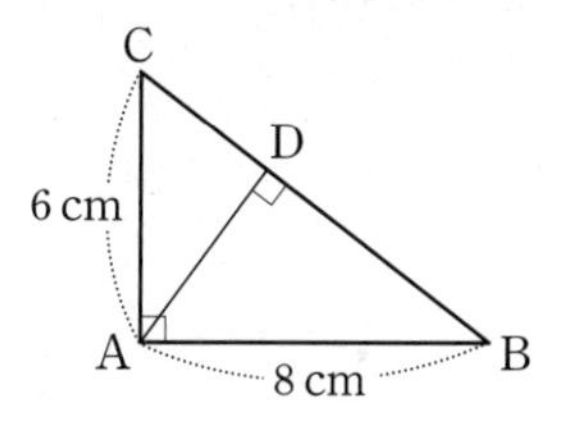


① 4 cm ② $\frac{22}{5}$ cm
③ $\frac{24}{5}$ cm ④ 5 cm ⑤ $\frac{26}{5}$ cm

**5** ☐☐ 직각삼각형의 닮음을 이용한 성질 2~5

오른쪽 그림과 같은 직각삼각형 ABC에서 $\overline{AB}\perp\overline{CD}$일 때, $x+y+z$의 값은?

① 40 ② 41
③ 42 ④ 43
⑤ 44

**6** ☐☐ 피타고라스 정리를 이용한 직각삼각형의 성질 1

오른쪽 그림과 같이 직각삼각형의 직각을 낀 두 변 AB, AC 위에 각각 점 D, E가 있다. 다음 중 $\overline{BE}^2+\overline{CD}^2$과 같은 것은?

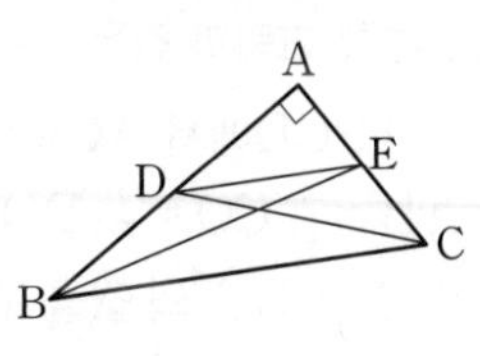


① $\overline{AB}^2+\overline{AC}^2$ ② $\overline{BC}^2+\overline{DE}^2$
③ $\overline{BE}^2+\overline{BC}^2$ ④ $\overline{CD}^2+\overline{DE}^2$
⑤ $\overline{CE}^2+\overline{AC}^2$

**7** ☐☐ ○ 피타고라스 정리를 이용한 직각삼각형의 성질 2

**오른쪽 그림과 같이 $\angle A=90^\circ$인 직각삼각형 ABC에서 $\overline{BE}=9$ cm, $\overline{CD}=8$ cm, $\overline{BC}=10$ cm, $\overline{DE}=x$ cm일 때, $x^2$의 값을 구하여라.**

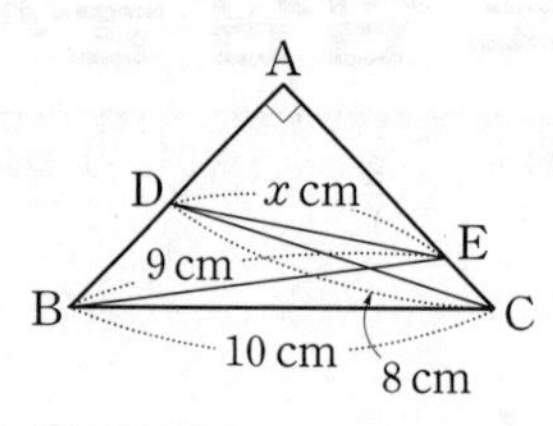


**8** ☐☐ ○ 피타고라스 정리를 이용한 직각삼각형의 성질 2

**오른쪽 그림과 같이 $\angle A=90^\circ$인 직각삼각형 ABC에서 $\overline{AB}=6$, $\overline{AC}=8$, $\overline{DE}=5$일 때, $\overline{BE}^2+\overline{CD}^2$의 값은?**

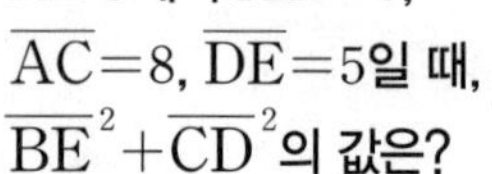

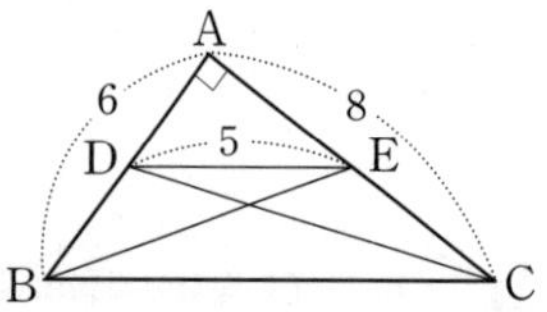

① 110 ② 115 ③ 120
④ 125 ⑤ 130

**9** ☐☐ ○ 두 대각선이 직교하는 사각형의 성질 2

**오른쪽 그림과 같은 □ABCD에서 $\overline{AC}\perp\overline{BD}$이다. $\overline{AB}=7$, $\overline{CO}=4$, $\overline{DO}=4$일 때, $\overline{AD}^2+\overline{BC}^2$의 값을 구하여라.**

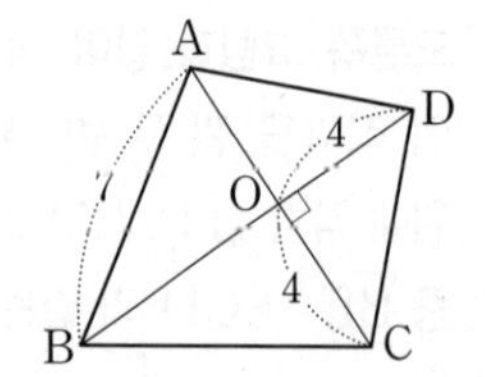


**10** ☐☐ ○ 두 대각선이 직교하는 사각형의 성질 2

**오른쪽 그림과 같은 □ABCD에서 $\overline{AC}\perp\overline{BD}$이다. $\overline{AB}=7$, $\overline{AO}=4$, $\overline{CD}=6$, $\overline{DO}=3$일 때, $\overline{BC}^2$의 값을 구하여라.**

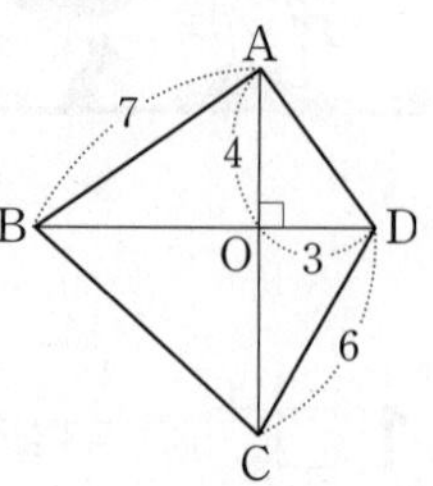


**11** ☐☐ ○ 피타고라스 정리를 이용한 직사각형의 성질 2

**오른쪽 그림과 같은 직사각형 ABCD의 내부의 한 점 P에 대하여 $\overline{BP}=4$ cm, $\overline{CP}=6$ cm, $\overline{DP}=7$ cm, $\overline{AP}=x$ cm일 때, $x^2$의 값을 구하여라.**

A D
7 cm
x cm
P
6 cm
B C
4 cm

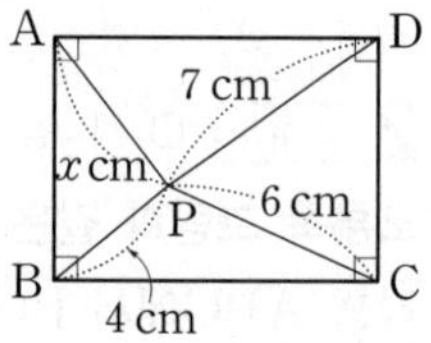

**12** ☐☐ ○ 피타고라스 정리를 이용한 직사각형의 성질 2

**다음 그림의 직사각형에서 $x^2-y^2$의 값을 구하여라.**

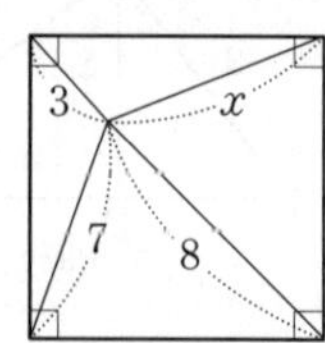


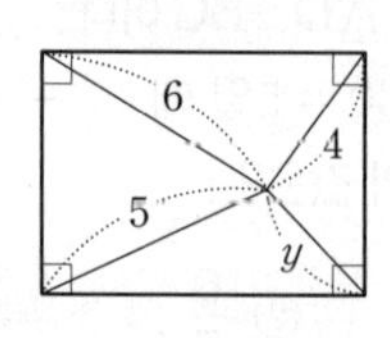

# 34 직각삼각형에서 세 반원 사이의 관계

**핵심개념** $\angle A=90^\circ$인 직각삼각형 ABC에서 세 변 $\overline{AB}$, $\overline{AC}$, $\overline{BC}$를 각각 지름으로 하는 반원의 넓이를 $P$, $Q$, $R$라 할 때
→ $P+Q=R$

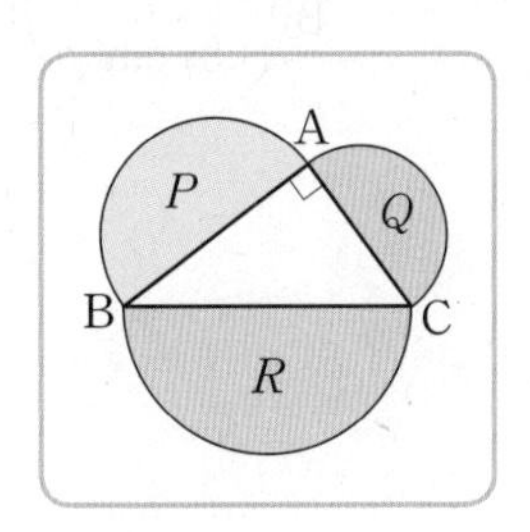

▶학습 날짜 월 일 ▶걸린 시간 분 / 목표 시간 20분

정답과 해설 39쪽

**1** 아래는 직각삼각형과 세 반원 사이의 관계를 설명하는 과정이다. 다음을 완성하여라.

오른쪽 그림과 같이 직각삼각형 ABC에서 직각을 낀 두 변을 지름으로 하는 반원의 넓이를 각각 $P$, $Q$, 빗변을 지름으로 하는 반원의 넓이를 $R$라 할 때,

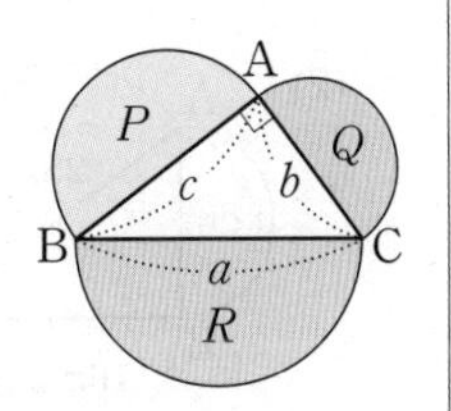


① $P=\frac{1}{2}\times\pi\times\left(\frac{c}{2}\right)^2=\frac{c^2}{8}\pi$ …… ㉠

$Q=\frac{1}{2}\times\pi\times\left(\square\right)^2=\frac{b^2}{8}\pi$ …… ㉡

$R=\frac{1}{2}\times\pi\times\left(\square\right)^2=\square$ …… ㉢

② △ABC에서 피타고라스 정리에 의하여

$b^2+c^2=\square$ …… ㉣

$\therefore P+Q=\frac{1}{8}\pi(b^2+\square)$ ← ㉠, ㉡

$=\frac{1}{8}\pi\times\square$ ← ㉣

$=\square$ ← ㉢

tip 직각삼각형의 세 변을 각각 한 변으로 하는 닮은 도형(정사각형, 반원, 정삼각형 등)을 그리면 위와 같은 관계가 똑같이 성립해! 피타고라스 정리로 모두 확인할 수 있어!!

**2** 다음은 직각삼각형 ABC의 각 변을 지름으로 하는 세 반원을 그린 것이다. 색칠한 부분의 넓이를 구하여라.

(1)

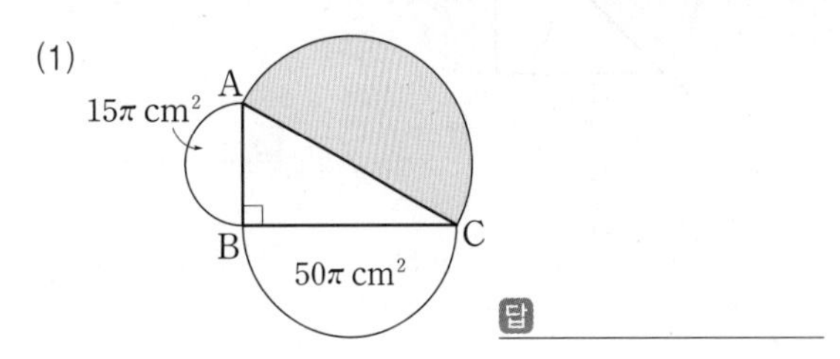


답 ____________

(2)

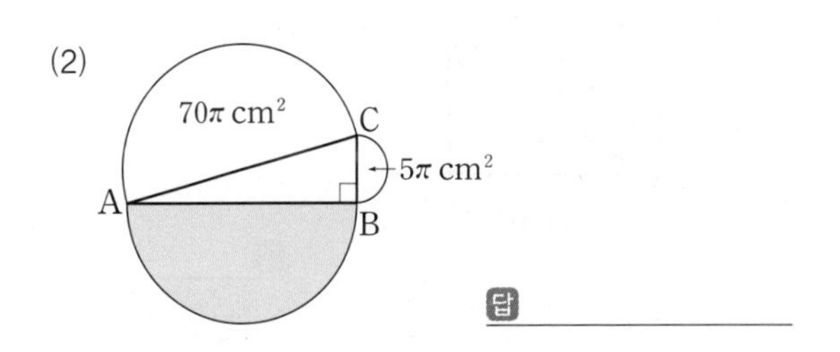


답 ____________

(3)

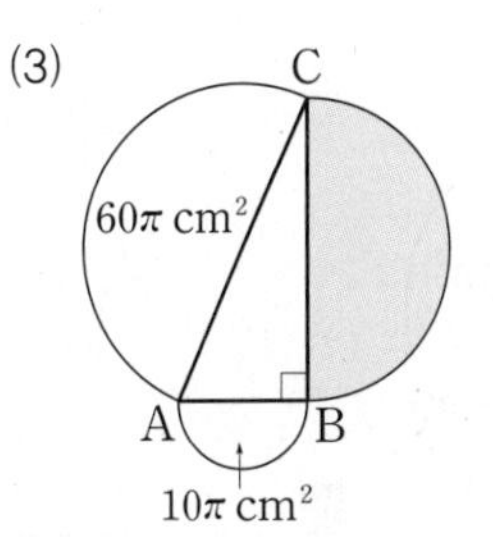


답 ____________

(4)

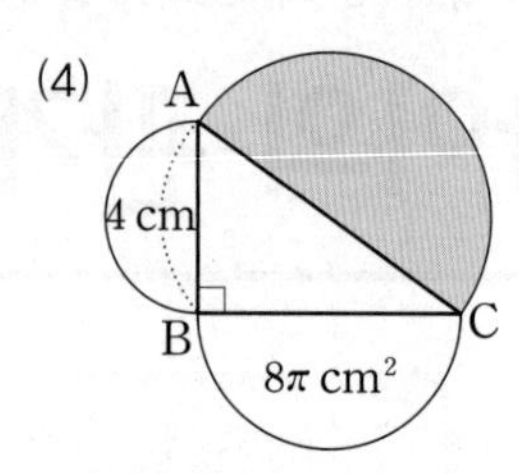


답 ______

(5)

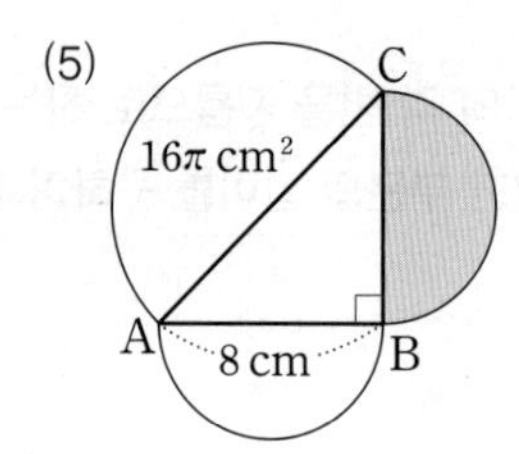


답 ______

(6)

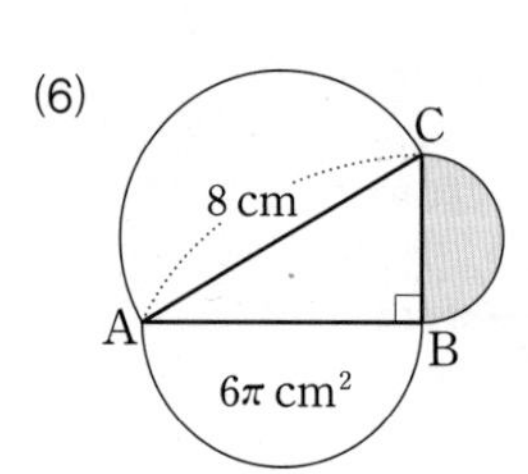


답 ______

(7)

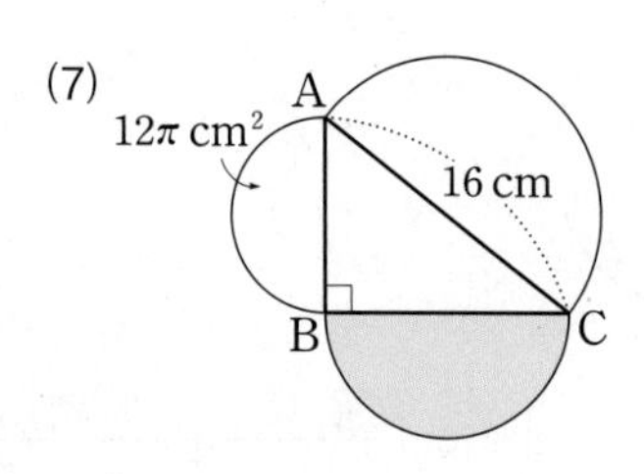


답 ______

**3** 다음은 직각삼각형 ABC의 각 변을 지름으로 하는 세 반원을 그린 것이다. $x^2$의 값을 구하여라.

(1)

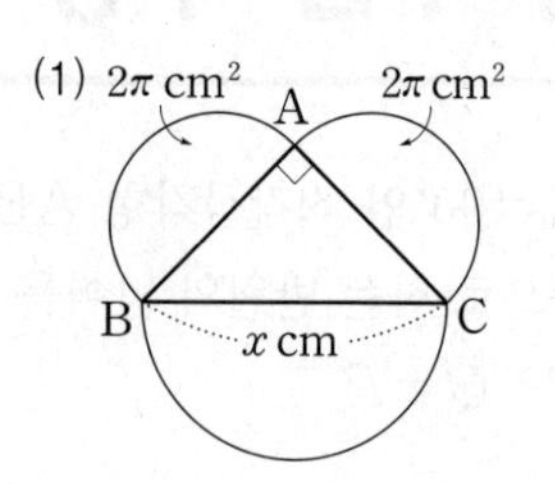


➜ 지름의 길이가 $x$ cm인 반원의 넓이는
$2\pi+2\pi=$ ☐ $(\mathrm{cm}^2)$이므로
$\frac{1}{2}\times\pi\times\left(\frac{x}{2}\right)^2=$ ☐
$\therefore\ x^2=$ ☐

(2)

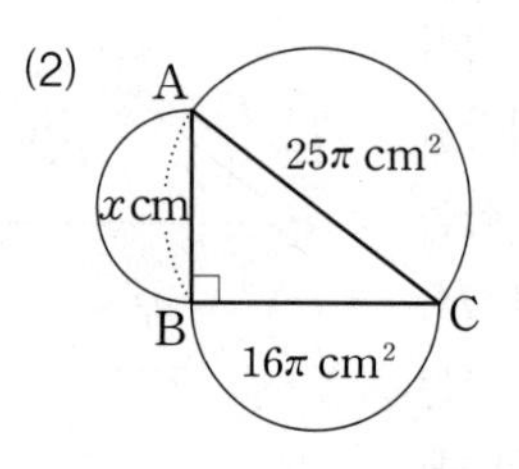


답 ______

(3)

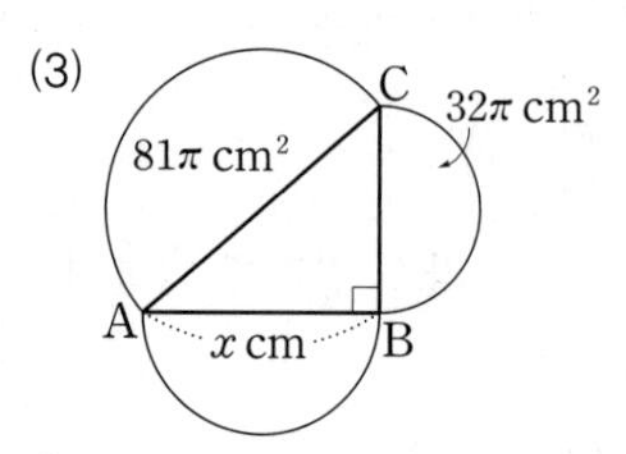


답 ______

**풍쌤의 point**

∠A=90°인 직각삼각형 ABC에서 세 변 AB, AC, BC를 각각 지름으로 하는 반원의 넓이를 $P$, $Q$, $R$라 할 때
➜ $\boldsymbol{P+Q=R}$

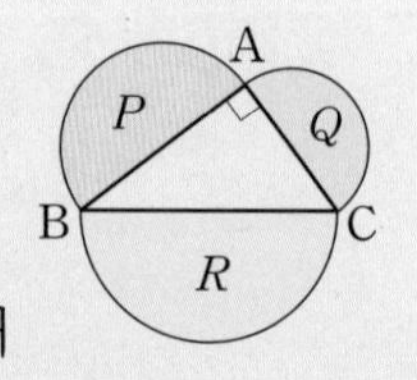

# 35 히포크라테스의 원의 넓이

**핵심개념** $\angle A=90°$인 직각삼각형 ABC에서 세 변 $\overline{AB}$, $\overline{AC}$, $\overline{BC}$를 각각 지름으로 하는 반원을 그렸을 때

→ (색칠한 부분의 넓이)$=\triangle ABC=\frac{1}{2}bc$

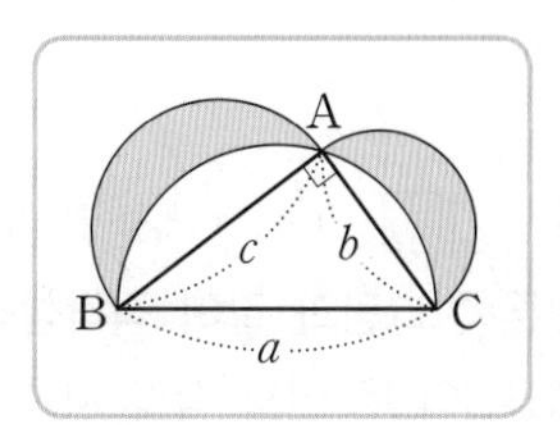


참고 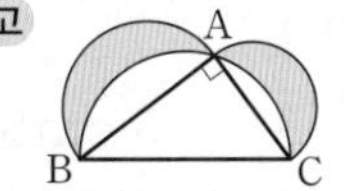 = 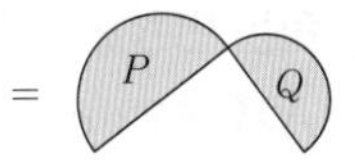 + 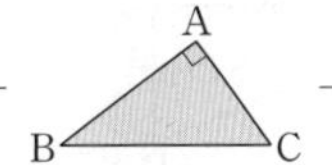 − 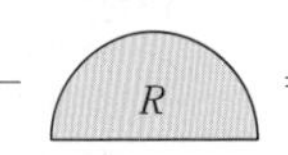 = 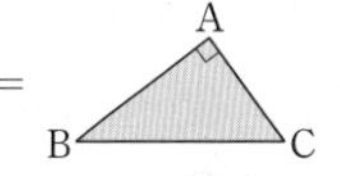

▶학습 날짜 월 일 ▶걸린 시간 분 / 목표 시간 10분

정답과 해설 39~40쪽

**1** 다음 그림은 직각삼각형 ABC의 세 변을 각각 지름으로 하는 반원을 그린 것이다. 색칠한 부분의 넓이를 구하여라.

(1)

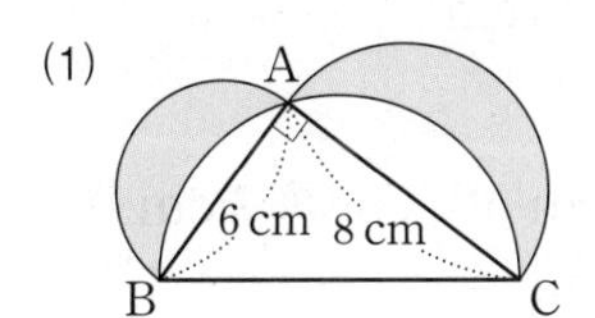


답 ________

(2)

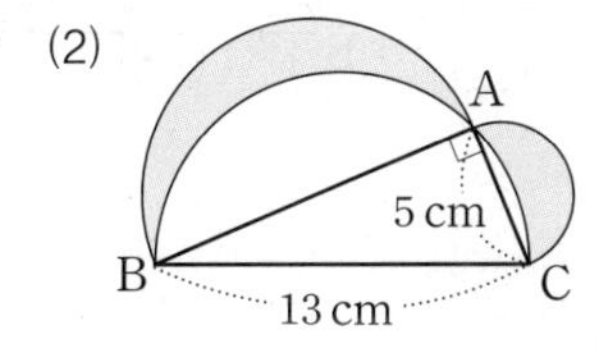


답 ________

tip 피타고라스 정리를 이용하여 $\overline{AB}$의 길이를 먼저 구해!

(3)

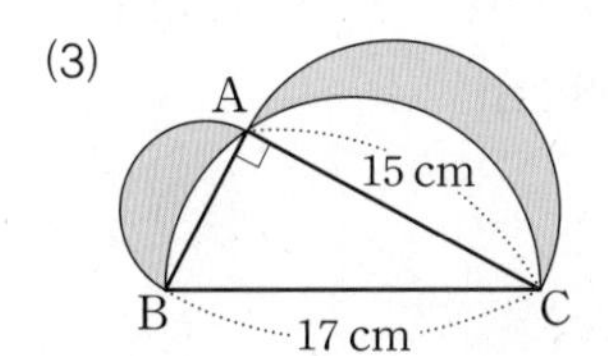


답 ________

(4)

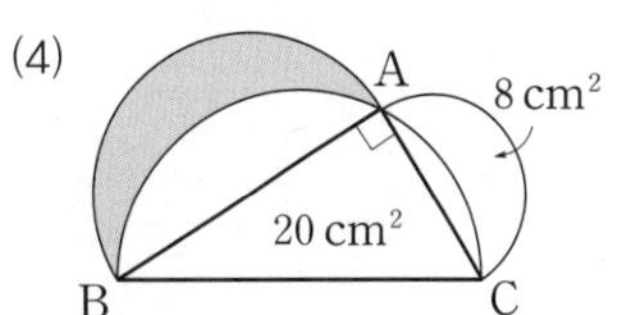


답 ________

(5)

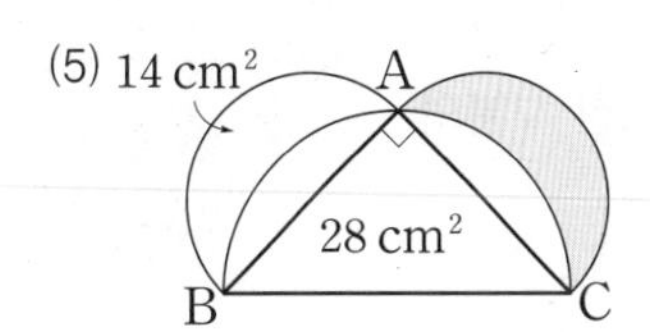


답 ________

(6)

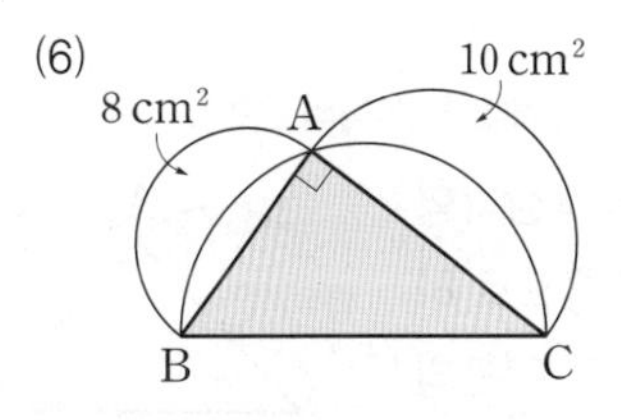


답 ________

**풍쌤의 point**

직각삼각형 ABC에서 세 변을 각각 지름으로 하는 반원을 그렸을 때

(색칠한 부분의 넓이)$=$($\triangle ABC$의 넓이)

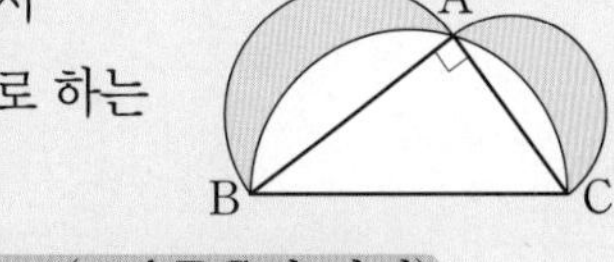

정답과 해설 40쪽

# 34-35 · 스스로 점검 문제

맞힌 개수 개 / 7개

▶학습 날짜 월 일 ▶걸린 시간 분 / 목표 시간 15분

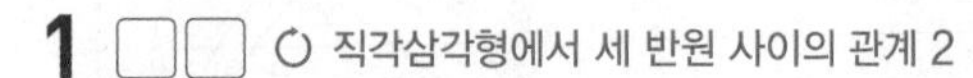

**1** ○ 직각삼각형에서 세 반원 사이의 관계 2

**오른쪽 그림과 같이 직각삼각형 ABC의 두 변을 각각 지름으로 하는 반원을 그렸다. $\overline{AB}=8$ cm, $\overline{BC}=3$ cm일 때, 색칠한 부분의 넓이는?**

① $2\pi$ cm$^2$ ② $4\pi$ cm$^2$ ③ $6\pi$ cm$^2$
④ $8\pi$ cm$^2$ ⑤ $12\pi$ cm$^2$

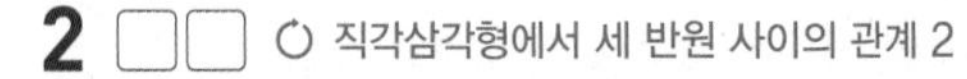

**2** ○ 직각삼각형에서 세 반원 사이의 관계 2

**오른쪽 그림과 같이 직각삼각형 ABC의 세 변을 각각 지름으로 하는 반원을 그렸다. $\overline{AB}=8$ cm, $\overline{AC}=6$ cm일 때, 색칠한 부분의 넓이를 구하여라.**

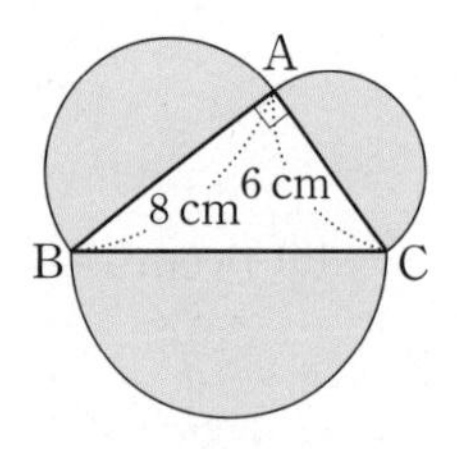


**3** ○ 직각삼각형에서 세 반원 사이의 관계 3

**오른쪽 그림과 같이 직각삼각형 ABC의 두 변을 각각 지름으로 하는 반원을 그렸다. 색칠한 부분의 넓이가 $50\pi$ cm$^2$일 때, $\overline{BC}$의 길이는?**

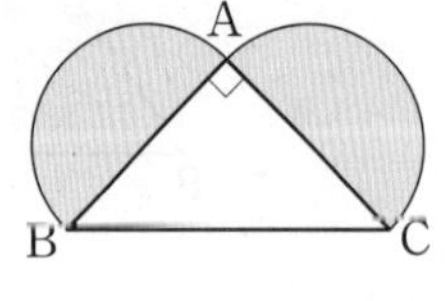


① $10\sqrt{2}$ cm ② 15 cm ③ 18 cm
④ 20 cm ⑤ $2\sqrt{2}$ cm

**4** ○ 히포크라테스의 원의 넓이 1

**오른쪽 그림과 같이 직각삼각형 ABC의 세 변을 각각 지름으로 하는 반원을 그렸다. $\overline{AB}=12$ cm, $\overline{AC}=5$ cm일 때, 색칠한 부분의 넓이를 구하여라.**

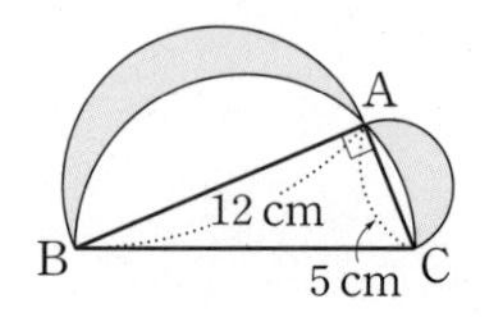


**5** ○ 히포크라테스의 원의 넓이 1

**오른쪽 그림과 같이 직각삼각형 ABC의 세 변을 각각 지름으로 하는 반원을 그렸다. $\overline{AB}=15$ cm이고 색칠한 부분의 넓이가 45 cm$^2$일 때, $\overline{AC}$의 길이는?**

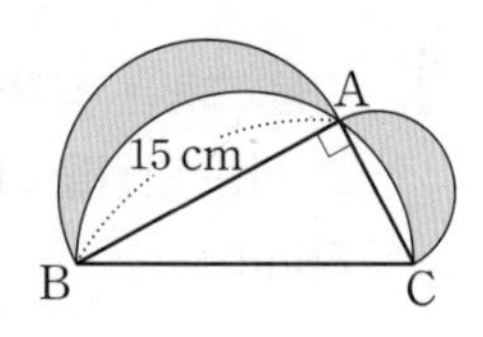


① 5 cm ② 6 cm ③ 7 cm
④ 8 cm ⑤ 9 cm

**6** ○ 히포크라테스의 원의 넓이 1

**오른쪽 그림과 같이 직각삼각형 ABC의 세 변을 각각 지름으로 하는 반원을 그렸다. $\overline{AB}=8$ cm, $\overline{BC}=17$ cm일 때, 색칠한 부분의 넓이를 구하여라.**

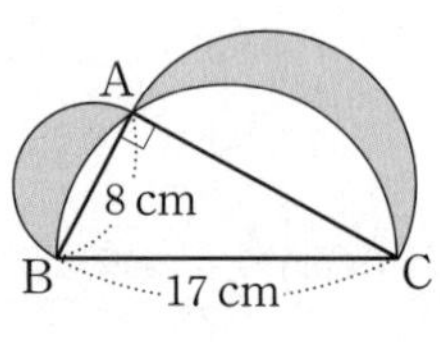


**7** ○ 히포크라테스의 원의 넓이 1

**오른쪽 그림과 같이 직각삼각형 ABC의 세 변을 각각 지름으로 하는 반원을 그렸다. $\overline{AC}=9$ cm, $\overline{BC}=15$ cm일 때, 색칠한 부분의 넓이는?**

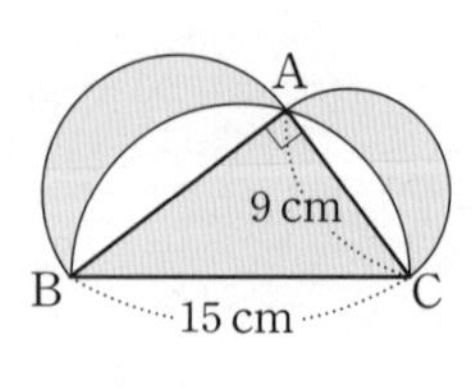


① 64 cm$^2$ ② $80\pi$ cm$^2$ ③ 81 cm$^2$
④ 100 cm$^2$ ⑤ 108 cm$^2$

# 확률

# 01 경우의 수

**핵심개념**

**1. 사건:** 같은 조건에서 여러 번 반복할 수 있는 실험이나 관찰에 의하여 나타나는 결과

**2. 경우의 수:** 어떤 사건이 일어나는 모든 가짓수

▶학습 날짜 월 일 ▶걸린 시간 분 / 목표 시간 20분

**1** 한 개의 주사위를 던질 때, 다음을 완성하여라.

(1) 2의 눈이 나오는 경우는 2이다.

➔ 경우의 수: □

(2) 짝수의 눈이 나오는 경우는 2, □, □이다.

➔ 경우의 수: □

(3) 4의 약수의 눈이 나오는 경우는 1, □, □이다.

➔ 경우의 수: □

**2** 서로 다른 두 개의 동전을 동시에 던질 때, 다음을 완성하여라.

(1) 앞면이 1개 나오는 경우를 순서쌍으로 나타내면 (앞면, □), (뒷면, □)이다.

➔ 경우의 수: □

(2) 앞면이 2개 나오는 경우를 순서쌍으로 나타내면 (앞면, □)이다.

➔ 경우의 수: □

(3) 앞면이 나오지 않는 경우를 순서쌍으로 나타내면 (뒷면, □)이다.

➔ 경우의 수: □

**3** 1부터 12까지의 자연수가 각각 적힌 정십이면체를 던져 윗면의 수를 읽을 때, 다음 사건이 일어나는 경우의 수를 구하여라.

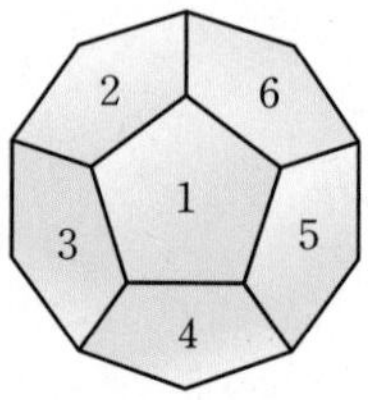

(1) 8보다 큰 수가 나온다.

답 ______

(2) 홀수가 나온다.

답 ______

(3) 3의 배수가 나온다.

답 ______

(4) 12의 약수가 나온다.

답 ______

(5) 9 이하의 수가 나온다.

답 ______

(6) 소수가 나온다.

답 ______

**4** 1부터 20까지의 자연수가 각각 적힌 20개의 공이 들어 있는 상자에서 한 개의 공을 꺼낼 때, 다음 사건이 일어나는 경우의 수를 구하여라.

(1) 짝수가 적힌 공을 꺼낸다.

답 ______

(2) 6의 배수가 적힌 공을 꺼낸다.

답 ______

(3) 20의 약수가 적힌 공을 꺼낸다.

답 ______

(4) 10 이상의 수가 적힌 공을 꺼낸다.

답 ______

**5** 서로 다른 두 개의 주사위를 동시에 던질 때, 다음 사건이 일어나는 경우의 수를 구하여라.

(1) 두 눈의 수가 서로 같다.

답 ______

(2) 두 눈의 수의 합이 4이다.

답 ______

(3) 두 눈의 수의 곱이 12이다.

답 ______

(4) 두 눈의 수가 모두 홀수이다.

답 ______

**6** 100원짜리, 50원짜리, 10원짜리 동전이 각각 5개씩 있을 때, 다음과 같은 물건의 값을 거스름돈 없이 지불하는 경우의 수를 구하여라.

tip 돈을 지불하는 경우의 수를 구할 때에는 표를 이용하면 편리해!

(1) 500원짜리 지우개

➜

| 100원짜리(개) | 50원짜리(개) | 10원짜리(개) |
|---|---|---|
| 5 | 0 | 0 |
| 4 | 2 | 0 |
| 4 | ☐ | 5 |
| 3 | 4 | ☐ |
| ☐ | 3 | ☐ |
| ☐ | ☐ | ☐ |

따라서 지불하는 경우의 수는 ☐이다.

(2) 100원짜리 사탕 답 ______

(3) 350원짜리 볼펜 답 ______

(4) 800원짜리 공책 답 ______

풍쌤의 point

1. 같은 조건에서 여러 번 반복할 수 있는 실험이나 관찰에 의하여 나타나는 결과 ➜ **사건**
2. 어떤 사건이 일어나는 모든 가짓수 ➜ **경우의 수**

# 02 사건 $A$ 또는 사건 $B$가 일어나는 경우의 수

**핵심개념**

**사건 $A$ 또는 사건 $B$가 일어나는 경우의 수(합의 법칙)**

두 사건 $A$, $B$가 동시에 일어나지 않을 때, 사건 $A$가 일어나는 경우의 수가 $a$이고, 사건 $B$가 일어나는 경우의 수가 $b$이면

(사건 $A$ 또는 사건 $B$가 일어나는 경우의 수)$=a+b$

사건 $A$ 또는 사건 $B$
↓
$a+b$

**참고** 두 사건이 동시에 일어나지 않을 때, 경우의 수를 구하는 문제에서 '또는', '~이거나'와 같은 표현이 있으면 두 사건이 일어나는 경우의 수를 더한다.

▶학습 날짜 월 일 ▶걸린 시간 분 / 목표 시간 20분

**1** 서로 다른 사탕 4개와 초콜릿 7개가 들어 있는 주머니에서 한 개를 꺼낼 때, 다음을 완성하여라.

(1) 사탕 한 개를 꺼내는 경우의 수 ➜ □

(2) 초콜릿 한 개를 꺼내는 경우의 수 ➜ □

(3) 사탕 또는 초콜릿을 한 개 꺼내는 경우의 수
➜ □+□=□

**2** 다음을 완성하여라.

(1) 서울에서 제주도까지 가는 비행기 노선은 2가지, 배 노선은 3가지가 있을 때, 비행기 또는 배를 타고 서울에서 제주도까지 가는 경우의 수
➜ 2+□=□

(2) 학교에서 공원까지 가는 버스 노선은 5가지, 지하철 노선은 3가지가 있을 때, 버스 또는 지하철을 타고 학교에서 공원까지 가는 경우의 수
➜ □+□=□

**3** 다음을 구하여라.

(1) 티셔츠 6종류와 스웨터 4종류가 있을 때, 티셔츠 또는 스웨터 한 종류를 고르는 경우의 수

답 ______

(2) 색연필 8종류와 볼펜 5종류가 있을 때, 색연필 또는 볼펜 한 자루를 선택하는 경우의 수

답 ______

(3) 서로 다른 소설책 7권과 만화책 2권이 책꽂이에 꽂혀 있을 때, 소설책 또는 만화책 한 권을 꺼내는 경우의 수

답 ______

(4) 서로 다른 구두 3켤레와 운동화 2켤레가 있을 때, 구두 또는 운동화 한 켤레를 고르는 경우의 수

답 ______

**4** 다음을 구하여라.

(1) 1부터 15까지의 자연수가 각각 적힌 15장의 카드 중에서 한 장을 뽑을 때, 3의 배수 또는 7의 배수가 나오는 경우의 수

➜ (i) 3의 배수가 나오는 경우는
3, □, □, □, □의
□가지이다.
(ii) 7의 배수가 나오는 경우는
□, □의 □가지이다.
따라서 3의 배수 또는 7의 배수가 나오는 경우의 수는
□+□=□

(2) 1부터 10까지의 자연수가 각각 적힌 10장의 카드 중에서 한 장을 뽑을 때, 홀수 또는 4의 배수가 나오는 경우의 수

답 ________

(3) 1부터 12까지의 자연수가 각각 적힌 12장의 카드 중에서 한 장을 뽑을 때, 5의 배수 또는 6의 배수가 나오는 경우의 수

답 ________

(4) 1부터 10까지의 자연수가 각각 적힌 10장의 카드 중에서 한 장을 뽑을 때, 3 이하의 수 또는 10 이상의 수가 나오는 경우의 수

답 ________

**5** 다음을 구하여라.

tip 두 사건의 경우의 수를 더할 때, 중복되는 경우가 있으면 중복되는 경우의 수는 빼야 해.

(1) 1부터 15까지의 자연수가 각각 적힌 15장의 카드 중에서 한 장을 뽑을 때, 4의 배수 또는 6의 배수가 나오는 경우의 수

➜ (i) 4의 배수가 나오는 경우는
□, □, □의 3가지
(ii) 6의 배수가 나오는 경우는
□, □의 □가지
(iii) 4의 배수이면서 6의 배수인 수가 나오는 경우는 □의 □가지
따라서 4의 배수 또는 6의 배수가 나오는 경우의 수는
3+□−□=□

(2) 1부터 12까지의 자연수가 각각 적힌 12장의 카드 중에서 한 장을 뽑을 때, 2의 배수 또는 5의 배수가 나오는 경우의 수

답 ________

(3) 1부터 30까지의 자연수가 각각 적힌 30장의 카드 중에서 한 장을 뽑을 때, 24의 약수 또는 30의 약수가 나오는 경우의 수

답 ________

**풍쌤의 point**

사건 $A$ 또는 사건 $B$가 일어나는 경우의 수
$a$가지 + $b$가지
➜ $a+b$

# 03 사건 $A$와 사건 $B$가 동시에 일어나는 경우의 수

**핵심개념**

**사건 $A$와 사건 $B$가 동시에 일어나는 경우의 수 (곱의 법칙)**

두 사건 $A$, $B$가 서로 영향을 미치지 않을 때, 사건 $A$가 일어나는 경우의 수가 $a$이고, 그 각각에 대하여 사건 $B$가 일어나는 경우의 수가 $b$이면

(사건 $A$와 사건 $B$가 동시에 일어나는 경우의 수)$=a\times b$

사건 $A$ 그리고 사건 $B$
↓
$a\times b$

참고 ① 경우의 수를 구하는 문제에서 '~와', '동시에', '~이고', '~하고 나서'와 같은 표현이 있으면 두 사건이 일어나는 경우의 수를 곱한다.
② 두 사건 $A$, $B$가 동시에 일어난다는 것은 사건 $A$도 일어나고 사건 $B$도 일어난다는 뜻이다.

▶학습 날짜 월 일 ▶걸린 시간 분 / 목표 시간 20분

**1** A, B, C 세 지점 사이에 오른쪽 그림과 같은 길이 있을 때, 다음을 완성하여라.

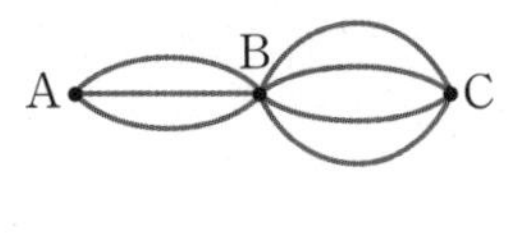


(1) A 지점에서 B 지점까지 가는 경우의 수
➜ □

(2) B 지점에서 C 지점까지 가는 경우의 수
➜ □

(3) A 지점에서 B 지점을 거쳐 C 지점까지 가는 경우의 수
➜ $3\times$□$=$□

**2** 다음을 완성하여라.

(1) 학교에서 서점으로 가는 길이 2가지, 서점에서 집으로 가는 길이 3가지일 때, 학교에서 서점을 들러서 집으로 가는 경우의 수
➜ □$\times$□$=$□

(2) 등산로 입구에서 정상까지의 등산로가 5가지일 때, 올라갈 때와 다른 길로 내려오는 경우의 수
➜ □$\times$□$=$□

tip 올라갈 때와 다른 길로 내려오므로 내려오는 길은 올라간 길을 제외한 길이야.

**3** 다음을 구하여라.

(1) 티셔츠 6종류와 바지 4종류가 있을 때, 티셔츠와 바지를 한 개씩 짝지어 입는 경우의 수

답 ________

(2) 서로 다른 빵 5개와 우유 3개가 있을 때, 빵과 우유를 각각 한 개씩 사는 경우의 수

답 ________

(3) 수학책 3종류와 과학책 7종류 중에서 수학책과 과학책을 한 권씩 구입하는 경우의 수

답 ________

(4) 4개의 자음 ㄱ, ㄷ, ㅁ, ㅂ과 3개의 모음 ㅏ, ㅓ, ㅗ 중에서 자음 1개와 모음 1개를 짝지어 만들 수 있는 글자의 개수

답 ________ 개

**4** 아래 그림과 같은 도로망이 있을 때, 다음을 구하여라.

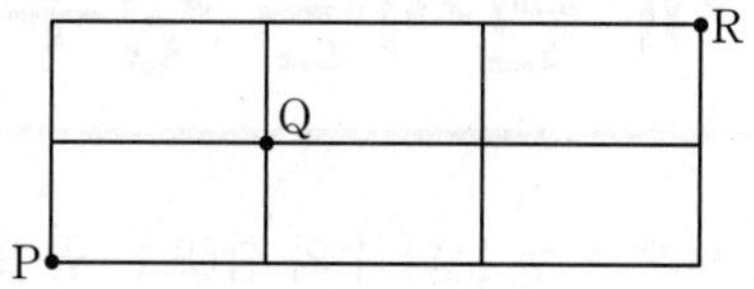

(1) P 지점에서 Q 지점까지 최단 거리로 가는 경우의 수

답 

(2) Q 지점에서 R 지점까지 최단 거리로 가는 경우의 수

답 

(3) P 지점에서 Q 지점을 거쳐 R 지점까지 최단 거리로 가는 경우의 수

답 

tip P 지점에서 Q 지점을 거쳐 R 지점까지 가는 경우의 수는 P 지점에서 Q 지점까지 가는 경우의 수와 Q 지점에서 R 지점까지 가는 경우의 수를 곱하면 돼!

**5** A, B 두 사람이 가위바위보를 할 때, 다음을 구하여라.

(1) A가 낼 수 있는 경우의 수

답 

(2) B가 낼 수 있는 경우의 수

답 

(3) 일어나는 모든 경우의 수

답 

**6** 아래 그림과 같이 빨강, 파랑, 노랑의 3개의 전구를 가지고 각각의 전구를 켜거나 꺼서 신호를 만들려고 한다. 다음을 완성하여라.

(단, 전구가 모두 꺼진 경우도 신호로 생각한다.)

(1) 빨강 전구가 만들 수 있는 신호는 □가지이다.

(2) 파랑 전구가 만들 수 있는 신호는 □가지이다.

(3) 노랑 전구가 만들 수 있는 신호는 □가지이다.

(4) 빨강, 파랑, 노랑 3개의 전구가 만들 수 있는 신호는

□×□×□=□

풍쌤의 point

사건 $A$ 와 사건 $B$ 가 동시에 일어나는 경우의 수
($a$가지, $b$가지, ×)

→ $a \times b$

# 04 동전, 주사위를 여러 개 던지는 경우의 수

**핵심개념**

1. 서로 다른 두 개의 주사위를 동시에 던질 때, 나오는 두 눈의 수의 합(또는 곱 또는 차)이 $A$ 또는 $B$인 경우의 수
   ➜ (두 눈의 수의 합이 $A$인 경우의 수)+(두 눈의 수의 합이 $B$인 경우의 수)
2. 서로 다른 $m$개의 동전을 동시에 던질 때, 일어나는 모든 경우의 수 ➜ $2^m$
3. 서로 다른 $n$개의 주사위를 동시에 던질 때, 일어나는 모든 경우의 수 ➜ $6^n$
4. 서로 다른 $m$개의 동전과 서로 다른 $n$개의 주사위를 동시에 던질 때, 일어나는 모든 경우의 수 ➜ $2^m \times 6^n$

▶학습 날짜 월 일 ▶걸린 시간 분 / 목표 시간 20분

**1** 서로 다른 2개의 주사위를 동시에 던질 때, 다음을 완성하여라.

(1) 두 눈의 수의 합이 6이 되는 경우를 순서쌍으로 나타내면 (1, 5), (2, □), (3, □), (□, 2), (□, □)
➜ 경우의 수: □

(2) 두 눈의 수의 합이 10이 되는 경우를 순서쌍으로 나타내면 (4, □), (5, □), (□, □)
➜ 경우의 수: □

(3) 두 눈의 수의 합이 6 또는 10이 되는 경우의 수는
□+□=□

**2** 다음을 완성하여라.

(1) 서로 다른 동전 2개를 동시에 던질 때, 일어나는 모든 경우의 수
➜ $2\times$□=□

(2) 서로 다른 동전 3개를 동시에 던질 때, 일어나는 모든 경우의 수
➜ □×□×□=□

**3** 다음을 완성하여라.

(1) 서로 다른 주사위 2개를 동시에 던질 때, 일어나는 모든 경우의 수
➜ $6\times$□=□

(2) 서로 다른 주사위 3개를 동시에 던질 때, 일어나는 모든 경우의 수
➜ □×□×□=□

**4** 다음과 같이 동전과 주사위 여러 개를 동시에 던질 때, 일어나는 모든 경우의 수를 구하여라.

(1) 동전 1개와 주사위 1개
➜ $2\times$□=□

(2) 동전 1개와 서로 다른 주사위 2개
➜ □$\times 6^{□}$=□

(3) 각각 서로 다른 동전 2개와 주사위 2개
➜ $2^{□}\times 6^{□}$=□

**5** **서로 다른 주사위 2개를 동시에 던질 때, 다음을 구하여라.**

(1) 두 눈의 수의 차가 4 또는 5가 되는 경우의 수

답 ______

(2) 두 눈의 수의 합이 11 이상이 되는 경우의 수

답 ______

tip 두 눈의 수의 합이 11 이상인 경우는 11 또는 12인 경우야~

(3) 두 눈의 수의 합이 3 이하가 되는 경우의 수

답 ______

**6** **500원짜리, 100원짜리, 10원짜리 동전을 각각 한 개씩 동시에 던질 때, 다음을 구하여라.**

(1) 모두 같은 면이 나오는 경우의 수

➜ 모두 같은 면이 나오는 경우는
(앞면, ☐, ☐),
(☐, ☐, ☐)의 ☐가지이다.

(2) 앞면이 한 개만 나오는 경우의 수

답 ______

(3) 앞면이 두 개 나오는 경우의 수

답 ______

(4) 앞면이 두 개 이상 나오는 경우의 수

답 ______

**7** **동전 1개와 주사위 1개를 동시에 던질 때, 다음을 구하여라.**

(1) 동전은 앞면이 나오고, 주사위는 짝수의 눈이 나오는 경우의 수

➜ 동전에서 앞면이 나오는 경우의 수는 ☐, 주사위에서 짝수의 눈이 나오는 경우의 수는 ☐이므로 구하는 경우의 수는
$1\times$ ☐ $=$ ☐

(2) 동전은 뒷면이 나오고, 주사위는 소수의 눈이 나오는 경우의 수

답 ______

(3) 동전은 앞면 또는 뒷면이 나오고, 주사위는 3의 배수의 눈이 나오는 경우의 수

답 ______

(4) 동전은 앞면 또는 뒷면이 나오고, 주사위는 6의 약수의 눈이 나오는 경우의 수

답 ______

**풍쌤의 point**

서로 다른 $m$개의 동전과 → $2^m$가지
서로 다른 $n$개의 주사위를 → $6^n$가지
동시에 던질 때, 일어나는 모든 경우의 수는
$2^m\times 6^n$

정답과 해설 43~44쪽

# 01-04 스스로 점검 문제

맞힌 개수 개 / 8개

▶학습 날짜 월 일 ▶걸린 시간 분 / 목표 시간 15분

**1** ☐☐ 경우의 수 3, 4

1부터 20까지의 자연수가 각각 적힌 20장의 카드 중에서 한 장을 뽑을 때, 8의 배수가 나오는 경우의 수를 구하여라.

**2** ☐☐ 경우의 수 6

100원짜리, 50원짜리, 10원짜리 동전이 각각 6개씩 있을 때, 이 동전을 사용하여 330원을 지불하는 방법은 모두 몇 가지인가?

① 3가지 ② 4가지 ③ 5가지
④ 6가지 ⑤ 7가지

**3** ☐☐ 사건 $A$ 또는 사건 $B$가 일어나는 경우의 수 2

수호네 집에서 박물관까지 가는 버스 노선은 4가지, 지하철 노선은 2가지가 있다. 버스 또는 지하철로 수호네 집에서 박물관까지 가는 경우의 수를 구하여라.

**4** ☐☐ 사건 $A$ 또는 사건 $B$가 일어나는 경우의 수 4

1부터 8까지의 숫자가 적힌 정팔면체 모양의 주사위 한 개를 던질 때, 4의 배수 또는 소수의 눈이 나오는 경우의 수는?

① 2 ② 3 ③ 4
④ 5 ⑤ 6

**5** ☐☐ 사건 $A$와 사건 $B$가 동시에 일어나는 경우의 수 3

어떤 햄버거 가게에서는 햄버거 7종류와 음료수 5종류를 팔고 있다. 햄버거와 음료수를 하나씩 고르는 경우의 수를 구하여라.

**6** ☐☐ 사건 $A$와 사건 $B$가 동시에 일어나는 경우의 수 4

오른쪽 그림과 같은 도로망이 있다. A 지점에서 P 지점을 거쳐 B 지점까지 최단 거리로 가는 경우의 수는?

① 4 ② 6 ③ 8
④ 9 ⑤ 16

**7** ☐☐ 동전, 주사위를 여러 개 던지는 경우의 수 5

서로 다른 주사위 2개를 동시에 던질 때, 나오는 두 눈의 수의 합이 6 또는 7이 되는 경우의 수는?

① 11 ② 12 ③ 13
④ 14 ⑤ 15

**8** ☐☐ 동전, 주사위를 여러 개 던지는 경우의 수 7

10원짜리, 100원짜리 동전 각각 1개와 주사위 1개를 동시에 던질 때, 동전은 서로 다른 면이 나오고, 주사위는 2의 배수의 눈이 나오는 경우의 수를 구하여라.

# 05 한 줄로 세우는 경우의 수

**핵심개념**

**1. 한 줄로 세우는 경우의 수:** $n$명을 한 줄로 세우는 경우의 수

➜ $n\times(n-1)\times(n-2)\times\cdots\times3\times2\times1$

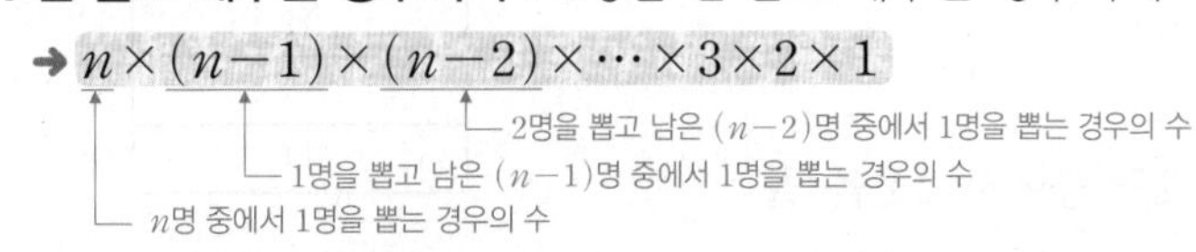


**2. 일부를 뽑아서 한 줄로 세우는 경우의 수**

(1) $n$명 중에서 2명을 뽑아서 한 줄로 세우는 경우의 수
➜ $n\times(n-1)$

(2) $n$명 중에서 3명을 뽑아서 한 줄로 세우는 경우의 수
➜ $n\times(n-1)\times(n-2)$

(3) $n$명 중에서 $r$명을 뽑아서 한 줄로 세우는 경우의 수
➜ $n\times(n-1)\times(n-2)\times\cdots\times\{n-(r-1)\}$

▶학습 날짜 월 일 ▶걸린 시간 분 / **목표 시간** 20분

정답과 해설 44쪽

**1** 다음을 구하여라.

(1) A, B, C, D 4명을 한 줄로 세우는 경우의 수

① 맨 앞에 올 수 있는 사람은 A, B, C, D의 □명
② ①의 각각에 대하여 두 번째에 올 수 있는 사람은 맨 앞의 사람을 제외한 □명
③ ②의 각각에 대하여 세 번째에 올 수 있는 사람은 첫 번째, 두 번째의 사람을 제외한 □명
④ ③의 각각에 대하여 마지막에 올 수 있는 사람은 첫 번째, 두 번째, 세 번째의 사람을 제외한 □명이다.
따라서 구하는 경우의 수는
4×□×□×□=□

(2) 5명을 한 줄로 세우는 경우의 수

답 ________

**2** 다음을 구하여라.

(1) A, B, C, D 4명 중에서 2명을 뽑아서 한 줄로 세우는 경우

➜ 맨 앞에 올 수 있는 사람은 A, B, C, D의 □명이고, 그 각각에 대하여 두 번째에 올 수 있는 사람은 맨 앞의 사람을 제외한 □명이므로 구하는 경우의 수는
□×□=□

(2) 3명 중에서 2명을 뽑아 한 줄로 세우는 경우의 수

답 ________

(3) 5명 중에서 3명을 뽑아 한 줄로 세우는 경우의 수

답 ________

## 3 다음을 구하여라.

(1) 서로 다른 4권의 책을 책꽂이에 나란히 꽂는 경우의 수

답 ________

(2) 박물관, 미술관, 유적지 3곳 중에서 2곳을 골라 차례를 정하여 견학가려고 할 때, 견학가는 경우의 수

답 ________

(3) 달리기 선수 7명 중에서 3명을 골라 이어달리기 순서를 정하는 경우의 수

답 ________

## 4 오른쪽 그림과 같이 A, B, C 세 부분으로 나누어진 도형을 빨강, 파랑, 노랑의 3가지 색을 사용하여 칠하려고 할 때, 다음을 구하여라.

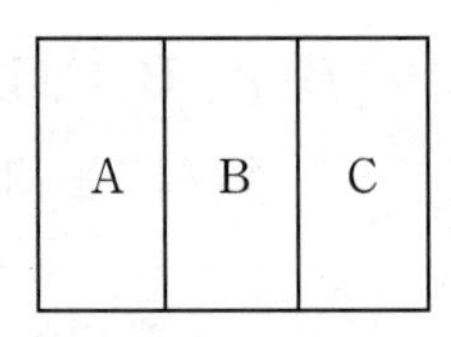


(1) A, B, C에 모두 다른 색을 칠하는 방법의 수

➜ A에 칠할 수 있는 색은 3가지
B에 칠할 수 있는 색은 A에 칠한 색을 제외한 □가지
C에 칠할 수 있는 색은 A, B에 칠한 색을 제외한 □가지
따라서 구하는 방법의 수는
□×□×□=□(가지)

tip 각 부분에 칠할 수 있는 색을 고를 때, 이전에 칠한 색은 제외해야 해.

(2) A, B, C에 같은 색을 여러 번 사용해도 되지만 서로 이웃한 부분은 다른 색을 칠하는 방법의 수

답 ________ 가지

## 5 다음 그림과 같이 나누어진 도형을 빨강, 보라, 노랑, 초록의 4가지 색을 사용하여 칠하려고 한다. 서로 다른 색으로 칠하는 방법의 수를 구하여라.

(1)

| A |
| --- |
| B |
| C |
| D |

답 ________ 가지

(2)

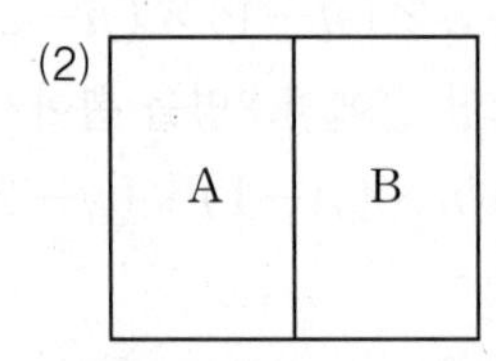


답 ________ 가지

(3)

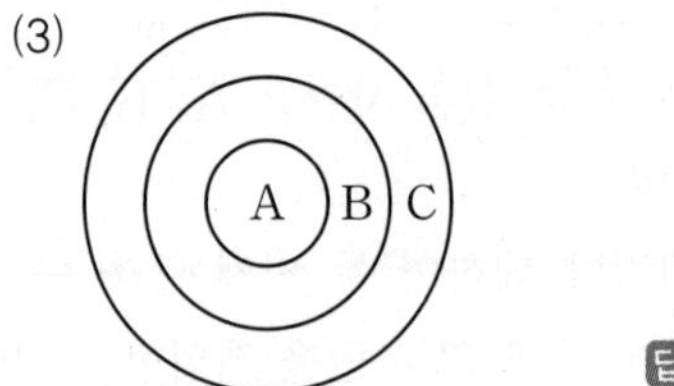


답 ________ 가지

**풍쌤의 point**

1. $n$명을 한 줄로 세우는 경우의 수는
$n\times(n-1)\times(n-2)\times\cdots\times3\times2\times1$
2. $n$명 중에서 2명을 뽑아서 한 줄로 세우는 경우의 수는 $n\times(n-1)$
3. $n$명 중에서 3명을 뽑아서 한 줄로 세우는 경우의 수는 $n\times(n-1)\times(n-2)$
4. $n$명 중에서 $r$명을 뽑아서 한 줄로 세우는 경우의 수는
$n\times(n-1)\times(n-2)\times\cdots\times\{n-(r-1)\}$

# 06 특정한 사람의 자리를 고정하여 한 줄로 세우는 경우의 수

**핵심개념** **특정한 사람의 자리를 고정하여 한 줄로 세우는 경우의 수**
위치가 정해진 사람을 제외하고 나머지를 한 줄로 세우는 경우의 수와 같다.

▶학습 날짜 월 일 ▶걸린 시간 분 / 목표 시간 10분

정답과 해설 44~45쪽

**1** A, B, C, D 4명을 한 줄로 세울 때, 다음을 완성하여라.

(1) A를 맨 앞에 세우는 경우의 수

➔ A를 맨 앞에 고정시키고 나머지 3명을 한 줄로 세우는 경우의 수와 같으므로
3×□×□=□

(2) B를 세 번째에 세우는 경우의 수

➔ B를 세 번째에 고정시키고 나머지 3명을 한 줄로 세우는 경우의 수와 같으므로
□×□×□=□

(3) A, B를 양 끝에 세우는 경우의 수

➔ A, B를 양 끝에 세우는 경우는
A☆☆B, B☆☆A의 □가지
나머지 2명을 한 줄로 세우는 경우의 수는
□×□=□
따라서 구하는 경우의 수는
2×□=□

**2** 부모님을 포함한 성현이네 가족 5명을 한 줄로 세울 때, 다음을 구하여라.

(1) 어머니를 맨 앞에 세우는 경우의 수

답 ____________

(2) 성현이를 가운데에 세우는 경우의 수

답 ____________

(3) 부모님을 양 끝에 세우는 경우의 수

답 ____________

**풍쌤의 point**
(특정한 사람의 자리를 고정하여 한 줄로 세우는 경우의 수)
=(위치가 정해진 사람을 제외하고 나머지를 한 줄로 세우는 경우의 수)

# 07 한 줄로 세울 때 이웃하여 서는 경우의 수

**핵심개념** 한 줄로 세울 때, 이웃하여 세우는 경우의 수는 다음과 같은 순서로 구한다.

❶ 이웃하는 것을 하나로 묶어서 한 줄로 세우는 경우의 수를 구한다.

❷ 묶음 안에서 자리를 바꾸는 경우의 수를 구한다.

❸ ❶과 ❷에서 구한 경우의 수를 곱한다.

참고 'A, B가 이웃한다'는 것은 AB, BA의 2가지 경우를 모두 의미한다.

▶학습 날짜 월 일 ▶걸린 시간 분 / 목표 시간 20분

**1** 다음을 완성하여라.

(1) A, B, C 3명을 한 줄로 세울 때, A, B가 이웃하여 서는 경우의 수

① A, B를 하나로 묶어 AB, C의 2명을 한 줄로 세우는 경우의 수는 □

② A, B가 자리를 바꾸는 경우의 수는 □

③ 구하는 경우의 수는

□×□=□

① ②

(2) A, B, C, D 4명을 한 줄로 세울 때, A, B, C가 이웃하여 서는 경우의 수

① A, B, C를 하나로 묶어 ABC, D의 2명을 한 줄로 세우는 경우의 수는 □

② A, B, C가 자리를 바꾸는 경우의 수는 □

③ 구하는 경우의 수는

□×□=□

① ②

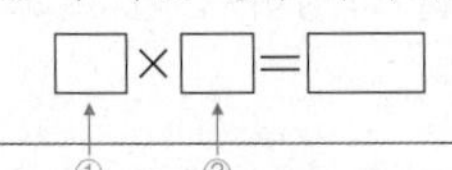

tip A, B, C가 자리를 바꾸는 경우는 3명을 한 줄로 세우는 경우와 같아.

**2** A, B, C, D, E, F 6명을 한 줄로 세울 때, 다음을 구하여라.

(1) A, B가 이웃하여 서는 경우의 수

답 ______

(2) C, D가 이웃하여 서는 경우의 수

답 ______

(3) A, B, C가 이웃하여 서는 경우의 수

답 ______

(4) C, D, E, F가 이웃하여 서는 경우의 수

답 ______

**3** 다음을 구하여라.

(1) $a$, $b$, $c$, $d$, $e$ 5개의 문자를 일렬로 배열할 때, $b$와 $e$가 이웃하는 경우의 수

답 ______

(2) 부모님과 2명의 자녀로 구성된 4명의 가족이 나란히 앉아서 가족사진을 찍을 때, 부모님이 이웃하여 앉는 경우의 수

답 ______

(3) 1, 2, 3, 4, 5, 6이 각각 적힌 6장의 숫자 카드를 일렬로 나열할 때, 짝수끼리 이웃하는 경우의 수

답 ______

**4** 남학생 2명과 여학생 3명을 한 줄로 세울 때, 다음을 구하여라.

(1) 남학생끼리 이웃하여 서는 경우의 수

답 ______

(2) 여학생끼리 이웃하여 서는 경우의 수

답 ______

(3) 남학생은 남학생끼리, 여학생은 여학생끼리 이웃하여 서는 경우의 수

→ 남학생과 여학생을 각각 하나로 묶어 2명을 한 줄로 세우는 경우의 수는 □
남학생끼리 자리를 바꾸는 경우의 수는 2
여학생끼리 자리를 바꾸는 경우의 수는 □
따라서 구하는 경우의 수는
□×2×□=□

**5** 다음을 구하여라.

(1) 서로 다른 소설책 2권과 과학책 3권을 책꽂이에 나란히 꽂을 때, 소설책은 소설책끼리, 과학책은 과학책끼리 이웃하게 꽂는 경우의 수

답 ______

(2) 서로 다른 상의 4벌과 하의 2벌을 옷장에 한 줄로 걸 때, 상의는 상의끼리, 하의는 하의끼리 이웃하게 거는 경우의 수

답 ______

(3) 부모님과 할머니, 할아버지, 2명의 자녀로 구성된 6명의 가족이 나란히 앉아서 가족사진을 찍을 때, 부모님끼리 이웃하고, 할머니와 할아버지가 이웃하여 앉는 경우의 수

답 ______

풍쌤의 point

**한 줄로 세울 때 이웃하여 세우는 경우의 수**

(이웃하는 것을 하나로 묶어 한 줄로 세우는 경우의 수) × (묶음 안에서 자리를 바꾸는 경우의 수)

정답과 해설 46쪽

# 05-07 · 스스로 점검 문제

맞힌 개수 개 / 8개

▶학습 날짜 월 일 ▶걸린 시간 분 / 목표 시간 15분

**1** ☐☐ 한 줄로 세우는 경우의 수 1

서로 다른 5개의 상품을 일렬로 진열하는 경우의 수는?

① 24 ② 48 ③ 60 ④ 90 ⑤ 120

**2** ☐☐ 한 줄로 세우는 경우의 수 2, 3

A, B, C, D, E, F 6명의 학생 중 3명을 뽑아서 이어달리기 순서를 정하는 경우의 수는?

① 24 ② 48 ③ 60 ④ 120 ⑤ 240

**3** ☐☐ 한 줄로 세우는 경우의 수 4, 5

오른쪽 그림과 같이 A, B, C, D 네 부분으로 나누어진 도형을 빨강, 파랑, 노랑, 보라의 4가지 색으로 칠하려고 한다. 같은 색을 여러 번 사용해도 되지만 서로 이웃한 부분은 다른 색을 칠하는 방법의 수를 구하여라.

| A | B | C | D |
|---|---|---|---|

**4** ☐☐ 특정한 사람의 자리를 고정하여 한 줄로 세우는 경우의 수 1, 2

A, B, C, D, E 5명을 한 줄로 세울 때, D가 네 번째에 서는 경우의 수는?

① 6 ② 12 ③ 18 ④ 24 ⑤ 30

**5** ☐☐ 특정한 사람의 자리를 고정하여 한 줄로 세우는 경우의 수 1, 2

국어, 영어, 수학, 사회, 과학 교과서를 책꽂이에 나란히 꽂을 때, 국어 또는 사회 교과서를 맨 앞에 꽂는 경우의 수를 구하여라.

**6** ☐☐ 한 줄로 세울 때 이웃하여 서는 경우의 수 1, 2

A, B, C, D, E 다섯 사람이 한 줄로 나란히 서서 사진을 찍으려고 할 때, A와 B가 항상 이웃하여 사진을 찍는 방법의 수는?

① 6가지 ② 12가지 ③ 24가지 ④ 48가지 ⑤ 96가지

**7** ☐☐ 한 줄로 세울 때 이웃하여 서는 경우의 수 4

남학생 4명과 여학생 3명을 한 줄로 세울 때, 여학생끼리 이웃하여 서는 경우의 수는?

① 112 ② 144 ③ 240 ④ 360 ⑤ 720

**8** ☐☐ 한 줄로 세울 때 이웃하여 서는 경우의 수 5

숫자 카드 2장과 알파벳 카드 3장을 일렬로 나열할 때, 숫자 카드는 숫자 카드끼리, 알파벳 카드는 알파벳 카드끼리 이웃하게 나열하는 경우의 수를 구하여라.

# 08 정수를 만드는 경우의 수

**핵심개념**

**1. 정수를 만드는 경우의 수 – 0을 포함하지 않는 경우**

0이 아닌 서로 다른 한 자리의 숫자가 각각 적힌 $n$장의 카드에서

(1) 2장을 뽑아 만들 수 있는 두 자리 정수의 개수 → $n\times(n-1)$개

(2) 3장을 뽑아 만들 수 있는 세 자리 정수의 개수 → $n\times(n-1)\times(n-2)$개

**2. 정수를 만드는 경우의 수 – 0을 포함하는 경우**

0을 포함한 서로 다른 한 자리의 숫자가 각각 적힌 $n$장의 카드에서

(1) 2장을 뽑아 만들 수 있는 두 자리 정수의 개수 → $(n-1)\times(n-1)$개

(2) 3장을 뽑아 만들 수 있는 세 자리 정수의 개수 → $(n-1)\times(n-1)\times(n-2)$개

참고 서로 다른 한 자리의 숫자가 각각 적힌 $n$장의 카드에 0이 포함된 경우에는 맨 앞자리에 0이 올 수 없으므로 맨 앞자리에 올 수 있는 숫자는 $(n-1)$개이다.

▶학습 날짜 월 일 ▶걸린 시간 분 / 목표 시간 20분

정답과 해설 47쪽

**1** 1, 2, 3의 숫자가 각각 적힌 3장의 카드가 있을 때, 다음을 완성하여라.

(1) 2장을 뽑아 만들 수 있는 두 자리 정수의 개수

① 십의 자리에 올 수 있는 숫자는
1, 2, 3의 □가지
② 일의 자리에 올 수 있는 숫자는 십의 자리에 온 숫자를 제외한 □가지
따라서 만들 수 있는 두 자리 정수의 개수는
□×□=□(개)
①　②

(2) 3장을 모두 사용하여 만들 수 있는 세 자리 정수의 개수

① 백의 자리에 올 수 있는 숫자는
1, 2, 3의 □가지
② 십의 자리에 올 수 있는 숫자는 백의 자리에 온 숫자를 제외한 □가지
③ 일의 자리에 올 수 있는 숫자는 백의 자리, 십의 자리에 온 숫자를 제외한 □가지
따라서 만들 수 있는 세 자리 정수의 개수는
□×□×□=□(개)
①　②　③

**2** 0, 1, 2의 숫자가 각각 적힌 3장의 카드가 있을 때, 다음을 완성하여라.

(1) 2장을 뽑아 만들 수 있는 두 자리 정수의 개수

① 십의 자리에 올 수 있는 숫자는
1, 2의 □가지
② 일의 자리에 올 수 있는 숫자는 십의 자리에 온 숫자를 제외한 □가지
따라서 만들 수 있는 두 자리 정수의 개수는
□×□=□(개)
①　②

(2) 3장을 모두 사용하여 만들 수 있는 세 자리 정수의 개수

① 백의 자리에 올 수 있는 숫자는
1, 2의 □가지
② 십의 자리에 올 수 있는 숫자는 백의 자리에 온 숫자를 제외한 □가지
③ 일의 자리에 올 수 있는 숫자는 백의 자리, 십의 자리에 온 숫자를 제외한 □가지
따라서 만들 수 있는 세 자리 정수의 개수는
□×□×□=□(개)
①　②　③

**3** 아래 그림과 같은 숫자 카드가 한 장씩 있을 때, 다음을 완성하여라.

(1) 1 3 6 8

① 만들 수 있는 두 자리 정수의 개수: □개

② 만들 수 있는 세 자리 정수의 개수: □개

(2) 1 2 3 6 8

① 만들 수 있는 두 자리 정수의 개수: □개

② 만들 수 있는 세 자리 정수의 개수: □개

**4** 아래 그림과 같은 숫자 카드가 한 장씩 있을 때, 다음을 완성하여라.

(1) 0 1 2 3

① 만들 수 있는 두 자리 정수의 개수: □개

② 만들 수 있는 세 자리 정수의 개수: □개

(2) 0 2 3 4 5

① 만들 수 있는 두 자리 정수의 개수: □개

② 만들 수 있는 세 자리 정수의 개수: □개

**5** 1, 2, 3, 4, 5의 숫자가 각각 적힌 5장의 카드 중에서 2장을 뽑아 두 자리 자연수를 만들 때, 다음 조건을 만족시키는 자연수의 개수를 구하여라.

(1) 짝수

➜ 일의 자리에 올 수 있는 숫자는 2, □이다.
(i) ☆2인 경우: 십의 자리에 올 수 있는 숫자는 2를 제외한 □가지
(ii) ☆4인 경우: 십의 자리에 올 수 있는 숫자는 4를 제외한 □가지
따라서 만들 수 있는 두 자리 짝수의 개수는
□+□=□(개)

(2) 홀수 답 개

(3) 40보다 큰 수 답 개

풍쌤의 point

서로 다른 한 자리의 숫자가 각각 적힌 $n$장의 카드에서 맨 앞자리에 올 수 있는 숫자는
(i) 0이 포함된 경우 ➜ $(n-1)$개
(ii) 0이 포함되지 않은 경우 ➜ $n$개

# 09 대표를 뽑는 경우의 수

**핵심개념**

**1. 자격이 다른 대표를 뽑는 경우의 수**

(1) $n$명 중에서 자격이 다른 대표 2명을 뽑는 경우의 수 → $n\times(n-1)$

(2) $n$명 중에서 자격이 다른 대표 3명을 뽑는 경우의 수 → $n\times(n-1)\times(n-2)$

**2. 자격이 같은 대표를 뽑는 경우의 수**

(1) $n$명 중에서 자격이 같은 대표 2명을 뽑는 경우의 수 → $\dfrac{n\times(n-1)}{2}$

└ 2명이 자리를 바꾸는 경우의 수

(2) $n$명 중에서 자격이 같은 대표 3명을 뽑는 경우의 수 → $\dfrac{n\times(n-1)\times(n-2)}{3\times2\times1}$

└ 3명이 자리를 바꾸는 경우의 수

▶학습 날짜 월 일 ▶걸린 시간 분 / 목표 시간 20분

정답과 해설 47~48쪽

**1** A, B, C, D 4명의 학생이 있을 때, 다음을 완성하여라.

(1) 회장 1명, 부회장 1명을 뽑는 경우의 수

> → 회장이 될 수 있는 사람은 4명
> 부회장이 될 수 있는 사람은 회장을 제외한 □명
> 따라서 구하는 경우의 수는
> $4\times\square=\square$

(2) 회장 1명, 부회장 1명, 총무 1명을 뽑는 경우의 수

> → 회장이 될 수 있는 사람은 □명
> 부회장이 될 수 있는 사람은 회장을 제외한 □명
> 총무가 될 수 있는 사람은 회장, 부회장을 제외한 □명
> 따라서 구하는 경우의 수는
> $\square\times\square\times\square=\square$

**2** A, B, C, D 4명의 학생이 있을 때, 다음을 완성하여라.

(1) 대표 2명을 뽑는 경우의 수

> → 2명을 일렬로 세우는 경우의 수는 $2\times1=2$이므로 순서를 생각하지 않으면 2가지 경우는 (같은, 다른) 경우이다.
> 따라서 4명 중에서 자격이 같은 대표 2명을 뽑는 경우의 수는
> $\dfrac{4\times\square}{\square}=\square$

(2) 대표 3명을 뽑는 경우의 수

> → 3명을 일렬로 세우는 경우의 수는 $3\times2\times1=6$이므로 순서를 생각하지 않으면 □가지가 모두 (같은, 다른) 경우이다.
> 따라서 4명 중에서 자격이 같은 대표 3명을 뽑는 경우의 수는
> $\dfrac{4\times\square\times\square}{\square}=\square$

## 3 다음을 구하여라.

(1) 3명의 후보 중에서 회장 1명, 부회장 1명을 뽑는 경우의 수

답 ____________

(2) 5명의 후보 중에서 회장 1명, 부회장 1명, 총무 1명을 뽑는 경우의 수

답 ____________

(3) 7명의 학생이 출전한 영어 말하기 대회에서 금상과 은상을 받을 학생을 각각 1명씩 뽑는 경우의 수

답 ____________

(4) 연극 동아리 학생 10명 중에서 감독, 주연, 조연을 각각 1명씩 뽑는 경우의 수

답 ____________

## 4 다음을 구하여라.

(1) 3명의 후보 중에서 대표 2명을 뽑는 경우의 수

답 ____________

(2) 5명의 후보 중에서 대표 3명을 뽑는 경우의 수

답 ____________

(3) 7명의 학생 중에서 이어달리기 선수로 나갈 선수 2명을 뽑는 경우의 수

답 ____________

(4) 어느 모임에서 모인 8명이 서로 한 번씩 빠짐없이 악수를 하는 총 횟수

답 ____________ 회

## 5 여학생 4명, 남학생 2명이 있을 때, 다음을 구하여라.

(1) 회장 1명, 부회장 1명을 뽑는 경우의 수

답 ____________

(2) 회장 1명, 부회장 1명, 총무 1명을 뽑는 경우의 수

답 ____________

(3) 대표 3명을 뽑는 경우의 수

답 ____________

(4) 여학생 대표 1명, 남학생 대표 1명을 뽑는 경우의 수

답 ____________

(5) 여학생 대표 2명, 남학생 대표 1명을 뽑는 경우의 수

답 ____________

**풍쌤의 point**

$n$명 중에서

**1.** 자격이 다른 대표 2명을 뽑는 경우의 수

→ $\boldsymbol{n\times(n-1)}$

자격이 다른 대표 3명을 뽑는 경우의 수

→ $\boldsymbol{n\times(n-1)\times(n-2)}$

**2.** 자격이 같은 대표 2명을 뽑는 경우의 수

→ $\boldsymbol{\dfrac{n\times(n-1)}{2}}$

자격이 같은 대표 3명을 뽑는 경우의 수

→ $\boldsymbol{\dfrac{n\times(n-1)\times(n-2)}{3\times2\times1}}$

# 10 선분 또는 삼각형의 개수

**핵심개념** 한 직선 위에 있지 않은 $n$개의 점 중에서

**1. 두 점을 이어 만들 수 있는 선분의 개수**

➜ $\dfrac{n\times(n-1)}{2}$개

**2. 세 점을 이어 만들 수 있는 삼각형의 개수**

➜ $\dfrac{n\times(n-1)\times(n-2)}{3\times2\times1}$개

참고 한 직선 위에 있지 않은 점을 이어 만들 수 있는 선분 또는 삼각형의 개수는 자격이 같은 대표를 뽑는 경우의 수와 같다.

▶학습 날짜 월 일 ▶걸린 시간 분 / 목표 시간 10분

정답과 해설 48쪽

**1** 오른쪽 그림과 같이 한 원 위에 4개의 점이 있을 때, 다음을 완성하여라.

(1) 두 점을 이어 만들 수 있는 선분의 개수

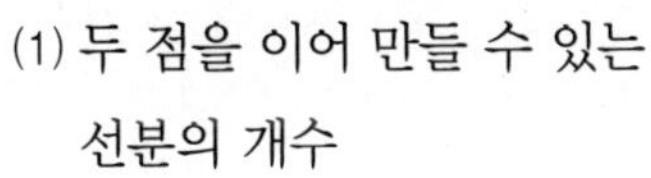

➜ 4개의 점 중에서 순서를 생각하지 않고 □개의 점을 뽑는 경우의 수와 같으므로 두 점을 이어 만들 수 있는 선분의 개수는

$\dfrac{4\times\square}{\square}=\square$(개)

(2) 세 점을 이어 만들 수 있는 삼각형의 개수

➜ 4개의 점 중에서 순서를 생각하지 않고 □개의 점을 뽑는 경우의 수와 같으므로 세 점을 이어 만들 수 있는 삼각형의 개수는

$\dfrac{4\times\square\times\square}{3\times\square\times\square}=\square$(개)

**2** 다음 그림과 같이 한 원 위에 있는 점 중에서 두 점을 이어 만들 수 있는 선분의 개수와 세 점을 이어 만들 수 있는 삼각형의 개수를 각각 구하여라.

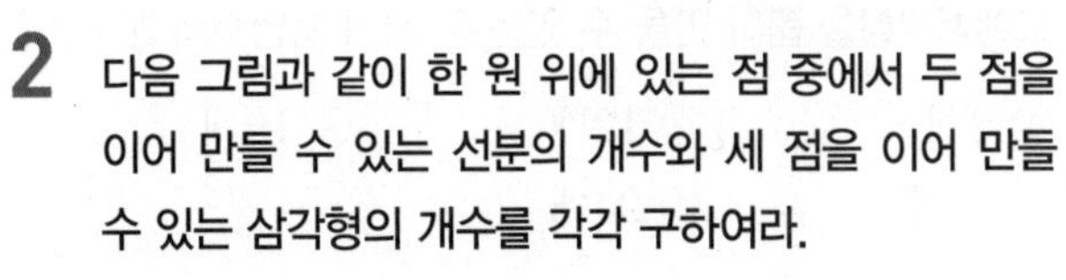

(1)

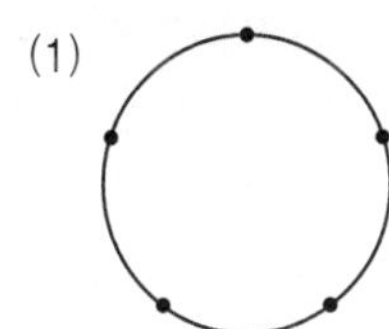

➜ ① 선분의 개수: □개

② 삼각형의 개수: □개

(2)

➜ ① 선분의 개수: □개

② 삼각형의 개수: □개

**풍쌤의 point**

한 직선 위에 있지 않은 $n$개의 점 중에서

1. 두 점을 이어 만들 수 있는 선분의 개수

➜ $\dfrac{n\times(n-1)}{2}$개

2. 세 점을 이어 만들 수 있는 삼각형의 개수

➜ $\dfrac{n\times(n-1)\times(n-2)}{3\times2\times1}$개

정답과 해설 48~49쪽

# 08-10 스스로 점검 문제

맞힌 개수 개 / 8개

▶학습 날짜 월 일 ▶걸린 시간 분 / 목표 시간 15분

**1** ○ 정수를 만드는 경우의 수 1, 3

1부터 8까지의 자연수 중에서 서로 다른 3개의 숫자를 사용하여 세 자리 수의 비밀번호를 만들려고 한다. 만들 수 있는 비밀번호의 개수를 구하여라.

**2** ○ 정수를 만드는 경우의 수 2, 4

0, 2, 4, 6, 8의 숫자가 각각 적힌 5장의 카드가 있다. 이 카드에서 2장을 뽑아 만들 수 있는 두 자리 자연수의 개수는?

① 8개 ② 12개 ③ 16개
④ 20개 ⑤ 24개

**3** ○ 정수를 만드는 경우의 수 5

0부터 5까지의 숫자가 각각 적힌 6장의 카드에서 3장의 카드를 뽑아 세 자리 정수를 만들 때, 만들 수 있는 짝수의 개수는?

① 48개 ② 50개 ③ 52개
④ 54개 ⑤ 56개

**4** ○ 대표를 뽑는 경우의 수 2, 4

10개의 야구팀이 각각 다른 팀과 한 번씩 경기를 한다면 모두 몇 번의 경기를 하여야 하는가?

① 30번 ② 35번 ③ 40번
④ 45번 ⑤ 50번

**5** ○ 대표를 뽑는 경우의 수 2, 4

영준이를 포함하여 8명의 학생 중에서 청소 당번 3명을 뽑을 때, 영준이가 포함되는 경우의 수를 구하여라.

**6** ○ 대표를 뽑는 경우의 수 5

남학생이 6명, 여학생이 3명인 어느 모임에서 남학생 대표 2명과 여학생 대표 1명을 뽑는 경우의 수는?

① 40 ② 42 ③ 45
④ 48 ⑤ 50

**7** ○ 선분 또는 삼각형의 개수 1, 2

한 평면 위에 어느 세 점도 한 직선 위에 있지 않은 서로 다른 7개의 점이 있다. 이 중에서 두 점을 이어 만들 수 있는 선분의 개수는?

① 9개 ② 12개 ③ 15개
④ 18개 ⑤ 21개

**8** ○ 선분 또는 삼각형의 개수 1, 2

오른쪽 그림과 같이 한 원 위에 있는 8개의 점 중에서 세 점을 이어 만들 수 있는 삼각형의 개수를 구하여라.

# 11 확률의 뜻

**핵심개념**

1. **확률:** 같은 조건 아래에서 실험이나 관찰을 여러 번 반복할 때, 어떤 사건이 일어나는 상대도수가 일정한 값에 가까워지면 이 일정한 값을 그 사건이 일어날 확률이라고 한다.
2. **사건 $A$가 일어날 확률:** 어떤 실험이나 관찰에서 각 경우가 일어날 가능성이 같을 때, 일어날 수 있는 모든 경우의 수를 $n$, 사건 $A$가 일어나는 경우의 수를 $a$라 하면 사건 $A$가 일어날 확률 $p$는

$$p=\frac{(\text{사건 } A\text{가 일어나는 경우의 수})}{(\text{모든 경우의 수})}=\frac{a}{n}$$

참고 확률은 어떤 사건이 일어날 가능성을 수로 나타낸 것이다.

▶학습 날짜 월 일 ▶걸린 시간 분 / 목표 시간 20분

정답과 해설 49~50쪽

**1** 다음을 완성하여라.

(1) 한 개의 동전을 던질 때, 앞면이 나올 확률

① 모든 경우의 수: □

② 앞면이 나오는 경우의 수: □

③ 구하는 확률:

$$\frac{(\text{앞면이 나오는 경우의 수})}{(\text{모든 경우의 수})}=\square$$

(2) 한 개의 주사위를 던질 때, 3의 배수의 눈이 나올 확률

① 모든 경우의 수: □

② 3의 배수의 눈이 나오는 경우의 수: □

③ 구하는 확률:

$$\frac{(3\text{의 배수의 눈이 나오는 경우의 수})}{(\text{모든 경우의 수})}=\frac{\square}{6}=\square$$

(3) 모양과 크기가 같은 파란 구슬 4개와 빨간 구슬 3개가 들어 있는 주머니에서 구슬을 한 개 꺼낼 때, 파란 구슬이 나올 확률

① 모든 경우의 수: □

② 파란 구슬이 나오는 경우의 수: □

③ 구하는 확률:

$$\frac{(\text{파란 구슬이 나오는 경우의 수})}{(\text{모든 경우의 수})}=\square$$

**2** 한 개의 주사위를 던질 때, 다음을 구하여라.

(1) 나오는 눈의 수가 짝수일 확률

답 ______

(2) 나오는 눈의 수가 소수일 확률

답 ______

(3) 나오는 눈의 수가 5 이상일 확률

답 ______

**3** 모양과 크기가 같은 빨간 공 3개, 노란 공 5개, 초록 공 4개가 들어 있는 주머니에서 공을 한 개 꺼낼 때, 다음을 구하여라.

(1) 빨간 공이 나올 확률 답 ______

(2) 노란 공이 나올 확률 답 ______

(3) 초록 공이 나올 확률 답 ______

**4** 1부터 10까지의 자연수가 각각 적힌 10장의 카드 중에서 한 장을 뽑을 때, 다음을 구하여라.

(1) 홀수가 나올 확률 답 ______

(2) 5의 배수가 나올 확률 답 ______

(3) 10의 약수가 나올 확률 답 ______

(4) 4 이하인 수가 나올 확률 답 ______

**5** 50원짜리, 100원짜리, 500원짜리 동전을 각각 1개씩 동시에 던질 때, 다음을 구하여라.

(1) 모두 앞면이 나올 확률

➜ 모든 경우의 수는
$2\times\square\times\square=\square$
모두 앞면이 나오는 경우를 순서쌍으로 나타내면
(앞면, 앞면, 앞면)의 □가지
따라서 구하는 확률은 □이다.

(2) 모두 같은 면이 나올 확률 답 ______

(3) 앞면이 1개 나올 확률 답 ______

(4) 뒷면이 2개 나올 확률 답 ______

**6** 두 개의 주사위 A, B를 동시에 던질 때, 다음을 구하여라.

(1) 두 눈의 수의 합이 3일 확률

➜ 모든 경우의 수는 $6\times\square=\square$
두 눈의 수의 합이 3인 경우는
(1, □), (2, □)의 □가지
따라서 구하는 확률은 $\frac{2}{\square}=\square$이다.

(2) 두 눈의 수가 같을 확률 답 ______

(3) 두 눈의 수의 합이 6일 확률

답 ______

(4) 두 눈의 수의 차가 2일 확률

답 ______

(5) 두 눈의 수의 곱이 12일 확률

답 ______

**풍쌤의 point**

(사건 $A$가 일어날 확률)
$=\frac{(\text{사건 } A\text{가 일어나는 경우의 수})}{(\text{모든 경우의 수})}$

# 12 확률의 성질

**핵심개념**

**1. 확률의 성질**

(1) 어떤 사건이 일어날 확률을 $p$라 하면 $0 \le p \le 1$이다.

(2) 반드시 일어나는 사건의 확률은 1이다.

(3) 절대로 일어나지 않는 사건의 확률은 0이다.

**2. 어떤 사건이 일어나지 않을 확률**

사건 $A$가 일어날 확률을 $p$라 하면

(사건 $A$가 일어나지 않을 확률)$=1-p$

**참고** ① 사건 $A$가 일어날 확률을 $p$, 사건 $A$가 일어나지 않을 확률을 $q$라 하면 $p+q=1$

② '적어도 하나는 ~일' 확률은 어떤 사건이 일어나지 않을 확률을 이용하여 구한다.

➔ (적어도 하나는 $A$일 확률)$=1-$(모두 $A$가 아닐 확률)

▶학습 날짜 월 일 ▶걸린 시간 분 / 목표 시간 25분

정답과 해설 50~51쪽

**1** 모양과 크기가 같은 빨간 공 4개, 파란 공 3개가 들어 있는 주머니에서 공을 한 개 꺼낼 때, 다음을 완성하여라.

(1) 빨간 공이 나올 확률

① 모든 경우의 수: □
② 빨간 공이 나오는 경우의 수: □
③ 구하는 확률: □

(2) 빨간 공 또는 파란 공이 나올 확률

① 모든 경우의 수: □
② 빨간 공 또는 파란 공이 나오는 경우의 수: □
③ 구하는 확률: $\frac{\square}{7}=\square$

(3) 노란 공이 나올 확률

➔ 노란 공이 나오는 경우는 없으므로 구하는 확률은 □이다.

**2** 다음을 완성하여라.

(1) 검은 바둑돌 10개가 들어 있는 주머니에서 바둑돌 한 개를 꺼낼 때

① 검은 바둑돌이 나올 확률은 □이다.

② 흰 바둑돌이 나올 확률은 □이다.

(2) 주사위 한 개를 던질 때

① 6 이하의 수의 눈이 나올 확률은 □이다.

② 6보다 큰 수의 눈이 나올 확률은 □이다.

(3) 서로 다른 주사위 2개를 동시에 던질 때

① 두 눈의 수의 합이 12 이하일 확률은 □이다.

② 두 눈의 수의 합이 36일 확률은 □이다.

**3** **주사위 한 개를 던질 때, 6의 약수의 눈이 나오지 않을 확률을 구하는 다음 과정을 완성하여라.**

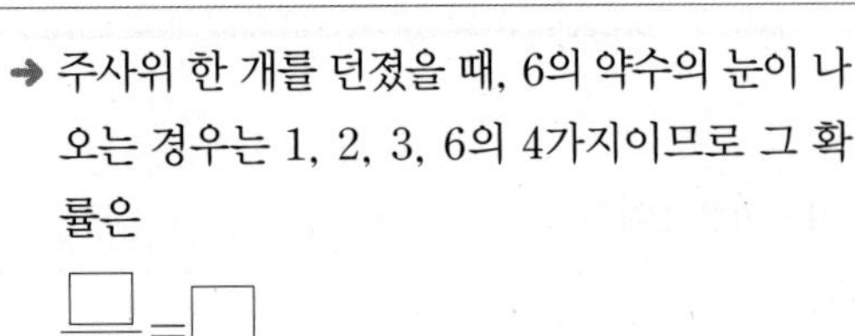

➜ 주사위 한 개를 던졌을 때, 6의 약수의 눈이 나오는 경우는 1, 2, 3, 6의 4가지이므로 그 확률은

$\frac{\square}{6}=\square$

따라서 6의 약수의 눈이 나오지 않을 확률은

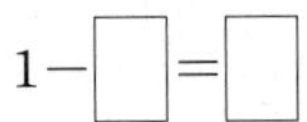

$1-\square=\square$

**4** **다음을 구하여라.**

(1) 내일 비가 올 확률이 $\frac{1}{3}$일 때, 내일 비가 오지 않을 확률

➜ $1-\square=\square$

(2) 수영이가 시험에 합격할 확률이 $\frac{5}{6}$일 때, 불합격할 확률

답 ____________

(3) 명중률이 $\frac{3}{4}$인 포수가 총을 쏠 때, 맞히지 못할 확률

답 ____________

(4) 정훈이가 어떤 문제를 풀 확률이 $\frac{3}{5}$일 때, 이 문제를 못 풀 확률

답 ____________

(5) 자유투 성공률이 70 %인 연아가 자유투 한 개를 던질 때, 실패할 확률

답 ____________

**5** **다음을 구하여라.**

(1) 1부터 12까지의 자연수가 각각 적힌 정십이면체를 던질 때, 윗면에 나온 수가 소수가 아닐 확률

답 ____________

(2) 서로 다른 동전 2개를 던질 때, 서로 다른 면이 나올 확률

답 ____________

(3) A, B 2개의 주사위를 동시에 던질 때, 두 눈의 수가 서로 다를 확률

답 ____________

(4) A, B 2개의 주사위를 동시에 던질 때, 두 눈의 수의 합이 6이 아닐 확률

답 ____________

(5) 1, 2, 3, 4, 5가 각각 적힌 5장의 카드 중에서 두 장을 뽑아 두 자리 정수를 만들 때, 20 이상일 확률

답 ____________

(6) A, B, C, D 4명의 학생을 한 줄로 세울 때, C가 맨 뒤에 서지 않을 확률

답 ____________

tip (C가 맨 뒤에 서지 않을 확률)$=1-$(C가 맨 뒤에 설 확률)

**6** 다음을 구하여라.

tip (적어도 하나는 $A$일 확률)$=1-$(모두 $A$가 아닐 확률)

(1) 서로 다른 두 개의 주사위를 동시에 던질 때, 적어도 한 개는 홀수의 눈이 나올 확률

➜ 모든 경우의 수는 □×□=□
두 개 모두 짝수의 눈이 나오는 경우는
□×□=□(가지)이므로 그 확률은
$\frac{\square}{36}=\square$
따라서 적어도 한 개는 홀수의 눈이 나올 확률은 $1-\square=\square$

(2) 서로 다른 동전 2개를 동시에 던질 때, 적어도 한 개는 앞면이 나올 확률

답 ______

(3) 10원짜리, 100원짜리, 500원짜리 동전을 각각 한 개씩 동시에 던질 때, 적어도 한 개는 앞면이 나올 확률

답 ______

(4) 남학생 3명과 여학생 2명 중에서 2명의 대표를 뽑을 때, 적어도 한 명은 남학생이 뽑힐 확률

답 ______

(5) A, B, C 세 사람이 가위바위보를 할 때, 적어도 한 사람은 다른 것을 낼 확률

답 ______

**7** 확률에 대한 다음 설명 중 옳은 것에는 ○표, 옳지 않은 것에는 ×표를 하여라.

(1) 1부터 10까지의 자연수가 각각 적힌 10장의 카드에서 한 장을 뽑을 때, 1 이상인 수가 나올 확률은 1이다. (　　)

(2) 동전 한 개를 던질 때, 앞면 또는 뒷면이 나올 확률은 $\frac{1}{2}$이다. (　　)

(3) 모양과 크기가 같은 흰색 구슬 10개가 들어 있는 주머니에서 검은색 구슬을 꺼낼 확률은 0이다. (　　)

(4) 반드시 일어나는 사건의 확률은 1이다. (　　)

(5) 사건 $A$가 일어날 확률이 $p$일 때, $0<p<1$이다. (　　)

**풍쌤의 point**

1. 어떤 사건 $A$가 일어날 확률을 $p$라 하면 $\mathbf{0\le p\le 1}$이다.
2. 반드시 일어나는 사건의 확률은 **1**이고, 절대로 일어나지 않는 사건의 확률은 **0**이다.
3. 사건 $A$가 일어날 확률을 $p$라 하면 (사건 $A$가 일어나지 않을 확률)$=\mathbf{1-p}$

▌정답과 해설 51~52쪽

# 11-12 · 스스로 점검 문제

맞힌 개수 개 / 8개

▶학습 날짜 월 일 ▶걸린 시간 분 / 목표 시간 15분

**1** □□ 확률의 뜻 3

흰 공 3개, 파란 공 4개, 검은 공 $x$개가 들어 있는 주머니에서 공을 한 개 꺼낼 때, 흰 공일 확률이 $\frac{1}{4}$이다. $x$의 값은?

① 1 ② 2 ③ 3
④ 4 ⑤ 5

**2** □□ 확률의 뜻 4

0, 1, 2, 3의 숫자가 각각 적힌 4장의 카드에서 2장을 뽑아 두 자리 자연수를 만들 때 그 수가 짝수일 확률은?

① $\frac{2}{9}$ ② $\frac{1}{3}$ ③ $\frac{5}{12}$
④ $\frac{5}{9}$ ⑤ $\frac{2}{3}$

**3** □□ 확률의 뜻 5

10원, 100원, 500원짜리 동전이 각각 1개씩 있다. 동전 3개를 동시에 던질 때, 뒷면이 1개 나올 확률은?

① $\frac{1}{8}$ ② $\frac{1}{4}$ ③ $\frac{3}{8}$
④ $\frac{1}{2}$ ⑤ $\frac{7}{8}$

**4** □□ 확률의 뜻 1~6

A, B, C, D, E 5명을 한 줄로 세울 때, B는 맨 앞에, D는 맨 뒤에 세우게 될 확률은?

① $\frac{1}{60}$ ② $\frac{1}{40}$ ③ $\frac{1}{20}$
④ $\frac{1}{10}$ ⑤ $\frac{1}{5}$

**5** □□ 확률의 성질 1, 2

다음 중 확률이 1인 사건은?

① 동전을 한 번 던질 때, 앞면이 나온다.
② 주사위를 한 번 던질 때, 6 이하의 눈이 나온다.
③ 동전을 한 번 던질 때, 앞면과 뒷면이 동시에 나온다.
④ 주사위를 한 번 던질 때, 홀수의 눈이 나온다.
⑤ 주사위를 두 번 던질 때, 첫 번째와 두 번째에 같은 수의 눈이 나온다.

**6** □□ 확률의 성질 2

주머니 속에 흰 구슬 3개, 검은 구슬 5개가 들어 있다. 이 주머니에서 구슬을 한 개 꺼낼 때, 빨간 구슬이 나올 확률을 구하여라.

**7** □□ 확률의 성질 4

A 중학교 축구부와 B 중학교 축구부의 시합에서 A 중학교가 이길 확률이 $\frac{1}{6}$일 때, B 중학교가 이길 확률을 구하여라.

(단, 무승부는 없다.)

**8** □□ 확률의 성질 6

시험에 출제된 4개의 ○, × 문제에 무심코 답할 때, 적어도 한 문제는 맞힐 확률은?

① $\frac{1}{2}$ ② $\frac{2}{3}$ ③ $\frac{3}{4}$
④ $\frac{7}{8}$ ⑤ $\frac{15}{16}$

# 13 확률의 덧셈

**핵심개념**

**사건 $A$ 또는 사건 $B$가 일어날 확률(확률의 덧셈)**

두 사건 $A$, $B$가 동시에 일어나지 않을 때, 사건 $A$가 일어날 확률을 $p$, 사건 $B$가 일어날 확률을 $q$라 하면

(사건 $A$ 또는 사건 $B$가 일어날 확률)$=p+q$

**참고** 동시에 일어나지 않는 두 사건에 대하여 '또는', '~이거나'와 같은 표현이 있으면 확률의 덧셈을 이용한다.

▶학습 날짜 월 일 ▶걸린 시간 분 / 목표 시간 10분

정답과 해설 52쪽

**1** 다음을 완성하여라.

(1) 1부터 15까지의 자연수가 각각 적힌 15장의 카드 중에서 한 장을 뽑을 때, 6의 배수 또는 7의 배수가 나올 확률

① 6의 배수가 나올 확률: ☐

② 7의 배수가 나올 확률: ☐

③ 구하는 확률: ☐(①)+☐(②)=☐

(2) A, B 서로 다른 두 개의 주사위를 동시에 던질 때, 나오는 두 눈의 수의 합이 3 또는 8일 확률

① 두 눈의 수의 합이 3일 확률: $\frac{☐}{36}$=☐

② 두 눈의 수의 합이 8일 확률: ☐

③ 구하는 확률: ☐(①)+☐(②)=☐

**2** 다음을 구하여라.

(1) 모양과 크기가 같은 빨간 공 6개, 파란 공 4개, 노란 공 5개가 들어 있는 주머니에서 한 개의 공을 꺼낼 때, 빨간 공 또는 노란 공을 꺼낼 확률

답 ________

(2) 1부터 9까지의 자연수가 각각 적힌 공 9개가 들어 있는 상자에서 한 개의 공을 꺼낼 때, 2의 배수 또는 5의 배수가 적힌 공을 꺼낼 확률

답 ________

(3) 한 개의 주사위를 두 번 던져서 나오는 두 눈의 수의 차가 4 이상일 확률

답 ________

tip 두 눈의 수의 차가 4 이상인 경우는 4 또는 5인 경우야.

**풍쌤의 point**

두 사건 $A$, $B$가 동시에 일어나지 않을 때, 사건 $A$가 일어날 확률을 $p$, 사건 $B$가 일어날 확률을 $q$라 하면

(사건 $A$ 또는 사건 $B$가 일어날 확률)$=\boldsymbol{p+q}$

# 14 확률의 곱셈(1)

**핵심개념**

**두 사건 $A$, $B$가 동시에 일어날 확률(확률의 곱셈)**

두 사건 $A$, $B$가 서로 영향을 끼치지 않을 때, 사건 $A$가 일어날 확률을 $p$, 사건 $B$가 일어날 확률을 $q$라 하면

(사건 $A$와 사건 $B$가 동시에 일어날 확률)$=p\times q$

참고 서로 영향을 끼치지 않는 두 사건에 대하여 '동시에', '그리고', ' ~와', '~하고 나서'와 같은 표현이 있으면 확률의 곱셈을 이용한다.

▶학습 날짜 월 일 ▶걸린 시간 분 / 목표 시간 20분

**1** 다음을 완성하여라.

(1) 한 개의 주사위를 두 번 던질 때, 첫 번째는 6의 약수의 눈이 나오고, 두 번째는 홀수의 눈이 나올 확률

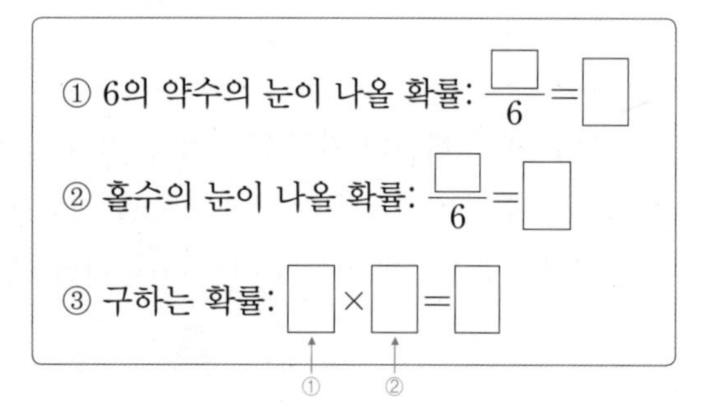


(2) 동전 한 개와 주사위 한 개를 동시에 던질 때, 동전은 앞면이 나오고 주사위는 소수의 눈이 나올 확률

① 동전은 앞면이 나올 확률: $\square$

② 주사위는 소수의 눈이 나올 확률: $\frac{\square}{6}=\square$

③ 구하는 확률: $\square\times\square=\square$

① ②

**2** 다음을 구하여라.

(1) 내일 비가 올 확률은 $\frac{1}{3}$이고, 모레 비가 올 확률은 $\frac{3}{5}$일 때, 내일과 모레 연속으로 비가 올 확률

→ $\frac{1}{3}\times\square=\square$

(2) 희수가 A 문제를 맞힐 확률은 $\frac{4}{5}$, B 문제를 맞힐 확률은 $\frac{1}{4}$일 때, 희수가 A, B 두 문제를 모두 맞힐 확률

답 

(3) 자유투를 성공할 확률이 $\frac{3}{5}$인 농구 선수가 자유투를 두 번 던질 때, 두 번 모두 성공할 확률

답 

(4) A, B 두 사람이 오디션에 합격할 확률이 각각 $\frac{2}{5}$, $\frac{3}{7}$일 때, 두 명 모두 오디션에 합격할 확률

답 

**3** A 주머니에는 모양과 크기가 같은 빨간 공 3개와 노란 공 2개, B 주머니에는 모양과 크기가 같은 빨간 공 2개와 노란 공 4개가 들어 있다. A, B 두 주머니에서 각각 공을 한 개씩 꺼낼 때, 다음을 구하여라.

(1) A, B 두 주머니에서 모두 빨간 공을 꺼낼 확률

답 ______

(2) A 주머니에서는 빨간 공을 꺼내고, B 주머니에서는 노란 공을 꺼낼 확률

답 ______

(3) A 주머니에서는 노란 공을 꺼내고, B 주머니에서는 빨간 공을 꺼낼 확률

답 ______

**4** 다음을 구하여라.

(1) 한 개의 주사위를 세 번 던질 때, 첫 번째는 홀수, 두 번째는 짝수, 세 번째는 4의 약수의 눈이 나올 확률

➔ 홀수의 눈이 나올 확률은 $\frac{\square}{6}=\square$

짝수의 눈이 나올 확률은 $\frac{\square}{6}=\square$

4의 약수의 눈이 나올 확률은 $\frac{\square}{6}=\square$

따라서 구하는 확률은

$\square\times\square\times\square=\square$

(2) 명중률이 각각 $\frac{7}{9}$, $\frac{3}{10}$, $\frac{5}{7}$인 세 사람이 모두 과녁을 명중시킬 확률

답 ______

(3) 10개의 자유투를 던지면 3개를 성공하는 농구 선수가 자유투 3개를 던져서 모두 성공할 확률

답 ______

**5** 다음을 구하여라.

(1) A 주머니에는 모양과 크기가 같은 빨간 구슬 1개와 노란 구슬 5개, B 주머니에는 모양과 크기가 같은 빨간 구슬 3개와 노란 구슬 1개가 들어 있다. A, B 두 주머니에서 각각 구슬을 한 개씩 꺼낼 때, 두 구슬의 색이 다를 확률

tip 두 구슬의 색이 다른 경우는 A 주머니에서 빨간 구슬을 꺼내고 B 주머니에서 노란 구슬을 꺼내거나, A 주머니에서 노란 구슬을 꺼내고 B 주머니에서 빨간 구슬을 꺼내는 경우야.

➔ (i) A 주머니에서는 빨간 구슬을 꺼내고, B 주머니에서는 노란 구슬을 꺼낼 확률은

$\frac{1}{6}\times\square=\square$

(ii) A 주머니에서는 노란 구슬을 꺼내고, B 주머니에서는 빨간 구슬을 꺼낼 확률은

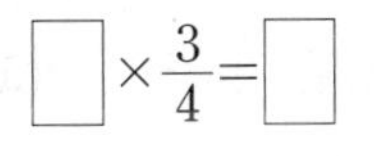

$\square\times\frac{3}{4}=\square$

따라서 구하는 확률은 $\square+\square=\square$

(2) 동전 한 개와 주사위 한 개를 동시에 던질 때, 동전은 앞면이 나오고 주사위는 6의 약수의 눈이 나오거나, 동전은 뒷면이 나오고 주사위는 소수의 눈이 나올 확률

답 ______

(3) A, B 두 개의 주사위를 동시에 던질 때, 두 눈의 수의 합이 홀수일 확률

답 ______

**풍쌤의 point**

두 사건 $A$, $B$가 서로 영향을 끼치지 않을 때, 사건 $A$가 일어날 확률을 $p$, 사건 $B$가 일어날 확률을 $q$라 하면

(사건 $A$와 사건 $B$가 동시에 일어날 확률)

$=\boldsymbol{p\times q}$

# 15 확률의 곱셈(2)

**핵심개념** **사건 $A$, $B$ 중에서 적어도 하나가 일어날 확률**

두 사건 $A$, $B$가 서로 영향을 끼치지 않을 때,

(사건 $A$, $B$ 중에서 적어도 하나가 일어날 확률)

$=1-$(사건 $A$가 일어나지 않을 확률)$\times$(사건 $B$가 일어나지 않을 확률)

▶**학습 날짜** 월 일 ▶**걸린 시간** 분 / **목표 시간** 25분

**1** 다음을 완성하여라.

(1) 나영이가 학교에 지각할 확률이 $\frac{1}{5}$일 때, 오늘은 지각하지 않고, 내일은 지각할 확률

➜ 학교에 지각하지 않을 확률은

$1-$□$=$□

따라서 오늘은 지각하지 않고, 내일은 지각할 확률은

□$\times$□$=$□

(2) 내일 비가 올 확률은 $\frac{3}{4}$, 모레 비가 올 확률은 $\frac{3}{5}$일 때, 내일과 모레 모두 비가 오지 않을 확률

➜ 내일 비가 오지 않을 확률은

$1-$□$=$□

모레 비가 오지 않을 확률은

$1-$□$=$□

따라서 내일과 모레 모두 비가 오지 않을 확률은

□$\times$□$=$□

(3) 서로 다른 2개의 주사위를 동시에 던질 때, 적어도 한 개는 짝수의 눈이 나올 확률

➜ 두 개 모두 홀수의 눈이 나올 확률은

$\frac{1}{2}\times$□$=$□

따라서 적어도 한 개는 짝수의 눈이 나올 확률은

$1-$(두 개 모두 홀수의 눈이 나올 확률)

$=1-$□$=$□

(4) 자유투 성공률이 각각 $\frac{2}{3}$, $\frac{4}{5}$인 두 농구 선수가 자유투를 각각 한 번씩 던질 때, 적어도 한 선수가 성공할 확률

➜ 두 선수의 자유투 실패율은 각각

$1-$□$=$□, $1-$□$=$□

이므로 두 선수 모두 실패할 확률은

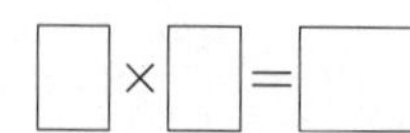

□$\times$□$=$□

따라서 적어도 한 선수가 성공할 확률은

$1-$(두 선수 모두 실패할 확률)

$=1-$□$=$□

**2** **안타를 칠 확률이 $\frac{3}{10}$인 야구 선수가 두 번의 타석에 설 때, 다음을 구하여라.**

(1) 첫 번째에는 안타를 치고, 두 번째에는 안타를 치지 못할 확률

답 ____________

(2) 두 번 모두 안타를 치지 못할 확률

답 ____________

(3) 적어도 한 번은 안타를 칠 확률

답 ____________

tip (적어도 한 번은 안타를 칠 확률)
$=1-$(두 번 모두 안타를 치지 못할 확률)

**3** **두 사격 선수 A, B의 명중률이 각각 $\frac{5}{6}$, $\frac{3}{5}$이다. 이 두 선수가 목표물을 향해 총을 한 발씩 쏠 때, 다음을 구하여라.**

(1) A는 목표물을 명중시키고, B는 명중시키지 못할 확률

답 ____________

(2) A는 목표물을 명중시키지 못하고, B는 명중시킬 확률

답 ____________

(3) A, B 모두 목표물을 명중시키지 못할 확률

답 ____________

(4) 적어도 한 사람은 목표물을 명중시킬 확률

답 ____________

tip (적어도 한 사람은 명중시킬 확률)
$=1-$(두 사람 모두 명중시키지 못할 확률)

**4** **석민이가 A, B 문제를 맞힐 확률이 각각 $\frac{8}{9}$, $\frac{3}{4}$이다. 석민이가 A, B 두 문제를 풀 때, 다음을 구하여라.**

(1) A 문제만 맞힐 확률

답 ____________

(2) B 문제만 맞힐 확률

답 ____________

(3) A, B 문제를 모두 맞히지 못할 확률

답 ____________

(4) 적어도 한 문제는 맞힐 확률

답 ____________

tip (적어도 한 문제는 맞힐 확률)
$=1-$(두 문제 모두 맞히지 못할 확률)

**5** **어떤 시험에서 A, B가 합격할 확률이 각각 $\frac{1}{2}$, $\frac{2}{3}$일 때, 다음을 구하여라.**

(1) A만 합격할 확률

답 ____________

(2) B만 합격할 확률

답 ____________

(3) 두 사람 모두 불합격할 확률

답 ____________

(4) 적어도 한 사람은 합격할 확률

답 ____________

tip (적어도 한 사람은 합격할 확률)
$=1-$(두 사람 모두 불합격할 확률)

## 6 두 사람 A, B가 약속 시간을 지킬 확률이 각각 $\frac{4}{5}$, $\frac{5}{7}$일 때, 다음을 구하여라.

(1) 두 사람이 약속 시간에 만날 확률

답 ______

(2) 두 사람이 약속 시간에 만나지 못할 확률

답 ______

(3) 두 사람 모두 약속 시간을 지키지 못할 확률

답 ______

(4) 적어도 한 사람은 약속 시간을 지킬 확률

답 ______

## 7 다음을 구하여라.

(1) 오른쪽 그림에서 두 스위치 A, B가 닫힐 확률이 각각 $\frac{1}{3}$, $\frac{1}{4}$일 때, 전구에 불이 들어오지 않을 확률

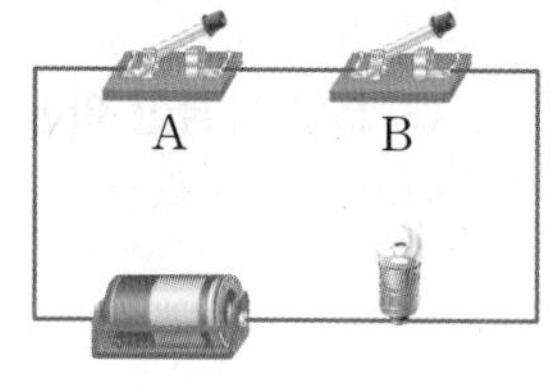


답 ______

(2) 서로 다른 2개의 주사위를 동시에 던질 때, 적어도 하나는 소수의 눈이 나올 확률

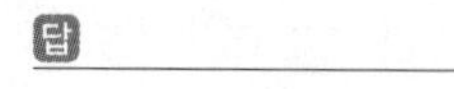

답 ______

## 8 다음을 구하여라.

(1) 서로 다른 동전 3개를 동시에 던질 때, 적어도 한 개는 앞면이 나올 확률

➜ 모두 뒷면이 나올 확률은

$\frac{1}{2}\times\frac{1}{2}\times\square=\square$

따라서 적어도 한 개는 앞면이 나올 확률은

1−(모두 뒷면이 나올 확률)

$=1-\square=\square$

(2) A, B, C 3명이 어떤 시험에서 합격할 확률이 각각 $\frac{4}{5}$, $\frac{1}{2}$, $\frac{3}{8}$일 때, 적어도 한 명은 합격할 확률

답 ______

(3) 10번의 타석에서 3번의 안타를 치는 야구 선수가 타석에 세 번 설 때, 적어도 한 번은 안타를 칠 확률

답 ______

(4) 명중률이 각각 $\frac{1}{5}$, $\frac{5}{6}$, $\frac{2}{3}$인 세 사람이 동시에 목표물을 향해 총을 1발씩 쏘았을 때, 목표물이 총에 맞을 확률

답 ______

tip 목표물이 총에 맞으려면 적어도 한 사람은 목표물을 명중시켜야 해.

**풍쌤의 point**

두 사건 $A$, $B$가 서로 영향을 끼치지 않을 때,
(사건 $A$, $B$ 중에서 적어도 하나가 일어날 확률)
$=1-$(사건 $A$, $B$ 모두 일어나지 않을 확률)

# 16 연속하여 뽑는 경우의 확률

**핵심개념**

**1. 꺼낸 것을 다시 넣고 연속하여 뽑는 경우의 확률**

처음에 일어난 사건이 나중에 일어나는 사건에 영향을 주지 않는다.

➔ 처음 뽑을 때의 전체 개수와 나중에 뽑을 때의 전체 개수가 같다.

**2. 꺼낸 것을 다시 넣지 않고 연속하여 뽑는 경우의 확률**

처음에 일어난 사건이 나중에 일어나는 사건에 영향을 준다.

➔ 처음 뽑을 때의 전체 개수와 나중에 뽑을 때의 전체 개수가 다르다.

▶학습 날짜 월 일 ▶걸린 시간 분 / 목표 시간 20분

정답과 해설 54~55쪽

**1** 1부터 7까지의 자연수가 각각 적힌 7개의 공이 들어 있는 상자에서 공을 두 번 꺼낼 때, 첫 번째는 홀수가 적힌 공을, 두 번째는 4의 배수가 적힌 공을 뽑을 확률을 구하려고 한다. 주어진 조건에 따라 다음을 완성하여라.

(1) 첫 번째 꺼낸 공을 다시 넣을 때

➔ (처음 뽑을 때의 전체 개수)

(=, ≠) (나중에 뽑을 때의 전체 개수)

> 첫 번째에 홀수가 적힌 공을 꺼낼 확률은
> □
> 꺼낸 공을 다시 넣고 두 번째에 4의 배수가 적힌 공을 꺼낼 확률은 □
> 따라서 구하는 확률은 □×□=□

(2) 첫 번째 꺼낸 공을 다시 넣지 않을 때

➔ (처음 뽑을 때의 전체 개수)

(=, ≠) (나중에 뽑을 때의 전체 개수)

> 첫 번째에 홀수가 적힌 공을 꺼낼 확률은
> □
> 꺼낸 공을 다시 넣지 않고 두 번째에 4의 배수가 적힌 공을 꺼낼 확률은 □
> 따라서 구하는 확률은 □×□=□

**2** 오른쪽 그림과 같이 모양과 크기가 같은 빨간 구슬 4개와 초록 구슬 3개가 들어 있는 주머니에서 구슬 1개를 꺼내 확인하고 넣은 후 다시 1개를 꺼낼 때, 다음을 구하여라.

(1) 두 번 모두 빨간 구슬이 나올 확률

답 ____________

(2) 두 번 모두 초록 구슬이 나올 확률

답 ____________

(3) 처음에는 빨간 구슬, 두 번째에는 초록 구슬이 나올 확률

답 ____________

(4) 같은 색의 구슬이 나올 확률

답 ____________

**3** 3개의 당첨 제비를 포함하여 8개의 제비가 들어 있는 상자에서 A가 제비 1개를 뽑아 확인하고 넣은 후 B가 다시 제비 1개를 뽑을 때, 다음을 구하여라.

(1) A, B 모두 당첨되지 않을 확률

답 ____________

(2) A는 당첨되고, B는 당첨되지 않을 확률

답 ____________

(3) A는 당첨되지 않고, B는 당첨될 확률

답 ____________

(4) 한 명만 당첨될 확률

답 ____________

(5) 적어도 한 명은 당첨될 확률

답 ____________

**4** 오른쪽 그림과 같이 모양과 크기가 같은 빨간 구슬 4개와 초록 구슬 3개가 들어 있는 주머니에서 2개의 구슬을 차례로 꺼낼 때, 다음을 구하여라. (단, 꺼낸 구슬은 다시 넣지 않는다.)

(1) 두 번 모두 빨간 구슬이 나올 확률

답 ____________

(2) 두 번 모두 초록 구슬이 나올 확률

답 ____________

(3) 처음에는 빨간 구슬, 두 번째에는 초록 구슬이 나올 확률

답 ____________

(4) 같은 색의 구슬이 나올 확률

답 ____________

**5** 3개의 당첨 제비를 포함하여 8개의 제비가 들어 있는 상자에서 A, B가 차례로 제비를 1개씩 뽑을 때, 다음을 구하여라. (단, 뽑은 제비는 다시 넣지 않는다.)

(1) A, B 모두 당첨될 확률

답 ____________

(2) A, B 모두 당첨되지 않을 확률

답 ____________

(3) A는 당첨되고, B는 당첨되지 않을 확률

답 ____________

(4) A는 당첨되지 않고, B는 당첨될 확률

답 ____________

(5) 한 명만 당첨될 확률

답 ____________

(6) 적어도 한 명은 당첨될 확률

답 ____________

**풍쌤의 point**

**1.** 꺼낸 것을 다시 넣고 연속하여 뽑는 경우
→ (처음 뽑을 때의 전체 개수) = (나중에 뽑을 때의 전체 개수)

**2.** 꺼낸 것을 다시 넣지 않고 연속하여 뽑는 경우
→ (처음 뽑을 때의 전체 개수) ≠ (나중에 뽑을 때의 전체 개수)

# 17 도형에서의 확률

**핵심개념** 일어날 수 있는 모든 경우의 수는 도형 전체의 넓이로, 어떤 사건이 일어나는 경우의 수는 도형에서 해당하는 부분의 넓이로 생각하여 확률을 구한다. 즉,

$$(\text{도형에서의 확률})=\frac{(\text{주어진 사건에 해당하는 부분의 넓이})}{(\text{도형 전체의 넓이})}$$

**참고** 어떤 도형을 $n$등분했을 때,

$$(n\text{등분한 도형에서의 확률})=\frac{(\text{해당하는 조각의 개수})}{(\text{전체 조각의 개수})}$$

▶학습 날짜 월 일 ▶걸린 시간 분 / 목표 시간 10분

정답과 해설 55쪽

**1** 오른쪽 그림과 같은 과녁에 화살을 한 번 쏠 때, 다음을 구하여라. (단, 화살이 과녁을 벗어나거나 경계선을 맞히는 경우는 없다.)

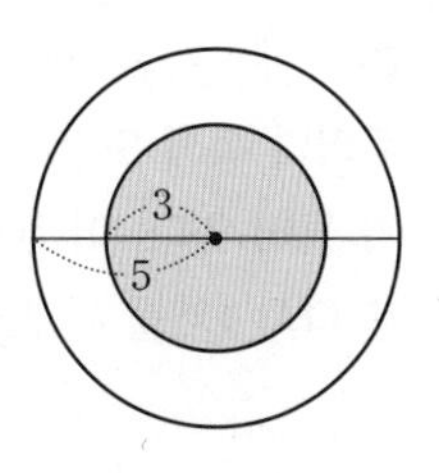


(1) 화살이 색칠한 부분을 맞힐 확률

① 과녁 전체의 넓이: $\pi\times\square^2=\square$

② 색칠한 부분의 넓이: $\pi\times\square^2=\square$

③ 구하는 확률:

$$\frac{(\text{색칠한 부분의 넓이})}{(\text{과녁 전체의 넓이})}=\frac{\square}{\square}=\square$$

(2) 색칠하지 않은 부분을 맞힐 확률

$$\to\frac{(\text{색칠하지 않은 부분의 넓이})}{(\text{과녁 전체의 넓이})}$$
$$=\frac{(\text{과녁 전체의 넓이})-(\text{색칠한 부분의 넓이})}{(\text{과녁 전체의 넓이})}$$
$$=\frac{\square-\square}{25\pi}=\square$$

**2** 오른쪽 그림과 같이 8등분된 원판에 화살을 한 번 쏠 때, 다음을 구하여라. (단, 화살이 원판을 벗어나거나 경계선을 맞히는 경우는 없다.)

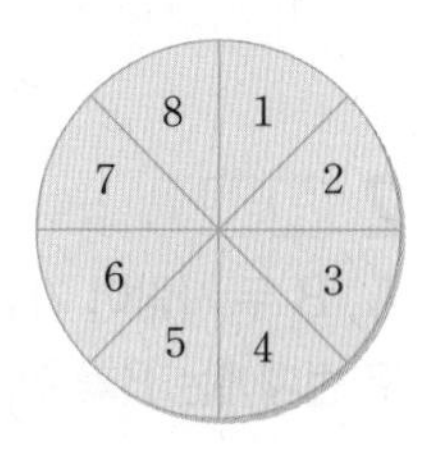


(1) 짝수가 적힌 부분을 맞힐 확률

→ 짝수는 2, 4, 6, 8의 $\square$가지이므로 짝수가 적힌 부분을 맞힐 확률은

$$\frac{(\text{해당하는 조각의 개수})}{(\text{전체 조각의 개수})}=\frac{\square}{8}=\square$$

(2) 8이 적힌 부분을 맞힐 확률

답 ________

(3) 3의 배수가 적힌 부분을 맞힐 확률

답 ________

(4) 3의 배수 또는 8이 적힌 부분을 맞힐 확률

답 ________

# 13-17 ◆ 스스로 점검 문제

맞힌 개수
개 / 8개

▶학습 날짜 월 일 ▶걸린 시간 분 / 목표 시간 15분

**1** ☐☐ ⟳ 확률의 덧셈 1, 2

주머니 속에 1부터 10까지의 자연수가 각각 적힌 공 10개가 들어 있다. 한 개의 공을 꺼낼 때, 9의 약수 또는 5의 배수가 적힌 공을 꺼낼 확률은?

① $\frac{1}{10}$ ② $\frac{1}{5}$ ③ $\frac{3}{10}$
④ $\frac{2}{5}$ ⑤ $\frac{1}{2}$

**2** ☐☐ ⟳ 확률의 곱셈(1) 3

A, B 두 사람이 가위바위보를 할 때, 첫 번째에는 비기고, 두 번째에는 B가 이길 확률을 구하여라.

**3** ☐☐ ⟳ 확률의 곱셈(2) 5

어떤 시험에 지선이가 합격할 확률은 $\frac{3}{5}$, 은수가 합격할 확률은 $\frac{2}{3}$일 때, 두 사람 중 적어도 한 사람이 합격할 확률은?

① $\frac{2}{15}$ ② $\frac{1}{5}$ ③ $\frac{3}{5}$
④ $\frac{11}{15}$ ⑤ $\frac{13}{15}$

**4** ☐☐ ⟳ 확률의 곱셈(2) 2~6

내일 비가 올 확률은 $\frac{3}{4}$, 모레 비가 올 확률은 $\frac{1}{6}$일 때, 내일과 모레 중 하루만 비가 올 확률은?

① $\frac{1}{6}$ ② $\frac{1}{5}$ ③ $\frac{1}{3}$
④ $\frac{2}{3}$ ⑤ $\frac{4}{5}$

**5** ☐☐ ⟳ 확률의 곱셈(2) 6

연아가 약속 장소에 나가지 못할 확률이 $\frac{1}{5}$, 진희가 약속 장소에 나가지 못할 확률이 $\frac{1}{6}$일 때, 두 사람이 만나지 못할 확률을 구하여라.

**6** ☐☐ ⟳ 연속하여 뽑는 경우의 확률 2

주머니 속에 모양과 크기가 같은 흰 공 3개와 검은 공 6개가 들어 있다. 이 주머니에서 공 1개를 꺼내 확인하고 넣은 후 다시 1개를 꺼낼 때, 2개 모두 흰 공일 확률을 구하여라.

**7** ☐☐ ⟳ 연속하여 뽑는 경우의 확률 5

3개의 당첨 제비를 포함하여 15개의 제비가 들어 있는 상자에서 제비를 연속하여 2개 뽑을 때, 2개 모두 당첨 제비일 확률은? (단, 뽑은 제비는 다시 넣지 않는다.)

① $\frac{2}{75}$ ② $\frac{1}{35}$ ③ $\frac{2}{35}$
④ $\frac{1}{25}$ ⑤ $\frac{4}{25}$

**8** ☐☐ ⟳ 도형에서의 확률 1, 2

오른쪽 그림과 같이 9개의 정사각형으로 이루어진 표적에 화살을 두 번 쏠 때, 두 번 모두 색칠한 부분을 맞힐 확률을 구하여라. (단, 화살이 표적을 벗어나거나 경계선을 맞히는 경우는 없다.)

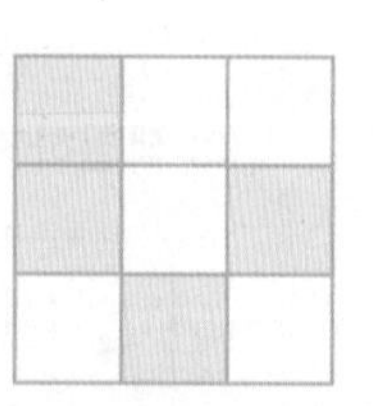

## 이 책을 검토한 선생님들

**서울**
강현숙 유니크수학학원
길정균 교육그룹볼에이블학원
김도헌 강서명일학원
김영준 목동해법수학학원
김유미 대성제넥스학원
박미선 고릴라수학학원
박미정 최강학원
박미진 목동쌤올림학원
박부림 용경M2M학원
박성웅 M.C.M학원
박은숙 BMA유명학원
손남천 최고수수학학원
심정민 애플캠퍼스학원
안중학 에듀탑학원
유영호 UMA우마수학학원
유정선 UPI한국학원
유종호 정석수리학원
유지헌 수리수리학원
이미선 휴브레인학원
이범준 편수학학원
이상덕 제이투학원
이신애 TOP명문학원
이영철 Hub수학전문학원
이은희 한솔학원
이재봉 형설학원
이지영 프라임수학학원
장미선 형설학원
전동철 남림학원
조현기 메타에듀수학학원
최원준 쌤수학학원
최장배 청산학원
최종구 최종구수학학원

**강원**
김순애 Kim's&청석학원
류경민 문막한빛입시학원
박준규 홍인학원

**경기**
강병덕 청산학원
김기범 하버드학원
김기태 수풀림학원
김지형 행신학원
김한수 최상위학원
노태환 노선생해법학원
문상현 힘수학학원
박수빈 엠탑수학학원
박은영 M245U수학학원
송인숙 영통세종학원
송혜숙 진흥학원
유시경 에이플러스수학학원
윤효상 페르마학원
이가람 현수학학원
이강국 계룡학원
이민희 유수하학원
이상진 진수학학원
이종진 한뜻학원
이창준 청산학원
이혜용 우리학원
임원국 멘토학원
정오태 정선생수학교실
조정민 바른셈학원
조주희 이츠매쓰학원
주정호 라이프니츠영수학학원
최규헌 하이베스트학원
최일규 이츠매쓰학원
최재원 이지수학학원
하재상 이혜수학학원
한은지 페르마학원
한인경 공감왕수학학원
황미라 한울학원

**경상**
강동일 에이원학원
강소정 정훈입시학원
강영환 정훈입시학원
강윤정 정훈입시학원
강희정 수학교실
구아름 구수한수학교습소
김성재 The쎈수학학원
김정휴 비상에듀학원
남유경 유니크수학학원
류현지 유니크수학학원
박건주 청림학원
박성규 박샘수학학원
박소현 청림학원
박재훈 달공수학학원
박현철 정훈입시학원
서명원 입시박스학원
신동훈 유니크수학학원
유병호 캔깨쓰학원
유지민 비상에듀학원
윤영진 유클리드수학과학학원
이소리 G1230학원
이은미 수학의한수학원
전현도 A스쿨학원
정재헌 에디슨아카데미
제준헌 니그학원
최혜경 프라임학원

**광주**
강동호 리엔학원
김국철 필즈영어수학학원
김대균 김대균수학학원
김동신 정평학원
강동석 MFA수학학원
노승균 정평학원
신선미 명문학원
양우식 정평학원
오성진 오성진선생의수학스케치학원
이수현 원수학학원
이재구 소촌엘리트학원
정민철 연승학원
정　석 정석수학전문학원
정수종 에스원수학학원
지행은 최상위영어수학학원
한병선 매쓰로드학원

**대구**
권영원 영원수학학원
김영숙 마스터박수학학원
김유리 최상위수학과학학원
김은진 월성해법수학학원
김정희 이레수학학원
김지수 율사학원
김태수 김태수수학학원
박미애 학림수학학원
박세열 송설수학학원
박태영 더좋은하늘수학학원
박호연 필즈수학학원
서효정 에이스학원
송유진 차수학학원
오현정 솔빛입시학원
윤기호 사인수학학원
이선미 에스엠학원
이주형 DK경대학원
장경미 휘영수학학원
전진철 전진철수학학원
조현진 수앤지학원
지현숙 클라무학원
하상희 한빛하쌤학원

**대전**
강현중 J학원
박재춘 제크아카데미
배용제 해마학원
윤석주 윤석주수학학원
이은혜 J학원
임진희 청담클루빌플레이팩토 황선생학원
장보영 윤석주수학학원
장현상 제크아카데미
정유진 청담클루빌플레이팩토 황선생학원
정진혁 버드내종로엠학원
홍선화 홍수학학원

**부산**
김선아 아연학원
김옥경 더매쓰학원
김원경 옥샘학원
김정민 이경철학원
김창기 우주수학원
김채화 채움수학전문학원
박상희 맵플러스금정캠퍼스학원
박순들 신진학원
손종규 화인수학학원
심정섭 전성학원
유소영 매쓰트리수학학원
윤한수 기능영재아카데미학원
이승윤 한길학원
이재명 청진학원
전현정 전성학원
정상원 필수통합학원
정영판 뉴피플학원
정진경 대원학원
정희경 육영재학원
조이석 레몬수학학원
천미숙 유레카학원
황보상 우진수학학원

**인천**
곽소윤 밀턴수학학원
김상미 밀턴수학학원
안상준 세종EM학원
이봉섭 정일학원
정은영 밀턴수학학원
채수현 밀턴수학학원
황찬욱 밀턴수학학원

**전라**
이강화 강승학원
최진영 필즈수학전문학원
한성수 위드클래스학원

**충청**
김선경 해머수학학원
김은향 루트수학학원
나종복 나는수학학원
오일영 해미수학학원
우명제 필즈수학학원
이태린 이태린으뜸수학학원
장경진 히파티아수학학원
장은희 자기주도학습센터 홀로세움학원
정한용 청록학원
정혜경 팔로스학원
현정화 멘토수학학원
홍승기 청록학원

풍산자 라인업

# 중학 풍산자로 개념과 문제를 꼼꼼히 풀면 성적이 지속적으로 향상됩니다

상위권으로의 도약을 위한 중학 풍산자 로드맵

풍산자 개념완성 · 풍산자 반복수학 · 풍산자 테스트북 · 풍산자 필수유형

| 중학 풍산자 교재 | 하 | 중하 | 중 | 상 |
|---|---|---|---|---|
| 원리 개념서 **풍산자 개념완성** (강남구청 인터넷수능방송 강의교재) | 필수 문제로 개념 정복, 개념 학습 완성 | | | |
| 기초 반복훈련서 **풍산자 반복수학** (강남구청 인터넷수능방송 강의교재) | 개념 및 기본 연산 정복, 기초 실력 완성 | | | |
| 실전평가 테스트 **풍산자 테스트북** | | 단원별 엄선 문제, 실력 점검 및 실전 대비 | | |
| 실전 문제유형서 **풍산자 필수유형** (강남구청 인터넷수능방송 강의교재) | | 모든 기출 유형 정복, 시험 준비 완료 | | |

풍산자

# 반복 수학

기초 개념과 연산의
집중 반복 훈련으로
**수학의 기초를 만들어 주는**
**반복학습서!**

## 중학수학 2-2

풍산자수학연구소 지음

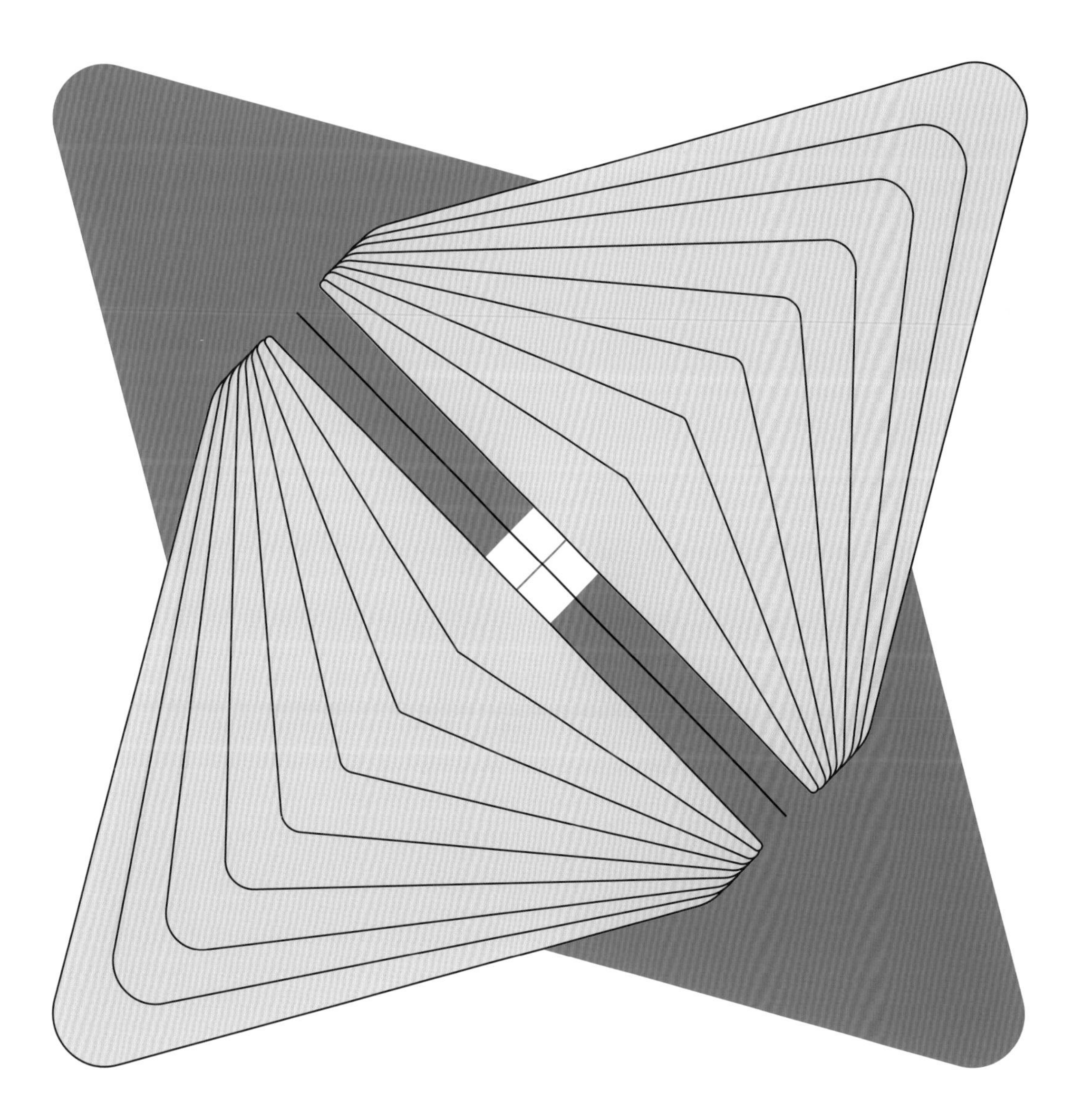

지학사

정답과
해설

반복 연습으로 기초를 탄탄하게 만드는

**기본학습서**

# 풍산자 반복수학

# 정답과 해설

## 중학수학 2-2

# Ⅰ. 도형의 성질

## 1 삼각형의 성질

### 01 이등변삼각형 8쪽

1 꼭지각, 밑각
2 (1) 7, 40 (2) 54, 6, 63
3 (1) 11 (2) 8 (3) 7

### 02 이등변삼각형의 성질 9~10쪽

1 (1) $\angle$C, 65 (2) 50° (3) 90° (4) 70° (5) 114°
2 (1) $\overline{CD}$, $\frac{1}{2}$, $\frac{1}{2}$, 6, 6 (2) 14
3 (1) ⊥, 90 (2) 60° (3) 40° (4) 55° (5) 25°

**1** (2) △ABC에서 $\angle B=\angle C$이므로
$\angle x=\frac{1}{2}\times(180°-80°)=50°$
(3) △ABC에서 $\angle B=\angle C=45°$이므로
$\angle x=180°-2\times45°=90°$
(4) $\angle ACB=180°-110°=70°$
△ABC에서 $\overline{AB}=\overline{AC}$이므로
$\angle x=\angle ACB=70°$
(5) $\angle C=48°$이므로 △ABC에서
$\angle CAB=\angle CBA=\frac{1}{2}\times(180°-48°)=66°$
$\therefore \angle x=180°-\angle CAB=114°$

**2** (2) $\overline{BC}=2\overline{CD}=2\times7=14$(cm) $\therefore x=14$

**3** (2) $\angle ADB=90°$이므로 △ABD에서
$\angle x=180°-(30°+90°)=60°$
(3) $\angle BAD=\angle x$이고 $\angle ADB=90°$이므로
△ABD에서
$\angle x=180°-(50°+90°)=40°$
(4) $\angle CAD=\angle BAD=35°$이므로 △ADC에서
$\angle x=180°-(35°+90°)=55°$
(5) $\angle ADB=90°$이므로 △ABD에서
$\angle x=180°-(65°+90°)=25°$

### 03 이등변삼각형이 되는 조건 11~12쪽

1 $\angle$CAD, $\angle$ADC, $\overline{AD}$, ASA, $\overline{AC}$
2 (1) $\overline{AB}$, 4 (2) 5 (3) 8 (4) 7
3 (1) 145, 35, $\angle$C, 4 (2) 9 (3) 6 (4) 8
4 (1) 50, 수직이등분, $\frac{1}{2}$, $\frac{1}{2}$, 7, 7 (2) 16 (3) 7

**3** (2) $\angle B=180°-(90°+45°)=45°$
즉, $\angle B=\angle C$이므로
$\overline{AB}=\overline{AC}=9$ cm $\therefore x=9$
(3) $\angle A=180°-(75°+30°)=75°$
즉, $\angle A=\angle B$이므로
$\overline{CA}=\overline{CB}=6$ cm $\therefore x=6$
(4) $\angle ACB=180°-135°=45°$
즉, $\angle B=\angle C$이므로
$\overline{AB}=\overline{AC}=8$ cm $\therefore x=8$

**4** (2) △ABC는 이등변삼각형이므로
$\overline{BC}=2\times8=16$(cm) $\therefore x=16$
(3) △ABC는 이등변삼각형이므로
$\overline{CD}=\frac{1}{2}\times14=7$(cm) $\therefore x=7$

### 04 이등변삼각형의 성질의 활용 13~14쪽

1 (1) 40, 70, 40, 70, 30 (2) 12° (3) 99°
2 (1) 40, 40, 80, 80, 50 (2) 75° (3) 90°
3 (1) 6 (2) 5
4 (1) 52, 64 / 64, 116 / 116, 58 / 58, 29
(2) 40°
5 (1) 65 (2) 65 (3) $\angle$ACB, $\overline{BC}$, 이등변
6 (1) 55° (2) 56° (3) 70°

**1** (2) △ABC에서 $\angle ABC=\angle C=64°$
△DBC는 이등변삼각형이므로
$\angle DBC=180°-2\times64°=52°$
$\therefore \angle x=64°-52°=12°$
(3) $\angle ABC=\angle C=\frac{1}{2}\times(180°-72°)=54°$이므로
$\angle ABD=\frac{1}{2}\angle ABC=\frac{1}{2}\times54°=27°$
$\therefore \angle x=180°-(27°+54°)=99°$

**2** (2) △ABC에서
$\angle ACB=\angle B=25^\circ$이므로
$\angle CAD=25^\circ+25^\circ=50^\circ$
△ACD에서 $\angle D=\angle CAD=50^\circ$이므로
△DBC에서 $\angle x=25^\circ+50^\circ=75^\circ$

(3) ∠ABC에서
$\angle B=\angle C=\frac{1}{2}\times(180^\circ-120^\circ)=30^\circ$이므로
$\angle CAD=30^\circ+30^\circ=60^\circ$
따라서 △DBC에서
$\angle x=30^\circ+60^\circ=90^\circ$

**3** (1) △DBC에서 $\angle B=\angle DCB=54^\circ$이므로
$\overline{DB}=\overline{DC}$
△DCA에서 $\angle DCA=\angle DAC=36^\circ$이므로
$\overline{DC}=\overline{DA}$
즉, $\overline{DB}=\overline{DA}$이므로
$\overline{AD}=\frac{1}{2}\overline{AB}=\frac{1}{2}\times12=6(\text{cm})$
$\therefore x=6$

(2) △DBC에서 $\angle B=\angle DCB=35^\circ$이므로
$\overline{DC}=\overline{DB}=5\text{ cm}$이고
$\angle ADC=\angle B+\angle DCB=35^\circ+35^\circ=70^\circ$
△CAD에서 $\angle A=\angle CDA=70^\circ$이므로
△CAD는 $\overline{CA}=\overline{CD}$인 이등변삼각형이다.
$\therefore \overline{CA}=\overline{CD}=5\text{ cm}$ $\therefore x=5$

**4** (2) △ABC에서 $\overline{AB}=\overline{AC}$이므로
$\angle ABC=\angle ACB=\frac{1}{2}\times(180^\circ-80^\circ)=50^\circ$
$\therefore \angle DBC=\frac{1}{2}\angle ABC=\frac{1}{2}\times50^\circ=25^\circ$
또, $\angle ACE=180^\circ-50^\circ=130^\circ$이므로
$\angle DCE=\frac{1}{2}\angle ACE=\frac{1}{2}\times130^\circ=65^\circ$
△DBC에서 $\angle DCE=\angle DBC+\angle D$이므로
$65^\circ=25^\circ+\angle x$ $\therefore \angle x=40^\circ$

**6** (1) $\angle x=\angle BAD=55^\circ$ (엇각)
(2) $\angle CAB=\angle BAD=62^\circ$ (접은 각)
$\angle CBA=\angle BAD=62^\circ$ (엇각)
따라서 △CAB는 이등변삼각형이므로
$\angle x=180^\circ-2\times62^\circ=56^\circ$
(3) $\angle BAC=\angle x$ (접은 각)
$\angle ACB=\angle x$ (엇각)
따라서 △BCA는 이등변삼각형이므로
$\angle x=\frac{1}{2}\times(180^\circ-40^\circ)=70^\circ$

## 01-04 스스로 점검 문제 15쪽

| | | | |
|---|---|---|---|
| 1 34 cm | 2 ④ | 3 ③ | 4 6 cm |
| 5 36° | 6 20 cm | 7 50° | |

**1** $\overline{AC}=\overline{AB}=11\text{ cm}$이므로
(△ABC의 둘레의 길이)$=11+12+11$
$=34(\text{cm})$

**2** ④ SAS

**3** $\overline{AB}=\overline{AC}$이므로
$\angle B=\angle C=2\angle x+10^\circ$
삼각형의 세 내각의 크기의 합은 180°이므로
$\angle x+(2\angle x+10^\circ)+(2\angle x+10^\circ)=180^\circ$
$5\angle x=160^\circ$ $\therefore \angle x=32^\circ$

**4** $\angle B=\angle C$이므로 △ABC는 $\overline{AB}=\overline{AC}$인 이등변삼각형이고 $\overline{AD}\perp\overline{BC}$에서 점 D는 $\overline{BC}$의 중점이므로
$\overline{BC}=2\overline{DC}=2\times3=6(\text{cm})$

**5** $\angle A=\angle x$라 하면 △ABD에서
$\angle ABD=\angle A=\angle x$,
$\angle BDC=\angle x+\angle x=2\angle x$
△DBC에서 $\angle C=\angle BDC=2\angle x$
△ABC에서 $\angle ABC=\angle C=2\angle x$
따라서 △ABC에서 $\angle x+2\angle x+2\angle x=180^\circ$이므로
$5\angle x=180^\circ$ $\therefore \angle x=36^\circ$

**6** $\angle A=180^\circ-(30^\circ+90^\circ)=60^\circ$이고, $\overline{AD}=\overline{CD}$이므로 △ADC는 정삼각형이다.
$\therefore \overline{AD}=\overline{DC}=\overline{AC}=10\text{ cm}$
또, $\angle DCA=60^\circ$이므로
$\angle DCB=90^\circ-60^\circ=30^\circ$
즉, $\angle B=\angle DCB$이므로 △DBC는 이등변삼각형이다.
$\therefore \overline{DB}=\overline{DC}=10\text{ cm}$
$\therefore \overline{AB}=\overline{AD}+\overline{DB}=10+10$
$=20(\text{cm})$

**7** $\angle ABC=\angle CBD=\angle ACB=\angle x$이므로
△ABC에서 $\angle x+\angle x=100^\circ$
$\therefore \angle x=50^\circ$

## 05 직각삼각형의 합동 조건 16~18쪽

1 $\angle E$, $\angle D$, ASA
2 $\overline{AB}$, $\angle E$, RHA
3 (1) $\triangle ABC \equiv \triangle DFE$(RHA 합동)
(2) $\triangle ABC \equiv \triangle DEF$(RHA 합동)
(3) $\triangle ABC \equiv \triangle DEF$(RHS 합동)
(4) $\triangle ABC \equiv \triangle DEF$(RHS 합동)
4 (1) ① $\triangle ABC \equiv \triangle FED$(RHA 합동) ② 6 cm
(2) ① $\triangle ABC \equiv \triangle FDE$(RHS 합동) ② 8 cm
5 90, $\overline{CA}$, $\angle EAC$, RHA
6 (1) $\triangle CAE$, 3, 3, 4, 6 (2) 27 (3) 50
7 $\angle ACE$, $\overline{AC}$, $\overline{AE}$, RHS
8 (1) $\triangle ACE$, $\angle CAE$ (또는 $\angle x$), 44, 46, 46, 23
(2) $54^\circ$ (3) $50^\circ$

**3** (1) $\triangle ABC$와 $\triangle DFE$에서
$\angle C = \angle E = 90^\circ$, $\overline{AB} = \overline{DF}$, $\angle A = \angle D$
$\therefore \triangle ABC \equiv \triangle DFE$(RHA 합동)
(2) $\triangle ABC$와 $\triangle DEF$에서
$\angle C = \angle F = 90^\circ$, $\overline{AB} = \overline{DE}$, $\angle B = \angle E$
$\therefore \triangle ABC \equiv \triangle DEF$(RHA 합동)
(3) $\triangle ABC$와 $\triangle DEF$에서
$\angle B = \angle E = 90^\circ$, $\overline{AB} = \overline{DE}$, $\overline{AC} = \overline{DF}$
$\therefore \triangle ABC \equiv \triangle DEF$(RHS 합동)
(4) $\triangle ABC$와 $\triangle DEF$에서
$\angle A = \angle D = 90^\circ$, $\overline{BC} = \overline{EF}$, $\overline{AB} = \overline{DE}$
$\therefore \triangle ABC \equiv \triangle DEF$(RHS 합동)

**4** (1) ① $\angle A = 180^\circ - (90^\circ + 30^\circ) = 60^\circ$
$\triangle ABC$와 $\triangle FED$에서
$\angle B = \angle E = 90^\circ$, $\overline{AC} = \overline{FD}$, $\angle A = \angle F$
$\therefore \triangle ABC \equiv \triangle FED$(RHA 합동)
② $\overline{FE} = \overline{AB} = 6$ cm
(2) ① $\triangle ABC$와 $\triangle FDE$에서
$\angle C = \angle E = 90^\circ$, $\overline{AB} = \overline{FD}$, $\overline{BC} = \overline{DE}$
$\therefore \triangle ABC \equiv \triangle FDE$(RHS 합동)
② $\overline{AC} = \overline{FE} = 8$ cm

**6** (2) $\triangle ABD \equiv \triangle CAE$( RHA 합동)이므로
$\overline{AE} = \overline{BD} = 9$ cm
$\therefore \triangle ACE = \frac{1}{2} \times 6 \times 9 = 27(\text{cm}^2)$
(3) $\triangle ABD \equiv \triangle CAE$( RHA 합동)이므로
$\overline{AD} = \overline{CE} = 4$ cm, $\overline{AE} = \overline{BD} = 6$ cm
$\therefore \overline{DE} = 4 + 6 = 10(\text{cm})$
따라서 사다리꼴 DBCE의 넓이는
$\frac{1}{2} \times (4+6) \times 10 = 50(\text{cm}^2)$

**8** (2) $\triangle ADE \equiv \triangle ACE$( RHS 합동)이므로
$\angle CAE = \angle DAE = 18^\circ$
$\therefore \angle BAC = 18^\circ + 18^\circ = 36^\circ$
$\triangle ABC$에서 $\angle x = 90^\circ - 36^\circ = 54^\circ$
(3) $\triangle ABE$에서 $\angle AEB = 90^\circ - 25^\circ = 65^\circ$
$\triangle ADE \equiv \triangle ABE$( RHS 합동)이므로
$\angle AED = \angle AEB = 65^\circ$
$\therefore \angle x = 180^\circ - (65^\circ + 65^\circ) = 50^\circ$

## 06 각의 이등분선의 성질 19쪽

1 (1) 변 (2) 이등분선
2 (1) $\overline{BP}$, 5 (2) 12
3 (1) $\angle BOP$, 33 (2) $70^\circ$ (3) $30^\circ$

**2** (2) $\angle AOP = \angle BOP$이면
$\overline{BO} = \overline{AO}$이므로 $x = 12$

**3** (2) $\angle BOP = \angle AOP = 20^\circ$이므로
$\angle x = 90^\circ - 20^\circ = 70^\circ$
(3) $\angle BOP = \angle AOP = \angle x$이므로
$\angle x = 90^\circ - 60^\circ = 30^\circ$

## 05-06 스스로 점검 문제 20쪽

1 ② 2 ②, ⑤ 3 6 cm 4 72 $\text{cm}^2$
5 32 cm 6 ③

**1** ① RHS 합동 ③ SAS 합동
④ RHA 합동 ⑤ ASA 합동

**2** ② ㄱ과 ㅂ → RHA 합동
⑤ ㄷ과 ㄹ → RHS 합동

**3** $\angle D=180^\circ-(90^\circ+53^\circ)=37^\circ$
△ABC와 △DEF에서
$\angle B=\angle E=90^\circ$, $\overline{AC}=\overline{DF}$, $\angle A=\angle D$
∴ △ABC≡△DEF(RHA 합동)
∴ $\overline{EF}=\overline{BC}=6$ cm

**4** △ABD와 △CAE에서
$\angle ADB=\angle CEA=90^\circ$, $\overline{AB}=\overline{CA}$ …… ㉠
$\angle BAC=90^\circ$이므로
$\angle DAB+\angle DBA=90^\circ$, $\angle DAB+\angle EAC=90^\circ$
∴ $\angle DBA=\angle EAC$ …… ㉡
㉠, ㉡에 의하여 △ABD≡△CAE(RHA 합동)이므로
$\overline{AD}=4$ cm, $\overline{AE}=8$ cm
∴ $\overline{DE}=4+8=12$(cm)
따라서 사각형 DBCE의 넓이는
$\frac{1}{2}\times(4+8)\times12=72(\text{cm}^2)$

**5** △AOP≡△BOP(RHA 합동)이므로
$\overline{AO}=\overline{BO}=11$ cm, $\overline{PA}=\overline{PB}=5$ cm
∴ (사각형 AOBP의 둘레의 길이)$=11+11+5+5$
$=32$(cm)

**6** △ADE와 △ACE에서
$\angle ADE=\angle ACE=90^\circ$, $\angle DAE=\angle CAE$, $\overline{AE}$는 공통이므로
△ADE≡△ACE(RHA 합동)
∴ $\overline{ED}=\overline{EC}=8$ cm
△ABC가 직각이등변삼각형이므로 $\angle B=45^\circ$
따라서 △DBE도 직각이등변삼각형이므로
$\overline{BD}=\overline{ED}=8$ cm
∴ $\triangle DBE=\frac{1}{2}\times8\times8=32(\text{cm}^2)$

## 07 삼각형의 외심과 그 성질 21~22쪽

**1** 외접원, 외심
**2** (1) 수직이등분선, $\overline{CE}$, $\overline{CF}$
(2) 90, $\overline{OD}$, △OBD, $\overline{OB}$
(3) $\overline{CE}$, $\overline{OE}$, △OCE, $\overline{OC}$
(4) ∠OFA, $\overline{AF}$, $\overline{OF}$, SAS, $\overline{OA}$
(5) $\overline{OB}$, $\overline{OC}$, 꼭짓점
**3** (1) $\overline{BD}$, 3 (2) 14 (3) 7 (4) 9
**4** (1) $\overline{OC}$, ∠OBC, 120, 30 (2) 110° (3) 50°

**4** (2) △OBC에서 $\overline{OB}=\overline{OC}$이므로
$\angle OCB=\angle OBC=35^\circ$
∴ $\angle x=180^\circ-(35^\circ+35^\circ)=110^\circ$
(3) △OCA에서 $\overline{OA}=\overline{OC}$이므로
$\angle OAC=\angle OCA=\angle x$
∴ $\angle x=\frac{1}{2}\times(180^\circ-80^\circ)=50^\circ$

## 08 삼각형의 외심의 위치 23~24쪽

**1** (1) 중점, $\overline{OB}$, $\overline{OC}$ (2) $\frac{1}{2}$, 8, 16
**2** (1) 3 (2) 4 (3) 12 (4) 4 (5) 10
**3** (1) 35, 35, 55 (2) 48° (3) 25°
**4** (1) 20 (2) 6
**5** (1) 8, 8, $64\pi$ (2) 7, $49\pi$ (3) 5, $25\pi$

**3** (2) △AOC에서 $\angle OAC=\angle OCA=24^\circ$이므로
$\angle x=24^\circ+24^\circ=48^\circ$
(3) △OBC에서 $\angle OCB=\angle OBC=\angle x$이므로
$\angle x+\angle x=50^\circ$ ∴ $\angle x=25^\circ$

**4** (1) △ABC에서 $\angle A=180^\circ-(90^\circ+30^\circ)=60^\circ$
점 O는 직각삼각형 ABC의 외심이므로
$\overline{OA}=\overline{OB}=\overline{OC}$
이때 △AOC에서 $\overline{OA}=\overline{OC}$이므로
$\angle OCA=\angle A=60^\circ$
∴ $\angle AOC=60^\circ$
즉, △AOC는 정삼각형이므로
$\overline{OA}=\overline{OC}=\overline{AC}=10$ cm
∴ $\overline{AB}=2\overline{OA}=2\times10=20$(cm)
∴ $x=20$
(2) $\angle A=60^\circ$이므로 △ABO는 정삼각형이다.
∴ $\overline{AB}=\overline{OB}=\overline{OA}=\overline{OC}$
$=\frac{1}{2}\overline{AC}=\frac{1}{2}\times12=6$(cm)
∴ $x=6$

**5** (2) (외접원의 반지름의 길이)$=\frac{1}{2}\times14=7$(cm)
(외접원의 넓이)$=\pi\times7^2=49\pi(\text{cm}^2)$
(3) (외접원의 반지름의 길이)$=\frac{1}{2}\times10=5$(cm)
(외접원의 넓이)$=\pi\times5^2=25\pi(\text{cm}^2)$

## 09 삼각형의 외심의 활용 25~26쪽

**1** (1) 90, 90, 30 (2) $35°$ (3) $28°$
(4) $37°$ (5) $120°$

**2** (1) $30°$ (2) $35°$

**3** (1) 70, 140 (2) $60°$ (3) $150°$
(4) $50°$ (5) $50°$ (6) $120°$

**1** (2) $25°+\angle x+30°=90°$

$\therefore\ \angle x=35°$

(3) $\angle OAC=\angle OCA=22°$이므로

$40°+\angle x+22°=90°$

$\therefore\ \angle x=28°$

(4) $\angle OAB=\angle OBA=40°$이므로

$40°+13°+\angle x=90°$

$\therefore\ \angle x=37°$

(5) $\angle OAC+24°+36°=90°$

$\therefore\ \angle OAC=30°$

$\angle OCA=\angle OAC=30°$이므로

$\angle x=180°-(30°+30°)=120°$

**2** (1) 오른쪽 그림과 같이 $\overline{OA}$를 그으면

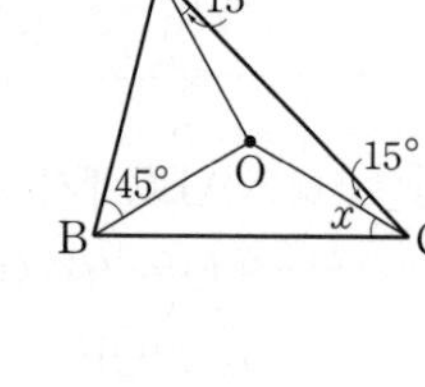


$\angle OAC=\angle OCA=15°$
이므로

$45°+\angle x+15°=90°$

$\therefore\ \angle x=30°$

(2) 오른쪽 그림과 같이 $\overline{OC}$를 그으면

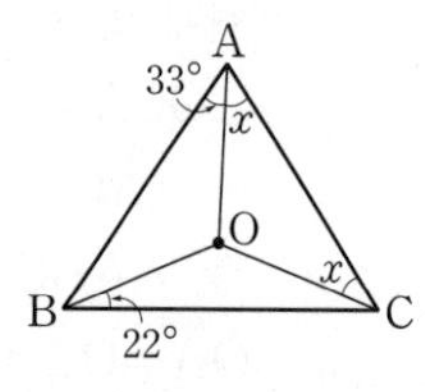


$\angle OCA=\angle OAC=\angle x$
이므로

$33°+22°+\angle x=90°$

$\therefore\ \angle x=35°$

**3** (2) $\angle x=\frac{1}{2}\times 120°=60°$

(3) $\angle x=2\times(50°+25°)=150°$

(4) $\angle OBC=\angle OCB=40°$이므로

$\angle BOC=180°-(40°+40°)=100°$

$\therefore\ \angle x=\frac{1}{2}\times 100°=50°$

(5) $\angle BOC=2\angle A=2\times 40°=80°$

$\angle OCB=\angle OBC=\angle x$이므로

$\angle x=\frac{1}{2}\times(180°-80°)=50°$

(6) 오른쪽 그림과 같이 $\overline{OA}$를 그으면

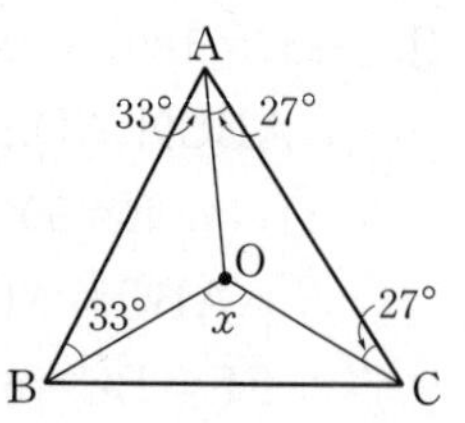


$\angle OAB=\angle OBA=33°$,

$\angle OAC=\angle OCA=27°$

이므로

$\angle A=33°+27°=60°$

$\therefore\ \angle x=2\angle A=2\times 60°=120°$

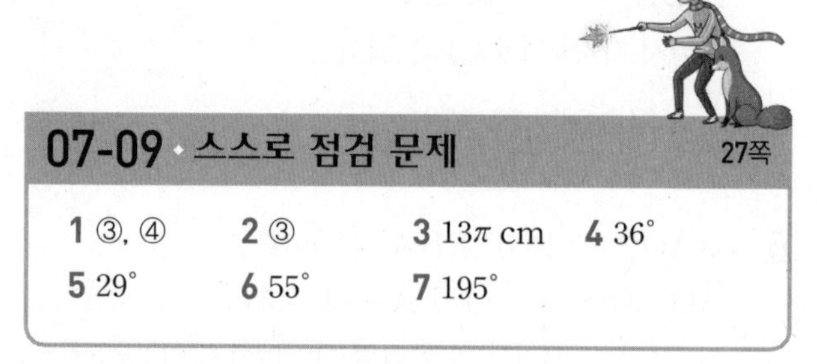

## 07-09 스스로 점검 문제 27쪽

**1** ③, ④ **2** ③ **3** $13\pi$ cm **4** $36°$
**5** $29°$ **6** $55°$ **7** $195°$

**1** ① 점 E는 $\overline{BC}$의 중점이므로

$\overline{BE}=\overline{CE}$

② 삼각형의 외심에서 삼각형의 세 꼭짓점까지의 거리는 같으므로

$\overline{AO}=\overline{BO}=\overline{CO}$

⑤ $\triangle OAF$와 $\triangle OCF$에서

$\angle OFA=\angle OFC=90°$, $\overline{OA}=\overline{OC}$, $\overline{OF}$는 공통

$\therefore\ \triangle OAF\equiv\triangle OCF$ (RHS 합동)

**2** 오른쪽 그림과 같이 $\overline{OA}$를 그으면

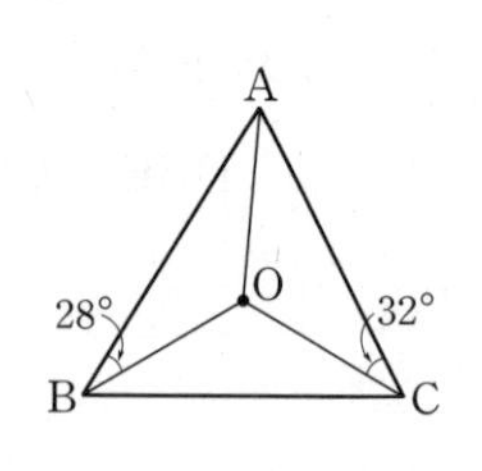


$\angle OAB=\angle OBA=28°$

$\angle OAC=\angle OCA=32°$

$\therefore\ \angle A=28°+32°=60°$

**3** 점 M은 직각삼각형 ABC의 외심이므로

$\overline{AM}=\overline{BM}=\frac{1}{2}\overline{AB}$

$=\frac{1}{2}\times 13=\frac{13}{2}$(cm)

따라서 $\triangle ABC$의 외접원의 반지름의 길이는 $\frac{13}{2}$ cm 이므로

(외접원의 둘레의 길이)$=2\pi\times\frac{13}{2}$

$=13\pi$(cm)

**4** $\angle AMB : \angle BMC = 3 : 2$이므로

$\angle AMB = 180^\circ \times \frac{3}{3+2}$

$= 180^\circ \times \frac{3}{5} = 108^\circ$

점 M은 직각삼각형 ABC의 외심이므로

$\overline{MA} = \overline{MB}$

따라서 $\triangle MAB$는 $\overline{MA} = \overline{MB}$인 이등변삼각형이므로

$\angle A = \frac{1}{2} \times (180^\circ - 108^\circ) = 36^\circ$

**5** $36^\circ + \angle x + 25^\circ = 90^\circ \quad \therefore \angle x = 29^\circ$

**6** $\angle OAC = \angle OCA = 35^\circ$이므로

$\angle AOC = 180^\circ - (35^\circ + 35^\circ) = 110^\circ$

$\therefore \angle B = \frac{1}{2}\angle AOC = \frac{1}{2} \times 110^\circ = 55^\circ$

다른 풀이

오른쪽 그림과 같이 $\overline{OA}$를 그으면

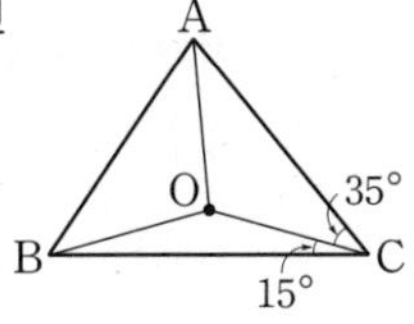


$\angle OBC = \angle OCB = 15^\circ$

$\angle OBA = 90^\circ - (35^\circ + 15^\circ)$

$= 40^\circ$

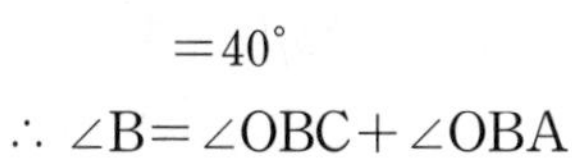

$\therefore \angle B = \angle OBC + \angle OBA$

$= 15^\circ + 40^\circ = 55^\circ$

**7** 오른쪽 그림과 같이 $\overline{OA}$를 그으면

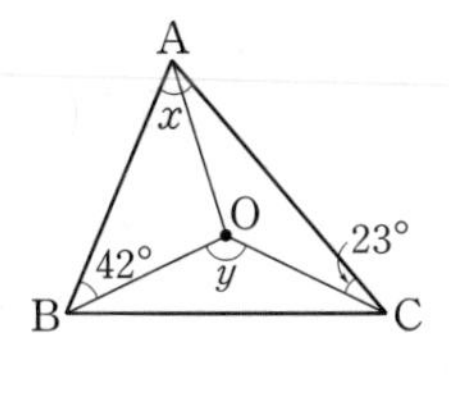


$\angle x = 42^\circ + 23^\circ = 65^\circ$

$\angle y = 2\angle x = 2 \times 65^\circ = 130^\circ$

$\therefore \angle x + \angle y = 65^\circ + 130^\circ$

$= 195^\circ$

## 10 삼각형의 내심과 그 성질 28~29쪽

**1** (1) $35^\circ$ (2) $30^\circ$ (3) $52^\circ$

**2** (1) $\angle IBE$, $\angle ICF$

(2) ① RHA, $\overline{IF}$ ② RHA, $\overline{IE}$ ③ RHA, $\overline{IF}$

(3) $\overline{IE}$, $\overline{IF}$

**3** (1) $\angle IAB$, 38 (2) $40^\circ$ (3) 30, 30, 20

(4) $22^\circ$

**4** (1) $\overline{ID}$, 5 (2) 6 (3) 7

**1** (1) $\angle PTO = 90^\circ$이므로

$\angle x = \angle OPT = 180^\circ - (90^\circ + 55^\circ) = 35^\circ$

(2) $\angle PTO = 90^\circ$이므로

$\angle x = \angle OPT = 180^\circ - (90^\circ + 60^\circ) = 30^\circ$

(3) $\angle PTO = 90^\circ$이므로

$\angle x = \angle POT = 180^\circ - (90^\circ + 38^\circ) = 52^\circ$

**3** (4) $\angle IAB = \angle IAC = \angle x$, $\angle IBA = \angle IBC = 33^\circ$

이므로 $\triangle IAB$에서

$\angle x = 180^\circ - (33^\circ + 125^\circ) = 22^\circ$

**4** (3) $\triangle IBD \equiv \triangle IBE$이므로

$\overline{BD} = \overline{BE}$

$\therefore x = 7$

## 11 삼각형의 내심의 활용(1) 30~32쪽

**1** (1) 90, 90, 20 (2) $18^\circ$ (3) $30^\circ$ (4) $22^\circ$

(5) $24^\circ$

**2** (1) 30, 30, 35 (2) $50^\circ$

**3** (1) 90, 90, 120 (2) $50^\circ$ (3) $113^\circ$ (4) $20^\circ$

**4** (1) $\angle IBC$, $\angle DIB$, $\angle DIB$, 이등변삼각형, $\overline{DB}$

(2) $\angle ICB$, $\angle EIC$, $\angle EIC$, 이등변삼각형, $\overline{EC}$

(3) $\overline{EC}$, 9

**5** (1) 13 (2) 3

**6** (1) $\overline{DB}$, $\overline{EC}$, $\overline{AC}$, 9, 16 (2) 20 (3) 15

**7** (1) 90, 76, 76, 152 (2) $120^\circ$ (3) $115^\circ$

**1** (2) $\angle x + 30^\circ + 42^\circ = 90^\circ$

$\therefore \angle x = 18^\circ$

(3) $\angle x + 24^\circ + 36^\circ = 90^\circ$

$\therefore \angle x = 30^\circ$

(4) $\angle IAB = \frac{1}{2}\angle A = \frac{1}{2} \times 70^\circ = 35^\circ$이므로

$35^\circ + \angle x + 33^\circ = 90^\circ$

$\therefore \angle x = 22^\circ$

(5) $\angle IBC = \angle IBA = 34^\circ$이므로

$32^\circ + 34^\circ + \angle x = 90^\circ$

$\therefore \angle x = 24^\circ$

**2** (2) 오른쪽 그림과 같이 $\overline{IA}$를 그으면

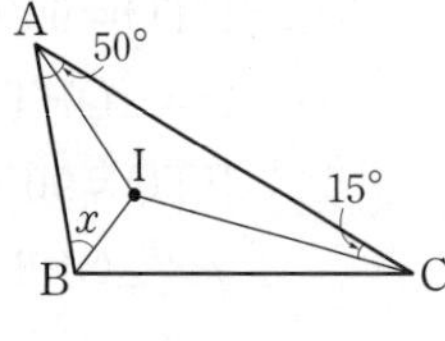


$\angle IAC=\frac{1}{2}\angle A$

$=\frac{1}{2}\times 50^\circ=25^\circ$

$\angle ICB=\angle ICA=15^\circ$이므로

$25^\circ+\angle x+15^\circ=90^\circ$

$\therefore \angle x=50^\circ$

**3** (2) $115^\circ=90^\circ+\frac{1}{2}\angle x$

$\frac{1}{2}\angle x=25^\circ$

$\therefore \angle x=50^\circ$

(3) $\angle A=2\times 23^\circ=46^\circ$이고

$\angle BIC=90^\circ+\frac{1}{2}\angle A$이므로

$\angle x=90^\circ+\frac{1}{2}\times 46^\circ=113^\circ$

(4) $\angle A=2\angle x$이고

$\angle BIC=90^\circ+\frac{1}{2}\angle A$이므로

$110^\circ=90^\circ+\frac{1}{2}\times 2\angle x$

$\therefore \angle x=20^\circ$

**5** $\overline{DE}=\overline{DI}+\overline{EI}=\overline{DB}+\overline{EC}$이므로

(1) $x=5+8=13$

(2) $10=7+x$

$\therefore x=3$

**6** $\overline{DI}=\overline{DB}$, $\overline{EI}=\overline{EC}$이므로

(2) ($\triangle ADE$의 둘레의 길이)

$=\overline{AB}+\overline{AC}$

$=12+8$

$=20(\text{cm})$

(3) ($\triangle ADE$의 둘레의 길이)

$=\overline{AB}+\overline{AC}$

$=7+8$

$=15(\text{cm})$

**7** (2) $120^\circ=90^\circ+\frac{1}{2}\angle A$, $\angle A=60^\circ$

$\therefore \angle x=2\angle A=2\times 60^\circ=120^\circ$

(3) $\angle A=\frac{1}{2}\angle BOC=\frac{1}{2}\times 100^\circ=50^\circ$

$\therefore \angle x=90^\circ+\frac{1}{2}\times 50^\circ=115^\circ$

## 12 삼각형의 내심의 활용(2) 33~34쪽

| | | | | |
|---|---|---|---|---|
| 1 | (1) 4, 15, 13, 84 | (2) 60 cm$^2$ | (3) 26 cm$^2$ | |
| 2 | (1) 10, 3, 3 | (2) 4 cm | (3) 2 cm | |
| 3 | (1) 6, 6, 1, 1, 1, $\pi$ | (2) 3, $9\pi$ | | |
| 4 | (1) 3, 3, 3, 3, 3 | (2) 16 | (3) 10 | (4) 7 |

**1** (2) $\triangle ABC=\frac{1}{2}\times 3\times(17+8+15)$

$=60(\text{cm}^2)$

(3) $\triangle ABC=\frac{1}{2}\times 2\times(11+9+6)$

$=26(\text{cm}^2)$

**2** (2) 내접원의 반지름의 길이를 $r$ cm라 하면

$\triangle ABC=\frac{1}{2}\times r\times(14+22+12)$

$96=24r$ $\quad\therefore r=4$

따라서 내접원의 반지름의 길이는 4 cm이다.

(3) 내접원의 반지름의 길이를 $r$ cm라 하면

$\triangle ABC=\frac{1}{2}\times r\times(12+5+13)=30$

$\therefore r=2$

따라서 내접원의 반지름의 길이는 2 cm이다.

**3** (2) 내접원의 반지름의 길이를 $r$ cm라 하면

$\triangle ABC=\frac{1}{2}\times r\times(8+17+15)=\frac{1}{2}\times 8\times 15$

$\therefore r=3$

$\therefore$ (내접원의 넓이)$=\pi\times 3^2=9\pi(\text{cm}^2)$

**4** (2) $\overline{AD}=\overline{AF}=6$ cm, $\overline{BD}=\overline{BE}=10$ cm이므로

$\overline{AB}=\overline{AD}+\overline{BD}=6+10=16(\text{cm})$

$\therefore x=16$

(3) $\overline{AD}=\overline{AF}=2$ cm이므로

$\overline{BD}=\overline{AB}-\overline{AD}=8-2=6(\text{cm})$

$\overline{CE}=\overline{CF}=4$ cm, $\overline{BE}=\overline{BD}=6$ cm이므로

$\overline{BC}=\overline{BE}+\overline{CE}=6+4=10(\text{cm})$

$\therefore x=10$

(4) $\overline{BD}=\overline{BE}=x$ cm이므로

$\overline{AF}=\overline{AD}=\overline{AB}-\overline{BD}=10-x(\text{cm})$,

$\overline{CF}=\overline{CE}=\overline{BC}-\overline{BE}=12-x(\text{cm})$

$\overline{AC}=\overline{AF}+\overline{CF}$이므로

$8=(10-x)+(12-x)$, $2x=14$

$\therefore x=7$

## 10-12 스스로 점검 문제 35쪽

| | | | |
|---|---|---|---|
| 1 ③ | 2 ④ | 3 ③ | 4 21 cm |
| 5 $9^\circ$ | 6 $4\pi$ cm$^2$ | 7 ② | |

**1** ③ 점 I가 $\triangle ABC$의 외심일 때 만족시킨다.

**2** $\angle IBC=\angle ABI=40^\circ$, $\angle ICB=\angle ACI=35^\circ$이므로
$\triangle IBC$에서
$\angle x=180^\circ-(40^\circ+35^\circ)=105^\circ$

**3** 오른쪽 그림과 같이 $\overline{CI}$를 그으면

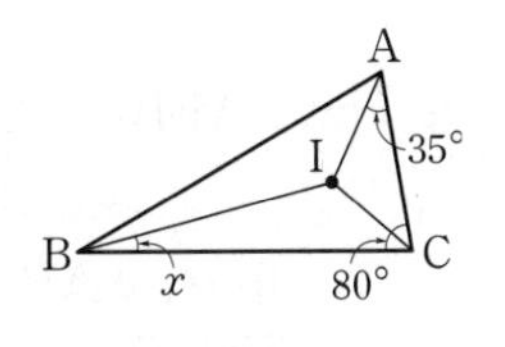


$\angle ICB=\angle ICA=\frac{1}{2}\angle C$
$=\frac{1}{2}\times 80^\circ=40^\circ$
따라서 $\angle IAB+\angle IBC+\angle ICA=90^\circ$이므로
$35^\circ+\angle x+40^\circ=90^\circ$
$\therefore \angle x=15^\circ$

**4** ($\triangle ADE$의 둘레의 길이)$=\overline{AB}+\overline{AC}$
$=10+11$
$=21$(cm)

**5** 점 O는 $\triangle ABC$의 외심이므로
$\angle BOC=2\angle A=2\times 48^\circ=96^\circ$
$\triangle OBC$는 $\overline{OB}=\overline{OC}$인 이등변삼각형이므로
$\angle OBC=\frac{1}{2}\times(180^\circ-96^\circ)=42^\circ$
$\angle ABC=\frac{1}{2}\times(180^\circ-48^\circ)=66^\circ$이고
점 I는 $\triangle ABC$ 의 내심이므로
$\angle IBC=\frac{1}{2}\angle ABC=\frac{1}{2}\times 66^\circ=33^\circ$
$\therefore \angle OBI=\angle OBC-\angle IBC$
$=42^\circ-33^\circ=9^\circ$

**6** $\triangle ABC$의 내접원의 반지름의 길이를 $r$ cm라 하면
$\frac{1}{2}\times 8\times 6=\frac{1}{2}\times r\times(8+6+10)$
$\therefore r=2$
$\therefore$ ($\triangle ABC$의 내접원의 넓이)$=\pi\times 2^2$
$=4\pi$(cm$^2$)

**7** $\overline{AF}=\overline{AD}=x$ cm라 하면
$\overline{CE}=\overline{CF}=\overline{AC}-\overline{AF}=10-x$(cm),
$\overline{BE}=\overline{BD}=\overline{AB}-\overline{AD}=7-x$(cm)
따라서 $\overline{BC}=\overline{BE}+\overline{CE}$이므로
$(7-x)+(10-x)=9$, $2x=8$
$\therefore x=4$
$\therefore \overline{AF}=4$(cm)

## 2 사각형의 성질

### 13 평행사변형 36쪽

1 (1) 80, 30 (2) 40, 35 (3) 30, 55
2 (1) 50° (2) 60° (3) 115°

**1** (2) $\overline{AD}/\!/\overline{BC}$이므로 $\angle x=\angle ACB=40°$ (엇각)
$\overline{AB}/\!/\overline{DC}$이므로 $\angle y=\angle ABD=35°$ (엇각)
(3) $\overline{AD}/\!/\overline{BC}$이므로 $\angle x=\angle ACB=30°$ (엇각)
$\overline{AB}/\!/\overline{DC}$이므로 $\angle y=\angle ABD=55°$ (엇각)

**2** (1) $\overline{AB}/\!/\overline{DC}$이므로 $\angle ACD=\angle CAB=60°$ (엇각)
△ACD에서
$\angle x+70°+60°=180°$ ∴ $\angle x=50°$
(2) $\overline{AB}/\!/\overline{DC}$이므로 $\angle ACD=\angle x$ (엇각)
△DOC에서
$\angle x+50°+70°=180°$ ∴ $\angle x=60°$
(3) $\overline{AB}/\!/\overline{DC}$이므로 $\angle DCA=\angle BAC=70°$ (엇각)
△OCD에서
$\angle BOC=\angle DCO+\angle CDO$
$=70°+45°=115°$

### 14 평행사변형의 성질 37~39쪽

1 (1) $\overline{DC}$, $\overline{BC}$ (2) ∠C, ∠D
(3) 이등분, $\overline{CO}$, $\overline{DO}$ (4) 180, 180
2 (1) 6, 4 (2) 5, 3 (3) 2, 7
3 (1) 75, 105 (2) 65, 115
(3) 70, 70 (4) 70, 60
4 (1) 6, 5 (2) 6, 7 (3) 6, 4 (4) 2, 4
5 (1) 22 (2) 29
6 (1) ∠ADE, 이등변삼각형, 5, 8, 3, 3 (2) 10
7 (1) 70, 70, 85
(2) 80, ∠BAE, $\overline{BE}$, 이등변삼각형, 80, 50

**2** (3) $2x+3=7$이므로 $x=2$
$y-1=6$이므로 $y=7$

**3** (4) $\angle B=\angle D$이므로 $\angle x=70°$
△ABC에서
$\angle y=180°-(50°+\angle x)$
$=180°-(50°+70°)=60°$

**4** (4) $4x=8$이므로 $x=2$
$3y=12$이므로 $y=4$

**5** (1) $\overline{DC}=\overline{AB}=4$ cm, $\overline{BC}=\overline{AD}=7$ cm이므로
□ABCD의 둘레의 길이는
$4+7+4+7=22$(cm)
(2) $\overline{CO}=\frac{1}{2}\overline{AC}=\frac{1}{2}\times16=8$(cm)
$\overline{DO}=\frac{1}{2}\overline{BD}=\frac{1}{2}\times20=10$(cm)
$\overline{DC}=\overline{AB}=11$ cm
이므로 △OCD의 둘레의 길이는
$8+10+11=29$(cm)

**6** (2) $\angle AEB=\angle EAD$(엇각)
$=\angle BAE$
따라서 △ABE는 이등변삼각형이므로
$\overline{BE}=\overline{BA}=8$ cm
∴ $\overline{AD}=\overline{BC}=\overline{BE}+\overline{EC}$
$=8+2=10$(cm)
∴ $x=10$

### 15 평행사변형이 되는 조건 40~42쪽

1 (1) ㄴ (2) ㄱ (3) ㅁ (4) ㄹ (5) ㄷ
2 (1) × (2) ㄷ (3) × (4) ㄹ
3 (1) ㄴ (2) × (3) × (4) ㄷ (5) ㄱ
4 (1) 45, 45, ∠BAC, 65, 65
(2) 2, 9 (3) 100, 80 (4) 3, 10
5 (1) $\overline{DF}$, $\overline{CF}$, $\overline{DF}$
(2) $\overline{AO}$, $\overline{DO}$, $\overline{DO}$, $\overline{FO}$, 이등분

**2** (2) $\angle D=360°-(120°+60°+120°)=60°$
즉, $\angle A=\angle C$, $\angle B=\angle D$이므로 □ABCD는 평행사변형이다.
(3) $\angle A+\angle D=180°$이므로 $\overline{AB}/\!/\overline{DC}$
$\overline{AB}=\overline{DC}$ 또는 $\overline{AD}/\!/\overline{BC}$의 조건이 추가되어야 평행사변형이 된다.

**3** 다음의 각 경우에 □ABCD는 평행사변형이 아니다.

(2)
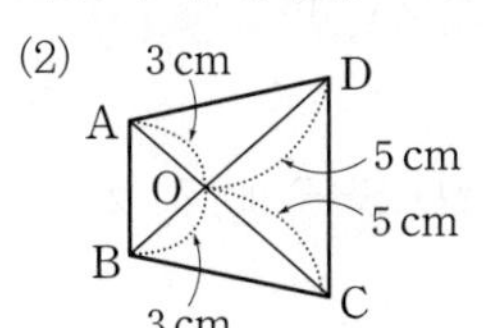


(3)
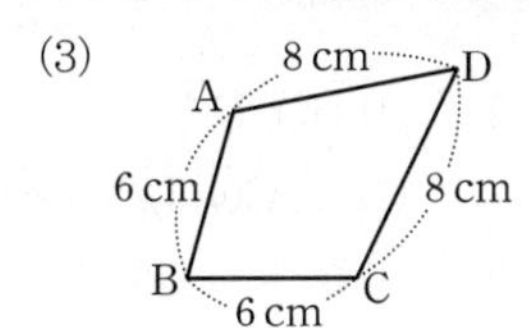


**4** (2) 두 쌍의 대변의 길이가 각각 같아야 하므로

$2x+4=8$에서 $x=2$

$y+1=10$에서 $y=9$

(3) 두 쌍의 대각의 크기가 각각 같아야 하므로

$\angle A=\angle C$에서 $x=100$

$\angle A+\angle D=180^\circ$이므로

$\angle D=180^\circ-100^\circ=80^\circ$

$\therefore y=80$

(4) 두 대각선이 서로 다른 것을 이등분해야 하므로

$x=3$, $y=2\times5=10$

## 16 평행사변형과 넓이 43~44쪽

| | | | |
|---|---|---|---|
| 1 | (1) $\frac{1}{2}$, $\frac{1}{2}$, 20 | (2) 20 | (3) 10 |
| | (4) 10 | (5) 20 | |
| 2 | (1) 2, 2, 24 | (2) 36 | |
| 3 | (1) $\frac{1}{2}$, $\frac{1}{2}$, 18 | (2) 18 | |
| 4 | (1) 2, 2, 10, 48 | (2) 14 | (3) 12 |

**1** (2) $\triangle BCD=\frac{1}{2}\square ABCD=\frac{1}{2}\times40=20(cm^2)$

(3) $\triangle AOB=\frac{1}{4}\square ABCD=\frac{1}{4}\times40=10(cm^2)$

(4) $\triangle BOC=\frac{1}{4}\square ABCD=\frac{1}{4}\times40=10(cm^2)$

(5) $\triangle AOD+\triangle BOC=2\triangle AOD$

$=2\times\frac{1}{4}\square ABCD$

$=2\times\frac{1}{4}\times40=20(cm^2)$

**2** (2) $\square ABCD=4\triangle AOD=4\times9=36(cm^2)$

**3** (2) $\triangle PAD+\triangle PBC=\frac{1}{2}\square ABCD$

$=\frac{1}{2}\times36=18(cm^2)$

**4** (2) $\triangle PBC=\frac{1}{2}\square ABCD-\triangle PAD$

$=\frac{1}{2}\times46-9=14(cm^2)$

(3) $\triangle PAB+\triangle PCD=\triangle PAD+\triangle PBC$이므로

$20+8=16+\triangle PBC$

$\therefore \triangle PBC=12(cm^2)$

## 13-16 스스로 점검 문제 45쪽

| | | | |
|---|---|---|---|
| 1 ② | 2 ③ | 3 ⑤ | 4 68° |
| 5 108° | 6 ②, ④ | 7 27 cm² | |

**1** $\overline{AB}/\!/\overline{DC}$이므로 $\angle ACD=\angle BAC=75^\circ$ (엇각)

따라서 $\triangle OCD$에서

$\angle x=\angle ODC+\angle OCD$

$=35^\circ+75^\circ=110^\circ$

참고 삼각형에서 한 외각의 크기는 그와 이웃하지 않는 두 내각의 크기의 합과 같다.

**2** $\triangle ACD$에서 $\angle D=180^\circ-(40^\circ+70^\circ)=70^\circ$

$\angle B=\angle D=70^\circ$이므로 $x=70$

$\overline{AD}=\overline{BC}=10$ cm이므로 $y=10$

$\therefore x+y=70+10=80$

**3** $\overline{AD}/\!/\overline{BC}$이므로 $\angle BEA=\angle DAE$(엇각)

즉, $\triangle ABE$는 이등변삼각형이므로

$\overline{BE}=\overline{BA}=7$ cm

$\overline{AD}/\!/\overline{BC}$이므로 $\angle CFD=\angle ADF$(엇각)

즉, $\triangle CDF$는 이등변삼각형이므로

$\overline{CF}=\overline{CD}=\overline{AB}=7$ cm

따라서 $\overline{BE}+\overline{CF}=\overline{BC}+\overline{EF}$이므로

$7+7=9+\overline{EF}$ $\therefore \overline{EF}=5(cm)$

**4** $\angle ADE=\angle CED=56^\circ$ (엇각)이므로

$\angle D=2\times56^\circ=112^\circ$

이때 $\angle A+\angle D=180^\circ$이므로

$\angle x=180^\circ-112^\circ=68^\circ$

**5** $\angle A+\angle B=180^\circ$이고 $\angle A : \angle B=3 : 2$이므로

$\angle A=180^\circ \times \frac{3}{3+2}=108^\circ$

$\therefore \angle C=\angle A=108^\circ$

**6** ② $\angle OBC=\angle ODA=40^\circ$이면 엇각의 크기가 같다.
따라서 $\overline{AD} /\!/ \overline{BC}$이고 $\overline{AD}=\overline{BC}$이므로 평행사변형이다.

④ $\angle D=360^\circ-(110^\circ+70^\circ+110^\circ)=70^\circ$
따라서 $\angle A=\angle C$, $\angle B=\angle D$이므로 평행사변형이다.

**7** $\triangle PAB+\triangle PCD=\triangle PAD+\triangle PBC$이므로

$23+21=\triangle PAD+17$

$\therefore \triangle PAD=27(cm^2)$

## 17 직사각형 46~47쪽

| | | | | | |
|---|---|---|---|---|---|
| 1 | (1) 90 | (2) $\overline{BD}$ | (3) $\overline{BO}$, $\overline{DO}$ | | |
| 2 | (1) 2, 2, 16, 16 | | (2) 6 | | |
| 3 | (1) 35 | (2) 30° | (3) 80° | | |
| 4 | (1) ㄱ | (2) ㄱ | (3) ㄹ | (4) ㅂ | |
| 5 | (1) × | (2) ○ | (3) ○ | (4) × | (5) ○ |

**2** (2) $\overline{BO}=\frac{1}{2}\overline{BD}=\frac{1}{2}\overline{AC}$

$=\frac{1}{2}\times 12=6(cm)$

$\therefore x=6$

**3** (2) $\angle A=90^\circ$이므로

$\angle OAD=90^\circ-60^\circ=30^\circ$

$\triangle AOD$에서 $\overline{OA}=\overline{OD}$이므로

$\angle x=\angle OAD=30^\circ$

(3) $\triangle AOD$에서 $\overline{OA}=\overline{OD}$이므로

$\angle ODA=\angle OAD=40^\circ$

$\therefore \angle x=40^\circ+40^\circ=80^\circ$

**5** (1) 평행사변형이 마름모가 되는 조건이다.

(4) 평행사변형의 성질이다.

## 18 마름모 48~49쪽

| | | | | | |
|---|---|---|---|---|---|
| 1 | (1) $\overline{BC}$, $\overline{DA}$ | | | | |
| | (2) ⊥, $\overline{CO}$, $\overline{DO}$, $\overline{DO}$, $\overline{AD}$, SSS, 90, ⊥ | | | | |
| 2 | (1) 9 | (2) 3 | (3) 6 | | |
| 3 | (1) 90 | (2) 55° | (3) 40° | | |
| 4 | (1) ㄴ | (2) ㄱ | (3) ㅁ | | |
| 5 | (1) ○ | (2) × | (3) × | (4) ○ | (5) ○ |

**3** (2) $\angle AOB=90^\circ$이므로

$\triangle ABO$에서 $\angle x=90^\circ-35^\circ=55^\circ$

(3) $\triangle ABO\equiv\triangle ADO$(SSS 합동)이므로

$\angle x=\angle DAO=40^\circ$

**5** (2) 평행사변형의 성질이다.

(3) 평행사변형이 직사각형이 되는 조건이다.

## 19 정사각형 50~52쪽

| | | | | | |
|---|---|---|---|---|---|
| 1 | (1) 직사각형, ∠B, ∠D | | (2) 마름모, $\overline{BC}$, $\overline{CD}$ | | |
| | (3) 직사각형, $\overline{BD}$ | | (4) 마름모, $\overline{BD}$, $\overline{BO}$, $\overline{CO}$ | | |
| 2 | (1) 7 | (2) 20 | | | |
| 3 | (1) 90° | (2) 45° | (3) 65° | | |
| 4 | (1) 45° | (2) 90° | (3) 4 | (4) 8 | (5) 32 |
| 5 | (1) ㄹ | (2) ㅁ | (3) ㄴ | | |
| 6 | (1) 10 | (2) 90 | (3) 45 | | |
| 7 | (1) ㄱ | (2) ㄱ | (3) ㅁ | (4) ㅂ | |
| 8 | (1) 7 | (2) 4 | (3) 90 | | |

**2** (1) $\overline{DC}=\overline{AD}=7$ cm이므로 $x=7$

(2) $\overline{AC}=2\overline{BO}=2\times 10=20(cm)$

$\therefore x=20$

**3** (2) $\triangle ABC$에서 $\angle B=90^\circ$이고 $\overline{AB}=\overline{BC}$이므로

$\angle x=\frac{1}{2}\times(180^\circ-90^\circ)$

$=45^\circ$

(3) $\angle ADB=45^\circ$이므로 $\triangle AED$에서

$\angle x=180^\circ-(70^\circ+45^\circ)$

$=65^\circ$

**4** (3) $\overline{BO}=\overline{AO}=4$ cm

(4) $\triangle ABO=\frac{1}{2}\times 4\times 4=8(cm^2)$

(5) $\square ABCD=4\triangle ABO$

$=4\times 8=32(cm^2)$

## 20 | 사다리꼴 53~54쪽

**1** (1) $\angle C$ (2) $\overline{AB}$, $\overline{DC}$ (3) $\overline{BD}$
(4) 180, $\angle C$, $\angle C$

**2** (1) 10 (2) 12 (3) 8 (4) 4

**3** (1) 70 (2) 80° (3) 45° (4) 35°

**4** (1) 4, 2, 6, 6 (2) 5

**2** (3) $\overline{AC}=\overline{BD}$이므로 $x=3+5=8$
(4) $\overline{AC}=\overline{BD}$이므로 $x+12=16$
$\therefore x=4$

**3** (2) $\overline{AD} /\!/ \overline{BC}$이므로 $\angle A+\angle B=180°$
$\therefore \angle B=180°-100°=80°$
따라서 $\angle C=\angle B=80°$이므로
$\angle x=80°$
(3) $\angle B=\angle C=70°$이므로
$\angle DBC=70°-25°=45°$
$\overline{AD} /\!/ \overline{BC}$이므로
$\angle x=\angle DBC=45°$(엇각)
(4) $\angle BOC=\angle AOD=110°$(맞꼭지각)
이때 $\triangle OBC$는 이등변삼각형이므로
$\angle x=\frac{1}{2}\times(180°-110°)$
$=35°$

**다른 풀이**
(3) $\angle C+\angle D=180°$이므로
$\angle D=110°$
$\therefore \angle A=\angle D=110°$
$\triangle ABD$에서
$\angle x=180°-(25°+110°)$
$=45°$

**4** (2) 오른쪽 그림과 같이 점 A에서 $\overline{BC}$에 내린 수선의 발을 F라 하면
$\triangle ABF\equiv\triangle DCE$
(RHA 합동)
이므로
$\overline{BF}=\overline{CE}=3$ cm
$\therefore \overline{AD}=\overline{FE}=\overline{BE}-\overline{BF}$
$=8-3=5$(cm)
$\therefore x=5$

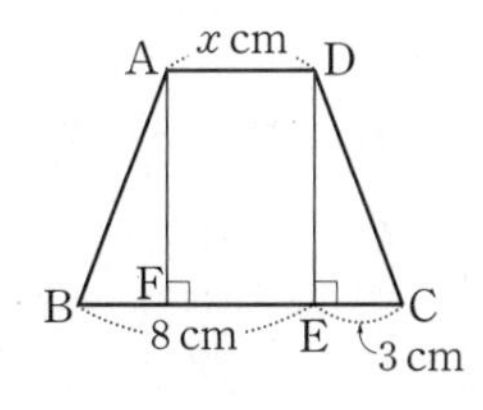


## 21 | 여러 가지 사각형 사이의 관계 55~56쪽

**1** (1) ㄴ, ㄹ, ㅁ (2) ㄱ, ㄴ, ㄷ, ㄹ (3) ㄷ, ㄹ

**2** (1) 마름모 (2) 직사각형 (3) 정사각형

**3** (1) ㄹ (2) ㄷ, ㅁ (3) ㄷ, ㅁ
(4) ㄴ, ㄹ

**4** (1) × (2) ○ (3) ○
(4) ×

**5** (1) 마름모
(2) A, B, C, D, 직사각형
(3) A, D, B, C, 정사각형
(4) A, D, B, C, 마름모

**2** (2) 평행사변형에서 한 내각이 직각이면 직사각형이 된다.
(3) 평행사변형에서 한 내각이 직각이고, 이웃하는 두 변의 길이가 같으면 정사각형이 된다.

**4** (1) 마름모는 밑변의 양 끝 각이 같지 않으므로 등변사다리꼴이라고 할 수 없다.

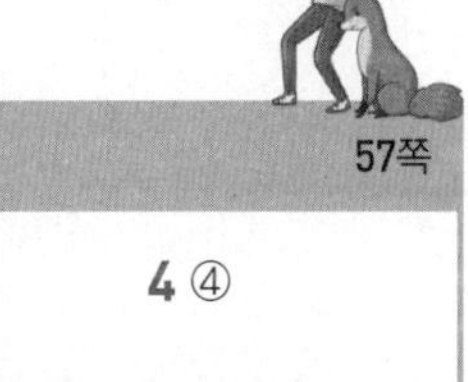

## 17-21 스스로 점검 문제 57쪽

**1** 48 **2** ③ **3** 12 **4** ④
**5** ⑤ **6** 35° **7** ⑤

**1** $\overline{AO}=\overline{DO}=\frac{1}{2}\overline{BD}=\frac{1}{2}\times16=8$(cm) $\therefore x=8$
$\angle B=90°$이므로
$\angle OBC=90°-\angle ABO=90°-50°=40°$
$\triangle OBC$는 $\overline{OB}=\overline{OC}$인 이등변삼각형이므로
$\angle OCB=\angle OBC=40°$ $\therefore y=40$
$\therefore x+y=8+40=48$

**2** △ABD에서 $\overline{AB}=\overline{AD}$이므로
$\angle y=\angle ADB=35°$
$\overline{AD}/\!/\overline{BC}$이므로 $\angle DBC=\angle ADB=35°$(엇각)
이때 $\overline{AC}\perp\overline{BD}$이므로 $\angle BOC=90°$
△OBC에서
$\angle x=180°-(90°+35°)=55°$
$\therefore \angle x-\angle y=55°-35°=20°$

**3** 평행사변형이 마름모가 되기 위해서는 이웃하는 두 변의 길이가 같아야 하므로 $\overline{BC}=\overline{CD}$이다.
$2x+5=3x-7 \quad \therefore x=12$

**4** △ABE와 △ADE에서
$\overline{AB}=\overline{AD}$, $\angle BAE=\angle DAE=45°$, $\overline{AE}$는 공통이므로 △ABE≡△ADE(SAS 합동)
$\therefore \angle ADE=\angle ABE=15°$
$\angle EAD=45°$이므로 △AED에서
$\angle DEC=45+15°=60°$

**5** ⑤ 직사각형이 된다.

**6** △ABD에서 $\overline{AB}=\overline{AD}$이므로 $\angle ABD=\angle ADB$
$\overline{AD}/\!/\overline{BC}$이므로 $\angle ADB=\angle DBC$(엇각)
따라서 $\angle ABD=\angle DBC$, $\angle ABC=\angle C=70°$이므로
$\angle DBC=\frac{1}{2}\angle ABC=\frac{1}{2}\times 70°=35°$

**7** 두 대각선이 서로 다른 것을 이등분하는 사각형은 평행사변형, 직사각형, 마름모, 정사각형이다.

## 22 평행선과 넓이 58~59쪽

1 (1) △DBC (2) △DBC, 9, 6, 27
2 (1) △ACE (2) △ACE, △ABE, 22
3 (1) 25 (2) 48 (3) 49
4 (1) 36 (2) 27 (3) 6 (4) 16
5 (1) △OBC, △OBC, △DOC, 24
(2) 22 (3) 23

**3** (1) $\triangle DBC=\triangle ABC=\frac{1}{2}\times 10\times 5=25(cm^2)$
(2) $\triangle ACD=\triangle ABD=\frac{1}{2}\times 12\times 8=48(cm^2)$
(3) $\triangle ABC=\triangle DBC=\frac{1}{2}\times 14\times 7=49(cm^2)$

**4** (1) $\overline{AC}/\!/\overline{DE}$이므로 △ACD=△ACE
□ABCD=△ABC+△ACD
=△ABC+△ACE
=△ABE=36($cm^2$)
(2) $\overline{AE}/\!/\overline{DB}$이므로 △DEB=△ABD
△DEC=△DEB+△DBC
=△ABD+△DBC
=□ABCD=27($cm^2$)
(3) $\overline{AC}/\!/\overline{DE}$이므로
△ACD=△ACE
=△ABE−△ABC
=18−12=6($cm^2$)
(4) $\overline{AC}/\!/\overline{DE}$이므로
△ACE=△ACD
=□ABCD−△ABC
=40−24=16($cm^2$)

**5** (2) $\overline{AD}/\!/\overline{BC}$이므로 △ABD=△ACD
∴ △DOC=△ACD−△AOD
=△ABD−△AOD
=36−14=22($cm^2$)
(3) $\overline{AD}/\!/\overline{BC}$이므로
△ABC=△DBC
=△OBC+△DOC
=14+9=23($cm^2$)

## 23 평행선 사이의 삼각형의 넓이의 비 60~61쪽

1 (1) 54, 36 (2) 2, $\overline{CD}$
2 (1) 3, 3, 21 (2) 40 (3) 3, $\frac{3}{4}$, 48
3 (1) $\frac{1}{2}$, $\frac{1}{2}$, 32, $\frac{5}{8}$, $\frac{5}{8}$, 32, 20 (2) 9
4 (1) 10 (2) 7
5 (1) 56, $\frac{3}{7}$, $\frac{3}{7}$, 56, 24 (2) 50 (3) 36

**2** (2) $\overline{BC}:\overline{CD}=3:5$이므로
△ABC : △ACD=3 : 5에서
24 : △ACD=3 : 5
∴ △ACD=40($cm^2$)

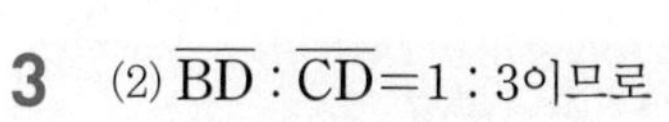

**3** (2) $\overline{BD}:\overline{CD}=1:3$이므로

$\triangle ABD:\triangle ADC=1:3$

$\therefore \triangle ABD=\frac{1}{4}\triangle ABC$

$=\frac{1}{4}\times 60=15(cm^2)$

$\overline{AE}:\overline{EB}=2:3$이므로

$\triangle AED:\triangle EBD=2:3$

$\therefore \triangle EBD=\frac{3}{5}\triangle ABD$

$=\frac{3}{5}\times 15=9(cm^2)$

**4** (1) $\triangle ACD=\frac{1}{2}\square ABCD$

$=\frac{1}{2}\times 50=25(cm^2)$

$\overline{AP}:\overline{PC}=3:2$이므로

$\triangle DAP:\triangle DPC=3:2$

$\therefore \triangle DPC=\frac{2}{5}\triangle ACD$

$=\frac{2}{5}\times 25=10(cm^2)$

(2) $\triangle APD=\frac{1}{2}\square ABCD$

$=\frac{1}{2}\times 42=21(cm^2)$

$\overline{AQ}:\overline{QD}=2:1$이므로

$\triangle QAP:\triangle QPD=2:1$

$\therefore \triangle QPD=\frac{1}{3}\triangle APD$

$=\frac{1}{3}\times 21=7(cm^2)$

**5** (2) $\overline{DO}:\overline{OB}=2:5$이므로

$\triangle AOD:\triangle ABO=2:5$에서

$8:\triangle ABO=2:5$

$\therefore \triangle ABO=20\ cm^2$

$\triangle DOC=\triangle ABO=20\ cm^2$이고,

$\overline{DO}:\overline{OB}=2:5$이므로

$\triangle DOC:\triangle OBC=2:5$에서

$20:\triangle OBC=2:5$

$\therefore \triangle OBC=50(cm^2)$

(3) $\overline{AO}:\overline{OC}=1:2$이므로

$\triangle AOD:\triangle DOC=1:2$

이때 $\triangle DOC=\triangle ABO=24\ cm^2$이므로

$\triangle AOD:24=1:2$

$\therefore \triangle AOD=12\ cm^2$

$\therefore \triangle ACD=\triangle AOD+\triangle DOC$

$=12+24=36(cm^2)$

## 22-23 · 스스로 점검 문제 62쪽

| | | | |
|---|---|---|---|
| **1** ② | **2** ③ | **3** ⑤ | **4** $16\ cm^2$ |
| **5** ① | **6** $45\ cm^2$ | | |

**1** $\triangle ACD=\triangle ACE$

$=\triangle ABE-\triangle ABC$

$=34-12=22(cm^2)$

**2** $\square ABCD=\triangle ABC+\triangle ACD$

$=\triangle ABC+\triangle ACE$

$=\triangle ABE$

$=\frac{1}{2}\times(8+4)\times 5$

$=30(cm^2)$

**3** $\triangle ABD=\triangle ACD$이므로

$\triangle ABO=\triangle ABD-\triangle AOD$

$=\triangle ACD-\triangle AOD$

$=\triangle DOC=17(cm^2)$

$\therefore \triangle AOD=\triangle ABD-\triangle ABO$

$=32-17=15(cm^2)$

**4** $\overline{BM}=\overline{CM}$이므로

$\triangle ABM=\triangle ACM$

$\therefore \triangle ABM=\frac{1}{2}\triangle ABC$

$=\frac{1}{2}\times 48=24(cm^2)$

$\overline{AD}:\overline{DM}=2:1$이므로

$\triangle ABD:\triangle BMD=2:1$

$\therefore \triangle ABD=\frac{2}{3}\triangle ABM$

$=\frac{2}{3}\times 24=16(cm^2)$

**5** $\triangle DBC=\frac{1}{2}\square ABCD$

$=\frac{1}{2}\times 40=20(cm^2)$

$\overline{BE}:\overline{EC}=2:3$이므로

$\triangle DBE:\triangle DEC=2:3$

$\therefore \triangle DEC=\frac{3}{5}\triangle DBC$

$=\frac{3}{5}\times 20=12(cm^2)$

**6** $\overline{AO}:\overline{OC}=1:2$이므로
$\triangle ABO:\triangle OBC=1:2$
$\therefore \triangle OBC=2\triangle ABO$
$=2\times15=30(cm^2)$
$\triangle DOC=\triangle ABO=15\,cm^2$이므로
$\triangle DBC=\triangle DOC+\triangle OBC$
$=15+30=45(cm^2)$

# Ⅱ. 도형의 닮음과 피타고라스 정리

## 1 도형의 닮음

### 01 닮은 도형 64쪽

**1** (1) 점 D (2) 점 E (3) 점 F
(4) 변 DE (5) 변 EF (6) $\angle D$

**2** (1) ○ (2) ○ (3) × (4) ○ (5) ×
(6) × (7) ○ (8) ×

### 02 닮음의 성질 65~67쪽

**1** (1) 9, 2, 3 (2) 3, 3, 6 (3) 40
**2** (1) 12, 2, 3 (2) FGH (3) 3, 3, 6
**3** (1) 3 : 2 (2) 9 (3) 8 (4) 70° (5) 85°
**4** (1) 8 (2) 6 (3) 9 (4) 18 (5) 27
(6) 2 : 3
**5** (1) 2 : 3 (2) $\overline{JK}$ (3) 6 (4) $\overline{DH}$ (5) 15
**6** (1) 9, 2, 3 (2) 2 : 3 (3) 4 : 7 (4) 3 : 5
**7** (1) 4 (2) $12\pi$ (3) $8\pi$ (4) 3 : 2

**3** (1) $\overline{BC}:\overline{FG}=15:10=3:2$
(2) 닮음비가 3 : 2이므로
$\overline{AD}:\overline{EH}=3:2$에서 $\overline{AD}:6=3:2$
$2\overline{AD}=18$ $\therefore \overline{AD}=9(cm)$
(3) $\overline{AB}:\overline{EF}=3:2$에서 $12:\overline{EF}=3:2$
$3\overline{EF}=24$ $\therefore \overline{EF}=8(cm)$
(4) $\angle C$에 대응하는 각은 $\angle G$이므로
$\angle C=\angle G=70^\circ$
(5) $\angle F$에 대응하는 각은 $\angle B$이므로
$\angle F=\angle B=85^\circ$

**4** (1) $\overline{AB}:\overline{DE}=2:3$에서 $\overline{AB}:12=2:3$
$3\overline{AB}=24$ $\therefore \overline{AB}=8(cm)$
(2) $\overline{BC}:\overline{EF}=2:3$에서 $4:\overline{EF}=2:3$
$2\overline{EF}=12$ $\therefore \overline{EF}=6(cm)$
(3) $\overline{CA}:\overline{FD}=2:3$에서 $6:\overline{FD}=2:3$
$2\overline{FD}=18$ $\therefore \overline{FD}=9(cm)$
(4) $\overline{AB}+\overline{BC}+\overline{CA}=8+4+6$
$=18(cm)$
(5) $\overline{DE}+\overline{EF}+\overline{FD}=12+6+9$
$=27(cm)$

(6) $\triangle$ABC와 $\triangle$DEF의 둘레의 길이는 각각 18 cm, 27 cm이므로 둘레의 길이의 비는
$18:27=2:3$

**5** (1) $\overline{AB}:\overline{IJ}=4:6=2:3$
(3) $\overline{BC}:\overline{JK}=2:3$에서 $\overline{BC}:9=2:3$
$3\overline{BC}=18$ $\therefore \overline{BC}=6(cm)$
(5) $\overline{DH}:\overline{LP}=2:3$에서 $10:\overline{LP}=2:3$
$2\overline{LP}=30$ $\therefore \overline{LP}=15(cm)$

**6** (2) $10:15=2:3$
(4) $6:10=3:5$

**7** (1) 원기둥의 닮음비는 높이의 비와 같으므로
$15:10=3:2$
원기둥 B의 밑면의 반지름의 길이를 $x$ cm라 하면
$6:x=3:2$, $3x=12$
$\therefore x=4$
(2) $2\pi\times6=12\pi(cm)$
(3) $2\pi\times4=8\pi(cm)$
(4) 원기둥 A, B의 밑면의 둘레의 길이는 각각 $12\pi$ cm, $8\pi$ cm이므로 둘레의 길이의 비는
$12\pi:8\pi=3:2$

## 01-02 스스로 점검 문제 68쪽

| | | | |
|---|---|---|---|
| **1** ③ | **2** ⑤ | **3** 11 cm | **4** 27 cm |
| **5** 15 | **6** ② | | |

**1** ③ 두 이등변삼각형은 항상 닮음이라고 할 수 없다.

**2** $\triangle$ABC와 $\triangle$DEF의 닮음비는
$\overline{BC}:\overline{EF}=15:9=5:3$

**3** □ABCD와 □EFGH의 닮음비는
$\overline{AB}:\overline{EF}=4:6=2:3$이므로
$\overline{AD}:\overline{EH}=2:3$에서 $\overline{AD}:9=2:3$
$3\overline{AD}=18$ $\therefore \overline{AD}=6$ cm
$\overline{CD}:\overline{GH}=2:3$에서 $\overline{CD}:7.5=2:3$
$3\overline{CD}=15$ $\therefore \overline{CD}=5$ cm
$\therefore \overline{AD}+\overline{CD}=11(cm)$

**4** $\triangle$ABC와 $\triangle$DEF의 닮음비는
$\overline{BC}:\overline{EF}=8:6=4:3$이므로
$\overline{AB}:\overline{DE}=4:3$에서 $16:\overline{DE}=4:3$
$4\overline{DE}=48$ $\therefore \overline{DE}=12$ cm
$\overline{AC}:\overline{DF}=4:3$에서 $12:\overline{DF}=4:3$
$4\overline{DF}=36$ $\therefore \overline{DF}=9$ cm
따라서 $\triangle$DEF의 둘레의 길이는
$12+6+9=27(cm)$

**다른 풀이**
$\triangle$ABC와 $\triangle$DEF의 닮음비는
$\overline{BC}:\overline{EF}=8:6=4:3$
($\triangle$ABC의 둘레의 길이)$=16+8+12$
$=36(cm)$
이므로 $\triangle$DEF의 둘레의 길이를 $l$ cm라 하면
$36:l=4:3$, $4l=108$
$\therefore l=27$

**5** 두 직육면체의 닮음비는
$\overline{AB}:\overline{IJ}=2:6=1:3$이므로
$\overline{FG}:\overline{NO}=1:3$에서 $x:9=1:3$
$3x=9$ $\therefore x=3$
$\overline{DH}:\overline{LP}=1:3$에서 $4:y=1:3$
$\therefore y=12$
$\therefore x+y=15$

**6** 두 원기둥의 닮음비가 $8:12=2:3$이므로 밑면의 둘레의 길이의 비도 $2:3$이다.

## 03 삼각형의 닮음 조건 69~70쪽

**1** (1) 2, 1, 6, 2, 1, 5, 2, 1, SSS
(2) 40, 2, 1, 8, 2, 1, SAS
(3) $\angle$E, $\angle$F, AA
**2** (1) 4, 16, 4, $\overline{DC}$, 8, 3, 4, $\triangle$CBD, SSS
(2) $\triangle$ADE, SAS
(3) $\triangle$ADE, AA
**3** (1) × (2) ○ (3) × (4) × (5) ○

**2** (2) $\triangle$ABC와 $\triangle$ADE에서
$\angle BAC=\angle DAE$(맞꼭지각),
$\overline{AB}:\overline{AD}=6:3=2:1$,
$\overline{AC}:\overline{AE}=8:4=2:1$

따라서 두 쌍의 대응하는 변의 길이의 비가 같고 그 끼인각의 크기가 같으므로

$\triangle ABC \backsim \triangle ADE$(SAS 닮음)

(3) $\triangle ABC$와 $\triangle ADE$에서

$\angle A$는 공통, $\angle ACB = \angle AED$

따라서 두 쌍의 대응하는 각의 크기가 각각 같으므로

$\triangle ABC \backsim \triangle ADE$(AA 닮음)

**3** (1) $\triangle ABC$에서 $\angle A = 70°$이면

$\angle C = 180° - (70° + 30°) = 80°$

$\triangle DEF$에서 $\angle D = 70°$이면

$\angle E = 180° - (70° + 75°) = 35°$

따라서 대응하는 각의 크기가 같지 않으므로 닮음이 아니다.

(2) $\angle A = 180° - (30° + 75°) = 75°$

$\triangle ABC$와 $\triangle DEF$에서

$\angle A = \angle D$, $\angle C = \angle F$

$\therefore \triangle ABC \backsim \triangle DEF$(AA 닮음)

(4) 두 쌍의 대응하는 변의 길이의 비는 같지만 그 끼인각의 크기가 같은지 알 수 없으므로 닮음이라고 할 수 없다.

(5) 두 쌍의 대응하는 변의 길이의 비가 같고 그 끼인각의 크기가 같으므로 SAS 닮음이다.

## 04 SAS 닮음의 이용 71~72쪽

**1** (1) (2) 2, $\overline{AD}$, 6, 2, 1, SAS (3) 8

**2** (1)

(2) $\triangle CBD$, $\overline{BD}$, 2, 2, 1, $\triangle CBD$, SAS (3) 6

**3** (1) 8 (2) 10 (3) 20 (4) 18 (5) 5 (6) 6 (7) 6

**1** (3) $\triangle ABC$와 $\triangle AED$의 닮음비는 $2:1$이므로

$\overline{BC} : \overline{ED} = 2:1$에서

$16 : x = 2 : 1$ $\therefore x = 8$

**2** (3) $\triangle ABC$와 $\triangle CBD$의 닮음비는 $2:1$이므로

$\overline{AC} : \overline{CD} = 2:1$에서

$x : 3 = 2 : 1$

$\therefore x = 6$

**3** (1) $\triangle ABC$와 $\triangle EDC$에서

$\angle ACB = \angle ECD$(맞꼭지각),

$\overline{AC} : \overline{EC} = 4 : 6 = 2 : 3$,

$\overline{BC} : \overline{DC} = 6 : 9 = 2 : 3$

$\therefore \triangle ABC \backsim \triangle EDC$(SAS 닮음)

따라서 $\triangle ABC$와 $\triangle EDC$의 닮음비는 $2:3$이므로

$\overline{AB} : \overline{ED} = 2 : 3$에서

$x : 12 = 2 : 3$

$3x = 24$ $\therefore x = 8$

(2) $\triangle ABC$와 $\triangle DEC$에서

$\angle ACB = \angle DCE$(맞꼭지각),

$\overline{AC} : \overline{DC} = 6 : 3 = 2 : 1$,

$\overline{BC} : \overline{EC} = 8 : 4 = 2 : 1$

$\therefore \triangle ABC \backsim \triangle DEC$(SAS 닮음)

따라서 $\triangle ABC$와 $\triangle DEC$의 닮음비는 $2:1$이므로

$\overline{AB} : \overline{DE} = 2 : 1$에서

$x : 5 = 2 : 1$ $\therefore x = 10$

(3)

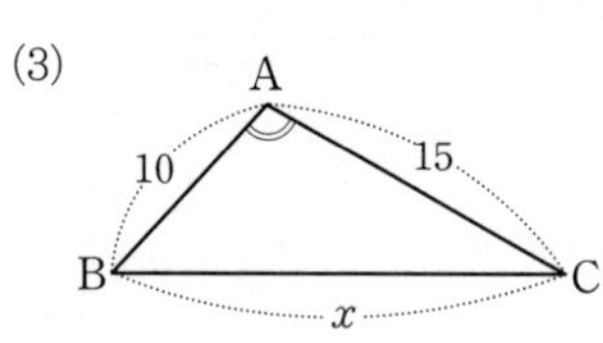


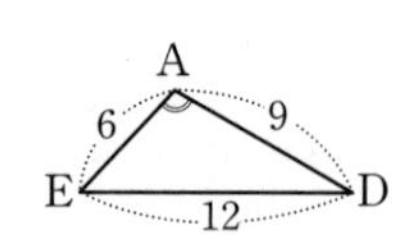


$\triangle ABC$와 $\triangle AED$에서

$\angle A$는 공통,

$\overline{AB} : \overline{AE} = 10 : 6 = 5 : 3$,

$\overline{AC} : \overline{AD} = 15 : 9 = 5 : 3$

$\therefore \triangle ABC \backsim \triangle AED$(SAS 닮음)

따라서 $\triangle ABC$와 $\triangle AED$의 닮음비는 $5:3$이므로

$\overline{BC} : \overline{ED} = 5 : 3$에서

$x : 12 = 5 : 3$

$3x = 60$ $\therefore x = 20$

(4)

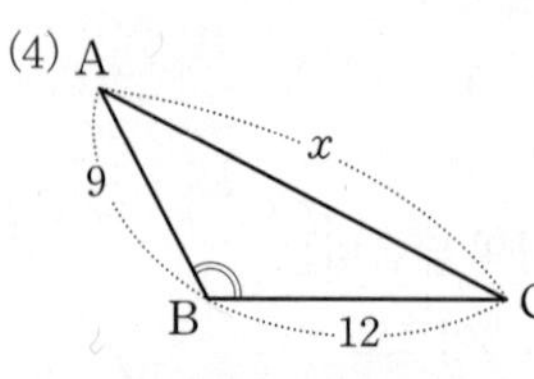


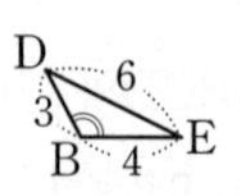


$\triangle ABC$와 $\triangle DBE$에서

$\angle B$는 공통,

$\overline{AB} : \overline{DB} = 9 : 3 = 3 : 1$,

$\overline{BC} : \overline{BE} = 12 : 4 = 3 : 1$

$\therefore \triangle ABC \backsim \triangle DBE$(SAS 닮음)

따라서 △ABC와 △DBE의 닮음비는 3 : 1이므로
$\overline{AC} : \overline{DE} = 3 : 1$에서
$x : 6 = 3 : 1 \qquad \therefore x = 18$

(5)
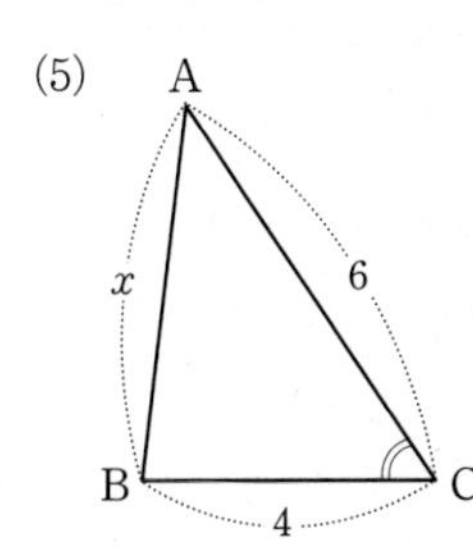

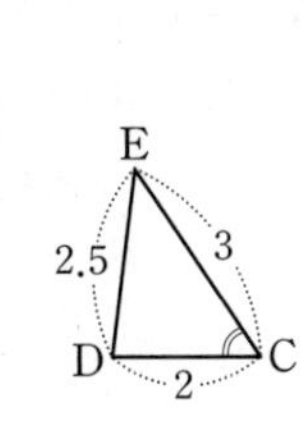


△ABC와 △EDC에서
∠C는 공통,
$\overline{AC} : \overline{EC} = 6 : 3 = 2 : 1$,
$\overline{BC} : \overline{DC} = 4 : 2 = 2 : 1$
∴ △ABC∽△EDC(SAS 닮음)
따라서 △ABC와 △EDC의 닮음비는 2 : 1이므로
$\overline{AB} : \overline{ED} = 2 : 1$에서
$x : 2.5 = 2 : 1 \qquad \therefore x = 5$

(6)
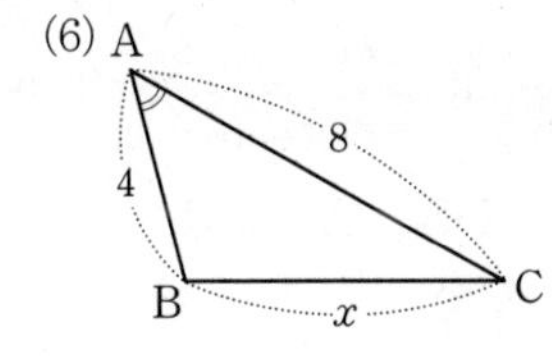

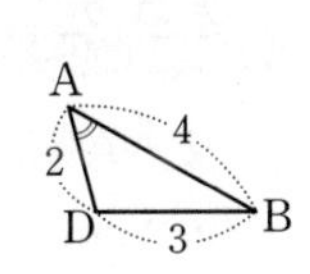


$\overline{AD} = 8 - 6 = 2$이므로
△ABC와 △ADB에서
∠A는 공통,
$\overline{AB} : \overline{AD} = 4 : 2 = 2 : 1$,
$\overline{AC} : \overline{AB} = 8 : 4 = 2 : 1$
∴ △ABC∽△ADB(SAS 닮음)
따라서 △ABC와 △ADB의 닮음비는 2 : 1이므로
$\overline{BC} : \overline{DB} = 2 : 1$에서
$x : 3 = 2 : 1$
$\therefore x = 6$

(7)
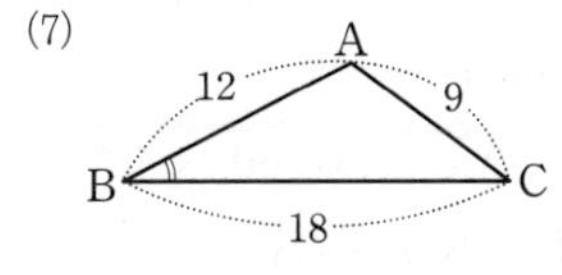

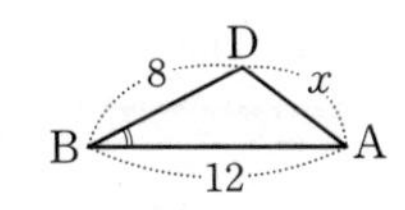


△ABC와 △DBA에서
∠B는 공통,
$\overline{AB} : \overline{DB} = 12 : 8 = 3 : 2$,
$\overline{BC} : \overline{BA} = 18 : 12 = 3 : 2$
∴ △ABC∽△DBA(SAS 닮음)
따라서 △ABC와 △DBA의 닮음비는 3 : 2이므로
$\overline{AC} : \overline{DA} = 3 : 2$에서
$9 : x = 3 : 2,\ 3x = 18$
$\therefore x = 6$

## 05 AA 닮음의 이용 73~74쪽

**1** (1)
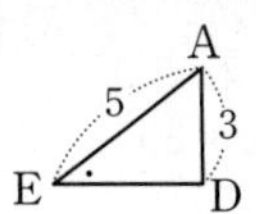


(2) ∠A, ∠AED, AA
(3) 2 : 1

**2** (1)
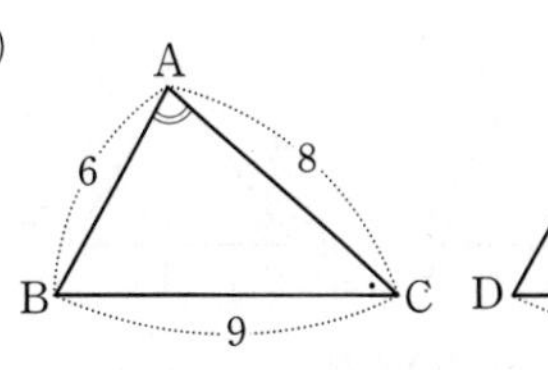


D, A, B, 6, $x$

(2) △ADB, ∠ABD, △ADB, AA (3) $\frac{27}{4}$

**3** (1) 5 (2) 4 (3) 25 (4) 9
(5) 6 (6) 6 (7) 10

**1** (3) △ABC∽△AED이므로 △ABC와 △AED의 닮음비는
$\overline{AB} : \overline{AE} = 10 : 5 = 2 : 1$

**2** (3) $\overline{AC} : \overline{AB} = 8 : 6 = 4 : 3$이므로
$\overline{BC} : \overline{DB} = 4 : 3$에서 $9 : x = 4 : 3$
$4x = 27 \qquad \therefore x = \frac{27}{4}$

**3** (1) △ABC와 △EBD에서
∠CAB=∠DEB(엇각),
∠ABC=∠EBD(맞꼭지각)
∴ △ABC∽△EBD(AA 닮음)
따라서 △ABC와 △EBD의 닮음비는
$\overline{AB} : \overline{EB} = 3 : 6 = 1 : 2$이므로
$\overline{BC} : \overline{BD} = 1 : 2$에서
$x : 10 = 1 : 2,\ 2x = 10 \qquad \therefore x = 5$

(2) △ABC와 △EDC에서
∠B=∠D, ∠ACB=∠ECD(맞꼭지각)
∴ △ABC∽△EDC(AA 닮음)
따라서 △ABC와 △EDC의 닮음비는
$\overline{BC} : \overline{DC} = 10 : 8 = 5 : 4$이므로
$\overline{AC} : \overline{EC} = 5 : 4$에서
$5 : x = 5 : 4,\ 5x = 20 \qquad \therefore x = 4$

(3)
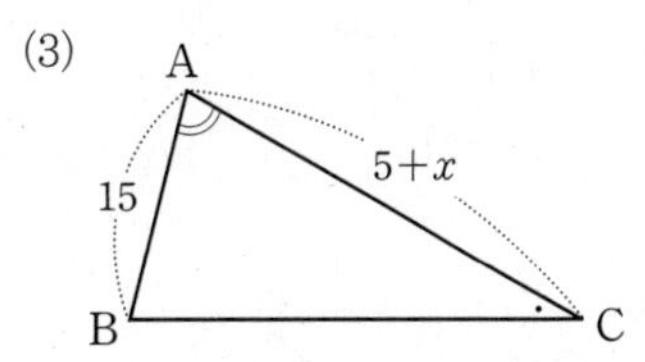

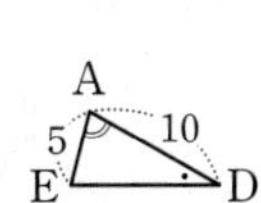


△ABC와 △AED에서
∠A는 공통, ∠ACB=∠ADE
∴ △ABC∽△AED(AA 닮음)

따라서 △ABC와 △AED의 닮음비는

$\overline{AB}:\overline{AE}=15:5=3:1$이므로

$\overline{AC}:\overline{AD}=3:1$에서

$(5+x):10=3:1,\ 5+x=30\qquad \therefore\ x=25$

(4)

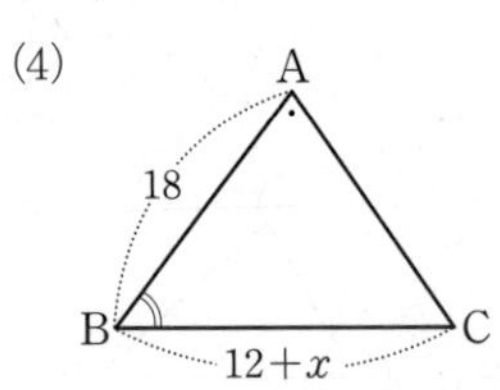


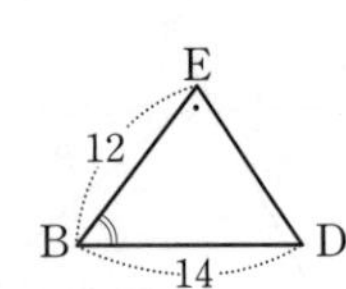


△ABC와 △EBD에서

∠B는 공통, ∠BAC=∠BED

∴ △ABC∽△EBD(AA 닮음)

따라서 △ABC와 △EBD의 닮음비는

$\overline{AB}:\overline{EB}=18:12=3:2$이므로

$\overline{BC}:\overline{BD}=3:2$에서

$(12+x):14=3:2,\ 2(12+x)=42$

$12+x=21\qquad \therefore\ x=9$

(5)

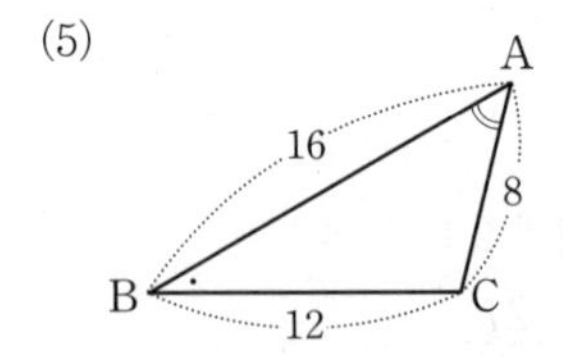


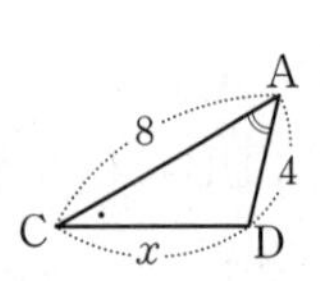


△ABC와 △ACD에서

∠A는 공통, ∠ABC=∠ACD

∴ △ABC∽△ACD(AA 닮음)

따라서 △ABC와 △ACD의 닮음비는

$\overline{AB}:\overline{AC}=16:8=2:1$이므로

$\overline{BC}:\overline{CD}=2:1$에서

$12:x=2:1,\ 2x=12\qquad \therefore\ x=6$

(6)

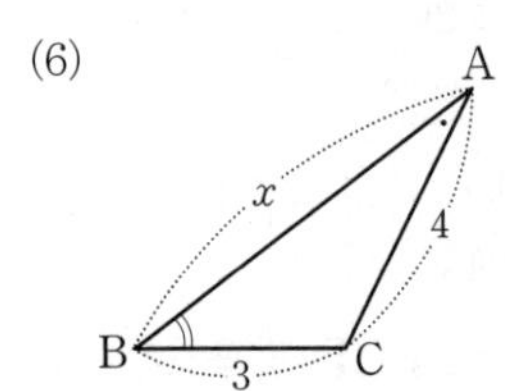


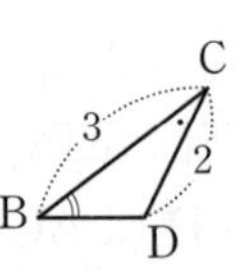


△ABC와 △CBD에서

∠B는 공통, ∠BAC=∠BCD

∴ △ABC∽△CBD(AA 닮음)

따라서 △ABC와 △CBD의 닮음비는

$\overline{AC}:\overline{CD}=4:2=2:1$이므로

$\overline{AB}:\overline{CB}=2:1$에서

$x:3=2:1\qquad \therefore\ x=6$

(7)

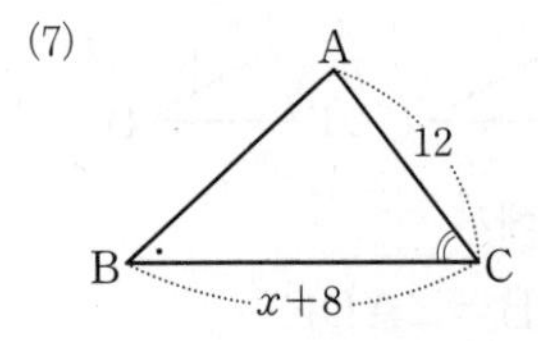


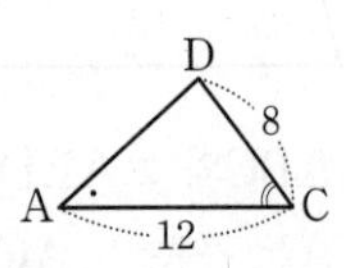


△ABC와 △DAC에서

∠C는 공통, ∠ABC=∠DAC

∴ △ABC∽△DAC (AA 닮음)

따라서 △ABC와 △DAC의 닮음비는

$\overline{AC}:\overline{DC}=12:8=3:2$이므로

$\overline{BC}:\overline{AC}=3:2$에서

$(x+8):12=3:2,\ 2(x+8)=36$

$x+8=18\qquad \therefore\ x=10$

## 03-05 스스로 점검 문제 75쪽

| | | | |
|---|---|---|---|
| 1 ④ | 2 △AEB∽△DBC, AA 닮음 | | |
| 3 ④ | 4 3 cm | 5 ④ | 6 10 |
| 7 ② | | | |

**1** ④ SAS 닮음

**2** △AEB와 △DBC에서

$\overline{AB}\,/\!/\,\overline{CD}$ 이므로 ∠ABE=∠DCB(엇각)

$\overline{AE}\,/\!/\,\overline{BD}$ 이므로 ∠AEB=∠DBC(엇각)

∴ △AEB∽△DBC(AA 닮음)

**3** ④ ∠A=60°, ∠D=60°이면

△ABC에서 ∠C=180°−(60°+70°)=50°이므로

△ABC와 △DFE에서

∠C=∠E=50°, ∠A=∠D=60°

∴ △ABC∽△DFE(AA 닮음)

**4** △ABC와 △DEC에서

∠ACB=∠DCE(맞꼭지각),

$\overline{AC}:\overline{DC}=5:15=1:3$,

$\overline{BC}:\overline{EC}=6:18=1:3$

∴ △ABC∽△DEC(SAS 닮음)

따라서 △ABC와 △DEC의 닮음비는 1 : 3이므로

$\overline{AB}:\overline{DE}=1:3$에서

$\overline{AB}:9=1:3,\ 3\overline{AB}=9\qquad \therefore\ \overline{AB}=3(\text{cm})$

**5**

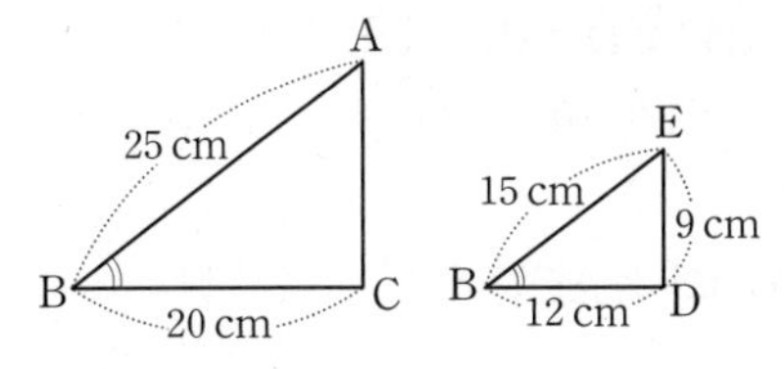


$\triangle ABC$와 $\triangle EBD$에서

$\angle B$는 공통,

$\overline{AB}:\overline{EB}=25:15=5:3$,

$\overline{BC}:\overline{BD}=20:12=5:3$

$\therefore \triangle ABC \backsim \triangle EBD$(SAS 닮음)

따라서 $\triangle ABC$와 $\triangle EBD$의 닮음비는 $5:3$이므로

$\overline{AC}:\overline{ED}=5:3$에서

$\overline{AC}:9=5:3$, $3\overline{AC}=45$

$\therefore \overline{AC}=15(\text{cm})$

**6** $\triangle ABC$와 $\triangle DEC$에서

$\angle C$는 공통, $\angle BAC=\angle EDC$(동위각)

$\therefore \triangle ABC \backsim \triangle DEC$(AA 닮음)

따라서 $\triangle ABC$와 $\triangle DEC$의 닮음비는

$\overline{AC}:\overline{DC}=15:(15-5)=3:2$이므로

$\overline{AB}:\overline{DE}=3:2$에서

$9:x=3:2$, $3x=18$　　$\therefore x=6$

$\overline{BC}:\overline{EC}=3:2$에서

$12:(12-y)=3:2$

$3(12-y)=24$, $12-y=8$　　$\therefore y=4$

$\therefore x+y=10$

참고 평행선과 다른 한 직선이 만나서 생기는 동위각의 크기는 같다.

**7**

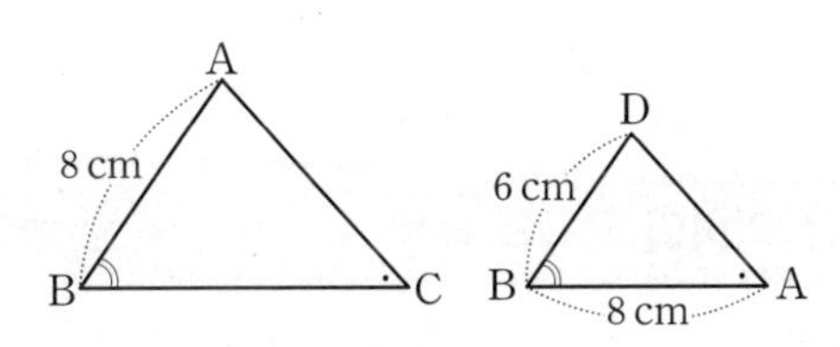


$\triangle ABC$와 $\triangle DBA$에서

$\angle B$는 공통, $\angle ACB=\angle DAB$

$\therefore \triangle ABC \backsim \triangle DBA$(AA 닮음)

따라서 $\triangle ABC$와 $\triangle DBA$의 닮음비는

$\overline{AB}:\overline{DB}=8:6=4:3$이므로

$\overline{BC}:\overline{BA}=4:3$에서

$(6+\overline{CD}):8=4:3$, $3(6+\overline{CD})=32$

$6+\overline{CD}=\frac{32}{3}$　　$\therefore \overline{CD}=\frac{14}{3}(\text{cm})$

## 06 직각삼각형의 닮음 　76~77쪽

**1** (1)

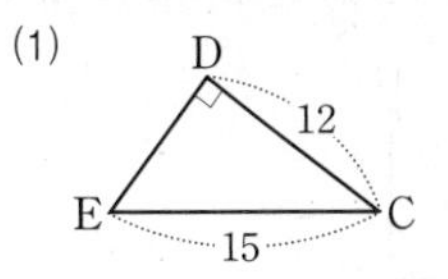


(2) $\triangle DEC$, $\angle C$, $\angle EDC$, $\triangle DEC$, AA

(3) $\overline{EC}$, 15, 24, 24, 9

**2** (1) 11　(2) 8　(3) 4

**3** (1) 16　(2) 5　(3) 1　(4) 7

**4** (1) ① ○　② ×　③ ○　④ ○　(2) 6

**2** (1)

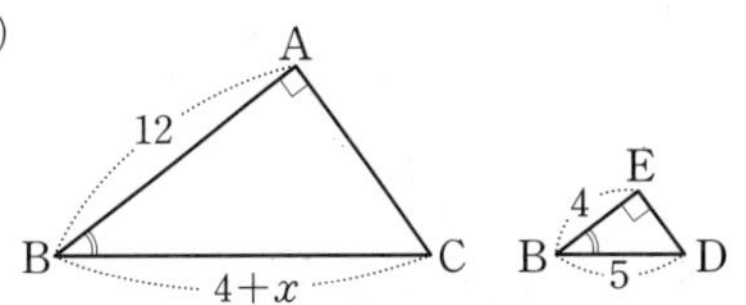


$\triangle ABC$와 $\triangle EBD$에서

$\angle B$는 공통, $\angle BAC=\angle BED=90^\circ$

$\therefore \triangle ABC \backsim \triangle EBD$(AA 닮음)

따라서 $\overline{AB}:\overline{EB}=\overline{BC}:\overline{BD}$에서

$12:4=(4+x):5$, $4(4+x)=60$

$4+x=15$　　$\therefore x=11$

(2) $\overline{DA}=\overline{DB}=\frac{1}{2}\times 12=6$

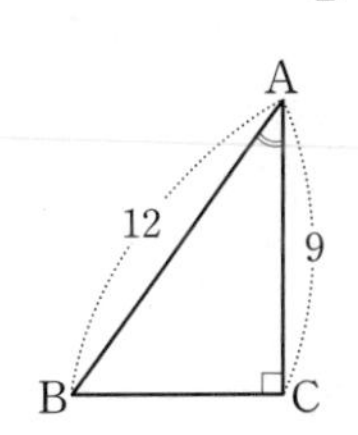


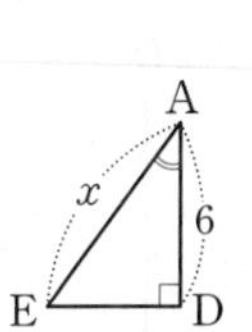


$\triangle ABC$와 $\triangle AED$에서

$\angle A$는 공통, $\angle ACB=\angle ADE=90^\circ$

$\therefore \triangle ABC \backsim \triangle AED$(AA 닮음)

따라서 $\overline{AB}:\overline{AE}=\overline{AC}:\overline{AD}$에서

$12:x=9:6$, $9x=72$

$\therefore x=8$

(3)

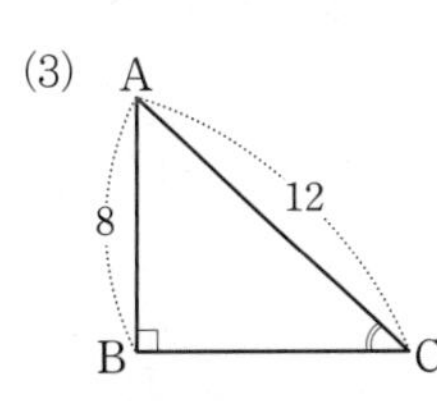


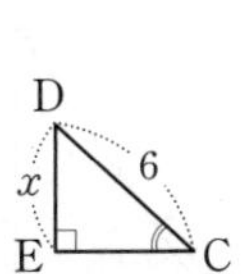


$\triangle ABC$와 $\triangle DEC$에서

$\angle C$는 공통, $\angle ABC=\angle DEC=90^\circ$

$\therefore \triangle ABC \backsim \triangle DEC$(AA 닮음)

따라서 $\overline{AB}:\overline{DE}=\overline{AC}:\overline{DC}$에서

$8:x=12:6$, $12x=48$

$\therefore x=4$

**3** (1)

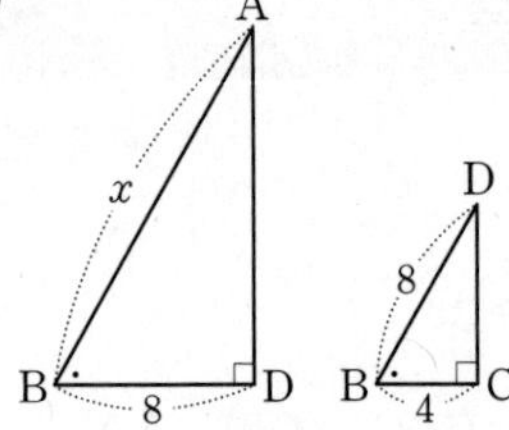


$\triangle$ABD와 $\triangle$DBC에서

$\angle ADB = \angle DCB = 90^\circ$, $\angle ABD = \angle DBC$

$\therefore$ $\triangle ABD \backsim \triangle DBC$(AA 닮음)

따라서 $\overline{AB} : \overline{DB} = \overline{BD} : \overline{BC}$에서

$x : 8 = 8 : 4$, $4x = 64$

$\therefore$ $x = 16$

(2)

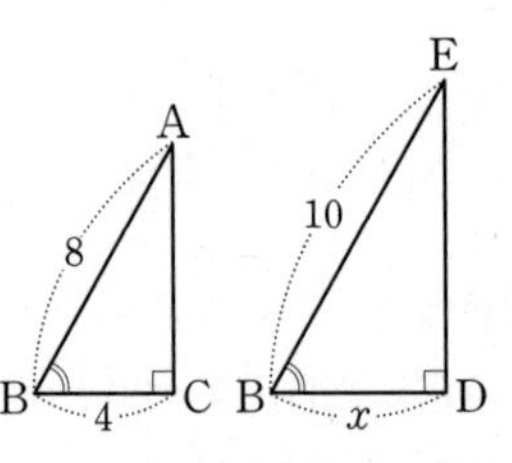


$\triangle$ABC와 $\triangle$EBD에서

$\angle$B는 공통, $\angle ACB = \angle EDB = 90^\circ$

$\therefore$ $\triangle ABC \backsim \triangle EBD$(AA 닮음)

따라서 $\overline{AB} : \overline{EB} = \overline{BC} : \overline{BD}$에서

$8 : 10 = 4 : x$, $8x = 40$  $\therefore$ $x = 5$

(3) $\overline{DC} = 2 \times 6 = 12$

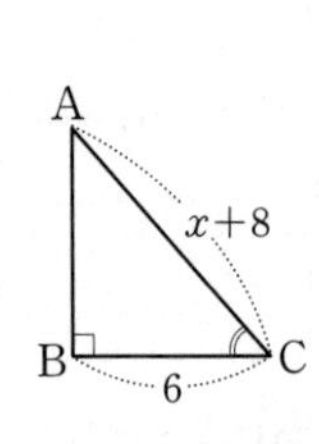


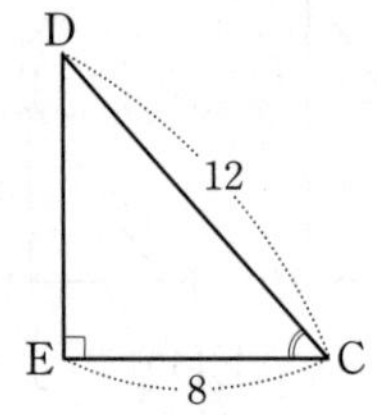


$\triangle$ABC와 $\triangle$DEC에서

$\angle$C는 공통, $\angle ABC = \angle DEC = 90^\circ$

$\therefore$ $\triangle ABC \backsim \triangle DEC$(AA 닮음)

따라서 $\overline{AC} : \overline{DC} = \overline{BC} : \overline{EC}$에서

$(x+8) : 12 = 6 : 8$, $x + 8 = 9$  $\therefore$ $x = 1$

(4)

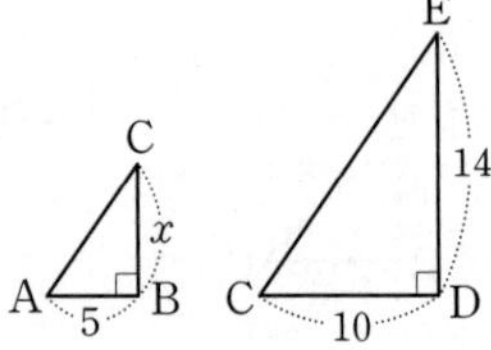


$\triangle$ABC와 $\triangle$CDE에서

$\angle ABC = \angle CDE = 90^\circ$,

$\angle BAC = 90^\circ - \angle ACB = 90^\circ - \angle CED$

$= \angle DCE$

$\therefore$ $\triangle ABC \backsim \triangle CDE$(AA 닮음)

따라서 $\overline{AB} : \overline{CD} = \overline{BC} : \overline{DE}$에서

$5 : 10 = x : 14$, $10x = 70$  $\therefore$ $x = 7$

**4** (1) ① $\triangle$ABD와 $\triangle$ACE에서

$\angle$A는 공통,

$\angle ADB = \angle AEC = 90^\circ$

$\therefore$ $\triangle ABD \backsim \triangle ACE$(AA 닮음)

③ $\triangle$ABD와 $\triangle$FBE에서

$\angle$ABD는 공통,

$\angle ADB = \angle FEB = 90^\circ$

$\therefore$ $\triangle ABD \backsim \triangle FBE$(AA 닮음)

④ $\triangle ABD \backsim \triangle FBE$이므로

$\angle DAB = \angle EFB$

$\therefore$ $\angle DAB = \angle EFB$

$= \angle DFC$(맞꼭지각)

$\triangle$ABD와 $\triangle$FCD에서

$\angle ADB = \angle FDC = 90^\circ$,

$\angle DAB = \angle DFC$

$\therefore$ $\triangle ABD \backsim \triangle FCD$(AA 닮음)

(2)

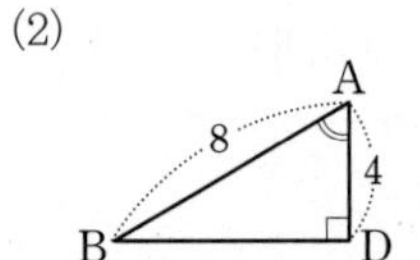


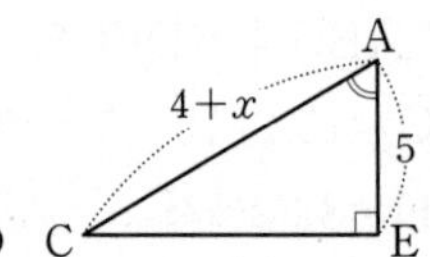


$\triangle ABD \backsim \triangle ACE$(AA 닮음)이므로

$\overline{AB} : \overline{AC} = \overline{AD} : \overline{AE}$에서

$8 : (4+x) = 4 : 5$, $4(4+x) = 40$

$4 + x = 10$  $\therefore$ $x = 6$

## 07 | 직각삼각형의 닮음의 활용

78~79쪽

| | | | | |
|---|---|---|---|---|
| 1 | (1) $ad$ | (2) $ae$ | (3) $de$ | |
| 2 | (1) $\overline{BC}$, 12, 36, 6 | (2) 10 | (3) 8 | (4) 5 |
| 3 | (1) $\overline{CB}$, 16, 144, 12 | (2) 4 | (3) 9 | (4) 9 |
| 4 | (1) $\overline{HC}$, 2, 16, 4 | (2) 6 | (3) 9 | |

**2** (2) $x^2 = 5 \times (5+15) = 100$  $\therefore$ $x = 10$ ($\because$ $x > 0$)

(3) $12^2 = x \times 18$, $144 = 18x$  $\therefore$ $x = 8$

(4) $6^2 = 4 \times (4+x)$, $36 = 16 + 4x$

$4x = 20$  $\therefore$ $x = 5$

**3** (2) $x^2=2\times(6+2)=16$  $\therefore x=4$ ($\because x>0$)

(3) $15^2=x\times25$, $225=25x$  $\therefore x=9$

(4) $20^2=16\times(16+x)$, $400=256+16x$

$16x=144$  $\therefore x=9$

**4** (2) $x^2=3\times12=36$  $\therefore x=6$ ($\because x>0$)

(3) $12^2=x\times16$, $144=16x$  $\therefore x=9$

## 06-07 · 스스로 점검 문제 80쪽

| | | | |
|---|---|---|---|
| **1** ④ | **2** 12 cm | **3** ④ | **4** ③ |
| **5** 36 | **6** $\frac{9}{4}$ | **7** ③ | |

**1** $\overline{AE}=\frac{1}{2}\times20=10$(cm)

△ABC와 △AED에서

∠A는 공통, ∠B=∠AED=90°

∴ △ABC∽△AED(AA 닮음)

따라서 $\overline{AB}:\overline{AE}=\overline{AC}:\overline{AD}$에서

$16:10=20:\overline{AD}$, $16\overline{AD}=200$

$\therefore \overline{AD}=\frac{25}{2}$(cm)

**2** △ABC와 △CDE에서

∠BAC+∠ACB=90°, ∠ACB+∠DCE=90°

이므로 ∠BAC=∠DCE

이때 ∠ABC=∠CDE=90°이므로

∴ △ABC∽△CDE(AA 닮음)

따라서 $\overline{AB}:\overline{CD}=\overline{BC}:\overline{DE}$에서

$16:\overline{CD}=12:9$, $12\overline{CD}=144$

$\therefore \overline{CD}=12$(cm)

**3** 한 예각의 크기가 같은 두 직각삼각형은 닮음이다.

∴ △ABC∽△DEC∽△DBF∽△AEF

**4** △ABD∽△ACE이므로

$\overline{AB}:\overline{AC}=\overline{AD}:\overline{AE}$에서

$10:8=\overline{AD}:4$, $8\overline{AD}=40$

$\therefore \overline{AD}=5$(cm)

**5** $\overline{AC}^2=\overline{CH}\times\overline{CB}$이므로

$15^2=9\times(y+9)$

$225=9y+81$, $9y=144$

$\therefore y=16$

$\overline{AB}^2=\overline{BH}\times\overline{BC}$이므로

$x^2=16\times(16+9)=400$

$\therefore x=20$ ($\because x>0$)

$\therefore x+y=20+16=36$

**6** $\overline{AH}^2=\overline{HB}\times\overline{HC}$이므로

$3^2=4\times x$, $9=4x$

$\therefore x=\frac{9}{4}$

**7** $\overline{BD}^2=\overline{DA}\times\overline{DC}$이므로

$\overline{BD}^2=12\times3=36$

$\therefore \overline{BD}=6$ cm ($\because \overline{BD}>0$)

$\therefore \triangle ABC=\frac{1}{2}\times15\times6=45(\text{cm}^2)$

## 2 닮은 도형의 성질

### 08 삼각형에서 평행선과 선분의 길이의 비(1) 81~82쪽

1 (1) $\overline{AC}$, 18, 72, 6 (2) 12 (3) 12 (4) 6
(5) 8 (6) 10

2 (1) $\overline{EC}$, 9, 36, 6 (2) 8 (3) 9 (4) 6

3 (1) 8, 10 (2) 9, 4 (3) 10, $\frac{15}{2}$

**1** (2) $\overline{AC}:\overline{AE}=\overline{BC}:\overline{DE}$에서
$16:x=20:15$, $20x=240$ $\therefore x=12$

(3) $\overline{AB}:\overline{AD}=\overline{BC}:\overline{DE}$에서
$(8+6):8=21:x$, $14x=168$ $\therefore x=12$

(4) $\overline{AB}:\overline{AD}=\overline{BC}:\overline{DE}$에서
$8:x=16:12$, $16x=96$ $\therefore x=6$

(5) $\overline{AB}:\overline{AD}=\overline{AC}:\overline{AE}$에서
$12:x=21:14$, $21x=168$ $\therefore x=8$

(6) $\overline{AB}:\overline{AD}=\overline{BC}:\overline{DE}$에서
$3:6=5:x$, $3x=30$ $\therefore x=10$

**2** $\overline{AD}:\overline{DB}=\overline{AE}:\overline{EC}$에서

(2) $9:6=12:x$, $9x=72$ $\therefore x=8$

(3) $x:15=12:20$, $20x=180$ $\therefore x=9$

(4) $3:(x+3)=4:12$, $4(x+3)=36$
$x+3=9$ $\therefore x=6$

다른 풀이

(4) $\overline{AB}:\overline{AD}=\overline{AC}:\overline{AE}$에서
$x:3=(12-4):4$, $4x=24$ $\therefore x=6$

**3** (1) $\overline{AB}:\overline{AD}=\overline{BC}:\overline{DE}$에서
$18:12=12:x$, $18x=144$ $\therefore x=8$
$\overline{AB}:\overline{AD}=\overline{AC}:\overline{AE}$에서
$18:12=15:y$, $18y=180$ $\therefore y=10$

(2) $\overline{AB}:\overline{AD}=\overline{BC}:\overline{DE}$에서
$6:x=8:12$, $8x=72$ $\therefore x=9$
$\overline{AD}:\overline{DB}=\overline{AE}:\overline{EC}$에서
$9:(9-6)=12:y$, $9y=36$ $\therefore y=4$

(3) $\overline{AB}:\overline{BD}=\overline{AC}:\overline{CE}$에서
$4:x=6:(6+9)$, $6x=60$ $\therefore x=10$
$\overline{AC}:\overline{AE}=\overline{BC}:\overline{DE}$에서
$6:9=5:y$, $6y=45$ $\therefore y=\frac{15}{2}$

### 09 삼각형에서 평행선과 선분의 길이의 비(2) 83~84쪽

1 (1) ○ / 2, 6, 3, 2 (2) ○ (3) ○ (4) ○
(5) × (6) ×

2 (1) 12, 180, 18 (2) 5 (3) 12 (4) 21
(5) $\frac{15}{7}$

3 (1) 9, 6 (2) 10, 6

**1** (2) $\overline{AB}:\overline{AD}=9:12=3:4$,
$\overline{AC}:\overline{AE}=15:20=3:4$
이므로 $\overline{BC}/\!/\overline{DE}$

(3) $\overline{AB}:\overline{AD}=4:2=2:1$,
$\overline{AC}:\overline{AE}=6:3=2:1$
이므로 $\overline{BC}/\!/\overline{DE}$

(4) $\overline{AB}:\overline{AD}=(6+4):6=5:3$,
$\overline{AC}:\overline{AE}=15:(15-6)=5:3$
이므로 $\overline{BC}/\!/\overline{DE}$

(5) $\overline{AD}:\overline{DB}=12:8=3:2$,
$\overline{AE}:\overline{EC}=20:15=4:3$
이므로 $\overline{BC}$와 $\overline{DE}$는 평행하지 않다.

(6) $\overline{AD}:\overline{DB}=(16-6):16=5:8$,
$\overline{AE}:\overline{EC}=8:12=2:3$
이므로 $\overline{BC}$와 $\overline{DE}$는 평행하지 않다.

**2** (2) $9:(9+3)=(20-x):20$이어야 하므로
$12(20-x)=180$, $20-x=15$ $\therefore x=5$

(3) $x:4=9:3$이어야 하므로
$3x=36$ $\therefore x=12$

(4) $7:x=6:18$이어야 하므로
$6x=126$ $\therefore x=21$

(5) $x:5=3:7$이어야 하므로
$7x=15$ $\therefore x=\frac{15}{7}$

**3** (1) $2:3=6:x$이어야 하므로
$2x=18$ $\therefore x=9$
$2:5=y:15$이어야 하므로
$5y=30$ $\therefore y=6$

(2) $4:8=5:x$에서 $x=10$
$4:8=y:12$에서 $y=6$

## 10 삼각형의 내각의 이등분선 85~86쪽

**1** (1) $\angle BAD$, $\angle DAC$, $\angle ACE$, $\overline{AC}$, 8
(2) $\overline{BD}$, 8, 6, 48, 4

**2** (1) 8 (2) 6 (3) 10

**3** (1) $\overline{AC}$, 6, 4, 3 (2) $\overline{CD}$, 4, 3
(3) 4, 3, 4, 3, 15

**4** (1) 4 : 3 (2) 5 : 6 (3) 7 : 6

**5** (1) 5, $\frac{5}{8}$, $\frac{5}{8}$, 75 (2) 16 (3) 25

**2** (1) $12:9=x:6$, $9x=72$ $\quad\therefore x=8$
(2) $x:4=3:2$, $2x=12$ $\quad\therefore x=6$
(3) $12:8=6:(x-6)$, $12(x-6)=48$
$x-6=4$ $\quad\therefore x=10$

**4** (1) $ABD:\triangle ACD=\overline{BD}:\overline{CD}=\overline{AB}:\overline{AC}$
$=28:21=4:3$
(2) $ABD:\triangle ACD=\overline{BD}:\overline{CD}=\overline{AB}:\overline{AC}$
$=10:12=5:6$
(3) $ABD:\triangle ACD=\overline{BD}:\overline{CD}=\overline{AB}:\overline{AC}$
$=14:12=7:6$

**5** (2) $\triangle ABD:\triangle ACD=8:10=4:5$이므로
$\triangle ABD:20=4:5$, $5\triangle ABD=80$
$\therefore \triangle ABD=16(\text{cm}^2)$
(3) $\triangle ABD:\triangle ACD=6:9=2:3$이므로
$10:\triangle ACD=2:3$, $2\triangle ACD=30$
$\therefore \triangle ACD=15\text{ cm}^2$
$\therefore \triangle ABC=\triangle ABD+\triangle ACD$
$=10+15=25(\text{cm}^2)$

## 11 삼각형의 외각의 이등분선 87~88쪽

**1** (1) $\angle AEC$, $\angle ACE$, $\angle ACE$, $\overline{AC}$, 6
(2) $\overline{BD}$, 6, 16, 96, 12

**2** (1) 9 (2) 8 (3) 12

**3** (1) $\overline{AC}$, 6, 5, 3, 3, 3, 2, 3 (2) 2, 3
(3) 2, 3, 2, 3, 30

**4** (1) 1 : 3 (2) 3 : 7 (3) 4 : 7

**5** (1) 5, 1, 1, 1, 120 (2) 15 (3) 38

**2** (1) $12:x=16:12$, $16x=144$ $\quad\therefore x=9$
(2) $4:3=x:6$, $3x=24$ $\quad\therefore x=8$
(3) $14:8=(16+x):16$, $8x=96$ $\quad\therefore x=12$

**4** (1) $\overline{BD}:\overline{CD}=\overline{AB}:\overline{AC}=12:9=4:3$
이므로 $\overline{BC}:\overline{CD}=(4-3):3=1:3$
$\therefore \triangle ABC:\triangle ACD=\overline{BC}:\overline{CD}=1:3$
(2) $\overline{BD}:\overline{CD}=\overline{AB}:\overline{AC}=20:14=10:7$
이므로 $\overline{BC}:\overline{CD}=(10-7):7=3:7$
$\therefore \triangle ABC:\triangle ACD=\overline{BC}:\overline{CD}=3:7$
(3) $\overline{CD}:\overline{BD}=\overline{AC}:\overline{AB}=7:3$
이므로 $\overline{BC}:\overline{CD}=(7-3):7=4:7$
$\therefore \triangle ABC:\triangle ACD=\overline{BC}:\overline{CD}=4:7$

**5** (2) $\overline{BD}:\overline{CD}=8:6=4:3$
이므로 $\overline{BD}:\overline{BC}=4:(4-3)=4:1$
따라서 $\triangle ABD:\triangle ABC=\overline{BD}:\overline{BC}=4:1$이므로
$60:\triangle ABC=4:1$ $\quad\therefore \triangle ABC=15(\text{cm}^2)$
(3) $\overline{BD}:\overline{CD}=15:9=5:3$
이므로 $\overline{BC}:\overline{CD}=(5-3):3=2:3$
따라서 $\triangle ABC:\triangle ACD=\overline{BC}:\overline{CD}=2:3$이므로
$\triangle ABC:57=2:3$ $\quad\therefore \triangle ABC=38(\text{cm}^2)$

## 08-11 스스로 점검 문제 89쪽

**1** $\frac{8}{3}$ cm **2** ② **3** ② **4** ③
**5** 12 cm$^2$ **6** 12 cm **7** 72 cm$^2$

**1** $4:6=\overline{AE}:4$, $6\overline{AE}=16$
$\therefore \overline{AE}=\frac{8}{3}(\text{cm})$

**2** $\triangle ABC$에서 $8:4=4:x$이므로
$8x=16$ $\quad\therefore x=2$
$\triangle AGC$에서 $4:(4+2)=2:y$이므로
$4y=12$ $\quad\therefore y=3$
$\therefore x+y=5$

**3** ② $\overline{AD}:\overline{DB}=6:3=2:1$,
$\overline{AE}:\overline{EC}=10:5=2:1$
따라서 $\overline{AD}:\overline{DB}=\overline{AE}:\overline{EC}$이므로
$\overline{BC}/\!/\overline{DE}$

**4** $8:6=(7-\overline{CD}):\overline{CD}$, $6(7-\overline{CD})=8\overline{CD}$
$14\overline{CD}=42$ $\therefore \overline{CD}=3(cm)$

**5** $\triangle ABD:\triangle ACD=\overline{BD}:\overline{CD}=6:10=3:5$이므로
$\triangle ABD=\frac{3}{8}\triangle ABC=\frac{3}{8}\times 32$
$=12(cm^2)$

**6** $8:6=(4+\overline{CD}):\overline{CD}$, $6(4+\overline{CD})=8\overline{CD}$
$2\overline{CD}=24$ $\therefore \overline{CD}=12(cm)$

**7** $\overline{BD}:\overline{CD}=9:6=3:2$이므로
$\overline{BD}:\overline{BC}=3:(3-2)=3:1$
따라서 $\triangle ABD:\triangle ABC=3:1$이므로
$\triangle ABD:24=3:1$
$\therefore \triangle ABD=72(cm^2)$

## 12 평행선 사이의 선분의 길이의 비 90~91쪽

| | | | | |
|---|---|---|---|---|
| 1 | (1) 9, 12 / 9, 12, 8 | | (2) $x$, 4 / 8, $x$, 6 | |
| 2 | (1) 16 | (2) $\frac{15}{2}$ | (3) 14 | (4) 21 |
| 3 | (1) 15, 6 | (2) 8, 12 | (3) 14, 16 | (4) 14, 12 |
| 4 | (1) 4, 5 | (2) 12, 16 | (3) 12, 10 | |

**2** (1) $18:9=x:8$, $9x=144$
$\therefore x=16$
(2) $(24-8):8=15:x$, $16x=120$
$\therefore x=\frac{15}{2}$
(3) $6:12=7:x$, $6x=84$
$\therefore x=14$
(4) $14:x=12:18$, $12x=252$
$\therefore x=21$

**3** (1) $4:12=5:x$, $4x=60$ $\therefore x=15$
$4:12=y:18$, $12y=72$ $\therefore y=6$
(2) $x:12=10:15$, $15x=120$ $\therefore x=8$
$10:15=y:18$, $15y=180$ $\therefore y=12$
(3) $9:(9+12)=6:x$, $9x=126$ $\therefore x=14$
$9:12=12:y$, $9y=144$ $\therefore y=16$
(4) $12:6=x:7$, $6x=84$ $\therefore x=14$
$12:(12+6)=8:y$, $12y=144$ $\therefore y=12$

**4** (1) $3:2=6:x$, $3x=12$ $\therefore x=4$
$y:3=10:6$, $6y=30$ $\therefore y=5$
(2) $6:x=8:16$, $8x=96$ $\therefore x=12$
$12:12=16:y$ $\therefore y=16$
(3) $4:8=5:y$, $4y=40$ $\therefore y=10$
$4:x=5:(25-10)$, $5x=60$ $\therefore x=12$

## 13 사다리꼴에서 평행선과 선분의 길이의 비 92~93쪽

| | | |
|---|---|---|
| 1 | (1) 6, 4 (2) $\overline{BH}$, 4, 1 (3) 1, 6, 7 | |
| 2 | (1) $\overline{BC}$, 9, 6 (2) $\overline{BA}$, 6, 2 (3) 6, 2, 8 | |
| 3 | (1) ① 2 ② 9 | (2) ① 4 ② 14 |
| | (3) ① 3 ② 2 ③ 5 | (4) ① 3 ② 4 ③ 7 |
| 4 | (1) △COB, AA | (2) $\overline{CB}$, 2, 3 |
| | (3) $\overline{BC}$, 5, 15, 6 | (4) $\overline{AD}$, 5, 10, 6 |
| | (5) 6, 6, 12 | |

**3** (1) ① $\overline{BH}=\overline{BC}-\overline{HC}=\overline{BC}-\overline{AD}$
$=15-7=8(cm)$
$\triangle ABH$에서 $\overline{AE}:\overline{AB}=\overline{EG}:\overline{BH}$이므로
$3:12=\overline{EG}:8$, $12\overline{EG}=24$
$\therefore \overline{EG}=2(cm)$
② $\overline{GF}=\overline{AD}=7$ cm이므로
$\overline{EF}=\overline{EG}+\overline{GF}=2+7=9(cm)$
(2) ① $\overline{BH}=\overline{BC}-\overline{HC}=\overline{BC}-\overline{AD}$
$=16-10=6(cm)$
$\triangle ABH$에서 $\overline{AE}:\overline{AB}=\overline{EG}:\overline{BH}$이므로
$10:15=\overline{EG}:6$, $15\overline{EG}=60$
$\therefore \overline{EG}=4(cm)$
② $\overline{GF}=\overline{AD}=10$ cm이므로
$\overline{EF}=\overline{EG}+\overline{GF}=4+10=14(cm)$

(3) ① △ABC에서 $\overline{AE}:\overline{AB}=\overline{EG}:\overline{BC}$이므로

$2:6=\overline{EG}:9$, $6\overline{EG}=18$  $\therefore \overline{EG}=3$(cm)

② $\overline{CF}:\overline{CD}=4:(4+2)=2:3$이고

△ACD에서

$\overline{GF}:\overline{AD}=\overline{CG}:\overline{CA}=\overline{BE}:\text{BA}$이므로

$\overline{GF}:3=2:3$, $3\overline{GF}=6$  $\therefore \overline{GF}=2$(cm)

③ $\overline{EF}=\overline{EG}+\overline{GF}=3+2=5$(cm)

(4) ① △ABD에서 $\overline{BE}:\overline{BA}=\overline{EG}:\overline{AD}$이므로

$3:5=\overline{EG}:5$, $5\overline{EG}=15$  $\therefore \overline{EG}=3$(cm)

② $\overline{GF}:\overline{BC}=\overline{DG}:\overline{DB}=\overline{AE}:\overline{AB}$이므로

$\overline{GF}:10=2:5$, $5\overline{GF}=20$  $\therefore \overline{GF}=4$(cm)

③ $\overline{EF}=\overline{EG}+\overline{GF}=3+4=7$(cm)

## 14 평행선과 선분의 길이의 비의 활용 94쪽

**1** (1) 12, 2  (2) 2, 3  (3) $\overline{DC}$, 3, 12, 4

**2** (1) 14  (2) 12  (3) 8

**2** (1) $\overline{BE}:\overline{DE}=\overline{AB}:\overline{CD}=12:6=2:1$

△BCD에서 $\overline{BE}:\overline{BD}=\overline{BF}:\overline{BC}$이므로

$2:(2+1)=x:21$

$3x=42$  $\therefore x=14$

(2) $\overline{BE}:\overline{DE}=\overline{AB}:\overline{CD}=21:28=3:4$

△BCD에서 $\overline{BE}:\overline{BD}=\overline{EF}:\overline{DC}$이므로

$3:(3+4)=x:28$

$7x=84$  $\therefore x=12$

(3) $\overline{AE}:\overline{CE}=\overline{AB}:\overline{CD}=6:8=3:4$

△ABC에서 $\overline{CE}:\overline{CA}=\overline{CF}:\overline{CB}$이므로

$4:(3+4)=x:14$

$7x=56$  $\therefore x=8$

## 12-14 스스로 점검 문제 95쪽

**1** $\frac{25}{2}$  **2** ⑤  **3** 8 cm  **4** 9

**5** $\frac{35}{3}$ cm  **6** $\frac{18}{5}$  **7** ②

**1** $5:x=4:10$, $4x=50$

$\therefore x=\frac{25}{2}$

**2** $3:y=2:5$, $2y=15$  $\therefore y=\frac{15}{2}$

$5:x=\frac{15}{2}:9$, $\frac{15}{2}x=45$  $\therefore x=6$

$\therefore xy=6\times\frac{15}{2}=45$

**3** 오른쪽 그림과 같이 점 A를 지나 $\overline{DC}$에 평행한 직선을 그어 $\overline{EF}$, $\overline{BC}$와의 교점을 각각 G, H라 하면

$\overline{HC}=\overline{GF}=\overline{AD}=5$ cm

$\overline{BH}=\overline{BC}-\overline{HC}=14-5=9$(cm)

$\overline{AE}:\overline{AB}=\overline{EG}:\overline{BH}$에서

$4:(4+8)=\overline{EG}:9$, $12\overline{EG}=36$

$\therefore \overline{EG}=3$(cm)

$\therefore \overline{EF}=\overline{EG}+\overline{GF}=3+5=8$(cm)

**4** $4:2=6:x$, $4x=12$  $\therefore x=3$

$4:6=y:9$, $6y=36$  $\therefore y=6$

$\therefore x+y=9$

**5** $\triangle AOD\backsim\triangle COB$이므로

$\overline{AO}:\overline{CO}=\overline{DO}:\overline{BO}=\overline{AD}:\overline{CB}$

$=10:14=5:7$

$\triangle AEO\backsim\triangle ABC$이므로

$\overline{AO}:\overline{AC}=\overline{EO}:\overline{BC}$에서

$5:12=\overline{EO}:14$  $\therefore \overline{EO}=\frac{35}{6}$ cm

$\triangle DOF\backsim\triangle DBC$이므로

$\overline{DO}:\overline{DB}=\overline{OF}:\overline{BC}$에서

$5:12=\overline{OF}:14$  $\therefore \overline{OF}=\frac{35}{6}$ cm

$\therefore \overline{EF}=\overline{EO}+\overline{OF}=\frac{35}{3}$(cm)

**6** $\triangle ABE\backsim\triangle CDE$이므로

$\overline{AE}:\overline{CE}=\overline{AB}:\overline{CD}=9:6=3:2$

△ABC에서 $\overline{CE}:\overline{CA}=\overline{EF}:\overline{AB}$이므로

$2:(3+2)=x:9$, $5x=18$

$\therefore x=\frac{18}{5}$

**7** $\triangle ABE \backsim \triangle CDE$이므로

$\overline{AE} : \overline{CE} = \overline{AB} : \overline{CD} = 8 : 12 = 2 : 3$

$\triangle ABC$에서 $\overline{CE} : \overline{CA} = \overline{EF} : \overline{AB}$이므로

$3 : (2+3) = x : 8,\ 5x = 24 \qquad \therefore x = \frac{24}{5}$

$\overline{CE} : \overline{CA} = \overline{CF} : \overline{CB}$이므로

$3 : (2+3) = y : 17,\ 5y = 51 \qquad \therefore y = \frac{51}{5}$

$\therefore x + y = 15$

## 15 삼각형의 두 변의 중점을 연결한 선분의 성질 96~97쪽

**1** (1) $\frac{1}{2}$, $\frac{1}{2}$, 4 (2) 9 (3) 14 (4) 16 (5) 22

**2** (1) 7, $\frac{1}{2}$, 10 (2) 9, 12 (3) 10, 8 (4) 14, 9

**3** (1) $\overline{BC}$, 5, 12 (2) 20 (3) 36

**2** (2) $\overline{AN} = \frac{1}{2}\overline{AC} = \frac{1}{2} \times 18 = 9(\text{cm}) \qquad \therefore x = 9$

$\overline{BC} = 2\overline{MN} = 2 \times 6 = 12(\text{cm}) \qquad \therefore y = 12$

(3) $\overline{AC} = 2\overline{AN} = 2 \times 5 = 10(\text{cm}) \qquad \therefore x = 10$

$\overline{BC} = 2\overline{MN} = 2 \times 4 = 8(\text{cm}) \qquad \therefore y = 8$

(4) $\overline{AC} = 2\overline{NC} = 2 \times 7 = 14(\text{cm}) \qquad \therefore x = 14$

$\overline{MN} = \frac{1}{2}\overline{BC} = \frac{1}{2} \times 18 = 9(\text{cm}) \qquad \therefore y = 9$

**3** (2) $\overline{DE} = \frac{1}{2}\overline{AC} = \frac{1}{2} \times 10 = 5(\text{cm})$

$\overline{EF} = \frac{1}{2}\overline{AB} = \frac{1}{2} \times 16 = 8(\text{cm})$

$\overline{DF} = \frac{1}{2}\overline{BC} = \frac{1}{2} \times 14 = 7(\text{cm})$

$\therefore$ ($\triangle DEF$의 둘레의 길이)$= \overline{DE} + \overline{EF} + \overline{DF}$

$= 5 + 8 + 7$

$= 20(\text{cm})$

(3) $\overline{AB} = 2\overline{EF} = 2 \times 7 = 14(\text{cm})$

$\overline{BC} = 2\overline{DF} = 2 \times 6 = 12(\text{cm})$

$\overline{CA} = 2\overline{DE} = 2 \times 5 = 10(\text{cm})$

$\therefore$ ($\triangle ABC$의 둘레의 길이)$= \overline{AB} + \overline{BC} + \overline{CA}$

$= 14 + 12 + 10$

$= 36(\text{cm})$

## 16 사각형의 각 변의 중점을 연결하여 만든 사각형 98쪽

**1** (1) $\overline{HG}$, $\overline{EF}$ (2) $\overline{FG}$ (3) 8, 8 (4) 7, 7 (5) 8, 7, 30

**2** (1) 38 (2) 35

**1** (2) $\triangle ABD$에서 $\overline{AE} = \overline{EB}$, $\overline{AH} = \overline{HD}$이므로

$\overline{BD} /\!/ \overline{EH}$

$\triangle CBD$에서 $\overline{CG} = \overline{GD}$, $\overline{CF} = \overline{FB}$이므로

$\overline{BD} /\!/ \overline{FG}$

(3) $\overline{EF} = \overline{HG} = \frac{1}{2}\overline{AC} = \frac{1}{2} \times 16 = 8(\text{cm})$

(4) $\overline{EH} = \overline{FG} = \frac{1}{2}\overline{BD} = \frac{1}{2} \times 14 = 7(\text{cm})$

**2** (1) (□EFGH의 둘레의 길이)$= \overline{AC} + \overline{BD}$

$= 20 + 18 = 38(\text{cm})$

(2) (□EFGH의 둘레의 길이)$= \overline{AC} + \overline{BD}$

$= 16 + 19 = 35(\text{cm})$

## 17 사다리꼴에서 삼각형의 두 변의 중점을 연결한 선분의 성질의 활용 99~100쪽

**1** (1) $\frac{1}{2}$, $\frac{1}{2}$, 5 (2) $\frac{1}{2}$, $\frac{1}{2}$, 2 (3) 5, 2, 7

**2** (1) $\frac{1}{2}$, $\frac{1}{2}$, 7 (2) $\frac{1}{2}$, $\frac{1}{2}$, 4 (3) 7, 4, 3

**3** (1) 8 (2) 12 (3) 8 (4) 13

**4** (1) 4 (2) 8 (3) 24

**3** (1) $\overline{PN} = \frac{1}{2}\overline{AD} = \frac{1}{2} \times 16 = 8(\text{cm}) \qquad \therefore x = 8$

(2) $\overline{AD} = 2\overline{MP} = 2 \times 6 = 12(\text{cm}) \qquad \therefore x = 12$

(3) $\overline{MP} = \frac{1}{2}\overline{BC} = \frac{1}{2} \times 10 = 5(\text{cm})$

$\overline{PN} = \frac{1}{2}\overline{AD} = \frac{1}{2} \times 6 = 3(\text{cm})$

$\therefore \overline{MN} = \overline{MP} + \overline{PN} = 5 + 3 = 8(\text{cm})$

$\therefore x = 8$

(4) $\overline{MP} = \frac{1}{2}\overline{AD} = \frac{1}{2} \times 12 = 6(\text{cm})$

$\overline{PN} = \frac{1}{2}\overline{BC} = \frac{1}{2} \times 14 = 7(\text{cm})$

$\therefore \overline{MN} = \overline{MP} + \overline{PN}$

$= 6 + 7 = 13(\text{cm})$

$\therefore x = 13$

**4** (1) $\overline{MQ}=\frac{1}{2}\overline{BC}=\frac{1}{2}\times22=11(\text{cm})$

$\overline{MP}=\frac{1}{2}\overline{AD}=\frac{1}{2}\times14=7(\text{cm})$

$\therefore\ \overline{PQ}=\overline{MQ}-\overline{MP}$

$=11-7=4(\text{cm})$

$\therefore\ x=4$

(2) $\overline{MQ}=\frac{1}{2}\overline{BC}=\frac{1}{2}\times12=6(\text{cm})$이므로

$\overline{MP}=\overline{MQ}-\overline{PQ}$

$=6-2=4(\text{cm})$

$\therefore\ \overline{AD}=2\overline{MP}=2\times4=8(\text{cm})$

$\therefore\ x=8$

(3) $\overline{MP}=\frac{1}{2}\overline{AD}=\frac{1}{2}\times16=8(\text{cm})$이므로

$\overline{MQ}=\overline{MP}+\overline{PQ}$

$=8+4=12(\text{cm})$

$\therefore\ \overline{BC}=2\overline{MQ}=2\times12=24(\text{cm})$

$\therefore\ x=24$

## 15-17 스스로 점검 문제 101~102쪽

| | | | |
|---|---|---|---|
| **1** ④ | **2** ③ | **3** ③ | **4** ② |
| **5** ③ | **6** ④ | **7** ④ | **8** 36 cm |
| **9** 11 cm | **10** ③ | **11** 12 cm | **12** ② |

**1** $\overline{AC}=2\overline{DE}=2\times8=16(\text{cm})$

$\therefore\ x=16$

$\overline{DE}/\!/\overline{AC}$이므로

$\angle BED=\angle C=65^\circ$ (동위각)

$\triangle DBE$에서 $\angle BDE+45^\circ+65^\circ=180^\circ$

$\therefore\ \angle BDE=70^\circ$ $\quad\therefore\ y=70$

$\therefore\ x+y=16+70=86$

**2** $\triangle ABC$에서 삼각형의 중점을 연결한 성분의 성질에 의하여 $\overline{AB}/\!/\overline{MN}$, 즉 $\overline{EB}/\!/\overline{MN}$

$\triangle DNM$에서 $\overline{DB}=\overline{BN}$, 즉 $\overline{EB}/\!/\overline{MN}$이므로

$\overline{MN}=2\overline{EB}=2\times2=4(\text{cm})$

$\overline{AB}=2\overline{MN}=2\times4=8(\text{cm})$

**3** $\triangle ABC$에서

$\overline{BC}=2\overline{MN}=2\times5=10(\text{cm})$

$\therefore\ x=10$

$\triangle DBF$에서

$\overline{DP}=\overline{PB}$, $\overline{DQ}=\overline{QF}$이므로

$\overline{PQ}=\frac{1}{2}\overline{BF}=\frac{1}{2}\times(10+4)=7(\text{cm})$

$\therefore\ y=7$

$\therefore\ x-y=10-7=3$

**4** $\triangle ABF$에서

$\overline{BF}=2\overline{DE}=2\times4=8(\text{cm})$

$\triangle CDE$에서

$\overline{PF}=\frac{1}{2}\overline{DE}=\frac{1}{2}\times4=2(\text{cm})$

$\therefore\ \overline{BP}=\overline{BF}-\overline{PF}=8-2=6(\text{cm})$

**5** $\overline{AD}=\overline{DB}$, $\overline{DE}/\!/\overline{BC}$이므로

$\overline{BC}=2\overline{DE}=2\times16=32(\text{cm})$

$\overline{BF}=\overline{DE}=16$ cm이므로

$\overline{FC}=\overline{BC}-\overline{BF}=32-16=16(\text{cm})$

**6** $\overline{AB}=2\overline{EF}=2\times4=8(\text{cm})$

$\overline{BC}=2\overline{DF}=2\times5=10(\text{cm})$

$\overline{AC}=2\overline{DE}=2\times3=6(\text{cm})$

$\therefore$ ($\triangle ABC$의 둘레의 길이)$=8+10+6$

$=24(\text{cm})$

**7** ①, ③, ⑤ □PQRS는 평행사변형이므로

$\overline{PQ}=\overline{RS}$, $\overline{PS}/\!/\overline{QR}$, $\angle SPQ=\angle SRQ$

② $\triangle ABC$에서 $\overline{PQ}=\frac{1}{2}\overline{AC}$

**8** 오른쪽 그림과 같이 $\overline{BD}$를 그으면 □ABCD가 등변사다리꼴이므로

$\overline{BD}=\overline{AC}=18$ cm

$\overline{EF}=\overline{HG}=\frac{1}{2}\overline{AC}$

$=\frac{1}{2}\times18=9(\text{cm})$

$\overline{EH}=\overline{FG}=\frac{1}{2}\overline{BD}=\frac{1}{2}\times18=9(\text{cm})$

따라서 □EFGH의 둘레의 길이는

$4\times9=36(\text{cm})$

**9** 오른쪽 그림과 같이 $\overline{AC}$를 긋고, $\overline{AC}$와 $\overline{MN}$의 교점을 P라 하면

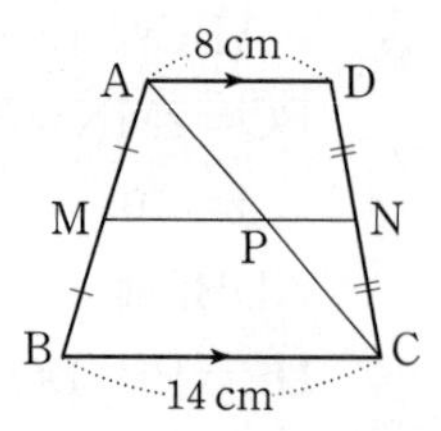


$\overline{MP}=\frac{1}{2}\overline{BC}=\frac{1}{2}\times 14$
$=7(\text{cm})$
$\overline{PN}=\frac{1}{2}\overline{AD}=\frac{1}{2}\times 8=4(\text{cm})$
$\therefore \overline{MN}=\overline{MP}+\overline{PN}=7+4=11(\text{cm})$

**10** ① $\overline{GF}=\overline{EH}=\frac{1}{2}\overline{BC}$
② $\overline{GE}=\overline{HF}=\frac{1}{2}\overline{AD}$
④ $\overline{AD}/\!/\overline{FH}$이고 $\overline{DH}=\overline{CH}$이므로 $\overline{AF}=\overline{FC}$
⑤ $\overline{GF}=\frac{1}{2}\overline{BC}=\frac{1}{2}\times 14=7(\text{cm})$
$\overline{GE}=\frac{1}{2}\overline{AD}=\frac{1}{2}\times 10=5(\text{cm})$
$\therefore \overline{EF}=\overline{GF}-\overline{GE}=7-5=2(\text{cm})$

**11** $\triangle ABD$에서 $\overline{MP}=\frac{1}{2}\overline{AD}=\frac{1}{2}\times 6=3(\text{cm})$
$\therefore \overline{MQ}=2\overline{MP}=2\times 3=6(\text{cm})$
$\triangle ABC$에서
$\overline{BC}=2\overline{MQ}=2\times 6=12(\text{cm})$

**12** $\overline{MN}=\frac{1}{2}(\overline{AD}+\overline{BC})=\frac{1}{2}\times 26=13(\text{cm})$
$\overline{MQ}=\overline{PN}$이므로 $\overline{MP}=\overline{QN}$
따라서 $\overline{MP}:\overline{PQ}:\overline{QN}=5:3:5$이므로
$\overline{QN}=\frac{5}{13}\overline{MN}=\frac{5}{13}\times 13=5(\text{cm})$

## 18 삼각형의 중선과 넓이 103쪽

**1** (1) $\frac{1}{2}$, $\frac{1}{2}$, 20 (2) 10 (3) 10
**2** (1) 2, 2, 30 (2) 48

**1** (2) $\triangle ABE=\frac{1}{2}\triangle ABD=\frac{1}{2}\times 20=10(\text{cm}^2)$
(3) $\triangle BDE=\frac{1}{2}\triangle ABD=\frac{1}{2}\times 20=10(\text{cm}^2)$

**2** (2) $\triangle ABD=2\triangle ABE=2\times 12=24(\text{cm}^2)$
이므로
$\triangle ABC=2\triangle ABD=2\times 24=48(\text{cm}^2)$

## 19 삼각형의 무게중심 104~105쪽

**1** (1) 2, 8 (2) 3 (3) 15 (4) 7
**2** (1) 10, 16 (2) 8, 10 (3) 12, 12
(4) 21, 22
**3** (1) 2, $\frac{1}{3}$, $\frac{1}{3}$, 9, 2, 1, $\frac{1}{3}$, 9, 3 (2) 4 (3) 6
**4** (1) 2, 2, 12 (2) 8 (3) 4 (4) 4 (5) 16

**1** (2) $6:x=2:1$, $2x=6$ $\quad\therefore x=3$
(3) $10:\overline{GD}=2:1$, $2\overline{GD}=10$, $\overline{GD}=5(\text{cm})$
$\therefore x=10+5=15$
(4) $x=\frac{1}{3}\times 21=7$

**2** (1) $x:5=2:1$ $\quad\therefore x=10$
$y:8=2:1$ $\quad\therefore y=16$
(2) $x:4=2:1$ $\quad\therefore x=8$
$\overline{AE}=\overline{CE}$이므로
$\overline{AE}=\frac{1}{2}\overline{AC}=\frac{1}{2}\times 20=10(\text{cm})$ $\quad\therefore y=10$
(3) $\overline{AG}=\frac{2}{3}\overline{AD}=\frac{2}{3}\times 18=12(\text{cm})$ $\quad\therefore x=12$
$\overline{BD}=\overline{CD}=12\text{ cm}$이므로 $y=12$
(4) $\overline{BE}=\frac{3}{2}\overline{BG}=\frac{3}{2}\times 14=21(\text{cm})$ $\quad\therefore x=21$
$\overline{AE}=\overline{CE}$이므로
$\overline{AC}=2\overline{CE}=2\times 11=22(\text{cm})$ $\quad\therefore y=22$

**3** (2) 점 G는 삼각형 ABC의 무게중심이므로
$\overline{AG}:\overline{GD}=2:1$
$\overline{GD}=\frac{1}{3}\overline{AD}=\frac{1}{3}\times 18=6(\text{cm})$
점 G′은 $\triangle GBC$의 무게중심이므로
$\overline{GG'}=\frac{2}{3}\overline{GD}=\frac{2}{3}\times 6=4(\text{cm})$ $\quad\therefore x=4$
(3) 점 G′은 $\triangle GBC$의 무게중심이므로
$\overline{GC'}:\overline{GD}=2:3$, $\overline{GD}=3(\text{cm})$
점 G는 $\triangle ABC$의 무게중심이므로
$\overline{AG}:\overline{GD}=2:1$
$\overline{AG}=2\overline{GD}=2\times 3=6(\text{cm})$ $\quad\therefore x=6$

**4** (2) $\overline{BG}=\frac{2}{3}\overline{BE}=\frac{2}{3}\times 12=8(\text{cm})$
(3) $\overline{GE}=\frac{1}{3}\overline{BE}=\frac{1}{3}\times 12=4(\text{cm})$
(4) $\overline{BD}=\overline{DC}$, $\overline{BE}/\!/\overline{DF}$이므로
$\overline{EF}=\overline{FC}=4\text{ cm}$
(5) $\overline{AC}=2\overline{EC}=2(4+4)=16(\text{cm})$

## 20 삼각형의 무게중심과 넓이 106쪽

1 (1) $\frac{1}{3}$, $\frac{1}{3}$, 8 (2) 8

2 (1) $\frac{1}{6}$, $\frac{1}{6}$, 8 (2) 16

3 (1) 3, 3, 39 (2) 36

**2** (2) $\square GDCE = \triangle GDC + \triangle GEC$

$= 2 \times \frac{1}{6} \triangle ABC$

$= \frac{1}{3} \times 48$

$= 16(cm^2)$

**3** (2) $\triangle ABC = 6\triangle GBD$

$= 6 \times 6$

$= 36(cm^2)$

## 21 평행사변형에서 삼각형의 무게중심의 활용 107쪽

1 (1) $\frac{1}{2}$, $\frac{1}{2}$, 12 (2) $\frac{2}{3}$, 8 (3) $\frac{1}{3}$, 4 (4) 2, 8

2 (1) 3 (2) 12 (3) 6

**2** (1) $\overline{BP} = \overline{PQ} = 3$ cm이므로 $x = 3$

(2) $\overline{DO} = 3\overline{QO} = 3\overline{PO} = 3 \times 4 = 12(cm)$

$\therefore x = 12$

(3) $\overline{PO} = \frac{1}{3}\overline{BO} = \frac{1}{3} \times 9 = 3(cm)$이므로

$\overline{PQ} = 2\overline{PO} = 2 \times 3 = 6(cm)$ $\therefore x = 6$

## 18-21 스스로 점검 문제 108~109쪽

| | | | |
|---|---|---|---|
| 1 ④ | 2 ④ | 3 ⑤ | 4 ③ |
| 5 ③ | 6 ⑤ | 7 ④ | 8 16 |
| 9 24 cm² | 10 ② | 11 4 cm | 12 30 cm² |

**1** $\overline{BM} = \overline{CM}$이므로 $\triangle ABM = \triangle ACM$

$\therefore \triangle ABM = \frac{1}{2}\triangle ABC$

$= \frac{1}{2} \times \left(\frac{1}{2} \times 6 \times 10\right) = 15(cm^2)$

**2** $\overline{EF} = \frac{1}{3}\overline{AD}$이므로 $\triangle CEF = \frac{1}{3}\triangle ACD$

또, $\triangle ACD = \frac{1}{2}\triangle ABC$이므로

$\triangle CEF = \frac{1}{3}\triangle ACD = \frac{1}{3} \times \frac{1}{2}\triangle ABC$

$= \frac{1}{6}\triangle ABC = \frac{1}{6} \times 54$

$= 9(cm^2)$

**3** 점 G가 $\triangle ABC$의 무게중심이므로

$\overline{CD} = \frac{3}{2}\overline{CG} = \frac{3}{2} \times 8 = 12(cm)$

점 D는 $\triangle ABC$의 외심이므로

$\overline{AD} = \overline{BD} = \overline{CD} = 12$ cm

$\therefore \overline{AB} = 2\overline{AD} = 2 \times 12 = 24(cm)$

**4** 점 G가 $\triangle ABC$의 무게중심이므로

$x = \overline{AG} = \frac{2}{3}\overline{AD} = \frac{2}{3} \times 18 = 12$

점 E는 $\overline{AC}$의 중점이므로

$y = \overline{AC} = 2\overline{AE} = 2 \times 10 = 20$

$\therefore x + y = 12 + 20 = 32$

**5** ③ $\overline{AD} = \overline{BD}$

**6** 점 G가 $\triangle ABC$의 무게중심이므로

$\overline{AG} = \frac{2}{3}\overline{AD} = \frac{2}{3} \times 36 = 24(cm)$

$\overline{GD} = \frac{1}{3}\overline{AD} = \frac{1}{3} \times 36 = 12(cm)$

점 G′은 $\triangle GBC$의 무게중심이므로

$\overline{GG'} = \frac{2}{3}\overline{GD} = \frac{2}{3} \times 12 = 8(cm)$

$\therefore \overline{AG'} = \overline{AG} + \overline{GG'} = 24 + 8 = 32(cm)$

**다른 풀이** $\overline{AG} : \overline{GD} = 2 : 1$이고 $\overline{GG'} : \overline{G'D} = 2 : 1$이므로 $\overline{AG} : \overline{GG'} : \overline{G'D} = 6 : 2 : 1$

$\therefore \overline{AG'} = \frac{6+2}{6+2+1} \times \overline{AD} = \frac{8}{9} \times 36 = 32(cm)$

**7** $\triangle BCE$에서 $\overline{BD} = \overline{DC}$, $\overline{BE} /\!/ \overline{DF}$이므로

$\overline{BE} = 2\overline{DF} = 2 \times 9 = 18(cm)$

$\therefore \overline{BG} = \frac{2}{3}\overline{BE} = \frac{2}{3} \times 18 = 12(cm)$

**8** △ABC에서 $\overline{AG}:\overline{GD}=2:1$이므로

$x:5=2:1$

$\therefore x=10$

또, 점 D가 $\overline{BC}$의 중점이므로

$\overline{CD}=\frac{1}{2}\overline{BC}=\frac{1}{2}\times18=9(\text{cm})$

$\triangle ADC \backsim \triangle AGN$이고 $\overline{AD}:\overline{AG}=3:2$이므로

$\overline{AD}:\overline{AG}=\overline{DC}:\overline{GN}$에서

$3:2=9:y$, $3y=18$

$\therefore y=6$

$\therefore x+y=10+6=16$

**9** $\triangle GAB=\frac{1}{3}\triangle ABC$

$\square GDCE=\triangle GCD+\triangle GCE$

$=\frac{1}{6}\triangle ABC+\frac{1}{6}\triangle ABC=\frac{1}{3}\triangle ABC$

$\therefore \triangle GAB+\square GDCE=\frac{1}{3}\triangle ABC+\frac{1}{3}\triangle ABC$

$=\frac{2}{3}\triangle ABC$

$=\frac{2}{3}\times36=24(\text{cm}^2)$

**10** 점 G는 △ABC의 무게중심이므로

$\triangle GBC=\frac{1}{3}\triangle ABC=\frac{1}{3}\times27=9(\text{cm}^2)$

점 G′은 △GBC의 무게중심이므로

$\triangle G'BC=\frac{1}{3}\triangle GBC=\frac{1}{3}\times9=3(\text{cm}^2)$

**11** 오른쪽 그림과 같이 $\overline{AC}$를 긋고, $\overline{AC}$와 $\overline{BD}$의 교점을 O라 하면 점 P는 △ABC의 무게중심이므로 $\overline{BP}=2\overline{PO}$

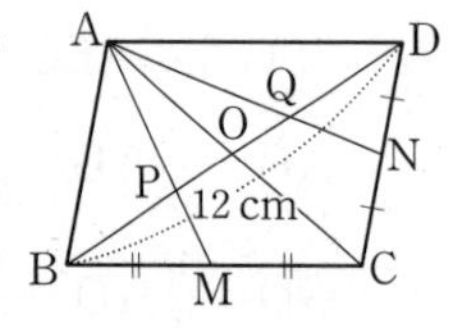


점 Q는 △ACD의 무게중심이므로 $\overline{DQ}=2\overline{QO}$

이때 $\overline{BO}=3\overline{PO}$, $\overline{DO}=3\overline{QO}$이고 $\overline{BO}=\overline{DO}$이므로

$\overline{PO}=\overline{QO}$

즉, $\overline{PQ}=2\overline{PO}$이므로

$\overline{BP}=\overline{PQ}=\overline{QD}$

따라서 $\overline{BD}=3\overline{PQ}$이므로

$\overline{PQ}=\frac{1}{3}\overline{BD}=\frac{1}{3}\times12=4(\text{cm})$

**12** $\overline{BP}=\overline{PQ}=\overline{QD}$이므로

$\triangle ABD=3\triangle APQ=3\times5=15(\text{cm}^2)$

$\therefore \square ABCD=2\triangle ABD=2\times15=30(\text{cm}^2)$

## 22 닮은 두 평면도형에서의 비 110~111쪽

| | | | | |
|---|---|---|---|---|
| **1** | (1) 2 : 3 | (2) 8 | (3) 12 | (4) 12, 2, 3 |
| **2** | (1) 8, 1, 2 | (2) 5, 20 | (3) 10, 80 | (4) 80, 4 |
| **3** | (1) ① SAS, 2, 4 | | ② 4, 4, 60 | |
| | (2) ① 9 : 4 | | ② 45 | |
| **4** | (1) 2 : 3 | (2) 4 : 9 | (3) 72 | (4) 48 |
| | (5) 200 | | | |

**3** (2) ① $\triangle ABC \backsim \triangle ADE$(AA 닮음)이므로 닮음비는

$\overline{AB}:\overline{AD}=9:6=3:2$

따라서 △ABC와 △ADE의 넓이의 비는

$\triangle ABC:\triangle ADE=3^2:2^2=9:4$

② $\triangle ABC:\triangle ADE=9:4$이므로

$\triangle ABC:20=9:4$

$\therefore \triangle ABC=45(\text{cm}^2)$

**4** (1) $\overline{AD}:\overline{CB}=12:18=2:3$

(2) $\triangle AOD:\triangle COB=2^2:3^2=4:9$

(3) $\triangle AOD:\triangle COB=4:9$이므로

$32:\triangle COB=4:9$ $\quad\therefore \triangle COB=72(\text{cm}^2)$

(4) $\overline{AO}:\overline{CO}=2:3$이므로

$\triangle AOD:\triangle COD=2:3$

$32:\triangle COD=2:3$

$\therefore \triangle COD=48(\text{cm}^2)$

(5) $\square ABCD$

$=\triangle AOD+\triangle BOC+\triangle AOB+\triangle COD$

$=32+72+48+48=200(\text{cm}^2)$

## 23 닮은 두 입체도형에서의 비 112~113쪽

| | | | | |
|---|---|---|---|---|
| **1** | (1) 3 | (2) 6, 24 | (3) 6, 54 | (4) 54, 9 |
| **2** | (1) 12, 3 | (2) 8, 64 | (3) 6, 6, 216 | (4) 216, 27 |
| **3** | (1) ① 4 : 9 | ② 8 : 27 | | |
| | (2) ① 9 : 16 | ② 27 : 64 | | |
| | (3) ① 9 : 25 | ② 27 : 125 | | |
| | (4) ① 1 : 4 | ② 1 : 8 | | |
| **4** | (1) ① 3, 9, 9, 117 | ② 81 | | |
| | (2) ① $96\pi$ | ② $320\pi$ | | |

**3** (1) 닮음비는 $4:6=2:3$이므로

① 겉넓이의 비는 $2^2:3^2=4:9$

② 부피의 비는 $2^3:3^3=8:27$

(2) 닮음비는 6 : 8=3 : 4이므로

① 겉넓이의 비는 $3^2 : 4^2=9 : 16$

② 부피의 비는 $3^3 : 4^3=27 : 64$

(3) 닮음비는 3 : 5이므로

① 겉넓이의 비는 $3^2 : 5^2=9 : 25$

② 부피의 비는 $3^3 : 5^3=27 : 125$

(4) 닮음비는 4 : 8=1 : 2이므로

① 겉넓이의 비는 $1^2 : 2^2=1 : 4$

② 부피의 비는 $1^3 : 2^3=1 : 8$

**4** (1) ② 두 입체도형 A와 B의 부피의 비는

$2^3 : 3^3=8 : 27$이므로

24 : (B의 부피)=8 : 27

$\therefore$ (B의 부피)$=81(\text{cm}^3)$

(2) 닮음비는 12 : 9=4 : 3이므로

① 겉넓이의 비는 $4^2 : 3^2=16 : 9$이므로

(A의 겉넓이) : $54\pi=16 : 9$

$\therefore$ (A의 겉넓이)$=96\pi(\text{cm}^2)$

② 부피의 비는 $4^3 : 3^3=64 : 27$이므로

(A의 부피) : $135\pi=64 : 27$

$\therefore$ (A의 부피)$=320\pi(\text{cm}^3)$

## 24 닮음의 활용 114~115쪽

**1** (1) 8, 10, 5 (2) 5, 5, 5

**2** (1) 8 (2) 20

**3** (1) 40, 4000, $\frac{1}{500}$ (2) $\frac{1}{5000}$ (3) $\frac{1}{200000}$

(4) $\frac{1}{300000}$ (5) $\frac{1}{60000}$

**4** (1) $\frac{1}{10000}$, 30000, 0.3 (2) 2

(3) 10 (4) 8

**2** (1) △ABC∽△DEF이므로 닮음비는

4 : 16=1 : 4

$\overline{AC} : \overline{DF}=1 : 4$에서 $2 : \overline{DF}=1 : 4$

$\therefore \overline{DF}=8$ m

따라서 나무의 높이는 8 m이다.

(2) △ABC∽△AB′C′이므로 닮음비는

20 : (20+30)=2 : 5

$\overline{BC} : \overline{B'C'}=2 : 5$에서

$8 : \overline{B'C'}=2 : 5$, $2\overline{B'C'}=40$

$\therefore \overline{B'C'}=20$ m

따라서 등대의 높이는 20 m이다.

**3** (2) (축척)$=\frac{2\text{ cm}}{100\text{ m}}=\frac{2\text{ cm}}{10000\text{ cm}}$

$=\frac{1}{5000}$

(3) (축척)$=\frac{1\text{ cm}}{2\text{ km}}=\frac{1\text{ cm}}{200000\text{ cm}}$

$=\frac{1}{200000}$

(4) (축척)$=\frac{5\text{ cm}}{15\text{ km}}=\frac{5\text{ cm}}{1500000\text{ cm}}$

$=\frac{1}{300000}$

(5) (축척)$=\frac{4\text{ cm}}{2.4\text{ km}}=\frac{4\text{ cm}}{240000\text{ cm}}$

$=\frac{1}{60000}$

**4** (2) (실제 거리)$=20\text{ cm}\div\frac{1}{10000}$

$=200000\text{ cm}=2(\text{km})$

(3) (지도에서의 거리)$=1\text{ km}\times\frac{1}{10000}$

$=100000\text{ cm}\times\frac{1}{10000}$

$=10(\text{cm})$

(4) (지도에서의 거리)$=0.8\text{ km}\times\frac{1}{10000}$

$=80000\text{ cm}\times\frac{1}{10000}$

$=8(\text{cm})$

## 22-24 스스로 점검 문제 116쪽

**1** ② **2** 160 $\text{cm}^2$ **3** ② **4** ⑤

**5** 8 m **6** 600 m

**1** △ABC∽△AMN(SAS 닮음)이므로 닮음비는

$\overline{AB} : \overline{AM}=2 : 1$

따라서 넓이의 비는 $2^2 : 1^2=4 : 1$이므로

△AMN의 넓이를 $x$ $\text{cm}^2$라 하면

$32 : x=4 : 1$, $4x=32$ $\therefore x=8$

따라서 △AMN의 넓이는 8 $\text{cm}^2$이다.

**2** 두 사각뿔 A, B의 닮음비가 3 : 4이므로 넓이의 비는

$3^2 : 4^2=9 : 16$

사각뿔 B의 옆넓이를 $x$ $\text{cm}^2$라 하면

$90 : x=9 : 16$ $\therefore x=160$

따라서 사각뿔 B의 옆넓이는 160 $\text{cm}^2$이다.

**3** 두 삼각기둥 A, B의 닮음비가 2 : 3이므로 부피의 비는 $2^3:3^3=8:27$
삼각기둥 A의 부피를 $x$ cm³라 하면
$x:108=8:27$ $\therefore x=32$
따라서 삼각기둥 A의 부피는 32 cm³이다.

**4** 두 구의 겉넓이의 비가 $9:25=3^2:5^2$이므로 닮음비는 3 : 5이다.
따라서 두 구의 부피의 비는
$3^3:5^3=27:125$

**5** $\triangle ABC \backsim \triangle DEC$(AA 닮음)이므로
$\overline{AB}:\overline{DE}=\overline{BC}:\overline{EC}$에서
$1.6:\overline{DE}=2:10$
$2\overline{DE}=16$ $\therefore \overline{DE}=8$ m
따라서 건물의 높이는 8 m이다.

**6** $(\text{축척})=\dfrac{7\text{ cm}}{350\text{ m}}=\dfrac{7\text{ cm}}{35000\text{ cm}}=\dfrac{1}{5000}$
$\therefore (\text{실제 거리})=12\text{ cm}\div\dfrac{1}{5000}$
$=12\text{ cm}\times5000$
$=60000(\text{cm})$
$=600(\text{m})$

## 3 피타고라스 정리

### 25 피타고라스 정리 117~118쪽

1 (1) 3, 25, 5 (2) 13 (3) 6
2 (1) $x=12$, $y=9$ (2) $x=15$, $y=8$
(3) $x=12$, $y=13$
3 (1) 13, 25, 5, 5, 400, 20 (2) $x=8$, $y=9$
4 ㉠ 5 ㉡ 12 ㉢ 6 ㉣ 15 ㉤ 15
5 (1) 1, 5, 5, 6 (2) 34 (3) 16

**1** 피타고라스 정리에 의하여
(2) $12^2+5^2=x^2$, $x^2=169$
$\therefore x=13$ ($\because x>0$)
(4) $x^2+8^2=10^2$, $x^2=36$
$\therefore x=6$ ($\because x>0$)

**2** (1) $\triangle ABD$에서
$x^2=13^2-5^2=144$
$\therefore x=12$ ($\because x>0$)
$\triangle ACD$에서
$y^2=15^2-x^2=81$
$\therefore y=9$ ($\because y>0$)
(2) $\triangle ACD$에서
$x^2=25^2-20^2=225$
$\therefore x=15$ ($\because x>0$)
$\triangle ABD$에서
$y^2=17^2-x^2=64$
$\therefore y=8$ ($\because y>0$)
(3) $\overline{CD}=\overline{BC}-\overline{BD}=21-5=16$
$\triangle ACD$에서
$x^2=20^2-16^2=144$
$\therefore x=12$ ($\because x>0$)
$\triangle ABD$에서
$y^2=x^2+5^2=169$
$\therefore y=13$ ($\because y>0$)

**3** (2) $\triangle ABD$에서
$x^2=10^2-6^2$, $x^2=64$
$\therefore x=8$ ($\because x>0$)
$\triangle ABC$에서
$x^2+\overline{BC}^2=17^2$, $\overline{BC}^2=225$
$\overline{BC}=15$ ($\because \overline{BC}>0$)
$\therefore y=\overline{BC}-\overline{BD}=15-6=9$

**5** (2) △OAB에서 $\overline{OB}^2=4^2+3^2=25$

△OBC에서 $x^2=25+3^2=34$

(3) △OAB에서 $\overline{OB}^2=2^2+2^2=8$

△OBC에서 $\overline{OC}^2=8+2^2=12$

△OCD에서 $x^2=12+2^2=16$

## 26 피타고라스 정리의 설명(1) – 유클리드의 방법 119~120쪽

**1** ① EBA

② $\overline{AB}$, ABF, $\overline{BF}$, ≡, SAS, ABF

③ JBF

JBF, BFKJ, CJKG, ACHI, $\overline{AC}$

**2** (1) ㄱ, ㄷ, ㄹ, ㅅ, ㅇ (2) □BFKJ

(3) ㄴ, ㅁ, ㅂ, ㅈ, ㅊ (4) □CJKG

**3** (1) 12 $cm^2$ (2) 64 $cm^2$ (3) 72 $cm^2$ (4) 8 $cm^2$

**4** (1) 169 (2) 12

**3** (1) □BFKJ=□ADEB

=12($cm^2$)

(2) □CJKG=□ACHI

$=8^2=64$($cm^2$)

(3) △EBC=$\frac{1}{2}$□ADEB

$=\frac{1}{2}\times12^2=72$($cm^2$)

(4) △BCH=$\frac{1}{2}$□ACHI

$=\frac{1}{2}\times4^2=8$($cm^2$)

**4** (1) □BFGC=□ADEB+□ACHI

=144+25=169

(2) □ADEB=□BFGC−□ACHI

=16−4=12

## 27 피타고라스 정리의 설명(2) – 피타고라스의 방법 121쪽

**1** SAS, 90, 정사각형, $c^2$

**2** (1) 25 (2) 169 (3) 116

**2** □EFGH는 정사각형이다.

(1) △AEH에서 $\overline{AE}=4$, $\overline{AH}=3$

$\overline{EH}^2=4^2+3^2=25$

∴ □EFGH=$\overline{EH}^2=25$

(2) △AEH에서 $\overline{AE}=5$, $\overline{AH}=12$

$\overline{EH}^2=5^2+12^2=169$

∴ □EFGH=$\overline{EH}^2=169$

(3) △EBF에서 $\overline{BF}=4$, $\overline{EB}=10$

$\overline{EF}^2=4^2+10^2=116$

∴ □EFGH=$\overline{EF}^2=116$

## 25-27 스스로 점검 문제 122쪽

**1** 800 **2** ③ **3** ④ **4** ③

**5** 13 **6** ④

**1** △ACD에서

$\overline{AC}^2=25^2-15^2=400$

∴ $\overline{AC}=20$ (∵ $\overline{AC}>0$)

따라서 △ABC에서

$x^2=\overline{AB}^2=\overline{BC}^2+\overline{AC}^2$

$=(5+15)^2+20^2$

$=800$

**2** △OAB에서 $\overline{OB}^2=1^2+1^2=2$

△OBC에서 $\overline{OC}^2=\overline{OB}^2+\overline{BC}^2=2+1^2=3$

△OCD에서 $\overline{OD}^2=\overline{OC}^2+\overline{CD}^2=3+1^2=4$

△ODE에서 $\overline{OE}^2=\overline{OD}^2+\overline{DE}^2=4+1^2=5$

따라서 정사각형 OEFG의 넓이는

$\overline{OE}^2=5$

**3** △EBA=△EBC (∵ $\overline{EB}$∥$\overline{DC}$)

=△ABF (∵ △EBC≡△ABF)

=△BFJ (∵ $\overline{BF}$∥$\overline{AK}$)

**4** ① 피타고라스 정리에 의하여

$\overline{AC}^2=5^2-3^2=16$

∴ $\overline{AC}=4$(cm) (∵ $\overline{AC}>0$)

② △EBC=△EBA

$=\frac{1}{2}$□EBAD

$=\frac{1}{2}\times3^2=\frac{9}{2}$($cm^2$)

③ $\triangle JCG=\frac{1}{2}\square JKGC$

$=\frac{1}{2}\square ACHI$

$=\frac{1}{2}\times 4^2=8(cm^2)$

④ $\square BFKJ=\square EBAD=3^2=9(cm^2)$

⑤ $\square ACHI=4^2=16(cm^2)$

**5** $\triangle ABC$에서 $\overline{AB}^2=2^2+3^2=13$

$\therefore \square AEGB=\overline{AB}^2=13$

**6** $\square GHBA$는 정사각형이고 넓이가 $25\ cm^2$이므로

$\overline{GH}=5\ cm$ ($\because \overline{GH}>0$)

피타고라스 정리에 의하여 $\triangle EHG$에서

$\overline{EG}^2=5^2-3^2=16 \quad \therefore \overline{EG}=4\ cm$ ($\because \overline{EG}>0$)

따라서 정사각형 EFCD는 한 변의 길이가

$4+3=7(cm)$이므로 정사각형 EFCD의 넓이는

$7^2=49(cm^2)$

## 28 직각삼각형이 되는 조건 123~124쪽

| | | | | | |
|---|---|---|---|---|---|
| **1** | (1) 이 아니다 | | (2) $\neq$, 이 아니다 | | |
| | (3) $\neq$, 이 아니다 | | (4) $=$, 이다 | | |
| **2** | (1) ○ | (2) × | (3) × | (4) ○ | (5) × |
| | (6) ○ | | | | |
| **3** | (1) 16 | (2) 34 | (3) 72 | (4) 80 | (5) 32 |
| **4** | (1) 8, 8, 28 | | (2) 106 | (3) 133 | (4) 72 |

**2** (1) $3^2+4^2=5^2$이므로

직각삼각형이다.

(2) $3^2+6^2\neq 8^2$이므로

직각삼각형이 아니다.

(3) $4^2+7^2\neq 9^2$이므로

직각삼각형이 아니다.

(4) $6^2+8^2=10^2$이므로

직각삼각형이다.

(5) $7^2+8^2\neq 9^2$이므로

직각삼각형이 아니다.

(6) $8^2+15^2=17^2$이므로

직각삼각형이다.

**3** $\angle C=90°$가 되려면

$\overline{AB}^2=\overline{AC}^2+\overline{BC}^2$이 성립해야 한다.

(1) $5^2=x^2+3^2$

$\therefore x^2=16$

(2) $x^2=3^2+5^2$

$\therefore x^2=34$

(3) $11^2=x^2+7^2$

$\therefore x^2=72$

(4) $12^2=8^2+x^2$

$\therefore x^2=80$

(5) $8^2=x^2+x^2$

$\therefore x^2=32$

**4** (2) $x>9$이므로 가장 긴 변의 길이는 $x$이다.

따라서 $x^2=5^2+9^2$이므로

$x^2=106$

(3) $x<13$이므로 가장 긴 변의 길이는 13이다.

따라서 $13^2=x^2+6^2$이므로

$x^2=133$

(4) $0<x<12$이므로 가장 긴 변의 길이는 12이다.

따라서 $12^2=x^2+x^2$이므로

$2x^2=144 \qquad \therefore x^2=72$

## 29 삼각형의 변의 길이와 각의 크기 사이의 관계 125~126쪽

**1** (1) ① $<$, $<$ ② $<$, $<$ ③ $=$, $=$

(2) ① $<$, $<$ ② $<$, $<$ ③ $<$, $<$

(3) ① $<$, $<$ ② $<$, $<$ ③ $>$, $>$

**2** (1) $<$, 예각 (2) 13, 13, $>$, 둔각

(3) 15, 15, $=$, 직각

**3** (1) 둔각삼각형 (2) 예각삼각형 (3) 직각삼각형

**4** 21, 12, 21, 225, 15, 12, 15

**5** 14, 8, 14, 100, 10, 10, 14

**6** (1) C, $=$, C, $=$, 직각

(2) C, $<$, C, $<$, 예각

(3) C, $>$, C, $>$, 둔각

**3** (1) 가장 긴 변의 길이는 4이고

$4^2>2^2+3^2$이므로 둔각삼각형

(2) 가장 긴 변의 길이는 5이고

$5^2<4^2+4^2$이므로 예각삼각형

(3) 가장 긴 변의 길이는 13이고

$13^2=5^2+12^2$이므로 직각삼각형

## 28-29 스스로 점검 문제 127쪽

| | | | |
|---|---|---|---|
| 1 ② | 2 ③ | 3 ④ | 4 $90^\circ$ |
| 5 ④ | 6 ③ | 7 $15<c<21$ | |

**1** ② $6^2 \neq 4^2+5^2$이므로 직각삼각형이 아니다.

**2** ㉠ $4^2 \neq 2^2+3^2$
㉡ $7^2 \neq 3^2+5^2$
㉢ $25^2=7^2+24^2$
㉣ $15^2=9^2+12^2$
㉤ $25^2=15^2+20^2$
㉥ $36^2 \neq 16^2+30^2$
따라서 직각삼각형은 ㉢, ㉣, ㉤의 3개이다.

**3** $\angle C=90^\circ$이려면
$\overline{AB}^2=\overline{AC}^2+\overline{BC}^2$이어야 하므로
$15^2=x^2+9^2$, $x^2=144$
$\therefore x=12$ ($\because x>0$)

**4** $13^2=5^2+12^2$
즉, $\overline{AB}^2=\overline{AC}^2+\overline{BC}^2$이므로 $\angle C=90^\circ$

**5** ① $\triangle ABC$에서 $\angle A<90^\circ$이므로 $a^2<b^2+c^2$
② $\triangle ABC$에서 $\angle B<90^\circ$이므로 $b^2<a^2+c^2$
③ $\triangle ABC$에서 $\angle C=90^\circ$이므로 $c^2=a^2+b^2$
④ $\triangle ABD$에서 $\angle B>90^\circ$이므로 $e^2>c^2+d^2$
⑤ $\triangle ACD$에서 $\angle C=90^\circ$이므로 $e^2=b^2+(a+d)^2$

**6** ③ 가장 긴 변의 길이가 9 cm이고
$9^2<6^2+7^2$이므로 예각삼각형

**7** 가장 긴 변의 길이가 $c$이므로
(i) 삼각형이 될 조건:
$c<9+12$
$\therefore c<21$
즉, $12<c<21$
(ii) $\angle C>90^\circ$일 조건:
$c^2>9^2+12^2$, $c^2>225$
이때 $c>0$이므로 $c>15$
(i), (ii)에서 $15<c<21$

## 30 직각삼각형의 닮음을 이용한 성질 128~129쪽

**1** ① 2, 8 ② 2, 80 ③ 2, 20 / 164
**2** (1) 198 (2) 84 (3) 81 (4) 125
**3** ① 15, 81, 9 ② 12, $y$, 12, $y$, $\frac{36}{5}$
**4** (1) $x=5$, $y=\frac{12}{5}$ (2) $x=5$, $y=\frac{60}{13}$
(3) $x=\frac{120}{17}$, $y=17$
**5** (1) $x=15$, $y=9$, $z=12$
(2) $x=\frac{25}{13}$, $y=\frac{144}{13}$, $z=12$
(3) $x=\frac{32}{5}$, $y=\frac{18}{5}$, $z=\frac{24}{5}$

**2** (1) (i) $6^2=x\times 4$ $\therefore x=9$
(ii) $y^2=x^2+6^2=117$
$\therefore x^2+y^2=9^2+117=198$

(2) (i) $4^2=x\times 8$ $\therefore x=2$
(ii) $\triangle ADC$에서 $y^2=8^2+4^2=80$
$\therefore x^2+y^2=2^2+80=84$

(3) (i) $x^2=3\times(3+6)$에서 $x^2=27$
(ii) $y^2=6\times(6+3)$에서 $y^2=54$
$\therefore x^2+y^2=27+54=81$
다른 풀이 $\overline{AB}^2+\overline{AC}^2=\overline{BC}^2$이므로
$x^2+y^2=(3+6)^2=81$

(4) (i) $x^2=10\times 5$에서 $x^2=50$
(ii) $y^2=5^2+x^2$에서 $y^2=75$
$\therefore x^2+y^2=50+75=125$

**4** (1) (i) $3^2+4^2=x^2$, $x^2=25$
$\therefore x=5$ ($\because x>0$)
(ii) $3\times 4=x\times y$, $5y=12$
$\therefore y=\frac{12}{5}$

(2) (i) $x^2+12^2=13^2$, $x^2=25$
$\therefore x=5$ ($\because x>0$)
(ii) $x\times 12=13\times y$, $13y=60$
$\therefore y=\frac{60}{13}$

(3) (i) $15^2+8^2=y^2$, $y^2=289$
$\therefore y=17$ ($\because y>0$)
(ii) $15\times 8=x\times y$, $17x=120$
$\therefore x=\frac{120}{17}$

**5** (1) (i) $x^2+20^2=25^2$, $x^2=225$

$\therefore x=15$ ($\because x>0$)

(ii) $x^2=y\times25$, $225=y\times25$

$\therefore y=9$

(iii) $x\times20=25\times z$, $15\times20=25\times z$

$\therefore z=12$

(2) (i) $5^2+z^2=13^2$, $z^2=144$

$\therefore z=12$ ($\because z>0$)

(ii) $5^2=x\times13$, $13x=25$

$\therefore x=\frac{25}{13}$

(iii) $z^2=y\times13$, $144=13y$

$\therefore y=\frac{144}{13}$

(3) $x+y=w$로 놓으면

$6^2+8^2=w^2$, $w^2=100$ $\therefore w=10$ ($\because w>0$)

(i) $8^2=x\times10$ $\therefore x=\frac{32}{5}$

(ii) $6^2=y\times10$ $\therefore y=\frac{18}{5}$

(iii) $6\times8=10\times z$ $\therefore z=\frac{24}{5}$

## 31 피타고라스 정리를 이용한 직각삼각형의 성질 130쪽

**1** $\overline{AD}^2+\overline{AC}^2$, $\overline{CD}$

**2** (1) 5, 5 (2) 30 (3) 19 (4) 120

**2** (2) $x^2+10^2=9^2+7^2$

$\therefore x^2=30$

(3) $x^2+15^2=12^2+10^2$

$\therefore x^2=19$

(4) $5^2+x^2=9^2+8^2$

$\therefore x^2=120$

## 32 두 대각선이 직교하는 사각형의 성질 131쪽

**1** $\overline{OB}^2+\overline{OC}^2$, $\overline{AD}$

**2** (1) 5, 75 (2) 21 (3) 25

**2** (2) $x^2+8^2=6^2+7^2$ $\therefore x^2=21$

(3) $3^2+4^2=\overline{CD}^2$ $\therefore \overline{CD}=5$ ($\because \overline{CD}>0$)

$x^2+6^2=6^2+5^2$

$\therefore x^2=25$

## 33 피타고라스 정리를 이용한 직사각형의 성질 132쪽

**1** $a^2+d^2$, $\overline{DP}$

**2** (1) 7, 5, 12 (2) 32 (3) 52

**2** (2) $x^2+3^2=4^2+5^2$

$\therefore x^2=32$

(3) $x^2+4^2=8^2+2^2$

$\therefore x^2=52$

## 30-33 스스로 점검 문제 133~134쪽

| | | | |
|---|---|---|---|
| **1** ⑤ | **2** ③ | **3** ③ | **4** ③ |
| **5** ② | **6** ② | **7** 45 | **8** ④ |
| **9** 81 | **10** 60 | **11** 29 | **12** 19 |

**1** $y^2=4\times5=20$

$x^2=4^2+y^2=4^2+20=36$

$\therefore x^2+y^2=56$

**2** $4^2=x\times2$이므로 $x=8$

$y^2=4^2+2^2$이므로 $y^2=20$

$\therefore x^2-y^2=8^2-20=44$

**3** $3^2=\overline{BD}\times5$이므로 $\overline{BD}=\frac{9}{5}$

$\therefore y=5-\frac{9}{5}=\frac{16}{5}$

$x^2=\frac{9}{5}\times y=\frac{9}{5}\times\frac{16}{5}=\frac{144}{25}$

$\therefore x=\frac{12}{5}$ ($\because x>0$)

$3^2+z^2=5^2$에서 $z^2=16$ $\therefore z=4$ ($\because z>0$)

$\therefore x+y-z=\frac{12}{5}+\frac{16}{5}-4=\frac{8}{5}$

**4** 피타고라스 정리에 의하여

$\overline{BC}^2=6^2+8^2$

$\therefore \overline{BC}=10$ cm ($\because \overline{BC}>0$)

직각삼각형의 넓이에 의하여

$\overline{AD}\times10=6\times8$

$\therefore \overline{AD}=\frac{48}{10}=\frac{24}{5}$ (cm)

**5** $15^2=x\times25$이므로 $x=9$
$x^2+y^2=15^2$이므로 $81+y^2=225$에서 $y^2=144$
$\therefore y=12$ ($\because y>0$)
$25\times y=z\times15$이므로 $25\times12=z\times15$
$\therefore z=20$
$\therefore x+y+z=9+12+20=41$

**7** $\overline{DE}^2+10^2=9^2+8^2$
$\therefore x^2=\overline{DE}^2=45$

**8** $\triangle ABC$에서 $\overline{BC}^2=6^2+8^2$
$\therefore \overline{BC}=10$ ($\because \overline{BC}>0$)
$\therefore \overline{BE}^2+\overline{CD}^2=\overline{DE}^2+\overline{BC}^2=5^2+10^2=125$

**9** $\triangle OCD$에서
$\overline{CD}^2=4^2+4^2=32$
$\therefore \overline{AD}^2+\overline{BC}^2=\overline{AB}^2+\overline{CD}^2$
$=7^2+32=81$

**10** $\triangle AOD$에서 $\overline{AD}^2=4^2+3^2=25$
□ABCD에서
$7^2+6^2=\overline{BC}^2+25$
$\therefore \overline{BC}^2=60$

**11** $x^2+6^2=4^2+7^2$
$\therefore x^2=29$

**12** $x^2+7^2=8^2+3^2$에서 $x^2=24$
$6^2+y^2=4^2+5^2$에서 $y^2=5$
$\therefore x^2-y^2=24-5=19$

## 34 직각삼각형에서 세 반원 사이의 관계 135~136쪽

**1** ① $\frac{b}{2}$, $\frac{a}{2}$, $\frac{a^2}{8}\pi$ ② $a^2$ / $c^2$, $a^2$, $R$

**2** (1) $65\pi$ cm$^2$ (2) $65\pi$ cm$^2$ (3) $50\pi$ cm$^2$
(4) $10\pi$ cm$^2$ (5) $8\pi$ cm$^2$ (6) $2\pi$ cm$^2$
(7) $20\pi$ cm$^2$

**3** (1) $4\pi$, $4\pi$, 32 (2) 72 (3) 392

**2** (1) (색칠한 부분의 넓이)$=15\pi+50\pi=65\pi(\text{cm}^2)$
(2) (색칠한 부분의 넓이)$=70\pi-5\pi=65\pi(\text{cm}^2)$
(3) (색칠한 부분의 넓이)$=60\pi-10\pi=50\pi(\text{cm}^2)$
(4) 지름의 길이가 4 cm인 반원의 넓이는
$\frac{1}{2}\times\pi\times2^2=2\pi(\text{cm}^2)$
$\therefore$ (색칠한 부분의 넓이)$=8\pi+2\pi=10\pi(\text{cm}^2)$
(5) 지름의 길이가 8 cm인 반원의 넓이는
$\frac{1}{2}\times\pi\times4^2=8\pi(\text{cm}^2)$
$\therefore$ (색칠한 부분의 넓이)$=16\pi-8\pi=8\pi(\text{cm}^2)$
(6) 지름의 길이가 8 cm인 반원의 넓이는
$\frac{1}{2}\times\pi\times4^2=8\pi(\text{cm}^2)$
$\therefore$ (색칠한 부분의 넓이)$=8\pi-6\pi=2\pi(\text{cm}^2)$
(7) 지름의 길이가 16 cm인 반원의 넓이는
$\frac{1}{2}\times\pi\times8^2=32\pi(\text{cm}^2)$
$\therefore$ (색칠한 부분의 넓이)$=32\pi-12\pi=20\pi(\text{cm}^2)$

**3** (2) 지름의 길이가 $x$ cm인 반원의 넓이는
$25\pi-16\pi=9\pi(\text{cm}^2)$
$\frac{1}{2}\times\pi\times\left(\frac{x}{2}\right)^2=9\pi$
$\therefore x^2=72$
(3) 지름의 길이가 $x$ cm인 반원의 넓이는
$81\pi-32\pi=49\pi(\text{cm}^2)$
$\frac{1}{2}\times\pi\times\left(\frac{x}{2}\right)^2=49\pi$
$\therefore x^2=392$

## 35 히포크라테스의 원의 넓이 137쪽

**1** (1) 24 cm$^2$ (2) 30 cm$^2$ (3) 60 cm$^2$
(4) 12 cm$^2$ (5) 14 cm$^2$ (6) 18 cm$^2$

**1** (1) (색칠한 부분의 넓이)$=\triangle ABC$
$=\frac{1}{2}\times6\times8$
$=24(\text{cm}^2)$
(2) $\overline{AB}^2=13^2-5^2=144$이므로
$\overline{AB}=12$ cm ($\because \overline{AB}>0$)
$\therefore$ (색칠한 부분의 넓이)$=\triangle ABC$
$=\frac{1}{2}\times12\times5$
$=30(\text{cm}^2)$

(3) $\overline{AB}^2=17^2-15^2=64$이므로

$\overline{AB}=8(cm)$ ($\because$ $\overline{AB}>0$)

(색칠한 부분의 넓이)$=\triangle ABC$

$=\frac{1}{2}\times 8\times 15$

$=60(cm^2)$

(4) (색칠한 부분의 넓이)$=20-8=12(cm^2)$

(5) (색칠한 부분의 넓이)$=28-14=14(cm^2)$

(6) (색칠한 부분의 넓이)$=8+10=18(cm^2)$

## 34-35 스스로 점검 문제 138쪽

| | | | |
|---|---|---|---|
| 1 ④ | 2 $25\pi$ cm$^2$ | 3 ④ | 4 30 cm$^2$ |
| 5 ② | 6 60 cm$^2$ | 7 ⑤ | |

**1** 색칠한 부분의 넓이는 지름의 길이가 8 cm인 반원의 넓이와 같다.

$\therefore$ (색칠한 부분의 넓이)$=\frac{1}{2}\times\pi\times 4^2=8\pi(cm^2)$

**2** $\overline{BC}^2=8^2+6^2=100$

$\therefore$ $\overline{BC}=10$ cm ($\because$ $\overline{BC}>0$)

$\overline{BC}$를 지름으로 하는 반원의 넓이는 나머지 두 반원의 넓이의 합과 같으므로 색칠한 부분의 넓이는 $\overline{BC}$를 지름으로 하는 원의 넓이와 같다.

$\therefore$ (세 반원의 넓이의 합)

$=$($\overline{BC}$를 지름으로 하는 원의 넓이)

$=\pi\times 5^2=25\pi(cm^2)$

**3** 색칠한 부분의 넓이는 $\overline{BC}$를 지름으로 하는 반원의 넓이와 같으므로

$\frac{1}{2}\times\pi\times\left(\frac{\overline{BC}}{2}\right)^2=50\pi$, $\overline{BC}^2=400$

$\therefore$ $\overline{BC}=20(cm)$ ($\because$ $\overline{BC}>0$)

**4** (색칠한 부분의 넓이)$=\triangle ABC$

$=\frac{1}{2}\times 5\times 12$

$=30(cm^2)$

**5** (색칠한 부분의 넓이)$=\triangle ABC$이므로

$\frac{1}{2}\times 15\times\overline{AC}=45$

$\therefore$ $\overline{AC}=6(cm)$

**6** $\overline{AC}^2=17^2-8^2=225$이므로

$\overline{AC}=15$ cm ($\because$ $\overline{AC}>0$)

$\therefore$ (색칠한 부분의 넓이)

$=\triangle ABC$

$=\frac{1}{2}\times 8\times 15$

$=60(cm^2)$

**7** $\overline{AB}^2=15^2-9^2=144$이므로

$\overline{AB}=12$ cm ($\because$ $\overline{AB}>0$)

$\therefore$ (색칠한 부분의 넓이)

$=2\times\triangle ABC$

$=2\times\left(\frac{1}{2}\times 12\times 9\right)$

$=108(cm^2)$

# Ⅲ. 확률

## 1 경우의 수

### 01 경우의 수 140~141쪽

1 (1) 1 (2) 4, 6, 3 (3) 2, 4, 3
2 (1) 뒷면, 앞면, 2 (2) 앞면, 1 (3) 뒷면, 1
3 (1) 4 (2) 6 (3) 4 (4) 6 (5) 9 (6) 5
4 (1) 10 (2) 3 (3) 6 (4) 11
5 (1) 6 (2) 3 (3) 4 (4) 9
6 (1) 풀이 참조 (2) 3 (3) 6 (4) 1

**3** (1) 8보다 큰 수가 나오는 경우는 9, 10, 11, 12
따라서 구하는 경우의 수는 4이다.
(2) 홀수가 나오는 경우는
1, 3, 5, 7, 9, 11
따라서 구하는 경우의 수는 6이다.
(3) 3의 배수가 나오는 경우는 3, 6, 9, 12
따라서 구하는 경우의 수는 4이다.
(4) 12의 약수가 나오는 경우는
1, 2, 3, 4, 6, 12
따라서 구하는 경우의 수는 6이다.
(5) 9 이하의 수가 나오는 경우는
1, 2, 3, 4, 5, 6, 7, 8, 9
따라서 구하는 경우의 수는 9이다.
(6) 소수가 나오는 경우는
2, 3, 5, 7, 11
따라서 구하는 경우의 수는 5이다.

**4** (1) 짝수가 나오는 경우는
2, 4, 6, 8, 10, 12, 14, 16, 18, 20
따라서 구하는 경우의 수는 10이다.
(2) 6의 배수가 나오는 경우는 6, 12, 18
따라서 구하는 경우의 수는 3이다.
(3) 20의 약수가 나오는 경우는
1, 2, 4, 5, 10, 20
따라서 구하는 경우의 수는 6이다.
(4) 10 이상의 수가 나오는 경우는
10, 11, 12, 13, 14, 15, 16, 17, 18, 19, 20
따라서 구하는 경우의 수는 11이다.

**5** (1) 두 눈의 수가 서로 같은 경우를 순서쌍으로 나타내면
(1, 1), (2, 2), (3, 3), (4, 4), (5, 5), (6, 6)
따라서 구하는 경우의 수는 6이다.
(2) 두 눈의 수의 합이 4인 경우를 순서쌍으로 나타내면
(1, 3), (2, 2), (3, 1)
따라서 구하는 경우의 수는 3이다.
(3) 두 눈의 수의 곱이 12인 경우를 순서쌍으로 나타내면
(2, 6), (3, 4), (4, 3), (6, 2)
따라서 구하는 경우의 수는 4이다.
(4) 두 눈의 수가 모두 홀수인 경우를 순서쌍으로 나타내면
(1, 1), (1, 3), (1, 5), (3, 1), (3, 3), (3, 5), (5, 1), (5, 3), (5, 5)
따라서 구하는 경우의 수는 9이다.

**6** (1)

| 100원짜리(개) | 50원짜리(개) | 10원짜리(개) |
|---|---|---|
| 5 | 0 | 0 |
| 4 | 2 | 0 |
| 4 | 1 | 5 |
| 3 | 4 | 0 |
| 3 | 3 | 5 |
| 2 | 5 | 5 |

따라서 지불하는 경우의 수는 6이다.
(2) 100원짜리 사탕값을 지불하는 방법은 다음 표와 같다.

| 100원짜리(개) | 50원짜리(개) | 10원짜리(개) |
|---|---|---|
| 1 | 0 | 0 |
| 0 | 2 | 0 |
| 0 | 1 | 5 |

따라서 지불하는 경우의 수는 3이다.
(3) 350원짜리 볼펜값을 지불하는 방법은 다음 표와 같다.

| 100원짜리(개) | 50원짜리(개) | 10원짜리(개) |
|---|---|---|
| 3 | 1 | 0 |
| 3 | 0 | 5 |
| 2 | 3 | 0 |
| 2 | 2 | 5 |
| 1 | 5 | 0 |
| 1 | 4 | 5 |

따라서 지불하는 경우의 수는 6이다.
(4) 800원짜리 공책값을 지불하는 방법은 다음 표와 같다.

| 100원짜리(개) | 50원짜리(개) | 10원짜리(개) |
|---|---|---|
| 5 | 5 | 5 |

따라서 지불하는 경우의 수는 1이다.

## 02 사건 $A$ 또는 사건 $B$가 일어나는 경우의 수 142~143쪽

**1** (1) 4 (2) 7 (3) 4, 7, 11
**2** (1) 3, 5 (2) 5, 3, 8
**3** (1) 10 (2) 13 (3) 9 (4) 5
**4** (1) 6, 9, 12, 15, 5 / 7, 14, 2 / 5, 2, 7
(2) 7 (3) 4 (4) 4
**5** (1) 4, 8, 12 / 6, 12, 2 / 12, 1 / 2, 1, 4
(2) 7 (3) 12

**3** (1) $6+4=10$
(2) $8+5=13$
(3) $7+2=9$
(4) $3+2=5$

**4** (2) 홀수가 나오는 경우는 1, 3, 5, 7, 9의 5가지
4의 배수가 나오는 경우는 4, 8의 2가지
따라서 구하는 경우의 수는
$5+2=7$
(3) 5의 배수가 나오는 경우는 5, 10의 2가지
6의 배수가 나오는 경우는 6, 12의 2가지
따라서 구하는 경우의 수는
$2+2=4$
(4) 3 이하의 수가 나오는 경우는 1, 2, 3의 3가지
10 이상의 수가 나오는 경우는 10의 1가지
따라서 구하는 경우의 수는
$3+1=4$

**5** (2) (i) 2의 배수가 나오는 경우는 2, 4, 6, 8, 10, 12의 6가지
(ii) 5의 배수가 나오는 경우는 5, 10의 2가지
(iii) 2의 배수이면서 5의 배수가 나오는 경우는 10의 1가지
따라서 구하는 경우의 수는
$6+2-1=7$
(3) (i) 24의 약수가 나오는 경우는 1, 2, 3, 4, 6, 8, 12, 24의 8가지
(ii) 30의 약수가 나오는 경우는 1, 2, 3, 5, 6, 10, 15, 30의 8가지
(iii) 24의 약수이면서 30의 약수인 수가 나오는 경우는 1, 2, 3, 6의 4가지
따라서 구하는 경우의 수는
$8+8-4=12$

## 03 사건 $A$와 사건 $B$가 동시에 일어나는 경우의 수 144~145쪽

**1** (1) 3 (2) 4 (3) 4, 12
**2** (1) 2, 3, 6 (2) 5, 4, 20
**3** (1) 24 (2) 15 (3) 21 (4) 12
**4** (1) 2 (2) 3 (3) 6
**5** (1) 3 (2) 3 (3) 9
**6** (1) 2 (2) 2 (3) 2 (4) 2, 2, 2, 8

**2** (2) 등산로 입구에서 정상까지 올라가는 등산로는 5가지, 정상에서 내려오는 등산로는 올라간 등산로를 제외한 4가지이므로 구하는 경우의 수는
$5\times4=20$

**3** (1) $6\times4=24$
(2) $5\times3=15$
(3) $3\times7=21$
(4) $4\times3=12$(개)

**4** (1) P 지점에서 Q 지점까지 최단 거리로 가는 경우의 수는 2
(2) Q 지점에서 R 지점까지 최단 거리로 가는 경우의 수는 3

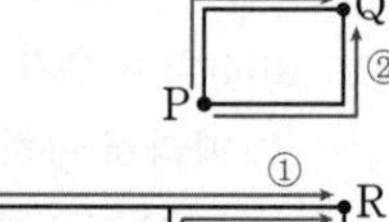


(3) $2\times3=6$

**5** (3) A, B가 내는 경우의 수는 각각 가위, 바위, 보의 3이므로 구하는 경우의 수는
$3\times3=9$

## 04 동전, 주사위를 여러 개 던지는 경우의 수 146~147쪽

**1** (1) 4, 3, 4, 5, 1, 5 (2) 6, 5, 6, 4, 3
(3) 5, 3, 8
**2** (1) 2, 4 (2) 2, 2, 2, 8
**3** (1) 6, 36 (2) 6, 6, 6, 216
**4** (1) 6, 12 (2) 2, 2, 72 (3) 2, 2, 144
**5** (1) 6 (2) 3 (3) 3
**6** (1) 앞면, 앞면, 뒷면, 뒷면, 뒷면, 2 (2) 3
(3) 3 (4) 4
**7** (1) 1, 3, 3, 3 (2) 3 (3) 4 (4) 8

**5** (1) 두 눈의 수의 차가 4가 되는 경우를 순서쌍으로 나타내면

(1, 5), (2, 6), (5, 1), (6, 2)의 4가지

두 눈의 수의 차가 5가 되는 경우를 순서쌍으로 나타내면

(1, 6), (6, 1)의 2가지

따라서 구하는 경우의 수는

$4+2=6$

(2) 서로 다른 2개의 주사위를 던질 때 나오는 두 눈의 수의 합은 2 이상 12 이하이므로 이 중에서 11 이상인 경우는 11, 12이다.

두 눈의 수의 합이 11이 되는 경우를 순서쌍으로 나타내면

(5, 6), (6, 5)의 2가지

두 눈의 수의 합이 12가 되는 경우를 순서쌍으로 나타내면

(6, 6)의 1가지

따라서 구하는 경우의 수는

$2+1=3$

(3) 서로 다른 2개의 주사위를 던질 때 나오는 두 눈의 수의 합은 2 이상 12 이하이므로 이 중에서 3 이하인 경우는 2, 3이다.

두 눈의 수의 합이 2가 되는 경우를 순서쌍으로 나타내면

(1, 1)의 1가지

두 눈의 수의 합이 3이 되는 경우를 순서쌍으로 나타내면

(1, 2), (2, 1)의 2가지

따라서 구하는 경우의 수는

$1+2=3$

**6** (2) 앞면이 한 개만 나오는 경우를 순서쌍으로 나타내면

(앞면, 뒷면, 뒷면), (뒷면, 앞면, 뒷면),

(뒷면, 뒷면, 앞면)

의 3가지이다.

(3) 앞면이 두 개 나오는 경우를 순서쌍으로 나타내면

(앞면, 앞면, 뒷면), (앞면, 뒷면, 앞면),

(뒷면, 앞면, 앞면)

의 3가지이다.

(4) 앞면이 두 개 이상 나오는 경우는 앞면이 두 개 나오거나 모두 앞면인 경우이므로 구하는 경우의 수는 $3+1=4$

**7** (2) 동전에서 뒷면이 나오는 경우는 1가지

주사위에서 소수의 눈이 나오는 경우는 2, 3, 5의 3가지

따라서 구하는 경우의 수는

$1\times3=3$

(3) 동전에서 앞면 또는 뒷면이 나오는 경우는 2가지

주사위에서 3의 배수의 눈이 나오는 경우는 3, 6의 2가지

따라서 구하는 경우의 수는

$2\times2=4$

(4) 동전에서 앞면 또는 뒷면이 나오는 경우는 2가지

주사위에서 6의 약수의 눈이 나오는 경우는 1, 2, 3, 6의 4가지

따라서 구하는 경우의 수는

$2\times4=8$

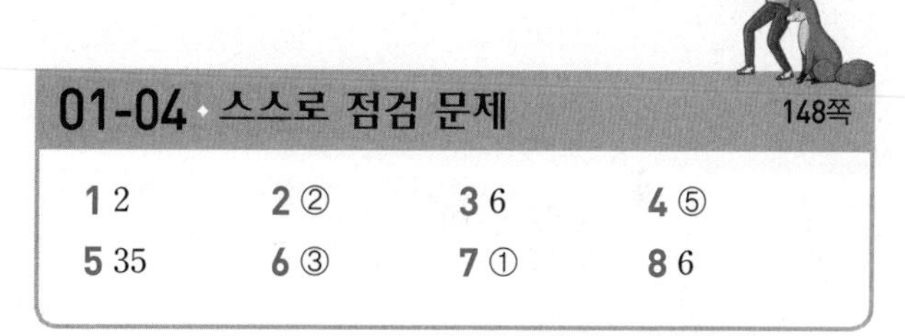

## 01-04 스스로 점검 문제 148쪽

**1** 2　**2** ②　**3** 6　**4** ⑤
**5** 35　**6** ③　**7** ①　**8** 6

**1** 8의 배수가 나오는 경우는 8, 16의 2가지이다.

**2** 330원을 지불하는 방법은 다음 표와 같다.

| 100원짜리(개) | 50원짜리(개) | 10원짜리(개) |
|---|---|---|
| 3 | 0 | 3 |
| 2 | 2 | 3 |
| 1 | 4 | 3 |
| 0 | 6 | 3 |

따라서 지불하는 방법은 모두 4가지이다.

**3** $4+2=6$

**4** 4의 배수는 4, 8의 2가지이고 소수는 2, 3, 5, 7의 4가지이므로

$2+4=6$

**5** $7\times5=35$

**6** A 지점에서 P 지점까지 최단 거리로 가는 경우의 수는 4가지, P 지점에서 B 지점까지 최단 거리로 가는 경우의 수는 2이다.
따라서 A 지점에서 P 지점을 거쳐 B 지점까지 최단 거리로 가는 경우의 수는
$4\times2=8$

**7** 두 눈의 수의 합이 6이 되는 경우를 순서쌍으로 나타내면
(1, 5), (2, 4), (3, 3), (4, 2), (5, 1)의 5가지
두 눈의 수의 합이 7이 되는 경우를 순서쌍으로 나타내면
(1, 6), (2, 5), (3, 4), (4, 3), (5, 2), (6, 1)의 6가지
따라서 구하는 경우의 수는
$5+6=11$

**8** 동전 2개에서 서로 다른 면이 나오는 경우를 순서쌍으로 나타내면 (앞면, 뒷면), (뒷면, 앞면)의 2가지
주사위에서 2의 배수의 눈이 나오는 경우는 2, 4, 6의 3가지
따라서 구하는 경우의 수는
$2\times3=6$

## 05 한 줄로 세우는 경우의 수 149~150쪽

| | | | |
|---|---|---|---|
| 1 | (1) ① 4 ② 3 ③ 2 ④ 1 / 3, 2, 1, 24 | | (2) 120 |
| 2 | (1) 4, 3, 4, 3, 12 | (2) 6 | (3) 60 |
| 3 | (1) 24 | (2) 6 | (3) 210 |
| 4 | (1) 2, 1, 3, 2, 1, 6 | (2) 12 | |
| 5 | (1) 24 | (2) 12 | (3) 24 |

**1** (2) $5\times4\times3\times2\times1=120$

**2** (2) $3\times2=6$
(3) $5\times4\times3=60$

**3** (1) $4\times3\times2\times1=24$
(2) 3명 중 2명을 뽑아 한 줄로 세우는 경우의 수와 같으므로
$3\times2=6$
(3) 7명 중 3명을 뽑아 한 줄로 세우는 경우의 수와 같으므로
$7\times6\times5=210$

**4** (2) A에 칠할 수 있는 색은 3가지
B에 칠할 수 있는 색은 A에 칠한 색을 제외한 2가지
C에 칠할 수 있는 색은 B에 칠한 색을 제외한 2가지
따라서 구하는 방법의 수는
$3\times2\times2=12$(가지)

**5** (1) A에 칠할 수 있는 색은 4가지
B에 칠할 수 있는 색은 A에 칠한 색을 제외한 3가지
C에 칠할 수 있는 색은 A, B에 칠한 색을 제외한 2가지
D에 칠할 수 있는 색은 A, B, C에 칠한 색을 제외한 1가지
따라서 구하는 방법의 수는
$4\times3\times2\times1=24$(가지)
(2) A에 칠할 수 있는 색은 4가지
B에 칠할 수 있는 색은 A에 칠한 색을 제외한 3가지
따라서 구하는 방법의 수는
$4\times3=12$(가지)
(3) A에 칠할 수 있는 색은 4가지
B에 칠할 수 있는 색은 A에 칠한 색을 제외한 3가지
C에 칠할 수 있는 색은 A, B에 칠한 색을 제외한 2가지
따라서 구하는 방법의 수는
$4\times3\times2=24$(가지)

## 06 특정한 사람의 자리를 고정하여 한 줄로 세우는 경우의 수 151쪽

| | | | |
|---|---|---|---|
| 1 | (1) 2, 1, 6 | (2) 3, 2, 1, 6 | (3) 2, 2, 1, 2, 2, 4 |
| 2 | (1) 24 | (2) 24 | (3) 12 |

**2** (1) 어머니를 맨 앞에 고정시키고 나머지 4명을 한 줄로 세우는 경우의 수와 같으므로
$4\times3\times2\times1=24$

(2) 성현이를 가운데에 고정시키고 나머지 4명을 한 줄로 세우는 경우의 수와 같으므로

$4\times3\times2\times1=24$

(3) 부모님을 양 끝에 세우는 경우는

부□□□모, 모□□□부의 2가지

부모님 사이에 3명을 한 줄로 세우는 경우의 수는

$3\times2\times1=6$(가지)

따라서 구하는 경우의 수는

$2\times6=12$

(4) C, D, E, F를 하나로 묶어 3명을 한 줄로 세우는 경우의 수는

$3\times2\times1=6$

C, D, E, F가 자리를 바꾸는 경우의 수는

$4\times3\times2\times1=24$

따라서 구하는 경우의 수는

$6\times24=144$

## 07 한 줄로 세울 때 이웃하여 서는 경우의 수 152~153쪽

| | |
|---|---|
| 1 | (1) ① 2 ② 2 ③ 2, 2, 4 |
| | (2) ① 2 ② 6 ③ 2, 6, 12 |
| 2 | (1) 240 (2) 240 (3) 144 (4) 144 |
| 3 | (1) 48 (2) 12 (3) 144 |
| 4 | (1) 48 (2) 36 (3) 2, 6, 2, 6, 24 |
| 5 | (1) 24 (2) 96 (3) 96 |

**2** (1) A, B를 하나로 묶어 5명을 한 줄로 세우는 경우의 수는

$5\times4\times3\times2\times1=120$

A, B가 자리를 바꾸는 경우의 수는 2

따라서 구하는 경우의 수는

$120\times2=240$

(2) C, D를 하나로 묶어 5명을 한 줄로 세우는 경우의 수는

$5\times4\times3\times2\times1=120$

C, D가 자리를 바꾸는 경우의 수는 2

따라서 구하는 경우의 수는

$120\times2=240$

(3) A, B, C를 하나로 묶어 4명을 한 줄로 세우는 경우의 수는

$4\times3\times2\times1=24$

A, B, C가 자리를 바꾸는 경우의 수는

$3\times2\times1=6$

따라서 구하는 경우의 수는

$24\times6=144$

**3** (1) $b$, $e$를 하나로 묶어 4개의 문자를 일렬로 배열하는 경우의 수는

$4\times3\times2\times1=24$

$b$, $e$가 자리를 바꾸는 경우의 수는 2

따라서 구하는 경우의 수는

$24\times2=48$

(2) 부모님을 하나로 묶어 3명을 나란히 앉히는 경우의 수는

$3\times2\times1=6$

부모님끼리 자리를 바꾸는 경우의 수는 2

따라서 구하는 경우의 수는

$6\times2=12$

(3) 짝수는 2, 4, 6이므로 2, 4, 6의 카드를 하나로 묶어 4장의 카드를 일렬로 나열하는 경우의 수는

$4\times3\times2\times1=24$

2, 4, 6의 카드의 자리를 바꾸는 경우의 수는

$3\times2\times1=6$

따라서 구하는 경우의 수는

$24\times6=144$

**4** (1) 남학생을 하나로 묶어 4명을 한 줄로 세우는 경우의 수는

$4\times3\times2\times1=24$

남학생끼리 자리를 바꾸는 경우의 수는 2

따라서 구하는 경우의 수는

$24\times2=48$

(2) 여학생을 하나로 묶어 3명을 한 줄로 세우는 경우의 수는

$3\times2\times1=6$

여학생끼리 자리를 바꾸는 경우의 수는

$3\times2\times1=6$

따라서 구하는 경우의 수는

$6\times6=36$

**5** (1) 소설책과 과학책을 각각 하나로 묶어 2권을 나란히 꽂는 경우의 수는

$2\times1=2$

소설책끼리 자리를 바꾸는 경우의 수는

2

과학책끼리 자리를 바꾸는 경우의 수는

$3\times2\times1=6$

따라서 구하는 경우의 수는

$2\times2\times6=24$

(2) 상의와 하의를 각각 하나로 묶어 2벌을 한 줄로 거는 경우의 수는

$2\times1=2$

상의끼리 자리를 바꾸는 경우의 수는

$4\times3\times2\times1=24$

하의끼리 자리를 바꾸는 경우의 수는

2

따라서 구하는 경우의 수는

$2\times24\times2=96$

(3) 부모님을 하나로 묶고 할머니, 할아버지를 하나로 묶어 4명을 나란히 앉히는 경우의 수는

$4\times3\times2\times1=24$

부모님끼리 자리를 바꾸는 경우의 수는 2

할머니와 할아버지의 자리를 바꾸는 경우의 수는 2

따라서 구하는 경우의 수는

$24\times2\times2=96$

## 05-07 스스로 점검 문제 154쪽

| | | | |
|---|---|---|---|
| **1** ⑤ | **2** ④ | **3** 108가지 | **4** ④ |
| **5** 48 | **6** ④ | **7** ⑤ | **8** 24 |

**1** $5\times4\times3\times2\times1=120$

**2** $6\times5\times4=120$

**3** A에 칠할 수 있는 색은 4가지

B에 칠할 수 있는 색은 A에 칠한 색을 제외한 3가지

C에 칠할 수 있는 색은 B에 칠한 색을 제외한 3가지

D에 칠할 수 있는 색은 C에 칠한 색을 제외한 3가지

따라서 구하는 방법의 수는

$4\times3\times3\times3=108$(가지)

**4** D를 네 번째에 고정시키고 나머지 4명을 한 줄로 세우면 되므로 구하는 경우의 수는

$4\times3\times2\times1=24$

**5** 국어 또는 사회 교과서를 맨 앞에 꽂고 나머지 4권을 나란히 꽂는 경우의 수는 각각

$4\times3\times2\times1=24$

따라서 구하는 경우의 수는

$24+24=48$

**6** A와 B를 하나로 묶어 4명을 한 줄로 세우는 방법의 수는

$4\times3\times2\times1=24$(가지)

A와 B가 자리를 바꾸는 방법의 수는

$2\times1=2$(가지)

따라서 구하는 방법의 수는

$24\times2=48$(가지)

**7** 여학생을 하나로 묶어 5명을 한 줄로 세우는 경우의 수는

$5\times4\times3\times2\times1=120$

여학생끼리 자리를 바꾸는 경우의 수는

$3\times2\times1=6$

따라서 구하는 경우의 수는

$120\times6=720$

**8** 숫자 카드와 알파벳 카드를 각각 하나로 묶어 2장을 한 줄로 세우는 경우의 수는

$2\times1=2$

숫자 카드끼리 자리를 바꾸는 경우의 수는 2가지

알파벳 카드끼리 자리를 바꾸는 경우의 수는

$3\times2\times1=6$

따라서 구하는 경우의 수는

$2\times2\times6=24$

## 08 | 정수를 만드는 경우의 수 155~156쪽

1 (1) ① 3 ② 2 / 3, 2, 6
(2) ① 3 ② 2 ③ 1 / 3, 2, 1, 6
2 (1) ① 2 ② 2 / 2, 2, 4
(2) ① 2 ② 2 ③ 1 / 2, 2, 1, 4
3 (1) ① 12 ② 24 (2) ① 20 ② 60
4 (1) ① 9 ② 18 (2) ① 16 ② 48
5 (1) 4, 4, 4, 4, 4, 8 (2) 12 (3) 8

**3** (1) ① 만들 수 있는 두 자리 정수의 개수는
$4\times3=12$(개)
② 만들 수 있는 세 자리 정수의 개수는
$4\times3\times2=24$(개)
(2) ① 만들 수 있는 두 자리 정수의 개수는
$5\times4=20$(개)
② 만들 수 있는 세 자리 정수의 개수는
$5\times4\times3=60$(개)

**4** (1) ① 만들 수 있는 두 자리 정수의 개수는
$3\times3=9$(개)
② 만들 수 있는 세 자리 정수의 개수는
$3\times3\times2=18$(개)
(2) ① 만들 수 있는 두 자리 정수의 개수는
$4\times4=16$(개)
② 만들 수 있는 세 자리 정수의 개수는
$4\times4\times3=48$(개)

주의 0은 맨 앞에 올 수 없으므로 맨 앞에 올 수 있는 숫자의 개수는 {(숫자 카드의 개수)$-1$}개이다.

**5** (2) 홀수가 되려면 일의 자리에 올 수 있는 숫자는 1, 3, 5이다.
(i) ☆1인 경우: 십의 자리에 올 수 있는 숫자는 1을 제외한 4가지
(ii) ☆3인 경우: 십의 자리에 올 수 있는 숫자는 3을 제외한 4가지
(iii) ☆5인 경우: 십의 자리에 올 수 있는 숫자는 5를 제외한 4가지
따라서 만들 수 있는 두 자리 홀수의 개수는
$4+4+4=12$(개)
(3) 40보다 큰 수가 되려면 십의 자리에 올 수 있는 숫자는 4, 5이다.
(i) 4☆인 경우: 일의 자리에 올 수 있는 숫자는 4를 제외한 4가지
(ii) 5☆인 경우: 일의 자리에 올 수 있는 숫자는 5를 제외한 4가지
따라서 만들 수 있는 40보다 큰 수의 개수는
$4+4=8$(개)

## 09 | 대표를 뽑는 경우의 수 157~158쪽

1 (1) 3, 3, 12 (2) 4, 3, 2, 4, 3, 2, 24
2 (1) 같은, 3, 2, 6 (2) 6, 같은, 3, 2, 6, 4
3 (1) 6 (2) 60 (3) 42 (4) 720
4 (1) 3 (2) 10 (3) 21 (4) 28
5 (1) 30 (2) 120 (3) 20 (4) 8 (5) 12

**3** (1) $3\times2=6$
(2) $5\times4\times3=60$
(3) $7\times6=42$
(4) $10\times9\times8=720$

**4** (1) $\frac{3\times2}{2}=3$
(2) $\frac{5\times4\times3}{3\times2\times1}=10$
(3) 7명 중에서 자격이 같은 대표 2명을 뽑는 경우의 수와 같으므로 구하는 경우의 수는
$\frac{7\times6}{2}=21$
(4) 8명 중에서 자격이 같은 대표 2명을 뽑는 경우의 수와 같으므로 악수를 하는 총 횟수는
$\frac{8\times7}{2}=28$(회)

**5** 전체 학생 수는 $4+2=6$(명)
(1) 6명 중에서 자격이 다른 대표 2명을 뽑는 경우의 수와 같으므로 구하는 경우의 수는
$6\times5=30$
(2) 6명 중에서 자격이 다른 대표 3명을 뽑는 경우의 수와 같으므로 구하는 경우의 수는
$6\times5\times4=120$

(3) 6명 중에서 자격이 같은 대표 3명을 뽑는 경우의 수는

$\frac{6\times5\times4}{3\times2\times1}=20$

(4) 여학생 중에서 대표 1명을 뽑는 경우의 수는 4가지
남학생 중에서 대표 1명을 뽑는 경우의 수는 2가지
따라서 구하는 경우의 수는

$4\times2=8$

(5) 여학생 중에서 대표 2명을 뽑는 경우의 수는

$\frac{4\times3}{2}=6$

남학생 중에서 대표 1명을 뽑는 경우의 수는 2가지
따라서 구하는 경우의 수는

$6\times2=12$

## 10 선분 또는 삼각형의 개수 159쪽

| | | |
|---|---|---|
| 1 | (1) 2, 3, 2, 6 | (2) 3, 3, 2, 2, 1, 4 |
| 2 | (1) ① 10 ② 10 | (2) ① 15 ② 20 |

**2** (1) ① 5개의 점 중에서 순서를 생각하지 않고 2개의 점을 뽑는 경우의 수와 같으므로 구하는 선분의 개수는

$\frac{5\times4}{2}=10$(개)

② 5개의 점 중에서 순서를 생각하지 않고 3개의 점을 뽑는 경우의 수와 같으므로 구하는 삼각형의 개수는

$\frac{5\times4\times3}{3\times2\times1}=10$(개)

(2) ① 6개의 점 중에서 순서를 생각하지 않고 2개의 점을 뽑는 경우의 수와 같으므로 구하는 선분의 개수는

$\frac{6\times5}{2}=15$(개)

② 6개의 점 중에서 순서를 생각하지 않고 3개의 점을 뽑는 경우의 수와 같으므로 구하는 삼각형의 개수는

$\frac{6\times5\times4}{3\times2\times1}=20$(개)

참고 ① 두 점을 이어 만들 수 있는 선분의 개수는 자격이 같은 대표 2명을 뽑는 경우의 수와 같다.
② 세 점을 이어 만들 수 있는 삼각형의 개수는 자격이 같은 대표 3명을 뽑는 경우의 수와 같다.

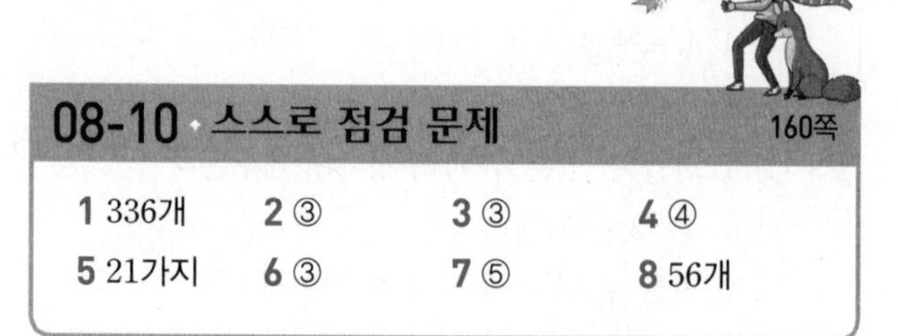

## 08-10 스스로 점검 문제 160쪽

| | | | |
|---|---|---|---|
| 1 336개 | 2 ③ | 3 ③ | 4 ④ |
| 5 21가지 | 6 ③ | 7 ⑤ | 8 56개 |

**1** 서로 다른 8개 중에서 3개를 뽑아 일렬로 나열하는 경우의 수와 같으므로 비밀번호의 개수는

$8\times7\times6=336$(개)

**2** 만들 수 있는 두 자리 자연수의 개수는

$4\times4=16$(개)

**3** 짝수가 되려면 일의 자리에 올 수 있는 숫자는 0, 2, 4이다.

(ⅰ) □□0인 경우: $5\times4=20$(개)

(ⅱ) □□2인 경우: $4\times4=16$(개)

(ⅲ) □□4인 경우: $4\times4=16$(개)

따라서 구하는 짝수의 개수는

$20+16+16=52$(개)

**4** 10개의 야구팀 중에서 경기를 할 2개의 팀을 뽑는 경우의 수와 같으므로

$\frac{10\times9}{2}=45$(번)

**5** 영준이를 제외한 7명의 학생 중에서 2명의 청소 당번을 뽑는 경우의 수와 같으므로

$\frac{7\times6}{2}=21$

**6** 남학생 6명 중에서 대표 2명을 뽑는 경우의 수는

$\frac{6\times5}{2}=15$

여학생 3명 중에서 대표 1명을 뽑는 경우의 수는 3가지
따라서 구하는 경우의 수는

$15\times3=45$

**7** 7개의 점 중에서 순서를 생각하지 않고 2개의 점을 뽑는 경우의 수와 같으므로 구하는 선분의 개수는

$\frac{7\times6}{2}=21$(개)

**8** 8개의 점 중에서 3개의 점을 뽑는 경우의 수와 같으므로 구하는 삼각형의 개수는

$\frac{8\times7\times6}{3\times2\times1}=56$(개)

## 2 확률의 계산

### 11 확률의 뜻

161~162쪽

**1** (1) ① 2 ② 1 ③ $\frac{1}{2}$

(2) ① 6 ② 2 ③ 2, $\frac{1}{3}$

(3) ① 7 ② 4 ③ $\frac{4}{7}$

**2** (1) $\frac{1}{2}$ (2) $\frac{1}{2}$ (3) $\frac{1}{3}$

**3** (1) $\frac{1}{4}$ (2) $\frac{5}{12}$ (3) $\frac{1}{3}$

**4** (1) $\frac{1}{2}$ (2) $\frac{1}{5}$ (3) $\frac{2}{5}$ (4) $\frac{2}{5}$

**5** (1) 2, 2, 8, 1, $\frac{1}{8}$ (2) $\frac{1}{4}$ (3) $\frac{3}{8}$ (4) $\frac{3}{8}$

**6** (1) 6, 36, 2, 1, 2, 36, $\frac{1}{18}$ (2) $\frac{1}{6}$ (3) $\frac{5}{36}$

(4) $\frac{2}{9}$ (5) $\frac{1}{9}$

**2** 모든 경우의 수는 6

(1) 눈의 수가 짝수인 경우는 2, 4, 6의 3가지이므로 구하는 확률은

$\frac{3}{6}=\frac{1}{2}$

(2) 눈의 수가 소수인 경우는 2, 3, 5의 3가지이므로 구하는 확률은

$\frac{3}{6}=\frac{1}{2}$

(3) 눈의 수가 5 이상인 경우는 5, 6의 2가지이므로 구하는 확률은

$\frac{2}{6}=\frac{1}{3}$

**3** 모든 경우의 수는 $3+5+4=12$

(1) 빨간 공이 나올 확률은

$\frac{3}{12}=\frac{1}{4}$

(2) 노란 공이 나올 확률은 $\frac{5}{12}$

(3) 초록 공이 나올 확률은

$\frac{4}{12}=\frac{1}{3}$

**4** (1) 홀수가 나오는 경우는 1, 3, 5, 7, 9의 5가지이므로 구하는 확률은

$\frac{5}{10}=\frac{1}{2}$

(2) 5의 배수가 나오는 경우는 5, 10의 2가지이므로 구하는 확률은

$\frac{2}{10}=\frac{1}{5}$

(3) 10의 약수가 나오는 경우는 1, 2, 5, 10의 4가지이므로 구하는 확률은

$\frac{4}{10}=\frac{2}{5}$

(4) 4 이하인 수가 나오는 경우는 1, 2, 3, 4의 4가지이므로 구하는 확률은

$\frac{4}{10}=\frac{2}{5}$

**5** 모든 경우의 수는 $2\times2\times2=8$

(2) 모두 같은 면이 나오는 경우를 순서쌍으로 나타내면 (앞면, 앞면, 앞면), (뒷면, 뒷면, 뒷면)의 2가지이므로 구하는 확률은

$\frac{2}{8}=\frac{1}{4}$

(3) 앞면이 1개 나오는 경우를 순서쌍으로 나타내면 (앞면, 뒷면, 뒷면), (뒷면, 앞면, 뒷면), (뒷면, 뒷면, 앞면)의 3가지이므로

구하는 확률은 $\frac{3}{8}$

(4) 뒷면이 2개 나오는 경우를 순서쌍으로 나타내면 (뒷면, 뒷면, 앞면), (뒷면, 앞면, 뒷면), (앞면, 뒷면, 뒷면)의 3가지이므로

구하는 확률은 $\frac{3}{8}$

**6** 모든 경우의 수는 $6\times6=36$

(2) 두 눈의 수가 같은 경우를 순서쌍으로 나타내면 (1, 1), (2, 2), (3, 3), (4, 4), (5, 5), (6, 6)의 6가지이므로 구하는 확률은

$\frac{6}{36}=\frac{1}{6}$

(3) 두 눈의 수의 합이 6인 경우를 순서쌍으로 나타내면 (1, 5), (2, 4), (3, 3), (4, 2), (5, 1)의 5가지이므로 구하는 확률은

$\frac{5}{36}$

(4) 두 눈의 수의 차가 2인 경우를 순서쌍으로 나타내면 (1, 3), (2, 4), (3, 1), (3, 5), (4, 2), (4, 6), (5, 3), (6, 4)의 8가지이므로 구하는 확률은

$\frac{8}{36}=\frac{2}{9}$

(5) 두 눈의 수의 곱이 12인 경우를 순서쌍으로 나타내면 (2, 6), (3, 4), (4, 3), (6, 2)의 4가지이므로 구하는 확률은

$\frac{4}{36}=\frac{1}{9}$

## 12 확률의 성질 163~165쪽

**1** (1) ① 7 ② 4 ③ $\frac{4}{7}$ (2) ① 7 ② 7 ③ 7, 1 (3) 0

**2** (1) ① 1 ② 0 (2) ① 1 ② 0 (3) ① 1 ② 0

**3** 4, $\frac{2}{3}$, $\frac{2}{3}$, $\frac{1}{3}$

**4** (1) $\frac{1}{3}$, $\frac{2}{3}$ (2) $\frac{1}{6}$ (3) $\frac{1}{4}$ (4) $\frac{2}{5}$ (5) $\frac{3}{10}$

**5** (1) $\frac{7}{12}$ (2) $\frac{1}{2}$ (3) $\frac{5}{6}$ (4) $\frac{31}{36}$ (5) $\frac{4}{5}$ (6) $\frac{3}{4}$

**6** (1) 6, 6, 36, 3, 3, 9, 9, $\frac{1}{4}$, $\frac{1}{4}$, $\frac{3}{4}$ (2) $\frac{3}{4}$ (3) $\frac{7}{8}$ (4) $\frac{9}{10}$ (5) $\frac{8}{9}$

**7** (1) ○ (2) × (3) ○ (4) ○ (5) ×

**2** (1) ① 주머니에 들어 있는 바둑돌은 모두 검은 바둑돌이므로 주머니에서 바둑돌 한 개를 꺼내면 항상 검은 바둑돌이다.
따라서 구하는 확률은 1이다.
② 주머니에 흰 바둑돌은 없으므로 흰 바둑돌을 꺼내는 경우는 없다.
따라서 구하는 확률은 0이다.

(2) ① 주사위를 한 개 던질 때 나오는 눈의 수는 항상 6 이하이므로 구하는 확률은 1이다.
② 주사위를 한 개 던질 때 6보다 큰 수의 눈이 나오는 경우는 없으므로 구하는 확률은 0이다.

(3) ① 서로 다른 주사위 2개를 동시에 던져 나오는 두 눈의 수의 합은 항상 12 이하이므로 구하는 확률은 1이다.
② 서로 다른 주사위 2개를 동시에 던져 나오는 두 눈의 수의 합이 36인 경우는 없으므로 구하는 확률은 0이다.

**4** (1) $1-\frac{1}{3}=\frac{2}{3}$

(2) $1-\frac{5}{6}=\frac{1}{6}$

(3) $1-\frac{3}{4}=\frac{1}{4}$

(4) $1-\frac{3}{5}=\frac{2}{5}$

(5) 70 %$=\frac{7}{10}$이므로 구하는 확률은

$1-\frac{7}{10}=\frac{3}{10}$

**5** (1) 소수가 나오는 경우는 2, 3, 5, 7, 11의 5가지이므로

그 확률은 $\frac{5}{12}$

따라서 구하는 확률은

$1-\frac{5}{12}=\frac{7}{12}$

(2) 모든 경우의 수는 $2\times2=4$

서로 같은 면이 나오는 경우를 순서쌍으로 나타내면 (앞면, 앞면), (뒷면, 뒷면)의 2가지이므로 그 확률은

$\frac{2}{4}=\frac{1}{2}$

따라서 구하는 확률은

$1-\frac{1}{2}=\frac{1}{2}$

(3) 모든 경우의 수는 $6\times6=36$

두 눈의 수가 같은 경우를 순서쌍으로 나타내면 (1, 1), (2, 2), (3, 3), (4, 4), (5, 5), (6, 6)의 6가지이므로 그 확률은

$\frac{6}{36}=\frac{1}{6}$

따라서 구하는 확률은

$1-\frac{1}{6}=\frac{5}{6}$

(4) 모든 경우의 수는 $6\times6=36$

두 눈의 수의 합이 6인 경우를 순서쌍으로 나타내면 (1, 5), (2, 4), (3, 3), (4, 2), (5, 1)의 5가지이므로 그 확률은 $\frac{5}{36}$

따라서 구하는 확률은

$1-\frac{5}{36}=\frac{31}{36}$

(5) 만들 수 있는 두 자리 정수의 개수는

$5\times4=20$(개)

20 미만인 경우는 12, 13, 14, 15의 4가지이므로

그 확률은 $\frac{4}{20}=\frac{1}{5}$

따라서 구하는 확률은

$1-\frac{1}{5}=\frac{4}{5}$

(6) 4명의 학생을 한 줄로 세우는 경우의 수는

$4\times3\times2\times1=24$

C가 맨 뒤에 서는 경우의 수는 나머지 3명을 한 줄로 세우는 경우의 수와 같으므로

$3\times2\times1=6$이고 그 확률은

$\frac{6}{24}=\frac{1}{4}$

따라서 구하는 확률은

$1-\frac{1}{4}=\frac{3}{4}$

**6** (2) 모든 경우의 수는 $2\times2=4$

2개의 동전이 모두 뒷면이 나오는 경우의 수는 1이므로 그 확률은 $\frac{1}{4}$

따라서 적어도 한 개는 앞면이 나올 확률은

$1-\frac{1}{4}=\frac{3}{4}$

(3) 모든 경우의 수는

$2\times2\times2=8$

3개의 동전이 모두 뒷면이 나오는 경우의 수는 1이므로 그 확률은 $\frac{1}{8}$

따라서 적어도 한 개는 앞면이 나올 확률은

$1-\frac{1}{8}=\frac{7}{8}$

(4) 남학생 3명과 여학생 2명 중에서 2명의 대표를 뽑는 경우의 수는

$\frac{5\times4}{2}=10$

여학생만 2명이 뽑히는 경우의 수는 1이므로

그 확률은 $\frac{1}{10}$

따라서 적어도 한 명은 남학생이 뽑힐 확률은

$1-\frac{1}{10}=\frac{9}{10}$

(5) 모든 경우의 수는 $3\times3\times3=27$

세 사람 모두 같은 것을 내는 경우의 수는 3이므로 그 확률은

$\frac{3}{27}=\frac{1}{9}$

따라서 적어도 한 사람은 다른 것을 낼 확률은

$1-\frac{1}{9}=\frac{8}{9}$

**7** (2) 동전 한 개를 던질 때, 앞면 또는 뒷면이 나올 확률은 1이다.

(5) 사건 $A$가 일어날 확률이 $p$일 때, $0\le p\le1$이다.

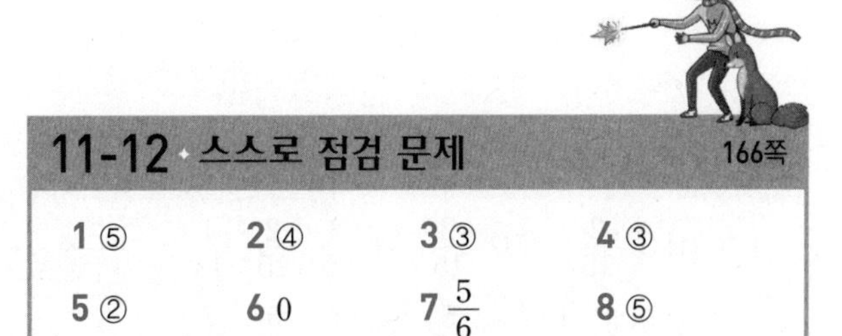

## 11-12 스스로 점검 문제 166쪽

| | | | |
|---|---|---|---|
| 1 ⑤ | 2 ④ | 3 ③ | 4 ③ |
| 5 ② | 6 0 | 7 $\frac{5}{6}$ | 8 ⑤ |

**1** $\frac{3}{3+4+x}=\frac{1}{4}$이므로 $x=5$

**2** 모든 경우의 수는 $3\times3=9$
짝수인 경우는 10, 12, 20, 30, 32의 5가지
따라서 구하는 확률은 $\frac{5}{9}$

**3** 모든 경우의 수는 $2\times2\times2=8$
뒷면이 1개 나오는 경우를 순서쌍으로 나타내면
(뒷면, 앞면, 앞면), (앞면, 뒷면, 앞면), (앞면, 앞면, 뒷면)의 3가지이므로 구하는 확률은 $\frac{3}{8}$

**4** 5명을 한 줄로 세우는 경우의 수는
$5\times4\times3\times2\times1=120$
B는 맨 앞에, D는 맨 뒤에 세우는 경우의 수는
$3\times2\times1=6$
따라서 구하는 확률은
$\frac{6}{120}=\frac{1}{20}$

**5** 각 확률을 구하면 다음과 같다.
① $\frac{1}{2}$ ② 1 ③ 0 ④ $\frac{1}{2}$ ⑤ $\frac{1}{6}$

**6** 주머니에 빨간 구슬은 없으므로 빨간 구슬이 나올 확률은 0이다.

**7** (B 중학교가 이길 확률)
$=1-$(A 중학교가 이길 확률)
$=1-\frac{1}{6}=\frac{5}{6}$

**8** 모든 경우의 수는 $2\times2\times2\times2=16$
모두 틀리는 경우의 수는 1이므로 그 확률은 $\frac{1}{16}$
따라서 적어도 한 문제는 맞힐 확률은
$1-\frac{1}{16}=\frac{15}{16}$

## 13 확률의 덧셈 167쪽

**1** (1) ① $\frac{2}{15}$ ② $\frac{2}{15}$ ③ $\frac{2}{15}$, $\frac{2}{15}$, $\frac{4}{15}$
(2) ① 2, $\frac{1}{18}$ ② $\frac{5}{36}$ ③ $\frac{1}{18}$, $\frac{5}{36}$, $\frac{7}{36}$

**2** (1) $\frac{11}{15}$ (2) $\frac{5}{9}$ (3) $\frac{1}{6}$

**1** (1) 모든 경우의 수는 15
① 6의 배수가 나올 경우는 6, 12의 2가지이므로
구하는 확률은 $\frac{2}{15}$
② 7의 배수가 나올 경우는 7, 14의 2가지이므로
구하는 확률은 $\frac{2}{15}$
(2) 모든 경우의 수는 $6\times6=36$
① 두 눈의 수의 합이 3인 경우를 순서쌍으로 나타내면
(1, 2), (2, 1)의 2가지이므로 구하는 확률은
$\frac{2}{36}=\frac{1}{18}$
② 두 눈의 수의 합이 8인 경우를 순서쌍으로 나타내면
(2, 6), (3, 5), (4, 4), (5, 3), (6, 2)의 5가지이므로 구하는 확률은 $\frac{5}{36}$

**2** (1) 빨간 공을 꺼낼 확률은 $\frac{6}{15}=\frac{2}{5}$
노란 공을 꺼낼 확률은 $\frac{5}{15}=\frac{1}{3}$
따라서 구하는 확률은
$\frac{2}{5}+\frac{1}{3}=\frac{11}{15}$
(2) 2의 배수가 적힌 공을 꺼내는 경우는 2, 4, 6, 8의 4가지이므로 그 확률은 $\frac{4}{9}$
5의 배수가 적힌 공을 꺼내는 경우는 5의 1가지이므로 그 확률은 $\frac{1}{9}$
따라서 구하는 확률은
$\frac{4}{9}+\frac{1}{9}=\frac{5}{9}$
(3) 두 눈의 수의 차가 4 이상인 경우는 4 또는 5인 경우이다.
두 눈의 수의 차가 4인 경우를 순서쌍으로 나타내면
(1, 5), (2, 6), (5, 1), (6, 2)의 4가지이므로
그 확률은
$\frac{4}{36}=\frac{1}{9}$
두 눈의 수의 차가 5인 경우를 순서쌍으로 나타내면
(1, 6), (6, 1)의 2가지이므로 그 확률은
$\frac{2}{36}=\frac{1}{18}$
따라서 구하는 확률은
$\frac{1}{9}+\frac{1}{18}=\frac{1}{6}$

## 14 확률의 곱셈(1) 168~169쪽

**1** (1) ① 4, $\frac{2}{3}$ ② 3, $\frac{1}{2}$ ③ $\frac{2}{3}$, $\frac{1}{2}$, $\frac{1}{3}$

(2) ① $\frac{1}{2}$ ② 3, $\frac{1}{2}$ ③ $\frac{1}{2}$, $\frac{1}{2}$, $\frac{1}{4}$

**2** (1) $\frac{3}{5}$, $\frac{1}{5}$ (2) $\frac{1}{5}$ (3) $\frac{9}{25}$ (4) $\frac{6}{35}$

**3** (1) $\frac{1}{5}$ (2) $\frac{2}{5}$ (3) $\frac{2}{15}$

**4** (1) 3, $\frac{1}{2}$, 3, $\frac{1}{2}$, 3, $\frac{1}{2}$, $\frac{1}{2}$, $\frac{1}{2}$, $\frac{1}{2}$, $\frac{1}{8}$

(2) $\frac{1}{6}$ (3) $\frac{27}{1000}$

**5** (1) $\frac{1}{4}$, $\frac{1}{24}$, $\frac{5}{6}$, $\frac{5}{8}$, $\frac{1}{24}$, $\frac{5}{8}$, $\frac{2}{3}$ (2) $\frac{7}{12}$

(3) $\frac{1}{2}$

**2** (2) $\frac{4}{5}\times\frac{1}{4}=\frac{1}{5}$

(3) $\frac{3}{5}\times\frac{3}{5}=\frac{9}{25}$

(4) $\frac{2}{5}\times\frac{3}{7}=\frac{6}{35}$

**3** (1) $\frac{3}{5}\times\frac{2}{6}=\frac{1}{5}$

(2) $\frac{3}{5}\times\frac{4}{6}=\frac{2}{5}$

(3) $\frac{2}{5}\times\frac{2}{6}=\frac{2}{15}$

**4** (2) $\frac{7}{9}\times\frac{3}{10}\times\frac{5}{7}=\frac{1}{6}$

(3) $\frac{3}{10}\times\frac{3}{10}\times\frac{3}{10}=\frac{27}{1000}$

**5** (2) 동전은 앞면이 나오고 주사위는 6의 약수의 눈이 나올 확률은

$\frac{1}{2}\times\frac{4}{6}=\frac{1}{3}$

동전은 뒷면이 나오고 주사위는 소수의 눈이 나올 확률은

$\frac{1}{2}\times\frac{3}{6}=\frac{1}{4}$

따라서 구하는 확률은

$\frac{1}{3}+\frac{1}{4}=\frac{7}{12}$

(3) A 주사위는 짝수, B 주사위는 홀수의 눈이 나올 확률은

$\frac{3}{6}\times\frac{3}{6}=\frac{1}{4}$

A 주사위는 홀수, B 주사위는 짝수의 눈이 나올 확률은

$\frac{3}{6}\times\frac{3}{6}=\frac{1}{4}$

따라서 구하는 확률은

$\frac{1}{4}+\frac{1}{4}=\frac{2}{4}=\frac{1}{2}$

## 15 확률의 곱셈(2) 170~172쪽

**1** (1) $\frac{1}{5}$, $\frac{4}{5}$, $\frac{4}{5}$, $\frac{1}{5}$, $\frac{4}{25}$

(2) $\frac{3}{4}$, $\frac{1}{4}$, $\frac{3}{5}$, $\frac{2}{5}$, $\frac{1}{4}$, $\frac{2}{5}$, $\frac{1}{10}$

(3) $\frac{1}{2}$, $\frac{1}{4}$, $\frac{1}{4}$, $\frac{3}{4}$

(4) $\frac{2}{3}$, $\frac{1}{3}$, $\frac{4}{5}$, $\frac{1}{5}$, $\frac{1}{3}$, $\frac{1}{5}$, $\frac{1}{15}$, $\frac{1}{15}$, $\frac{14}{15}$

**2** (1) $\frac{21}{100}$ (2) $\frac{49}{100}$ (3) $\frac{51}{100}$

**3** (1) $\frac{1}{3}$ (2) $\frac{1}{10}$ (3) $\frac{1}{15}$ (4) $\frac{14}{15}$

**4** (1) $\frac{2}{9}$ (2) $\frac{1}{12}$ (3) $\frac{1}{36}$ (4) $\frac{35}{36}$

**5** (1) $\frac{1}{6}$ (2) $\frac{1}{3}$ (3) $\frac{1}{6}$ (4) $\frac{5}{6}$

**6** (1) $\frac{4}{7}$ (2) $\frac{3}{7}$ (3) $\frac{2}{35}$ (4) $\frac{33}{35}$

**7** (1) $\frac{11}{12}$ (2) $\frac{3}{4}$

**8** (1) $\frac{1}{2}$, $\frac{1}{8}$, $\frac{1}{8}$, $\frac{7}{8}$ (2) $\frac{15}{16}$ (3) $\frac{657}{1000}$ (4) $\frac{43}{45}$

**2** (1) $\frac{3}{10}\times\left(1-\frac{3}{10}\right)=\frac{3}{10}\times\frac{7}{10}=\frac{21}{100}$

(2) $\left(1-\frac{3}{10}\right)\times\left(1-\frac{3}{10}\right)=\frac{7}{10}\times\frac{7}{10}=\frac{49}{100}$

(3) (적어도 한 번은 안타를 칠 확률)

$=1-$(두 번 모두 안타를 치지 못할 확률)

$=1-\frac{49}{100}=\frac{51}{100}$

**3** (1) $\frac{5}{6}\times\left(1-\frac{3}{5}\right)=\frac{5}{6}\times\frac{2}{5}=\frac{1}{3}$

(2) $\left(1-\frac{5}{6}\right)\times\frac{3}{5}=\frac{1}{6}\times\frac{3}{5}=\frac{1}{10}$

(3) $\left(1-\frac{5}{6}\right)\times\left(1-\frac{3}{5}\right)=\frac{1}{6}\times\frac{2}{5}=\frac{1}{15}$

(4) (적어도 한 사람은 목표물을 명중시킬 확률)

$=1-$(A, B 모두 목표물을 명중시키지 못할 확률)

$=1-\frac{1}{15}=\frac{14}{15}$

**4** (1) $\frac{8}{9}\times\left(1-\frac{3}{4}\right)=\frac{8}{9}\times\frac{1}{4}=\frac{2}{9}$

(2) $\left(1-\frac{8}{9}\right)\times\frac{3}{4}=\frac{1}{9}\times\frac{3}{4}=\frac{1}{12}$

(3) $\left(1-\frac{8}{9}\right)\times\left(1-\frac{3}{4}\right)=\frac{1}{9}\times\frac{1}{4}=\frac{1}{36}$

(4) (적어도 한 문제는 맞힐 확률)

$=1-$(두 문제 모두 맞히지 못할 확률)

$=1-\frac{1}{36}=\frac{35}{36}$

**5** (1) $\frac{1}{2}\times\left(1-\frac{2}{3}\right)=\frac{1}{2}\times\frac{1}{3}=\frac{1}{6}$

(2) $\left(1-\frac{1}{2}\right)\times\frac{2}{3}=\frac{1}{2}\times\frac{2}{3}=\frac{1}{3}$

(3) $\left(1-\frac{1}{2}\right)\times\left(1-\frac{2}{3}\right)=\frac{1}{2}\times\frac{1}{3}=\frac{1}{6}$

(4) (적어도 한 사람은 합격할 확률)

$=1-$(두 사람 모두 불합격할 확률)

$=1-\frac{1}{6}=\frac{5}{6}$

**6** (1) $\frac{4}{5}\times\frac{5}{7}=\frac{4}{7}$

(2) (두 사람이 약속 시간에 만나지 못할 확률)

$=1-$(두 사람이 약속 시간에 만날 확률)

$=1-\frac{4}{7}=\frac{3}{7}$

(3) $\left(1-\frac{4}{5}\right)\times\left(1-\frac{5}{7}\right)=\frac{1}{5}\times\frac{2}{7}=\frac{2}{35}$

(4) (적어도 한 사람은 약속 시간을 지킬 확률)

$=1-$(두 사람 모두 약속 시간을 지키지 못할 확률)

$=1-\frac{2}{35}=\frac{33}{35}$

**7** (1) 두 스위치 A, B가 모두 닫혀야 전구에 불이 들어오므로 전구에 불이 들어올 확률은

$\frac{1}{3}\times\frac{1}{4}=\frac{1}{12}$

따라서 전구에 불이 들어오지 않을 확률은

$1-$(전구에 불이 들어올 확률)$=1-\frac{1}{12}=\frac{11}{12}$

(2) 주사위 한 개를 던졌을 때, 소수의 눈이 나올 확률은

$\frac{3}{6}=\frac{1}{2}$

따라서 적어도 하나는 소수의 눈이 나올 확률은

$1-$(모두 소수의 눈이 나오지 않을 확률)

$=1-\left(1-\frac{1}{2}\right)\times\left(1-\frac{1}{2}\right)$

$=1-\frac{1}{4}=\frac{3}{4}$

**8** (2) (적어도 한 명은 합격할 확률)

$=1-$(세 명 모두 불합격할 확률)

$=1-\left(1-\frac{4}{5}\right)\times\left(1-\frac{1}{2}\right)\times\left(1-\frac{3}{8}\right)$

$=1-\frac{1}{5}\times\frac{1}{2}\times\frac{5}{8}$

$=1-\frac{1}{16}=\frac{15}{16}$

(3) 안타를 칠 확률은 $\frac{3}{10}$이므로 세 번의 타석에서 적어도 한 번은 안타를 칠 확률은

$1-$(세 번 모두 안타를 못칠 확률)

$=1-\left(1-\frac{3}{10}\right)\times\left(1-\frac{3}{10}\right)\times\left(1-\frac{3}{10}\right)$

$=1-\frac{7}{10}\times\frac{7}{10}\times\frac{7}{10}$

$=1-\frac{343}{1000}=\frac{657}{1000}$

(4) 목표물이 총에 맞을 확률은 세 사람 중 적어도 한 사람은 목표물을 맞힐 확률과 같으므로 구하는 확률은

$1-$(세 사람 모두 목표물을 맞히지 못할 확률)

$=1-\left(1-\frac{1}{5}\right)\times\left(1-\frac{5}{6}\right)\times\left(1-\frac{2}{3}\right)$

$=1-\frac{4}{5}\times\frac{1}{6}\times\frac{1}{3}$

$=1-\frac{2}{45}=\frac{43}{45}$

## 16 연속하여 뽑는 경우의 확률 173~174쪽

**1** (1) $=$ / $\frac{4}{7}$, $\frac{1}{7}$, $\frac{4}{7}$, $\frac{1}{7}$, $\frac{4}{49}$

(2) $\neq$ / $\frac{4}{7}$, $\frac{1}{6}$, $\frac{4}{7}$, $\frac{1}{6}$, $\frac{2}{21}$

**2** (1) $\frac{16}{49}$ (2) $\frac{9}{49}$ (3) $\frac{12}{49}$ (4) $\frac{25}{49}$

**3** (1) $\frac{25}{64}$ (2) $\frac{15}{64}$ (3) $\frac{15}{64}$ (4) $\frac{15}{32}$

(5) $\frac{39}{64}$

**4** (1) $\frac{2}{7}$ (2) $\frac{1}{7}$ (3) $\frac{2}{7}$ (4) $\frac{3}{7}$

**5** (1) $\frac{3}{28}$ (2) $\frac{5}{14}$ (3) $\frac{15}{56}$

(4) $\frac{15}{56}$ (5) $\frac{15}{28}$ (6) $\frac{9}{14}$

**2** (1) $\frac{4}{7}\times\frac{4}{7}=\frac{16}{49}$

(2) $\frac{3}{7}\times\frac{3}{7}=\frac{9}{49}$

(3) $\frac{4}{7}\times\frac{3}{7}=\frac{12}{49}$

(4) 두 번 모두 빨간 구슬이 나올 확률은 $\frac{16}{49}$

두 번 모두 초록 구슬이 나올 확률 $\frac{9}{49}$

따라서 구하는 확률은

$\frac{16}{49}+\frac{9}{49}=\frac{25}{49}$

**3** (1) $\frac{5}{8}\times\frac{5}{8}=\frac{25}{64}$

(2) $\frac{3}{8}\times\frac{5}{8}=\frac{15}{64}$

(3) $\frac{5}{8}\times\frac{3}{8}=\frac{15}{64}$

(4) A는 당첨되고, B는 당첨되지 않을 확률은 $\frac{15}{64}$

A는 당첨되지 않고, B는 당첨될 확률은 $\frac{15}{64}$

따라서 구하는 확률은

$\frac{15}{64}+\frac{15}{64}=\frac{30}{64}=\frac{15}{32}$

(5) (적어도 한 명은 당첨될 확률)

$=1-$(두 명 모두 당첨되지 않을 확률)

$=1-\frac{25}{64}=\frac{39}{64}$

**4** (1) $\frac{4}{7}\times\frac{3}{6}=\frac{2}{7}$

(2) $\frac{3}{7}\times\frac{2}{6}=\frac{1}{7}$

(3) $\frac{4}{7}\times\frac{3}{6}=\frac{2}{7}$

(4) 두 번 모두 빨간 구슬이 나올 확률은 $\frac{2}{7}$

두 번 모두 초록 구슬이 나올 확률은 $\frac{1}{7}$

따라서 구하는 확률은

$\frac{2}{7}+\frac{1}{7}=\frac{3}{7}$

**5** (1) $\frac{3}{8}\times\frac{2}{7}=\frac{3}{28}$

(2) $\frac{5}{8}\times\frac{4}{7}=\frac{5}{14}$

(3) $\frac{3}{8}\times\frac{5}{7}=\frac{15}{56}$

(4) $\frac{5}{8}\times\frac{3}{7}=\frac{15}{56}$

(5) A는 당첨되고, B는 당첨되지 않을 확률은 $\frac{15}{56}$

A는 당첨되지 않고, B는 당첨될 확률은 $\frac{15}{56}$

따라서 구하는 확률은

$\frac{15}{56}+\frac{15}{56}=\frac{30}{56}=\frac{15}{28}$

(6) (적어도 한 명은 당첨될 확률)

$=1-$(두 명 모두 당첨되지 않을 확률)

$=1-\frac{5}{14}=\frac{9}{14}$

## 17 도형에서의 확률 175쪽

**1** (1) ① 5, $25\pi$ ② 3, $9\pi$ ③ $9\pi$, $25\pi$, $\frac{9}{25}$

(2) $25\pi$, $9\pi$, $\frac{16}{25}$

**2** (1) 4, 4, $\frac{1}{2}$ (2) $\frac{1}{8}$ (3) $\frac{1}{4}$ (4) $\frac{3}{8}$

**2** (3) 3의 배수는 3, 6의 2가지이므로 3의 배수가 적힌 부분을 맞힐 확률은

$\frac{2}{8}=\frac{1}{4}$

(4) 3의 배수가 적힌 부분을 맞힐 확률은 $\frac{1}{4}$이고

8이 적힌 부분을 맞힐 확률은 $\frac{1}{8}$이므로

구하는 확률은

$\frac{1}{4}+\frac{1}{8}=\frac{3}{8}$

## 13-17 스스로 점검 문제 176쪽

| | | | |
|---|---|---|---|
| 1 ⑤ | 2 $\frac{1}{9}$ | 3 ⑤ | 4 ④ |
| 5 $\frac{1}{3}$ | 6 $\frac{1}{9}$ | 7 ② | 8 $\frac{16}{81}$ |

**1** 9의 약수가 나올 확률은 $\frac{3}{10}$

5의 배수가 나올 확률은 $\frac{2}{10}$

따라서 구하는 확률은

$\frac{3}{10}+\frac{2}{10}=\frac{5}{10}=\frac{1}{2}$

**2** 첫 번째에 비길 확률은 $\frac{3}{9}=\frac{1}{3}$

두 번째에 B가 이길 확률은 $\frac{3}{9}=\frac{1}{3}$

따라서 구하는 확률은

$\frac{1}{3}\times\frac{1}{3}=\frac{1}{9}$

**3** 두 사람 모두 불합격할 확률은

$\left(1-\frac{3}{5}\right)\times\left(1-\frac{2}{3}\right)=\frac{2}{5}\times\frac{1}{3}=\frac{2}{15}$

따라서 두 사람 중 적어도 한 사람이 합격할 확률은

$1-$(두 사람 모두 불합격할 확률)

$=1-\frac{2}{15}=\frac{13}{15}$

**4** 내일만 비가 올 확률은

$\frac{3}{4}\times\left(1-\frac{1}{6}\right)=\frac{3}{4}\times\frac{5}{6}=\frac{5}{8}$

모레만 비가 올 확률은

$\left(1-\frac{3}{4}\right)\times\frac{1}{6}=\frac{1}{4}\times\frac{1}{6}=\frac{1}{24}$

따라서 구하는 확률은

$\frac{5}{8}+\frac{1}{24}=\frac{2}{3}$

**5** (두 사람이 만나지 못할 확률)

$=1-$(두 사람이 만날 확률)

$=1-\left(1-\frac{1}{5}\right)\times\left(1-\frac{1}{6}\right)$

$=1-\frac{2}{3}=\frac{1}{3}$

**6** 첫 번째에 흰 공을 꺼낼 확률은 $\frac{3}{9}=\frac{1}{3}$

두 번째에 흰 공을 꺼낼 확률도 $\frac{3}{9}=\frac{1}{3}$

따라서 구하는 확률은

$\frac{1}{3}\times\frac{1}{3}=\frac{1}{9}$

**7** 첫 번째에 당첨 제비를 뽑을 확률은 $\frac{3}{15}=\frac{1}{5}$

두 번째에 당첨 제비를 뽑을 확률은 $\frac{2}{14}=\frac{1}{7}$

따라서 구하는 확률은

$\frac{1}{5}\times\frac{1}{7}=\frac{1}{35}$

**8** 화살을 한 번 쏠 때, 색칠한 부분을 맞힐 확률은 $\frac{4}{9}$이므로 두 번 모두 색칠한 부분을 맞힐 확률은

$\frac{4}{9}\times\frac{4}{9}=\frac{16}{81}$

풍산자

# 반복수학

중학수학 2-2

고등 풍산자와 함께하면
개념부터 ~ 고난도 문제까지!

# 어떤 시험 문제도 익숙해집니다!

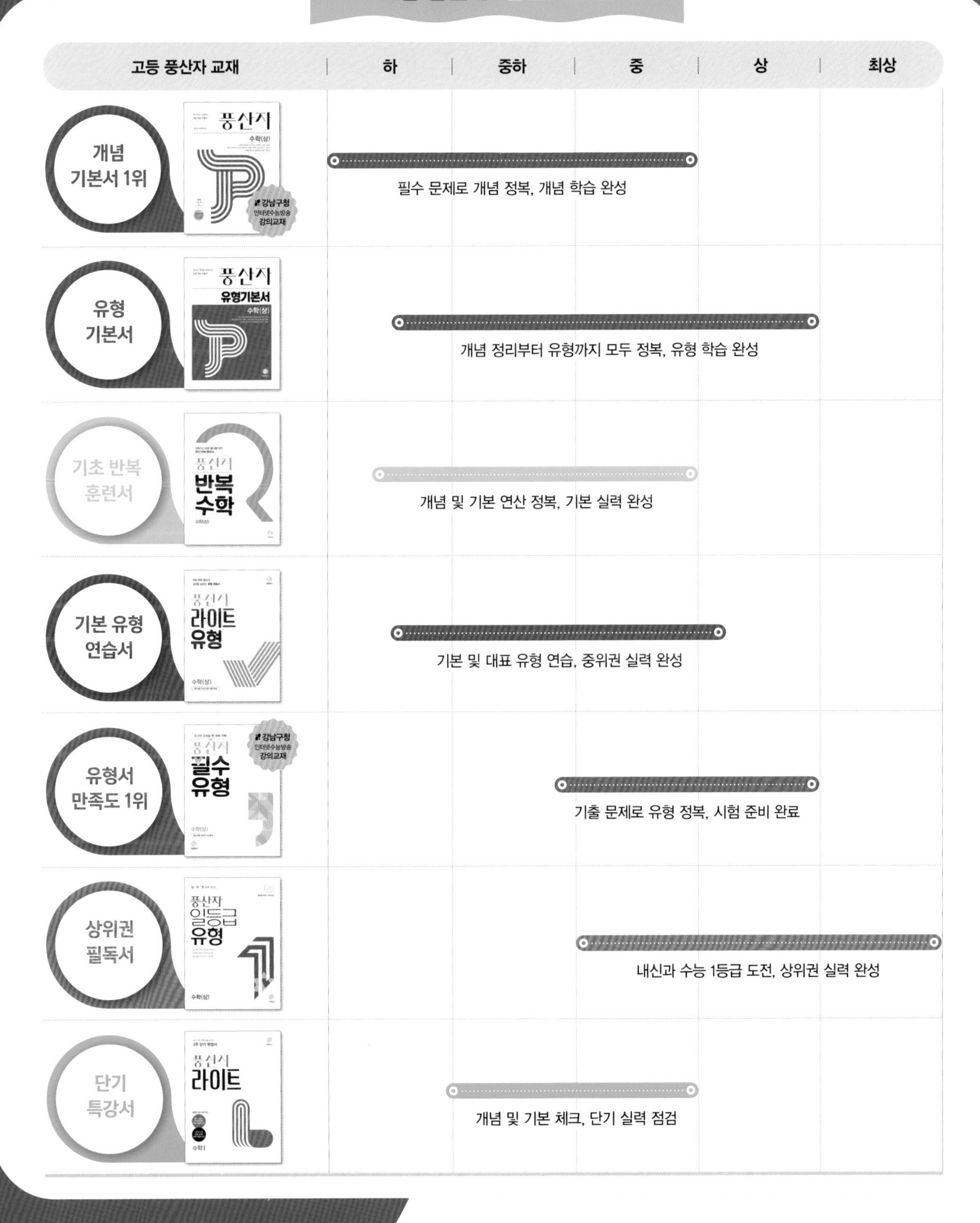